油气藏地质及开发工程国家重点实验室资助

异常高应力储层改造理论与技术

郭建春　王兴文　曾凡辉　著

科学出版社
北京

内 容 简 介

本书全面、系统阐述异常高应力油气藏储层改造的基础理论、分析与设计方法、工程技术和典型案例。内容包括异常高应力储层成因，深部岩体力学基础理论，深部高应力储层破裂压力预测理论，深部裂缝性储层水力裂缝扩展，酸损伤、定向射孔、燃爆诱导压裂降低高应力储层破裂压力的理论和关键技术以及异常高应力储层改造配套措施等。

本书可供石油工程、地质工程、采矿工程、岩土工程等相关专业的科研人员和工程技术人员借鉴参考。

图书在版编目(CIP)数据

异常高应力储层改造理论与技术 / 郭建春，王兴文，曾凡辉著. —北京：科学出版社，2015.6

ISBN 978-7-03-040243-1

Ⅰ.①异… Ⅱ.①郭… Ⅲ.①储集层-油层改造-研究 Ⅳ.①P618.130.2

中国版本图书馆 CIP 数据核字（2015）第 050416 号

责任编辑：杨 岭 罗 莉 / 责任校对：陈 靖

封面设计：墨创文化 / 责任印制：余少力

科学出版社 出版

北京东黄城根北街16号

邮政编码：100717

http://www.sciencep.com

四川煤田地质制图印刷厂印刷

科学出版社发行 各地新华书店经销

*

2015 年 6 月第 一 版 开本：787×1092 1/16

2015 年 6 月第一次印刷 印张：24

字数：566 千字

定价：198.00 元

序

深层油气资源是我国油气战略发展关注的三大领域之一。在我国探明未动用油气地质储量中，深层石油和天然气分别约占30%和60%。我国对深层油气资源的勘探开发最早源自20世纪70年末的渤海湾盆地，随后在塔里木、四川、柴达木、准噶尔等多个盆地相继实施了深层油气勘探开发工程。

在深层油气藏中，有相当比例为天然裂缝较为发育的异常高应力致密储层。压裂酸化改造技术，是实现这类油气藏勘探评价、油气井投产和油气藏有效开发的关键工程技术之一。在深层油气藏压裂酸化改造方面，一直面临着“地层压不开、液体注不进、裂缝撑不住、压后产量递减快”等技术难题。为了实现对深层油气资源的高效勘探开发，有必要对异常高应力储层改造问题开展专题研究。

该书紧密围绕深层异常高应力储层的岩体力学特性、破裂压力预测、非连续岩体水力裂缝扩展等科技问题，利用酸损伤力学、优选射孔参数、燃爆诱导压裂降低储层破裂压力等关键理论与技术开展了系统深入的研究，形成了施工管柱、压裂液体系及超高压装备匹配等异常高应力储层改造配套措施，在基础理论、实验方法、关键技术及工程应用等方面取得了重要进展。

该书的出版，不仅可为我国异常高应力储层的高效勘探开发工程提供重要的技术指导，而且可为国内外从事相关研究的科技人员提供有价值的参考资料。

在该书出版之际，特为之作序以示祝贺，并希望该书内容能够在推动我国深层油气勘探开发工程科学研究与实践方面发挥应有作用。

中国石油大学教授/中国科学院院士

2015 年 6 月

前　　言

石油和天然气是影响我国经济建设和国家安全的三大战略资源之一。2014 年，我国原油和天然气消费量分别为 5.08×10^8t 和 $1800 \times 10^8 m^3$，原油和天然气对外依存度分别达 58.7%和 32.2%，原油对外依存度已超过国际公认的安全警戒线，加大对国内油气资源的勘探开发力度是保障我国能源安全的重要举措。我国油气资源评价结果表明，石油与天然气可采资源量分别为 206×10^8t、$40 \times 10^{12} m^3$。在剩余油气资源中，深层石油、天然气分别约占 30%和 60%。深层油气资源中有相当比例为异常高应力油气藏，压裂酸化是实现此类储层勘探评价和有效开发的关键工程技术。但“地层压不开，液体注不进”一直是异常高应力储层改造亟待解决的技术难题。

本书得到国家自然科学基金面上项目“油气层岩矿酸损伤理论研究”(编号 40673045)、油气藏地质及开发工程国家重点实验室和四川省科技创新研究团队专项计划(编号 2011JTD0018)的资助。

本书全面、系统阐述异常高应力储层改造的基础理论、工程技术，并列举典型井案例，全书共分成九章。第一章论述异常高应力储层的基本概念、油气藏资源分布，异常高应力储层改造面临的挑战和需要解决的技术问题；第二章则对深部岩体的岩石变形和破坏机制进行阐述，对比深部岩体各种变形本构方程和强度破坏准则，推荐适合异常高应力储层岩体破裂压力预测和裂缝性储层扩展的强度和破坏准则；第三章主要介绍深部岩体异常高应力储层的破裂压力预测理论，详细阐述应用有限元理论、断裂力学理论预测异常高应力储层破裂压力的方法；第四章重点阐述应用扩展有限元研究裂缝性储层压裂时形成复杂裂缝形态的理论和方法；第五章至第八章以酸损伤、定向射孔、燃爆诱导压裂等降低储层破裂压力技术的机理和配套工艺为主要内容，从机理研究、实验测试、优化设计、工艺技术、现场应用等方面进行阐述，形成定量的优化设计技术并列举典型井案例；第九章则介绍异常高应力储层改造的配套措施，主要包括加重压裂液体系优选、压裂管柱优化、超高压压裂装备、网络裂缝酸化等。

本书编写分工如下：第一章郭建春、曾凡辉，第二章邓燕、朱海燕，第三章郭建春、曾凡辉，第四章郭建春、肖晖、段又菁，第五章曾凡辉、郭建春，第六章郭建春、曾凡辉、苟波，第七章伍强、乔志国、王兴文，第八章王兴文、刘林、黄禹忠，第九章王兴文、慈建发、郭建春；全书由郭建春教授统校完成。在本书的成书过程中，何颂根、罗波、王恒、刘斌、宋燕高、孙勇、邱玲、蒲春生、吴飞鹏等同志在资料整理、绘图等方面付出了辛勤的劳动，作者在此一并表示衷心感谢。

鉴于作者知识水平和研究领域的局限，书中疏漏和不妥之处在所难免，敬请各位专家和读者批评指正。

作　者
于西南石油大学
2015 年 6 月

目　录

第一章　绪　　论

第一节　异常高应力储层改造研究的意义

石油天然气行业在国民经济发展乃至国家能源安全中具有十分重要的地位，持续高位的石油和天然气对外依存度已经对我国经济社会可持续发展和能源安全构成威胁。勘探实践证明，在组成地壳的沉积岩、岩浆岩和变质岩中都发现有油气田，而99%以上的油气储量集中在沉积岩中，其中又以砂岩和碳酸盐岩储集层为主。随着石油、天然气勘探和开发程度的提高，低渗透油田储量所占的比例越来越大，在探明未动用石油地质储量中，低渗透储量所占比例高达60%以上。低渗、致密油气藏已成为我国油气产量增长的主要接替，而且探明的低渗透储量储层比例还在逐年增加。在这类储层中，有相当比例为异常高破裂压力储层。压裂、酸化压裂是实现此类储层勘探评价、试油试采和有效开发的关键工程技术。但“地层压不开，液体注不进”一直是部分深层、致密、低渗透储层改造的工程技术难题(郭建春等，2011)。

部分深层、致密、低渗透储层改造破裂失败典型的井的统计见表1-1。在异常高应力储层的改造过程中普遍表现出以下特征：①压裂井段属于深井或超深井，深度一般为3 000～7 000m，储层的埋藏深度跨度大；②岩性多样，不仅仅在砂岩储层中出现，同时在碳酸盐岩储层中也有出现；③储层物性差、渗透率低，需要通过压裂酸化改造形成高速的人工裂缝流动通道，才能获得经济开发的产量；④压裂改造过程中排量低、井底流体压力高，难以有效破裂和撑开储层；⑤改造过程中高应力储层的井广泛分布于我国多个盆地，尤其以四川盆地、塔里木盆地最为突出。

表1-1　部分深层、致密、低渗透储层改造破裂失败典型的井

井号	层段/m	岩性	渗透率/($\times10^{-3}\mu m^2$)	排量/($m^3\cdot min^{-1}$)	井底压力梯度/($\times10^{-2}MPa\cdot m^{-1}$)	备注	油田
CH139井	3 244.4～3 257.0	砂岩	0.15	<2.0	3.30	地层未破	四川盆地
CL562井	4 998.0～5 026.0	砂岩	0.20	<2.0	2.86	地层未破	四川盆地
Y井	6 054.5～6 087.5	砂岩	0.35	1.3	2.86	地层未破	塔里木盆地
Y井	5 966.0～5 999.0	砂岩	0.33	1.9	2.93	地层未破	塔里木盆地
YQ8井	6 589.0～6 718.0	碳酸盐岩	0.55	1.2	2.43	地层未破	塔里木盆地

为了实现对异常高应力储层的有效改造，必须针对异常高应力储层改造过程中的深部岩体力学基础、储层岩石破裂机理、深部储层裂缝性储层水力裂缝扩展机理、降低储层破裂压力技术以及改造的配套措施进行深入研究，提高异常高应力储层改造的成功率和有效率。

第二节 异常高地应力储层基本概念

一、地应力的基本概念

地应力是指存在于地壳中未受工程扰动的天然应力，包括由重力、地球自转速度变化、地热及其他因素产生的应力，也可以理解为地下某深度处岩石受周围岩体的挤压力。地应力是由岩体种类和地质构造运动等综合作用形成的，当地应力形成后，许多局部因素又使其发生变化，导致地应力的分布十分复杂，使得局部应力和区域应力之间有很大差别。

(一)地应力的概念

沉积盆地中的岩层处于三轴应力状态下。“应力状态”是指应力的大小和方向，通常采用三个法向应力来表示岩石单元的应力环境：σ_1、σ_2、σ_3，分别代表最大、中间、最小三个主应力；相应的使用σ_V、σ_H、σ_h，分别代表垂向、水平最大、水平最小主应力。

现今地应力是相对古应力而言，是指地层目前的应力状态。古地应力是地质历史时期中某时间的应力状态(包括岩石变形时的应力)。目前地应力一般是岩层在地质历史中经过多期变形、破裂后(应力集中、释放过程)到目前还“剩余”的应力。由于现今构造还在不断活动，现今地应力随时间不断变化；但是对于大部分沉积盆地，在相当长一段时间内，由于变化速度小，通常认为其是相对“稳定”的。正确认识地应力的来源及组成对于异常高应力储层的压裂改造具有重要意义。

(二)地应力的来源

地应力的来源较复杂，一般包括上覆岩层重力、地层压力、构造活动力。

1. 上覆岩层重力及“诱导”的水平应力

地壳上部岩体由于受地心引力而引起的应力称为自重应力。岩体自重作用不仅产生垂向应力，而且由于岩石的泊松效应和流变效应也会产生水平应力。在研究过程中，通常可以把岩体视为连续、均匀且各向同性的弹性体，因此通常可以采用连续介质力学原理来研究岩体的自重应力(沈明荣等，2006)。

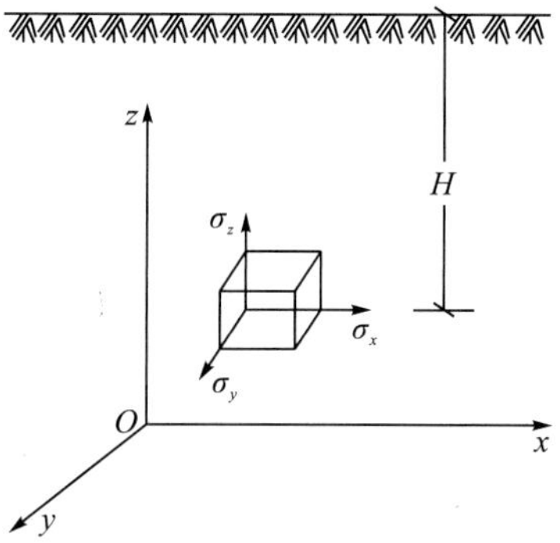

图 1-1 岩体单元的自重应力状态

如图 1-1 所示，在岩体中距地面深度为 H 处取一单元体，单元体的垂直应力即为单元体上覆岩体的重量，即

$$\sigma_z = \int_0^H \rho(z) g \mathrm{d}z \tag{1-1}$$

式中，σ_z——上覆岩层压力，MPa；

H——埋藏深度，m；

g——重力加速度，取 g=9.8m/s^2；

$\rho(z)$——深度为 z 处的岩石密度，kg/m^3。

考虑到地层孔隙流体压力作用，部分上覆岩层重力被孔隙流体压力所支撑。但由于颗粒间胶结作用，孔隙压力并未全部支撑上覆岩层压力，于是有效垂向应力为

$$\bar{\sigma}_z = \sigma_z - \alpha p_{\mathrm{p}} \tag{1-2}$$

式中，p_{p}——地层孔隙压力，MPa；

α——Biot 系数，即孔隙弹性常数，无因次。

当把岩体视为各向同性的弹性体时，由于岩体在各个方向都受到与其相邻岩体的约束，不能产生横向变形，即 $\varepsilon_x=\varepsilon_y=0$，而相邻岩体的约束就相当于对单元体施加了侧向应力，根据胡克定律，于是有

$$\begin{cases} \varepsilon_x = \dfrac{1}{E}[\bar{\sigma}_x - \mu(\bar{\sigma}_y + \bar{\sigma}_z)] = 0 \\ \varepsilon_y = \dfrac{1}{E}[\bar{\sigma}_y - \mu(\bar{\sigma}_x + \bar{\sigma}_z)] = 0 \end{cases} \tag{1-3}$$

式中，$\bar{\sigma}_x$，$\bar{\sigma}_y$——分别为地层水平面 x、y 方向的有效应力，MPa；

E——岩石杨氏模量，MPa；

μ——岩石泊松比，无因次。

E 和 μ 是反映地层岩石的力学特征参数，与岩石类型及所处的环境有关。

假设水平方向应力场是均匀的，则有

$$\bar{\sigma}_x = \bar{\sigma}_y = \frac{\mu}{1-\mu}\bar{\sigma}_z = \frac{\mu}{1-\mu}(\sigma_z - \alpha p_{\mathrm{p}}) \tag{1-4}$$

地层岩石的泊松比一般为 0.20～0.35，泊松比越大，水平应力就越接近垂向应力。考虑孔隙流体压力后的地层水平应力为

$$\sigma_x = \sigma_y = \frac{\mu}{1-\mu}(\sigma_z - \alpha p_p) + \alpha p_p \tag{1-5}$$

因此，岩体自重引发的应力可以表示为

$$\begin{cases} \sigma_z = \int_0^H \rho(z) g dz \\ \sigma_{x1} = \frac{\mu}{1-\mu}(\sigma_z - \alpha p_p) + \alpha p_p \\ \sigma_{y1} = \frac{\mu}{1-\mu}(\sigma_z - \alpha p_p) + \alpha p_p \end{cases} \tag{1-6}$$

2. 构造应力

地壳形成之后，在漫长的地质年代中经历了多次构造运动。由于地质构造、板块运动、地震活动等地壳动力学因素所造成的附加应力分量称为构造应力。构造应力存在着明显的各向异性，因此原地应力也是各向异性的，其最大水平主应力方向常常与构造应力的合矢量方向一致。由于构造运动所引发的应力是构造应力的主要组成部分，而构造应力往往以矢量形式叠加在水平应力之上，使得水平方向的应力场不均匀。

当存在构造应力作用时，由于在两个水平主方向上所附加的有效应力不相等，因此构造应力是导致水平方向上两个主应力不相等的根本原因。设水平方向的构造应力分别为σ_{x2}和σ_{y2}，假设水平方向的两个构造应力系数为定值，σ_{x2}和σ_{y2}随深度均匀变化，用有效上覆岩体压力来表示水平构造应力的大小，于是有

$$\begin{cases} \sigma_{x2} = \xi_x(\sigma_z - \alpha p_p) \\ \sigma_{y2} = \xi_y(\sigma_z - \alpha p_p) \end{cases} \tag{1-7}$$

式中，σ_{x2}——地层水平面 x 方向的构造应力，MPa；

σ_{y2}——地层水平面 y 方向的构造应力，MPa；

ξ_x——地层水平面 x 方向的构造应力系数，MPa^{-1}；

ξ_y——地层水平面 y 方向的构造应力系数，MPa^{-1}；

除构造应力会影响原地应力外，温度变化以及岩层软化等也会影响岩层地应力。

3. 温度变化引起的热应力

在油气藏开发过程中，火烧油层、注热水和注蒸汽热采可以改变储层乃至整个油藏的应力的大小和方向：在热采过程的有限受热条件与稳定状态下，会产生高切向和径向应力；在地质条件允许产生热膨胀的岩石中，受热过程会产生明显的张应力。考虑岩石为各向同性体，在温度改变时，地层能很快传递消耗由于温度引起的垂向应力改变，使垂向主应力保持与上覆岩层重力的平衡。由于油藏边界可视为无穷大，其侧向变形受到约束，可将温度改变引起的侧向应变视为零，则

$$\Delta\sigma_h = \Delta\sigma_H = \frac{\alpha T E \Delta T}{1-\mu} \tag{1-8}$$

式中，$\Delta\sigma_h$——地层水平面 x 方向的由于温度变化引起的诱导应力，MPa；

$\Delta\sigma_H$——为地层水平面 y 方向的由于温度变化引起的诱导应力，MPa；

T——为地层温度,℃;

ΔT——地层温度的变化量,℃;

4. 其他应力

地应力的其他来源主要有塑性泥岩、盐岩、石膏的“流动”可能使地应力“软化”,造成地应力状态“趋同”,并可能达到与岩层静压力相当;岩石中的矿相变化引起的局部应力变化,如矿物体积的改变等。

二、异常高应力储层的概念

近年来,随着经济的发展,交通隧道、水电站地下厂房、井巷坑道等地下工程迅速发展,其“长、打、深、群”的特点日趋明显,而由于它们所处的复杂地质环境往往易于形成高地应力区,并经常引发岩爆、大变形等相关地质灾害。高地应力及其对地下工程围岩稳定性的影响问题已经引起世界岩石力学和工程地质学界的广泛重视。但由于岩体的复杂性和受地质环境条件影响,高地应力问题研究尚不健全,目前高地应力含义至今也无统一认识。

例如,工程实践中通常将超过20~30MPa的硬质岩体内初始应力称为高地应力;法国隧道协会、日本应用地质协会和苏联顿巴斯矿区等则采用岩石单轴抗压强度(R_1)和最大主应力σ_1的比值R_1/σ_1(即岩石强度应力比)来划分地应力级别(表1-2)。这样划分和评价的实质是反映岩体承受压应力的相对能力。陶振宇(1900)对高地应力给出了一个定性的规定,是指其初始应力状态,特别是水平初始应力分量大大超过其上覆岩层的岩体重量。这一定性规定强调了水平地应力的作用。天津大学薛玺成等(1987)则建议用式(1-9)来划分地应力量级:

$$n = I_1/I_1^0 \tag{1-9}$$

式中,I_1——实测地应力的主应力之和,MPa;

I_1^0——相应测点的自重应力主应力之和,MPa;

n——比值,无因次。

表1-2 部分国家地应力分级方案

项目	高地应力	中等地应力	低地应力
岩石强度应力比(R_b/σ_1)	<2.0	2.0~4.0	>4.0

表1-3 地应力分级方案(薛玺成,1987)

项目	一般地应力	较高地应力	高地应力
$n=I_1/I_1^0$	1.0~1.5	1.5~2.0	>2.0
说明	$n=1$时为纯自重应力场	在应力场中有30%~50%是构造应力产生,其余为重力场应力	50%以上的地应力由构造应力产生

薛玺成等的地应力分级方案(表1-3)在物理概念上与陶振宇的高地应力定性方案并无本

质区别。而姚宝魁等(1985)则认为，陶振宇、薛玺成等的分级、评价方法没有考虑到岩体的变形和稳定条件，因而在工程实践中难以应用。他们认为应该从工程岩体的变形破坏特性出发，考虑地应力对不同岩体的影响程度，建议确定高地应力的标准为

$$\sigma_1 \geqslant (0.15 \sim 0.20) R_b \tag{1-14}$$

式中，R_b——单轴抗压强度，MPa；

σ_1——最小水平主应力，MPa。

可以看出，不同学者和机构对于高地应力的定义有很大区别，目前还没有形成一个统一的方案。

事实上，高地应力是一个相对的概念，并且与岩体所经受的应力历史和岩体强度、弹性模量等诸多因素有关。在强烈构造作用地区，地应力水平与岩体强度有关；轻缓构造作用地区，岩体内地应力大小与岩石弹性模量相关，即弹性模量大的岩体内地应力高，弹性模量小的岩石内地应力低。以上是针对地下工程埋藏深度距离地面较浅时关于高地应力的定义。而在深层油气藏资源的改造过程中，一般是从油气藏埋藏深度和压裂工程特点出发来定义高地应力储层。在本书中，界定高地应力储层是指储层埋藏深、地层温度高、地层压力高、部分储层发育有天然裂缝的储层，在目前国内常规压裂装备能力下(地面限压 95MPa)不能有效压开的地层；或者是压开储层后由于施工排量低不能有效实现压裂酸化改造的储层。

根据地应力的来源分析、异常高应力储层的描述可以看出，高地应力储层一般可能会出现在两类地层中：一是储层埋藏深度大，由于垂向应力产生的诱导水平主应力高导致异常高地应力；二是由于储层岩石受挤压产生断层导致构造应力强而形成的异常高地应力。

异常高地应力储层由于普遍具有埋藏深、构造应力强、储层渗透低的特点，使得绝大多数的油气藏钻完井投产后没有经济产量，一般均需要通过压裂、酸化改造才能获得经济产能，因此针对异常高地应力储层改造理论与技术的研究就显得迫切重要。

第三节　异常高应力储层油气资源概述

近年来，世界各大主力油田经过近半个世纪开发，浅层油气的发现已经呈下降趋势。世界各国为了满足能源安全和能源供给，纷纷将勘探目标层转向深层。

一、国外异常高应力储层油气资源

美国地质调查局新一轮深层油气资源评价表明，全球待发现的深层常规天然气达 $23.9\times10^{12}\mathrm{m}^3$，占所有天然气资源的 17%。以美国为例(王宇等，2012)，仅美国就有 20 715口钻井深度超过 4.5km，其中有11 522口井产出了石油或天然气；深度超过6 000m 的生产井有 968 口，共有 52 口钻探深度超过7 500m 的超深井，27 口井在不同层段产出油或气，超深井钻探成功率达到了 50%。美国西内盆地阿纳达科凹陷米尔斯兰奇气田 7 663～8 083m 的下奥陶统碳酸盐岩内发现了世界上最深的气藏；在美国湾岸(Gulf

Coast)盆地6 511m深处发现了世界上最深的油藏。据不完全统计，目前国外正在生产的深层油气藏(深度大于5 000m)主要分布于北美洲墨西哥的Sureste盆地(3个)、南美洲阿根廷Tarija盆地(3个)、哥伦比亚Llanos－Barinas盆地(1个)、美国Gulf Coast盆地(3个)、委内瑞拉的东委内瑞拉盆地(4个)和马拉开波(Maracaibo)盆地(4个)、欧洲奥地利维也纳盆地(1个)、阿塞拜疆南里海盆地(2个)、德国西北盆地(8个)、意大利Peri－Apenninic西北前陆盆地区(1个)、俄罗斯Indol－Kuban盆地(1个)和Terek－Caspian盆地(3个)、乌克兰Dnipro－Donets盆地(3个)、乌兹别克斯坦Fergana盆地(1个)、亚洲阿曼盆地(1个)。从深度来看，多数位于5 000～5 600m，最深的油藏位于美国湾岸盆地的Augur油田上新统，见表1-4、图1-2。

表1-4　国外主要深层油气藏特征表(王宇等，2012)

国家	盆地名称	油气田名称	储层岩性	储层深度/m	沉积相	流体类型	可采储量/(×10^4t)
墨西哥	Sureste盆地	Pijije	泥质灰岩	5 250	浅海相	气	606.7
		Eden	白云岩	5 500	浅海相	气	992.6
		Jolote	白云岩	5 515	浅海相	气	887.4
阿根廷	Tarija盆地	Valle Morada	砾状灰岩	6 044	湖泊、局限海相	气	57.3
		Valle Morada	砂岩	5 656	浅海相	气	54.4
		San Pedrito	石英质砂岩	5 276	滨海相	气	1 120.0
哥伦比亚	Llanos－Barius盆地	Arauca	砂岩	5 515	河流相	油/气	63.0
			砂岩	5 550	河流相	油/气	110.3
			钙质砂岩	5 836	浅海相	油/气	32.7
美国	Gulf Coast盆地	Princess	砂岩	5 500		油/气	2 410.3
		Congcr	砂岩	6 035	浅海相	油/气	1 049.9
		Auger	砂岩	6 511	浅海相	油/气	0
			砂岩	6 011	浅海相	油/气	0
委内瑞拉	东委内瑞拉盆地	Boqueron	砂岩	5 040		油/气	3 307.9
		San Luis	砂岩	5 243	河流相、浅海相	气	478.1
		Pato Este	砂岩	5 563	河流相、三角洲前缘	气/油	490.0
		Pato Este	砂岩	5 111	三角洲平原	油/气	793.3
	马拉开波盆地	Sur Lago B	灰岩	5 273	深海相	油/气	793.3
		Tomoparo	砂岩	5 223	河流相	油/气	7 420.0
		Sur Lago B	灰岩	5 344	浅海相	油/气	1 190.0
		Suroestc Lago	灰岩	5 200	浅海相	油/气	80.4

续表

国家	盆地名称	油气田名称	储层岩性	储层深度/m	沉积相	流体类型	可采储量/($\times 10^4$t)
阿塞拜疆	南里海盆地	Sangachal—Duvanni—Hara Zir	砂岩	5 300	三角洲平原	油/气	229.8
			砂岩	5 400	三角洲平原	油/气	1 642.7
			砂岩	5 100	三角洲平原	气	4 193.2
		8 Mari	砂岩	5 580	冲积扇、三角洲平原	气	1 088.7
			砂岩	5 330		气/油	539.2
奥地利	维也纳盆地	Gaenserndorf Ubertief	白云岩	5 824		气	2.3
德国	西北盆地	Mulmshorn Z—6/Z—6A	砂岩	5 300	湖泊相	气	35.0
		Mulmshorn Z—3A	砂岩	5 900	湖泊相	气	70.0
		Ostervesede	砂岩	5 099	冲积扇	气	14.0
		Voclkersen	砂岩	5 200	风成相	气	233.4
		Voelkersen Nord	砂岩	5 200	风成相	气	105.0
		Boetersen(SE)	砂岩	5 250	风成相	气	35.0
		Voelkersen	砂岩	5 100	湖泊相	气	140.1
		Blcckmar	砂岩	5 100	风成相	气	46.7
俄罗斯	Terek—Caspian 盆地	Novolak—Arkabashskoye	粉质灰岩	5 341	浅海陆架	气	171.3
		Gudermesskoye	白云质灰岩	5 200	浅海陆架	油/气	758.6
		Mineralnoye Severnoye	白云质页岩	5 200	浅海陆架	油/气	125.5
	Indol—Kuban 盆地	Seversko—Zapa—dno—Afipskoye	粉砂质石英砂岩	5 184	深海海沟相	气	1 029.0
乌克兰	Dnipro—Doncts 盆地	Klynsk—Chervonoznamyanka	磷质岩屑砂岩	5 440	浅海陆架	气	46.4
		Kysivka	砂岩	5 150	浅海陆架	气	59.0
		Andriyashivka		5 247		气	189.4
乌兹别克斯坦	Fergana 盆地	Mingbulak	粉质石灰岩	5 900	浅海相	油/气	59.3
			含砾砂岩	5 050	冲积扇	油	2 464.0
意大利	Peri—Apenninic 西北前陆盆地区	Villafortuna—Trecate	白云岩	5 570	浅海陆架	油/气	221.7
			白云岩	6 053	浅海相	油/气	3 850.0
阿曼	阿曼盆地	Zalzala	碳酸盐岩	5 300	浅海相	油/气	1 983.3

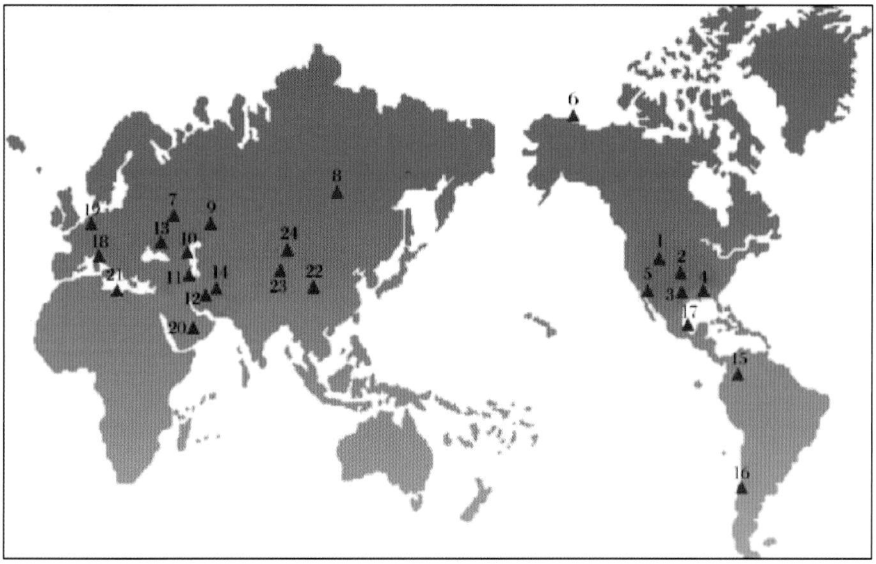

▲世界深层含油气盆地

1. Rocky Mountain 盆地(美国)；2. Anadarko 盆地(美国)；3. Permian 盆地(美国)；4. Gulf Coast 盆地(美国)；5. California 盆地(美国)；6. Alaska 盆地(美国)；7. Dnieper－Donets 盆地(乌克兰)；8. Vilyuy 盆地(俄罗斯)；9. North Caspian盆地(哈萨克斯坦)；10. Middle Caspian 盆地(苏联)；11. South Caspian 盆地(土库曼斯坦)；12. Amu－Darya 盆地(土库曼斯坦)；13. Azov－Kuban 盆地(乌克兰)；14. Fergana Valey 盆地(乌兹别克斯坦)；15. Maracaibo 盆地(委内瑞拉)；16. Santa Cruz－Tariji 盆地(阿根廷)；17. Sureste 盆地(墨西哥)；18. Po Vally 盆地(意大利)；19. Aquitaine 盆地(法国)；20. Oman 盆地(中东)；21. Sirte 盆地(利比亚)；22. 四川盆地(中国)；23. 塔里木盆地(中国)；24. 准噶尔盆地(中国)

图 1-2　世界深层主要含油气盐地分布特征(据王宇等，2012，略改)

二、国内异常高应力储层油气资源

我国深部油气藏的勘探始于 20 世纪 70 年代末的渤海湾盆地，之后在中西部四川盆地、塔里木盆地、柴达木盆地、准噶尔盆地等深层也不断有油气发现(表 1-5)。东部松辽盆地、渤海湾盆地的古龙 1 井与胜科 1 井钻深分别达到 6 300m 和 7 026m，而在西部塔里木盆地、四川盆地、准噶尔盆地都有多口钻深达到 7 000m 的深井(张抗，2012)。

表 1-5　中国 7 000m 以下深井钻探情况统计

盆地	地区	井号	储层类型及物性	储层温度/℃	储层压力/MPa	井深/m	油气显示
塔里木	TB	塔深 1 井	碳酸盐岩溶蚀孔洞发育，物性较好	175～180	138	8 408	见可动油，产微量气
	TZ	塔参 1 井	粉晶云岩，溶洞和裂缝发育，测井解释孔隙度 0.8%～1.2%	167	>110	7 200	有显示
	KC	大北 3 井	古近系三角洲砂岩，粒间溶孔及溶蚀缝、微裂缝发育，平均孔隙度 4.8%	146.8	119	7 091	高产气井
	KC	阳北 1 井	白垩系扇三角洲平原相砂岩储层，物性差	165		7 000	无显示

续表

盆地	地区	井号	储层类型及物性	储层温度/℃	储层压力/MPa	井深/m	油气显示
塔里木	塔北	H6 井	开阔台地相云灰岩，构造裂缝发育	>160		7 459	气测显示
	塔北	LD1 井	洞穴型储层发育，孔隙度 1.8%～3.4%	161	90	7 620	有显示
	塔西南	YS1 井	河流相砂岩，中等致密，储层发育。圈闭不存在导致失利	171		7 258	无显示
	塔中	TZ88 井	砂屑滩相云灰岩，孔隙度 1.9%～2.5%	>155		7 260	气测显示
四川	川西	GJ 井	茅口组细晶白云岩段，强白云岩化，晶间孔隙，晶间溶蚀孔隙发育	177		7 175	工业气流
	川北	YB1 井	斜坡相，鲕粒云岩储层发育	>150		7 200	工业气流
	川北	YB3 井	陆棚相，局部发育有溶蚀孔洞及晶间孔			7 450	
准噶尔	莫索湾凸起	MS1 井	喷发相凝灰岩，裂缝发育。孔隙度平均 3.3%；渗透率为 0.016×10^{-3}～$1.630\times10^{-3}\mu m^2$，平均为 $0.298\times10^{-3}\mu m^2$	154	130	7 500	有显示
渤海湾	东营凹陷	SK1 井	滨浅湖相砂岩，严重致密化，不发育有效储层，孔隙度在 1%左右，渗透率在 $0.010\times10^{-3}\mu m^2$ 以下	235	123	7 026	无显示

第四节 异常高应力储层改造面临的挑战

一、异常高应力储层改造面临的主要难题

由上述分析可知，异常高应力储层具有埋藏深、高破裂压力、储层致密等特征，为了实现这类储层的有效开发，储层改造是必备技术。以四川盆地须家河储层为例，这类储层的改造过程中，突出表现有以下特征：

(1)储层破裂压力高、压裂地层难度大。对四川盆地须二气藏的储层改造为例，在改造过程中，出现了多口井在限压下不能压开储层(表 1-6)。如川高 561 井 4 921.6～4 942.0m不能压开储层，使用了加重酸液酸压，井底压力达 159MPa 仍未压开储层。

表 1-6 部分未压开井施工情况统计

井号	压裂井段/m	层位	备注	井口限压/MPa
CG561	4 921.6～4 942	T_3X^2	井底压力 159MPa 未压开地层	95
CL562	5 089.8～5 124.8	T_3X^2	井底压力 142MPa 未压开地层	95
CF563	4 672～4 744	T_3X^2	井底压力 131MPa 未压开储层	95
DY1 井	5 060～5 128	T_3X^2	井底压力 132MPa 未压开地层	95
DY2 井	5 395～5 550	T_3X^2	井底压力 140MPa 未压开地层	95

(2)施工排量低。须家河组气藏进行酸压和加砂压裂改造时，储层延伸压力较高，在

井口或井身条件压力限制下，提高施工排量困难，酸压施工排量一般为 1.5～2.5m^3/min，进行加砂压裂时在施工限压下施工排量一般小于 4.5m^3/min，如新 855 井加砂压裂施工排量为 3.4m^3/min，川孝 565 井 3 808～3 823m 油套合注施工排量 3.7～4.0m^3/min，施工排量小，形成缝宽窄，加砂难度大，不能保证压裂施工的顺利实施。

(3)裂缝性储层加砂困难。储层发育的天然裂缝和压裂时形成的多条裂缝，会导致加砂压裂施工时压裂液滤失大，容易出现脱砂而砂堵；并且由于多条裂缝同时吸液，吸液面大，主裂缝形成困难，压裂缝宽变窄而出现砂堵，特别是在低砂比阶段就发生砂堵；裂缝性储层加砂时多裂缝竞争，裂缝形态复杂，近井弯曲摩阻高会导致施工压力高。以四川盆地须二段裂缝性储层为例，测井显示天然裂缝发育，对储层的测试压裂分析，加砂压裂过程多裂缝特征明显，大邑 2 井测试压裂拟合分析多裂缝条数 3 条，洛深 1 井(4 251～4 256m)测试压裂拟合分析裂缝条数达 6～7 条(表 1-7)。

表 1-7 须家河储层部分经测试压裂多条裂缝解释结果

井号	井段/m	多裂缝条数/条
DY2	4 910～5 215	3
LS1	4 251～4 256	6～7
LS1	4 360～4 395、4 410～4 425	2～3
CX565	3 808～3 823	5～7
CH148	3 498～3 527	3～5

(4)异常高应力储层增产效果差。国内外对于深层低渗气田通常是采用超大规模压裂来获得理想的增产效果。川西须家河组储层埋深大，属深层－超深层，须二气藏主要气层埋深为4 300～5 300m；储层致密为低孔低渗，尤其是须二气藏，基质平均孔隙度一般为 2%～4%，基质平均渗透率一般为 $0.01\times10^{-3}\sim0.10\times10^{-3}\mu m^2$；由于储层埋藏深，破裂压力、延伸压力高、施工排量低，导致大规模压裂实施难度大，同时储层类型复杂，难以获得理想的增产效果。

二、异常高破裂压力储层的成因分析

破裂压力是指使地层产生水力裂缝或张开原有裂缝时的井底流体压力，主要受到储层岩石类型、组成、结构、胶结情况、注液速度、天然裂缝、地层应力状况、完井环境等因素的影响。异常高破裂压力是指地层破裂压力与某一地区和某一深度已确立的正常趋势有所不同的破裂压力，破裂压力高于正常破裂压力时称为异常破裂压力，也称异常高破裂压力。地层破裂是实现储层水力加砂压裂、酸压改造的前提，分析异常破裂压力储层的成因和机理，对于选取有效降低破裂压力的措施具有重要意义。根据对异常高破裂压力的影响因素，将异常高破裂压力产生的原因归结为地质因素与工程因素两大类。

(一)岩石强度的影响因素

岩石是矿物的集合体，岩石力学性质主要是指岩石在受力过程中产生的变形与强度特性。岩石力学特性参数包括岩石杨氏模量、抗压强度、泊松比、切变模量、体积模量、岩石硬度、抗剪强度、抗钻强度等。岩石的力学性质主要取决于其成分、结构、构造等内在因素。

1. 岩石类型

彭苏萍等(2002)对大量的砂岩、粉砂岩、泥质砂岩和泥岩的岩石性质进行了测试。测试结果表明：岩石类型对岩石强度的影响表现为随着碎屑颗粒粒度由粗到细，即由砂岩到泥岩，岩石的强度减弱。

表 1-8 岩石力学性质测试结果表

力学性质		砂岩	粉砂岩	泥质砂岩	泥岩
密度/(g·cm^{-3})	范围	2.47～3.47	2.43～2.63	2.64～2.98	2.05～2.97
	平均	2.76	2.56	2.72	2.68
抗压强度/MPa	范围	50.60～281.30	67.28～130.09	13.50～112.10	9.81～81.50
	平均	115.00	94.54	53.46	42.75
抗拉强度/MPa	范围	1.77～10.67	1.20～9.20	0.70～8.70	0.30～7.29
	平均	6.66	5.20	4.39	1.91
内聚力/MPa	范围	1.91～13.07	2.25～2.40	4.00～11.90	0.14～8.40
	平均	6.30	2.33	6.22	3.95
内摩擦角/(°)	范围	33.41～39.15	39.00～40.03	31.90～38.39	31.80～41.52
	平均	36.49	39.52	34.14	36.72
弹性模量/GPa	范围	16.13～86.44	30.00～34.00	7.60～44.00	2.01～19.71
	平均	59.54	32.00	22.96	10.35
泊松比/无因次	范围	0.11～0.33	0.28～0.33	0.10～0.30	0.15～0.34
	平均	0.20	0.30	0.22	0.24

从表 1-8 中可以看出，任何一种岩石的力学性质变化范围都很大，并与其他岩石有较大范围的交叉，如研究区砂岩的单轴抗压强度为 50.60～281.30MPa，粉砂岩为 67.28～130.09MPa，泥岩为 9.81～81.5MPa。尽管同一岩性的岩石力学性质变化较大，但仍可以看出，单轴抗压强度和抗拉强度以砂岩类最大，平均值分别为 115.00MPa 和 6.66MPa；粉砂岩次之，平均值分别为 94.54MPa 和 5.20MPa；泥岩较小，平均值分别为 42.75MPa 和 1.91MPa；煤层最小，平均值分别为 11.45MPa 和 0.35MPa。砂岩的平均单轴抗压强度和抗拉强度分别为泥岩的 2.7 倍和 3.5 倍。

2. 矿物组成及结构

岩石由矿物组成，岩石的矿物成分对岩石的物理力学性质产生直接影响。一般岩块中含硬度大的粒柱状矿物(如石英、长石、角闪石等)越多，岩块强度越大；岩块含硬度小的片状矿物(如云母、绿泥石、高岭石等)越多，岩块强度越小(谢和平等，2004)；

Price 对一系列含有方解石杂质的砂岩与主要为黏土矿物杂质的泥岩，研究了石英含量与单轴抗压强度之间的关系(图 1-3)。随着石英含量增加，岩石强度增加。

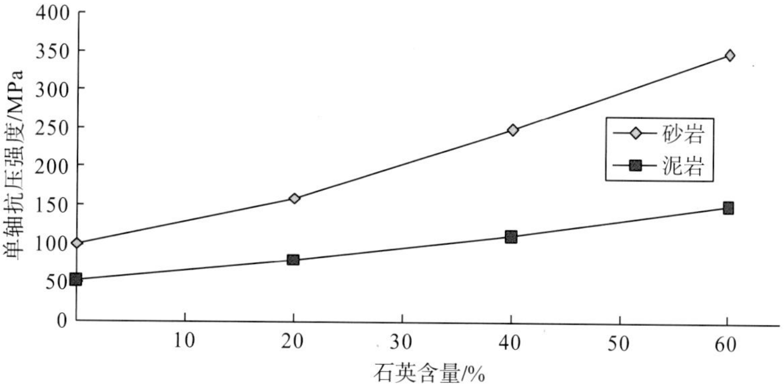

图 1-3　岩石单轴抗压强度与石英含量的关系

3. 胶结物

对沉积岩而言，岩石碎屑之间凭借胶结结构连接在一起，胶结作用和胶结类型对其力学性质有重要影响(图 1-4)。

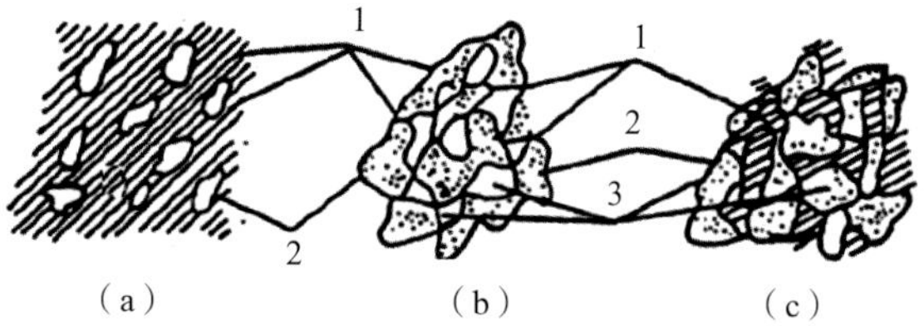

(a)基质胶结；(b)孔隙胶结；(c)接触胶结

1. 胶结物；2. 颗粒；3. 孔

图 1-4　岩石胶结类型对岩石强度的影响

从胶结物成分来看：硅质胶结的强度和稳定性高，泥质胶结的强度和稳定性低，钙质和铁质胶结介于二者之间。如泥质砂岩的抗压强度一般为 59～79MPa，钙质胶结的抗压强度达 118MPa，而硅质胶结的强度则可达 137MPa，高的甚至可达 206MPa。

从胶结物类型来看：基质胶结的岩块强度最高，孔隙胶结次之，接触胶结最低；从胶结物的含量来看，以 SiO_2胶结物为例，随着胶结物含量的增大，泥岩的单轴抗压强度和弹性模量总体呈增大趋势。

从胶结物赋存状态来看：在相同 SiO_2 含量的情况下，SiO_2 在泥岩中的赋存状态对岩石力学性质有重要影响，SiO_2 呈胶结状态的泥岩其力学强度和刚度高于 SiO_2 呈细碎屑状态的泥岩。

4. 密度

周文等(2008)进行的岩石力学实验结果表明，岩石抗张及抗压强度随岩石密度的增加而增大，随岩石孔隙度的增加而减小。砂岩的弹性模量明显高于泥岩，且随着岩石密度的增加而增加。

5. 层理结构

岩石的单轴抗压强度因受力方向的不同而有差异，具有明显层理的沉积岩尤其如此。表 1-9 列出了主要几种沉积岩的垂直层理和平行层理的抗压强度(孙广忠，1983)。

表 1-9 层理结构对岩石抗压强度的影响

岩石名称	抗压强度/MPa		$\sigma_{c\perp}/\sigma_{c//}$
	垂直层理/$\sigma_{c\perp}$	平行层理/$\sigma_{c//}$	
石灰岩	180	151	1.19
粗粒砂岩	142.3	118.5	1.2
细粒砂岩	156.8	159.7	0.98
砂质页岩	78.9	51.8	1.52
页岩	51.7	36.7	1.41

从表 1-9 中可以看出，除细粒砂岩两者大致相等外，通常，岩石垂直层理的抗压强度大于平行层理的抗压强度，二者的比值大约在 1.3，煤大约在 1.5。

(二)储层岩石所处环境的影响

储层岩石破裂压力的高低同时也受到岩石环境的影响，主要的影响因素有储层岩石的埋藏深度、围压、构造应力、温度、溶液、孔隙压力等应力状态等。

1. 储层埋藏深度

油气埋藏在地表之下几千米的储集层中，在漫长地质成藏年代里，储集层经历了无数次的沉积轮回。通常这些地下的储集层要承受上覆岩层的重量，即上覆岩层压力，上覆岩层压力与岩体密度和埋藏深度有关。一般情况是，埋藏越深，上覆岩层压力越大，“诱导”的水平压力越高。

2. 构造应力

由地质构造、地震活动、板块运动等地壳动力学因素造成的附加应力分量称为构造应力，构造应力是一种动态变化的应力场，往往以矢量形式叠加在水平应力之上，至于如何叠加则取决于构造应力的方向。一般来讲，构造应力是近水平方向叠加在水平应力之上，因此在构造运动强烈的地区构造应力较大。对于地壳中由构造运动引起的区域构造应力而言，一方面构造应力“诱导”的应力增大了水平方向应力；另一方面，由于构造应力作用使岩层弯曲派生应力，特别是在弯曲变形曲率大的地带，派生的压应力叠加在水平方向，增大水平方向的最小主应力。因此在构造作用活动强烈的地区，构造应力较大，导致破裂压力异常。构造应力通过改变地层最小水平主应力来影响破裂压力。对于构造应力增加最小水平主应力地层的改造来说(逆断层附近)，破裂压力比正常的破裂压力要高。

3. 地层超压

地层孔隙压力是指地层孔隙内的油、气、水压力，地层孔隙压力与破裂压力的关系密切。当流体作用在井壁面上的有效水平应力大于岩石抗张强度时，地层岩体就发生破裂。地层破裂压力随孔隙流体压力的增大而增高。据研究，地层超压引起的附加应力对破裂压力的贡献，占到破裂压力构成的10%～27%。对于超压地层，附加应力增大，破裂压力也将增大(谢润成等，2009)。超压引起的附加压力对破裂压力的贡献比率估算结果如表1-10所示。

表 1-10　超压引起的附加压力对破裂压力的贡献比率估算结果

井号	井深/m	静水压力/MPa	地层压力/MPa	岩石强度/MPa	地应力/MPa			预测破裂压力/MPa	超压比率/%
					垂直应力	最大主应力	最小主应力		
X1	3 512.9	34.6	58.0	3.5	62.2	51.6	45.1	112.5	20.7
X2	3 250.7	32.1	43.0	4.0	73.5	58.4	52.4	105.4	10.4
X3	4 590.0	45.3	88.0	3.5	82.0	60.0	58.0	160.0	26.7
X4	4 932.5	48.7	90.0	6.0	73.0	62.0	55.0	156.5	26.4
X5	5 012.4	49.5	80.0	4.5	84.0	67.0	54.0	156.5	19.5

4. 热应力效应

地下储集层中由于侵入体的局部热作用、地层矿物转化过程中的热“释放”及断裂带的热液影响等使油气层温度升高，而多数岩石随温度的增加而膨胀，受围岩的限制影响，膨胀应变将引起局部应力增加，增加的应力往往会引起岩体破裂压力的升高。另外，岩层中矿相变化引起的应力变化，高温高围压环境下岩石从脆性向延性转化等也是导致地层破裂压力异常的地质因素。

5. 围压

图1-5为石灰岩在常温时从0.1MPa到400MPa围压下实验得出的应力－应变曲线。当围压为0.1MPa，施加压应力达280MPa时，石灰岩表现为弹性，超过此值岩石就破裂；当围压增大到100MPa以上，石灰岩受到400MPa左右的压应力时，开始发生塑性变形；围压达200MPa，石灰岩压缩了20%还未破裂，表明岩石的韧性大大增加。上述实验还表明，岩石的强度极限随围压的增加而增大。在地表条件下，当围压为0.1MPa时，石灰岩的抗压强度为280MPa；围压为100MPa时，其抗压强度将大于390MPa；围压为400MPa时，抗压强度可增高到800MPa以上。

围压对岩石力学性质影响的原因在于，围压使固体质点彼此接近，增强了岩石的内聚力，从而使晶格不易破坏，因而岩石不易破坏、断裂。

岩石在不同围压下表现出不同的峰后特性，在较低围压下表现为脆性的岩石可以在高围压下转化为延性。

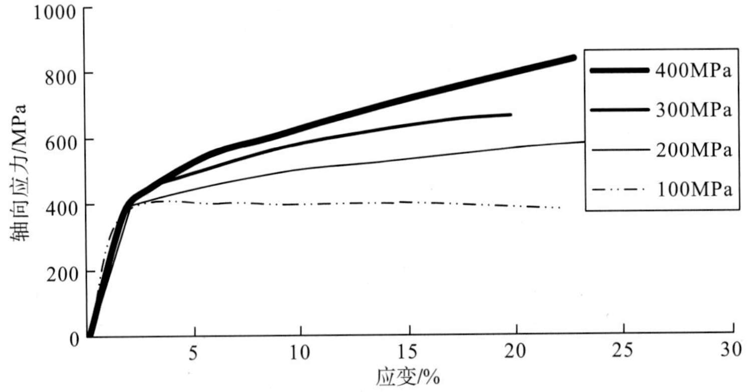

图 1-5 石灰岩在不同围压下的应力－应变曲线

6. 温度

许多岩石在常温常压下是脆性的，随着温度的升高，岩石的强度降低，弹性减弱，韧性显著增强，因而有利于发生形变。图 1-6 是对大理岩进行实验作出的应力－应变曲线。在室温条件下，当围压为100MPa 时，对大理岩施加压力，大理岩的弹性极限在200MPa 左右；温度增高到 150℃时，弹性极限降低为 100MPa 左右。实验结果表明，随着温度升高，岩石的抗压强度降低。

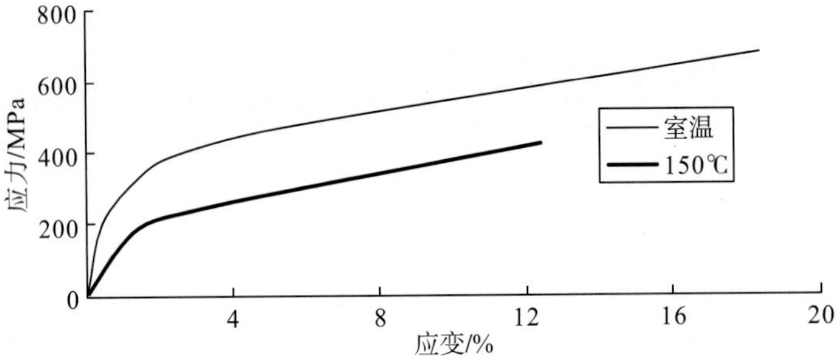

图 1-6 温度和溶液对大理岩变形的影响

温度增高对岩石力学性质影响的原因在于随温度升高，岩石质点(分子)的热运动增强，从而使它们之间的联系力减弱，使物质质点更容易位移。当温度升高到适当数值时，较小的应力也能使岩石发生较大的塑性变形。

7. 岩石微缺陷

Reyes 等(1991)研究认为工程岩体中赋存有大量的原生裂隙和一些断层。在压缩应力作用下，这些原生缺陷的扩展和相互作用将极大地改变岩体内部的应力分布，并引起局部应力集中现象。当局部的应力集中强度达到岩石破坏强度时，裂隙面发生滑动，进而引起裂纹的起裂与扩展，从而影响裂隙岩体的变形及强度特性。黄明利认为岩石的破坏失稳过程本质上是其在受力过程中微裂纹萌生、扩展和贯通的结果，是岩石微结构累积产生变形破坏的宏观反映。岩石内初始微缺陷(孔洞、微裂隙和颗粒边界等)杂乱无章分布导致其受载时新生裂纹随机分布，初始微缺陷的尺寸在某种程度上对岩石的微观裂纹扩展和宏观破坏失稳起到决定作用。实验结果表明，岩石试件的变形与破坏过程可以分为裂纹压密、微裂纹萌生和扩展以及断裂破坏 3 个阶段；微裂缝首先在预裂缝周围的拉应力集中区产生，随着外载荷的增加不断扩展，最后形成与最大主应力方向平行的宏观断裂带。冯增朝等(2008)把岩石中的断层、裂缝和裂隙称为高层次缺陷，微裂隙、孔隙等称为低层次缺陷，并按照裂隙尺度进行分级，研究岩体裂隙尺度对岩石变形与破坏的控制作用。当裂缝、裂隙、微裂隙、孔隙等不同尺度、不同层次缺陷并存时，高层次缺陷对岩体的变形、稳定、破坏起着主导作用。尽管低层次的岩石缺陷对岩石强度的控制作用极其微弱，但其影响着高层次岩石缺陷对岩体强度的控制。高均质度岩石内的裂隙对岩体强度的控制作用远远大于低均质度岩石内的裂隙。

(三)工程环境的影响

1. 钻井诱导应力场畸变

钻井可造成井眼附近应力集中(图 1-7)，使应力场发生畸变。钻井压实不仅使无裂缝地层压裂时破裂压力增加，引发地层最小应力场方向与射孔孔眼方向的偏移，而且井眼附近应力的改变可能使破裂应力状态发生改变，而距井眼附近一定距离的地应力状态与之不同，造成压裂缝在井壁的产状和延伸时的产状差异，形成弯曲裂缝，增加压裂施工难度。谢润成等对川西地区部分井因钻井造成的井眼应力畸变进行了估算，由于井眼的存在，水平最大主应力一般增大 8～15MPa，而最小主应力一般增大 4～8MPa。

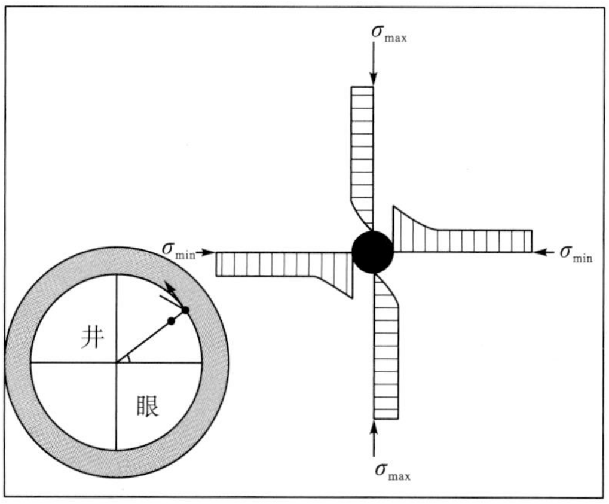

图 1-7　圆形井眼附近应力分析

2. 钻完井储层伤害

在钻井、完井的过程中，工作液对油气储层的伤害不可避免。陈青(2007)针对致密储层的破裂压力研究成果表明：经过钻井液处理后的岩石抗张强度大于未处理前

(表 1-11)；岩石经钻井液浸泡处理后，多数岩石的泊松比增大，塑性增强，局部水平应力升高，使岩石的破裂压力增大。

表 1-11　岩芯经钻井液处理前后的测试结果

井号	井段/m	抗张强度/MPa		井号	井段/m	泊松比/无因次	
		处理前	处理后			处理前	处理后
CH137	4 612.14	7.9	2.8	CH137	4 612.14	0.221	0.560
	4 618.95	6.6	6.1		4 616.20	0.258	0.405
	4 619.85	7.8	4.6		4 618.14	0.305	0.606
	4 621.25	8.3	5.9		4 618.69	0.229	0.501
	4 625.61	7.3	4.0	CG561	4 937.34	0.369	0.428
	4 625.93	6.9	3.0	CF563	4 484.68	0.323	0.424

此外，泥浆浸泡对破裂压力的影响还体现在以下两个方面：钻井泥浆对近井地带的长期浸泡以及完井工作液与储层接触的过程中，对于碳酸盐岩储层而言，一方面由于固相颗粒侵入油气储层，充填到储层发育的微裂缝中，会对储层造成严重伤害，从而导致岩石的抗张强度增大，引起破裂压力升高；另一方面，钻井泥浆滤入井壁地层，由于压力传递和滤液与地层黏土矿物之间水化作用产生水化应力，引起地层孔隙压力的升高，根据破裂压力理论，地层孔隙压力对地层破裂压力有贡献，因而会影响到地层破裂压力的增大。

研究表明，随着钻完井过程的工作液对储层的浸泡时间增长，对破裂压力的影响程度越来越大；同时储层中黏土等塑性颗粒含量越高，地层破裂压力受浸泡时间的影响程度也就越大。

3. 钻井井斜

在钻井作业过程中，如果井眼方向与地层垂向应力的方向不平行，井筒受力形式将会有较大变化，且引起井眼附近应力的变化。在这种情况下，部分垂向应力要叠加在井筒上，从而引起井眼附近应力附加。

图 1-8 为某井在不同井斜角和方位角下的破裂压力当量密度图。可以看出，方位角为 0°～45°时，当井斜角大于 25°，随着井斜角增加，地层破裂压力会逐渐增大；方位角为 45°～90°时，随着井斜角增加，破裂压力则会呈小幅下降。

以上就是造成地层破裂压力异常高的原因。在实际油气储集层中，单井或部分区块的破裂压力出现异常，不能看作以上的某一个因素或所有因素造成的，而可能是几个因素的耦合作用，应根据单井资料结合具体情况进行分析解释。

套管射孔完井使射孔孔眼起到沟通地层和井筒的作用，而射孔孔眼在很大程度上会改变应力的分布状态，从而对地层的破裂压力产生影响。通过对比射孔与裸眼状态的破裂压力可知，射孔完井能大幅降低破裂压力。射孔密度、方位、孔眼直径及孔眼长度等射孔参数将影响孔眼间的应力集中，从而影响破裂压力的降低程度。

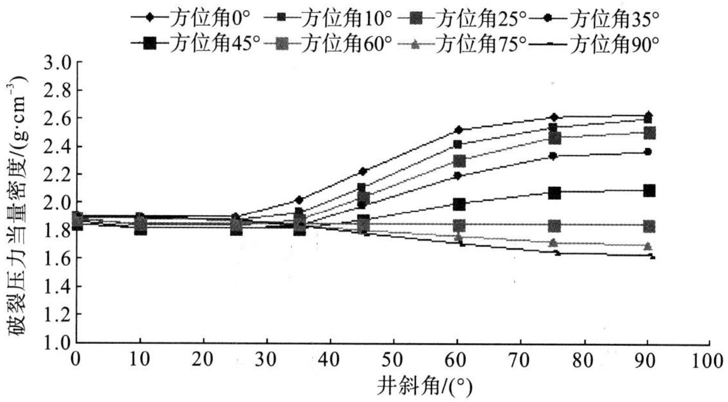

图 1-8 WS1 井3 000m 处地层破裂压力随井斜角和方位角变化规律

4. 射孔方位

根据弹性力学理论，裂缝总是倾向于沿垂直最小主应力方向延伸，因此当射孔孔眼的方向与最小水平主应力夹角为 90°时，就是最佳射孔孔眼方向，垂直于最小主应力的平面称为最佳平面，此时对应的地层破裂压力也最小。由图 1-9 知，当射孔孔眼与最佳平面有一定夹角时，地层破裂压力则随着射孔方位角的增加而呈现不同趋势：当夹角为 0°～40°时，破裂压力变化不明显；当夹角为 40°～70°时，破裂压力的增加幅度变大；而当夹角大于 70°以后破裂压力增幅不大。

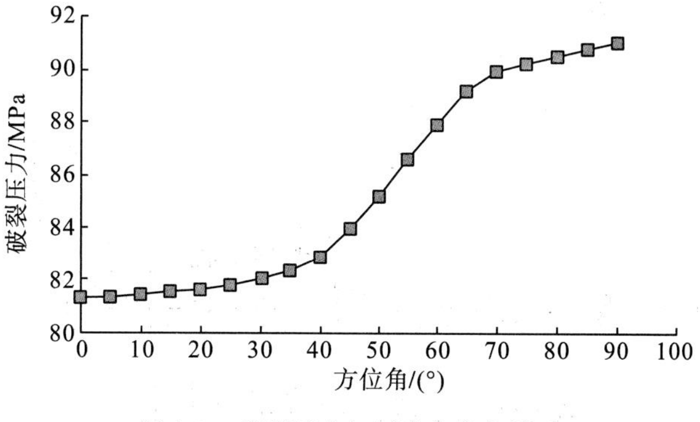

图 1-9 破裂压力与射孔方位角关系

5. 射孔密度

射孔密度是指在单位井筒深度上射孔孔眼的数目，取射孔相位角为 0°，射孔方位与最大水平主应力方向一致。由图 1-10 可知，破裂压力随着射孔密度的变化呈非简单线性关系：在 2～4 孔/m、8～13 孔/m 及 17 孔/m 以后，破裂压力随射孔密度的增加而减小；而在 4～8 孔/m、13～17 孔/m 之间时，破裂压力随射孔密度增加基本上不变化。其原因可以解释为多孔应力集中效应的相互影响随孔间距的缩小而增大的程度呈非均质性。

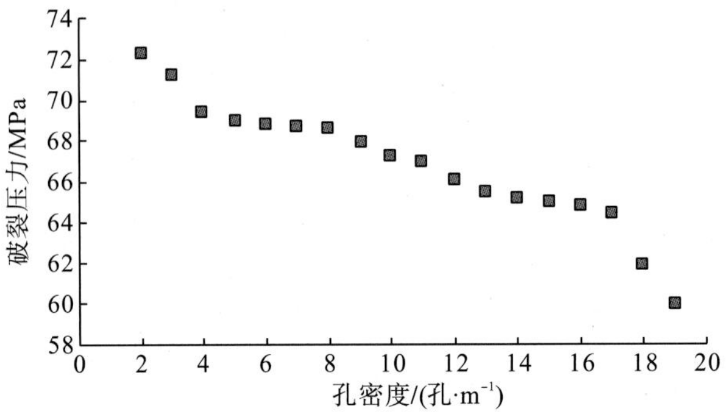

图 1-10　破裂压力与射孔孔密度的关系

6. 裂缝迂回效应

对于碳酸盐岩储层，由于地层中存在非连续体，裂缝和溶洞较发育。考虑到近井地带存在天然裂缝，如果压裂裂缝沿天然微裂缝带的走向起裂，由于近井地带裂缝的复杂性(多分支、曲折)，会带来裂缝迂回效应和能量损耗，因此导致岩层破裂时的压力异常。由于裂缝性储层在钻井完井过程中受工作液污染，特别是其中的固相颗粒容易填充裂缝，造成储层的伤害严重，此时岩体破裂压力的降低程度会受到影响。在压裂施工中，以下破裂和扩展过程是耗能的：①压裂缝在扩展过程中，新裂缝遇到已有裂缝时，能量不断消耗在裂缝扩展上，在遇到已有裂缝时，能量释放、消耗，特别是对于有一定渗透性的地层，压裂液的渗漏作用随着新裂缝增加(与地层的接触表面增加)而增大，压裂能耗会显著增大；②裂缝弯曲或扭曲扩展时，在扩展方向与地应力完全耦合时的直线扩展能量损失最小，两者耦合程度不完全一致时，产生弯曲或扭曲扩展，是典型的耗能扩展；③多裂缝扩展时，如果多条裂缝与地应力具有相同的耦合时，产生多裂缝扩展，能量释放增加；④裂缝扩展过程中遇到局部阻力带时，也会出现大的能耗，如四川盆地须家河组地层中的局部阻力带类型较多，主要是扩展过程的岩性变化带、物性变化带、存在的碳质团等；⑤多裂缝存在时，裂缝与基质岩石接触面积增大，压裂液的滤失作用增加，造成压裂过程中的能耗增大。

第五节　异常高应力储层改造关键理论与技术

储层改造是异常高应力储层有效开发的关键技术。为了实现对异常高应力储层的有效改造，需要解决的关键理论与技术包括：

(1)深部岩体力学基础理论研究。异常高应力储层普遍具有埋藏深度大、深部岩体所处的高地应力、高地温和高渗透水压的特殊环境，伴随着深部岩体的力学响应明显有别于浅部岩体的力学行为。由于深部岩体所受到的各种载荷作用、岩体介质作用本身的复杂性、认知的不确定性和表现出的一系列新的岩体地质力学特征，致使深部岩体的地质结构特征、裂隙渗透性、变形机理、破坏规模和强度特征以及高渗透水压下流变机理、岩石的破坏以及起裂难以用传统的理论加以合理解释，需要对深部岩体在外力作用下的岩石变形、力学机制以及破坏的本构方程进行研究。

(2)深部储层异常高应力储层的破裂压力预测研究。高应力储层由于埋藏深、岩石致密坚硬、杨氏模量和抗张强度高，导致地层破裂压力高(部分表现为异常高)，使得加砂压裂过程中井口施工压力很高，甚至超过压裂井井口、井下工具等承压能力而不得不终止施工，造成大量人力、物力资源的浪费，制约了这些储层的有效开发。建立起准确预测深部岩体破裂压力预测的理论对于异常高应力储层的压裂参数优化及施工工艺优选具有重要意义。

(3)深部裂缝性储层水力裂缝扩展研究。对于致密的异常高应力储层，在强烈构造应力作用下，一般有较发育的天然裂缝，水力压裂是该类油气藏增产的主要工艺技术。国内外大量压裂实践和室内实验表明，在天然裂缝发育储层中的水力裂缝不再是对称双翼裂缝，而是极为复杂的裂缝形态。目前压裂设计中常采用的压裂模拟软件大都是基于对称双翼裂缝理论，无法模拟含天然裂缝的非均质储层水力裂缝扩展。因此需要探索新方法来模拟存在天然裂缝影响下的水力裂缝路径扩展模拟。

(4)酸损伤降低碎屑岩储层破裂压力理论。针对异常高应力油气藏，受地质因素和工程因素影响，这类油气藏通常破裂压力异常高，“如何降低地层破裂压力，压开地层”是这类储层改造的关键技术。“酸损伤”技术是近年来兴起的降低地层破裂压力的新型技术，由于便于油田现场实施，因此备受油田工程师青睐。弄清不同类型储层酸损伤降低破裂压力机理，优选合理的酸损伤施工参数，准确预测酸损伤后地层破裂压力是酸损伤技术成功的关键。通过实验测试、机理分析、理论研究等可揭示酸损伤技术降低碎屑岩储层破裂压力机理和关键技术。

(5)酸损伤降低碳酸盐岩储层破裂压力理论。针对储层坚硬致密、埋藏深的碳酸盐岩储层改造问题，破裂压力高，甚至压不开地层制约了这类储层的开发。酸损伤技术是降低破裂压力行之有效的措施。可通过实验测试、机理分析揭示酸损伤降低碳酸盐岩储层的机理，建立有效降低碳酸盐岩储层破裂压力的方法，形成酸损伤降低碳酸盐岩储层的关键理论和技术。

(6)定向射孔降低储层破裂压力物理模拟研究。射孔参数是影响地层破裂压力高低的重要因素之一。射孔参数的选择具有多样性，孔深、孔径、孔密和相位等参数对压裂施工都将产生一定的影响，不同射孔参数的选用组合，也将直接影响到压裂施工效果，对于斜井的压裂尤其如此。通过开展水力压裂模型室内评价实验，通过模拟地层条件的压裂实验，对裂缝的起裂和延伸的过程进行监测，对形成的裂缝进行直接观察，优选射孔参数降低储层破裂压力和提高改造效果。

(7)燃爆诱导压裂降低高应力储层破裂压力理论。针对部分埋藏深、低孔渗、致密的异常高应力储层，采用射孔参数优化、酸损伤等措施后，仍然解决不了破裂压力过高、油气层压不开的问题，可通过开展多级燃爆诱导压裂针对性的技术措施来降低施工中存在的高破裂压力难题，开展多级燃爆诱导压裂降低储层的破裂压力机理、燃爆诱导压裂药剂体系研制、控制系统及点火药实验研究、多级燃速可控诱导压裂技术装置结构设计、多级燃速可控诱导压裂爆燃气体流动理论分析等，形成燃爆诱导压裂降低高应力储层的理论和关键技术。

(8)异常高应力储层改造配套措施研究。在上述研究有效解决地层破裂的基础上，为了降低施工压力，进一步通过优化加重压裂液、压裂管柱结构、采用超高压压裂装备以及网络裂缝酸化工艺等研究，形成异常高应力储层改造的关键配套技术。

参考文献

陈青.2007.川西须家河组致密储层破裂压力研究.成都：成都理工大学.

冯增朝，赵阳升.2008.岩体裂隙尺度对其变形与破坏的控制作用.岩石力学与工程学报，27(1)：78－83.

郭建春，曾凡辉，赵金洲.2011.酸损伤射孔井储集层破裂压力预测模型.石油勘探与开发，38(2)：221－227.

胡文瑞.2009.中国低渗透油气的现状与未来.中国工程科学，11(8)：29－37.

彭苏萍，孟召平.2002.矿井工程地质理论与实践.北京：地质出版社.

沈明荣，陈建峰.2006.岩体力学.上海：同济大学出版社.

孙广忠.1983.岩体力学基础.北京：科学出版社.

陶振宇.1900.试论岩石力学的最新进展.力学进展，22(2)：161－172.

王宇，等.2012.全球深层油气分布特征及聚集规律.天然气地球科学，23(3)：526－534.

谢和平，陈忠辉.2004.岩石力学.北京：科学出版社.

谢润成，等.2009.深层致密砂岩气藏高异常破裂压力影响因素分析.石油钻采工艺，31(5)：60－64.

薛玺成，郭怀志，马启超.1987.岩体高地应力及其分析.水利学报，28(3)：52－58.

姚宝魁，张承娟.1985.高地应力坝区硐室围岩岩爆及其断裂破坏机制.水文地质工程地质，(6)：005.

张抗.2012.中国油气产区战略接替形势与展望.石油勘探与开发，39(5)：513－523.

周文，等.2008.川西新场气田沙二段致密砂岩储层岩石力学性质.天然气工业，28(2)：34－37.

Reyes O，Einstein H. 1991. Failure mechanisms of fractured rock－a fracture coalescencemodel. Paper presented at the 7th ISRM Congress.

第二章　异常高应力储层改造深部岩体力学基础理论

由于深部岩体所处的高地应力、高地温和高渗透水压的特殊环境，且深部岩体的力学响应明显有别于浅部岩体的力学行为。加之深部岩体所受到的各种载荷作用、岩体介质作用本身的复杂性、认知的不确定性和表现出的一系列新的岩体地质力学特征，致使深部岩体的地质结构特征、裂隙渗透性、变形机理、破坏规模和强度特征以及高渗透水压下流变机理难以用传统的理论加以合理解释，引起了国内外学者的极大关注，成为近几年来该领域的研究热点。正确认识深部岩体的力学特征、岩石变形及破坏规律，对异常高应力储层的改造具有重要的指导意义。

第一节　深部岩体力学概述及特征

一、深部岩体概述

岩体通常是指与人类生活相关的地壳最表层部分。地壳是由玄武岩基底之上的花岗岩类岩浆岩、沉积岩和变质岩组成的。地壳在其形成过程中赋存了应力，以后又经历多次地质构造运动，使应力场变得复杂，破坏了岩体的完整性和连续性，产生许多裂隙、节理和断层。对于沉积岩与由沉积岩变质而成的变质岩，还有层理和层面。裂隙、节理、断层、层理等称为地质上的结构面。岩体就是由许多这样的结构面和被其切割的最小岩块组成的岩体结构(图 2-1)。而最小的岩块也是具有一定结构的集合体，叫做岩石单元。岩体的力学性质就是岩体结构的力学性质的综合反映(何满潮，2005)。

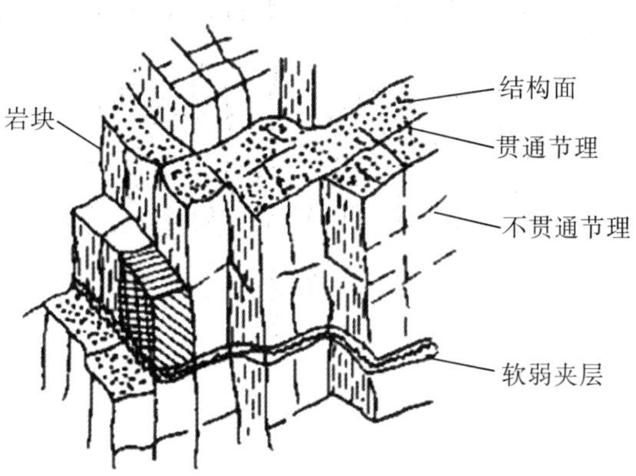

图 2-1　岩体结构示意图

岩石力学是以地质学为基础，运用力学和物理学的原理，研究岩石在外力作用下的物理力学形状的理论和应用的一门学科。其目的在于充分认识岩石的固有特性，从而更好(经济和安全)地利用它、改造它、为人类造福；同时借以解释和解决国民经济建设中岩石工程提出的实际问题。美国地质协会岩石力学委员会对岩石力学也有类似的定义："岩石力学是关于岩石的力学性态理论和应用科学；它是与岩石性态对物理环境的立场反应的有关的力学分支"（蔡美峰，2002）。

深部岩体在不同的工程领域类，界定的范围不同。在煤层开采及采矿业中，由于不同的产煤国家在煤层赋存的自然条件、技术装备水平和开采技术上的差异，以及在深部开采中出现问题程度的不同，国际上尚无统一的根据采深划分深井的定量标准。俄罗斯有学者将采深超过 600m 的矿井归于深井，另有学者将采深 800m 作为统计深井的标准。德国学者将采深 800～1 200m 定为深部开采。英国与波兰将煤矿深部开采的起点定为 750m，日本定为 600m。我国将深>500m 的地下开采称为深部开采。国际岩石力学学会将硬岩发生软化的深度作为进入深部开采的界限(何满潮，2005)。

二、深部岩体国内外开采状况

(一)国内煤及矿山开采状况

根据目前资源开采状况，我国煤炭开采深度以每年 8～12m 的速度增加，东部矿井正以 100～250m/10 a 的速度发展。近年已有一批矿井进入深部开采。其中，在煤炭开采方面沈阳屯矿开采深度为1 197m，开滦赵各庄矿开采深度1 159m，徐州张小楼矿开采深度为1 100m，北票冠山矿开采深度为1 059m，新汶孙村矿开采深度为1 055m，北京门头沟开采深度为1 008m，长广矿开采深度为1 000m。可以预计在未来 20 年我国很多煤矿将进入1 000～1 500m 的深度。我国国有重点煤矿平均采深变化趋势如图 2-2 所示(何满潮等，2005)。

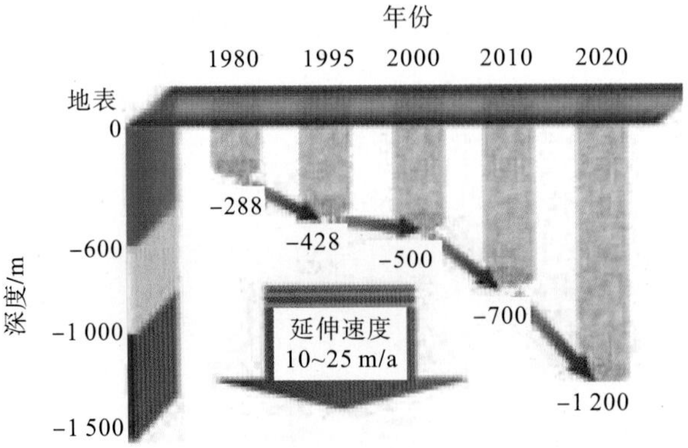

图 2-2 我国国有重点煤矿平均采深变化趋势

（二）国外矿业开采深度

据不完全统计，国外开采超千米的矿有八十多座，其中最多为南非。南非绝大多数金矿的开采深度在1 000m 以下。其中，Anglogold 有限公司的西部深井金矿，采矿深度达3 700m，West Driefovten 金矿矿体赋存于地下 600m，并一直延伸至6 000m 以下。印度的 Kolar 金矿区，已有三座金矿采深超2 400m，其中钱皮恩里夫金矿共开拓 112 个阶段，总深3 260m。俄罗斯的克里沃罗格铁矿区，已有捷尔任斯基、基洛夫、共产国际等 8 座矿山采准深度达 910m，开拓深度到1 570m，将来要达到2 000～2 500m。另外，加拿大、美国、澳大利亚一些有色金属矿山采深亦超过1 000m。国外一些主要产煤国家从 20 世纪 60 年代就开始进入深井开采。1960 年前，德国平均开采深度已经达 650m，1987 年已将近 900m；俄罗斯在 20 世纪 80 年代末就有一半以上煤产量来自 600m 以下深部。国外深部工程开采现状如图 2-3 所示(何满潮等，2007)。

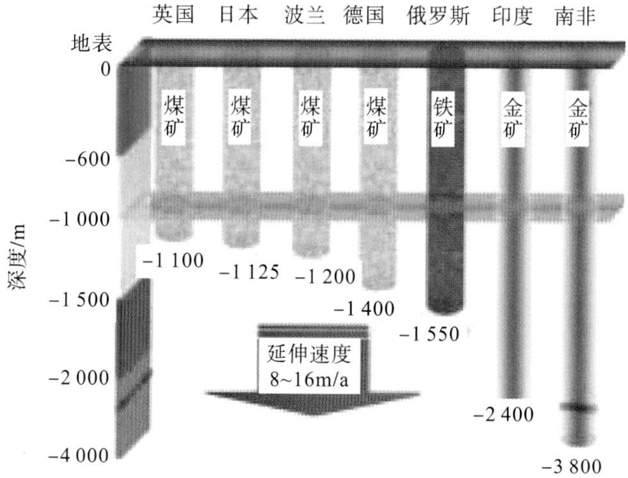

图 2-3　国外深部工程开采现状

（三）石油行业深部岩体开采状况

目前国际上对深井、超深井和特超深井较为通行的划分方法为完钻井深4 500～6 000m 的直井为深井，6 000～9 000m 的直井为超深井，超过9 000m 的直井为特超深井(栾乔羽，2014)。早在 1949 年，美国就钻成世界第一口超深井(井深6 255m)，1972 年又钻成世界第一口特超深井(井深9 159m)。1984 年，俄罗斯创造了12 262m 的世界特超深井纪录，1991 年该井侧钻至12 869m，到现在该井仍保持着世界最深井纪录。截至目前，世界上已钻成超过9 000m 的特超深井 8 口，超过10 000m 的特超深井 2 口(俄罗斯和美国各 1 口)，美国及欧洲的超深井钻井技术处于世界领先水平。

我国超深井钻井技术起步较晚，1976 年在四川地区完成的女基井，井深达6 011m，开启了我国超深井钻井的序幕。1976～1985 年，全国共钻成 10 口超深井，其中有 2 口井超过7 000m，即位于四川的关基井(井深7 175m，1978 年)和位于新疆的固 2 井(井深7 002m，1979 年)。1986～1997 年，共完成 34 口超深井，其中塔参 1 井井深达7 200m (1997 年)，是当时我国陆上最深井。20 世纪 90 年代末期以来，随着塔里木盆地、四川盆地大规模勘探开发，超深井数量越来越多。

截至 2005 年我国共完成深井约1 500口，超过7 000m 超深井有 4 口：关基井(7 175m，1978 年)、固 2 井(7 002m，1979 年)、塔参 1 井(7 200m，1998 年)、中 4 井(7 220m，2003 年)。亚洲陆上第一深井——塔深 1 井(设计井深8 014m)已于 2005 年 4 月开钻。

2008 年之后，中石化每年完钻超深井多达 100 口以上。截至目前，中石化完成7 000m 以上超深井 70 余口，其中塔深 1 井井深达8 408m，为亚洲最深探井，标志着中石化超深井钻井技术已达到较高水平，但与欧美等石油工业发达国家相比尚有差距。2011 年，中石油在塔里木盆地完钻了一口8 023m 深的克深 7 井，成为国内迄今为止最深的同类型油井。

第二节　深部岩体力学特征

一、深部岩体力学环境特征

与浅部岩体相比，深部岩体更凸现出具有漫长地质历史背景、充满建造和改造历史遗留痕迹，并具有现代地质环境特点的复杂地质力学材料，如图 2-4 所示。

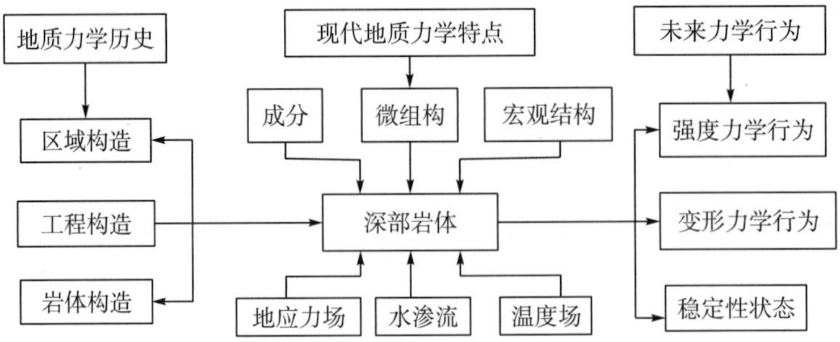

图 2-4　深部岩体地质力学特征

总的来说，深部岩体处于“三高”的环境之中。“三高”主要是指高地应力、高地温、高岩溶水压。地应力不仅存在于岩体块介质中，也存在于结构面的裂缝处，它既可表现为压应力，也可表现为剪应力，岩体中的介质、岩块和岩块体系在这种复杂应力状态下处于平衡状态(何满潮等，2007)。

(1)高应力。进入深部开采以后，仅重力引起的原岩垂直应力通常就超过工程岩体的抗压强度(>20MPa)，而由于工程开挖所引起的水平应力集中则远大于工程岩体的强度(>40MPa)。已有地应力资料显示，深部岩体形成历史久远，留有远古构造运动的痕迹，其中可能存有构造应力场或残余构造应力场，二者的叠合累积表现为高应力，这就在深部岩体中形成了异常的地应力场。据南非地应力测定，在3 500～5 000m 地层，水平地应力可以达到 95～135MPa。地应力越高，地层岩石的强度成倍增长，呈现较为显著的塑性。如，南海西部北部湾盆地3 000m 左右井深处的褐灰色泥岩，在围压下具有一定的塑性，且随围压增加，其破坏强度、屈服应力及塑性都有增强(图 2-5)。

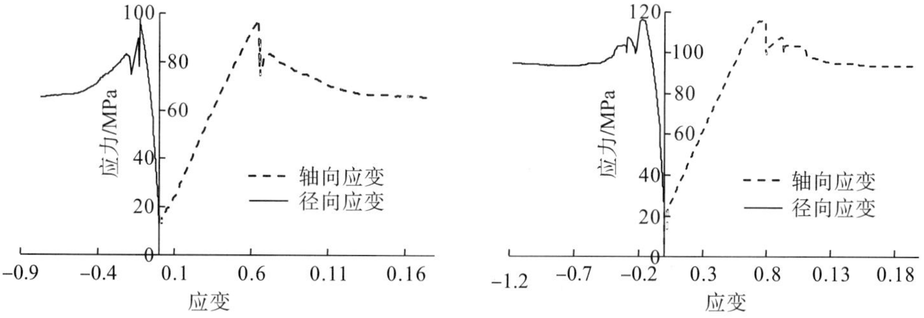

(a)围压为 15MPa　(b)围压为 30MPa

图 2-5　褐灰色泥岩应力－应变曲线

(2)高地温。根据测量结果，越往地下深处，地温越高。地温梯度一般为 3～5℃/100m，常规情况下的地温梯度为 3℃/100m。断层附近或热导率高的异常局部地区，地温梯度有时高达 20℃/100m。岩体在超常规温度环境下，表现出的力学、变形性质与普通环境条件下具有很大差别：地温可以使岩体热胀冷缩破碎，而且岩体内温度变化1℃可产生 0.4～0.5MPa 的地应力变化，而岩体温度升高产生的地应力变化对工程岩体的力学特性会产生显著的影响。例如，席道瑛等对花岗岩、大理岩和砂岩在温度－60～600℃进行模量、波速随温度变化的实验，发现随着温度的升高，岩石的模量和波速都呈下降趋势。其中，由于温度的升高从而引起某些矿物的相变，使体积发生膨胀，从而导致模量和波速显著下降。其次，由于岩石中微裂纹的不断增长，使得岩石结构发生破坏，最终使得岩石的模量和波速发生下降。同时，弹性模量的下降，直接引起花岗岩强度的降低。

(3)高孔压。水压进入深部以后，随着地应力及地温升高，同时会伴随岩溶水压的升高，在采深大于1 000m 时，其孔压将高达 7MPa，甚至更高孔压的升高，使得矿井突水灾害更为严重。对于石油天然气深层钻探而言，若钻井液的密度设计不当，当钻遇到高孔压或异常孔压的地层时，易引起严重的井涌或井喷事故，给钻井作业带来极大的风险。

(4)生产扰动。扰动主要指强烈的开采扰动。进入深部开采后，在承受高地应力的同时，大多数巷道要经受硕大的回采空间引起的强烈支承压力作用，使受采动影响的巷道围岩压力数倍，甚至近十倍于原岩应力，从而造成在浅部表现为普通坚硬的岩石，在深部却可能表现出软岩大变形、高地压、难支撑的特征；浅部的原岩体大多处于弹性应力状态，而进入深部以后则可能处于塑性状态，即有各向不等压的原岩应力引起的压、剪应力超过岩石的强度，造成岩石的破坏。

二、深部岩石力学特性

由于深部岩体所处的特殊环境，其具有以下区别于浅部岩体的特殊力学特征(何满潮等，2005)。

(一)脆延转换特性

在应力作用下，岩石会发生位移或变形。探讨岩石变形机制，主要是借助岩石力学实验结果，并结合对比典型天然变形岩石的观察研究。在显微镜尺度上，岩石的变形机制主要分为脆性和塑性两种变形，以及介于二者之间的脆塑性转化。

脆性变形，从宏观角度看，即为脆性破裂或断层摩擦滑动。脆性破裂在地震学辞典中这样定义：岩石破裂前没有或很少发生永久变形，1960 年格里格斯规定永久变形不超过 1%，而赫德规定不超过 3%。从微观的角度看，脆性变形主要是显微破裂的产生和扩展及有关的碎裂作用；从应力应变角度看，脆性变形主要表现为岩石或矿物在应力作用下，超过强度极限时就会发生破裂，使能量突然释放。总之，在脆性变形中，破裂会在颗粒间或穿过颗粒时发生，并且最终的碎块会发生相对位移。

塑性变形机制比脆性变形机制要复杂得多。岩石塑性变形绝大多数是由单个晶粒的晶内滑动或晶粒间的相对运动(晶粒边界滑动)所造成的，根据变形特征与变形温度、压力条件，一般有位错蠕变和扩散蠕变两种主要机制。

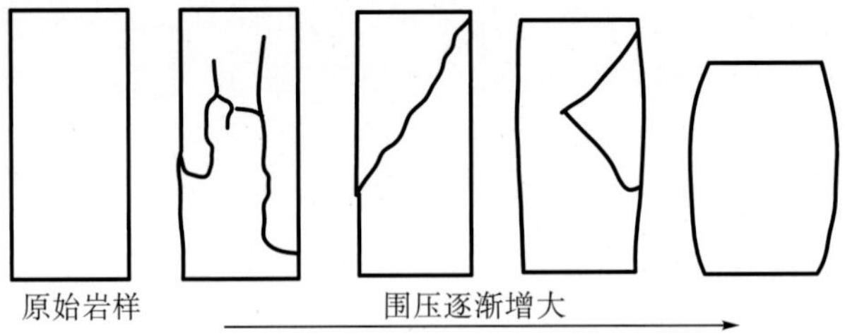

图 2-6　围压增大花岗岩流变性增强

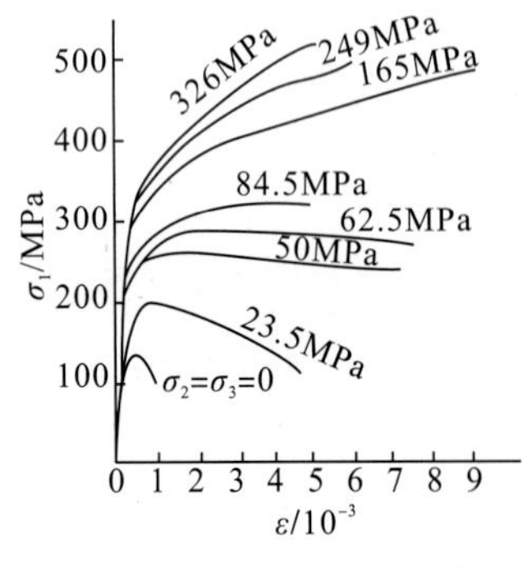

图 2-7　德国大理岩单轴和三轴实验

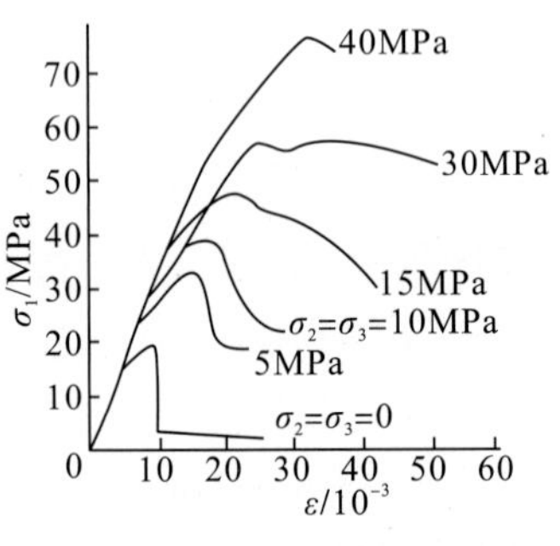

图 2-8　茂名泥岩单轴和三轴实验

岩石在不同围压下表现出不同的峰后特性，脆－延转化即岩石在低围压下表现为脆性，在高围压下转化为延性或韧性的行为(图2-6)。其中使峰后曲线变得平行于(应变)横轴的围压，称为“脆-延转化临界围压”。图2-7是德国Von Karman在1911年最早做出的大理岩单轴和三轴试验结果，图2-8是我国在1994年做的茂名泥岩单轴和三轴典型试验结果。从图2-7和图2-8中可以看出，德国大理岩和我国茂名岩脆-延转化围压分别为84.5MPa和30MPa。人们针对围压对岩石力学性质的影响进行了大量试验研究。Paterson在室温下对大理石进行了实验，证明了随压力增大岩石变形行为由脆性向延性转变的特性。但对于诸如花岗岩和大理岩这类岩石，在室温下即使围压达到1 000MPa甚至以上时，仍表现为脆性。而有的现场观测资料表明，像花岗闪长岩这种极坚硬的岩石在长期地质力作用下也会发生很大延性变形。

(二)深部岩石的流变特性

在深部高应力环境中，岩石具有强时间效应，表现为明显的流变或蠕变。研究者在研究核废料处置时，研究了核废料储存库围岩的长期稳定性和时间效应问题。一般认为，优质硬岩不会产生较大流变，但南非深部开采实践证明，深部环境下硬岩一样会产生明显的时间效应。岩体流变的大小，不仅取决于其抗压、抗剪强度，而且还与其承受的应力水平有关。岩石在高应力和其他不利因素的共同作用下，其蠕变更为显著，这种情况在核废料处置中十分普遍，例如，即使质地非常坚硬的花岗石在长时间微破裂效应和地下水诱致应力腐蚀的双重不利因素作用下，同样会对存储库近场区域的岩石强度产生很大的削弱作用。在石油工业中，深部岩体的流变性是使套管变形的重要原因之一，每年会在套管修复上花费大量的人力、财力。

孙钧和王贵君等对岩石的流变力学开展了大量的研究，认为岩石的流变力学特性主要包括以下几个方面：

(1)蠕变。在常应力作用下，变形随时间发展增大的过程。

(2)应力松弛。在恒应变水平下，应力随时间衰减直至某一限值的过程。

(3)弹性后效和滞后效应。加载过程中弹性变形随时间的增长而增长称为滞后效应，它也包括在蠕变中；卸载后弹性变形随时间的逐渐恢复而恢复称为弹性后效。也可将弹性后效和滞后效应统称为弹性后效。

(4)长期强度。强度随时间延长而降低，即在长期荷载作用下的强度。

(5)流动。随时间延长而发生的塑性变形，反映应变速率随应力的变化。流动分为黏性流动和塑性流动，黏性流动是指微小外力作用下发生的流动，塑性流动是指外力达到某一极限值后才开始的流动。

1. 节理岩体的流变特性

节理岩体的流变，主要受节理的空间位置、节理厚度、贯通程度、有无填充物或填充物属性的影响，呈现明显的各向异性。闭合节理受法向压应力时，岩体的压缩蠕变变形较小，长期强度高。节理岩体在受较高剪切应力作用时，节理蠕变相对于时间和应力的非线性特性明显，蠕变较大，呈现强烈的流动特性，长期强度较低。

从微观、细观到宏观的角度研究，节理裂隙岩体的变形和破坏，不仅受自身的特性和所处环境的影响，而且也是其内部原始细微观缺陷(微裂隙)、宏观缺陷(裂隙或结构面)的演化、发展和贯通的结果。几乎所有的工程岩体破坏失稳并不是一开始就出现的，而是岩体变形在某些结构面或其间的薄弱部位随时间的增长发展；或是岩体工程地质条件恶化，致使岩体中内在裂纹(裂隙)随时间不断蠕变、演化，进而产生宏观断裂扩展，最终导致岩体由局部破坏发展到整体失稳。这也称为岩体损伤、断裂的时效特性。如2011年发生的蓬莱19-3油田溢油事故，该油田处于一个较为破碎的构造断块位置，浅部的断层封堵性较差，深部的断层封堵性相对较好。石油公司为追求产量的最大化，长期笼统注水，导致注采比失调，改变了地层的应力环境，致使断层附近裂隙发展，破坏了地层和断层的稳定性，造成断层开裂，形成窜流通道，发生海上溢油。

2. 岩石流变的温度效应

岩石流变特性除与岩性有关外，还取决于温度和最大主应力差。目前岩石流变特性研究主要集中在高温高压条件下的实验研究和现场研究方面，由于实验室研究的蠕变速率最慢只能达到约$10^{-8}\ s^{-1}$，而现场应变速率通常只有$10^{-14}\sim10^{-16}s^{-1}$，因此实验室研究成果在进行外报应用时存在一定闲难。实验室研究方面，Goctze的研究具有一定代表性。一般而言，当岩石受荷载恒定时，随着温度的增长，在蠕变时间相同的条件下，蠕变变形也增大。对不同的岩石，温度对流变的影响程度差别较大。盐岩试件在围压为10MPa时，试验温度从50℃升高到250℃，蠕变速率提高6个数量级。

3. 岩石的膨胀

岩石的膨胀是指含有高岭石、蒙脱石和伊利石等水敏性黏土矿物的岩石的吸水膨胀现象。石油钻井过程中，泥页岩中含有水敏性黏土矿物，当与钻井液接触时，泥页岩与钻井液相互作用，泥页岩水化膨胀不仅改变了井眼周围的应力分布，而且吸水使得泥页岩的性能参数也发生了变化，如强度降低、弹性模量减小、泊松比增大等，这就使泥页岩地层的井壁失稳问题更为严重。钻井所遇的地层75%是由泥页岩组成的，且90%的井壁失稳发生在泥页岩段。水敏性矿物的吸水膨胀现象不属于蠕变，且其机理也不相同，但其现象却与蠕变相似，膨胀应变与时间的关系曲线与蠕变曲线相似。

很多岩体的膨胀既包含塑性流变时的膨胀，也包含物理化学作用的膨胀。实际岩石工程中，岩体的膨胀变形与蠕变变形或膨胀压力与流变压力往往难以严格区分。

第三节　深部岩体本构关系

岩石本构关系是指岩石力或应变速率与其应变或应变速率的关系，在只考虑静力问题情况下，本构关系就是指应力与应变或者应力增量与应变增量的关系。岩石本构关系是进行岩体力学分析、数值模拟研究的基础和前提，是计算岩体力学的核心问题。在忽略时间效应的情况下，岩石的这种本构关系可以分为弹性或者塑性。岩土材料的本构方程在本质上是非线性的(非线性弹性或弹塑性)，因此将岩土类材料视为线性弹性材料只是一种理想化假设，在一定简单条件下这样简化误差不大。在复杂条件下或对于特殊岩土材料，非线性特征明显时，则应使用非线性本构关系。描述岩土材料这种非线性应力应变关系的模型有弹性本构模型和非线性本构模型。

一、弹性本构模型

胡克定律推广到三维应力、应变状态后成为广义胡克定律。广义胡克定律可表示为(徐秉业等，1995)

$$\begin{cases}\sigma_x = C_{11}\varepsilon_x + C_{12}\varepsilon_y + C_{13}\varepsilon_z + C_{14}\gamma_{xy} + C_{15}\gamma_{yz} + C_{16}\gamma_{xz} \\ \sigma_y = C_{21}\varepsilon_x + C_{22}\varepsilon_y + C_{23}\varepsilon_z + C_{24}\gamma_{xy} + C_{25}\gamma_{yz} + C_{26}\gamma_{xz} \\ \sigma_z = C_{31}\varepsilon_x + C_{32}\varepsilon_y + C_{33}\varepsilon_z + C_{34}\gamma_{xy} + C_{35}\gamma_{yz} + C_{36}\gamma_{xz} \\ \tau_{xy} = C_{41}\varepsilon_x + C_{42}\varepsilon_y + C_{43}\varepsilon_z + C_{44}\gamma_{xy} + C_{45}\gamma_{yz} + C_{46}\gamma_{xz} \\ \tau_{yz} = C_{51}\varepsilon_x + C_{52}\varepsilon_y + C_{53}\varepsilon_z + C_{54}\gamma_{xy} + C_{55}\gamma_{yz} + C_{56}\gamma_{xz} \\ \tau_{xz} = C_{61}\varepsilon_x + C_{62}\varepsilon_y + C_{63}\varepsilon_z + C_{64}\gamma_{xy} + C_{65}\gamma_{yz} + C_{66}\gamma_{xz}\end{cases} \tag{2-1}$$

广义胡克定律中的系数 $C_{mn}(m,n=1,2,\cdots,6)$ 称为弹性常数，一共有 36 个。如果物体是非均匀材料构成的，物体内各点受力后将有不同的弹性效应，因此一般来讲，C_{mn} 是坐标(x,y,z)的函数。但是如果物体是由均匀材料构成的，那么物体内部各点，如果受同样的应力，将有相同的应变；反之，物体内各点如果有相同的应变，必承受同样的应力。这一条件反映在广义胡克定律上，就是 C_{mn} 为弹性常数。由于弹性常数的确定比较复杂，下面介绍几种常用的本构模型。

(一)各向同性模型

对于各向同性材料，材料性质不仅与坐标轴的选取无关，而且与坐标轴的任意变换方位也无关。各向同性弹性体，只有 3 个弹性参数。线弹性本构模型用胡克定律表示，是指在小应变情况下，固体所受变形与外力成正比，即 $\sigma=E\varepsilon$。采用三维应力可表示为

$$\begin{cases}\varepsilon_x = \dfrac{1}{E}[\sigma_x - \upsilon(\sigma_y + \sigma_z)], & \gamma_{yz} = \dfrac{\tau_{yz}}{G} \\ \varepsilon_y = \dfrac{1}{E}[\sigma_y - \upsilon(\sigma_z + \sigma_x)], & \gamma_{zx} = \dfrac{\tau_{zx}}{G} \\ \varepsilon_z = \dfrac{1}{E}[\sigma_z - \upsilon(\sigma_x + \sigma_y)], & \gamma_{xy} = \dfrac{\tau_{xy}}{G}\end{cases} \tag{2-2}$$

式中，E——岩石弹性模量，MPa；

υ——岩石泊松比，无因次；

G——剪切模量，MPa。

(二)横观各向同性模型(梁正召等，2005)

横观各向同性是指一个材料的三个方向中，有两个方向的性质是相同的，另一个方向的性质则不同。例如，页岩由于其沉积历史的特殊性，通常具有良好的分层结构，在构造和组成上都呈连续变化，因此岩石的性质在平面和垂向上会有区别，页岩岩石呈现出横观各向同性的特性，即页岩储层水平方向是各向同性的而垂直方向则表现为各向异性。因此页岩储层可通过横观各向同性的模型进行研究。

对于横观各向同性的页岩储层，由弹性模量和泊松比等工程参数表示页岩本构模型：

$$\begin{Bmatrix} \varepsilon_{xx} \\ \varepsilon_{yy} \\ \varepsilon_{zz} \\ \gamma_{yz} \\ \gamma_{zx} \\ \gamma_{xy} \end{Bmatrix} = \begin{bmatrix} \frac{1}{E_h} & -\frac{\nu_h}{E_h} & -\frac{\nu_v}{E_v} & 0 & 0 & 0 \\ -\frac{\nu_h}{E_h} & \frac{1}{E_h} & -\frac{\nu_v}{E_v} & 0 & 0 & 0 \\ -\frac{\nu_v}{E_v} & -\frac{\nu_v}{E_v} & \frac{1}{E_v} & 0 & 0 & 0 \\ 0 & 0 & 0 & \frac{1}{G_v} & 0 & 0 \\ 0 & 0 & 0 & 0 & \frac{1}{G_v} & 0 \\ 0 & 0 & 0 & 0 & 0 & \frac{1}{G_h} \end{bmatrix} \begin{Bmatrix} \sigma_{xx} \\ \sigma_{yy} \\ \sigma_{zz} \\ \tau_{yz} \\ \tau_{zx} \\ \tau_{xy} \end{Bmatrix} \tag{2-3}$$

式中，σ，τ——作用在单元体上的正应力和剪应力分量，MPa；

ε，γ——单元体上的正应变和剪应变分量，无因次；

E_v——垂直方向上的弹性模量，MPa；

E_h——水平方向上的弹性模量，MPa；

ν_v——施加垂直应变时水平应变的泊松比，无因次；

ν_h——施加水平正应变时水平应变的泊松比，无因次；

G_v——垂直平面的剪切模量，MPa；

G_h——水平平面的剪切模量，MPa。

上式表示的 6 个弹性参数只有 5 个是独立的，该 5 个参数(E_v，E_h，ν_v，ν_h 和 G_v)可以完全表示横观各向同性的材料。水平方向上是各向同性的，G_h 和 G_v 可表示为

$$\frac{1}{G_h} = \frac{2(1+\nu_h)}{E_h} \tag{2-4}$$

$$\frac{1}{G_v} = \frac{1}{E_h} + \frac{1}{E_v} + 2\frac{\nu_v}{E_v} \tag{2-5}$$

(三)正交各项异性模型(李海燕，2002)

具有两个弹性对称面的弹性体，属于正交各向异性体，具有 9 个弹性参数，应用工程弹性常数表示：

$$\begin{Bmatrix} \varepsilon_{11} \\ \varepsilon_{22} \\ \varepsilon_{33} \\ \gamma_{yz} \\ \gamma_{xz} \\ \gamma_{xy} \end{Bmatrix} = \begin{bmatrix} \frac{1}{E_1} & -\frac{\nu_{21}}{E_2} & -\frac{\nu_{31}}{E_3} & 0 & 0 & 0 \\ -\frac{\nu_{12}}{E_1} & \frac{1}{E_2} & -\frac{\nu_{32}}{E_3} & 0 & 0 & 0 \\ -\frac{\nu_{13}}{E_1} & -\frac{\nu_{23}}{E_2} & \frac{1}{E_3} & 0 & 0 & 0 \\ 0 & 0 & 0 & \frac{1}{G_{23}} & 0 & 0 \\ 0 & 0 & 0 & 0 & \frac{1}{G_{13}} & 0 \\ 0 & 0 & 0 & 0 & 0 & \frac{1}{G_{12}} \end{bmatrix} \begin{Bmatrix} \sigma_{11} \\ \sigma_{22} \\ \sigma_{33} \\ \sigma_{23} \\ \sigma_{13} \\ \sigma_{12} \end{Bmatrix} \tag{2-6}$$

式中，E_1、E_2、E_3——沿弹性主方向 1、2、3 的弹性模量，MPa；

ν_{12}——1 方向的伸缩(拉压)决定 2 方向缩伸的泊松比，其他类推，无因次；

G_{23}、G_{13}、G_{12}——决定 2、3 和 1、3 和 1、2 方向夹角变化的剪切模量，MPa。

二、非线性本构模型

在应力水平不高时，岩石会表现出弹性响应，此时胡克定律是适用的。由于岩石材料多含有原生的裂隙，并且在应力的作用下，会产生新的裂隙，而这些裂隙又会彼此贯通，使岩石材料的变形表现出非线性的性质。尤其在高应力情况下，岩石变形的非线性特征会更加明显。

(一)Duncan-Chang 模型

Duncan-Chang(Schanz，et al.，1999)模型是非线性弹性模型中提出最早、应用最广的岩土模型，基于模型选用的参数，该模型也称为 E-υ 模型。根据模型实用中的不便，Duncan 等对模型进行了修正，提出了采用体变模量的 E-K_t 模型。

根据 Lins 等(1980)的成果，将三轴试验得到的应力差 $\sigma_1-\sigma_3$ 和轴向应变之间的非线性关系用双曲线函数描述：

$$\sigma_1 - \sigma_3 = \frac{\varepsilon_1}{a + b\varepsilon_1} \tag{2-7}$$

式中，a、b——试验常数，MPa^{-1}。

双曲线型应力-应变关系如图 2-9 所示。

Duncan-Chang 定义土体破坏时的主应力差 $(\sigma_1-\sigma_3)_f$ 与双曲线渐近线值 $(\sigma_1-\sigma_3)_{ult}$ 之比为破坏比 R_f，其表达式为

$$R_f = \frac{(\sigma_1 - \sigma_3)_f}{(\sigma_1 - \sigma_3)_{ult}} = b(\sigma_1 - \sigma_3)_f \tag{2-8}$$

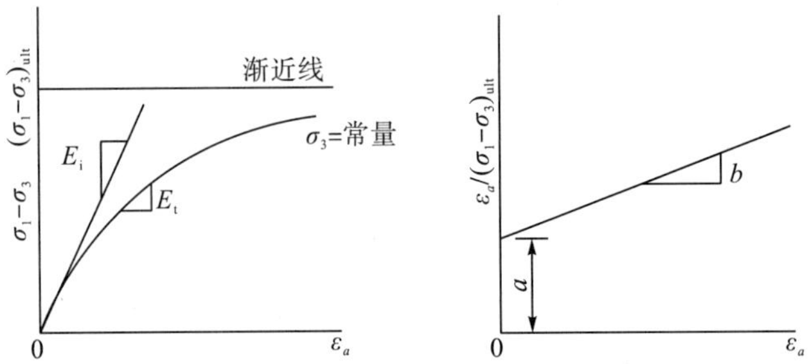

图 2-9 双曲线型应力一应变关系

岩体初始模量可表示为

$$E_i = Kp_a\left(\frac{\sigma_3}{p_a}\right)^n \tag{2-9}$$

(1)切线变形模量 E_t 表达式：

$$E_t = \frac{d\sigma}{d\varepsilon_1} = Kp_a\left(\frac{\sigma_3}{p_a}\right)^n\left[1-\frac{R_f(\sigma_1-\sigma_3)(1-\sin\varphi)}{2c\cos\varphi+2\sigma_3\sin\varphi}\right]^2 \tag{2-10}$$

式中，K、n——试验常数，无因次；

R_f——破坏比，无因次；

c——内聚力，MPa；

φ——内摩擦角，(°)；

p_a——参考压力，MPa。

(2)卸荷和重复加荷时弹性模量值为

$$E_{ur} = K_{ur}p_a\left(\frac{\sigma_3}{p_a}\right)^n \tag{2-11}$$

式中，K_{ur}、n——试验常数，无因次。

(3)切线泊松比 υ_t 的表达式：

$$\upsilon_t = \frac{d\varepsilon_3}{\varepsilon_3} = \frac{G-F\lg\left(\frac{\sigma_3}{p_a}\right)}{(1-A)^2} \tag{2-12}$$

其中，$A = \dfrac{(\sigma_1-\sigma_3)D}{Kp_a\left(\frac{\sigma_3}{p_a}\right)^n\left[1-\frac{R_f(\sigma_1-\sigma_3)(1-\sin\varphi)}{2c\cos\varphi+2\sigma_3\sin\varphi}\right]}$。

(4)由于切线泊松比 υ_t 的确定比较复杂，存在一些问题，1980 年 Duncan 改用体积变形模量 K_t 作为计算参数：

$$K_t = \frac{dp}{d\varepsilon_v} = K_b p_a\left(\frac{\sigma_3}{p_a}\right)^m \tag{2-13}$$

式中，K_b、m——试验常数，无因次。

Duncan－Chang 模型是国内外广泛使用的岩土模型，需要确定的实验常数有 8 个，物理意义清楚。该模型适用于应变硬化材料，无法描述岩石应变软化变形阶段。同时该模型没有考虑剪胀性和应力路径问题，破坏准则使用 Mohr-Coulomb 准则，没有考虑中间主应力 σ_2 的影响。

（二）K-G 模型（胡再强等，2012）

K-G 模型是通过体积模量 K 和剪切模量 G 作为弹性常数的模型，该模型取压缩曲线为半对数曲线，剪切曲线为双曲线。

根据三向等压固结实验结果，将压缩曲线表示为半对数曲线，体积应变和 $\ln p$ 之间具有以下关系（图 2-10）：

$$\varepsilon_v = \varepsilon_{vc} - \lambda \ln p \tag{2-14}$$

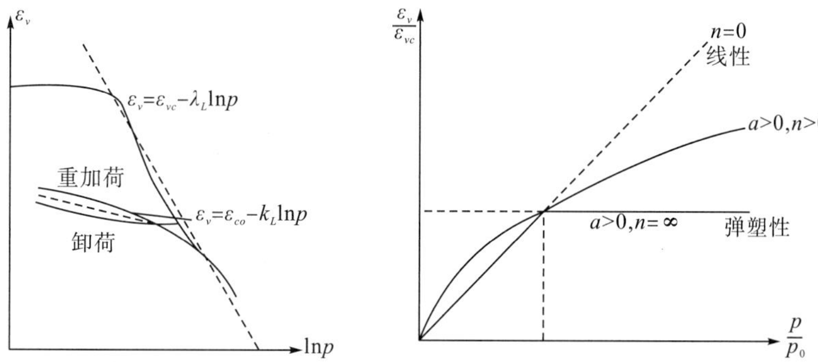

ε_v-$\ln p$ 曲线　　ε_v-p 曲线

图 2-10　三向等压固结试验

进一步考虑初始等向应力 p_c 对相应的体应变 ε_{vc} 的影响，上式还可以表达成如下表达方式：

$$\frac{p}{p_c} = \frac{\varepsilon_v}{\varepsilon_{vc}} = \left(1 + \alpha \left|\frac{\varepsilon_v}{\varepsilon_{vc}}\right|^{n+1}\right) \tag{2-15}$$

式中，a、n、ε_{vc}、p_c——实验参数。

切线体积模量：

$$K_t = \frac{dp}{d\varepsilon_v} = \frac{p_c}{\varepsilon_{vc}}\left(1 + n \left|\frac{\varepsilon_v}{\varepsilon_{vc}}\right|^{n+1}\right) \tag{2-16}$$

切线剪切模量采用 p 为常数的三轴压缩试验确定，假设每组试验曲线可以用 Kondner 双曲线函数描述：

$$\tau_\pi = \frac{\gamma_\pi}{a + b\gamma_\pi} = \frac{\gamma_\pi G_i}{a + b\gamma_\pi G_i} \tag{2-17}$$

式中，$\frac{1}{a}=G_i$——初始剪切模量，MPa；

$\frac{1}{b}=(\tau_\pi)_{ult}$——最终偏剪应力值，MPa。

偏剪应力 τ_π 与偏剪应变 γ_π 的关系如图 2-11 所示。

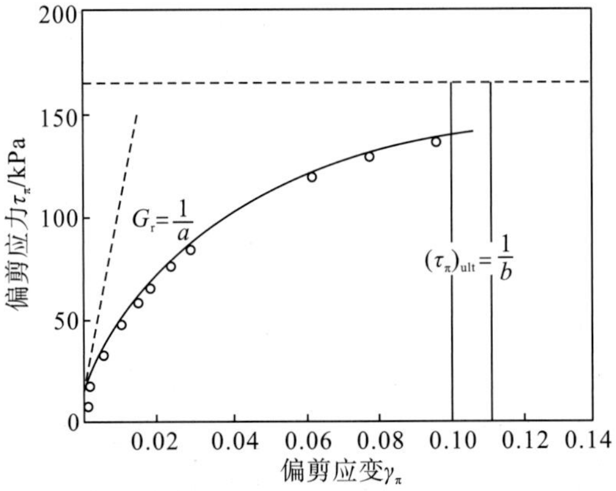

图 2-11 偏剪应力 τ_π 与偏剪应变 γ_π 关系曲线

定义破坏比 $R_f=\frac{\tau_\pi}{(\tau_\pi)_{ult}}$，可得切线剪切模量 G_t：

$$G_t=G_i\left[1-R_f\frac{\tau_\pi}{10^\alpha\left(\frac{p}{p_c e_0}\right)^\beta}\right]^2 \tag{2-18}$$

式中，α、β——实验参数，无因次。

一般认为，K-G 模型优于 E-υ 模型，因为弹性模量和泊松比的选定比较困难，尤其是泊松比受试验方法影响较大，而且泊松比的稍微变化，会引起应力-应变矩阵法向应变的较大变化，所以认为 K-G 是较优的。此外，该模型同时采用了压缩试验和剪切试验的结果，比只采用剪切试验结果更为合理，但在推导 G_t 时，仍然假设 p 为常数，与推导 G_t 时假设 σ_3 不变一样，这是不合理的。该模型同 E-υ 模型一样，无法描述应变软化阶段。

（三）南京水利科学研究院模型

沈珠江(2002)建议把 Domaschuk 模型加以推广，把剪切曲线写成推广的双曲线：

$$\sigma_d=\frac{\varepsilon_d(a+c\varepsilon_d)}{(a+b\varepsilon_d)^2} \tag{2-19}$$

推广的双曲线应力-应变关系如图 2-12 所示。

这种推广的双曲线，不仅适用于硬化岩土，也能适用于软化岩土，如超固结土和岩石等，它能描述应变软化的阶段。

同时，在 Domaschuk 的压缩曲线上加上剪切引起的体应变，考虑剪胀现象。

$$\varepsilon_v=\varepsilon_{v0}+\lambda_1\ln(\sigma_3+\sigma_t)+\frac{\varepsilon_d(d+f\varepsilon_d)}{(d+e\varepsilon_d)^2} \tag{2-20}$$

K_t、G_t 的具体表达式：

$$\begin{cases}K_t=\frac{1+E_1}{E_4}+\left(E_1-\frac{E_2E_3}{E_4}-\frac{E_3}{E_4}\right)\frac{d(\varepsilon_d)}{d(\varepsilon_v)}\\ G_t=\left(E_1-\frac{E_2E_5}{E_4}\right)+\frac{E_2}{E_4}\frac{d(\varepsilon_v)}{d(\varepsilon_d)}\end{cases} \tag{2-21}$$

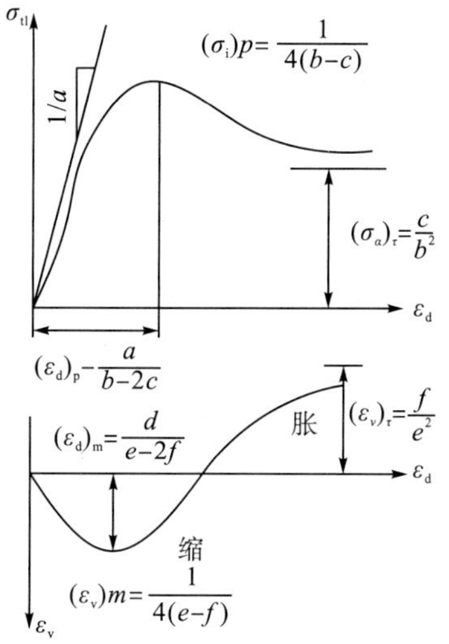

图 2-12　推广的双曲线应力－应变关系

式中，

$$E_1=\frac{(0.5-\alpha_1)^2\Delta_1(\varepsilon_d)_p(\sigma_d)_p}{A_1^3}$$

$$E_2=\frac{m_{11}[(0.5-\alpha_1)(\varepsilon_d)_p+(\alpha_1-0.25)](\varepsilon_d)_p(\varepsilon_d)}{(\sigma_3+\sigma_t)A_1^3}+\frac{(0.5-\alpha_1)\Delta_1[\beta_1\Delta_1(\varepsilon_d)-(0.5-\alpha_1)m_{13}](\sigma_d)_p(\varepsilon_d)}{A_1^3}$$

$$E_3=\frac{(0.5-\alpha_2)^2\Delta_1(\varepsilon_d)_m(\varepsilon_v)}{A_2^3}$$

$$E_4=\frac{\lambda_1}{\sigma_3+\sigma_t}+\frac{m_{21}}{\sigma_3+\sigma_1}\frac{[(0.5-\alpha_2)(\varepsilon_d)_m+(\alpha_2-0.25)(\varepsilon_d)](\varepsilon_v)_m(\varepsilon_d)}{A_2^2}+\frac{(0.25-\alpha_2)\Delta_2[\beta_2\Delta_2-(0.5-\alpha_2)m_{23}](\varepsilon_v)_m(\varepsilon_d)}{A_2^3}$$

式中，

$$A_1=(0.5-\alpha_1)(\varepsilon_d)_p+\alpha_1(\varepsilon_d)$$

$$A_2=(0.5-\alpha_2)(\varepsilon_d)_m+\alpha_2(\varepsilon_d)$$

$$\Delta_1=(\varepsilon_d)_p-(\varepsilon_d)$$

$$\Delta_2=(\varepsilon_d)_m-(\varepsilon_d)$$

$$\alpha_1=\frac{1-\sqrt{1-R_\sigma}}{2R_\sigma},\alpha_1=\frac{1-\sqrt{1-R_\varepsilon}}{2R_\varepsilon}$$

$$\beta_1=\frac{m_{12}}{\sigma_3+\sigma_t}\frac{(1-0.5R_\sigma-\sqrt{1-R_\sigma})\sqrt{1-R_\sigma}}{2R_\sigma{}^2}$$

$$\beta_2=\frac{m_{22}}{\sigma_3+\sigma_t}\frac{(1-0.5R_\sigma-\sqrt{1-R_\varepsilon})\sqrt{1-R_\varepsilon}}{2R_\varepsilon{}^2}$$

$(\sigma_d)_p$——峰值剪切强度，MPa；

$(\varepsilon_d)_p$——峰值偏剪应变，MPa；

$(\varepsilon_v)_m$——最大剪缩体应变，无因次；

$(\varepsilon_d)_m$——$\varepsilon_v=(\varepsilon_v)_m$ 时的剪应变，无因次；

m_{11}、m_{12}、m_{13}、m_{21}、m_{22}、m_{23}——三轴试验测定试验常数；

λ_1——压缩试验确定试验常数。

该模型考虑了硬化和软化，也考虑了剪胀，实用性较广，对正常固结土、超固结土、岩石等均能使用，但模型较为复杂。

（四）多段线弹性-线性软化模型

中国科学院武汉岩土力学研究所刘泉声等（刘泉声等，2009）根据不同围压花岗岩的三轴试验，根据岩样受力过程中内部微裂纹的活动状态，定义了 4 个特征应力，即闭合应力、起裂应力、破损应力、峰值应力，来反映花岗岩的渐进破坏过程，特征应力也反映了岩石内部的损伤程度。依据特征应力，将试验峰值前曲线分为 4 个阶段，最终建立了四线性弹性－线性软化－残余理想塑性六线性模型（图 2-13）。

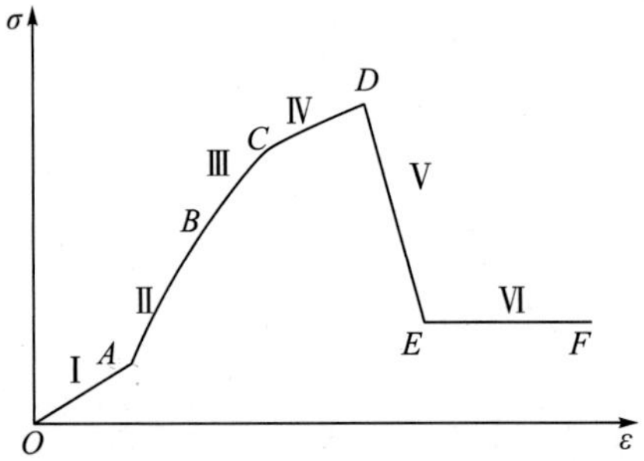

图 2-13 应力应变曲线示意图

根据体积应变－应变－应力曲线，破损应力 σ_{cd} 采用体积应变最大点对应应力点确定，同时采用采用裂纹体积应变最大值对应值确定闭合应力 σ_{cc}，弹性阶段和裂纹扩展阶段裂纹体积应变曲线拐点对应值为 σ_{ci}。裂纹体积应变计各特征应力示意图如图 2-14 所示。

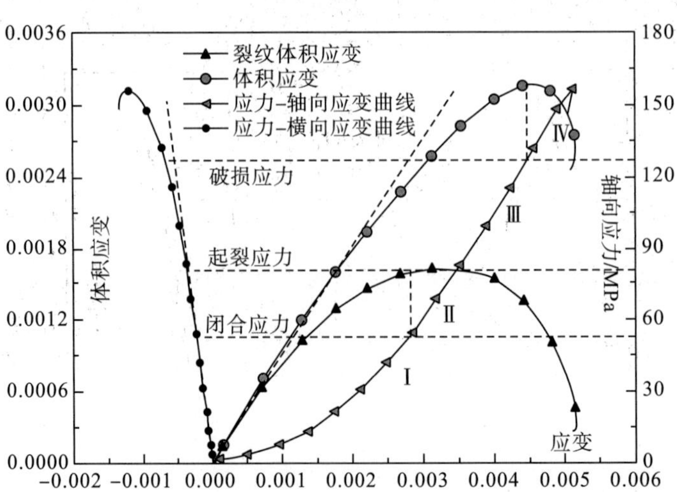

图 2-14 裂纹体积应变计各特征应力示意图

裂纹体积应变：

$$\varepsilon_{cv} = \varepsilon_1 + 2\varepsilon_3 - \frac{1-2\upsilon}{E}(\sigma_1 + 2\sigma_3) \tag{2-22}$$

1. 峰前阶段

峰前阶段即Ⅰ裂纹闭合段、Ⅱ弹性段、Ⅲ裂纹稳态发展段和Ⅳ非稳态稳定扩展段：

$$\{d\varepsilon\} = [C]\{d\sigma\} \tag{2-23}$$

式中，

$$[C] = \frac{1}{E}\begin{bmatrix} 1 & -\upsilon & -\upsilon & 0 & 0 & 0 \\ -\upsilon & 0 & -\upsilon & 0 & 0 & 0 \\ -\upsilon & -\upsilon & 0 & 0 & 0 & 0 \\ 0 & 0 & 0 & 2(1+\upsilon) & 0 & 0 \\ 0 & 0 & 0 & 0 & 2(1+\upsilon) & 0 \\ 0 & 0 & 0 & 0 & 0 & 2(1+\upsilon) \end{bmatrix} \tag{2-24}$$

其中，E 和 υ 作为应力状态，进行分段拟合，通过试验进行拟合。

$$E(\sigma_1、p) = a\sigma_3 + b \tag{2-25}$$

式中，a、b 试验拟合参数。

某花岗岩不同围压下变形参数拟合图如图 2-15 所示。

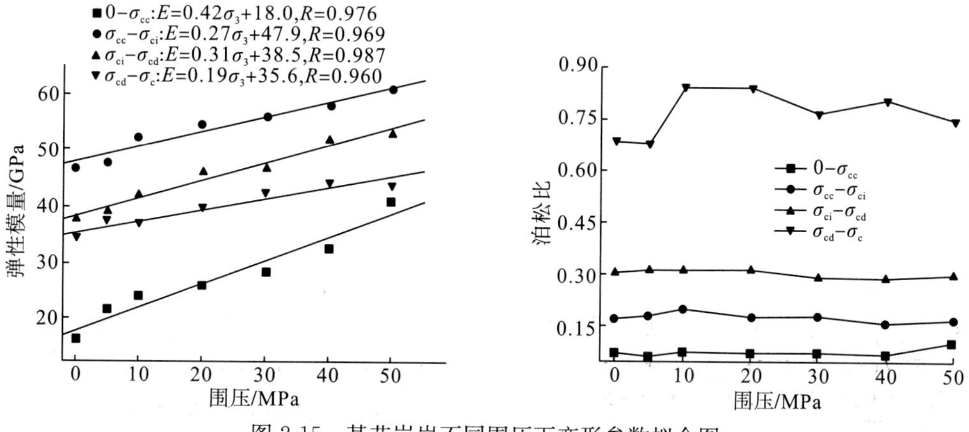

图 2-15　某花岗岩不同围压下变形参数拟合图

2. 对Ⅴ软化阶段 *DE*

强度参数(凝聚力、内摩擦角)是塑性变形的函数，塑性内状态变量取等效塑性应变 $\bar{\varepsilon}_p$：

$$\bar{\varepsilon}_p = \int\sqrt{\frac{2}{3}(d\varepsilon_1^p d\varepsilon_1^p + d\varepsilon_2^p d\varepsilon_2^p + d\varepsilon_3^p d\varepsilon_3^p)}\,dt \tag{2-26}$$

屈服面形式：

$$f(\sigma_1,\sigma_3,\bar{\varepsilon}_p) = \sigma_1 - m(\bar{\varepsilon}_p)\sigma_3 - b(\bar{\varepsilon}_p) \tag{2-27}$$

式中，$m(\bar{\varepsilon}_p) = \dfrac{1+\sin\varphi(\bar{\varepsilon}_p)}{1-\sin\varphi(\bar{\varepsilon}_p)}$，$b(\bar{\varepsilon}_p) = \dfrac{2c(\bar{\varepsilon}_p)\cos\varphi(\bar{\varepsilon}_p)}{1-\sin\varphi(\bar{\varepsilon}_p)}$

某花岗岩强度参数拟合图如图 2-16 所示。

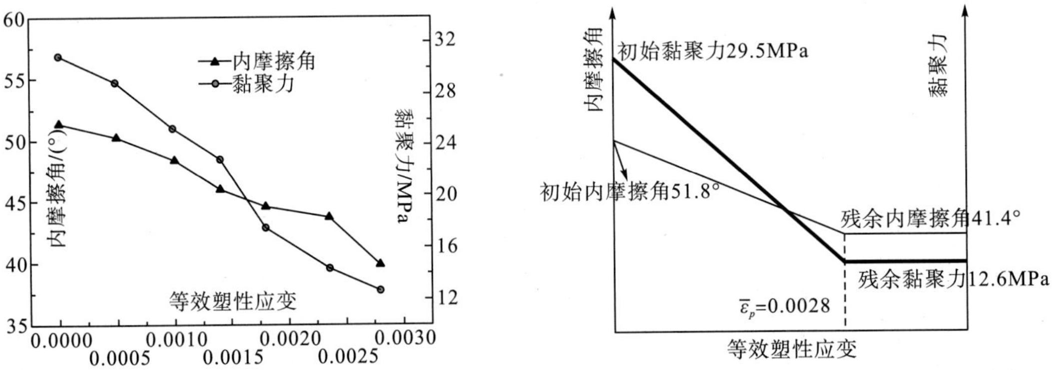

图 2-16　某花岗岩强度参数拟合图

软化段本构方程可写为

$$\{d\sigma_{ij}\} = ([D]_{ell} - [D]_p)\{d\varepsilon_{ij}\} \tag{2-28}$$

$$[D]_p = \frac{[D]_{ell}\left(\frac{\partial F}{\partial \sigma_{ij}}\right)\left(\frac{\partial F}{\partial \sigma_{ij}}\right)^T [D]_{ell}}{A + \left(\frac{\partial F}{\partial \sigma_{ij}}\right)^T [D]_{ell}\left(\frac{\partial F}{\partial \sigma_{ij}}\right)[D]_{ell}} \tag{2-29}$$

式中，$[D]_{ell}$、$[D]_p$——弹性矩阵和塑性矩阵；

A——硬化模量。

3. 对Ⅵ塑性流动段 *EF*

该阶段可视为理想塑性段，屈服面保持参与屈服面 $f_r = \sigma_1 - m_r\sigma_3 - b_r$，硬化模量为 $A=0$。

$$\{d\sigma_{ij}\} = ([D]_{ell} - [D]_p)\{d\varepsilon_{ij}\} \tag{2-30}$$

$$[D]_p = \frac{[D]_{ell}\left(\frac{\partial F}{\partial \sigma_{ij}}\right)\left(\frac{\partial F}{\partial \sigma_{ij}}\right)^T [D]_{ell}}{\left(\frac{\partial F}{\partial \sigma_{ij}}\right)^T [D]_{ell}\left(\frac{\partial F}{\partial \sigma_{ij}}\right)[D]_{ell}} \tag{2-31}$$

该模型根据裂纹内部的活动状态，将峰值前应力应变关系进行多线性段划分来表征，简化多线性弹性。岩石应变曲线同时考虑了弹性模量和泊松比为应力状态的函数，及强度参数(内聚力、内摩擦角)的劣化。其他目前使用的本构模型，应力跌落模型、线性软化模型、双线性弹性-线性软化模型均能被该模型概括(图 2-17、图 2-18 和图 2-19)。

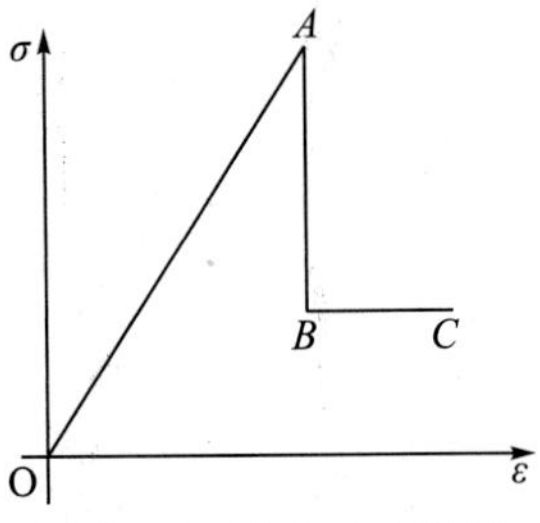

图 2-17　应力跌落模型

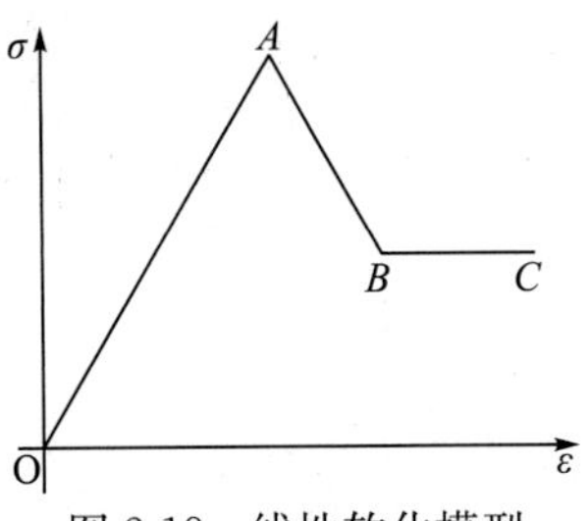

图 2-18　线性软化模型

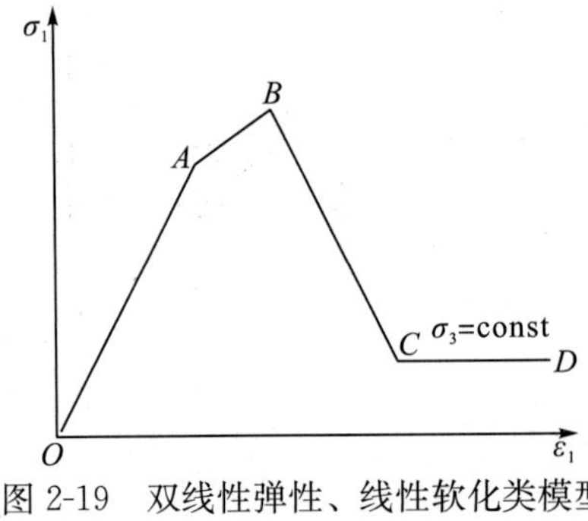

图 2-19　双线性弹性、线性软化类模型

三、节理岩体本构模型

1. 法向本构方程

以节理张开和压应力为正。对于节理的法向闭合曲线，尹显俊等(2005)提出的双曲线函数形式为

$$\sigma=\frac{K_{\mathrm{ni}}V_{\mathrm{m}}v}{V_{\mathrm{m}}+v}\quad \text{或}\quad v=\frac{V_{\mathrm{m}}\sigma}{K_{\mathrm{ni}}V_{\mathrm{m}}-\sigma} \tag{2-32}$$

2. 切向本构方程

(1)Goodman 将节理的剪切变形曲线简化为线性函数，并提出具有两种不同的模型：常刚度模型和常位移模型。

(2)Simon 等提出了一种考虑峰后软化的非线性关系曲线，简称 CSDS 模型，包含剪切应力——切向位移曲线和法向位移——垂直位移剪胀曲线，其中切向方程的基本形式为

$$\tau=F(u)=a+b\exp(-cu)-d\exp(-eu) \tag{2-33}$$

各参数计算如下：

$$a=\tau_{\mathrm{t}},b=d-a,c=5/u_{\mathrm{r}}$$

$$\frac{deu_{\mathrm{r}}}{5(d-\tau_{\mathrm{r}})}-\exp\left[u_{\mathrm{p}}\left(e-\frac{5}{u_{\mathrm{r}}}\right)\right]=0$$

$$d-\frac{\tau_{\mathrm{p}}-\tau_{\mathrm{r}}\left[1-\exp\left(-\frac{5u_{\mathrm{p}}}{u_{\mathrm{r}}}\right)\right]}{\exp\left(-\frac{5u_{\mathrm{p}}}{u_{\mathrm{r}}}\right)-\exp(-eu_{\mathrm{p}})}=0。$$

可以看出，在求解参数 d、参数 e 时很难得出显示解，必须进行数值迭代计算。

(3)肖卫国等(2010b)提出了一种峰后软化的剪切应力–位移本构模型，如图 2-20 所示。

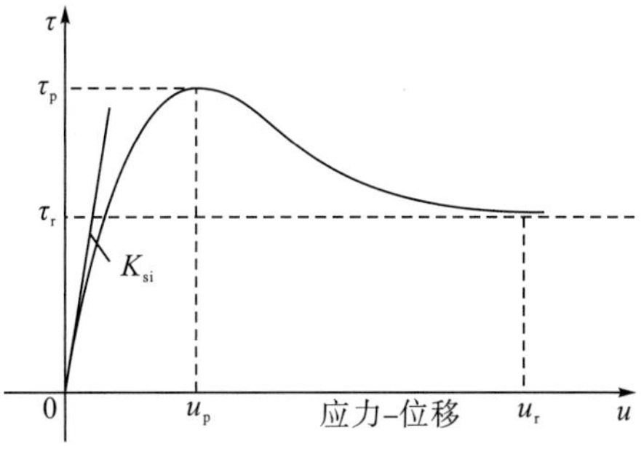

图 2-20　节理岩体剪切应力–位移曲线

节理岩体的剪切应力–位移关系为

$$\tau=\frac{K_{\mathrm{si}}u+\tau_{\mathrm{p}}(D-1)\left(\frac{u}{u_{\mathrm{p}}}\right)^2}{1+\left(K_{\mathrm{si}}\frac{u_{\mathrm{p}}}{\tau_{\mathrm{p}}}-2\right)\left(\frac{u}{u_{\mathrm{p}}}\right)+D\left(\frac{u}{u_{\mathrm{p}}}\right)^2} \tag{2-34}$$

此曲线方程不仅继承了以上优点，即在直剪试验过程中的相关特性，也符合节理岩体破坏后的软化曲线特征，最重要的是只需确定参数 D 即可。式中，τ_p 为峰值剪切应力；u_p 为峰值剪切位移；K_{si}为初始剪切刚度。参数 D 由残余剪切应力 τ_r 和残余剪切位移 u_r 确定，根据节理直剪试验的物理意义，即把点(τ_r，u_r)代入式(2-34)确定。其他参数值确定如下：

$$K_{si} = \frac{\sigma\tan\varphi_r}{0.3u_p} \tag{2-35}$$

$$\tau_r = \sigma\tan\varphi_r \tag{2-36}$$

$$\tau_p = \sigma\tan(\varphi_b + i)(1 - a_s) + a_s s_r \tag{2-37}$$

$$i = \tan^{-1}\left(1 - \frac{\sigma}{\sigma_r}\right)^k \tan i_o \tag{2-38}$$

$$a_s = 1 - \left(1 - \frac{\sigma}{\sigma_T}\right)^L \tag{2-39}$$

$$s_r = c_0 + \sigma\tan\varphi_0 \tag{2-40}$$

式中，a_s——被剪断的凸起体的面积占总面积的比率，无因次；

K、L——系数，对于粗糙节理面，$K=4$、$L=5$；

σ_T——岩壁的单轴抗压强度，MPa；

i_0——节理的初始剪胀角，(°)；

φ_b——光滑表面的基本摩擦角，(°)；

s_r——岩壁的剪切强度，MPa。

节理峰值剪切应力 τ_p 也可由 Barton 强度准则确定：

$$\tau_p = \sigma\tan\left[\mathrm{JRC}\left(\frac{\mathrm{JCS}}{\sigma}\right) + \varphi_b\right] \tag{2-41}$$

式中，JRC——节理粗糙度系数，无因次；

JCS——节理面的抗压强度，MPa；

φ_b——节理基本摩擦角，(°)。

(4)唐志成等(2011)认为残余强度是节理材料力学本质摩擦特性的体现，而节理面壁粗糙度是强度硬化、软化的根源，因此以残余强度为基础提出线性函数与指数函数结合的新切向本构模型如图 2-21 所示。

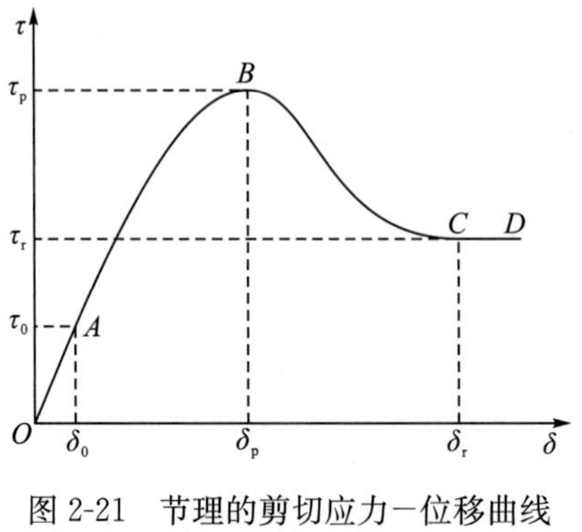

图 2-21 节理的剪切应力-位移曲线

函数与指数函数结合的新切向本构模型如下：

$$\tau = \tau_{\mathrm{r}} \mid (a\delta - 1)\exp(-L\delta^{N}) + \tau_{\mathrm{r}} \tag{2-42}$$

式中，a，L，N——拟合系数，$a>0$，无因次；

τ——剪切应力，MPa；

τ_{r}——残余强度值，MPa；

δ——剪切位移，m。

其中，

$$L = \frac{a\delta_{\mathrm{p}}}{1 - a\delta_{\mathrm{p}}} \frac{1}{N\delta^{N-1}}$$

$$N = \frac{a\delta_{\mathrm{p}}}{(1 - a\delta_{\mathrm{p}})\ln\left(\frac{\tau_{\mathrm{p}} - \tau_{\mathrm{r}}}{\tau_{\mathrm{r}}} \frac{1}{a\delta_{\mathrm{p}} - 1}\right)}$$

$$\tau_{\mathrm{p}} = \sigma_{\mathrm{n}}\tan\left[\mathrm{JRC}\lg\left(\frac{\mathrm{JCS}}{\sigma_{\mathrm{n}}}\right) + \varphi_{\mathrm{b}}\right]$$

$$\tau_{\mathrm{r}} = \sigma_{\mathrm{n}}\tan\varphi_{\mathrm{r}}$$

峰值剪切位移 δ_{p}、残余剪切位移 δ_{r}、内摩擦角 φ_{b}、残余内摩擦角 φ_{r} 均可由直剪试验获得。拟合系数 a 通过试验数据确定；L，N 均为 a 的函数。

3. 节理岩体的剪胀模型

(1)Barton 剪胀模型(唐志成等，2012)。Barton 提出的剪胀模型为

$$\left.\begin{aligned} d_{\mathrm{t,p}} &= \frac{1}{M}\mathrm{JRC}\lg\left(\frac{\mathrm{JCS}}{\sigma_{\mathrm{n}}}\right) \\ d_{\mathrm{t,p}} &= \frac{1}{3}\mathrm{JRC}\lg\left(\frac{\mathrm{JCS}}{\sigma_{\mathrm{n}}}\right) \end{aligned}\right\} \tag{2-43}$$

式中，$d_{\mathrm{t,p}}$，$d_{\mathrm{s,p}}$——分别为峰值位移处的切线剪胀角与割线剪胀角，(°)；

M——损伤系数，在高、低法向应力作用下分别取 1，2。

Barton 剪胀模型通过峰值位移处的剪胀角反映剪胀量，只能预测峰值切向位移处的剪胀量，不能反映法向位移与切向位移的关系，同时认为没有剪缩现象、剪胀起始点为 0.3 倍峰值位移，这与试验现象不符，在地下围岩稳定分析中忽略剪缩现象往往会过高地估算块体的安全系数。

(2)Simon 剪胀模型(Simon，et al.，1999)。Simon 采用指数函数表征剪胀曲线，认为法向位移是剪切位移的函数：

$$\delta_{\mathrm{v}} = \beta_1 - \beta_2\exp(-\beta_3\delta_{\mathrm{h}}) \tag{2-44}$$

$$\beta_1 = u_{\mathrm{r}}\left(1 - \frac{\sigma_{\mathrm{n}}}{\sigma_T}\right)^{k_2}\tan i_0 + \frac{\sigma_{\mathrm{n}}V_{\mathrm{m}}}{K_{\mathrm{ni}}V_{\mathrm{m}} - \sigma_{\mathrm{n}}} \tag{2-45}$$

$$\beta_2 = \beta_1 - \frac{\sigma_{\mathrm{n}}V_{\mathrm{m}}}{K_{\mathrm{ni}}V_{\mathrm{m}} - \sigma_{\mathrm{n}}}, \tag{2-46}$$

$$\beta_3 = \frac{1.5}{u_{\mathrm{r}}} \tag{2-47}$$

式中，δ_{v}，δ_{h}——分别为法向位移、切向位移，m。

Simon 模型能很好地拟合平衡点后的剪胀曲线规律，不能描述直剪试验中观测到的初始剪缩现象，认为最大减缩量出现在剪切开始时。

(3)Asadollahi 和 Tonon 模型。Asadollahi 和 Tonon(2010)对 Barton 剪胀模型进行修正，对峰值强度前、后的剪胀曲线采用不同的函数描述，峰值前的剪胀模型为

$$\frac{\delta_{\mathrm{v}}}{\delta_{\mathrm{h}}^{p}}=\frac{1}{3}\tan\left[\mathrm{JRClg}\left(\frac{\mathrm{JCS}}{\sigma_{\mathrm{n}}}\right)\right]\frac{\delta_{\mathrm{h}}}{\delta_{\mathrm{h}}^{p}}\left[2\left(\frac{\delta_{\mathrm{h}}}{\delta_{\mathrm{h}}^{p}}\right)-1\right] \tag{2-48}$$

式中，上标 p——峰值剪切位移，m。

修正的 Barton 模型的剪胀曲线成二次抛物线，能反映初始剪缩现象，但是往往会过高的估算剪胀量。

(4)唐志成等(2011)采用分段函数表征剪缩与剪胀现象。以二次抛物线描述剪缩现象：

$$\delta_{\mathrm{v}}=\alpha_1\delta_{\mathrm{h}}^2+\alpha_2\delta_{\mathrm{h}}+\alpha_3 \tag{2-49}$$

以对数函数描述剪胀行为

$$\delta_{\mathrm{v}}=\alpha_4\ln\delta_{\mathrm{h}}+\alpha_5 \tag{2-50}$$

式中，α_1，α_2，α_3——均为拟合系数，m；

α_4，α_5——均为拟合系数，m。

(5)肖卫国等(2010a)提出一种非线性的剪胀本构方程

$$v=\frac{u(-a+cu)}{(a+bu)^2}\left(1-\frac{\sigma}{\sigma_T}\right)^k\tan i_0-\frac{V_{\mathrm{m}}\sigma}{K_{\mathrm{ni}}V_{\mathrm{m}}-\sigma} \tag{2-51}$$

相应的约束条件：

$$a=\left(1-\frac{\sigma}{\sigma_{\mathrm{T}}}\right)^k,\quad b=\sqrt{\frac{\left(1-\frac{\sigma}{\sigma_{\mathrm{T}}}\right)^k}{u_{\mathrm{p}}u_{\mathrm{r}}}},\quad c=\frac{\left(1-\frac{\sigma}{\sigma_{\mathrm{T}}}\right)^k}{u_{\mathrm{p}}}$$

多项式 $-\frac{V_{\mathrm{m}}\sigma}{K_{\mathrm{ni}}V_{\mathrm{m}}-\sigma}$ 即表示初始的法向位移。

四、裂隙岩体损伤本构模型

裂隙岩体在裂隙起裂、扩展损伤至失稳破坏过程中，同时存在损伤和断裂两种缺陷的累积和发展，且断裂又会造成损伤的进一步累积，岩体的断裂与损伤密切相关。苏联塑性力学学家 Kachanov 于 1958 年在研究金属蠕变断裂时，采用损伤状态的力学变量“连续性因子(continuity)”和“有效应力(effective stress)”来描述金属在蠕变断裂过程中其性质的劣化问题。Dougill 最早把损伤力学应用于岩石和混凝土材料。经过近 40 年的不断发展，对岩石损伤建模的研究主要有 3 种方法：从连续介质损伤力学出发建模；在损伤的细观机理上利用统计数学建立岩石损伤模型；在对损伤变量的定义和对实验数据拟合的基础上建立岩石损伤模型。

连续介质损伤力学的共同特点就是引入损伤变量作本构关系的内变量。目前连续介质损伤力学理论基本上都是用张量形式的损伤变量进行表述。连续介质损伤力学中引入损伤张量的最大优点是可以方便地处理各向同性或各向异性材料的各向异性损伤。细观

损伤力学方法与连续损伤力学方法的另一个重要差别在于，在细观力学方法中必须采用一种平均化方法，以把细观结构损伤机制研究的结果反映到材料的宏观力学行为的描述中去。比较典型的方法有不考虑微缺陷之间相互作用的非相互作用方法(亦称 Taylor 方法)，考虑微缺陷之间弱相互作用的自洽方法、微分方法、Mori-Tanaka 方法、广义自洽方法、Hashin-Shtrikman 界限方法，考虑微缺陷之间强相互作用的统计细观力学方法等。细观损伤力学的基本方法如图 2-22 所示。首先在材料中选取一个代表性体积单元，它需要满足尺度的二重性：一方面，从宏观上讲其尺寸足够小，可以看作一个材料质点，因而其宏观应力应变场可视为均匀的；另一方面，从细观角度上讲，其尺寸足够大，包含足够多的细观结构信息，可以体现材料的统计平均性质。利用连续介质力学和连续热力学手段，对代表性体积单元进行分析，以得到细观结构在外载作用下的变形和演化发展规律。然后，再通过细观尺度上的平均化方法将细观研究的结果反映到宏观本构关系、损伤演化方程、断裂行为等宏观性质中去。花岗岩、页岩和某些灰岩等脆性岩石在受荷过程中，基本不出现塑性阶段，因此，对于该类岩石可以仅考虑弹性损伤过程。

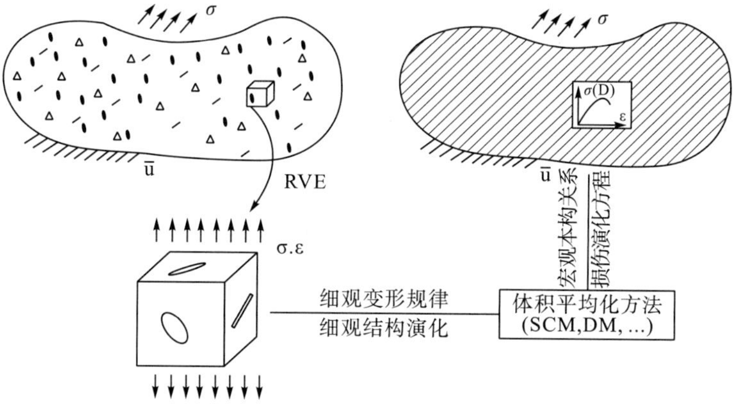

图 2-22　表示细观损伤力学的基本方法

(1)郑少河等(2002)假定裂隙的空间形状为圆形，根据裂隙面的接触情况，将岩体裂隙分为 3 种基本形态：完全张开型、部分接触型、充填型。

①拉剪应力状态下裂隙岩体的本构关系。

将完全张开型裂隙和部分接触型裂隙均视为张开型裂隙。按照 Betti 能量互易定理，含水裂隙岩体的初始损伤柔度张量为

$$C_{ijkl}^{0-d-w} = C_{ijkl}^{0} + C_{ijkl}^{d} + C_{ijkl}^{w} \tag{2-52}$$

式中，C_{ijkl}^{0}——无损岩体的柔度张量，矩阵；

C_{ijkl}^{d}——由于裂隙存在而产生的附加柔度张量，矩阵；

C_{ijkl}^{w}——由于渗透压力的存在而产生的渗透压力附加柔度张量，其值分别为

$$C_{ijkl}^{0} = \frac{1+v_0}{E}\delta_{ik}\delta_{jl} - \frac{v_0}{E}\delta_{ij}\delta_{kl}$$

$$C_{ijkl}^{d} = \frac{1}{E}\sum_{k-1}^{k}\left\{a^{(k)^3}\rho_v^{(k)}\left[\begin{array}{l}2G_1^{(k)}n_i^{(k)}n_j^{(k)}n_k^{(k)}n_l^{(k)} + \frac{1}{2}G_2^{(k)} \\ (\delta_{il}n_j^{(k)}n_k^{(k)} + \delta_{ik}n_j^{(k)}n_l^{(k)} + \delta_{jl}n_i^{(k)}n_k^{(k)} + \delta_{jl}n_i^{(k)}n_l^{(k)} - 4n_i^{(k)}n_j^{(k)}n_k^{(k)}n_l^{(k)})\end{array}\right]\right\}$$

$$C_{ijkl}^{w}=\frac{2}{3E}\sum^{k}\left\{a^{(k)^3}\rho_{\mathrm{v}}^{(k)}\left[G_1^{(k)}R^{(k)}(n_i^{(k)}n_j^{(k)}\delta_{kl}+n_k^{(k)}n_l^{(k)}\delta_{ij})+\frac{1}{3}G_2^{(k)}\delta_{ij}\delta_{kl}R^{(k)^2}\right]\right\}$$

其中，a——圆形裂隙的半径，m；

ρ_{v}——裂隙密度，条/m；

K——裂隙组数，无因次；

G_1，G_2——是和裂隙形状及相互干扰有关的无量纲因子，无因次，$G_1=\frac{8(1-v_0^2)}{3}$，$G_2=\frac{16(1-v_0^2)}{3E(2-v_0)}$；

$n(i=1, 2, 3)$——裂隙面的单位法向向量，矢量；

δ_{ij}——Kronecker 符号，无因次；

R——比例系数，$R=\frac{p}{\delta}$，$\delta=\frac{1}{3}\delta_{ij}$，$\delta_{ij}$为第一应力不变量，Pa；

p——渗透压力，MPa。

由式(2-45)可以看出：裂隙水压力的存在，增大了岩体的柔度张量，体现了裂隙水压力对岩体力学特性的削弱。

对于非含水裂隙岩体，$C_{ijkl}^{w}=0$，故初始损伤柔度张量变为

$$C_{ijkl}^{0-d}=C_{ijkl}^{0}+C_{ijkl}^{d} \tag{2-53}$$

由广义胡克定律，假定水流仅在裂隙中流动，含水裂隙岩体的本构方程可表示为

$$\varepsilon_{ij}'=\varepsilon_{ij}+\varepsilon_{ij}^{w}=C_{ijkl}^{0-d}\sigma_{kl}+C_{ijkl}^{w}\sigma_{kl}+C_{ijkl}^{0-d-w}\sigma_{kl}p \tag{2-54}$$

式中，ε_{ij}^{w}——由水压力 p 引起的应变。

$$\varepsilon_{ij}=C_{ijkl}^{0-d}\sigma_{kl} \tag{2-55}$$

比较式(2-54)和式(2-55)有

$$\varepsilon_{ij}^{w}=C_{ijkl}^{w}\sigma_{kl}+C_{ijkl}^{0-d-w}\delta_{kl}p \tag{2-56}$$

式(2-56)即为裂隙水压力对岩体变形的贡献，其形式与一般应力－应变关系相同，其与裂隙分布的方位、规模、密度等因素密切相关。对于充填型裂隙其初始损伤柔度张量及本构关系与完全张开型非含水裂隙岩体相同。

②压剪应力状态下的裂隙岩体本构关系。

当裂隙处于张开状态时，初始损伤柔度张量的求法与拉剪应力相同，并注意到裂隙面上的有效应力为$\sigma_{\mathrm{ne}}=\sigma_{\mathrm{n}}-p$，则初始损伤柔度张量为

$$C_{ijkl}^{0-d-w}=C_{ijkl}^{0}+C_{ijkl}^{d}+C_{ijkl}^{w} \tag{2-57}$$

其中，

$$C_{ijkl}^{0}=\frac{1+v_0}{E}\delta_{ik}\delta_{jl}-\frac{v_0}{E}\delta_{ij}\delta_{kl}$$

$$C_{ijkl}^{d}=\frac{1}{E}\sum_{k-1}^{k}\left\{a^{(k)^3}\rho_v^{(k)}\left[\begin{aligned}&2G_1^{(k)}n_i^{(k)}n_j^{(k)}n_k^{(k)}n_l^{(k)}+\frac{1}{2}G_2^{(k)}\\&(\delta_{il}n_j^{(k)}n_k^{(k)}+\delta_{ik}n_j^{(k)}n_l^{(k)}+\delta_{jl}n_i^{(k)}n_k^{(k)}+\delta_{jl}n_i^{(k)}n_l^{(k)}-4n_i^{(k)}n_j^{(k)}n_k^{(k)}n_l^{(k)})\end{aligned}\right]\right\}$$

$$C_{ijkl}^{w}=\frac{2}{3E}\sum_{k=1}^{k}\left\{a^{(k)^3}\rho_v^{(k)}\left[\begin{aligned}&\frac{1}{3}G_1^{(k)}\delta_{ij}\delta_{kl}R^{(k)^2}\\&-G_1^{(k)}R^{(k)}(n_i^{(k)}n_j^{(k)}\delta_{kl}+n_k^{(k)}n_l^{(k)}\delta_{ij})\end{aligned}\right]\right\}$$

部分接触型裂隙的裂隙面的相互接触，一方面使裂隙面部分区域未连通，渗透压力 p 不起作用，因此引入一系数 β，以表征连通面积与总面积之比，渗透压力 p 的贡献变为 β_p；另一方面裂隙之间的闭合，使应力传递发生变化，故引入传压、传剪系数分别为 C_v、C_s，则初始损伤柔度张量的各分量为

$$C^0_{ijkl} = \frac{1+v_0}{E}\delta_{ik}\delta_{jl} - \frac{v_0}{E}\delta_{ij}\delta_{kl}$$

$$C^d_{ijkl} = \frac{1}{E}\sum_{k=1}^{k}\left\{a^{(k)^3}\rho_v^{(k)}\cdot\begin{bmatrix}2G_1^{(k)}\ (1-C_v^{(k)})^2 n_i^{(k)}n_j^{(k)}n_k^{(k)}n_l^{(k)}\ (1-C_v^{(k)})^2 \\ +\frac{1}{2}G_2^{(k)}\ (1-C_s^{(k)})^2\begin{bmatrix}\delta_{ik}n_j^{(k)}n_l^{(k)}+\delta_{il}n_j^{(k)}n_k^{(k)}+\delta_{jk}n_i^{(k)}n_l^{(k)} \\ +\delta_{jl}n_i^{(k)}n_k^{(k)}-4n_i^{(k)}n_j^{(k)}n_k^{(k)}n_l^{(k)}\end{bmatrix}\end{bmatrix}\right\}$$

$$C^w_{ijkl} = \frac{2}{3E}\sum_{k=1}^{k}\left\{a^{(k)^3}\rho_v^{(k)}\begin{bmatrix}\frac{1}{3}G_2^{(k)}\beta^{(k)^2}\delta_{ij}\delta_{kl}R^{(k)^2} \\ -G_1^{(k)}\beta^{(k)}R^{(k)}(n_i^{(k)}n_j^{(k)}\delta_{kl}+n_k^{(k)}n_l^{(k)}\delta_{ij})\end{bmatrix}\right\}$$

同部分接触型相比，充填型裂隙岩体仅 $C^w_{ijkl}=0$，其余各项相同。构造压剪应力状态下的本构方程的方法与拉剪应力状态相同。

(2)赵延林等(2008)综合运用岩体结构力学、几何损伤力学及岩石流体力学理论，建立裂隙岩体渗流-损伤-断裂耦合数学模型(扩展 FLAC3D 模型)，在 FLAC 现有计算模块的基础上，通过 Fish 研制了其分析程序。

翼形裂纹沿最大主应力方向扩展直至 $K_I=K_{IC}$，由此可求出翼形裂纹在压剪应力及渗透压共同作用下的扩展长度 l。翼形裂纹扩展过程中，岩体强度劣化，裂隙岩体损伤演化(图 2-23)，翼形裂纹的扩展引起附加变形，对于 N_A 条滑移型压剪裂纹起裂扩展产生的附加损伤应变 $\Delta\varepsilon$：

$$\Delta\varepsilon_1 = \frac{8\lambda\chi\cos\Psi}{E}\left[\frac{2\tau_e\cos\Psi}{\pi}\ln\frac{1}{a}-\sigma_3\left(\frac{1}{a}-1\right)\right] \tag{2-58}$$

$$\Delta\varepsilon_3 = \frac{\chi}{E}\left[\frac{16\tau_e\cos^2\Psi}{\pi}\ln\frac{1}{a}-8\cos\Psi\left(\frac{l}{a}-1\right)\cdot(\sigma_3\gamma+\tau_e)+\sigma_3\pi\left(\frac{l^2}{a^2}-1\right)\right] \tag{2-59}$$

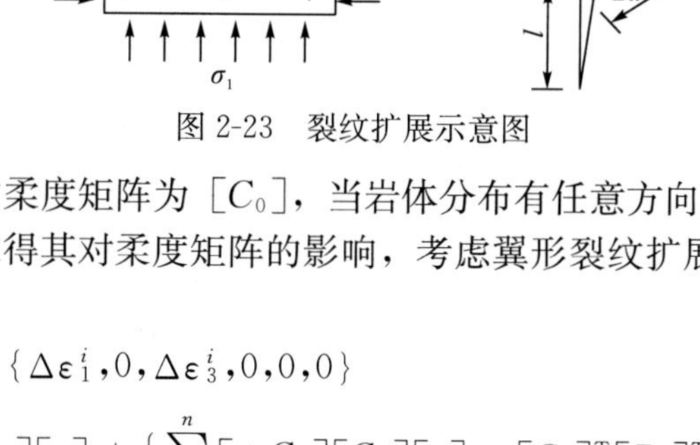

图 2-23　裂纹扩展示意图

设完整岩石材料的柔度矩阵为 $[C_0]$，当岩体分布有任意方向的 n 组裂隙时，采用坐标变换和叠加原理，求得其对柔度矩阵的影响，考虑翼形裂纹扩展产生的附加应变 $\Delta\varepsilon_0$，损伤演化方程为

$$\left.\begin{aligned}&[\Delta\varepsilon_0] = \{\Delta\varepsilon_1^i, 0, \Delta\varepsilon_3^i, 0, 0, 0\} \\ &[\varepsilon] = [C_o][\sigma] + \left\{\sum_{i=1}^{n}[\Delta C_i][C_i][\sigma] + [G_i]^T[B_i]^T[\Delta\varepsilon_0^i]\right\}\end{aligned}\right\} \tag{2-60}$$

设 $[\Delta\varepsilon_0^i]=[P_i][\sigma]$，可得损伤柔度矩阵为

$$[C]=[C_0]+\sum\{[G_i]^{\mathrm{T}}[\Delta C_i][G_i]+[G_i]^{\mathrm{T}}[B_i]^{\mathrm{T}}[P_i]\} \tag{2-61}$$

在损伤应力场与渗流场耦合作用下拟连续岩体损伤本构关系为

$$\varepsilon_{ij}=C_{ijkl}\sigma_{kl}+C_{ijkl}\delta_{kl}p \tag{2-62}$$

(3)周小平等(2008)在细观力学 Gibbs 自由能函数的基础上，通过 Lcgcndrc 变换得到应变空间表示的 Holmholtz 自由能函数，并根据正交性原理，得到宏观的弹性损伤本构方程。同时，根据断裂力学知识确定其损伤演化规律，建立裂隙岩体弹性损伤本构模型：

$$\sigma=\frac{E_0\nu_0}{(1+\nu_0)(1-2v_0)}(\mathrm{tr}\varepsilon)\delta+\frac{E_0}{(1+\nu_0)}\varepsilon+b_1(\mathrm{tr}D\mathrm{tr}\varepsilon)\delta+b_2(\varepsilon\cdot D+D\cdot\varepsilon)$$
$$+b_3[\mathrm{tr}(\varepsilon\cdot D)\delta+(\mathrm{tr}\varepsilon)D]+2b_4(\mathrm{tr}D)\varepsilon \tag{2-63}$$

$$\sigma=\frac{\partial\psi(\varepsilon,D)}{\partial\varepsilon}=E(D):\varepsilon \tag{2-64}$$

$$E_{ijkl}(D)=\frac{E_0\nu_0}{(1+\nu_0)(1-2\nu_0)}\delta_{ij}\delta_{kl}$$
$$+\frac{E_0}{2(1+\nu_0)}(\delta_{ik}\delta_{jl}+\delta_{il}\delta_{jk})+2b_1(\mathrm{tr}D)\delta_{ij}\delta_{kl}$$
$$+\frac{1}{2}b_2(\delta_{ik}D_{jl}+\delta_{il}D_{jk}+D_{ik}\delta_{jl}+D_{il}\delta_{jk})$$
$$+b_3(\delta_{ij}D_{kl}+D_{ij}+\delta_{kl})+b_4(\mathrm{tr}D)(\delta_{ik}\delta_{jl}+\delta_{il}\delta_{jk}) \tag{2-65}$$

(4)Lemaitre 假设自由比能中弹性部分和塑性部分可以分开考虑，而且损伤只和弹性部分耦合，对小应变情形取：

$$f=\frac{1}{2\rho}e^{\mathrm{e}}:A:e^{\mathrm{e}}(1-D)+f^{p}(\eta_1) \tag{2-66}$$

$$\eta=\int D_{(r)}^{p}\,\mathrm{d}t;D_{(r)}^{p}\sqrt{\frac{2}{3}D^{P'}:D^{P'}} \tag{2-67}$$

$$\Phi=\frac{B}{b+1}\left(\frac{Y}{B}\right)^{b+1}D_{(r)}^{p};D=\frac{\partial\Phi}{\partial Y} \tag{2-68}$$

$$D=\left(\frac{\sqrt{2E^{M}Y}}{A_1''}\right)^{r'} \tag{2-69}$$

式中，$D^{p'}$——塑性应变率 D^{p} 的偏量张量，无因次；

E^{M}——无损弹性模量，MPa；

B、b、A_1'' 和 r'——与温度有关的物质参数，无因次；

f^{p}——应力函数，J。

柴红保等将有效应力张量理解为使无损伤体获得与损伤体在应力作用下一样的应变张量分量(Lematie 应变等效原理)，设无损岩体的弹性柔度张量为 c^{0}，损伤材料的等效弹性损伤柔度张量为 c^{0-d}，并按 Lemaitre 和 Chaboehe 的解释在本构关系中引入有效应力张量。裂隙的存在及扩展损伤演化对柔度矩阵的影响主要取决于裂隙的相对大小以及裂隙面的传压系数、传剪系数、剪切刚度和法向刚度，裂隙对柔度矩阵的影响可通过坐标变换和叠加原理求得，即

$$C_{ijkl}^{0-d}=C_{ijkl}^{0}+C_{ijkl}^{d}+C_{ijkl}^{ad} \tag{2-70}$$

无损材料的弹性柔度张量分量为

$$C_{iijkl}^{0}=\frac{1+\mu_0}{E_0}\delta_{ik}\delta_{il}-\frac{\mu_0}{E_0}\delta_{ij}\delta_{kl} \tag{2-71}$$

裂隙初始损伤柔度张量分量为

$$C_{ijkl}^{d}=\frac{4\pi}{3}\frac{1-\mu_0}{E_0}\left[2F_1n_in_jn_kn_l+\frac{1}{2}F_2(\delta_{jk}n_in_l+\delta_{il}n_jn_k+\delta_{ik}n_jn_l-4n_in_jn_kn_l)\right] \tag{2-72}$$

式中，E_0——无损材料的弹性模量，MPa；

μ_0——无损材料的泊松比，无因次；

F_1，F_2——系数，无因次；

n_i——方向余弦，无因次；

δ_{ik}，δ_{jl}，δ_{ij}和δ_{kl}——克罗内克尔(Kronecker)常数，可以取值为 1 或 0。

压剪应力状态下的岩体裂纹扩展损伤引起的附加柔度张量为

$$C_{ijkl}^{ad}=\frac{F_2\tau_{ne}+2F_3\sigma_{ne}+F_5}{\sigma_{ne}}an_in_jn_kn_l\frac{2F_1\tau_{ne}+F_2\sigma_{ne}+F_4}{4\tau_{ne}}$$
$$\times a(\delta_{jl}n_in_k+\delta_{jk}n_in_l+\delta_{il}n_jn_k+\delta_{ik}n_jn_l-4n_in_jn_kn_l) \tag{2-73}$$

拉剪应力状态下裂纹扩展后的岩体附加损伤柔度张量为

$$C_{ijkl}^{ad}=\frac{8(1-v_0^2)}{3E_0}\left[2L^3\rho_jn_i^{(j)}n_j^{(j)}n_k^{(j)}n_l^{(j)}+\frac{1}{2(1-\mu)}L^3\begin{pmatrix}\delta_{jl}n_i^{(j)}n_k^{(j)}+\delta_{jk}n_i^{(j)}n_l^{(j)}+\delta_{il}n_j^{(j)}n_k^{(j)}\\+\delta_{ikl}n_j^{(j)}n_l^{(j)}-4n_i^{(i)}n_j^{(j)}n_k^{(j)}n_l^{(j)}\end{pmatrix}\right] \tag{2-74}$$

压剪状态下，分支裂纹尖端应力强度因子计算方法采用 Kemeny 计算模型：

$$K_{\text{I}}=\frac{\sin2\psi-(1+\cos2\psi)f}{\sqrt{\pi L}}\sigma_1\sqrt{a}\cos\psi$$
$$+\frac{(\cos2\psi-1)f-\sin2\psi}{\sqrt{\pi L}}\sigma_3\sqrt{a}\cos\psi-\sigma_3\sqrt{\pi aL} \tag{2-75}$$

拉剪应力状态下，裂纹扩展后裂纹尖端的应力强度因子为

$$K_1=\frac{5.81a(\tau_{ne}\sin\theta+\sigma_3\cos\theta)}{\sqrt{\pi L}}+1.12\sigma_3\sqrt{\pi L} \tag{2-76}$$

(5)唐春安等(1997)研制了流固耦合岩石破裂过程分析系统，模拟研究孔隙水压作用下非均匀岩石中裂纹萌生、扩展和贯通导致的岩石破坏过程，认为材料的非均质性符合 Weibull 分布：

$$\varphi(s,m)=\frac{m}{s_0}\left(\frac{s}{s_0}\right)^{m-1}\exp\left[-\left(\frac{s}{s_0}\right)^m\right] \tag{2-77}$$

式中，s——细观单元的参数；

s_0——细观单元参数的统计平均值；

m——非均匀系数。

平衡方程：

$$\frac{\partial \sigma_{ij}}{\partial x_{ij}} + \rho X_j = 0, i, j = 1,2,3 \tag{2-78}$$

几何方程：

$$\varepsilon_{ij} = \frac{1}{2}(u_{i,j} + u_{j,i}), \varepsilon_v = \varepsilon_{11} + \varepsilon_{22} + \varepsilon_{33} \tag{2-79}$$

本构方程：

$$\sigma'_{i,j} = \sigma_{i,j} - \alpha p \delta_{i,j} = \lambda \delta_{i,j} \varepsilon_v + 2G\varepsilon_{i,j} \tag{2-80}$$

渗流方程：

$$k \nabla^2 p = 0 \tag{2-81}$$

将应力与渗透系数进行耦合：

$$k(\sigma, p) = \xi k_0 e^{-\beta(\sigma_{i,i}/3 - \alpha p)} \tag{2-82}$$

式中，k_0、k——渗透系数初值和渗透系数，m/s；

p——孔隙水压力，MPa；

ζ、α、β——分别为渗透系数突跳倍率、孔隙水压系数、祸合系数，由试验确定。

当单元的应力状态或者应变状态将满足某个给定的损伤阂值时，单元开始损伤，损伤单元的弹性模量由下式表达：

$$E = (1 - D)E_0 \tag{2-83}$$

式中，D——损伤变量，无因次；

E、E_0——分别是损伤单元和无损单元的弹性模，这些参数假定都是标量，MPa。

单元受压时，损伤变量 D 表达式为

$$D = \begin{cases} 0, & \varepsilon < \varepsilon_{c0} \\ 1 - \dfrac{f_{cr}}{E_{0\varepsilon}}, & \varepsilon_{c0} < \varepsilon \end{cases} \tag{2-84}$$

单元受拉时，损伤变量 D 表达式为

$$D = \begin{cases} 0, & \varepsilon_{t0} \leqslant \varepsilon \\ 1 - \dfrac{f_{tr}}{E_{0\varepsilon}}, & \varepsilon_{tu} \leqslant \varepsilon \leqslant \varepsilon_0 \\ 1, & \varepsilon \leqslant \varepsilon_{tu} \end{cases} \tag{2-85}$$

式中，f_{cr}、f_{tr}——残余强度，MPa。

单轴压缩和拉伸下细观单元本构模型如图 2-24 所示。

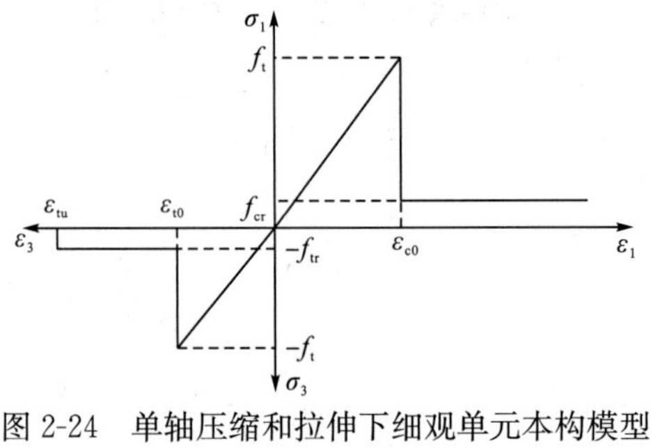

图 2-24 单轴压缩和拉伸下细观单元本构模型

五、黏性岩体本构模型

盐岩的强度比较低，在相同的条件下只有大理石的1/4、石英岩的1/17。在盐岩的力学性质中，时间是一个重要因素，它构成了盐岩的流变特性。对盐岩的流变特性的研究一般要通过蠕变试验来实现。蠕变是指在恒定载荷作用下，试件的变形随时间的增加而增加的现象。

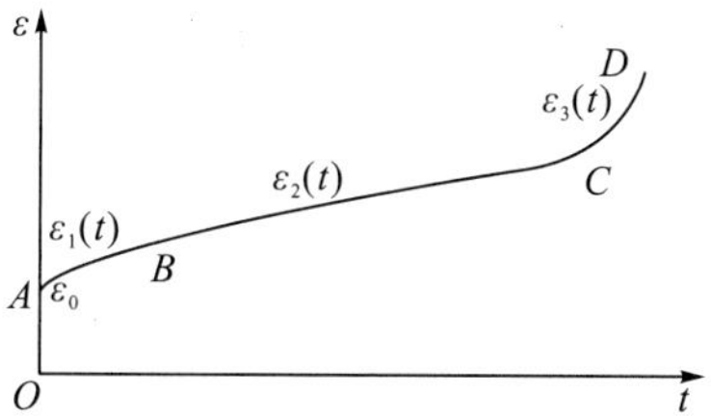

图 2-25 盐岩典型蠕变曲线

图2-25给出了常温、常压下盐岩典型蠕变曲线。它由三部分组成：

(1)瞬态蠕变期，位于蠕变曲线的初始阶段，在到达下一阶段前，该阶段盐岩蠕变应变率逐渐降低。

(2)稳态蠕变期，位于蠕变曲线的第二部分，该阶段蠕变应变率保持恒定。

(3)加速蠕变期，该阶段蠕变应变率增加直到试样破坏。

由于蠕变要经历瞬态蠕变、稳态蠕变以及加速蠕变三个阶段，并最终由于蠕变而开始破坏。一般来说，对于脆性材料，主要表现为A、C两个阶段，而对盐岩这类延性材料，则主要表现为A、B两个阶段，而且B阶段持续的时间比较长。因此找出由瞬态到稳态、由稳态到加速蠕变的位置很重要。

岩石蠕变经验方程的通常形式为

$$\varepsilon(t)=\varepsilon_0+\varepsilon_1(t)+\varepsilon_2(t)+\varepsilon_3(t) \tag{2-86}$$

式中，$\varepsilon(t)$——t时间的应变，无因次；

ε_0——瞬时应变，无因次；

$\varepsilon_1(t)$——初始段应变，无因次；

$\varepsilon_2(t)$——等速段应变，无因次；

$\varepsilon_3(t)$——加速段应变，无因次。

除蠕变试验外，Heard提出了一种间接测量应变-时间关系的试验方案，他也将其称为蠕变试验，即在恒定应变速率下测定应力与应变的关系，因而更确切地说，这是一种恒应变速率试验。由于盐岩的晶体结构比较简单、蠕变现象明显以及工程实际的需要，尤其是在盐岩地层以下地层中油气盖层的需要，人们对盐岩蠕变进行了广泛深入的研究，提出了许多模型，下面简要介绍几种主要模型。

(一)幂率模型

幂率模型是一个纯经验公式，对于瞬时蠕变与应力、温度、时间的关系表达式为

$$\varepsilon_p = A\sigma^m T^P t^n \tag{2-87}$$

其中，ε_p——瞬时蠕变应变，无因次；

σ——差应力，MPa；

T——温度，K；

t——时间，s；

m、P、n——分别为应力、温度、时间的指数。

若描述总的应变规则，还应加上稳态相，即

$$\varepsilon = \dot{\varepsilon}_s t + A\sigma^m T^P t^n \tag{2-88}$$

其中，ε——总应变，无因次；

$\dot{\varepsilon}_s$——稳态应变率，可以用 Weertman 位错滑移模式表述：

$$\dot{\varepsilon}_s = A^* \exp(-Q/RT)\sinh(\beta\sigma) \tag{2-89}$$

其中，Q——激活能，J；

R——理想气体常数，无因次；

β——应力系数，无因次，由试验确定；

A^*——试验常数，其他参数意义与瞬时蠕变中的参数一致。

幂率模型的特点是以显式的形式表达了应力、温度、时间与应变的关系，模型比较简单，对工程实际有一定指导意义，但由于对盐岩的流变规律的描述比较粗糙，现在已很少使用。

（二）温度指数定律

温度指数定律用来描述 Avery 岛岩丘盐岩的高温（大于熔融温度的一半）流变规律，其具体表达式为

$$\varepsilon_p = B\sigma^m t^n \exp(-\lambda/T) \tag{2-90}$$

其中，B、λ——试验常数，其他符号同上。

这样总应变为

$$\varepsilon = \dot{\varepsilon}_s t + B\sigma^m t^n \exp(-\lambda/T) \tag{2-91}$$

这一定律的提出是受热力学定律的启发，因为盐岩的流变过程是一个热激活过程，因而认为温度在流变中的作用与热力学规律一致。

虽然幂率模型和温度指数模型表达式简单，使用方便，但它们本身却存在着许多缺陷：在数据回归时有时出现稳态蠕变速率为负的情况，这与实际不符，且对于复杂的应力、温度历史不能很好地表示。

（三）时间指数模型

时间指数模型是一个半经验公式，由 Herrman、Wawersik 等提出，假设蠕变速率由一阶动力方程控制，即在一定温度、应力条件下应变速率与瞬时应变速率和稳态蠕变速率的差成正比。表达式为

$$\frac{d\dot{\varepsilon}}{dt}=\frac{1}{\xi}(\dot{\varepsilon}-\dot{\varepsilon}_s) \tag{2-92}$$

对上式进行积分，取初始条件为$\dot{\varepsilon}(t)|_{t=0}=\dot{\varepsilon}_1$，$\varepsilon(t)|_{t=0}=\varepsilon_0$，得

$$\varepsilon-\varepsilon_0=\dot{\varepsilon}_s t+\varepsilon_\infty[1-\exp(-\xi t)] \tag{2-93}$$

其中，$\varepsilon_\infty=\frac{1}{\xi}(\dot{\varepsilon}_1-\dot{\varepsilon}_s)$，无因次；

ξ——时间系数，无因次。

一般来说，ε_0、$\dot{\varepsilon}_s$、ε_∞、ξ 是应力、温度的函数，为分析方便，假设瞬时蠕变和稳态蠕变由相同的机制控制，则有

$$\xi=B\dot{\varepsilon}_s,\dot{\varepsilon}_1=D\dot{\varepsilon}_s \tag{2-94}$$

这一假设已被试验数据所证实。并发现当 $\dot{\varepsilon}_s<\dot{\varepsilon}^*$ 时，$\zeta=C$，C 为常数；当 $\dot{\varepsilon}_s>\dot{\varepsilon}^*$ 时，$\xi=B\dot{\varepsilon}_s$，并且有：$B\dot{\varepsilon}^*=C$。

这一定律应用应变硬化理论可以很好的处理应力、温度历史的问题，因而这一模型应用的比较多。

（四）多级时间指数模型

这一定律与时间指数定律相似，是 Gangi 于 1981 年提出的，他假设瞬时蠕变式由多种机制控制的，并假设：每种机制互不影响，均以一阶动力方程为基础，因而有

$$\varepsilon-\varepsilon_0=\dot{\varepsilon}_s t+\sum_{i=1}^{m}\varepsilon_{\infty i}[1-\exp(-\zeta_i t)] \tag{2-95}$$

其中，m——变形机制数，无因次；

ξ_i——第 i 种变形机制的时间系数，无因次；

$\varepsilon_{\infty i}$——第 i 种变形机制的ε_∞，无因次。

可见，当 $m=1$ 时多级时间指数模型退化为时间指数模型。这一定律的优点在于详细地描述了瞬时蠕变，使得模型与实际更接近了一步，但是，我们同时也可以看出，它过于复杂，并需要对瞬时蠕变的机制进行认真分析后才能采用。

（五）变形机制定律

这一定律是 Munson 和 Dawson 于 1979 年提出的，它以稳态速率变形机制为基础，主要用于盐岩层的研究。根据变形机制有位错滑移、位错攀移和未知机制区，它们的稳态蠕变速率表达式为

对于位错攀移：

$$\dot{\varepsilon}_1=A_1\sigma^{n_1}\exp(-Q_1/RT) \tag{2-96}$$

对于未知区：

$$\dot{\varepsilon}_2=A_2\sigma^{n_2}\exp(-Q_2/RT) \tag{2-97}$$

对于位错滑移：

$$\dot{\varepsilon}_2 = \{B_1\exp[-Q_1/(RT)] + B_2\exp[-Q_2/(RT)]\}\sinh[q(\sigma - \sigma_0)] \tag{2-98}$$

其中，A_1、A_2、B_1、B_2——试验常数，无因次；

n_1、n_2——应力指数，无因次；

Q_1、Q_2——攀移区和未知区的激活能，J；

q——应力系数，无因次，因而总稳态为上面三式之和：

$$\dot{\varepsilon}_s = \sum_{i=1}^{3}\dot{\varepsilon}_i \tag{2-99}$$

通过在稳态蠕变速率前乘一个系数来考虑过渡蠕变，即

$$\dot{\varepsilon} = F\dot{\varepsilon}_s \tag{2-100}$$

式中，

$$F = \begin{cases} \exp[\Delta(1 - \varepsilon_p/\varepsilon_t^*)], & \varepsilon_p \leqslant \varepsilon_t^* \\ 1, & \varepsilon_p > \varepsilon_t^* \end{cases} \tag{2-101}$$

其中，Δ——应力的函数；

ε_p——过渡蠕变应变；

ε_t^*——过渡蠕变极限，且，$\varepsilon_t^* = k\sigma^m$；

k、m——常数。

这样就得到了蠕变应变的总体表达式。从中可以看出，它对稳态蠕变进行了详细描述，但对于过渡蠕变只做了近似处理，比较适合于研究长期效应的盐膏层稳定及盐岩套管稳定。另外，它通过 Δ 和 ε_t^* 考虑了应力历史的作用，对温度历史未加考虑。

(六)其 他 模 型

除了上述模型外还有 Krieg 提出的变形机制定律，以及 Langer 提出的修正的斯菲尔德——斯格特 · 布莱尔模型。这些模型的主要缺点是参数繁多，很难由试验数据进行较好吻合。

盐岩蠕变过程中我们关注的主要是它的稳态蠕变阶段，许多文献所提供的资料表明，盐岩的稳态蠕变速率与应力不成线性关系。因此若考虑到温度 T，时间 t，便可把蠕变表达式写成

$$\dot{\varepsilon}(t) = \psi(t)f_1(T)f_2(\sigma) \tag{2-102}$$

式中，ψ，f_1，f_2——其对应的自变量函数，可由实验定出。

式(2-102)是通常蠕变试验中，某一级差应力和温度 T 的条件下蠕应变与时间的关系式。一般，比较通用的模式有如下两种。

(1)高温低应力条件：

$$\varepsilon = A\exp(-Q/RT)\sigma^k \tag{2-103}$$

该模式也称为韦特曼模式。

(2)较低温度高应力的条件：

$$\varepsilon = A\exp(-Q/RT)\mathrm{sh}(B\sigma) \tag{2-104}$$

该模式也称为赫德模式。

上两式中的 A，B，k 均为材料的蠕变参数，其值与 E 一起由试验加以确定。

第四节　深部岩体强度准则

人们对岩体强度理论的研究，最早始于 18 世纪。岩体的强度指的是岩体破坏时的应力状态或应变状态，或者是岩体抵抗破坏的极限能力，而破坏则是岩体变形过程中的一个特殊阶段。岩体在简单应力条件下(如单向拉压应力)的破坏强度可以直接通过实验测定。但在实际地层环境中，根据所处位置的差异，岩体所承受的荷载在数值、组合上关系极为复杂，难以直接通过实验测定。这时通常用一个函数关系来描述岩体破坏时的应力状态以及岩石力学参数，探索其破坏机理和普遍规律，这个关系就是岩体的强度准则。

岩石多变的结构特征，导致力学性质、变形特性不尽相同，无法用单一的强度准则来解释自然界多种多样岩石的变形、破坏规律。在强度准则一个多世纪的发展中，根据对岩石破坏的认识不同，需要具体问题具体研究，众多学者提出了二十多种适用于岩石的强度准则，但只有其中的少数几种在实际中广泛应用。这几种强度准则总体上可以分为“理论强度准则”和“经验强度准则”两大类，分别基于经典力学体系和实验研究手段，用来描述岩体的变形、破坏规律(图 2-26)。

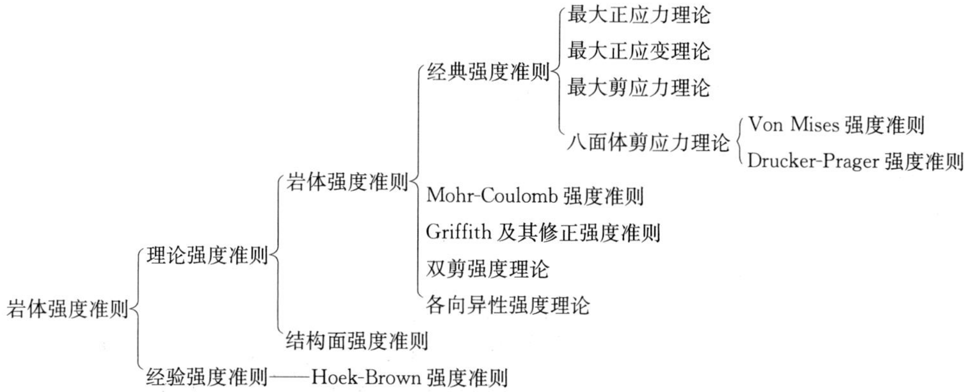

图 2-26　岩体强度准则分类

岩体的强度准则是岩体工程结构计算和设计的基础理论，研究岩体的强度准则在理论创新和工程应用方面都具有重要意义。到目前为止有各种各样的强度准则，但现在常用的强度准则多是基于浅部岩体的不同地质力学环境。因此有必要讨论深部岩体强度准则，以适用于深部岩体。

一、Mohr-Coulomb 强度准则

Mohr-Coulomb 准则是由 Mohr 和 Coulomb 提出的，是迄今为止历史最久、研究最多、应用最广的强度准则(胡小荣等，2004)。它认为当材料某平面上剪应力 τ_n 达到某一特定值时，就进入屈服。但与金属材料的 Tresca 准则不同，这一特定值不是一个常数，

而是和该平面上的正应力 σ_n 有关，其一般形式为

$$\tau_n = f(C, \phi, \sigma_n) \tag{2-105}$$

式中，C——材料的凝聚强度，MPa；

ϕ——材料的内摩擦角，(°)。

这个函数关系应通过试验确定，但在一般情况下可以假定在 $\sigma_n - \tau_n$ 平面上呈双曲线、抛物线或摆线等关系，统称为 Mohr 条件，如图 2-27(a)所示。但对于 σ_n 不太大的情况下的岩石，可以取线性关系，称为 Coulomb 强度准则，如图 2-27(b)所示。

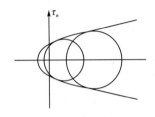

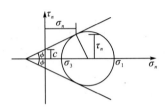

(a)Mohr 条件示意图　　(b)Mohr—Coulomb 条件示意图

图 2-27　Mohr—Coulomb 条件示意图

如图 2-27(b)所示，直线型条件可以表示为

$$\tau_n = C + \sigma_n \cdot \mathrm{tg}\phi \tag{2-106}$$

设主应力大小次序为 $\sigma_1 \geqslant \sigma_2 \geqslant \sigma_3$，上式还可以用主应力表示为

$$\sigma_1 = 2C\frac{\cos\phi}{1-\sin\phi} + \sigma_3\frac{1+\sin\phi}{1-\sin\phi} \tag{2-107}$$

用应力张量和应力偏张量的不变量表示为

$$f = \frac{1}{3}I_1\sin\varphi + \left(\cos\theta_\sigma - \frac{1}{\sqrt{3}}\sin\theta_\sigma\sin\varphi\right)\sqrt{J_2} - C\cos\varphi = 0 \tag{2-108}$$

式中，θ_σ——应力 Lode 角，(°)，

$$\tan\theta_\sigma = \frac{2\sigma_2 - \sigma_1 - \sigma_3}{\sqrt{3}(\sigma_1 - \sigma_3)} \tag{2-109}$$

Mohr-Coulomb 准则在应力空间的屈服面是一不规则的六棱锥面，其中心线和主应力空间对角线 L 重合，如图 2-28(a)所示。相应的在 π 平面上的屈服曲线为一封闭的非正六角形，如图 2-28(b)所示。

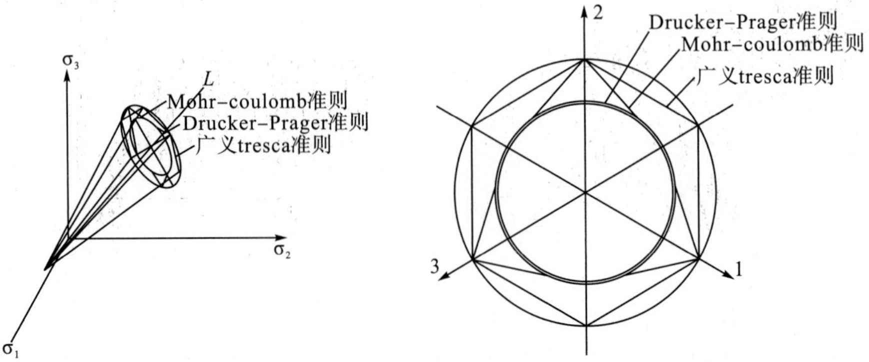

(a)　　(b)

图 2-28　Mohr-Coulomb 及 Drucker-Prager 强度准则应力空间分布示意图

Mohr－Coulomb 强度准则实际上是一种剪应力强度理论，一般认为，该准则比较全面地反映了岩石的强度特征，反映了球应力张量对岩体强度的影响。它既适用于塑性岩石，也适用于脆性岩石的剪切破坏，同时也反映了岩石抗拉强度远小于抗压强度这一特性，并能解释岩石在三向等拉时会破坏，而在三向等压时不会破坏。但 Mohr-Coulomb 强度准则认为球应力张量对强度的影响为线性，这一点在低应力条件下可以适用，但不适用于高地应力条件下的岩体强度特性。另外该准则的屈服面存在突变，形成奇异性，在嵌入数值软件中进行使用时收敛较慢，并且只考虑了最大主应力和最小主应力对岩石强度的影响，没有考虑中间主应力对岩石强度的贡献。因此 Mohr-Coulomb 强度准则在适用于高地应力下的岩体强度分析时还需要进行比较大的改进。

二、Drucker-Prager 强度准则

由于 Mohr-Coulomb 准则的屈服面在锥顶和棱线上的导数的方向是不定的，存在奇异性，为了克服这个缺点，Drucker 和 Prager 在 1952 年提出一个内切于 Mohr-Coulomb 准则六棱锥的圆锥形屈服面，显然它是 Mohr-Coulomb 准则的下限(周凤玺等，2008)。Drucker-Prager 准则可表示为

$$f = \alpha I_1(\sigma_{ij}) + \sqrt{I_2(S_{ij})} + k = 0 \tag{2-110}$$

式中，α，k——材料常数，

$$a = \frac{\sin\phi}{\sqrt{9 + 3\sin^2\phi}} \qquad k_f = \frac{\sqrt{3}\cos\phi}{\sqrt{3 + \sin^2\phi}}C \tag{2-111}$$

Drucker-Prager 准则在主应力空间中的分布如图 2-28 所示。

郑颖人(高红，等，2006)还提出了一种与 Mohr-Coulomb 准则等面积圆的修正的 Drucker-Prager 准则，通过使偏应力平面上等效圆的面积与 Mohr-Coulomb 六边形的面积相等，得到新的参数值：

$$\left.\begin{aligned} \alpha &= \frac{2\sqrt{3}\sin\phi}{\sqrt{2\sqrt{3}\,\pi(9 - \sin^2\phi)}} \\ k &= \frac{6\sqrt{3}\,c\cos\phi}{\sqrt{2\sqrt{3}\,\pi(9 - \sin^2\phi)}} \end{aligned}\right\} \tag{2-112}$$

按照新的参数公式，其计算结果与 Mohr-Coulomb 准则的计算结果非常接近，但是其计算则要方便得多。

三、三剪强度准则

剪切破坏是岩石常见的一种破坏模式。单轴压缩时一般是 X 状共轭斜面剪切破坏，低围压时为单一剪切面的剪切破坏，高围压时为多重剪切面的延性破坏，围岩开挖时有可能发生剪切型的岩爆。

从强度准则建立的方法来看，无论是摩尔-库仑强度准则、格里菲斯强度准则、德鲁

克-普拉格强度准则，还是双剪统一强度理论，都可以看作根据十二面体单元主剪面上的主剪应力和正应力来分析材料的强度和破坏问题的。统一强度理论考虑 3 个主剪应力中 $\tau_{12}+\tau_{23}=\tau_{31}$，只有两个独立量，因此统一强度理论采用两个较大的主剪应力来建立强度准则。但是，主剪面除了主剪应力外，还有相应的正应力对岩石的强度和破坏产生影响。在同时考虑主剪面上的主剪应力和相应正应力对岩石强度和破坏的影响时，三对主剪应力和相应正应力将都是独立的量(胡小荣等，2003)。根据十二面体单元主剪面上的 3 个主剪应力和 3 个正应力(图 2-29)，同时考虑平均主应力的影响，建立三剪强度准则可以表示为

$$a_1\tau_{12}+a_2\tau_{23}+a_3\tau_{31}+b_1\sigma_{12}+b_2\sigma_{23}+b_3\sigma_{31}+c\sigma=D \tag{2-113}$$

式中，a_1、a_2、a_3——分别为 3 个主剪应力对岩石强度的影响系数，无因次；

b_1、b_2、b_3——分别为相应 3 个正应力对岩石强度的影响系数，无因次；

c——平均主应力对岩石强度的影响系数，无因次；

D——材料常数，无因次。

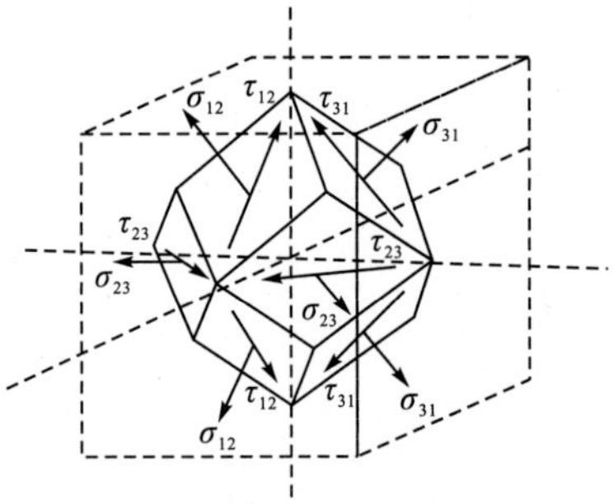

图 2-29 十二面体

根据式(2-113)，当参数 a_1、a_2、b_1、b_2和 c 等于 0 时，三剪强度准则退化为单剪强度理论，由此可导出摩尔—库仑强度准则表达式；当参数 a_1、b_1 和 c 等于 0 或参数 a_2、b_2 和 c 等于 0 时，三剪强度准则退化为双剪统一强度理论，由此可导出双剪统一强度准则。

四、格里菲斯(Griffith)强度理论

1921 年格里菲斯在研究脆性材料的基础上，提出了评价脆性材料的强度理论。该理论大约在 20 世纪 70 年代末 80 年代初引入岩石力学研究领域。格里菲斯强度理论又被称为格里菲斯脆性断裂理论(Hills，1996)。

(一)基本思想

在脆性材料内部存在着许多杂乱无章的扁平微小张开裂纹。在外力作用下，这些裂纹尖端附近产生很大的拉应力集中，导致新裂纹产生，原有裂纹扩展、贯通，从而使材料产生宏观破坏。裂纹将沿着与最大拉应力作用方向相垂直的方向扩展，扩展角度与最大拉应力作用方向的夹角为

$$\tan\gamma = -\tan 2\beta \tag{2-114}$$

式中，γ——新裂纹长轴与原裂纹长轴的夹角，(°)；

β——原裂纹长轴与最大主应力的夹角，(°)。

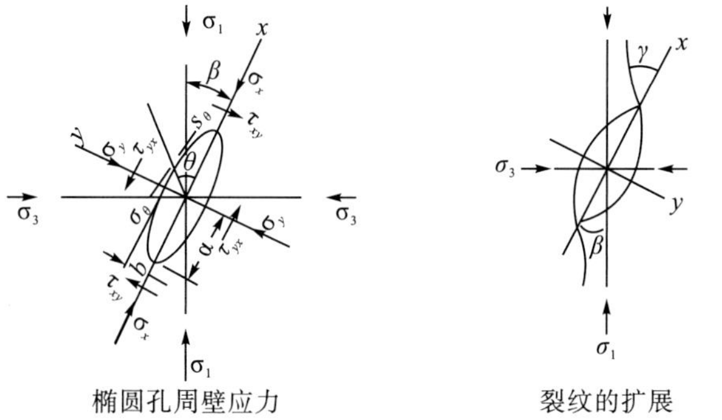

图 2-30 裂缝周围的应力

（二）格里菲斯强度理论破坏准则主应力表示

(1)$\sigma_1 + 3\sigma_3 > 0$ 时，破裂条件为

$$\frac{(\sigma_1 - \sigma_3)^2}{8(\sigma_1 + \sigma_3)} = -\sigma_t \tag{2-115}$$

危险裂纹方位角为

$$\beta = \frac{1}{2}\arccos\left(\frac{\sigma_1 - \sigma_3}{2(\sigma_1 + \sigma_3)}\right) \tag{2-116}$$

(2)$\sigma_1 + 3\sigma_3 \leqslant 0$ 时，

破裂条件为

$$\sigma_3 = \sigma_t \tag{2-117}$$

危险裂纹方位角：

$$\sin 2\beta = 0 \tag{2-118}$$

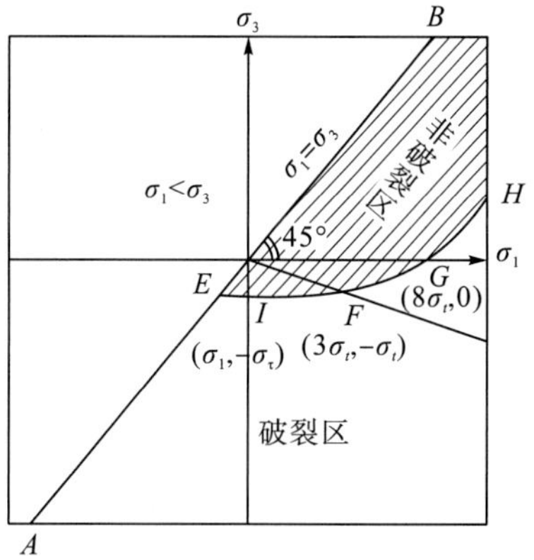

图 2-31 格里菲斯准则的几何表示

格里菲斯准则是一个分段函数，在不同段，表示了不同的应力状态。这正是格里菲斯强度理论基本思想的体现，不论何种应力状态，材料都是因裂纹尖端附近达到极限拉应力而断裂。所以格里菲斯准则属于“拉应力准则”。

在 $\sigma_1-\sigma_3$ 平面内作图，如图 2-31 所示，当 $\sigma_1+3\sigma_3<0$ 时，格里菲斯准则为平行于 σ_1 轴的直线（EF）；当 $\sigma_1+3\sigma_3>0$ 时，格里菲斯准则为抛物线（FGH），并在点 F $(3\sigma_t,\ -\sigma_t)$与直线 EF 相切。

(三)格里菲斯准则平面内表达式

(1)当 $\sigma_1+3\sigma_3>0$ 时，设 $\sigma_m=(\sigma_1+\sigma_3)/2$，$\tau_m=(\sigma_1-\sigma_3)/2$，得

$$\tau^2=4\sigma_m\sigma_t \tag{a}$$

又知应力莫尔圆方程为

$$(\sigma-\sigma_m)^2+\tau^2=\tau_m^2 \tag{b}$$

将式(a)代入式(b)得

$$(\sigma-\sigma_m)^2+\tau^2=4\sigma_m\sigma_t \tag{c}$$

由式(c)对 σ_m 求导：$\sigma_m=\sigma+2\sigma_t$，并代入式(c)得

$$\tau^2=4\sigma_t(\sigma+\sigma_t) \tag{2-119}$$

这就是当 $\sigma_1+3\sigma_3>0$ 时，格里菲斯准则在 $\sigma-\tau$ 平面内的表达式，由推导过程可知，该式也是极限莫尔应力圆的包络线方程。所以，该段曲线可近似看成为，莫尔准则中的抛物线型曲线。

(2)当 $\sigma_1+3\sigma_3<0$ 时，无论什么应力状态，只要作用在岩石上的 σ_3 与岩石的单轴抗拉强度相等，则开始破裂。这段曲线也可用单轴极限莫尔应力圆的包络线来近似表示，其应力圆与包络线相切点在 σ 轴上(即：$\tau=0$，$\sigma=-|\sigma_t|$)，如图 2-31 所示。

通过上述分析可知，格里菲斯准则虽然是两个分段函数，但是在 $\tau-\sigma$ 平面内，其曲线形态与抛物线型莫尔强度包络线相似。而前者的强度值要比后者来得小，这是因为格里菲斯强度理论忽略了裂缝在足够高的压应力下可能闭合而产生较大的摩擦力所致。

(四)格里菲斯准则三维推广

格里菲斯平面准则推广到三维空间的基本要点有：

(1)建立以 σ_1，σ_2，σ_3 为轴的空间坐标系；

(2)将式(2-119)表示的抛物线(图 2-32)变成在三维坐标系中绕轴 $\sigma_1=\sigma_2=\sigma_3$ 旋转的抛物面；

(3)将式(2-119)表示的直线，变成以 $\sigma_1=-\sigma_t$，$\sigma_2=-\sigma_t$，$\sigma_3=-\sigma_t$ 为棱的锥体，并要求锥面与(2)中的抛物面相切；

(4)整理出空间问题格里菲斯准则表达式(2-120)及其几何表示(图 2-32)：

$$(\sigma_1-\sigma_2)^2+(\sigma_2-\sigma_3)^2+(\sigma_3-\sigma_1)^2=24\sigma_t(\sigma_1+\sigma_2+\sigma_3) \tag{2-120}$$

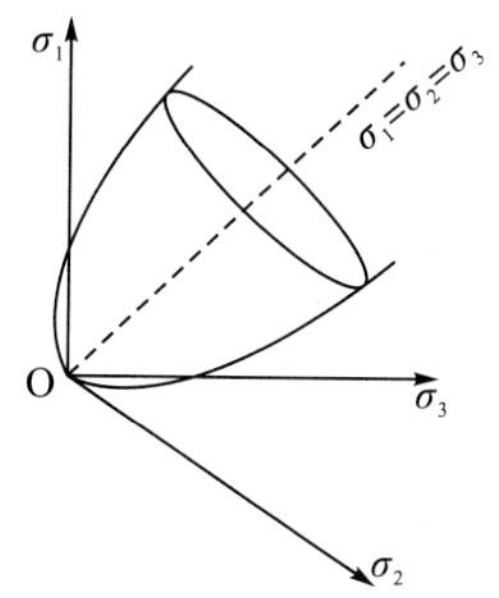

图 2-32　空间问题格里菲斯准则几何表示

（五）格里菲斯准则特点

（1）格里菲斯准则是由两个分段函数表示的岩石类脆性材料的张拉破坏准则。它适用于单轴、多轴和拉、压组合等各种应力状态的破坏判断；

（2）本强度理论以岩石内部的裂纹扩展条件为研究基础，能较正确地说明岩石的破坏机理。例如，由理论分析得知，裂纹将沿着与最大拉应力成直角的方向扩展。当在单轴压缩的情况下，裂纹尖端附近处（见图 2-33 中的 $p'p$ 与裂纹交点）为最大拉应力。此时，裂纹将沿与 $p'p$ 垂直的方向扩展，最后逐渐向最大主应力方向过渡。这一结论，被岩石在单轴压缩应力下产生劈裂破坏的实验结果证实。

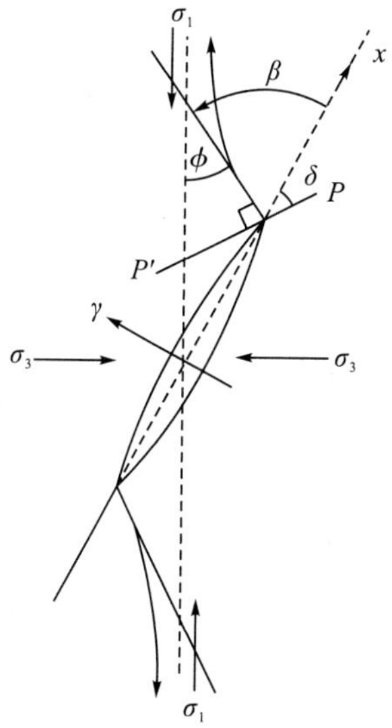

图 2-33　在压应力作用下裂隙扩展方向

（3）格里菲斯准则能反映岩石类脆性材料抗压强度大于抗拉强度多倍这一本质特征。将 $\sigma_1=\sigma_c$，$\sigma_2=\sigma_3=0$ 代入式(2-119)，推算出的极限值为单轴抗压强度 $\sigma_c=8\sigma_t$；又将 $\sigma_1=\sigma_c$，$\sigma_2=\sigma_3=0$ 代入式(2-120)得：$\sigma_c=12\sigma_t$。可见由平面格里菲斯准则推出的岩石单轴抗压强度是抗拉强度的 8 倍，而由空间格里菲斯准则推出的则是 12 倍。实验表明，8 倍偏低，12 倍较符合中等坚硬且完整性好的岩石。

（4）在平面格里菲斯准则中忽略了中间主应力的影响，而在空间准则中得到了考虑。

（六）修正格里菲斯理论

格里菲斯理论是以张开裂隙为前提的，如果压应力占优势时裂隙会发生闭合，压力会从裂隙一边壁传递到另一边，从而缝面间将产生摩擦，这种情况下，裂隙的发展就与张开裂隙的情况不同。在压缩应力场中，当裂缝在压应力作用下闭合时，闭合后的裂缝在全长上均匀接触，并能传递正应力和剪应力。由于均匀闭合，正应力在裂纹端部不产生应力集中，只有剪应力才能引起缝端的应力集中。这样，可假定裂纹面在二向应力条件下，裂纹面呈纯剪破坏，这对格里菲斯理论进行了修正（图 2-34）。

修正的格里菲斯准则为

$$\sigma_1(\sqrt{f^2+1}-f)-\sigma_3(\sqrt{f^2+1}+f)=-4\sigma_t \tag{2-121}$$

式中，$f=\tan\varphi$——裂纹面间的摩擦系数，无因次。

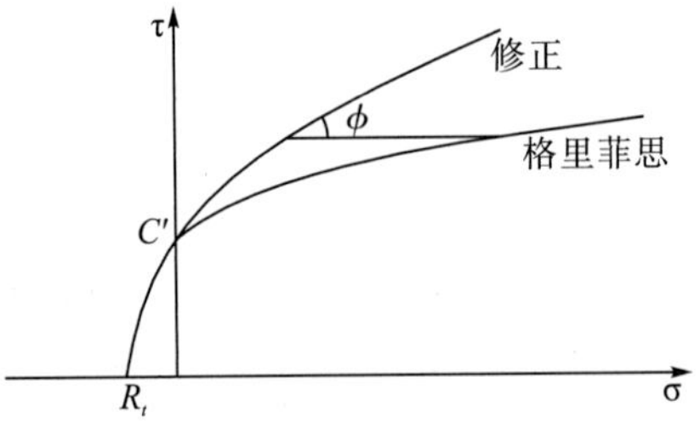

图 2-34 修正的格里菲斯准则曲线

五、Walsh-Brace 各向异性拉伸破坏准则

Walsh-Brace 在格里菲斯拉伸破坏模型基础上建立了各向异性拉伸破坏准则(McLamore, et al., 1967)。Walsh-Brace 理论假设微裂隙以裂缝面相互平行的方式，在一个方向上随机地分布在岩体中，并假设岩体的破坏是由拉伸破坏引起的。岩体中的长裂隙和短裂隙在较低的应力状态下就可以闭合，这样裂缝既能传递正应力也能传递剪应力。假设当裂缝顶端的局部拉应力超过岩石材料的拉伸强度时破裂开始发生。Walsh-Brace 假设破裂既可以通过长裂隙的扩展诱发，又可以通过短裂隙的扩展诱发，这依赖于长裂隙系统与外加应力之间的方向。方向随机分布的小裂隙，在任意围压下破裂的准则为

$$(\sigma_1-\sigma_3)_s=C_{OS}+\frac{2\mu_s\sigma_1}{(1+\mu_s^2)^{1/2}-\mu_s} \tag{2-121}$$

式中，C_{OS}——短裂隙在零围压下的抗压强度，MPa；

μ_s——短裂隙的摩擦系数，无因次。

如果破裂是长裂隙系统扩展的结果，长裂隙方向与 σ_1 的夹角为 β，则在任意围压 σ_3 下，发生破裂的应力($\sigma_1-\sigma_3$)由下式给出：

$$(\sigma_1-\sigma_3)_L=\frac{C_{OL}[(1+\mu_L^2)^{1/2}-\mu_L]+2\mu_L\sigma_3}{2\sin\beta\cos\beta(1-\mu_L\tan\beta)} \tag{2-122}$$

式中，C_{OL}——临界 β 角下长裂隙零围压下的抗压强度，MPa；

μ_L——长裂隙的摩擦系数，无因次。

为评估这一准则，必须确定 C_{OS}、C_{OL}、μ_s、μ_L 这四个参数。其中，C_{OS} 可以通过测定 β 分别为 0°和 90°时岩心在零围压下的单轴抗压强度确定，C_{OL} 可以通过改变 β 时零围压下的最小单轴抗压强度确定，一般情况下 β 在 30°左右时零围压下的单轴抗压强度最小。摩擦系数 μ_s、μ_L 要通过一系列给定 β 改变围压的试验获得。

当 C_{OS}、C_{OL}、μ_s、μ_L 这四个参数确定后，利用式(2-122)和式(2-123)计算不同围压及 β 下的$(\sigma_1-\sigma_3)_S$ 和$(\sigma_1-\sigma_3)_L$ 值，两者进行比较，其中的较小者既为岩体的强度。

六、各向异性剪切破坏准则

(一)单一弱面强度准则

Jaeger 在室内三轴试验的基础上，假设岩体破坏形式为剪切破坏，提出了单一弱面强度准则。这一准则是对众所周知的 Mohr-Coulomb 准则的推广，描述的是各向同性岩体中存在一条或一组平行的弱面时的破坏准则。其中，岩石基体的破坏用下式来描述：

$$\tau = \tau_o - \sigma\tan\varphi \tag{2-124}$$

式中，σ——破坏面上的正应力，MPa；

τ——破坏面上的剪应力，MPa；

τ_o——岩石基体的黏聚力，MPa；

φ——岩石基体的内摩擦角，(°)。

应用莫尔圆将破坏面及弱面上的应力转化为主应力 σ_1、σ_3 的表达形式，并代入式(2-123)和式(2-124)中，可以推导得出主应力表达的单一弱面破坏准则，其中岩石基体的破坏由下式描述：

$$(\sigma_1 - \sigma_3) = C_o + \frac{2\sigma_3\tan\varphi}{\sqrt{\tan^2\varphi + 1} - \tan\varphi} \tag{2-125}$$

式中，C_o——岩石基体的单轴抗压强度。

沿弱面的破坏由下式描述：

$$(\sigma_1 - \sigma_3) = \frac{2\tau_o' - 2\sigma_3\tan\varphi'}{\tan\varphi'(1-\cos2\beta) - \sin2\beta} \tag{2-126}$$

式中，β——弱面与 σ_1 之间的夹角，(°)。

同 Walsh-Brace 准则相似，评估单一弱面剪切破坏准则，也要确定四个参数，即 τ_o、φ、τ_o'、φ'，当这四个参数确定后，利用式(2-125)和式(2-126)计算不同围压及 β 下的 $(\sigma_1 - \sigma_3)$值，并取两者之中的小值。

(二)黏聚力连续变化的单一弱面破坏准则

剪切强度连续变化准则同样是由 Jaeger 提出的，这一准则建立在线性 Mohr-Coulomb 准则的基础之上(McLamore, et al., 1967)。这一准则假设材料的黏聚力是 β 的连续函数，并假设具有如下形式：

$$\tau_o = A - B\cos2(\alpha - \beta) \tag{2-127}$$

式中，A、B——常数，MPa；

α——等于 τ_o 最小时的 β 角，(°)。

联合式(2-126)和式(2-127)，黏聚力连续变化的单一弱面破坏准则为

$$(\sigma_1 - \sigma_3) = \frac{2(A - B\cos 2(\alpha - \beta)) + 2\sigma_3 \tan\varphi}{\tan\varphi - \sqrt{1+\tan^2\varphi}} \tag{2-128}$$

由式(2-126)可知，为确定黏聚力连续变化的单一弱面破坏准则也需要确定四个参数，即A、B、α、φ。

(三)黏聚力和内摩擦角连续变化的单一弱面破坏准则

黏聚力和内摩擦角连续变化的单一弱面破坏准则是 McLamore 于 1967 年在大量实验研究的基础上提出的。他以石油工程经常遇到的页理、层理性地层为研究对象，通过系统的试验研究了这类具有单一弱面结构地层的破坏准则问题。实验是在常规三轴实验机上进行的，实验围压为 7～280MPa，实验过程中保持孔隙压力不变。在其研究中发现这类地层有三种可能的变形破坏形式：①沿片理面或层理面的剪切破坏；②沿片理面或层理面的塑性滑移；③片状岩石在高载荷作用下弯曲失稳。

他将实验结果与上面提到的三种破坏准则进行对比发现，Walsh-Brace 各向异性拉伸破坏准则和单一弱面剪切破坏准则只适用于层理性地层，而黏聚力连续变化的单一弱面破坏准则只是能在有限的弱面与轴压夹角范围内描述页理地层的破坏强度，并且在对 Walsh-Brace 准则和单一弱面剪切破坏准则的对比中发现，虽然 Walsh-Brace 准则描述的是拉伸破坏，单一弱面剪切破坏描述的是剪切破坏，但这两种准则的应用效果是一致的。

通过对实验地层特性的研究，McLamore 指出上述三种准则适用性的差异是由引起地层各向异性的机制不同而造成的。为了建立一个能同时描述不同各向异性机制下单一弱面地层的破坏准则，McLamore 以 Jaeger 黏聚力连续变化单一弱面破坏准则为基础，建立了黏聚力和内摩擦角同时连续变化的经验模型，并依此作为单一弱面地层的破坏准则，这一模型和实验结果的吻合程度很高。

这一模型的具体形式为

$$\tau = \tau_o(\beta) - \sigma\tan\varphi(\beta) \tag{2-129}$$

式中，$\tau_o(\beta)$、$\varphi(\beta)$表示黏聚力和内摩擦角是主应力σ_1与弱面之间夹角β的函数，具体形式需要由试验确定。

式 2-128 写成主应力的形式为

$$(\sigma_1 - \sigma_3) = \frac{\tau_o - 2\sigma_3\tan\varphi}{\tan\varphi - \sqrt{\tan^2\varphi + 1}} \tag{2-130}$$

式中，

$$\tau_o = A_1 - B_1(\cos 2(\alpha - \beta))^n, 0^\circ \leqslant \beta \leqslant \alpha$$
$$\tau_o = A_2 - B_2(\cos 2(\alpha - \beta))^n, \alpha < \beta \leqslant 90^\circ$$
$$\tan\varphi = C_1 - D_1(\cos 2(\alpha' - \beta))^m, 0^\circ \leqslant \beta \leqslant \alpha'$$
$$\tan\varphi = C_2 - D_2(\cos 2(\alpha' - \beta))^m, \alpha' \leqslant \beta \leqslant 90^\circ$$

其中，A_1、B_1、A_2、B_2、α、α'、C_1、D_1、C_2、D_2 是试验确定的常数，n、m 是由试验取得定的整数。

虽然 McLamore 提出的黏聚力和内摩擦角连续变化准则对于各种类型的单一弱面问

题都适用，但模型中有 12 个未知参数，如果在实际应用中不作适当的简化，应用起来比较繁琐。

七、Hill 各向异性失效准则

Hill 提出了适合于各向异性材料的屈服条件，Hill 认为材料的屈服条件应符合试验资料；当略去各向异性不计时，应该还原成各向同性的屈服函数。Hill 建议的正交异性的屈服函数以应力分量表示(正交异性主轴与坐标轴重合)，屈服函数的形式如下：

$$F(\sigma_x-\sigma_y)^2+G(\sigma_y-\sigma_z)^2+H(\sigma_z-\sigma_x)^2+L\sigma_{xy}^2+M\sigma_{zy}^2+N\sigma_{zx}^2=0 \quad (2\text{-}131)$$

Pariseau 指出需要在式中包括法向应力的线性项，因为它对岩土的屈服是有影响的。

$$[F(\sigma_y-\sigma_z)^2+G(\sigma_z-\sigma_x)^2+H(\sigma_x-\sigma_y)^2+2L\sigma_{yz}^2+2M\sigma_{zx}^2+2N\sigma_{xy}^2]^{n/2}$$
$$-(U\sigma_z+V\sigma_x+W\sigma_y)+X=1 \quad (2\text{-}132)$$

式中，F、G，…，X——材料常数，其材料的主轴与坐标轴重合。

显然，当这些材料常数取作某些特殊数值时，屈服函数可以还原到各向同性屈服面式。通过简化，层状材料的屈服条件可表示为

$$f=(\sigma_{xy}^2+\sigma_{yz}^2)^{1/2}+\mu\sigma_y-c=0 \quad (2\text{-}133)$$

学者 Suarez 曾利用 Hill 的各向异性失效准则对页岩的井壁稳定性做过研究。对于横观各向同性的介质，有如下的关系：

$$G=H, M=N, V=W, L=2G+4F$$

代入式(2-130)中得

$$-U\sigma_z-V(\sigma_x+\sigma_y)+(2G+4F)(\sigma_{xy}^2-\sigma_x\sigma_y)+M(\sigma_{zy}^2+\sigma_{zx}^2)+2G\sigma_z^2$$
$$+(F+G)(\sigma_x+\sigma_y)2-2G\sigma_z(\sigma_x+\sigma_y))^{n/2}=1 \quad (2\text{-}134)$$

对于垂直于层理(z 轴)情况下的破坏，失效准则为

$$\begin{cases}\dfrac{\sigma_z^2}{T_{oz}^2}+\dfrac{\sigma_{zy}^2+\sigma_{zx}^2}{S_{zy}^2}-\dfrac{\sigma_z(\sigma_x+\sigma_y)}{T_{oz}^2}\leqslant 1, & \text{拉应力失效}\\[2ex] \dfrac{\sigma_z^2}{C_{oz}^2}+\dfrac{\sigma_{zy}^2+\sigma_{zx}^2}{S_{zy}^2}-\dfrac{\sigma_z(\sigma_x+\sigma_y)}{C_{oz}^2}\leqslant 1, & \text{压应力失效}\end{cases} \quad (2\text{-}135)$$

其中，$S_{zy}=\dfrac{C_{045}}{2}$；

C_{oz} 和 T_{oz}——分别是垂直于层理面的单轴抗压强度和抗拉强度，MPa；

C_{045}——与层理面夹角为 45°的岩心测试得到的单轴抗压强度，MPa。

对于平行于层理(z 轴)情况下的破坏，失效准则为

$$\begin{cases}\dfrac{(\sigma_{xy}^2+\sigma_x\sigma_y)}{S_{xy}^2}+\dfrac{\sigma_{zy}^2+\sigma_{zx}^2}{S_{zy}^2}-\dfrac{\sigma_z(\sigma_x+\sigma_y)}{T_{oy}^2}\leqslant 1, & \text{拉应力失效}\\[2ex] \dfrac{(\sigma_{xy}^2-\sigma_x\sigma_y)}{S_{xy}^2}+\dfrac{\sigma_{zy}^2+\sigma_{zx}^2}{S_{zy}^2}-\dfrac{\sigma_z(\sigma_x+\sigma_y)}{C_{oy}^2}\leqslant 1, & \text{压应力失效}\end{cases} \quad (2\text{-}136)$$

其中，$S_{xy}=\dfrac{C_{oy}T_{oy}}{2(C_{oy}+T_{oy})}$；

$S_{zy}=\dfrac{C_{045}}{2}$；

C_{oy}和T_{oy}——分别是平行于层理面的单轴抗压强度和抗拉强度，MPa。

另一种形式的各向异性失效准则由 Hashin 推导得出：

$$\begin{cases}\dfrac{\sigma_{zy}^2+\sigma_{zx}^2}{S_{zy}^2}-\dfrac{\sigma_z^2}{T_{oz}^2}\leqslant 1, & z\text{ 向拉应力失效}\\ \dfrac{\sigma_z^2}{C_{oz}^2}\leqslant 1, & z\text{ 向压应力失效}\end{cases} \tag{2-137}$$

$$\begin{cases}\dfrac{(\sigma_{xy}^2-\sigma_x\sigma_y)}{S_{xy}^2}+\dfrac{\sigma_{zy}^2+\sigma_{zx}^2}{S_{zy}^2}-\dfrac{(\sigma_x+\sigma_y)^2}{T_{oy}^2}\leqslant 1, & xy\text{ 平面拉应力失效}\\ \dfrac{(\sigma_{xy}^2-\sigma_x\sigma_y)}{S_{xy}^2}+\dfrac{\sigma_{zy}^2+\sigma_{zx}^2}{S_{zy}^2}-\dfrac{(\sigma_x+\sigma_y)^2}{C_{oy}^2}\leqslant 1, & xy\text{ 平面压应力失效}\end{cases} \tag{2-138}$$

通过比较 Hashin 和 Hill 的失效准则可以看出，对于 xy 平面内的破坏是相同的，但对于垂直于平面的假设，

$$\frac{\sigma_z(\sigma_x+\sigma_y)}{T_{oz}^2}\ll\frac{\sigma_z^2}{T_{oz}^2} \tag{2-139}$$

其中，xy 平面上的剪切应力对于挤压失效没有影响。

尽管两个失效准则是等价的，但是 Pariseau 模型更具有一般性。

八、Hoek-Brown 强度准则

1980 年 Hoek 和 Brown 根据各类岩石的试验结果，提出了一个经验性的适用于岩石材料的 Hoek-Brown 强度准则(图 2-35)(宋建波等，1999)，其表达式为

$$\sigma_1=\sigma_3+\sqrt{m_i\sigma_c\sigma_3+s\sigma_c^2} \tag{2-140}$$

式中，σ_c——岩石的单轴抗压强度，MPa；

m_i，s——岩石材料常数，取决于岩石性质以及破碎程度，对于岩块 $s=1$。

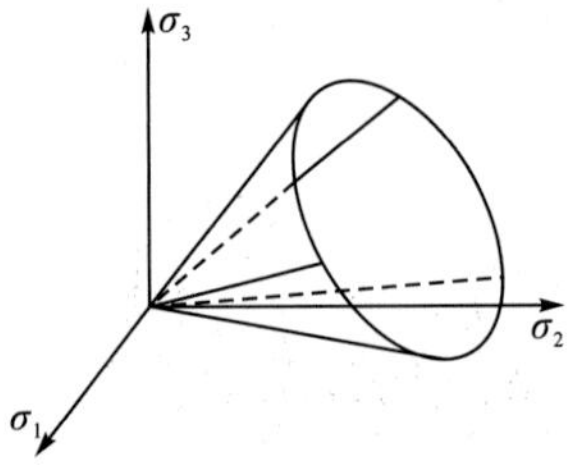

图 2-35　应力空间中的 Hoek—Brown 准则

σ_c和m_i可以根据试验数据，通过数理统计理论中的回归分析法得到。其具体步骤为首先将式(2-140)进行如下形式改写：

$$(\sigma_1-\sigma_3)^2=m_i\sigma_c\sigma_3+\sigma_c^2 \tag{2-141}$$

令 $x=\sigma_3$，$y=\sigma_1$，对 x 和 y 进行线性回归，则单轴抗压强度σ_c和材料常数m 可以表示为

$$
\begin{cases}
\sigma_c^2 = \dfrac{\sum y}{n} - \left[\dfrac{\sum xy - \dfrac{\sum x \sum y}{n}}{\sum x^2 - \dfrac{(\sum x)^2}{n}}\right]\dfrac{\sum x}{n} \\
m_i = \dfrac{1}{\sigma_c}\left[\dfrac{\sum xy - \dfrac{\sum x \sum y}{n}}{\sum x^2 - \dfrac{(\sum x)^2}{n}}\right]
\end{cases}
\tag{2-142}
$$

式中，n——用于回归分析的试验数据组数。

Hoek 和 Brown 通过将准则的 m，s 的取值与岩体质量指标建立关系，使其能够由岩块推测岩体材料的强度。他们提出了用岩体地质力学分类(rockmass rating，RMR)指标来确定材料常数 m，s 的经验方法，其值可由下列公式确定。

对于未扰动岩体：

$$
\begin{cases}
m = m_i \exp \dfrac{\mathrm{RMR} - 100}{28} \\
s = \exp \dfrac{\mathrm{RMR} - 100}{9}
\end{cases}
\tag{2-143}
$$

对于受扰动岩体

$$
\begin{cases}
m = m_i \exp \dfrac{\mathrm{RMR} - 100}{14} \\
s = \exp \dfrac{\mathrm{RMR} - 100}{6}
\end{cases}
\tag{2-144}
$$

式中，RMR——Bieniawski 的岩体分类评分值；

m_i——完整岩石的 m 值。

针对基于 RMR 法的经验公式的不足，20 世纪 90 年代 Hoek 和 Brown 又发展了一种新的方法，即地质强度指标(geological strength index，GSI)法。这一体系是 Hoek 教授多年来与世界各地与之合作的地质工程师共同发展起来的一种方法，特别适用于风化岩体及非均质岩体。

建立在 GSI 基础上的 Hoek－Brown 经验公式可以表示为

$$\sigma_1 = \sigma_3 + \sigma_c\left(m_b \frac{\sigma_z}{\sigma_c} + s\right)^a \tag{2-145}$$

式中，m_b，s 和 a 的值，可以通过下式确定：

$$m_b = m_i \exp \frac{\mathrm{GSI} - 100}{28} \tag{2-146}$$

当 GSI>25

$$s = \exp \frac{\mathrm{GSI} - 100}{9} \tag{2-147}$$

$$a = 0.5 \tag{2-148}$$

当 GSI<25

$$s = 0 \tag{2-149}$$

$$a = 0.65 - \frac{GSI}{200} \tag{2-150}$$

针对 Hoek-Brown 修改直到近年依然在进行。总的来说由于在该准则中考虑了岩体的质量数据，即与围压有关的岩石强度，并且可以模拟岩石强度的非线性性质，因此它比 Mohr-Coulomb 准则更加适用于岩体材料。

参考文献

蔡美峰. 2002. 岩石力学与工程. 北京：科学出版社.

高红，郑颖人，冯夏庭. 2006. 材料屈服与破坏的探索. 岩石力学与工程学报，25(12)：2515－2522.

何满潮，谢和平，彭苏萍，姜耀东. 2005. 深部开采岩体力学研究. 岩石力学与工程学报，24：2803－2813.

何满潮，谢和平，彭苏萍. 2007. 深部开采岩体力学及工程灾害控制研究. 煤矿支护，3：1－14.

何满潮. 2005. 深部的概念体系及工程评价指标. 岩石力学与工程学报，24：2854－2858.

胡小荣，俞茂宏. 2003. 三剪强度准则及其在巷道围岩弹塑性分析中的应用. 煤炭学报，28：389－393.

胡小荣，俞茂宏. 2004. 岩土类介质强度准则新探. 岩石力学与工程学报，23：3037－3043.

胡再强，等. 2012. 非饱和黄土非线性 KG 模型试验研究. Rock and Soil Mechanics.

李海燕. 2002. 正交各向异性粘塑性损伤统一本构模型的研究与应用. 北京：北京航空航天大学博士学位论文.

梁正召，等. 2005. 单轴压缩下横观各向同性岩石破裂过程的数值模拟. 岩土力学，26：57－62.

刘泉声，胡云华，刘滨. 2009. 基于试验的花岗岩渐进破坏本构模型研究. 岩土力学，30：289－296.

曾义金，刘建立. 2005. 深井超深井钻井技术现状和发展趋势. 石油钻探技术，33(5)：1－5.

沈珠江. 2002. 岩土破损力学与双重介质模型. 水利水运工程学报，1－6.

宋建波，于远忠. 1999. 用 Hoek-Brown 强度准则确定岩石地基极限承载力. 地质灾害与环境保护，10：67－72.

唐春安，赵文. 1997. 岩石破裂全过程分析软件系统 RFPA2D. 岩石力学与工程学报，16：507－508.

唐志成，等. 2011. 节理峰值后归一化位移软化模型. 岩土力学，32：2013－2016.

唐志成，等. 2012. 人工模拟节理峰值剪胀模型及峰值抗剪强度分析. 岩石力学与工程学报，31：3038－3044.

肖卫国，等. 2010b. 充填单节理岩体本构模型研究. 岩石力学与工程学报，29：3463－3468.

肖卫国，兑关锁，任青文. 2010a. 节理岩体非线性本构模型的研究. 工程力学，9：1－6.

徐秉业，刘信声. 1995. 应用弹塑性力学. 北京：清华大学出版社.

尹显俊，王光纶. 2005. 岩体结构面法向循环加载本构关系研究. 岩石力学与工程学报，24：1158－1163.

赵延林，等. 2008. 岩石弹黏塑性流变试验和非线性流变模型研究. 岩石力学与工程学报，27：477－486.

郑少河，姚海林. 2002. 渗透压力对裂隙岩体损伤破坏的研究. 岩土力学，23：687－690.

周凤玺，李世荣. 2008. 广义 Drucker－Prager 强度准则. 岩土力学，29：747－751.

周小平，钱七虎，杨海清. 2008. 深部岩体强度准则. 岩石力学与工程学报，27：117－123.

Asadollahi P，Tonon F. 2010. Constitutivemodel for rock fractures：Revisiting Barton's empiricalmodel. Engineering Geology，113：11－32.

Hills D. 1996. Solution of crack problems：the distributed dislocation technique. n. 44：Springer.

Lins A，Lacerda W. 1980. Compression And Extension Triaxial Tests On The Rio De Janeiro Grey Clay At Botarogo. Solos e Rochas 3.

Mclamore R，Gray K. 1967. Themechanical behavior of anisotropic sedimentary rocks. Journal of Manufacturing Science and Engineering，89：62－73.

Schanz T，Vermeer P，Bonnier P. 1999. The hardening soilmodel：formulation and verification. Beyond 2000 in computational geotechnics，281－296.

Vail Rocks 1999 The 37th US Symposium on Rock Mechanics(USRMS)，1999. American Rock Mechanics Association，p.

第三章　深部高应力储层破裂压力预测理论

随着油气勘探技术的进步，勘探发现的深层致密油气藏逐渐成为我国油气资源的重要接替区，如四川盆地须家河组致密碎屑岩气藏、塔里木盆地迪那凝析气藏等(邹才能等，2009)。压裂酸化增产改造是实现这些低渗致密气藏经济、高效开发的关键技术。部分井岩性致密，加之地应力异常高，导致压裂施工时在低排量情况下施工压力非常高，无法加砂而使压裂施工失败，达不到改造和认识储层的目的(陈作等，2005；叶登胜等，2009)。准确预测储层破裂压力对于有效开发该类储层，优选降低储层破裂压力的参数和优选施工工艺具有重要意义(李根生等，2006；罗天雨等，2007)。

第一节　深部储层射孔井岩石起裂准则

利用弹性力学理论推导出的岩石破裂准则是在不考虑岩体裂隙的假设下得出的。然而岩体这类天然介质都含有原生裂隙，尤其在裂隙较发育或有人工裂纹情况下，此时水力压裂导致岩体破坏的问题必须借助于新的力学理论，断裂力学理论的发展为这类问题的分析注入了新的活力(褚武扬，1979；黄克智等，1999)。

一、断裂力学基本理论

按裂纹位置与应力的空间方位关系，裂纹扩展分为三种基本类型，如图 3-1 所示。

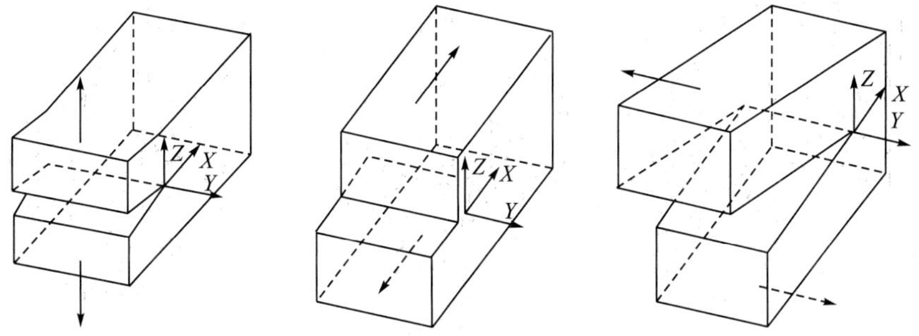

(a)张开型　　(b)滑开型　　(c)撕开型

图 3-1　裂纹的三种基本形式

(1)张开型：在与裂缝面正交的拉应力作用下，裂缝面产生张开位移而形成的一种裂缝(位移与裂缝面正交，即沿拉应力方向)，其裂缝面上表面点和下表面点沿 y 方向的位移分量不连续。

(2)滑开型：在平行于裂缝面而与裂纹尖端线垂直方向的剪应力作用下，裂缝面产生沿裂缝面(即沿剪应力作用方向)的相对滑动而形成的一种裂缝。其裂缝面上表面点和下表面点沿 x 方向的位移分量不连续。

(3)撕开型：在平行于裂缝面而与裂缝尖端平行方向的剪应力作用下，裂缝面产生沿裂缝面外(即沿剪应力作用方向)的相对滑动而形成的一种裂缝。其裂缝面上表面点和下表面点沿 z 方向的位移分量不连续。

二、射孔井储层岩石起裂准则

目前判断岩石破坏的准则主要有四大应力强度准则(袁懋昶，1989)：线弹性断裂力学中有应力强度因子准则 $K_{\mathrm{I}}=K_{\mathrm{IC}}$ 和与之等价的能量准则 $G=G_{\mathrm{C}}$；在弹塑性断裂力学中有 J 积分准则和裂纹张开位移(COD)准则等。这里将以应力强度因子准则断裂力学理论为基础，建立射孔井破裂压力的预测模型。

(一)平面裂纹尖端应力场分析

根据弹性力学理论，裂纹尖端附近的应力和位移可表示为

$$\begin{cases}\sigma_{ij}=\dfrac{K}{\sqrt{r}}f_{ij}(\theta)\\ u_i=K\sqrt{r}f_i(\theta)\end{cases}\tag{3-1}$$

对于Ⅰ型张开型裂纹，在裂纹顶点附近的应力分量和位移分量可表示为

$$\begin{cases}\sigma_x=\dfrac{K_{\mathrm{I}}}{\sqrt{2\pi r}}\cos\dfrac{\theta}{2}\left(1-\sin\dfrac{\theta}{2}\sin\dfrac{3\theta}{2}\right)\\ \sigma_y=\dfrac{K_{\mathrm{I}}}{\sqrt{2\pi r}}\cos\dfrac{\theta}{2}\left(1+\sin\dfrac{\theta}{2}\sin\dfrac{3\theta}{2}\right)\\ \sigma_{xy}=\dfrac{K_{\mathrm{I}}}{\sqrt{2\pi r}}\cos\dfrac{\theta}{2}\sin\dfrac{\theta}{2}\cos\dfrac{3\theta}{2}\end{cases}\tag{3-2}$$

$$\begin{cases}u=\dfrac{K_{\mathrm{I}}}{2G}\sqrt{\dfrac{r}{2\pi}}\left[(2k-1)\cos\dfrac{\theta}{2}-\cos\dfrac{3\theta}{2}\right]\\ v=\dfrac{K_{\mathrm{I}}}{2G}\sqrt{\dfrac{r}{2\pi}}\left[(2k+1)\sin\dfrac{\theta}{2}-\sin\dfrac{3\theta}{2}\right]\end{cases}\tag{3-3}$$

对于滑开型即Ⅱ型裂缝来说，裂缝尖端附近的应力分量和位移分量为

$$\begin{cases}\sigma_x=-\dfrac{K_{\mathrm{II}}}{\sqrt{2\pi r}}\sin\dfrac{\theta}{2}\left(2+\cos\dfrac{\theta}{2}\cos\dfrac{3\theta}{2}\right)\\ \sigma_y=\dfrac{K_{\mathrm{II}}}{\sqrt{2\pi r}}\cos\dfrac{\theta}{2}\sin\dfrac{\theta}{2}\cos\dfrac{3\theta}{2}\\ \tau_{xy}=\dfrac{K_{\mathrm{II}}}{\sqrt{2\pi r}}\cos\dfrac{\theta}{2}\left(1-\sin\dfrac{\theta}{2}\sin\dfrac{3\theta}{2}\right)\end{cases}\tag{3-4}$$

$$\begin{cases} u = \dfrac{K_{\text{Ⅱ}}}{4G}\sqrt{\dfrac{r}{2\pi}}\left[(2k+3)\sin\dfrac{\theta}{2}+\sin\dfrac{3\theta}{2}\right] \\ v = \dfrac{K_{\text{Ⅱ}}}{4G}\sqrt{\dfrac{r}{2\pi}}\left[(2k-3)\sin\dfrac{\theta}{2}+\cos\dfrac{3\theta}{2}\right] \end{cases} \tag{3-5}$$

对于撕开型即Ⅲ型裂纹，其位移垂直于 xy 平面，$u=v=0$，$w\neq0$，裂纹尖端附近的应力分量和位移分量为

$$\begin{cases} \tau_{xz} = \dfrac{K_{\text{Ⅲ}}}{\sqrt{2\pi r}}\sin\dfrac{\theta}{2} \\ \tau_{yz} = \dfrac{K_{\text{Ⅲ}}}{\sqrt{2\pi r}}\cos\dfrac{\theta}{2} \end{cases} \tag{3-6}$$

$$\omega = \frac{K_{\text{Ⅲ}}}{G}\sqrt{\frac{2r}{\pi}}\sin\frac{\theta}{2} \tag{3-7}$$

式中，

$$G = \frac{E}{2(1+\mu)};k = \begin{cases} 3-4\mu & \text{(平面应变)} \\ \dfrac{3-\mu}{1+\mu} & \text{(平面应力)} \end{cases}$$

实际工程结构的受力状态通常比较复杂，因而材料中裂纹尖端区的应力状态为复合型，一般常见的是Ⅰ型和Ⅱ型的混合模式。对于Ⅰ型、Ⅱ型和Ⅲ型混合模式的裂纹尖端应力场可表示为(何庆芝等，1993)：

$$\begin{cases} \sigma_x = \dfrac{K_{\text{Ⅰ}}}{\sqrt{2\pi r}}\cos\dfrac{\theta}{2}\left(1-\sin\dfrac{\theta}{2}\sin\dfrac{3\theta}{2}\right)-\dfrac{K_{\text{Ⅱ}}}{\sqrt{2\pi r}}\sin\dfrac{\theta}{2}\left(2+\cos\dfrac{\theta}{2}\cos\dfrac{3\theta}{2}\right) \\ \sigma_y = \dfrac{K_{\text{Ⅰ}}}{\sqrt{2\pi r}}\cos\dfrac{\theta}{2}\left(1+\sin\dfrac{\theta}{2}\sin\dfrac{3\theta}{2}\right)+\dfrac{K_{\text{Ⅱ}}}{\sqrt{2\pi r}}\sin\dfrac{\theta}{2}\cos\dfrac{\theta}{2}\cos\dfrac{3\theta}{2} \\ \sigma_z = \begin{cases} 0 & \text{(平面应力)} \\ \nu(\sigma_x+\sigma_y) & \text{(平面应变)} \end{cases} \\ \tau_{zx} = -\dfrac{K_{\text{Ⅲ}}}{\sqrt{2\pi r}}\sin\dfrac{\theta}{2} \\ \tau_{zy} = \dfrac{K_{\text{Ⅲ}}}{\sqrt{2\pi r}}\cos\dfrac{\theta}{2} \end{cases} \tag{3-8}$$

式中，r、θ——以裂纹顶点为原点的极坐标；

$f_{ij}(\theta)$、$f(\theta)$——对每种裂纹来说是一确定的函数；

E——材料的弹性模量，MPa；

μ——材料的泊松比，无因次。

$K_{\text{Ⅰ}}$、$K_{\text{Ⅱ}}$、和 $K_{\text{Ⅲ}}$ 分别代表Ⅰ型、Ⅱ型、Ⅲ型裂纹尖端附近应力场的强弱程度，简称应力强度因子或 K 因子，其值取决于外力的大小和分布、物体的几何条件以及裂纹的形状和位置。

实验表明，当 $K_{\text{Ⅰ}}$、$K_{\text{Ⅱ}}$ 或 $K_{\text{Ⅲ}}$ 达到临界值 $K_{\text{ⅠC}}$、$K_{\text{ⅡC}}$、$K_{\text{ⅢC}}$时，裂纹就失稳扩展。$K_{\text{ⅠC}}$、$K_{\text{ⅡC}}$、$K_{\text{ⅢC}}$取决于材料的性能，不同的材料或不同的组织状态数值不同。应力强度因子表征材料对裂纹扩展的抗力，是从断裂力学引出衡量材料韧性的新指标。

K_{IC}通过材料实验得到，而应力强度因子 K_I则是通过结构分析求出。断裂力学的一个重要内容，就是根据特定的结构形式、荷载大小和分布及裂纹情况计算应力强度因子。常用的方法有复变函数法、积分变换法、边界配位法和有限单元法。但是，前面几种方法只有当条件较简单时才能得出计算结果来，对于实际工程中经常出现的复杂情况，则只有用有限单元法计算。

(二)射孔井破裂判定准则

在射孔井破裂压力的有限元分析中，将其简化为平面应变状态分析，而水力压裂裂缝起裂问题也应从断裂力学的二维裂缝问题入手，通过建立平面应变条件下的水力劈裂判定准则来解决。

在平面应变条件下的裂缝问题，有Ⅰ型、Ⅱ型和Ⅰ－Ⅱ复合型 3 类。由于射孔相位的分布以及井筒周围的应力状态，射孔孔眼周围的应力通常比较复杂，把射孔裂缝的扩展假定为单纯的Ⅰ型或者Ⅱ型都不适合。因此，射孔井裂缝扩展的判定准则应基于Ⅰ－Ⅱ复合型裂缝问题建立(赵艳华等，2002)。

对于Ⅰ－Ⅱ复合型裂缝问题，已经提出了多种拉、剪应力状态下的断裂判据，典型的有最大周向应力理论、能量释放率理论和应变能密度因子理论 3 种(赵艳华等，2002)。这些准则的应用均需要同时已知裂缝尖端的应力强度因子 K_{I} 和 K_{II}，即需要精确知道裂缝尖端的应力场，然后通过下式确定：

$$\begin{cases} K_{\text{I}} = \lim\limits_{r\to 0}\sqrt{2\pi r}\,\sigma_{\theta\theta=0} \\ K_{\text{II}} = \lim\limits_{r\to 0}\sqrt{2\pi r}\,\sigma_{r\theta=0} \end{cases} \tag{3-9}$$

使用常规解析方法很难精确计算裂纹尖端精确的应力场，为了求得裂纹尖端精确的应力场，采用有限元方法精确计算裂纹尖端的应力场，并利用式(3-9)计算应力强度因子 K_{I}和 K_{II}。

如果出现$(K_{\text{I}}^2+K_{\text{II}}^2)\geqslant K_{\text{IC}}$，且裂缝端部为拉、剪应力场，则可以判定发生破裂，否则不发生破裂。对于Ⅰ型或者Ⅱ型问题，K_{II} 或 K_{I} 等于零，即该准则退化为 $K_{\text{I}}=K_{\text{IC}}$或 $K_{\text{II}}=K_{\text{IC}}$，即为断裂力学的准则(于骁中等，1991)。

第二节　射孔井破裂压力预测有限元模型

一、弹性体有限元基本方程

在考虑弹性力学物体满足连续、均匀、各向同性和小变形的假设条件下，可以建立弹塑性力学基本方程。弹塑性力学基本方程包括几何学、运动学和物理学 3 方面的内容。运动学方面，是建立物体的平衡条件，使整个物体和物体局部都要保持平衡状态，即建立平衡微分方程和载荷的边界条件，这两类方程与材料的力学性质无关，属于普适方程；物理学方面，建立应力与应变或应力与应变增量之间的关系，这种关系通常称为本构关系，描述材料在不同环境下的力学性质。由于物体是连续的，因此各相邻小单元的变形都是相互联系的，通过研究位移和应变之间的关系，可以得到变形的协调条件，即几何方程和位移边界条件。有限元的基本方程主要包括：平衡方程、几何方程和物理方程 3 个方程组(雷晓燕，2000)。

(一)平衡方程

1. 平衡微分方程

$$\begin{cases} \dfrac{\partial \sigma_x}{\partial x} + \dfrac{\partial \tau_{yx}}{\partial y} + X = 0 \\ \dfrac{\partial \sigma_y}{\partial y} + \dfrac{\partial \tau_{xy}}{\partial x} + Y = 0 \end{cases} \tag{3-10}$$

2. 静力边界条件

$$\begin{cases} l(\sigma_x)_s + m(\tau_{yx})_s = \overline{X} \\ m(\sigma_y)_s + l(\tau_{xy})_s = \overline{Y} \end{cases} \tag{3-11}$$

(二)几何方程

$$\{\varepsilon\} = \begin{Bmatrix} \varepsilon_x \\ \varepsilon_y \\ \gamma_{xy} \end{Bmatrix} = \begin{Bmatrix} \dfrac{\partial u}{\partial x} \\ \dfrac{\partial v}{\partial y} \\ \dfrac{\partial u}{\partial x} + \dfrac{\partial v}{\partial y} \end{Bmatrix} \tag{3-12}$$

(三)物理方程

$$\begin{cases} \varepsilon_x = \dfrac{1}{E}[\sigma_x - \mu(\sigma_y + \sigma_z)] & ① \\ \varepsilon_y = \dfrac{1}{E}[\sigma_y - \mu(\sigma_x + \sigma_z)] & ② \\ \varepsilon_z = \dfrac{1}{E}[\sigma_z - \mu(\sigma_x + \sigma_y)] & ③ \\ \gamma_{xy} = \dfrac{1}{G}\tau_{xy} & ④ \\ \gamma_{yx} = \dfrac{1}{G}\tau_{yx} & ⑤ \\ \gamma_{zx} = \dfrac{1}{G}\tau_{zx} & ⑥ \end{cases} \tag{3-13}$$

在平面应变问题中，由于物体中各点都不沿 Z 方向移动，即 Z 方向上的线段不发生伸缩，因而 $\varepsilon_z=0$，由式(3-13)中的第③式，得到

$$\sigma_z=\mu(\sigma_x+\sigma_y) \tag{3-14}$$

将式(3-14)代入式(3-13)的第①式及第②式得到

$$\begin{cases}\varepsilon_x=\dfrac{1-\mu^2}{E}\left(\sigma_x-\dfrac{\mu}{1-\mu}\sigma_y\right)\\ \varepsilon_y=\dfrac{1-\mu^2}{E}\left(\sigma_y-\dfrac{\mu}{1-\mu}\sigma_x\right)\\ \gamma_{xy}=\dfrac{2(1+\mu)}{E}\tau_{xy}\end{cases} \tag{3-15}$$

将平面应变问题的物理方程写成矩阵形式：

$$\{\sigma\}=[D]\{\varepsilon\} \tag{3-16}$$

其中［D］可以表述为

$$[D]=\frac{E(1-\mu)}{(1+\mu)(1-2\mu)}\begin{bmatrix}1 & \dfrac{\mu}{1-\mu} & 0\\ \dfrac{\mu}{1-\mu} & 1 & 0\\ 0 & 0 & \dfrac{1-2\mu}{2(1-\mu)}\end{bmatrix} \tag{3-17}$$

以上各式中，

σ_x、σ_y——正应力分量，MPa；

τ_{yx}、τ_{xy}——剪应力分量，MPa；

X、Y——物体的体力，MPa；

$\overline{X}$、$\overline{Y}$——外作用力分量，MPa；

E——弹性模量，MPa；

μ——泊松比，无因次。

式(3-10)～式(3-17)就构成了平面应变问题的基本方程，共有 8 个方程、2 个边界条件。需要求解的未知函数包括 3 个应力分量 σ_x、σ_y、τ_{xy}，3 个应变分量 ε_x、ε_y、γ_{xy} 和 2 个位移分量 u、v。从数学角度来讲，8 个方程求解 8 个未知数是可行的。但在复杂边界以及复杂外载荷条件下，需要使用有限元的方法才能进行求解。

二、射孔井破裂压力预测有限元模拟

由于钻井井眼在径向上的尺寸远远小于地层的轴向尺寸，根据岩石力学和弹塑性理论，射孔井破裂压力的有限元问题可以简化为平面应变问题，即只在平行平面的方向有应变，而在垂直平面方向没有应变的力学问题(李军等，2004)。

用弹性力学来求解射孔井破裂压力的平面力学问题的有限元位移法，包括 3 个主要步骤：结构离散化—单元分析—整体分析。

（一）结构离散化

将射孔后的地层划分成有限个互不重叠的三角形（或四边形）单元。这些三角形在其顶点（即结点）处互相连接，组成一个单元集合体，以代替原来的弹性体（图 3-2）。所有作用在单元上的载荷，包括集中载荷、表面载荷和体积载荷都按虚功等效的原则移到结点上，成为等效结点载荷，这样就得到了有限单元的计算模型。完成单元划分后，对所有的单元和结点沿逆时针方向排序编号，形成线性方程，进行求解。

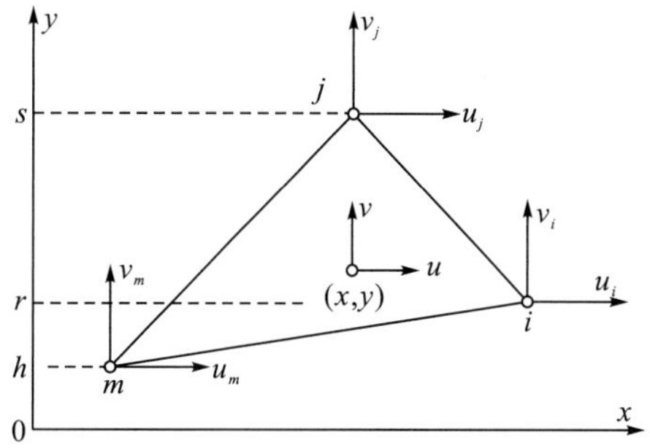

图 3-2　平面有限元三角形单元示意图

（二）单元分析

单元分析的主要任务是建立单元刚度方程，即求出单元结点位移和结点力之间的转换关系，从而求出单元刚度矩阵 $[k]^e$。单元分析的主要内容包括由结点位移求内部任一点的位移、单元应变、应力和结点力。

1. 单元内部位移

1）位移模式

在有限元法计算中，通常采用位移法即结点的位移分量为基本未知量。单元中的位移、应力、应变等各种物理量，都需要和基本未知量相关联。考虑到实际物体中位移是连续分布的，所以仅仅知道结点的位移是不够的，还需要知道单元内部任意一点的位移分量。通常是假设单元的位移分布形式，使其满足结点的位移连续条件和单元边界的位移连续条件。在求得结点位移之后，还需要由几何方程求出单元中的应变，由物理方程求出单元中的应力，这些都要求单元中的位移分量必须是坐标的连续函数。

位移函数选择的好坏，直接影响计算的收敛性与精确度。平面有限元破裂压力分析采用的三结点三角形单元分析中，是把单元中任一点（x，y）的位移分量 u、v 表示为坐标 x、y 的线性函数，即位移模式采用一次多项式的形式。依据所选定的位移模式，即得到单元内位移的分布形式，并由几何方程、物理方程求出单元中的应变和应力。

三角形的三结点单元的每个结点有 u、v 两个位移分量，见图 3-2。设三个结点的位移分量分别为 u_i、v_i、u_j、v_j、u_w、v_w。要使单元内部的位移分布与结点位移相统一

(协调)，则在位移模式中需包含 6 个参数 a_1、a_2、a_3、a_4、a_5、a_6，从而能建立起任一点(x，y)的位移分量 u、v 与 6 个结点位移分量的函数关系。

设单元中的位移分量是坐标 x，y 的线性函数：

$$\begin{cases} u(x,y)=a_1+a_2x+a_3y \\ v(x,y)=a_4+a_5x+a_6y \end{cases} \tag{3-18}$$

改写成矩阵形式：

$$\{f(x,y)\}=\begin{Bmatrix} u(x,y) \\ v(x,y) \end{Bmatrix}=\begin{bmatrix} 1 & x & y & 0 & 0 & 0 \\ 0 & 0 & 0 & 1 & x & y \end{bmatrix}\begin{Bmatrix} a_1 \\ a_2 \\ a_3 \\ a_4 \\ a_5 \\ a_6 \end{Bmatrix} \tag{3-19}$$

进一步简写为

$$\{f(x,y)\}=[m(x,y)]\{a\} \tag{3-20}$$

由式(3-20)可以在已知位移参数 $\{a\}$ 条件下，求出单元内部任意一点位移 $\{f(x,y)\}$。

在弹性力学平面问题单元中，每个结点有两个位移分量。结点 i 的位移向量为

$$\{\delta_i\}=\begin{Bmatrix} u_i \\ v_i \end{Bmatrix} \tag{3-21}$$

因此，三角形三结点单元的结点位移向量 $\{\delta_i\}^e$，可写成

$$\{\delta\}^e=\begin{Bmatrix} \{\delta_i\} \\ \{\delta_j\} \\ \{\delta_m\} \end{Bmatrix}=\begin{Bmatrix} u_i \\ v_i \\ u_j \\ v_j \\ u_m \\ v_m \end{Bmatrix} \tag{3-22}$$

为了求出内部任一点位移向量 $\{f(x,y)\}$ 与单元结点位移向量 $\{\delta\}^e$ 之间的转换式，需要先求出单元结点位移向量 $\{\delta\}^e$ 与位移参数向量 $\{a\}$ 之间的转换式。

2)由单元结点位移 $\{\delta\}^e$ 求位移参数 $\{a\}$

考虑到地层为微变形的连续弹性体，单元的位移模式 $\{f(x,y)\}$ 亦满足结点的位移条件。因此，在 i，j，m 三点(图 3-2)有

$$\begin{cases} u_i=a_1+a_2x_i+a_3y_i \\ u_j=a_1+a_2x_j+a_3y_j \\ u_m=a_1+a_2x_m+a_3y_m \end{cases} \quad \begin{cases} v_i=a_4+a_5x_i+a_6y_i \\ v_j=a_4+a_5x_j+a_6y_j \\ v_m=a_4+a_5x_m+a_6y_m \end{cases} \tag{3-23}$$

式(3-23)是由位移参数 a 求结点位移 u、v 的转换式。为了求出它的逆转换式，由式(3-24)的左边三个方程解出 a_1、a_2、a_3。用行列式表示为

$$
\begin{cases}
a_1 = \dfrac{|A_1|}{|A|} = \dfrac{(x_i y_m - x_m y_i)u_i + (x_m y - x_i y_m)u_j + (x_i y_j - x_j y_i)u_m}{x_j y_m - x_m y_j + x_m y_i - x_i y_m + x_i y_i - x_j y_i} \\
a_2 = \dfrac{|A_2|}{|A|} = \dfrac{(y_j - y_m)u_i + (y_m - y_i)u_j + (y_i - y_j)u_m}{x_i y_m - x_m y_j + x_m y_i - x_i y_m + x_i y_i - x_j y_i} \\
a_3 = \dfrac{|A_3|}{|A|} = \dfrac{(x_m - x_i)u_i + (x_i - x_m)u_j + (x_j - x_i)u_m}{x_i y_m - x_m y_j + x_m y_i - x_i y_m + x_i y_i - x_j y_i}
\end{cases}
\tag{3-24}
$$

其中，

$$
\begin{cases}
|A| = \begin{vmatrix} 1 & x_i & y_i \\ 1 & x_j & y_j \\ 1 & x_m & y_m \end{vmatrix} \quad |A_1| = \begin{vmatrix} u_i & x_i & y_i \\ u_i & x_j & y_j \\ u_i & x_m & y_m \end{vmatrix} \\
|A_2| = \begin{vmatrix} 1 & u_i & y_i \\ 1 & u_j & y_j \\ 1 & u_m & y_m \end{vmatrix} \quad |A_3| = \begin{vmatrix} 1 & x_i & u_i \\ 1 & x_j & u_j \\ 1 & x_m & u_m \end{vmatrix}
\end{cases}
\tag{3-25}
$$

由图 3-2 可知，三角形 ijm 的面积 Δ 等于梯形 $ijsr$ 的面积，加上梯形 $mirh$ 的面积，减去梯形 $mjsh$ 的面积。即

$$
\begin{aligned}
\Delta &= \frac{x_i + x_j}{2}(y_i - y_j) + \frac{x_m + x_i}{2}(y_i - y_m) - \frac{x_j + x_m}{2}(y_i - y_m) \\
&= \frac{1}{2}(x_i y_i - x_j y_i + x_m y_i - x_i y_m + x_j y_m - x_m y_j)
\end{aligned}
\tag{3-26}
$$

可见，式(3-26)中 3 个式子右边的分母就是单元三角形面积的两倍，即 2Δ。由此求得式(3-26)中各式的分母。为了便于记录，引用记号：

$$
\begin{cases}
a_i = x_i y_m - x_m y_j \\
b_i = y_i - y_m \\
c_i = x_m - x_i
\end{cases}
\qquad \overrightarrow{i,j,m}
\tag{3-27}
$$

公式后面的 i，j，m 表示每个公式实际上代表 3 个公式，其余的两个公式系由其中的下标 i，j，m 轮换得到。由此，式(3-24)可以写成

$$
\begin{cases}
a_1 = \dfrac{1}{2\Delta}(a_i u_i + a_j u_j + a_m u_m) \\
a_2 = \dfrac{1}{2\Delta}(b_i u_i + b_j u_j + b_m u_m) \\
a_3 = \dfrac{1}{2\Delta}(c_i u_i + c_j u_j + c_m u_m)
\end{cases}
\tag{3-28}
$$

通过式(3-28)就可以实现从 u_i、u_j、u_m 到 a_1、a_2、a_3 的转化。

类似的，可解得

$$
\begin{cases}
a_4 = \dfrac{1}{2\Delta}(a_i v_i + a_j v_j + a_m v_m) \\
a_5 = \dfrac{1}{2\Delta}(b_i v_i + b_j v_j + b_m v_m) \\
a_6 = \dfrac{1}{2\Delta}(c_i v_i + c_j v_j + c_m v_m)
\end{cases}
\tag{3-29}
$$

式(3-23)是由 v_i、v_j、v_m 求 a_4、a_5、a_6 的转化式。

将式(3-22)和式(3-23)综合起来写成矩阵形式，可得

$$\{a\} = [A]\{\delta\}^e \tag{3-30}$$

其中，

$$[A] = \frac{1}{2\Delta}\begin{bmatrix} a_i & 0 & a_j & 0 & a_m & 0 \\ b_i & 0 & b_j & 0 & b_m & 0 \\ c_i & 0 & c_j & 0 & c_m & 0 \\ 0 & a_i & 0 & a_i & 0 & a_m \\ 0 & b_i & 0 & b_j & 0 & b_m \\ 0 & c_i & 0 & c_j & 0 & c_m \end{bmatrix} \tag{3-31}$$

利用式(3-30)，在已知结点位移的情况下，可通过矩阵 $[A]$ 求得位移参数 $\{a\}$。

3)由单元结点位移 $\{\delta\}^e$ 求单元内部任一点位移 $\{f(x, y)\}$

将式(3-30)代入式(3-20)，得到

$$\{f(x,y)\} = [m(x,y)][A]\{\delta\}^e \tag{3-32}$$

将式(3-10)、式(3-22)代入矩阵(3-32)后得

$$\{f(x,y)\} = \begin{Bmatrix} u(x,y) \\ v(x,y) \end{Bmatrix}$$

$$= \begin{bmatrix} N_i(x,y) & 0 & N_j(x,y) & 0 & N_m(x,y) & 0 \\ 0 & N_j(x,y) & 0 & N_j(x,y) & 0 & N_m(x,y) \end{bmatrix} \times \begin{Bmatrix} u_i \\ v_i \\ u_j \\ v_j \\ u_m \\ v_m \end{Bmatrix}$$

$$= [\boldsymbol{I}N_i(x,y) \quad \boldsymbol{I}N_j(x,y) \quad \boldsymbol{I}N_m(x,y)]\begin{Bmatrix} \delta_i \\ \delta_j \\ \delta_m \end{Bmatrix}$$

$$= [N(x,y)]\{\delta\}^e \tag{3-33}$$

式中，$\boldsymbol{I} = [I]_2 = \begin{bmatrix} 1 & 0 \\ 0 & 1 \end{bmatrix}$ 是二阶单位矩阵，N_i、N_j、N_m 可由下列轮换公式得出：

$$N_i(x,y) = \frac{1}{2\Delta}(a_i + b_i x + c_i y) \qquad \overrightarrow{i,j,m} \tag{3-34}$$

由式(3-34)就可以在已知单元结点位移 $\{\delta\}^e$ 的情况下，通过转换矩阵 $N_i(x, y)$ 求得单元内部任一点位移 $\{f(x, y)\}$。

2. 单元应变

根据式(3-23)，可由结点位移求得单元内部的位移：

$$\begin{cases} u(x,y) = N_i(x,y)u_i + N_j(x,y)u_j + N_m(x,y)u_m \\ v(x,y) = N_i(x,y)v_i + N_j(x,y)v_j + N_m(x,y)v_m \end{cases} \tag{3-35}$$

将式(3-35)代入几何方程式(3-12)，可得到用结点位移表示的单元应变：

$$\begin{cases}\varepsilon_x=\dfrac{\partial u}{\partial x}=\dfrac{\partial N_i(x,y)}{\partial x}u_i+\dfrac{\partial N_j(x,y)}{\partial x}u_j+\dfrac{\partial N_m(x,y)}{\partial x}u_m\\ \varepsilon_y=\dfrac{\partial v}{\partial y}=\dfrac{\partial N_i(x,y)}{\partial y}u_i+\dfrac{\partial N_j(x,y)}{\partial y}u_j+\dfrac{\partial N_m(x,y)}{\partial y}u_m\\ \gamma_{xy}=\dfrac{\partial u}{\partial y}+\dfrac{\partial v}{\partial x}=\dfrac{\partial N_i(x,y)}{\partial y}u_i+\dfrac{\partial N_j(x,y)}{\partial y}u_j+\dfrac{\partial N_m(x,y)}{\partial y}u_m\\ \qquad+\dfrac{\partial N_i(x,y)}{\partial x}v_i+\dfrac{\partial N_j(x,y)}{\partial x}v_j+\dfrac{\partial N_m(x,y)}{\partial x}v_m\end{cases} \tag{3-36}$$

其中，N_i、N_j、N_m 可由轮换公式(3-34)得到，求出其偏导数：

$$\frac{\partial N_i}{\partial x}=\frac{b_i}{2\Delta},\frac{\partial N_i}{\partial y}=\frac{c_i}{2\Delta}\qquad \overrightarrow{i,j,m} \tag{3-37}$$

将式(3-36)用矩阵形式表示，并结合式(3-37)，可得

$$\begin{Bmatrix}\varepsilon_x\\ \varepsilon_y\\ \gamma_{xy}\end{Bmatrix}=\frac{1}{2\Delta}\begin{Bmatrix}b_i & 0 & b_j & 0 & b_m & 0\\ 0 & c_i & 0 & c_j & 0 & c_m\\ c_i & b_i & c_j & b_j & c_m & b_m\end{Bmatrix}\begin{Bmatrix}u_i\\ v_i\\ u_j\\ v_j\\ u_m\\ v_m\end{Bmatrix} \tag{3-38}$$

式(3-38)可以简写为

$$\{\varepsilon\}=[B]\{\delta\}^e \tag{3-39}$$

其中的矩阵$[B]$可写成分块形式：

$$[B]=[B_i\quad B_j\quad B_m] \tag{3-40}$$

式(3-40)就是由结点位移$\{\delta\}^e$求应变$\{\varepsilon\}$的转换式。

3. 单元应力

将式(3-39)代入物理方程(3-16)，得

$$\{\sigma\}=[D]\{\varepsilon\}=[D][B]\{\delta\}^e \tag{3-41}$$

将式(3-41)中矩阵相乘得

$$[S]=[D][B] \tag{3-42}$$

将弹性矩阵表达式(3-17)、几何矩阵(3-40)代入式(3-42)，得到分块形式的矩阵表达式：

$$[S]=[S_i\quad S_j\quad S_m] \tag{3-43}$$

对于平面应变问题，其子矩阵为

$$[S_i]=\frac{E(1-\mu)}{2(1+\mu)(1-2\mu)\Delta}\begin{bmatrix}b_i & \dfrac{\mu}{1-\mu}c_i\\ \dfrac{\mu}{1-\mu}b_i & c_i\\ \dfrac{1-2\mu}{2(1-\mu)}c_i & \dfrac{1-2\mu}{2(1-\mu)}b_i\end{bmatrix}\qquad \overrightarrow{i,j,m} \tag{3-44}$$

式(3-41)为由结点位移$\{\delta\}^e$求单元应力$\{\sigma\}$的转换式，矩阵$[S]$为应力转换矩阵。

4. 单元结点力

单元结点力是指单元和结点相连接的内力。若取隔离体，考虑结点平衡，则单元结点力为外力，将与结点外荷载相平衡。若考虑单元平衡，则单元结点力是作用在单元上的外力(图 3-3(a))，且与单元边界上应力相平衡。在有限单元法中，通常用虚功方程代替平衡方程。

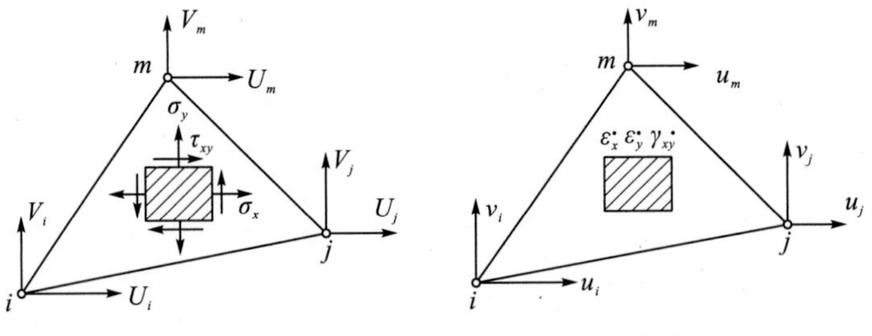

(a)实际力系　　(b)虚设位移

图 3-3　虚功原理及受力示意图

根据虚功原理，结点力在结点的虚位移上所做的虚功，应等于单元内部应力乘虚应变的虚变形功。图 3-3(a)表示三角形单元的实际力系；图 3-3(b)表示三角形单元的虚设位移。

设单元的结点力列阵及单元内应力列阵分别为

$$\{F\}^e=\begin{Bmatrix}U_i\\V_i\\U_j\\V_j\\U_m\\V_m\end{Bmatrix}\qquad \{\sigma\}=\begin{Bmatrix}\sigma_x\\\sigma_y\\\tau_{xy}\end{Bmatrix}\tag{3-45}$$

单元的结点虚位移列阵及其相应的单元内虚应变列阵分别为

$$\{\delta^*\}^e=\begin{Bmatrix}u_i^*\\v_i^*\\u_j^*\\v_j^*\\u_m^*\\v_m^*\end{Bmatrix}\qquad \{\varepsilon^*\}=\begin{Bmatrix}\varepsilon_x^*\\\varepsilon_y^*\\\gamma_{xy}^*\end{Bmatrix}\tag{3-46}$$

式中，“*”为虚位移状态。

令实际受力状态在虚位移状态上做虚功，得到虚功方程如下：

$$(\{\delta^*\}^e)^{\mathrm{T}}\{F\}^e=\iint\{\varepsilon^*\}^{\mathrm{T}}\{\sigma\}t\,\mathrm{d}x\,\mathrm{d}y\tag{3-47}$$

由式(3-39)可知：

$$\{\varepsilon^*\}=[B]\{\delta^*\}^e \tag{3-48}$$

整理得

$$\{\varepsilon^*\}^{\mathrm{T}}=(\{\delta^*\}^e)^{\mathrm{T}}[B]^{\mathrm{T}} \tag{3-49}$$

代入式(3-47)得

$$(\{\delta^*\}^e)^{\mathrm{T}}[F]^e=\iint(\{\delta^*\}^e)^{\mathrm{T}}[B]^{\mathrm{T}}\{\sigma\}t\,\mathrm{d}x\,\mathrm{d}y \tag{3-50}$$

由于结点虚位移列阵$\{\delta^*\}^e$的元素是常量，上式等号右边的$(\{\delta^*\}^e)^{\mathrm{T}}$可以提到积分号的前面；又由于$\{\delta^*\}^e$是任意的，所以等式两边与它相乘的矩阵应当相等，故得

$$[F]^e=\iint[B]^{\mathrm{T}}\{\sigma\}t\,\mathrm{d}x\,\mathrm{d}y \tag{3-51}$$

在常应变三角形单元中，$[B]$和$\{\sigma\}$都是常量，单元厚度t也是常量，再注意到$\iint\mathrm{d}x\,\mathrm{d}y$是三角形的面积，用$\Delta$记号表示，故式(3-51)可简化为

$$[F]^e=[B]^{\mathrm{T}}\{\sigma\}\mathrm{t}\Delta \tag{3-52}$$

式(3-52)就是由单元应力$\{\sigma\}$，推算单元结点力$[F]^e$的转换式，其转换矩阵为$[B]^{\mathrm{T}}\{\sigma\}t\Delta$。

从上面的推导过程可以看出，从结点位移到结点力的一系列的转换关系中，经历了弹性力学的平衡条件、物理关系、几何关系，这说明单元本身已经满足弹性力学基本方程。由结点位移$\{\sigma\}^e$求结点力$[F]^e$的公式可综合为

$$\{F\}^e=[B]^{\mathrm{T}}\{\sigma\}t\Delta=[B]^{\mathrm{T}}[D]\{\varepsilon\}t\Delta=[B]^{\mathrm{T}}[D][B]\{\delta\}^e t\Delta \tag{3-53}$$

式(3-53)可简写为

$$\{F\}^e=[k]^e\{\delta\}^e \tag{3-54}$$

其中，

$$[k]^e=[B]^{\mathrm{T}}[D][B]t\Delta \tag{3-55}$$

式中，$[k]^e$为单个单元的刚度矩阵。

将式(3-40)代入式(3-54)就得到平面问题的刚度矩阵，写成分块形式：

$$[k]=\begin{bmatrix}k_{ii} & k_{ij} & k_{im}\\ k_{ji} & k_{jj} & k_{jm}\\ k_{mi} & k_{mj} & k_{mm}\end{bmatrix} \tag{3-56}$$

式中，

$$\begin{aligned}[k_{rs}]&=[B_r]^{\mathrm{T}}[D][B_s]t\Delta\\ &=\frac{E(1-\mu)t}{4(1+\mu)(1-2\mu)\Delta}\begin{bmatrix}b_rb_s+\dfrac{1-2\mu}{2(1-\mu)}c_rc_s & \dfrac{\mu}{1-\mu}b_rc_s+\dfrac{1-2\mu}{2(1-\mu)}c_rb_s\\ \dfrac{\mu}{1-\mu}b_rc_s+\dfrac{1-2\mu}{2(1-\mu)}b_rc_s & c_rc_s+\dfrac{1-2\mu}{2(1-\mu)}b_rb_s\end{bmatrix}\end{aligned} \tag{3-57}$$

(三)整体分析

假设弹性体被划分为n_e个单元和n个结点，并对每一个单元都进行了上述运算则得

到 n_e 组型如式(3-52)的方程。把这些方程集合起来，便可得到表征整个弹性体平衡的表达式。为了推导整个弹性体的平衡方程表达式，首先需要引进整个弹性体的结点位移列阵 $\{\delta\}_{2n\times1}$是由各结点位移按结点的号码从小到大顺序排列组成的，即

$$\{\delta\}_{2n\times1}=[\delta_1^{\mathrm{T}}\delta_2^{\mathrm{T}}\cdots\delta_n^{\mathrm{T}}]^{\mathrm{T}} \tag{3-58}$$

式中子矩阵

$$\{\delta_i\}=[u_i v_i]^{\mathrm{T}}\quad(i=1,2,\cdots,n) \tag{3-59}$$

是结点 i 的位移分量。

再引进整个弹性体的载荷列阵$\{R\}_{2n\times1}$，它是移置到结点上的等效结点载荷，按照点的号码从小到大顺序组成，即

$$\{R\}_{2n\times1}=[R_1^{\mathrm{T}}\quad R_2^{\mathrm{T}}\quad\cdots R_{\mathrm{N}}^{\mathrm{T}}]^{\mathrm{T}} \tag{3-60}$$

其中子矩阵

$$\{R_i\}=[X_i\quad Y_i]^{\mathrm{T}}=\left[\sum_{e=1}^{n_e}U_i^e\quad\sum_{e=1}^{n_e}V_i^e\right]^{\mathrm{T}}\quad(i=1,2,\cdots,n) \tag{3-61}$$

是结点 i 上的等效结点载荷。

将各单元的结点力列阵$\{R\}_{6\times1}^e$加以扩大，使之成为 $2n\times1$ 阶列阵：

$$\{R_i\}_{2n\times1}^e=[\cdots(R_i^e)\cdots(R_j^e)\cdots(R_m^e)\cdots]^{\mathrm{T}} \tag{3-62}$$

其中子矩阵

$$\{R_i\}^e=[U_i^e V_i^e]\quad(i,j,m) \tag{3-63}$$

是单元的结点 i 上的等效结点力。

式(3-61)中的原点元素均为零，矩阵号上面的 i、j、m 表示在分块矩阵意义下 $\mathrm{R_i}$所占的列位置。各单元的结点力列阵经过这样扩大后便可相加，将全部单元的结点力列阵叠加在一起，就得到式(3-60)表示的弹性体的载荷列阵，即

$$\{R\}=\sum_{e=1}^{n_e}\{R\}^e=[R_1^{\mathrm{T}}\quad R_2^{\mathrm{T}}\quad\cdots\quad R_n^{\mathrm{T}}]^{\mathrm{T}}\frac{1}{n} \tag{3-64}$$

相邻单元公共边内力引起的等效结点力，在叠加过程中必然互相抵消，只剩下载荷所引起的等效结点力。

将式(3-55)确定的六阶方阵$[k]$加以扩大，使其成为 $2n$ 阶的方阵：

$$[k]_{2n\times2n}=\begin{bmatrix}1 & i & j & m & n\\ \cdots & k_{ii} & k_{ij} & k_{im} & \cdots\\ \cdots & k_{ji} & k_{jj} & k_{jm} & \cdots\\ \cdots & k_{mi} & k_{mj} & k_{mm} & \cdots\\ \cdots & \cdots & \cdots & \cdots & \cdots\end{bmatrix} \tag{3-65}$$

可见，式(3-57)中的 2×2 阶子矩阵$[k_{ij}]$被放到式(3-63)中的第 i 双行、第 j 双列中，将式(3-52)改写成

$$[k]_{2n\times2n}\{\delta\}_{2n\times1}=\{R\}_{2n\times1}^e \tag{3-66}$$

考虑到$[k]$扩大以后，除了对应 i、j、m 双行和双列上的 9 个子矩阵外，其余都为零，故式(3-66)左边的单元位移列阵$\{\delta\}_{2n\times1}^e$可用整体的位移列阵$\{\delta\}_{2n\times1}$替代。式(3-64)对 n_e 个单元求和，则得

$$\sum_{e=1}^{n_e}[k]\{\delta\}=\sum_{e=1}^{n_e}\{R\}^e \tag{3-67}$$

式(3-67)左边 $\sum_{e=1}^{n_e}[k]$ 是弹性体所有单元刚度矩阵的总和，称为弹性体的整体刚度矩阵(总刚度矩阵)，通常记作$[K]$。考虑到式(3-56)，则有

$$[K]=\sum_{e=1}^{n_e}[k]=\sum_{e=1}^{n_e}\iint[B]^{\mathrm{T}}[D][B]t\,\mathrm{d}x\,\mathrm{d}y \tag{3-68}$$

将式(3-68)代入式(3-64)，可得

$$[K]\{\delta\}=\{R\} \tag{3-69}$$

式(3-69)包含有关于结点位移的 $2n$ 个线性方程，也就是 n 个结点上列出的全部 $2n$ 个平衡方程。

第三节　深部高应力储层射孔井破裂压力预测

采用大型有限元模拟软件，编程计算了射孔孔眼尖端的应力强度因子，预测了射孔井的破裂压力。

一、物理模型及边界条件

钻孔孔眼的尺寸与地层相比，孔眼直径很小，为减少网格划分，提高计算效率。考虑对称性，取1/2建立实体模型，如图3-4所示。模拟地层尺寸3 000mm×6 000mm，钻孔孔眼半径50mm，射孔孔眼长度600mm，射孔孔眼直径2.5mm，岩石杨氏模量2×10^5 MPa，泊松比0.25。

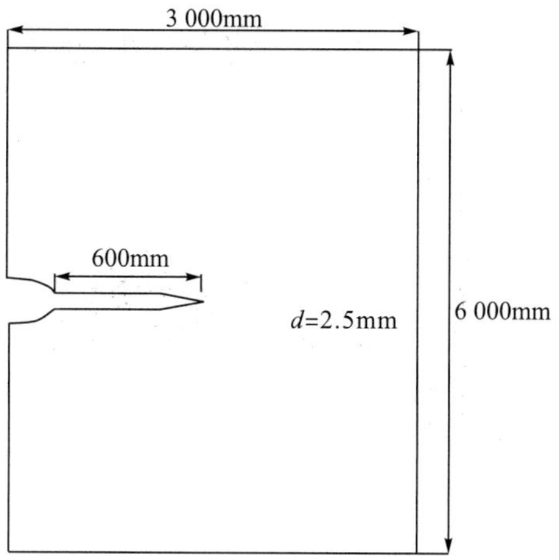

图3-4　射孔井眼有限元实物模型示意图

(一)单元类型的选择

模拟射孔孔眼裂缝在注入液体压力作用下扩展时，由于在距离裂缝前沿无限接近处会产生应力和应变场的奇异，因此在用有限元模拟时，必须采用奇异单元，即在平面 8 节点等参元的基础上，将绕裂缝前沿的单元转化为二次单元；在远离裂缝前沿的单元采用普通单元 PLANE82；在裂尖采用退化的 6 节点三角形奇异性等参元(图 3-5)(绳义千等，2010)。

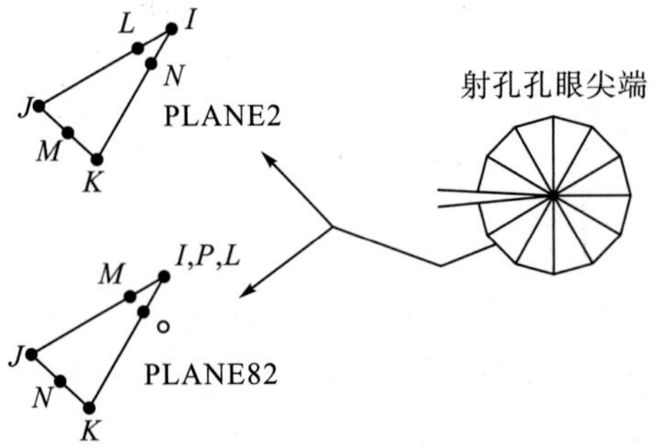

图 3-5 射孔孔眼尖端的 PLANE82 奇异等参元

(二)载荷的施加及边界条件

图 3-6 中，AH、CI 圆弧为井筒，HBI 为裂缝段，在压裂过程中，忽略射孔孔眼内的滤失及摩阻，裂缝(HBI)内的压力与井筒(AH、CI)内的压力相等。

边界条件：

$AHBIC$ 施加井筒液柱压力 p，GA 和 CD 段为对称段，施加对称约束；EF 段施加最大有效水平地应力 p_1；DE、FG 段施加最小有效水平地应力 p_2，射孔孔眼 HBI 沿最大有效地应力 p_1 方向。

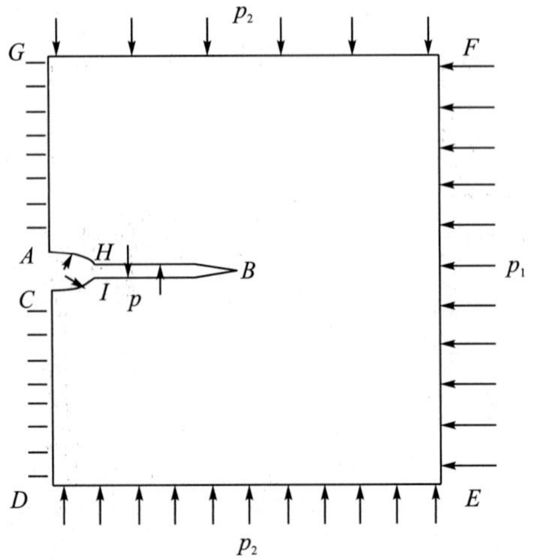

图 3-6 射孔孔眼载荷的施加及边界条件

（三）有限元模型的生成

采用带中间节点的8节点四边形单元，在裂尖周围退化成6节点三角形单元。为了提高精度，围绕裂尖的第1层奇异单元的半径大约为$a/8$（a为射孔深度），每个单元的弧角为22.5°，第2层单元长度取第1层奇异单元半径的一半。

（四）裂缝尖端应力强度因子的求解

求解裂缝断裂强度因子时，将局部坐标的x轴与裂缝面平行，y轴垂直于裂缝面。半裂缝和全裂缝的坐标示意图如图3-7所示。

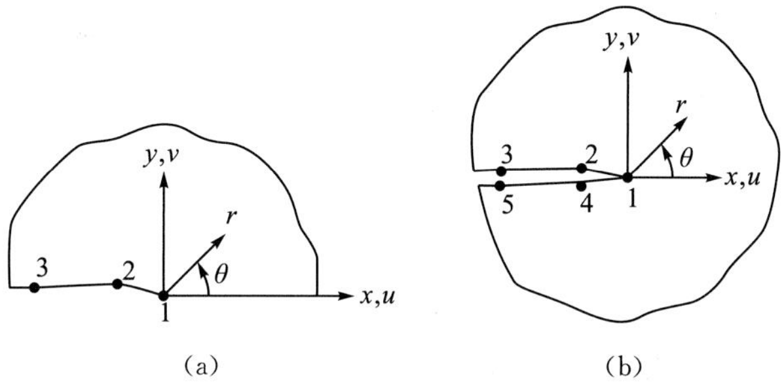

图3-7 射孔孔眼尖端局部坐标示意图

二、射孔参数优化降低破裂压力

结合川西须家河气藏的某井基础数据（表3-1）进行破裂压力的影响因素分析。

表3-1 计算破裂压力采用的参数

基础参数			
垂向应力/MPa	最大水平主应力/MPa	最小水平主应力/MPa	孔隙压力/MPa
110.5	85.7	75.3	55.3
杨氏模量/（$\times 10^4$MPa）	泊松比/无因次	Biot系数/无因次	临界应力强度因子/（MPa·$m^{1/2}$）
2.5	0.25	0.85	30
敏感性分析参数			
射孔孔眼长度/mm	射孔直径/mm	射孔方位/(°)	杨氏模量/（$\times 10^4$MPa）
200，400，600，800，1 000	10，20，30，40，50	0，15，30，45，60，90	1.5，2，2.5，3，3.5
泊松比/无因次	最大水平主应力/MPa	最小水平主应力/MPa	临界应力强度因子/（MPa·$m^{1/2}$）
0.15，0.2，0.25，0.3，0.35	75，80，85，90，95	65，70，75，80，85	10，20，30，40，50

这里以射孔井压裂地层破裂判定准则，即$(K_{\mathrm{I}}^2+K_{\mathrm{II}}^2)\geqslant K_{\mathrm{IC}}^2$（当射孔方位角为0°时，

$K_{\rm I} \geqslant K_{\rm IC}$)就判断为地层破裂，裂缝开始扩展。

当注入压力为 85MPa 时，射孔孔眼尖端的应力强度因子 $K_{\rm I}=10.81\text{MPa}\cdot\text{m}^{1/2}<K_{\rm IC}$，射孔孔眼尖端不扩展，裂缝不起裂(图 3-8)。

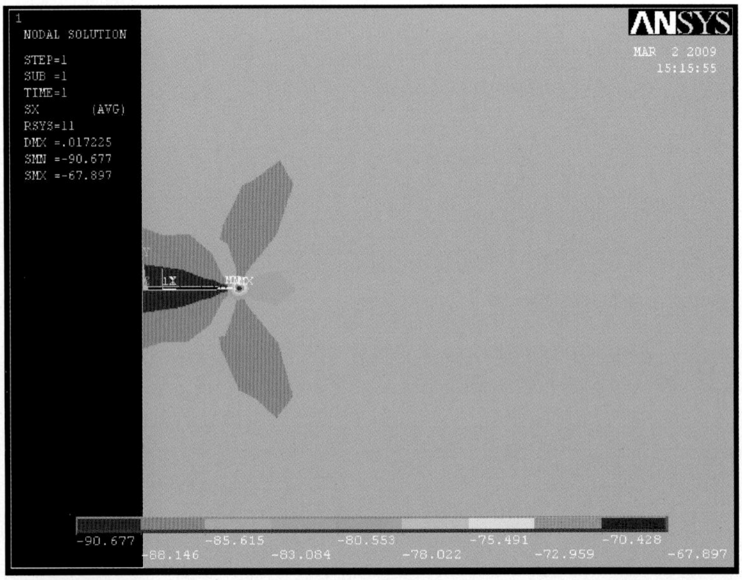

图 3-8 注入压力为 85MPa 时射孔孔眼开裂 x 方向位移等值线图

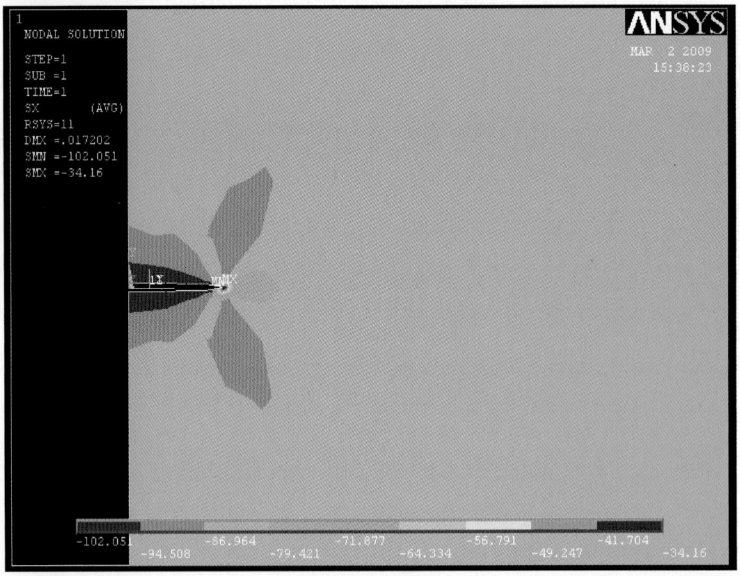

图 3-9 注入压力为 90MPa 时射孔孔眼开裂 x 方向位移等值线图

当注入压力为 95MPa 时，射孔孔眼尖端的应力强度因子 $K_{\rm I}=32.72\text{MPa}\cdot\text{m}^{1/2}>K_{\rm IC}$，此时注入，射孔孔眼尖端发生破裂，射孔孔眼向前扩展。由于属于Ⅰ型裂纹，裂缝将沿 x 轴方向直线开裂。在计算射孔井破裂压力的基础上，进一步分析边界效应、射孔方位、射孔深度、射孔直径、最小水平主应力大小对破裂压力大小的影响，为射孔参数的优化设计提供依据。

(一)边界效应分析

为了验证地层尺寸设计的合理性，在射孔孔眼尺寸一定的情况下，分析了不同地层尺寸对破裂压力的影响。设置射孔孔眼长度 600mm、孔径 30mm，设置地层模型尺寸分别为编号 1：2 400mm×4 800mm；编号 2：3 000mm×6 000mm；编号 3：3 800mm×7 500mm；编号 4：4 700mm×9 400mm；编号 5：5 900mm×11 700mm 共 5 组，模型尺寸和起裂压力的关系见图 3-10。

从图 3-10 中可可以看出，当计算模型尺寸达到3 000mm×6 000mm 时，可以消除边界效应影响。说明建立模型在3 000mm×6 000mm 尺寸下进行计算是合理的。

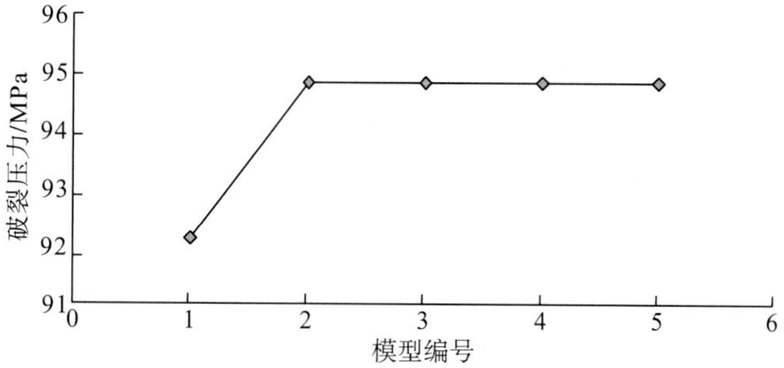

图 3-10　地层模型尺寸对破裂压力的影响

(二)射孔方位角对破裂压力的影响

图 3-11 是在裂缝内压为 95MPa 时，不同射孔方位下的 K_{I}、K_{II} 的计算结果。可以看出，射孔方位角的变化主要对 K_{I} 的值影响较大，随着射孔方位的增加，K_{I} 值逐渐变小。K_{II} 值随着射孔方位的增加，其值先变大后变小，当射孔方位角为 45°时，K_{II} 值达到最大。

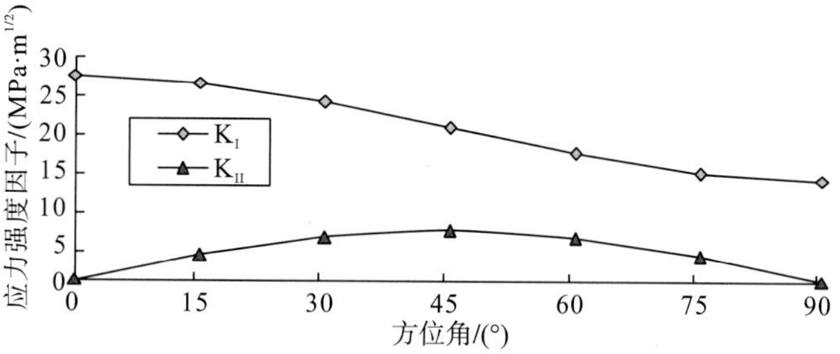

图 3-11　射孔方位角对 K_{I}、K_{II} 的影响

图 3-12 是破裂压力随射孔方位变化的计算结果。可以看出，地层破裂压力随射孔方位角的增加而增大。当射孔方位与最大水平地应力重合时，破裂压力最小；在 0～30°时起裂压力变化不明显；在 30°～60°时，破裂压力迅速增加，为破裂压力的突变区；在 60°～90°时起裂压力变化较小，破裂压力基本与射孔方位没有关系。根据最小能量原理，

裂缝总是沿阻力最小的平面破裂和传播。平行于最大水平地应力方向孔眼壁面的破裂阻力最小，所需的破裂能量最低，因此破裂压力也最低，为最佳射孔方向。当射孔方位角不为 0 或 180°，即偏离最佳射孔方向时，偏离得越远，地层破裂阻力越大，所需的能量越大，破裂压力也越大。因此应通过控制射孔方位，尽量沿最大水平地应力方向射孔才能降低地层破裂压力。

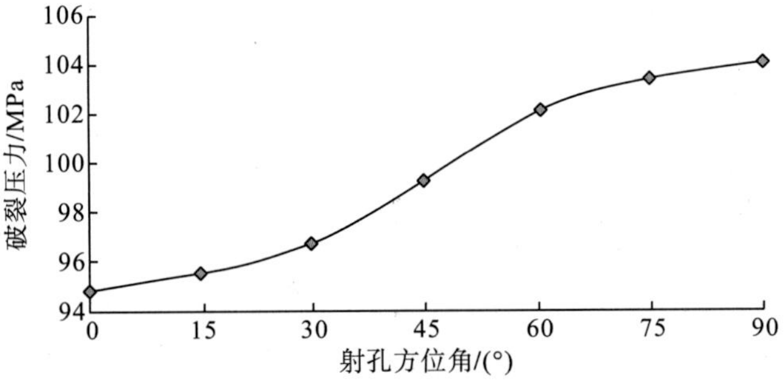

图 3-12　射孔方位角对破裂压力的影响

（三）射孔深度对破裂压力的影响

射孔深度与射孔弹的型号有关，不同弹型其射孔直径与射孔深度不同，为了考虑射孔深度对起裂压力的影响，在建立模型时，不考虑孔眼直径的变化，只改变射孔深度参数，分别取射孔深度为 200mm，400mm，600mm，800mm，1 200mm 为例进行计算，其参数同前，计算了破裂压力的变化规律，结果见图 3-13。可以看出，随着射孔深度增加，破裂压力显著降低。射孔深度由 200mm 增加到 600mm 后，起裂压力降低了 6MPa，破裂压力降低幅度显著；但是当射孔深度大于 600mm 后，射孔深度增加引起地层破裂压力的降幅逐渐减小。这是因为射孔深度增加，近井筒地带地应力对孔眼尖端的影响较小，主要受到远场地应力的影响，且射孔深度增加，孔眼长度增加，液体压力在孔壁上有效作用面积增大，用于破裂地层的液体能量增大，使孔眼的周向应力增加，从而使地层破裂压力的降低幅度变小。

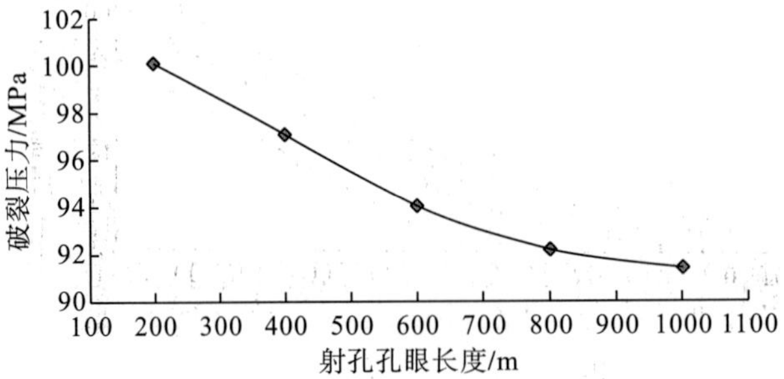

图 3-13　射孔深度对破裂压力的影响

(四)射孔直径对破裂压力的影响

射孔直径也是射孔设计的一个重要参数，它涉及弹型的选择。这里选取了射孔孔眼直径为一均匀变化的参数，计算中选取射孔孔眼直径分别为 10mm，20mm，30mm，40mm，50mm 计算得到的起裂压力。从图 3-14 中可以看出，增加射孔直径，破裂压力降低。这是因为，射孔孔眼直径越大，孔眼的承载面积也越大，有助于地层破裂。对于低渗透油层为了降低起裂压力，可适当的提高射孔直径。

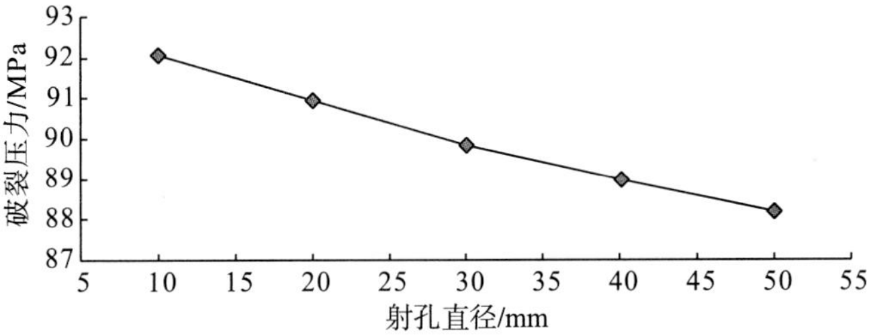

图 3-14　射孔直径对破裂压力的影响

(五)最小水平主应力对破裂压力的影响

从图 3-15 中可以看出，随着最小水平主应力的增加，破裂压力呈线性增加趋势。对于逆断层，构造应力使最小水平主应力增加区域的储层改造来说，破裂压力将会增加。

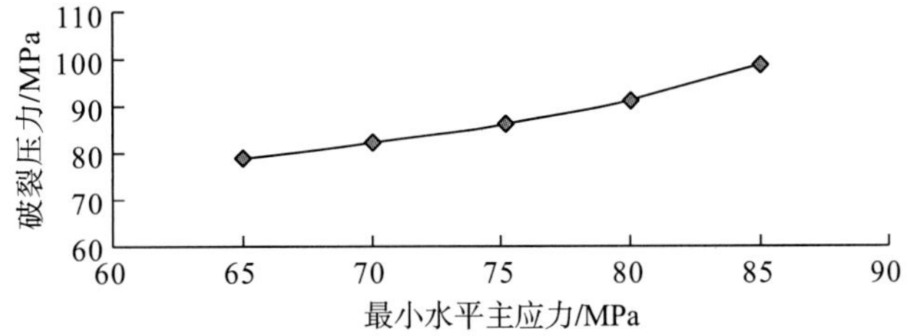

图 3-15　最小水平主应力对破裂压力的影响

参考文献

陈作，等. 2005. 异常高地应力致密砂岩储层压裂技术研究. 天然气工业，25：92－94.

褚武扬. 1979. 断裂力学基础. 北京：科学出版社.

何庆芝，郦正能. 1993. 工程断裂力学. 北京：北京航空航天大学出版社.

黄克智，肖纪美. 1999. 材料的损伤断裂机理和宏微观力学理论. 北京：清华大学出版社.

雷晓燕. 2000. 有限元法. 北京：中国铁道出版社.

李根生，刘丽，黄中伟，牛继磊. 2006. 水力射孔对地层破裂压力的影响研究. 中国石油大学学报：自然科学版，30：42－45.

李军，陈勉，张辉，陈志勇. 2004. 不同地应力条件下水泥环形状对套管应力的影响. 天然气工业，24：50－52.

罗天雨，郭建春，赵金洲等. 2007. 斜井套管射孔破裂压力及起裂位置研究. 石油学报，28(1)：139－142.

绳义千，肖绯雄. 2010. 弹簧表面裂纹应力强度因子有限元分析. 铁道机车车辆，30：60—63.
叶登胜，等. 2009. 塔里木盆地异常高温高压井储层改造难点及对策. 天然气工业，29：77—79.
于骁中，谯常忻，周群力 1991. 岩石和混凝土断裂力学. 长沙：中南工业大学出版社.
袁懋昶. 1989. 断裂力学理论及其工程应用. 重庆：重庆大学出版社.
赵艳华，徐世烺. 2002. Ⅰ－Ⅱ 复合型裂纹脆性断裂的最小 J _ 2 准则. 工程力学，19：94—98.
邹才能，陶士振，袁选俊. 2009. "连续型"油气藏及其在全球的重要性，成藏，分布与评价. 石油勘探与开发，36：669—682.

第四章　深部裂缝性储层水力裂缝扩展模拟研究

对于致密的异常高应力储层，在强烈构造应力作用下，一般有较发育的天然裂缝，水力压裂是该类油气藏增产的主要工艺技术(曾联波等，1998)。国内外大量压裂实践和室内实验表明，在天然裂缝发育储层中的水力裂缝不再是对称双翼裂缝，而是极为复杂的裂缝形态(陈勉等，2008；冯程滨等，2006)。目前压裂设计中常采用的压裂模拟软件大都是基于对称双翼裂缝理论，无法模拟含天然裂缝的非均质储层水力裂缝扩展(Sarda, et al.，2002)。因此，迫切需要探索新方法来模拟存在天然裂缝影响的水力裂缝路径扩展模拟。

第一节　深部裂缝性储层水力裂缝扩展难点

一、常规对称双翼水力裂缝扩展模拟现状

(一)二维裂缝延伸模型

早期研究致力于简单几何模型的解析解，例如平面应变条件下的直裂缝或者扁平裂缝，所有这些解都是近似结果，并且关于裂缝开启或者应力场都进行了简化。

Hubbert(Yew，et al.，2014)在1957年最早系统地开展水力压裂模拟研究，提供了一个水力压裂的理论分析，并提出裂缝总是沿垂直于最小主应力的方向延伸，其理论得到了室内实验和现场的验证。同年，Carter(姜瑞忠等，2004)提出了定缝高、等缝宽，考虑地层滤失的计算裂缝壁面面积的公式：

$$A(t)=Q\frac{(W+2S_{\mathrm{P}})}{4\pi c^{2}}\left[\mathrm{e}^{x^{2}}\operatorname{erfc}(x)+\frac{2x}{\sqrt{\pi}}-1\right] \tag{4-1}$$

其中，

$$x=\frac{2c\sqrt{\pi t}}{W}$$

式中，Q——压裂液注入排量，$\mathrm{m^3/min}$；

W——水力裂缝宽度，m；

S_{P}——压裂液初滤失系数，$\mathrm{m^3/m^2}$；

c——常数，压裂液向地层滤失的流动阻力量度。

对于垂直对称双翼裂缝，如果已知缝高 h，则单翼裂缝长度为

$$L_f = \frac{A(t)}{2h} \tag{4-2}$$

如果是水平裂缝，其裂缝半径则为

$$R_f = \sqrt{\frac{A(t)}{\pi}} \tag{4-3}$$

上述模型假设缝宽恒定不变。Khristianovic 等(1955)首次研究了平面应变状态下的水力裂缝宽度变化过程，但是假设缝宽在垂直方向上恒定，同时他们也忽略了压裂液滤失和裂缝内压力变化。这一模型被 Geertsma 等(1969)在考虑压裂液滤失后得到了进一步的改进，但假定缝高在垂向上恒定，假设的裂缝形态如图 4-1 所示。他们是首次建议在脆性固体中的裂缝延伸情况下，缝端无流体区域很小，裂缝主体中缝内压力几乎不变，裂缝主体中缝宽几乎不变，只是在靠近缝端急剧减小，因此有

$$\left(\frac{dw}{dL_f}\right)_{L_f=1} = 0 \tag{4-4}$$

这一尖端条件后来由数学家 Barenblatt(1962)证实，并从此在水力压裂模拟中使用。此外，还提出了计算井筒处缝宽的简单公式：

$$W_w = 0.003 \times \sqrt[4]{\frac{\mu Q L_f^2}{Gh}} \tag{4-5}$$

式中，W_W——井筒处的缝宽，m；

μ——流体黏度，mPa・s；

G——地层剪切模量，Pa；

h——缝高，m。

实际上，平面应变的假设只有缝高远大于缝长或者储集层边界产生完全滑移时才成立。

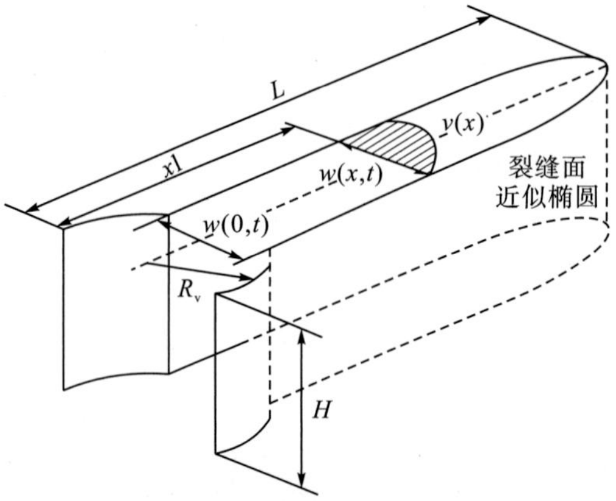

图 4-1 Geertsma 模型的裂缝线性扩展示意图(KGD 模型)

另一个针对缝宽和裂缝形态的全面工作来自于 Perkins(Geertsma, et al., 1979)。他们假设高度固定的裂缝在封闭很好的储集层内延伸，即上、下隔层的应力足够大使裂缝不会突破产层。他们认为裂缝的横截面是椭圆的(图 4-2)，横截面的最大宽度与该点处的净压力成正比，而与其余点的宽度无关(即垂向平面应变)。Perkins 和 Kern 给出了裂

缝宽度方程：

$$W(x) = 3\left[\frac{Q\mu(L-x)}{\frac{E}{1-\upsilon^2}}\right]^{\frac{1}{4}} \tag{4-6}$$

式中，x——沿缝长方向的距离，m；

E——杨氏模量，Pa；

υ——泊松比。

实际上，垂向平面应变这一假设在缝长远大于缝高时是较为合理的，但是他们的模型忽略了裂缝内滤失和裂缝体积变化。

Nordgren(1972)对上述模型进行了改进，发展形成了 PKN 模型。他考虑了压裂液滤失和裂缝体积变化，将连续性方程(即质量守恒)引入 Perkins 和 Kern 的模型当中。他发现 Carter 模拟的缝长在长时间情况下是合理的，但是初期变化的缝宽对缝长有较大影响，而这是 Carter 没有考虑到的。Nordgren 给出了高滤失和长时间下缝宽和缝长的计算公式：

$$L_{\mathrm{f}} = \frac{Q\sqrt{t}}{\pi C_{f}h} \tag{4-7}$$

$$W = 4\left[\frac{2(1-\upsilon)\mu Q^2}{\pi^3 G C_{\mathrm{f}} h}\right]^{\frac{1}{4}} t^{\frac{1}{8}} \tag{4-8}$$

式中，t——时间，min；

C_{f}——压裂液滤失系数，m^3/m^2。

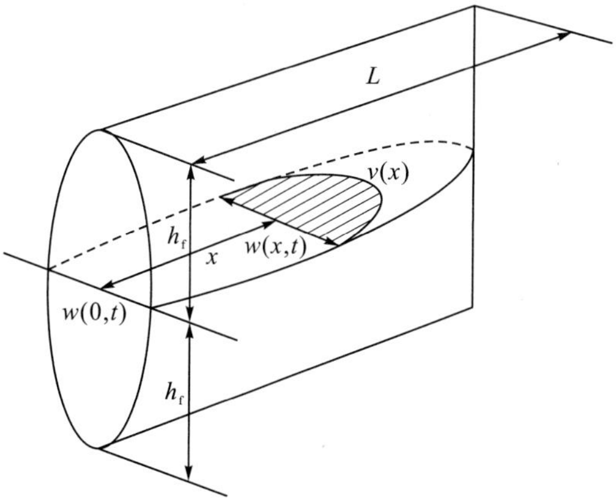

图 4-2 PKN 模型裂缝扩展示意图

对于上述两种主要的模型，PKN 模型主要的焦点是流体流动和裂缝内压力梯度的影响，尖端作用不大；而 KGD 模型中，尖端作用却很大。

尽管这些解析解是建立在各向同性、均匀的简单平面裂缝模型基础上的，但是提供了一种理解影响水力裂缝延伸参数和条件的重要途径。然而这类模型缺陷突出表现在只是常规的二维模型，假设裂缝高度恒定。

（二）三维裂缝延伸模型

Abou等(1978)开展了三维裂缝延伸模拟的首次尝试，他们没有考虑实际缝高，裂缝长度也假设为无限长。随后大批学者开展了三维裂缝延伸模型研究。Clifton等(1981)使用了一个变分方法来模拟三维裂缝延伸，他们使用类似于有限元法的方法阐释了弹性方程，但该方法只适用于积分方程而非微分方程。Lee(1990)提出了层状介质广义三维裂缝延伸模型。他们使用有限元来求解控制方程，并考虑了非牛顿流体在裂缝中的流动，但是他们的模型并不十分有效和稳定，也没有考虑多孔弹性效应。这个模型也属于平面断裂模拟，而且模型不能实现网格的重新划分，所以计算时间较长。

上述模型主要专注于耦合流体流动和弹性裂缝开裂过程。Choate开发了一款新的三维裂缝模拟器，包含了隐式耦合裂缝延伸准则和边界移动。通过整体体积平衡准则代替传统的岩石弹性/流体流动耦合，从而提高了模拟的稳定性。该模拟器对于简单的例子应用情况良好，但无法处理地层非均质性。Siebrits等(2002)提出了多层弹性介质中一个非常全面且高效的三维水力压裂模型。这个模型可以模拟几个随机弹性介质层段，基于傅里叶变换求解控制方程。但是该模型也仅限于平面断裂，没有考虑流体耦合效应。

从上述文献来看，大多数模型都没有考虑多裂缝或者天然裂缝与水力裂缝的相互关系。随着人们对石油天然气需求量的增加，越来越多的复杂油气藏已成为石油行业开发焦点，特别是裂缝性油气藏所占比例越来越高，传统压裂模拟在研究裂缝形态扩展时已经受到了极大限制，迫切需要针对裂缝性储层的扩展模拟开展深入研究。

二、裂缝性储层水力裂缝扩展模拟难点

通常裂缝性气藏中水力压裂过程中会有高滤失，这些气藏中的滤失甚至可能达到常规气藏的50倍。裂缝性气藏水力压裂过程中，压裂液的滤失强烈依赖于施工净压力、压裂液参数和地层渗透率。裂缝性气藏压裂常常由于高滤失而失败，这是净压力高于裂缝开启的临界值，如果净压力保持低于这个临界值，裂缝就会保持闭合而不会增加滤失。控制裂缝性气藏高滤失的典型措施是提高前置液量，但压后压裂液返排更加困难，容易导致压裂液对气藏渗透率的伤害。

从各种裂缝监测结果来看，压裂时裂缝性气藏中存在多裂缝同时延伸或者多条水力裂缝。裂缝性地层当前就地构造应力方向可能随时间发生偏转，因此当天然裂缝与现今最大主应力方向不一致时，天然裂缝就可能与水力裂缝相交，致使压裂形成的水力裂缝与常规裂缝差异较大，从而出现非平面和多分支特性。分支裂缝导致缝宽减小，最终导致砂拱和早期砂堵的发生。Warpinski等(1987)分析了科罗拉多Piceance盆地Mesaverde组Williams Fork地层的岩心特征。他们发现两个支撑多裂缝区域偏移了常规的对称双翼裂缝位置22.8m(75 ft)，这些现象提供了强有力的证据来挑战传统对称双翼平面裂缝概念。Cleary(1994)也给出了考虑若干条远场裂缝同时竞相扩展的实例，他们认为施工结束后压力降落接近于多裂缝的压力降落特点，并且单条裂缝无法拟合数据。

Nolte(1987)曾预言，水力压裂中优化设计必须解决多裂缝和节理面的滑移。为了掌握经典平面裂缝向更加复杂裂缝网络和多裂缝的概念转变，通过研究裂缝性储层压裂裂缝模拟，分析天然裂缝与水力裂缝的相互作用，找出正确模拟存在天然裂缝条件下的水力裂缝扩展方法，为压裂设计提供参考。

然而，传统的水力裂缝模拟均是假设水力裂缝在各向同性、均质储层中规则水力裂缝，无法模拟复杂储层条件下水力裂缝不规则的动态延伸情况。而且在裂缝性储层中，由于天然裂缝的存在，水力裂缝几乎不可能仅仅沿着传统的最大水平主应力方向形成规则的水力裂缝。图 4-3 所示，描述了裂缝与不连续体相交的情况，由于高应力差的存在，水力压裂不能开启天然裂缝，但是沿着天然裂缝的剪切滑移将会产生新的裂缝——与主裂缝不连续，发生错位，且延伸方向垂直于最小水平主应力方向。此外裂缝延伸过程中裂缝内由于天然裂缝的出现也会发生变化，从而最终影响水力裂缝的延伸。

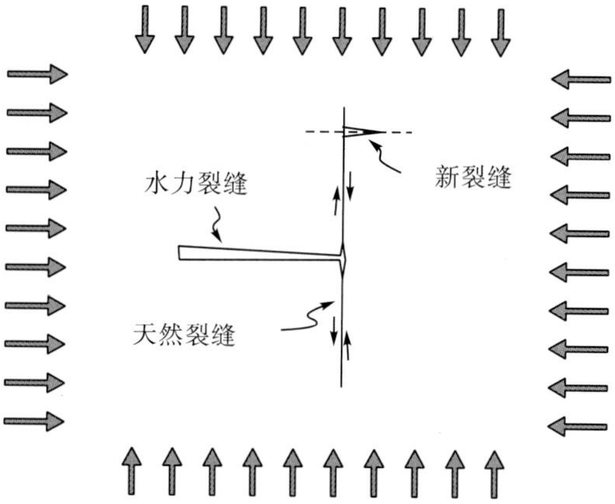

图 4-3 高应力差下沿着天然裂缝发生滑移

裂缝性油气藏中的水力裂缝模拟是一个新的领域，这方面研究较少。而传统水力裂缝模拟方法已经无法使用，必须寻求新的方法。

天然裂缝、节理、断层、层面等地质不连续体对水力压裂实施过程及水力裂缝的几何形态有着显著的影响。突出表现在以下几个方面：

阻碍裂缝垂向延伸，同时增加液体在裂缝内的滤失，并且在近井和远井位置形成多裂缝，影响主裂缝的扩展；施工过程中因为裂缝转向而形成多裂缝，使得施工压力增加，影响了支撑剂携带和铺置，造成压裂施工中的早期砂堵。

国内外大量研究表明，水压裂缝的扩展形态与天然裂缝和缝洞体的存在有很大的关系，Lamont 等(1963)开展了这方面的研究。Warpinski 等(1987)实验研究各种地质不连续体如断层、天然缝、节理面对水力裂缝整体形态的影响。地质不连续体能阻止水力裂缝的延伸，增加液体滤失，阻碍支撑剂的输送，增加地层多裂缝产生的可能性。研究发现，当节理、天然缝、层面等各种地质不连续情况同时存在时，水力裂缝的延伸非常复杂。Renshaw(Renshaw and Pollard 1995)的研究表明，水力裂缝在不连续体中扩展时，流体将沿着不连续界面渗流，在渗流一段距离后，水力裂缝才突破界面沿着最大主应力方向继续扩展。Beugelsdijk(Beugelsdijk et al. 2000)通过实验研究了天然裂缝对水力压裂裂缝扩展的影响。实验选取不同逼近角、水平主应力差、液体黏度、排量等参数，研究了不同参数对水力压裂裂缝几何形态及裂缝走向的影响。研究认为，张开的天然裂缝对水力裂缝延伸具有阻碍作用。增加水平应力差可使水力裂缝延伸方位与最大水平主应力方位的偏差减小。

除了进行大量的实验研究外，国内外学者还进行了大量的理论探索。Zhang 等(2007)通过数值模拟研究水力裂缝在天然裂缝和断层地层中发生转向的问题，以及水力裂缝在天然裂缝中的耦合作用方式和储层物性变化对产能的影响。Dahi 等(2009)采用扩展有限元的方法研究了裂缝延伸问题，研究表明水力裂缝在靠近天然裂缝远部的位置起裂，还从力学机理方面研究了裂缝的相交，但没有涉及水力裂缝遇到天然裂缝的扩展路径问题。金衍等(2005)考虑了天然裂缝走向和倾角的影响，建立了相应的起裂压力计算模型，提出了水力裂缝在井壁处有三种起裂方式：沿天然裂缝面张性起裂、沿天然裂缝面剪切破裂、从岩石本体起裂。周健等(2007)采用大尺寸真三轴实验系统进行了室内的天然裂缝对水力裂缝扩展影响的物理模拟，结果表明：水平主应力差越大，水力裂缝扩展路径相对越平直，水平主应力差越小，水力裂缝越易转向。陈勉等(2008)采用大尺寸真三轴实验系统，探讨了水力裂缝受到天然裂缝干扰后，水力裂缝走向的宏观和微观影响因素，分析了压力曲线和不同地应力状态下裂缝的形态，提出了天然裂缝破坏准则，揭示了裂缝性油气藏水力裂缝与天然裂缝的干扰机理。但是在进行实验模拟时，通常考虑的是单条天然裂缝对水力裂缝的影响，而实际地层中天然裂缝通常以组出现，因此该模拟未能完全反映出该问题的本质。

在前人所进行的关于水力裂缝能否穿过天然裂缝继续向前延伸的研究基础上，学者们设计了一系列室内试验来研究不同逼近角和水平主应力差下天然裂缝(节理)对水力裂缝扩展及裂缝形态的影响(Navarrete, et al., 1996)。不同试验条件下产生三种试验结果与 Blanton 所进行的大样品水力压裂试验结果一致。

国内外文献调研表明，水力裂缝的形态强烈受到天然裂缝的影响。在高应力差和高接触角条件下，水力裂缝容易穿过天然裂缝；在中或者低应力差及任意角度条件下，天然裂缝易于张开，分流水力裂缝流体压力，从而使水力裂缝发生转向或者阻止其延伸。水力裂缝遇到天然缝时，裂缝的延伸存在以下三种情形(图 4-4)：①水力裂缝直接穿过天然裂缝继续延伸；②水力裂缝沿天然裂缝延伸一段长度后在天然裂缝面上重新造缝；③天然裂缝张开，水力裂缝沿天然裂缝延伸。

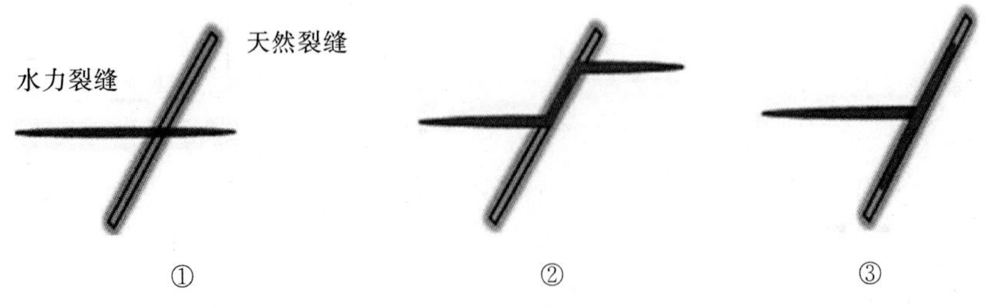

图 4-4 天然裂缝与水力裂缝的相互作用

综上所述，国内学者在研究天然裂缝对水力裂缝扩展影响时，大都基于大量的室内试验、力学机理分析及常规的有限元方法。大量的试验研究都是在人工岩样的基础之上完成的，存在一定缺陷。而常规有限元方法，不能模拟水力裂缝的任意动态扩展。因此，有必要寻求一种新方法来解决此类问题。水力压裂模拟的关键是模拟裂缝动态延伸过程和裂缝几何形态，裂缝性储层的水力压裂裂缝扩展模拟具有以下三个问题：

(1)如何判断裂缝扩展的路径及裂缝追踪。水力裂缝的扩展过程实质上就是一个对裂缝的动态追踪过程，随着水力裂缝的扩展，水力载荷也需要不断地加载到相应的单元位置上。

(2)任意路径的水力裂缝扩展过程中，如何表征施加在动态裂缝面上的水力载荷。目前国内外在使用扩展有限元对裂缝扩展进行模拟时，通常是在整体的外边界上施加载荷，这样就无法体现出水力压裂在施工过程中水力压力对裂缝壁面的直接作用，影响到模拟的准确性。

(3)如何表征天然裂缝存在对水力裂缝扩展的影响。在建立天然裂缝存在条件下的水力裂缝扩展模拟模型时，常规模拟是将原始基岩挖空来表征天然裂缝，而在实际地层情况，天然裂缝中会有黏土、方解石和沸石等岩石颗粒填充，所以在建立裂缝性储层天然裂缝对水力裂缝扩展的影响时，如何表征天然裂缝与基岩的区别也是一个难点。

第二节　裂缝性储层水力裂缝扩展模拟理论

模拟水力裂缝沿任意路径的扩展，首先需要解决两个问题：一是如何判断裂缝扩展的路径和裂缝追踪，二是任意路径的水力裂缝扩展过程中水力载荷如何施加(李连崇等，2010)。但目前常规有限元方法无法实现，因为常规有限元方法在模拟过程中必须预设裂缝扩展的路径，才能重新划分网格进行载荷的施加。因此，这里引入一种新方法来实现水力裂缝沿任意路径的扩展模拟。

一、扩展有限元法概述

传统的有限元方法是将一个物理实体模型离散成为一组有限元，且按一定方式相互连接在一起的单元组合体，但是在剖分单元网格的时候必须考虑体内部的缺陷，如面、裂缝、孔洞和夹杂等，使单元边界与几何界面一致，这就难免形成局部网格加密，而其余区域稀疏的非均匀网格分布。网格单元的最小尺寸决定了显示计算时间增量的临界步长，这无疑增加了计算成本；此外裂缝扩展路径必须预先给定，裂缝只能沿单元边界扩展，难以形成任意裂缝路径。针对常规有限单元法处理裂缝等非连续界面问题存在的弊端，衍生了扩展有限元法。

扩展有限单元法(extended finite element method，XFEM)是由美国西北大学的 Belytschko 和 Moës 在 1999 年提出的一种新的有限元方法(Zi，et al.，2003)，在传统有限单元法的基础上进行了重要的改进，在分析不连续问题上有很大突破。XFEM 有以下优点：

(1)允许裂缝贯穿单元或存在于单元内部，在模拟裂缝扩展时，不需要对网格进行重新划分，可以在规则网格上计算复杂形状裂缝，节省了计算成本；

(2)在裂缝面和裂缝尖端采用增强函数构造不连续性，对裂缝面和裂缝尖端附近的单元节点增加自由度，通过满足适当性质的形函数来捕捉裂缝尖端奇异场，可以在粗网格上获得精确解；

(3)与连续剖分的有限元比较，在不同的剖分单元之间不需要那么多的映射；

(4)与边界元相比，它适用于各种材料性质和多介质问题，更适用于几何和接触非线性问题；

(5)可以用于大型有限元并行计算技术，其程序可以写入商业有限元软件。

水力压裂模拟的关键就是模拟裂缝延伸过程、动态裂缝几何形态等。而扩展有限元的优越性，正好满足模拟裂缝的动态扩展过程。但对水力裂缝的动态扩展模拟过程，无法直接利用扩展有限元实现动态裂缝上加载水力载荷问题。因此，这里提出扩展有限元法结合 ABAQUS 软件实现水力载荷的加载，并模拟水力裂缝沿任意路径的动态扩展(Hibbitt，1997)。

这里首先对扩展有限元法原理进行介绍。

(一)水平集方法

扩展有限元法可以允许不连续面(如裂缝等)穿过单元，即网格独立存在于间断面，采用水平集方法(level setsmethod)对不连续面进行几何描述。

水平集方法是一种可以用来追踪间断(如裂缝、界面等)运动的数值方法。Stolarska 等(2001)指出这种方法在 XFEM 模拟中具有相当显著的优点：①间断的几何特征可以完全由水平集函数刻画；②能在固定的网格上计算间断的运动过程；③便于推广到多维情况。

在水平集函数方法中，用与空间、时间有关的零水平集函数 $f[x(t), t]$来描述与网格无关的间断。常用符号距离函数方法构造水平集函数：

$$f(x,t) = \pm \min_{x_\gamma \in \gamma(t)} \| x - x_\gamma \| \tag{4-9}$$

其物理意义为，计算域内任意一点的符号距离函数等于从这一点到间断的最短距离，并且间断两边的点具有不同的符号。其基本特征是：x 在间断上为零，x 在间断两边异号。图 4-5 中裂缝面 Γ_c^0 的位置可以通过 $f[x(t), t]=0$ 来描述。

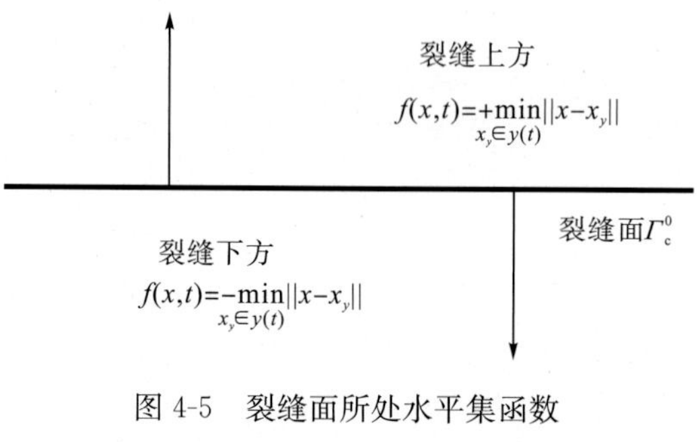

图 4-5 裂缝面所处水平集函数

对于有端点的间断，即裂缝面 Γ_c^0 终止于求解域内部，仅仅一个符号距离函数 f 是不够的，因为它无法反映出裂缝尖端的位置，为此对于每个端点还需要分别定义一个水平集函数 g。假设端点 x_i 的移动速度 v_i，则与此端点相对应的水平集函数 g_i 可以定义为

$$g_i = (x - x_i) \cdot \frac{v_i}{\| v_i \|} \tag{4-10}$$

从上式可看出：$g_i = 0$ 代表了经过端点 x_i，且与裂缝扩展速度 v_i 垂直的一条直线，即该直线相交于裂缝的尖端并垂直于裂缝扩展的方向，它可以刻画出裂尖位置。在直线两边 g_i 符号相反(水平集函数的基本特征)。使用该方法，裂缝面 Γ_c^0 的位置可以通过水平集函数表示为

$$\Gamma_c^0 = \{x \in \Omega_0 \mid f(x) = 0 \text{ 且 } g(x,t) > 0\} \tag{4-11}$$

(二)扩充形函数

图 4-6 为含裂缝二维平板有限元模型，其中一条单翼裂缝 L 穿过有限元网格终止于单元格内部。将有限元网格的所有节点记作集合 S，将被裂缝完全贯穿的单元节点记作集合 S_h(图中方形标注的节点)，将围绕在裂尖附近的单元节点记作集合 S_c(图中圆形标注的节点)。在 XFEM 中，将采用不同的扩充形函数分别表示节点集 S_h和 S_c。

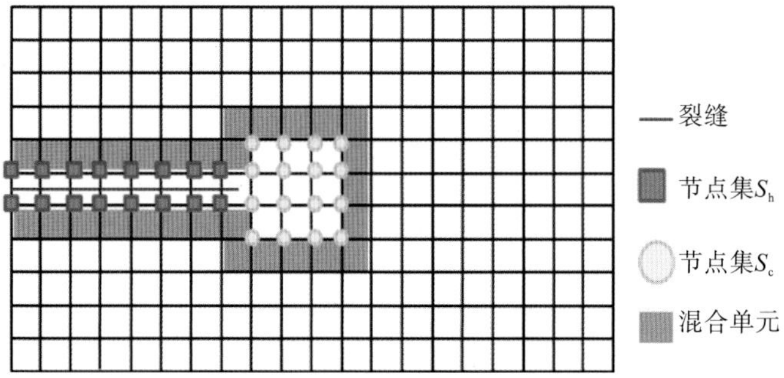

图 4-6　二维裂缝中节点扩充图形

分为以下两种情况：第一，被裂缝完全穿过的单元，即集合 S_h，裂缝面两侧的位移场发生跳跃，扩充形函数 $\psi_J(x)$可采用如下形式(Sukumar，et al.，2000)：

$$\psi_J(x) = N_J(x)H[f(x)] \tag{4-12}$$

其中，$H(x)$是阶跃函数，$H(x)=\begin{cases}1, & x \geqslant 0 \\ -1, & x<0\end{cases}$；

$f(x)$是水平集函数，$f(x)=\min\limits_{\bar{x}\in\Gamma_0^c} \| x-\bar{x} \| \cdot \mathrm{sign}[n^+ \cdot (x-\bar{x})]$。

第二，对于裂尖周围的节点，即集合 S_c，$\psi_J(x)$可以采用如下形式：

$$\psi_J(x) = N_J(x)\Phi(x) \tag{4-13}$$

$\Phi(x)$可以是以下函数基的线性组合：

$$\Phi(x) = \left[\sqrt{r}\sin\frac{\theta}{2}, \sqrt{r}\sin\frac{\theta}{2}\sin\theta, \sqrt{r}\cos\frac{\theta}{2}, \sqrt{r}\cos\frac{\theta}{2}\sin\theta\right] \tag{4-14}$$

其中 r 和 θ 是在裂尖极坐标系中定义的位置参数。该扩充函数基是线弹性断裂力学中平面复合型裂缝的裂尖位移场解析解各项，可以用来构造裂尖形函数，不仅可以表现裂缝后面位移的不连续性质，同时还能精确捕捉裂尖位移场。使用两种扩充形函数，含裂缝二维平板的位移场可以表示为

$$u^h(x) = \sum_{I \in S} N_I(x) u_I + \sum_{J \in S_h} N_J(x) H[f(x)] a_J(t) + \sum_{k \in S_c} N_K(x) \Phi(x) b_K(t) \tag{4-15}$$

这里 a_J 和 b_K 是节点附加自由度。其中节点集 S_c 的选择具有灵活性，可以只选择裂尖前一个单元，也可以选择多个单元，增加扩充区域能够提高收敛速度。

当对裂缝面及裂尖所在单元进行 XFEM 加强后，会造成其相邻单元只有部分节点具有附加自由度，扩充形函数在这些单元内部将不再满足单位分解。这种单元称为混合单元，如上图阴影部分单元。混合单元的出现会影响计算精度和收敛速度。

Fries(2008)分别对裂缝面和裂尖单元的扩充形函数进行了修正：

$$\psi_J(x) = N_J(x) H[f(x)] - N[f(x_J)] \tag{4-16}$$

$$\psi_J(x) = N_J(x) \Phi(x) R(x) \tag{4-17}$$

这里 $R(x)$是在混合单元内逐渐递减的渐变函数。该方法使混合单元的单位分解属性得到保留，有效解决了收敛速度慢的问题，并且程序实现起来更方便。

(三)扩展有限元的基本格式

扩展有限元的基础是单位分解，其基本思想是使任意函数 $\psi(x)$都可以在求解域内表示成为如下形式：

$$\psi(x) = \sum_I N_I(x) \Phi(x) \tag{4-18}$$

其中，$\sum_I N_I(x) = 1$，$N_I(x)$ 满足单位分解，并能精确地满足函数的再造条件，$\Phi(x)$为扩充函数。为使 $\psi(x)$达到最佳近似，可以在式(4-18)的基础上引入待定系数 q_I 对右端项进行调整：

$$\psi(x) = \sum_I N_I(x) q_I \Phi(x) \tag{4-19}$$

扩展有限元在标准场近似的基础上，添加扩充项以对复杂未知场进行更加精确的描述。在 XFEM 中，未知场 u^h 的有限元近似由两部分组成：

$$u^h = \sum_I N_I(x) u_I + \psi(x) \tag{4-20}$$

其中，$N_I(x)$——标准有限元的形函数；

u_I——标准节点自由度；

$\psi(x)$——扩充项，用于改进未知场特性。

利用单位分解属性，将式(4-20)进一步表示为

$$u^h = \sum_I N_I(x) u_I + \sum_J N_J(x) q_J \Phi(x) \tag{4-21}$$

右端第一项为标准有限元近似，第二项为基于单位分解的扩充项近似，这里 q_J 为新

增单元节点的自由度，并无明确物理意义，是用于调整扩充函数 $\Phi(x)$ 的幅值以及为了确定真实场达到较高精度的待定系数。式(4-21)为 XFEM 中使用的扩展有限元近似格式，与传统的有限元格式相比，其最大的区别是单元节点处引用多余自由度。为简化式(4-21)，引入扩充形函数 $\psi_J(x)=N_J(x)\Phi(x)$：

$$u^h=\sum_I N_I(x)u_I+\sum_J \psi_J(x)q_J \tag{4-22}$$

从以上描述发现，扩展有限单元法类似于传统有限元中的型逼近，即不增加单元数量而是通过改善形函数特性来逼近真实解，但 p 型中增加的节点自由度多在单元区域内部，而在扩展有限元中增加的自由度仍在原来的单元节点上，因此大大简化了求解难度，体现了扩展有限元的显著优势。

二、水力载荷等效加载

扩展有限元的核心思想是用扩充的带有不连续性质的形函数基来代表计算域内的间断，因此在计算过程中，不连续场的描述完全独立于网格边界，这使其在处理断裂问题上具有得天独厚的优势。但依据调研国内外裂缝动态扩展的数值模拟现状认识到，在应用 ABAQUS 软件中扩展有限元对裂缝扩展进行模拟时，通常是在模型整体的外边界上施加载荷，因此无法体现出水力压裂在施工过程中水力压力直接作用于裂缝壁面，从而影响模拟的准确性。因此利用扩展有限元实现对裂缝面上的加载，并实现裂缝的动态追踪是模拟水力裂缝扩展规律的关键问题。

(一)合力计算

问题描述：如图 4-7 所示，在水力压裂的过程中，水力载荷垂直作用于裂缝 L 的内部(水力载荷为 q)。针对在扩展有限元中无法在裂缝内部实现加载的问题，提出将垂直作用在裂缝内的水力载荷通过等效在裂缝贯穿单元或终止单元的单元节点上，来实现对裂缝面上的加载。首先，需要对单元内部裂缝上的均布水力载荷 q 求合力。

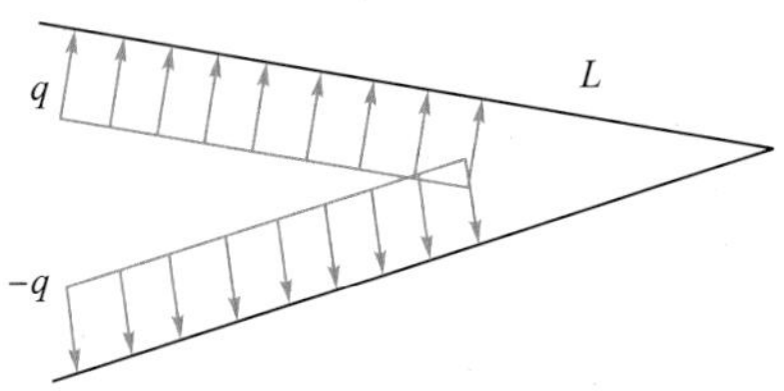

图 4-7　水力载荷作用于裂缝壁面示意图

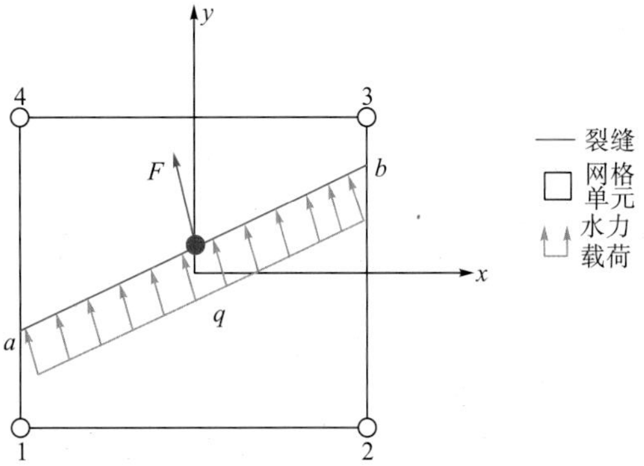

图 4-8　矩形裂缝贯穿单元示意图

考虑如图(4-8)所示，为矩形裂缝贯穿单元。设该平面四边形单元的局部坐标四个角点分别为 1、2、3、4，且左下角点为 1，呈按逆时针排列。令 ab 段为水力裂缝，其中 a

点为单元内裂缝的起始位置，b 是单元内裂缝的终止位置，a 和 b 的整体坐标分别为(x_a，y_a)，(x_b，y_b)，对于上图所示裂缝段为 ab 段，则裂缝段的方程可描述为

$$L(x,y)=\frac{x-x_a}{x_b-x_a}-\frac{y-y_a}{y_b-y_a}=0 \tag{4-23}$$

其中斜率为 $k=\dfrac{y_b-y_a}{x_b-x_a}$，单元内裂缝 ab 段的长度为 $l=\sqrt{(x_b-x_a)^2+(y_b-y_a)^2}$

同时依据工程力学的结论，可判断均布载荷合力 P 点的整体坐标(x_p，y_p)为 $\left(\dfrac{x_b-x_a}{2}+x_a,\ \dfrac{y_b-y_a}{2}+y_b\right)$。

在这里我们假设裂缝表面的水力载荷是均匀分布的，其大小设为 q，因此，水力载荷作用在裂缝表面的合力为

$$F=ql \tag{4-24}$$

为适应 ABAQUS 软件中集中力只能在 X、Y 方向加载问题，将计算合力 F 在 x 和 y 方向上的分力：

$$\begin{cases}F_x=ql\sin\theta\\F_y=ql\cos\theta\end{cases} \tag{4-25}$$

(二)贯 穿 单 元

当裂缝在单元内部扩展时，裂缝与单元的位置关系有多种。图(4-9)包含了裂缝与单元可能存在的所有位置关系，从图中可以看出，裂缝贯穿网格单元时将四节点单元分割为了三种情况，以情况(a)为例来详细分析。

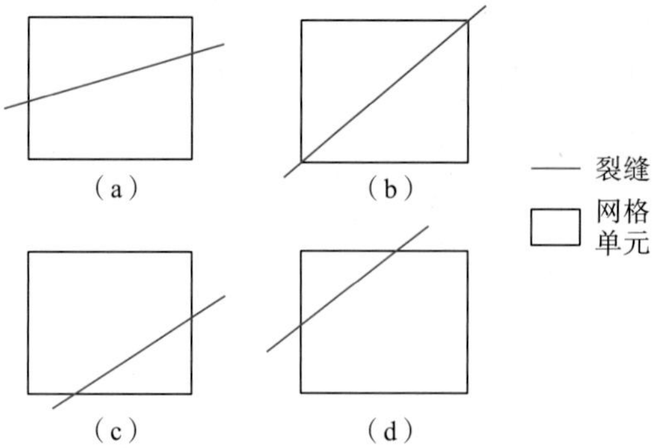

图 4-9 水力裂缝与网格单元相对位置图

在已知水力载荷等效合力的情况下，如何将合力在 x 和 y 方向上的分力等效到单元的节点上？这里引入了形函数的概念。形函数实际上尝试函数代表一种单元上近似解的插值关系，它决定近似解在单元上的形状，即据线段、平面多边形、空间多面体等的节点上的已知值来建立求解线段、平面多边形、空间多面体等内部任意一点的值的插值函数，因此形函数法是目前实体插值领域最重要的一种算法，是有限元分析的重要基础。其主要性质有以下两点：

第一，形函数 N_i 在节点 i 上的值基本等于 1，在其他节点上的值基本等于 0，对于本单元：

$$N_i(x_i,y_i)=1 \qquad N_i(x_j,y_j)=0 \qquad N_i(x_m,y_m)=0 \qquad N_i(x_k,y_k)=0 \tag{4-26}$$

第二，在单元中任一点，所有形函数之和等于 1，对于本单元而言

$$N_i(x,y)+N_j(x,y)+N_m(x,y)+N_k(x,y)=1 \tag{4-27}$$

通过上述形函数的基本性质，结合形函数在整体坐标与局部坐标的映射关系，将形函数带入式(4-20)，计算出合力的 P $(x_p,\ y_p)$点处的局部坐标$(\xi_p,\ \eta_p)$。

$$\begin{cases} x_p = \sum\limits_{i=1}^{4} N_i(\xi_p,\eta_p)x_i \\ y_p = \sum\limits_{i=1}^{4} N_i(\xi_p,\eta_p)y_i \end{cases} \tag{4-28}$$

其中，$N_1=\frac{1}{4}(1-\xi_p)(1-\eta_p)$；$N_2=\frac{1}{4}(1+\xi_p)(1-\eta_p)$；

$N_3=\frac{1}{4}(1+\xi_p)(1+\eta_p)$；$N_4=\frac{1}{4}(1-\xi_p)(1-\eta_p)$。

将 P 点的整体坐标转换成局部坐标后，依据形函数的性质及式(4-28)求合力的等效节点力，可得

$$\begin{cases} F_{ix} = \dfrac{N_i}{(N_1+N_2+\cdots+N_j)}F_x \\ F_{iy} = \dfrac{N_i}{(N_1+N_2+\cdots+N_j)}F_y \end{cases} \qquad j=(1,2,3,4) \tag{4-29}$$

其中，j 的取值根据裂缝上表面力的作用方向及裂缝贯穿单元的不同形态而取不同值。在计算反方向的水力荷载时，计算方法与上式相同，但方向相反，选取的等效节点不同。

如图 4-10 所示，水力裂缝将网格单元的四个节点分成上下两个部分。这里取裂缝贯穿单元的上半部分，即将水力荷载等效到 3、4 节点为例，计算垂直于裂缝面向上的水力荷载等效到这两个节点时的等效节点力，计算公式如下：

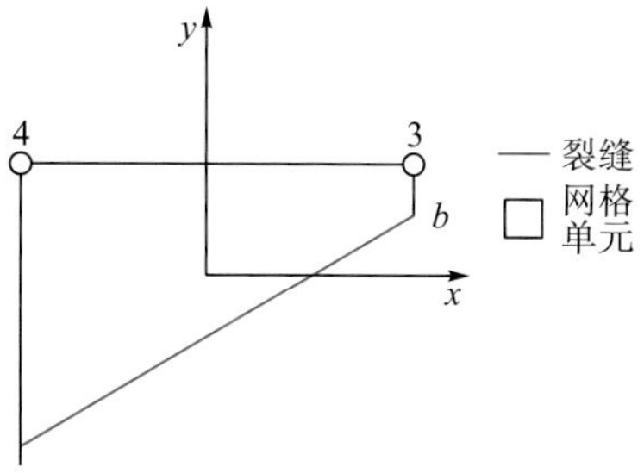

图 4-10　矩形裂缝贯穿单元等效节点示意图

$$\begin{cases} F_{3x} = \dfrac{N_3}{(N_3+N_4)}F_x \\ F_{3y} = \dfrac{N_3}{(N_3+N_4)}F_y \end{cases} \qquad \begin{cases} F_{4x} = \dfrac{N_4}{(N_3+N_4)}F_x \\ F_{4y} = \dfrac{N_4}{(N_3+N_4)}F_y \end{cases} \tag{4-30}$$

式中，F_{3x}，F_{3y}——分别为 3 节点处在 x、y 方向的等效节点力；

F_{4x}，F_{4y}——分别为 4 节点处在 x、y 方向的等效节点力。

下面将分别讨论等效节点个数分别为一个和三个的情况：

1. 一个节点

由图 4-10 可看出，当裂缝与网格单元的位置关系为以下两种情况时：一是水力裂缝终止于单元边界上，如图 4-11(a)；另一种为水力裂缝同时贯穿两个节点，如图 4-11(b)。这两种情况的实质都是将垂直于裂缝面向上的水力载荷等效在了一个节点上，不同的是在第一种情况中，在计算垂直于裂缝面向下的水力载荷时，将载荷等效在三个节点上，而第二种则等效在一个节点上。这里只考虑垂直于裂缝面向上的水力载荷，因此，把两种情况归纳为一种计算方法，只需将水力载荷等效到图的四节点上。则等效节点力用以下公式表示：

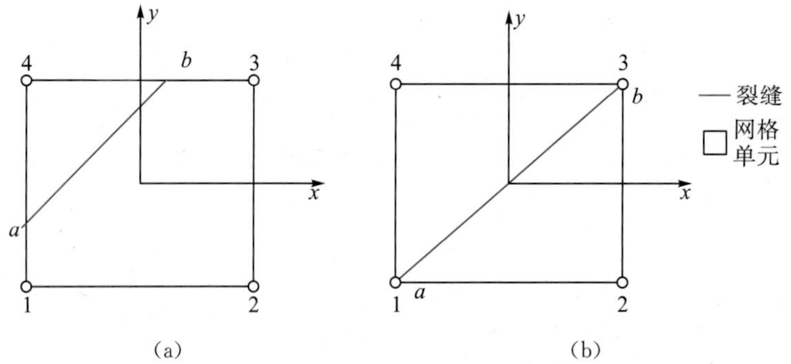

图 4-11 矩形裂缝贯穿单元等效节点示意图

$$\begin{cases} F_{4x} = N_4 F_x \\ F_{4y} = N_4 F_y \end{cases} \tag{4-31}$$

2. 三个节点

由裂缝与单元位置关系，可以看出裂缝与单元位置关系不同时，作用在裂缝表面的均布载荷需等效到节点上的的节点个数不同。图(4-12)所示裂缝表面上的均布载荷需等效到 1、3、4 节点上，则等效节点力用以下公式表示：

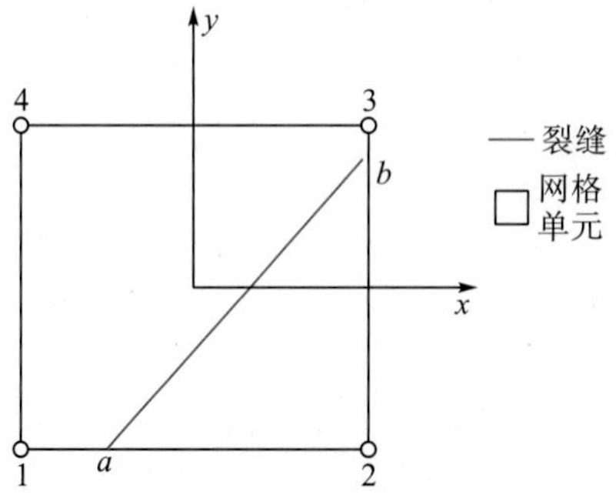

图 4-12 矩形裂缝贯穿单元等效三节点示意图

$$\begin{cases} F_{ix} = \dfrac{N_i}{(N_1 + N_3 + N_4)} F_x \\ F_{iy} = \dfrac{N_i}{(N_1 + N_3 + N_4)} F_y \end{cases} \quad (i = 1,3,4) \tag{4-32}$$

(三)裂尖单元

针对裂缝终止于单元内部的特殊情况(图 4-13)，采用等效节点的方法，可以计算裂缝尖端在单元的任意位置处的等效节点力，大大简化了计算工作量。在这种情况下，为了便于计算，将在单元内部的裂缝延伸至单元边界，将单元分割成 3 种不同等效节点情况分别计算其等效节点力。如图 4-13 所示，裂缝 ab 段终止于单元内部时，包括以下三种情况，分别为 $ab1$，$ab2$，$ab3$ 段，将其分别延长到单元的边界，与单元边界的交点为 $c1$，$c2$，$c3$。可以看出，$ac1$，$ac2$，$ac3$ 段将单元划分成了不同的区域，三种不同的划分方法对应的等效节点个数为 1，2，3。其计算方法与前面所述的三种方法相对应。

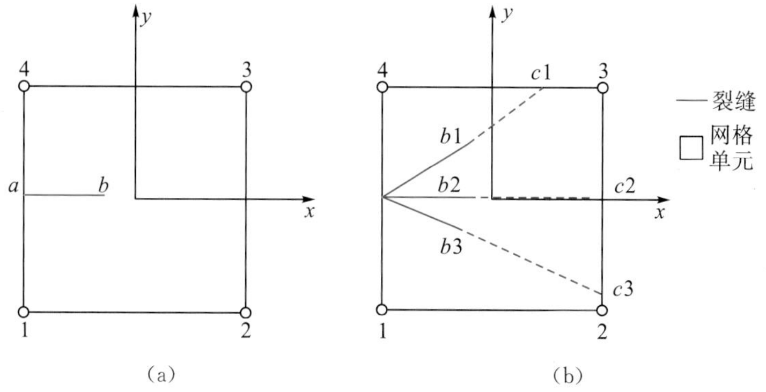

图 4-13　裂缝终止于单元内部示意图

三、模拟模型中天然裂缝的表征

裂缝性储层和孔隙性储层的区别在于天然裂缝的存在，要实现在裂缝性储层中水力裂缝的扩展模拟，关键是实现在孔隙性储层水力裂缝扩展的模拟模型中能够有效地表征天然裂缝，建立含有天然裂缝的水力裂缝扩展模拟模型。

(一)物理模型及边界条件

在建立存在天然裂缝水力裂缝扩展的物理模型时，实质是在水力裂缝扩展物理模型的基础上加入对天然裂缝的表征。在实际地层情况，天然裂缝中仍会有黏土、方解石和沸石等岩石颗粒填充。目前调研结果显示，由于天然裂缝本身极不均匀而且发育情况复杂，直接通过试验获取天然裂缝的岩石力学参数有很大难度，同时在现场施工中也没有获取相关参数。因此为简化模拟难度，本文在模拟天然裂缝时，并没有采用将原始基岩挖空来描述天然裂缝，通过改变基岩岩石力学参数，如划分一块天然裂缝大小的基岩，对其赋予与其他基岩不同的杨氏模量和泊松比，来表征天然裂缝(即完全充填的天然裂缝)。

图 4-14 为含天然裂缝的水力裂缝扩展有限元物理模型。模拟地层尺寸为 500m×1000m，射孔深度为 0.5m，射孔角度 $\alpha=0°$，射孔方位角在最大主应力方向时裂缝的扩展，并且忽略垂向构造应力分量。由于射孔段和天然裂缝长度远远小于基础地层尺寸，因此在图形中以红色线段志射孔段的位置，以黑色线段标志天然裂缝的位置。具体的裂缝性储层基本力学参数如表 4-1 所示。

表 4-1 裂缝性储层基本力学参数

基本力学参数	地层基岩	天然裂缝
杨氏模量/($\times10^4$MPa)	1.40	0.14
泊松比(无因次)	0.18	0.25
水平最大主应力/MPa	75	
最小水平主应力/MPa	60	
射孔方位/(°)	0	

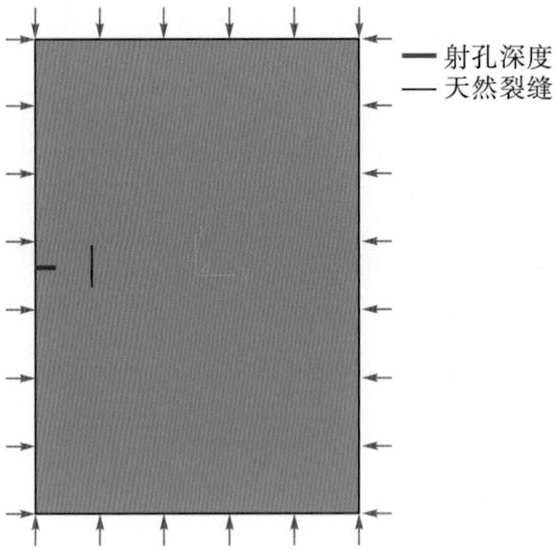

图 4-14 天然裂缝存在的裂缝扩展有限元物理模型

(二)网 格 划 分

在裂缝区域内进行网格加密，当水力裂缝与天然裂缝逼近角 θ 等于 90°时，其网格划分简单，一般采用常规的 Structured 结构化网格划分技术就可满足较好的网格质量。当水力裂缝与天然裂缝逼近角 θ 不等于 90°时，在天然裂缝区域内如果常规的会使得网格划分不均，因此在天然裂缝处的网格划分时采用 Advancing Front 进阶算法划分网格，该方法容易实现从细网格到粗网格的过渡，得到较均匀的网格，保证了网格质量，从而提高计算精度。网格划分见图 4-15。

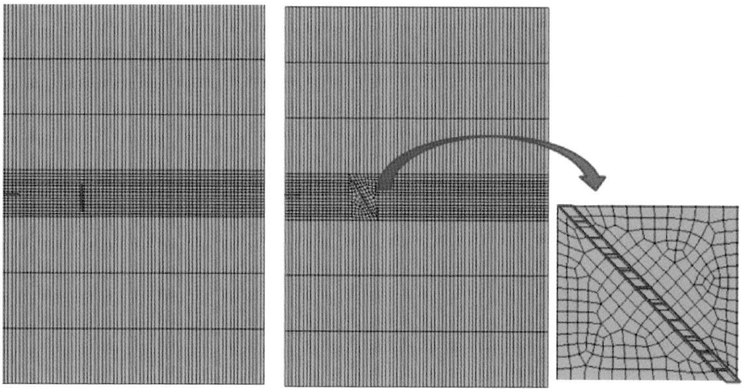

图 4-15　当逼近角 $\theta=90°$ 及 $\theta\neq90°$ 时网格划分示意图

四、水力裂缝与天然裂缝相互作用准则

当水力裂缝在扩展过程中遇到相交的天然裂缝，天然裂缝发生剪切破坏、错断以及滑移等都会极大地影响水力裂缝延伸路径，水力裂缝的扩展可能会沿天然裂缝延伸，也有可能天然裂缝剪切扩展，还有可能就是穿过天然裂缝继续扩展。

（一）天然裂缝张开准则

如图 4-16 所示，假设两条裂缝相交之后、天然裂缝张开之前，此时压裂液没有大量进入天然裂缝，忽略天然裂缝内的流体压力降，忽略孔隙压力的作用。此时天然裂缝缝内压力为 p，则 p 也是水力裂缝的缝端压力。此时，当缝内压力 p 大于正应力 σ_n 时，原先闭合的天然裂缝便会张开，那么判断天然裂缝是否张开的临界状态表示为

$$p=\sigma_n \tag{4-33}$$

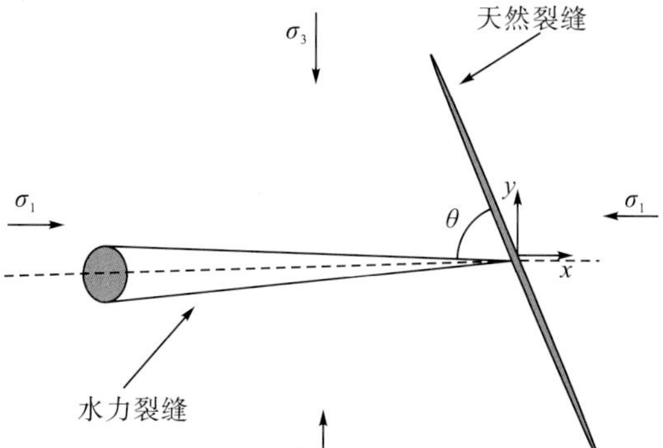

图 4-16　天然裂缝与水力裂缝干扰示意图

根据裂缝扩展理论，在其他条件相同的情况下，线性裂缝扩展所需流体压力最小，则水力裂缝缝端压力表示为

$$p = \sigma_3 + \sqrt{\frac{\pi E \gamma}{2L(1-\nu^2)}} \tag{4-34}$$

式中，E——压裂目标层段地层岩石的弹性模量，MPa；

ν——压裂目标层段地层岩石的泊松比；

γ——裂缝的表面能，MPa・m；

L——水力裂缝的半长，m。

代入公式，整理得

$$\sigma_1 - \sigma_3 = \frac{\left[\frac{\pi E \gamma}{2L(1-\nu^2)}\right]^{\frac{1}{2}}}{\sin^2\theta} \tag{4-35}$$

式(4-35)中，$E\gamma/(1-\nu^2)$表示了岩石造缝的能力，其值越小，表明该地层越容易压出水力裂缝。因此，除了水平主应力差之外，近缝区的岩石力学特性也是影响裂缝张开的重要因素。

本书中提到的动态模拟主要针对完全充填天然裂缝，没有考虑天然裂缝的张开，所以模拟时并未使用天然裂缝张开准则。但研究其他类型天然裂缝(特别是闭合裂缝)时，这一准则是非常重要的。

(二)天然裂缝剪切破坏准则

在裂缝性储层压裂施工过程中，水力裂缝必然会遭遇天然裂缝发育带，为了便于研究，对现场实际的模型进行一些简化。假设水力裂缝在远场沿着水平主应力方向与一条天然裂缝相交(图4-16)。其中逼近角为θ；σ_1和σ_3分别为水平最大主应力和水平最小主应力。

在上述条件下，当作用于天然裂缝的剪应力过大，则天然裂缝容易发生剪切滑移。作用在天然裂缝的正应力和剪应力可以表示为

$$|\tau| = \tau_0 + K_f(\sigma_n - p_0) \tag{4-36}$$

式中，τ_0——岩石的黏聚力，MPa；

τ——作用于天然裂缝面的剪应力，MPa；

K_f——天然裂缝面的摩擦因素；

σ_n——作用于天然裂缝面的正应力，MPa；

p_0——天然裂缝近壁面的孔隙压力，MPa。

而当$|\tau| > \tau_0 + K_f(\sigma_n - p_0)$时，天然裂缝会发生剪切滑移。根据二维线弹性理论，剪应力和正应力可表示为

$$\tau = \frac{\sigma_1 - \sigma_3}{2}\sin[2(90° - \theta)] \tag{4-37}$$

$$\sigma_n = \frac{\sigma_1 + \sigma_3}{2} + \frac{\sigma_1 - \sigma_3}{2}\cos[2(90° - \theta)] \tag{4-38}$$

当两条裂缝相交后，由于水力裂缝缝端已经和天然裂缝连通，压裂液大量进入天然裂缝，天然裂缝近壁面的孔隙压力为

$$p_0 = \sigma_3 + p_\sigma \tag{4-39}$$

式中，p_σ 为天然裂缝剪切破坏之前缝内最大流体压力，代入公式后整理得到

$$(\sigma_1-\sigma_3)>\frac{2\tau_0-2p_\sigma K_f}{\sin(2\theta)-K_f+K_f\cos(2\theta)} \tag{4-40}$$

由式(4-40)可知，当水力裂缝与天然裂缝干扰相交后，决定天然裂缝是否发生剪切滑移的影响因素包括逼近角、水平主应力差、天然裂缝面的摩擦因数。在低应力差、低逼近角或者是摩擦因数较小的条件下，由于水力裂缝的影响，天然裂缝易发生剪切破坏。

(三)压裂中水力裂缝穿过天然裂缝判断准则

水力裂缝与天然裂缝相交时，当作用于天然裂缝壁面应力达到岩石抗张强度，同时天然裂缝不发剪切滑移时，水力裂缝穿过天然裂缝。如图 4-17 所示，假设水力裂缝在延伸过程中遇到一条中等程度的天然裂缝，其中逼近角为β，水力裂缝穿出角度为γ，σ_1 和 σ_3 分别为水平最大主应力和最小水平主应力。

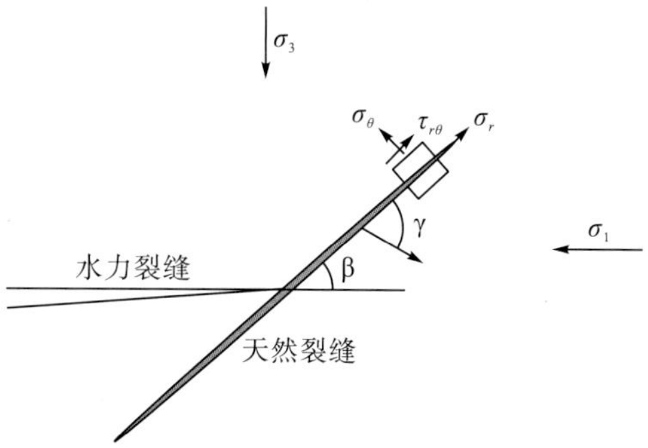

图 4-17　水力裂缝穿出天然裂缝示意图

在远场应力与水力裂缝综合作用下，作用于天然裂缝上的应力表达式为

$$\sigma_r=\frac{K_I}{2\sqrt{2\pi r}}\cos\frac{\theta}{2}(3-\cos\theta)+\frac{\sigma_1+\sigma_3}{2}+\frac{\sigma_1-\sigma_3}{2}\cos2\beta$$

$$\sigma_\theta=\frac{K_I}{2\sqrt{2\pi r}}\cos\frac{\theta}{2}(1+\cos\theta)+\frac{\sigma_1+\sigma_3}{2}-\frac{\sigma_1-\sigma_3}{2}\cos2\beta$$

$$\tau_{r\theta}=\frac{K_I}{2\sqrt{2\pi r}}\cos\frac{\theta}{2}\sin\theta-\frac{\sigma_1-\sigma_3}{2}\sin2\beta \tag{4-41}$$

天然裂缝壁面上的主应力大小为

$$\left.\begin{matrix}\sigma_{r1}\\ \sigma_{r3}\end{matrix}\right| =\frac{\sigma_r+\sigma_\theta}{2}\pm\sqrt{\left(\frac{\sigma_r-\sigma_\theta}{2}\right)^2+\tau_{r\theta}^2} \tag{4-42}$$

式中，σ_{r1}，σ_{r3}——天然裂缝壁面上不同点处最大、最小主应力。

若要新缝在天然裂缝壁面起裂，则作用于壁面上的应力必须达到岩石抗张强度，即最大主应力满足

$$\sigma_{r1}=T_0 \tag{4-43}$$

结合式(4-41)、式(4-42)、式(4-43)并令

$$K = \frac{K_{\mathrm{I}}}{2\sqrt{2\pi r}}\cos\frac{\theta}{2} \tag{4-44}$$

可得到简化的关于 K 的方程：

$$mK^2 + nK + j = 0 \tag{4-45}$$

式中，$m=2-2\cos\theta$

$$n = (\sigma_1 - \sigma_3)\sin 2\beta(1-\cos\theta) - (\sigma_1 - \sigma_3)\cos 2\beta\sin\theta + 4\left(T_0 - \frac{\sigma_1 + \sigma_3}{2}\right)$$

$$j = \left(\frac{\sigma_1 - \sigma_3}{2}\sin 2\beta\right)^2 + \left(\frac{\sigma_1 - \sigma_3}{2}\cos 2\beta\right)^2 - \left(T_0 - \frac{\sigma_1 + \sigma_3}{2}\right)^2$$

式(4-45)有两个解，其一为最大主应力等于岩石抗张强度时的解，其二为最小主应力等于岩石抗张强度时的解，前者为所需的解，其对应的临界距离 r_c 为

$$r_c = \frac{K_{\mathrm{I}}^2\cos^2\dfrac{\theta}{2}}{8K^2\pi} \tag{4-46}$$

若水力裂缝穿过天然裂缝，则除了满足前述分析的应力条件外，还需满足在该应力条件下，天然裂缝不发生剪切破坏，也即

$$|\tau_{r\theta}| < \tau_0 + k_{\mathrm{f}}\sigma_\theta \tag{4-47}$$

式中：τ_0——岩石黏聚力，MPa；

k_{f}——天然裂缝摩擦系数。

第三节　裂缝性储层水力裂缝扩展影响因素分析

一、水平主应力差

在其他地质参数一致的情况下，射孔方位角 $\alpha=60°$，水平主应力差分别取 2MPa，5MPa，10MPa，15MPa 时，利用扩展有限元进行对应的裂缝扩展模拟，研究水平主应力差对裂缝延伸的影响规律。图 4-18～图 4-21 为裂缝扩展形态模拟结果。

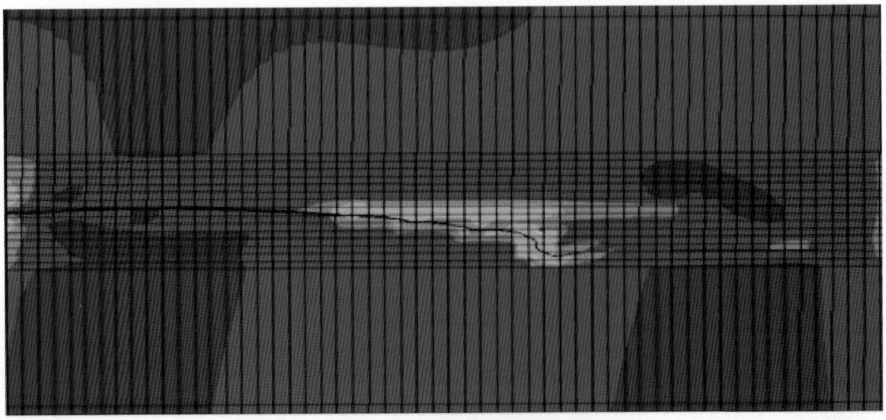

图 4-18　主应力差为 2MPa 时裂缝扩展形态

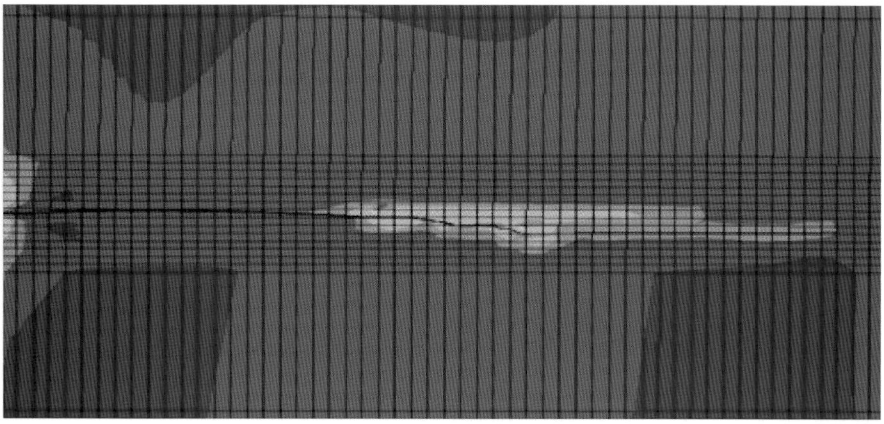

图 4-19 主应力差为 5MPa 时裂缝扩展形态

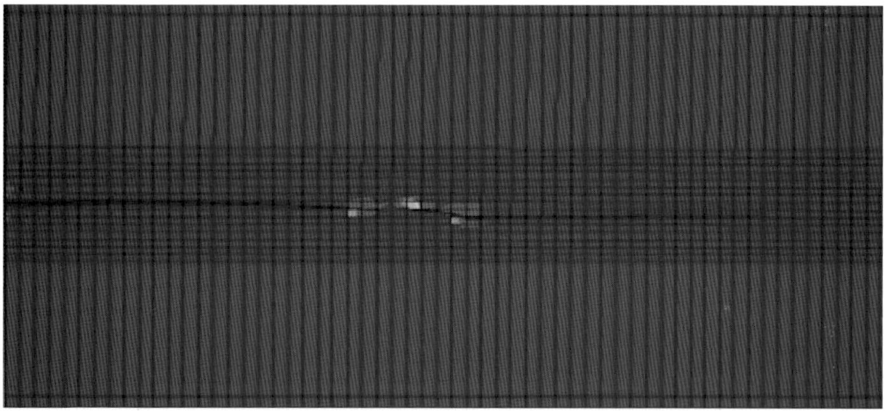

图 4-20 主应力差为 10MPa 时裂缝扩展形态

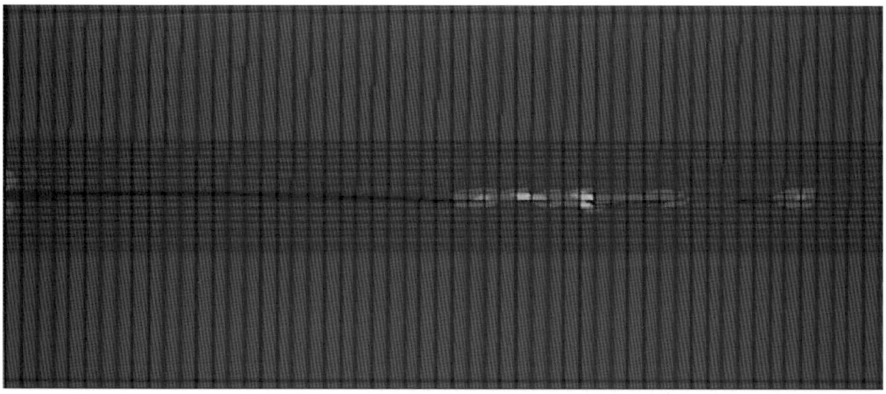

图 4-21 主应力差为 15MPa 时裂缝扩展形态

从模拟的结果可以看出，在同一射孔方位角下，当水平主应力差为 2MPa 时，裂缝扩展路径与水平最大主应力方向有一定的偏差；随着主应力差的不断增加裂缝扩展路径与水平最大主应力方向偏差逐渐减小；当增加到 15MPa 时，裂缝扩展路径基本是始终沿着水平最大主应力方向。

二、逼近角

一般在致密砂岩储层中会存在高角度和低角度的天然裂缝，角度不同的天然裂缝会对水力裂缝的扩展有不同的影响。这里以水力裂缝与天然裂缝之间的夹角(即逼近角)为影响因素进行分析。假设逼近角为θ，以恒定压力进行压裂的情况下，建立含天然裂缝存在的水力裂缝动态扩展的有限元二维物理模型。以下分别针对水力裂缝与天然裂缝逼近角θ为20°，30°，45°，60°时，对水力裂缝扩展进行模拟，模拟结果见图4-22～图4-26。

可以看出，在水力裂缝未遇到天然裂缝时，一般沿着最大主应力的方向延伸，当遇到天然裂缝后，当逼进角较小(20°，30°)时，水力裂缝遇到天然裂缝后，没有直接穿过天然裂缝，而是沿着天然裂缝方向扩展；水力裂缝与天然裂缝逼近角较大(45°，60°，90°)时，裂缝内部的偏转角度较小，水力裂缝会穿过天然裂缝继续扩展。

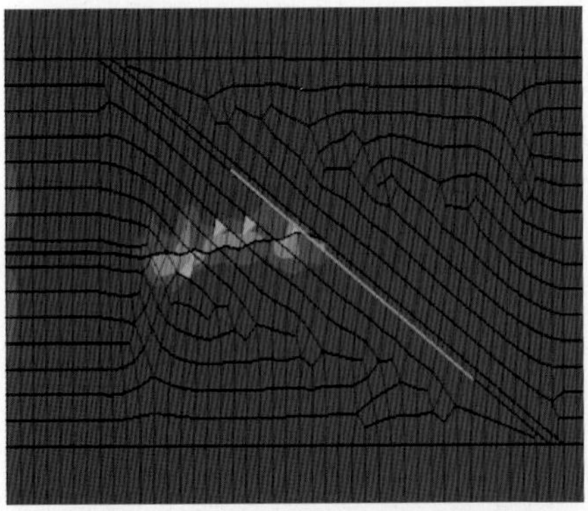

图4-22 当$\theta=20°$水力裂缝的扩展形态

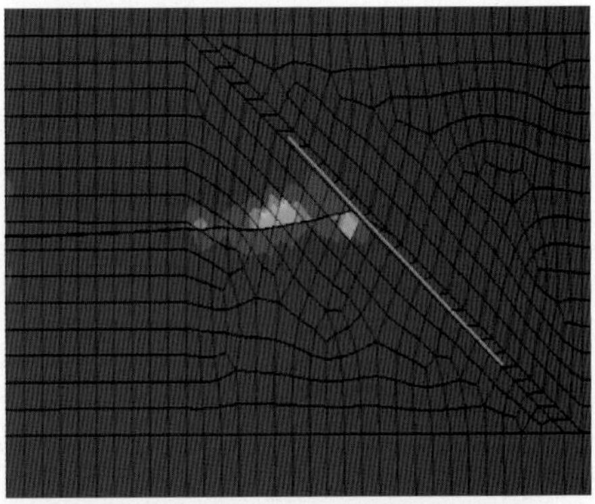

图4-23 当$\theta=30°$时水力裂缝的扩展形态

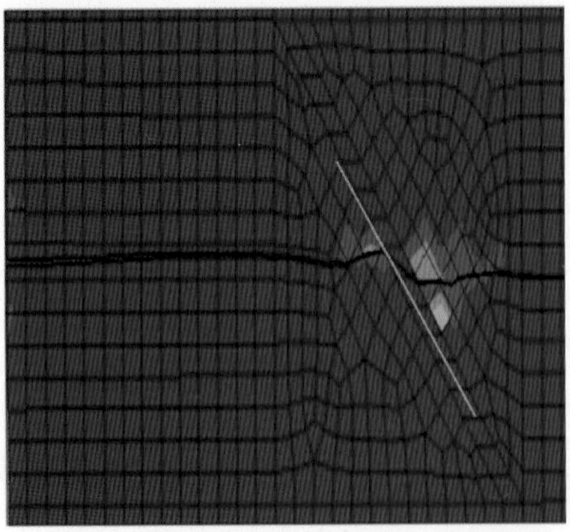

图4-24 当$\theta=45°$水力裂缝的扩展形态

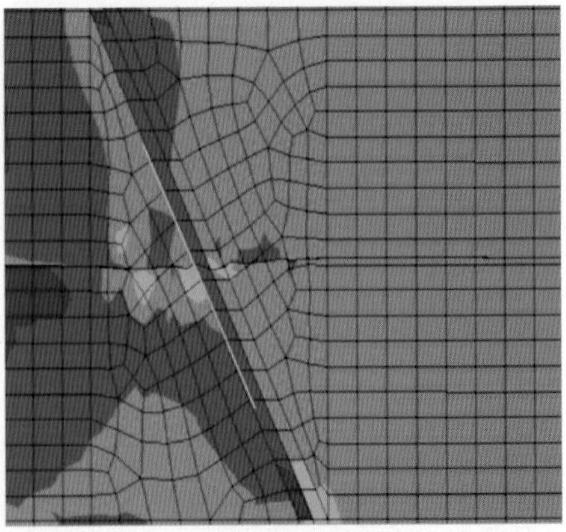

图4-25 当$\theta=60°$时水力裂缝的扩展形态

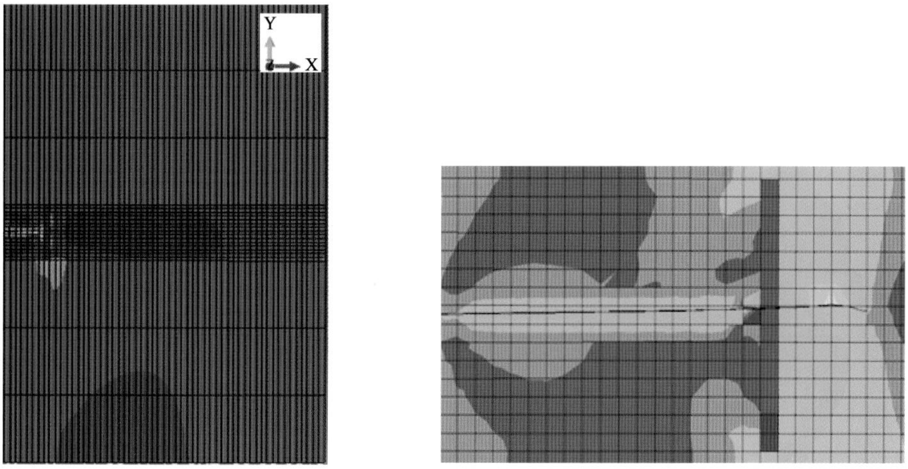

图 4-26　逼近角 $\theta=90°$时水力裂缝的扩展形态

三、天然裂缝杨氏模量

在天然裂缝的特征表征方面，天然裂缝的内部组成岩石颗粒及胶结物的杨氏模量不同时，致使天然裂缝的杨氏模量(天然裂缝内部胶结物及其与周围岩石相互作用后综合表现出来的杨氏模量)也会不同。模拟当逼近角 $\theta=45°$时，天然裂缝的杨氏模量分别取(0.5、1、1.5)$\times10^4$MPa，如图 4-27 所示。

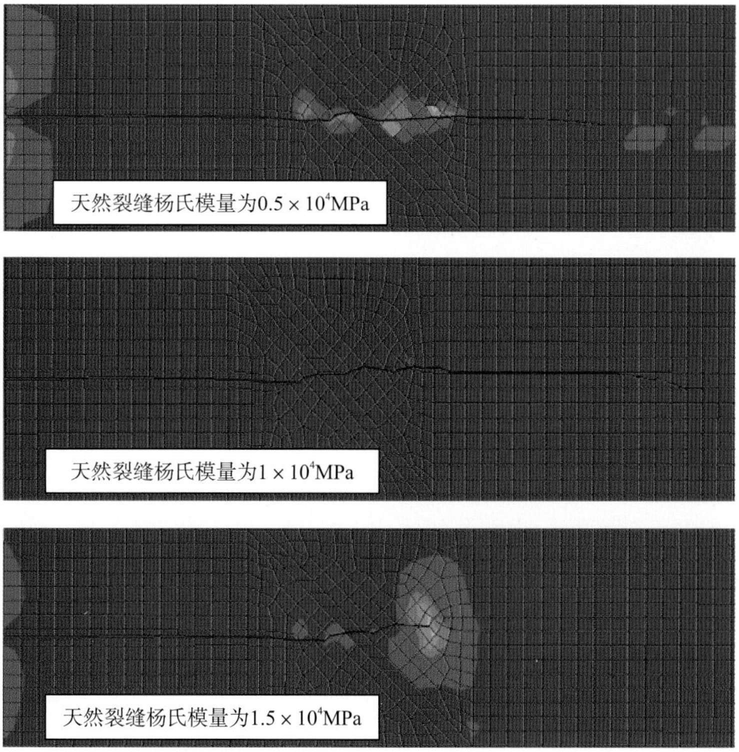

图 4-27　天然裂缝与基岩杨氏模量不同比时裂缝扩展轨迹图

由图 4-27 可以看出，当天然裂缝杨氏模量为 0.5×10^4 MPa 时，水力裂缝的轨迹在天然裂缝内部延伸一段距离后，穿出天然裂缝，继续原扩展轨迹向前延生。当天然裂缝的杨氏模量为基岩 1×10^4 MPa 和 1.5×10^4 MPa 时可看出，水力裂缝在天然裂缝内部基本没有偏转，就直接穿过天然裂缝沿水平最大主应力的方向扩展。

四、天然裂缝泊松比

“天然裂缝泊松比”是天然裂缝内部胶结物及其与周围岩石相互作用后综合表现出来的泊松比，其值随天然裂缝内胶结物以及与周围岩石作用不同而有差异。一般情况下，我们认为天然裂缝相对于基质而言，为井壁岩石中存在原始微裂隙，故取岩石的抗张强度为 0。但实际情况中天然裂缝仍存在岩石颗粒和胶结物，因此，本文将模拟在不同泊松比情况下对水力裂缝扩展的影响。模拟逼近角 $\theta=45°$，天然裂缝杨氏模量为 1×10^4 MPa，泊松比分别取 0.2、0.3、0.4。模拟结果见图 4-28。

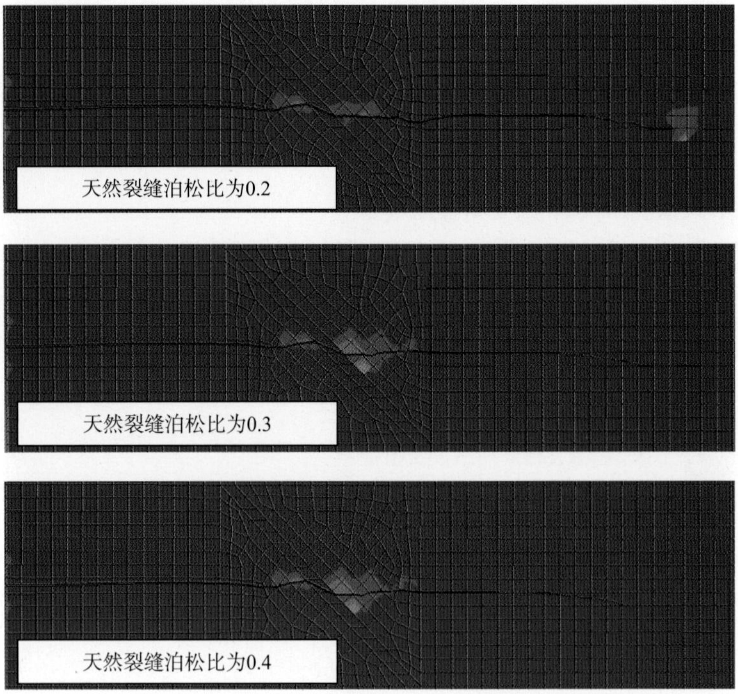

图 4-28 天然裂缝与基岩泊松比不同比时裂缝扩展轨迹图

由图 4-28 可知，在相同地应力差条件下，对于不同的天然裂缝泊松比，水力裂缝扩展到天然裂缝里转向角度基本相同，延伸的路径也基本一致。说明在其他基本地质参数不变，只改变天然裂缝泊松比情况下，对水力裂缝扩展没有太大的影响。

五、天然裂缝条数

上面研究了水力压裂裂缝穿遇单条天然裂缝时的裂缝轨迹转向问题。在实际地层中天然裂缝不是单一存在的，而是以呈组的方式出现。单个斜裂缝受载后，在其尖端附近不同部位可形成不同属性的应力集中区。据此可以预测，当多裂缝同时存在时，由于裂缝的空间位置不同，这些裂缝中两两相互作用时，不同属性的集中应力对周围应力场产生不同的扰动。为简化模拟难度这里只模拟了同时存在两条天然裂缝对水力裂缝扩展的影响情况。一种是相互平行的裂缝，另一种是两条天然裂缝存在一定夹角的情况。

（一）平行天然裂缝及逼近角

在水力裂缝延伸的过程中，考虑特殊的两条平行的天然裂缝，由于当逼近角 $\theta<30°$ 时，水力裂缝无法穿过天然裂缝，而是沿着天然裂缝扩展。因此，在模拟两条天然裂缝与水力裂缝扩展时，只考虑逼近角为 45°，60°的情况。模拟结果见图 4-29～图 4-30。

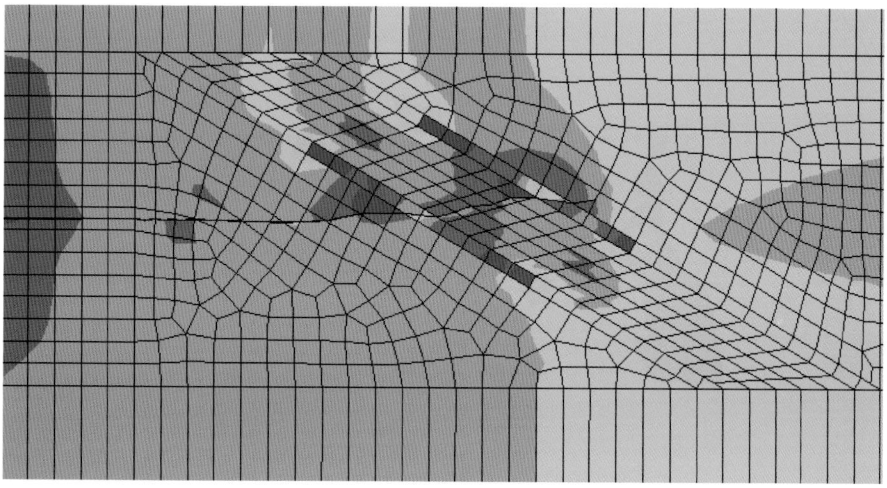

图 4-29　天然裂缝条数为 2，逼近角 $\theta=45°$

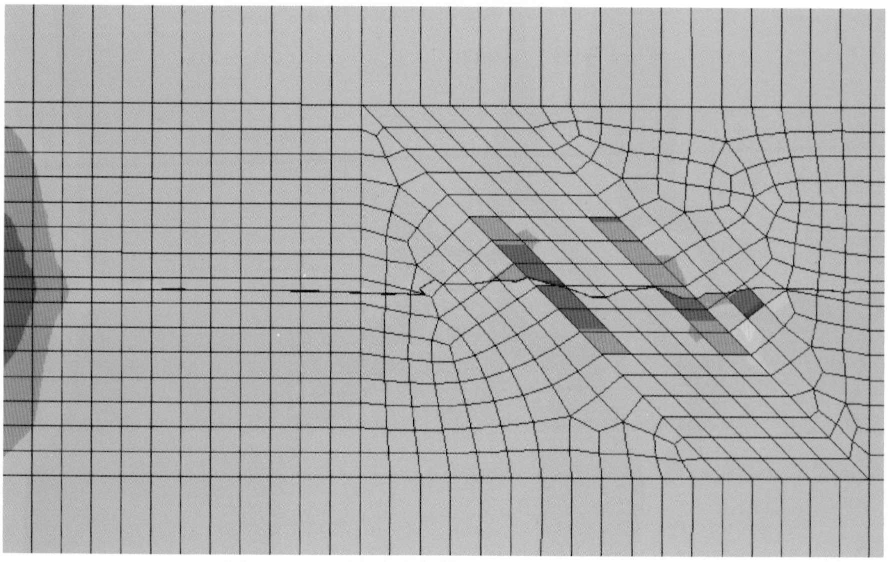

图 4-30　天然裂缝条数为 2，逼近角 $\theta=60°$

由图 4-29～图 4-30 可看出，在水力裂缝未遇到天然裂缝时，水力裂缝在沿着水平最大主应力方向延伸。当水力裂缝遇到第一条天然裂缝时，先沿着天然裂缝延伸至边界并且迂曲一段距离后将再次平行于水平最大主应力方向。当遇到第二条天然裂缝后水力裂缝以同样的规律继续向前扩展。

(二)存在夹角的天然裂缝及逼近角

上一小节考虑了多条平行天然裂缝在不同逼近角情况下对裂缝扩展的影响，但在实际地层情况下，多条天然裂缝之间并非完全相互平行，而是存在一定夹角。为充分考虑天然裂缝的存在形态，分为以下两种模拟方法：

(1)当水力裂缝遇到的第一条天然裂缝的逼近角为 $\theta=90°$，第二条天然裂缝逼近角分别为 30°，45°，60°时，即两条天然裂缝的夹角分别为 60°，45°，30°时，水力裂缝的扩展规律模拟结果见图 4-31～图 4-33。

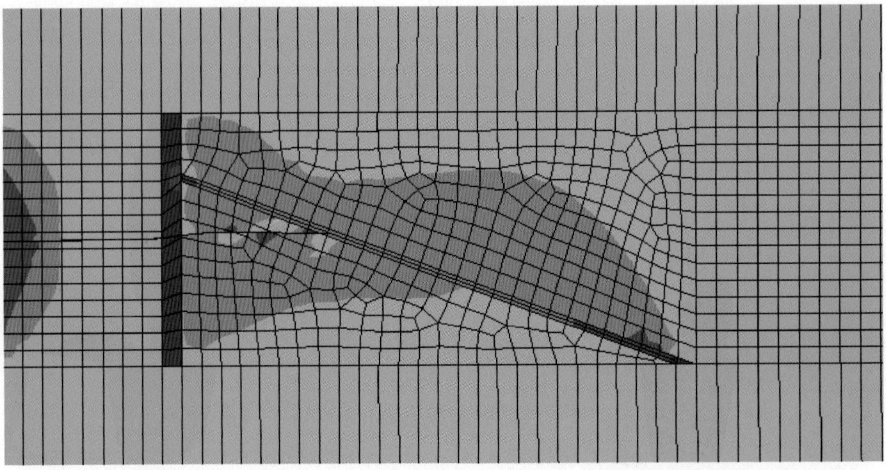

图 4-31 第一条天然裂缝逼近角 $\theta=90°$，第二条天然裂缝逼近角 $\theta=30°$

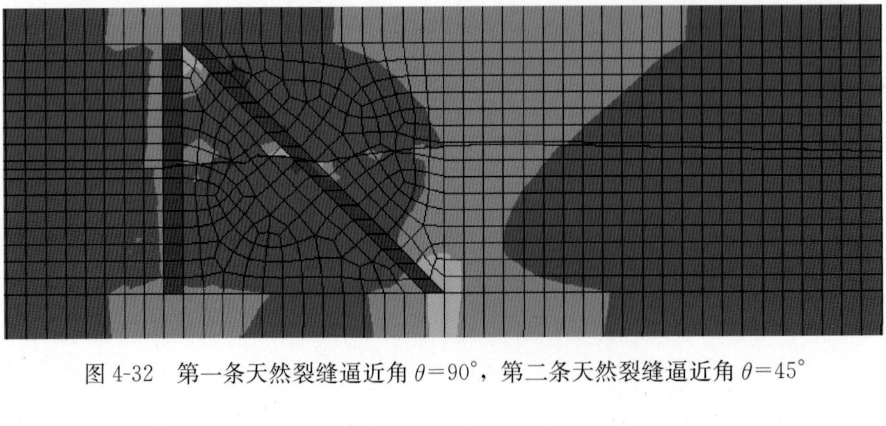

图 4-32 第一条天然裂缝逼近角 $\theta=90°$，第二条天然裂缝逼近角 $\theta=45°$

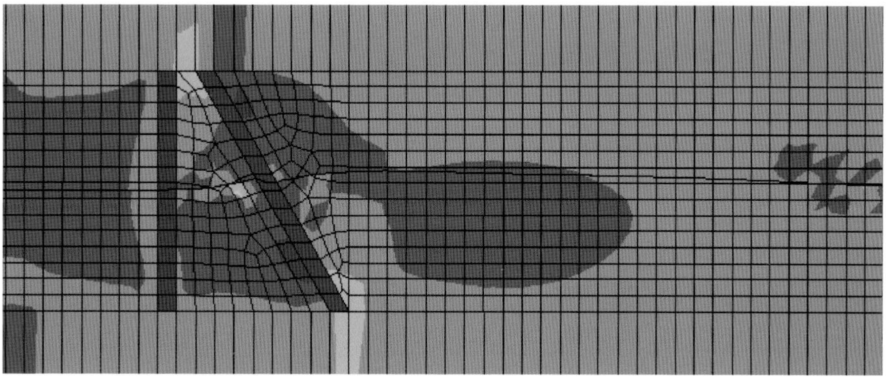

图 4-33　第一条天然裂缝逼近角 $\theta=90°$，第二条天然裂缝逼近角 $\theta=60°$

由图 4-31～图 4-33 可以看出，当水力裂缝遇到的第一条天然裂缝的逼近角为 $\theta=90°$ 时，水力裂缝基本上是直接穿过天然裂缝，这与上节中模拟水力裂缝穿过单条逼近角为 $\theta=90°$ 的天然裂缝时的扩展轨迹相同；当水力裂缝贯穿第一条天然裂缝后，继续沿着最大主应力的方向向前延伸；在遇到第二条天然裂缝时，在不同的逼近角下，当逼近角 $\theta<30°$ 时，水力裂缝就无法穿过天然裂缝，而是沿着天然裂缝扩展一段距离，而当逼近角为 $30°<\theta<90°$ 时，水力裂缝发生一定角度的转向，沿着天然裂缝迂曲一段距离后，沿着最大水平主应力的方向继续扩展。

(2)当水力裂缝遇到的第一条天然裂缝逼近角分别为 45°，60°时，第二条天然裂缝的逼近角为 $\theta=90°$，即两条天然裂缝的夹角分别为 45°，30°时，水力裂缝的扩展规律模拟结果见图 4-34～图 4-35。

由图 4-34～图 4-35 可看出，在水力裂缝遇到第一条逼近角不等于 90°时，水力裂缝在天然裂缝内转向，但迂曲的长度较短。当水力裂缝通过第一条天然裂缝后，基本按照最大主应力的方向继续扩展，当遇到第二条逼近角等于 90°的天然裂缝时，水力裂缝始终沿着最大水平主应力的方向扩展，未在天然裂缝内发生转向。

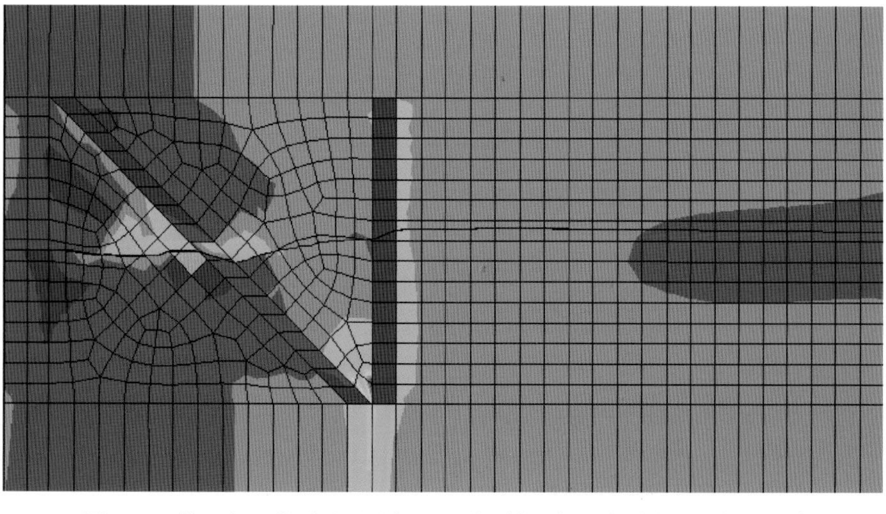

图 4-34　第一条天然裂缝逼近角 $\theta=45°$，第二条天然裂缝逼近角 $\theta=90°$

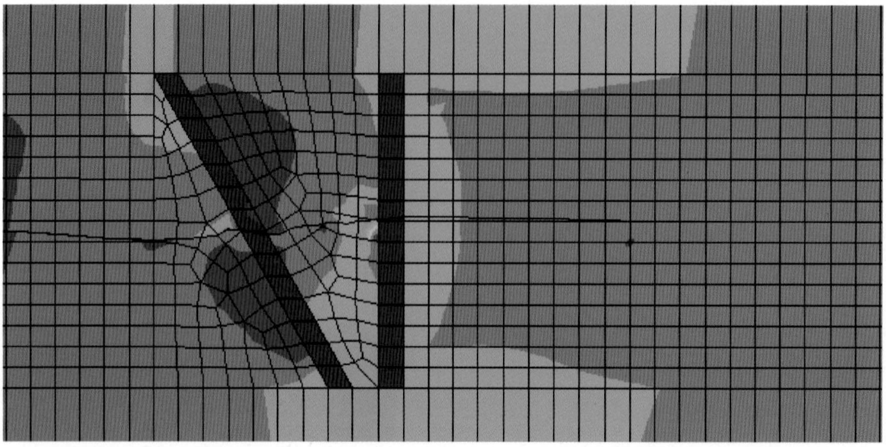

图 4-35 第一条天然裂缝逼近角 $\theta=60°$，第二条天然裂缝逼近角 $\theta=90°$

参考文献

陈勉，周健，金衍. 2008. 随机裂缝性储层压裂特征实验研究. 石油学报，29(3)：431－434.

冯程滨，谢朝阳，张永平. 2006. 大庆深部裂缝型火山岩储气层压裂技术试验. 天然气工业，26(6)：108－110.

金衍，张旭东，陈勉. 2005. 天然裂缝地层中垂直井水力裂缝起裂压力模型研究. 石油学报，26(6)：113－114，118.

李连崇，梁正召，李根，马天辉. 2010. 水力压裂裂缝穿层及扭转扩展的三维模拟分析. 岩石力学与工程学报，3208－3215.

曾联波，田崇鲁. 1998. 构造应力场与低渗透油田开发. 石油勘探与开发，25(3)：91－93.

周健，陈勉，金衍，张广清. 2007. 裂缝性储层水力裂缝扩展机理试验研究. 石油学报，28(5)：109－113.

Simonson E R，Abou－Sayed A S，Clifton R J. 1978. Containment of Massive Hydraulic Fractures. Society of Petroleum Engineers Journal，18(1)：27－32.

Barenblatt G I. 1962. The mathematical theory of equilibrium cracks in brittle fracture. Advances in Applied Mechanics，7(55－129)：104.

Beugelsdijk L，De Pater C，Sato K. 2000. Experimental hydraulic fracture propagation in a multi－fractured medium，SPE Asia Pacific Conference on Integrated Modelling for Asset Management. Society of Petroleum Engineers.

Choate P. 1992. A new 3D hydraulic fracture simulator that implicitly computes the fracture boundary movements，Paper SPE 24989－MS presented at the European Petroleum Conference，Cannes，France：16－18.

Cleary M. 1994. Critical issues in hydraulic fracturing of high－permeability reservoirs. European Production Operations Conference and Exhibition. Society of Petroleum Engineers.

Clifton R J，Abou－Sayed AS. 1981. A variational approach to the prediction of the three－dimensional geometry of hydraulic fractures，SPE/DOE Low Permeability Gas Reservoirs Symposium. Society of Petroleum Engineers.

Dahi－Taleghani A，Olson J E. 2009. Numerical modeling of multi－stranded hydraulic fracture propagation：accounting for the interaction between induced and natural fractures. SPE，124884：4－7.

Evans G W，Carter L G. 1962. Bonding studies of cementing compositions to pipe and formations. API Drilling and Production Practice，1962：72－79.

Fries T P. 2008. A corrected XFEM approximation without problems in blending elements. International Journal for Numerical Methods in Engineering，75(5)：503－532.

Geertsma J，De Klerk F. 1969. Rapid method of predicting width and extent of hydraulically induced fractures. J. Pet. Technol：21.

Hibbitt K. 1997. ABAQUS：User's Manual. Hibbitt，Karlsson & Sorensen，Incorporated.

Hubbert M K, Willis D G. 1972. Mechanics of hydraulic fracturing. Transactions of the American Institute of Mining & Metallurgical Engineers, 18(6):153—163.

Lamont N, Jessen F. 1963. The effects of existing fractures in rocks on the extension of hydraulic fractures. Journal of Petroleum Technology, 15(02): 203—209.

Lee J. 1990. Three—dimensional modeling of hydraulic fractures in layered media: part I—finite element formulations. Journal of Energy Resources Technology, 112: 1.

Navarrete R, Cawiezel K, Constien V. 1996. Dynamic fluid loss in hydraulic fracturing under realistic shear conditions in high—permeability rocks. SPE Production and Facilities, 11(3): 138—143.

Nolte K. 1987. Discussion of influence of geologic discontinuities on hydraulic fracture propagation. Soc Petroleum ENG 222 Palisades Creek Dr, Richardson, TX 75080: 998—998.

Nordgren R. 1972. Propagation of a vertical hydraulic fracture. Society of Petroleum Engineers Journal, 12(04): 306—314.

Perkins T, Johnston O. 1963. A review of diffusion and dispersion in porous media. Society of Petroleum Engineers Journal(3): 70—84.

Renshaw C, Pollard D. 1995. An experimentally verified criterion for propagation across unbounded frictional interfaces in brittle, linear elastic materials, International journal of rock mechanics and mining sciences & geomechanics abstracts. Elsevier: 237—249.

Sarda S, Jeannin L, Basquet R, Bourbiaux B. 2002. Hydraulic characterization of fractured reservoirs: simulation on discrete fracture models. SPE Reservoir Evaluation & Engineering, 5(02): 154—162.

Siebrits E, Peirce A P. 2002. An efficient multi—layer planar 3D fracture growth algorithm using a fixed mesh approach. International journal for numerical methods in engineering, 53(3): 691—717.

Stolarska M, Chopp D, Moës N, Belytschko T. 2001. Modelling crack growth by level sets in the extended finite element method. International journal for numerical methods in Engineering, 51(8): 943—960.

Sukumar N, Moës N, Moran B, Belytschko T. 2000. Extended finite element method for three — dimensional crack modelling. International Journal for Numerical Methods in Engineering, 48(11): 1549—1570.

Warpinski N, Teufel L. 1987. Influence of geologic discontinuities on hydraulic fracture propagation(includes associated papers 17011 and 17074). Journal of Petroleum Technology, 39(02): 209—220.

Zhang X, Thiercelin M J, Jeffrey R G. 2007. Effects of frictional geological discontinuities on hydraulic fracture propagation, SPE Hydraulic Fracturing Technology Conference. Society of Petroleum Engineers.

Zi G, Belytschko T. 2003. New crack—tip elements for XFEM and applications to cohesive cracks. International Journal for Numerical Methods in Engineering, 57(15): 2221—2240.

第五章　酸损伤降低碎屑岩储层破裂压力理论

我国及世界范围内存在大量的异常高应力油气藏，受储层构造应力、岩石强度和射孔打开完善程度等因素影响，这类油气藏通常破裂压力异常高，如何降低地层破裂压力，压开地层是这类储层改造的关键技术。当仅采用射孔参数优化降低储层破裂压力，而无法有效压开地层时，需要额外的措施进一步降低储层破裂压力。酸损伤技术是近年来兴起的降低地层破裂压力的新型技术之一，具有操作简单、适用范围广、便于油气田现场实施等优势，因此倍受油田工程师青睐(郭建春等，2011；曾凡辉等，2009)。弄清不同类型储层酸损伤降低破裂压力机理，优选合理的酸损伤施工参数，准确预测酸损伤后地层破裂压力是酸损伤技术成功的关键。本章从实验研究、理论研究等方面揭示酸损伤技术降低碎屑岩储层破裂压力机理。

第一节　碎屑岩储层及岩石强度特征

一、碎屑岩岩石矿物特征

陆源碎屑岩简称为碎屑岩，主要为陆源碎屑物质组成的沉积岩，包括砾岩、砂岩、粉砂岩和黏土岩，根据成因和结构特征的不同，碎屑岩的组成可划分为矿物碎屑、杂基、胶结物和孔隙。其中，杂基和胶结物称为填隙物(汪中浩等，2004)。

(一)矿 物 碎 屑

目前已经发现的碎屑矿物约有160种，最常见的约20种。碎屑岩中碎屑矿物通常不过3～5种。碎屑矿物按相对密度可分为轻矿物和重矿物两类。前者相对密度小于2.86，主要为石英、长石；后者相对密度大于2.86，主要为岩浆岩中的副矿物(如锗石)，部分为镁矿物(如辉石、角闪石)，以及变质岩中的变质矿物(如石榴石、红柱石)。此外，重矿物中还包括沉积和成岩过程中形成的相对密度大于2.86的自生矿物(如黄铁矿、重晶石)，但它们属于化学成因物质范畴。

1. 石英

石英抗风化能力很强，既抗磨又难分解，同时在大部分岩浆岩和变质岩中石英含量又高，因此石英是碎屑岩中分布最广的一种碎屑矿物，主要出现在砂岩及粉砂岩中(平均含量达 66.8%），在砾岩中含量较少，在黏土岩中则更少。

2. 长石

在碎屑岩中长石的含量少于石英。据统计，砂岩中长石的平均含量为 10%～15%，远比石英含量少；而在岩浆岩中长石的平均含量则为石英的几倍。这种截然相反的变化，是由于长石的风化稳定度远小于石英。从化学性质来看，长石容易水解；从物理性质上看，长石的解理和双晶都很发育，易于破碎。因此在风化和搬运的过程中，长石逐渐被淘汰。一般认为，在碎屑岩中钾长石多于斜长石，在钾长石中正长石略多于微斜长石，在斜长石中钠长石远远超过钙长石。造成相对丰度的这一差别，一方面与母岩成分有关，地表普遍存在的酸性岩浆岩为钾长石、钠长石的大量出现创造了先决条件；另一方面又与长石在地表环境的相对稳定度的不同有关。各种长石稳定度的顺序是：钾长石最稳定，钠长石较不稳定，钙长石最不稳定。

3. 重矿物

相对密度大于 2.86 的矿物称为重矿物，在岩石中含量很少，一般不超过 1%，其中在 0.025～0.05mm 的粒级范围内含量最高。

重矿物种类很多，根据重矿物的风化稳定性，可将其划分为稳定和不稳定两类。前者抗风化能力强，分布广泛，离母岩愈远，其相对含量愈少。黑云母和白云母也是砂岩中常见的重矿物组分。云母是片状矿物，因此在搬运过程中，沉降速度较小，常与细砂级甚至粉砂级的石英、长石共生。黑云母的风化稳定性差，主要见于距母岩较近的砾岩或杂砂岩中，经风化及成岩作用常分解为砾泥石和磁铁矿，经海底风化还可海解为海绿石。白云母的抗风化能力要比黑云母强得多，相对密度也略小，常呈鳞片状平行分布于细砂岩、粉砂岩的层面上，有时会富集成层。

（二）杂　基

杂基是碎屑岩中细小的机械成因组分，其粒级以泥为主，可包含少量细砂岩。最常见的杂基成分为高岭石、水云母、蒙脱石、绿泥石等黏土矿物，有时为灰泥和云泥，主要作为悬移载荷沉积下来，部分也可能是海解阶段或成岩阶段，甚至是后生阶段的自身矿物。

（三）胶 结 物

胶结物是一切填隙的化学物质，是碎屑岩中以化学沉积方式形成于粒间孔隙中的自生矿物。有的形成于同生期，但大多数是成岩期的沉淀产物。碎屑岩中主要胶结物是硅质（石英、玉髓和蛋白石）、碳酸盐（方解石、白云石）及部分铁质（赤铁矿、褐铁矿）。此外，硬石膏、石膏、黄铁矿以及高岭石、水云母、蒙脱石、海绿石、绿泥石等黏土矿物都可作为碎屑岩的胶结物。

二、碎屑岩储层岩石强度特征

(一)岩石微观结构

砂岩是母岩风化后生成的大小不等的矿物颗粒，再经过一系列物理、化学作用沉积形成的矿物集合体。在沉积过程中，矿物颗粒由于溶蚀、交代等作用，富集了足够的硅、铝，部分生成或淀积为高岭石等次生黏土矿物，此外，部分铁、铝、镁等矿物富集后生成了相应的氧化物。由于游离氧化物颗粒极细，极易与水作用形成溶胶胶体，充填在岩石矿物颗粒形成的絮凝结构孔隙中(赵澄林等，2001)。

在一定的物理、化学条件下，溶胶中的水化胶粒由于化学力作用，相互吸引聚合在一起。水化胶粒缩水后形成一种凝胶吸附在岩石颗粒上，部分凝胶吸附在岩石颗粒的边－面接触处形成胶结物。絮凝结构在岩石的地质成岩过程中，受化学力的作用而进一步凝集成一定大小的颗粒状单元聚集体，并逐渐强化。这种基本粒状颗粒单元具有较高的结构连结强度，如图 5-1(a)所示；基本颗粒单元再通过胶结物质的黏聚作用形成较大粒团，如图 5-1(b)所示，粒团中的颗粒单元之间的胶结强度要低于基本单元内矿物颗粒间的连结强度；而大小不等的粒团通过胶结物聚集构成更大的聚集体，如图 5-1(c)所示。

在岩石颗粒最终形成的较大聚集体内，不仅有大小不等的粒团，也有较大的片状黏土颗粒，粒团越大，其连结强度越低。岩石即是由形态、大小各异的粒团颗粒单元、聚集体、胶结物质堆积而形成的具有一定孔隙度的架空结构。

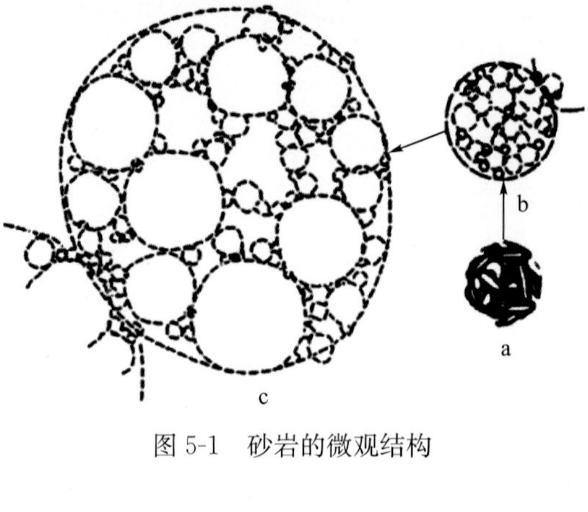

图 5-1 砂岩的微观结构

(二)岩石强度本质

岩石是具有一定结构形式的复杂体系，一般由固、液、气三相组成。岩石的性质除了受岩石的组成影响外，还受岩石的结构影响。

岩石的组成是指构成岩石的基本单元体(粒状颗粒、片状颗粒与连结体等)。岩石的结构是指岩石颗粒、孔隙形状、排列形式及颗粒之间的相互作用。结构连结是指岩石沉积物在成岩过程中，经过一系列的物理、物理－化学和化学作用影响形成的各种作用力，使岩石的颗粒接触带上产生不同性质和能量的相互作用。尽管某些岩石矿物颗粒存在明显的节理面，但其原始颗粒强度相当高。在每平方厘米以数吨至数十吨的载荷作用下，岩石矿物晶体未出现明显的破碎。说明岩石的力学性质不决定于岩石基本结构单元(晶体)的强度，而是决定于它们之间的连结力。

岩石颗粒间的结构连结有凝聚接触、过渡点接触、同相接触和胶结连接。对结构连结有重要影响的有磁性力、偶极(库伦)力、毛细管力、分子力、离子－静电力和化学(价键)力(赵成刚，2004)。

1. 矿物颗粒接触关系

岩石中矿物颗粒间的结构连结不是沿颗粒所有相界的表面进行，而只是在其接触点上进行。岩石颗粒接触的数量和性质是岩石结构的重要特性，决定岩石的强度、变形及其他性质。岩石颗粒间常见的三种基本接触类型为：凝聚接触、过渡点接触和同相接触。每种接触类型都有一定的形成机理和作用于接触带的力学性质，以及接触处相互作用的几何形状和大小，因此接触类型是控制岩石性质的关键因素之一。

1)凝聚接触

在岩石成岩初期，当稀释的分散体系经凝聚和压实作用后，便会产生颗粒间的凝聚接触结构。这类接触形成的连结主要是靠分子长距离的相互作用，但在某些情况下是磁性和偶极(库伦)力的相互作用。凝聚接触的典型特征是，在颗粒间存在起平衡作用的层间液体薄层，其厚度与分散体系的最小自由能相当(图 5-2(a))。

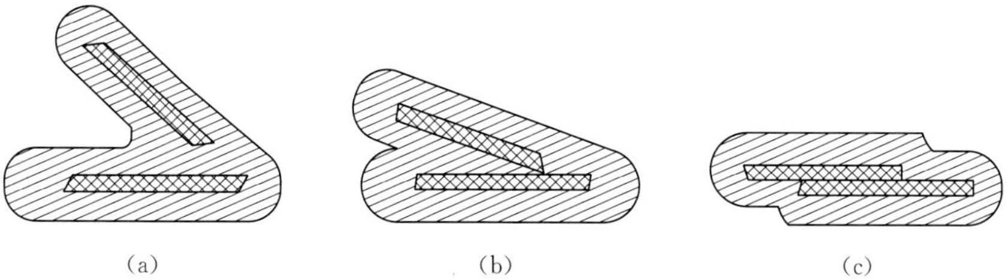

(a)　(b)　(c)

图 5-2　岩石颗粒间的接触关系(阎宗岭，2003)

2)过渡(点)接触

在外荷载或分散体系干燥的影响下，随着矿物颗粒的接近程度增加，水膜变薄，继而破裂，矿物颗粒之间将会形成过渡类型的特殊接触(图 5-2(b))，这种接触的基础就是离子－静电相互作用。当粒间距离为 20～30 Å 时，这种作用就开始超过分子力的作用。当分散体系完全脱水时，离子－静电力最发育。此时，岩石颗粒间过渡接触的结构和大多数层状硅酸盐(如云母)的层间空间结构相近，但作用面积较小，因此强度也较小。

3)同相接触

随着颗粒进一步靠近，其直接接触面积增加，过渡接触就成为同相接触(图 5-2(c))。同相接触是在大大超过单元晶面的平面上靠价键和离子－静电的相互作用形成的。在分散体系中，同相接触的形成主要与压力、温度的升高以及新相位接触处的结晶有关。

2. 矿物颗粒作用力

1)岩石矿物颗粒间的结构作用力

在不同的成岩阶段，对结构连结有重要影响的有磁性力、偶极(库伦)力、分子力、毛细管力、离子一静电力和化学价键力。

(1)磁性力。

在岩石沉积物形成初期，岩石矿物颗粒之间具有磁性相互作用，这种作用的形成与黏粒表面存在厚度为 0.05～0.50μm 的铁磁(磁铁矿、磁赤铁矿、赤铁矿等成分)薄膜有关。此类薄膜具有刚性的磁性偶极，而且其磁化强度向量位于磁膜本身的表面上。

(2)偶极(库伦)力。

在岩石的沉积过程中和成岩初期，岩石矿物颗粒之间可形成静电库伦力性质的相互作用。研究表明，在酸性和中性介质中，岩石矿物晶体的断口表面带正电，基面带负电，异性电荷的存在导致在酸性和中性介质颗粒之间产生偶极作用。

(3)分子力。

分子力在岩石体系中起着巨大作用。由于此种力为远距离作用，它们在岩石沉积过程中对黏粒的凝聚和弱成岩岩石的结构连结有决定性影响。物体之间的分子作用力可在裂隙相隔为 0.4～0.7 μm 时显现出来。

(4)毛细管力。

在三相体系岩石中，当其含水量不低于最大吸着含水量时，毛细管作用力不容忽视。毛细管力形成的弯液面可牵引颗粒，并提高其连结性。

在两个半径同为 r 的圆球形颗粒接触带上，毛细管力的作用可表示为

$$F_k = 2\pi\sigma r \tag{5-1}$$

式中，σ——液体的表面张力，N/m；

r——小颗粒的半径，m。

如果相接触的表面中有一个是平面，或者一个颗粒的半径远大于另一个颗垃的半径时，则

$$F_k = 4\pi\sigma r \tag{5-2}$$

(5)离子一静电力。

离子一静电力是靠带负电荷颗粒之间阳离子的静电引力产生的。此种连结可出现在中等或很高成岩程度的岩石中，也可由不同成岩程度的岩石经干燥后形成。

两个分散颗粒扩散层的相互覆盖，导致颗粒间电势的特殊分布(图 5-3(a))。Hurst 和 Jordilne(1964)的计算证实，当两个颗粒彼此距离小于 20～30 Å 时，阳离子在缝隙中的分配与其在扩散层中的分配明显不同，阳离子在离子一静电力情况下处于缝隙中心，将导致阳离子与缝隙表面的相互作用，并形成颗粒间的离子一静电桥(5-3(b))。

因此，当颗粒靠得相当近时，其间的离子一静电相互作用会发生变化：从保持颗粒在溶液中稳定的斥力过渡为有利于加强颗粒间结构连结的引力。云母各层间的离子一静电引力即是这类作用力。云母中的钾离子位于两个带负电颗粒表面的中间，离子静电力强有力地将它们彼此连结起来，并形成此种矿物晶格的高强度和非膨胀性。

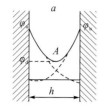

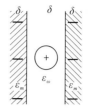

(a)扩散相覆盖时，颗粒间缝隙中电势降低　　(b)有阳离子的两个带电颗粒的离子—静电相互作用

图 5-3　颗粒间电势的分布示意图

(6)化学价键力。

在胶结的砂岩中，化学性质的结构连结占优势地位，主要是靠化学价键形成。化学连结是由原子的外围电子，即化合价的电子进行连结。依据相互作用原子的负电子数值(夺取电子的能力)，可能形成三种形式的化学连结：共价化学键连结、离子化学键连结和金属化学键连结。前两种在岩石中广为发育。

共价连结产生在具有近似的或相同负电性的原子之间。在这种情况下，连结是靠共用一对电子来实现。共用是通过个别电子由一个质子的轨道过渡到相连原子共用轨道上的途径达到的，用此种方式公有化的电子形成了原子间的牢固连结。对每一个原子来说，实现共价连结的电子数是一定的，因此，此种连结是饱和的和有方向性的。

在负电性有强烈差别的原子之间产生离子连结。当此类原子相互作用时，价电子从负电性小的原子过渡到负电性大的原子上。此种作用导致两个异号电荷的离子在库仑引力影响下形成离子连结。相互作用离子之间负电性的差别愈大，此种连结的强度就愈高。

2)岩石矿物的胶结作用

岩石的胶结作用是指从孔隙溶液中沉淀出矿物质(胶结物)，将松散的沉积物固结起来的过程。岩石的胶结是靠矿物与胶结物界面上的化学力来实现的。胶结作用的重要条件之一是胶结物质和分散相颗粒表面之间的化学亲和势。胶结作用是沉积物转化为沉积岩的重要作用，胶结作用主要发生在成岩作用时期。通过孔隙溶液沉淀出的胶结物种类很多，但就数量而言，主要的胶结物有氧化硅和碳酸盐两类，其他常见的氧化物有氧化铁、石膏、硬石膏、重晶石等，此外，自生黏土矿物也是碎屑岩中最常见的一类胶结物。

胶结物类型常与砂岩颗粒成分有关，如石英砂岩大部分是氧化硅和碳酸盐岩胶结，特别是古老的海相石英砂岩多呈氧化硅胶结，而一些岩屑砂岩、杂砂岩和火山碎屑质砂岩的胶结物主要是蚀变了的杂基和化学沉淀物的混合物，其成分有黏土矿物、沸石矿物和其他硅酸盐矿物。硅酸盐胶结物分布最广，可出现在海相和陆相、浅埋和深埋阶段，并呈现出方解石、含铁方解石、白云岩、含铁白云岩等不同的演化系列，黏土胶结物同样也随埋深而出现演化系列。氧化铁、碳酸盐岩胶结物常出现在砂岩类型中，但基本条件是孔隙中沉淀大量胶结物，孔隙流体不封闭，有饱和流体不断供给。随着沉淀作用的进行，孔隙空间减小，渗透性降低，矿物沉淀的速率减缓。砂岩原始孔隙度和渗透率的降低速度是颗粒大小的函数，即细砂粒的胶结作用比粗砂粒的胶结作用进行得更快、更强烈，随着胶结作用的进行，物质沉淀速率一般呈指数递减，使砂岩完全胶结所需的时间变得很长。

尽管岩石可能具有不同的胶结机理，但都导致相同的结果：矿物颗粒的连结强度明显提高而形成同相接触。

3. 岩石强度本质

岩石强度是指岩石在各种外力(拉伸、压缩、弯曲或剪切等)作用下，抵抗破碎的能力。坚固岩石和塑性岩石(如黏土)的强度，主要取决于岩石的内连结力和内摩擦力；松散岩石的强度主要取决于内摩擦力。

岩石的内连结力主要是矿物颗粒之间的相互作用力，也包括矿物颗粒与胶结物之间的连结力，或胶结物与胶结物之间的连结力。一般颗粒之间的相互作用力大于胶结物之间的连结力；而胶结物之间的连结力又大于颗粒与胶结物之间的连结力。

岩石的内摩擦力是颗粒之间的原始接触状态即将被破坏而发生位移时的摩擦阻力。岩石的内摩擦阻力构成岩石破碎时的附加阻力，且随应力状态而变化。

综上所述：结构连结使岩石具有结构性，岩石矿物颗粒间直接由接触面上所发生的作用力以及外来胶结物所产生的连结是岩石具有一定强度的本质(范超等，2012)。

第二节　酸损伤降低碎屑岩强度机理实验研究

典型砂岩的矿物由石英、长石、燧石及云母骨架组成，在原生孔隙空间沉淀有颗粒胶结物和自生黏土，以及外来黏土等物质。砂岩的典型结构如图 5-4 所示(赵澄林等，2001)。

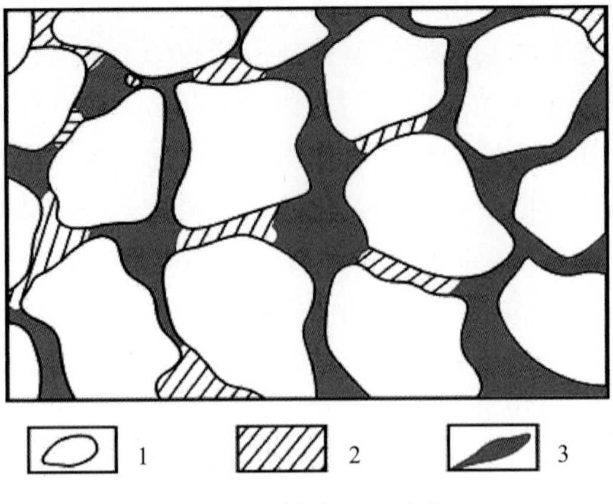

1. 岩石颗粒；2. 胶结物；3. 孔隙系统

图 5-4　砂岩的典型组构

对典型砂岩矿物分析表明，砂岩中常见的单矿物有骨架矿物，如石英、长石(正长石、斜长石)；胶结物，如高岭石、蒙脱石、伊利石、绿泥石等几种矿物。

表 5-1　典型砂岩矿物的化学组成(埃米尔等，2002)

分类	矿 物	晶体结构	化学组成
石英		架状硅酸盐	SiO_2

续表

分类	矿物	晶体结构	化学组成
长石	正长石 钠长石 斜长石	架状硅酸盐	$KAlSi_3O_8$ $NaAlSi_3O_8$ $(Na, Ca)Al(Si, Al)Si_2O_8$
黏土	高岭石 伊利石 蒙脱石 绿泥石	层状硅酸盐	$Al_2SiO_5(OH)_4$ $(H_3, O, K)_y(Al_4Fe_4Mg_4Mg_6)(Si_{8-y}Al_y)O_{20}(OH)_4$ $(Ca_{0.5}Na)_{0.7}(Al, Mg, Fe)_4(Si, Al)_8O_{20}(OH)_4nH_2O$ $(Mg, Fe^{2+}, Fe^{3+})AlSi_3O_{10}(OH)_8$
碳酸盐岩	方解石 白云石 铁白云石 菱铁矿		$CaCO_3$ $CaMg(CO_3)_2$ $Ca(Fe, Mg, Mn)(CO_3)_2$ $FeCO_3$
硫酸盐	石膏 硬石膏		$CaSO_4 \cdot 2H_2O$ $CaSO_4$
氯化物	石盐		$NaCl$
金属氧化物	氧化铁		FeO, Fe_2O_3, Fe_3O_4
云母	黑云母 白云母	层状硅酸盐	$K(Mg, Fe^{2+})_3(Al, Fe^{3+})Si_3O_{10}(OH)_2$ $KAl_2(AlSi_3)O_{10}(OH)_2$

下面将通过开展酸液与砂岩典型胶结物、骨架以及砂岩矿物的强度测试，来进一步研究酸损伤降低储层岩石强度和破裂压力的机理。

一、实验流程与参数获取

根据前面的分析，岩石具有一定强度的本质是因为岩石矿物颗粒之间存在结构力以及岩石矿物之间的胶结作用。为了研究酸损伤降低岩石强度的微观机理，开展了酸液与砂岩典型单矿物的反应实验。

(一)实验材料准备

实验过程中需要准备的纯单矿物及酸液体系如表 5-2 所示。

表 5-2　实验材料准备

纯单矿物	酸液体系
石英；长石； 高岭石；蒙脱石； 伊利石；绿泥石	5%HCl；5%HCl+0.5%HF； 5%HCl+1.0%HF；0.5%HF； 1.0%HF；8%HBF_4； 5%HCl+8%HBF_4

(二)实 验 流 程

用高精度电子天平称取各种矿物 2.0g，放入惰性塑料反应瓶中；再以 1∶5 的固/液比分别加入 10.0mL 的酸液，盖上盖并轻微振荡，使固相矿物与酸液充分混合；再放入盛有蒸馏水的干燥器中，分别在 60℃的条件下进行不同时间(0.5h，1h，2h，12h)的反应，当达到预定的反应时间后，取出干燥器进行常温冷却。揭开干燥器盖，取出惰性塑料瓶，轻微振荡，使固液充分混合后，再静置 2～3min 待瓶中液体澄清后，用针管吸取上层清液，分离固相和液相。对液相进行硅、铝元素浓度和酸度测定，对固相进行称重、X 射线－衍射、能谱分析，确定矿物的酸蚀率，并观察、分析矿物在酸液中结构和种类的变化。

(三)实验参数的提取

1. 液相实验参数的提取

硅元素和铝元素是砂岩典型矿物中最为重要的特征结构元素。通过检测矿物反应后液相中特征元素的变化规律可推断出矿物与酸液的作用机理。

(1)硅、铝元素浓度的测定原理及方法。使用分光光度计进行测定。

(2)反应后酸液浓度的测定。对于反应后酸液浓度的测定，采用当量定律，用酚酞作指示剂，用碳酸钠溶液进行滴定实验确定。

2. 固相实验参数的获取

对每次实验后的固相进行分离后，分别对其进行称重，计算矿物的溶蚀率；采用 X－射线衍射、能谱电镜来确定矿物酸损伤前后成分的变化。

二、黏土矿物与酸反应研究

黏土矿物是指具有片状或链状结晶格架的硅铝酸盐，是由原生矿物中的长石或云母等矿物风化而成，在砂岩中，一般是以砂岩胶结物的形式存在。黏土矿物主要为蒙脱石、高岭石和伊利石三个组群。这三类黏土矿物内部形成的最基本结晶单元为晶片，晶片有两种基本类型，即硅氧晶片和铝氢氧晶片。

硅氧晶片由 1 个硅原子和 4 个氧原子以相等的距离堆成四面体形状，硅原子居于中央，硅氧四面体排列成六角形的网格，无限重复连成整体。四面体群排列的特点是所有顶点都指同一方向，其底面位于同一平面上，结晶形态和网格结构排列如图 5-5 所示。

铝氢氧晶片由 1 个铝原子和 6 个氢氧离子构成八面体晶形，八面体中的每个氢氧离子均为 3 个八面体所共有，许多八面体以这种形式连接在一起，形成八面体单位的片状构造。其结晶形态和网格排列如图 5-5 所示。

上述两种类型的晶片以不同的方式进行排列组合，就形成了不同类型黏土矿物的基本构造单元。

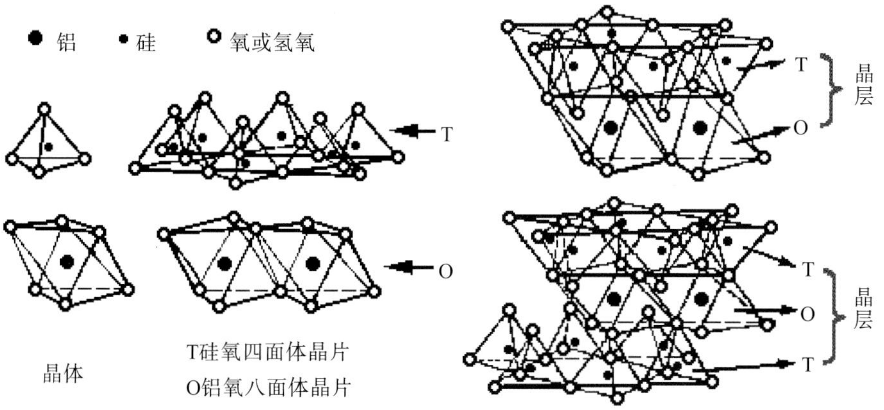

图 5-5　黏土矿物结构单元

(一)蒙脱石与酸反应(韦莉等，1998)

蒙脱石晶层由两片 Si—O 四面体晶片夹一片 Al(Fe，Mg)—O(H)八面体晶片结合而成，晶层沿 C 轴方向叠积形成蒙脱石黏土片。蒙脱石的典型结构化学式为：(1/2 Ca，Na)$_{0.67}$Mg$_{0.67}$Al$_{3.33}$［Si$_8$O$_{20}$］(OH)$_4$. nH$_2$O，晶层间有 K、Na、Ca、nH$_2$O 等。蒙脱石的结构特点是单元结构层内的阳离子(Al^{3+}，Si^{4+})能被其他阳离子(Mg^{2+}，Ca^{2+}，Na^{+}等)部分置换，其置换主要是八面体片内高价阳离子被低价阳离子置换。如 Al^{3+}被 Mg^{2+}置换，Mg^{2+}被 Na^{+}置换，有时 Al^{3+}被 Fe^{3+}或 Fe^{2+}置换，这些置换主要是在八面体晶片内进行的。置换之后，八面体晶片内 1/2 晶格上的平衡电荷可达 33%；而四面体晶片内仅有少量的 Si^{4+}被 Al^{3+}置换，四面体晶片内 1/2 晶格上平衡电荷小于 15%。蒙脱石的晶体结构如图 5-6 所示。

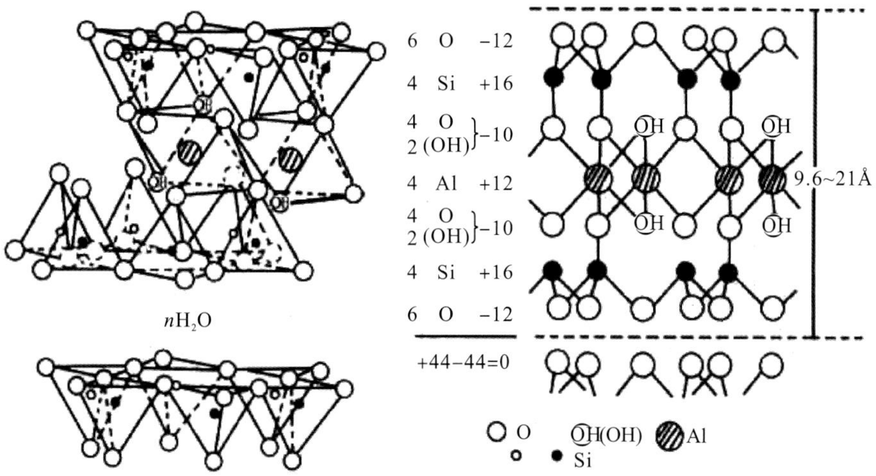

图 5-6　蒙脱石的晶体结构

蒙脱石阳离子交换容量是几种黏土矿物中最大的。其交换量达 80~150mg 当量/100g

黏土。一旦蒙脱石与水溶液接触时，水溶液中的离子成分及其浓度的变化，都将极大地引起蒙脱石的物理化学性质变化。主要表现为水化程度与晶间膨胀严重、物理和化学作用的敏感性增强。

1. 实验结果

蒙脱石与酸液体系反应后硅、铝元素离子浓度变化见图 5-7～图 5-10。蒙脱石与酸作用的基本特征如下：

(1)氢氟酸、土酸体系与蒙脱石反应的初始速率很快，1h 残酸中的硅元素离子浓度达到最大；氟硼酸(氟硼酸/盐酸)体系 2h 达到最大。说明蒙脱石与氢氟酸、土酸体系作用时，表现出快反应特征，而与氟硼酸表现为慢反应特征。

(2)蒙脱石$(1/2Ca, Na)_{0.67}Mg_{0.67}Al_{3.33}[Si_8O_{20}](OH)_4.nH_2O$晶体结构中 Si/Al 重量理论比值为 2.5，而反应残酸中的 Si/Al 比值为 0.28 左右(1.0%HF 溶液，图 5-7，图 5-9)。说明酸液对蒙脱石晶体结构中硅、铝元素溶蚀程度不同，铝氢氧八面体易于被强酸所破坏，硅氧四面体相对比较稳定。

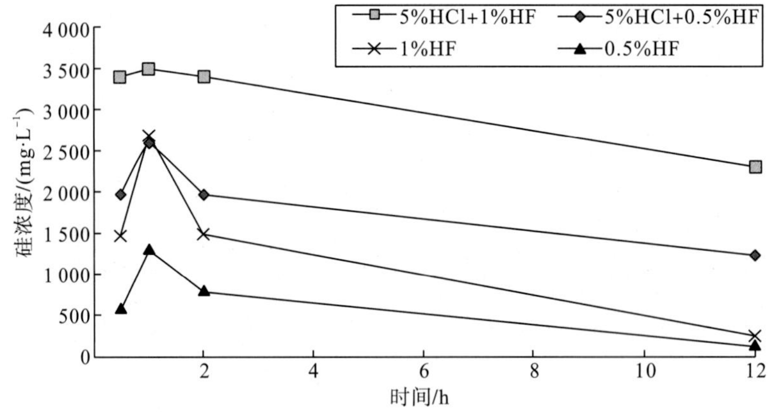

图 5-7　蒙脱石与土酸反应后硅离子浓度变化

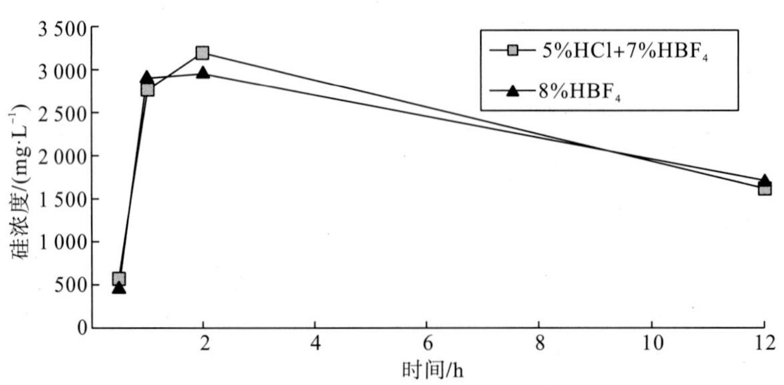

图 5-8　蒙脱石与氟硼酸反应后硅离子浓度变化

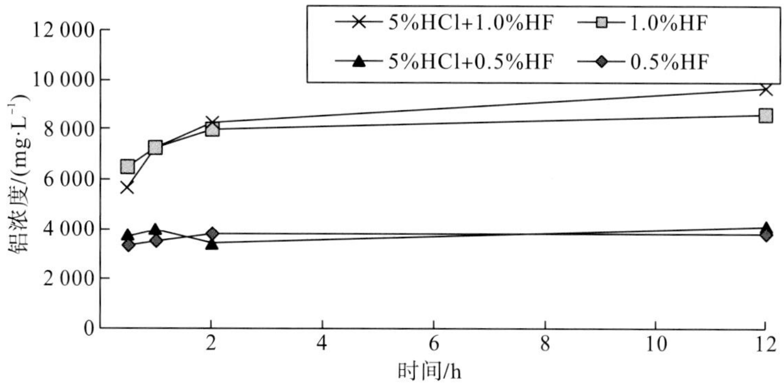

图 5-9　蒙脱石与 HF、土酸反应后铝离子浓度变化

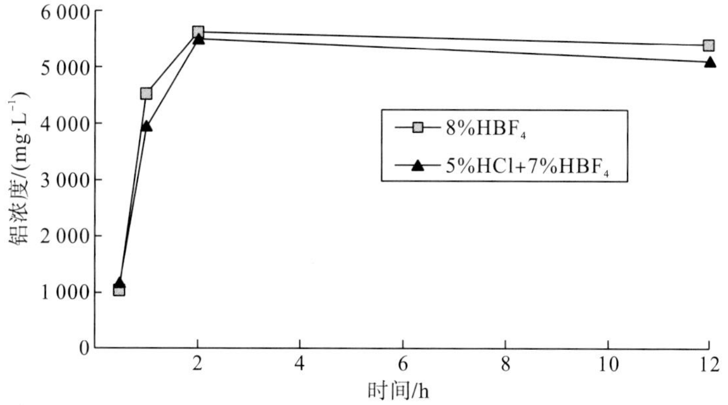

图 5-10　蒙脱石与氟硼酸反应后铝离子浓度变化

2. 实验后固相成分能谱分析

蒙脱石(1/2Ca，Na)$_{0.67}$Mg$_{0.67}$Al$_{3.33}$ [Si_8O_{20}] $(OH)_4$. nH_2O 晶体结构中 Si/Al 理论比值为 2.5 左右，而与酸反应后残余蒙脱石能谱测试的结果(表 5-3)表明，Si/Al 比值为 16 左右。进一步验证了酸对蒙脱石晶体结构中硅、铝元素的溶蚀程度不同，铝氢氧八面体易于被强酸所破坏，硅氧四面体相对稳定的结论。

表 5-3　各种酸体系反应 12h 前后蒙脱石的能谱分析结果

元素类型	不同酸体系反应前后矿物所含元素的重量百分比/%		
	标准矿物	5%HCl+1.0%HF	5%HCl+7%HBF_4
O	53.3	48.56	43.47
F		4.17	9.41
Na	2.1	0.24	0.38
Mg	1.3	0.22	0.31
Al	10.2	2.85	2.92
Si	27.1	33.72	36.30
Cl	0.6	8.28	4.03
K	1.4	0.71	0.85
Ca	4.1	1.25	2.34

对蒙脱石与不同类型的酸经不同反应时间前后的样品X—射线衍射(图5-11～图5-13)分析结果表明：

(1)5%HCl、0.5%HF、5%HCl+0.5%HF酸液体系与蒙脱石反应1h，2h，12h后，d(001)的晶面间距没有发生变化，d(001)衍射峰强度降低幅度不明显；但是其余体系d(001)晶面峰的衍射强度有明显降低，尤其是5%HCl+7%HBF_4体系，说明层间结构已经受到破坏。

(2)5%HCl+7%HBF_4反应2h后蒙脱石的d(001)、d(004)晶面消失，蒙脱石的晶体结构破坏严重，并且出现新峰(图5-10)，说明蒙脱石已经开始向其他矿物转化。

(3)反应12h后(图5-13)的曲线对比结果表明，盐酸体系中各峰基本未变；0.5%HF、1.0%HF、5%HCl+0.5%HF三体系反应后的蒙脱石晶面间距没有明显变化，但衍射峰的半高宽明显增大，说明蒙脱石的晶体结构遭到破坏。

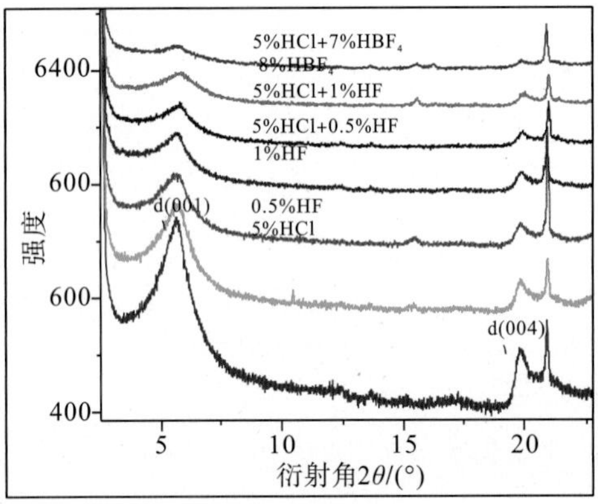

图5-11 蒙脱石反应1h后的衍射曲线

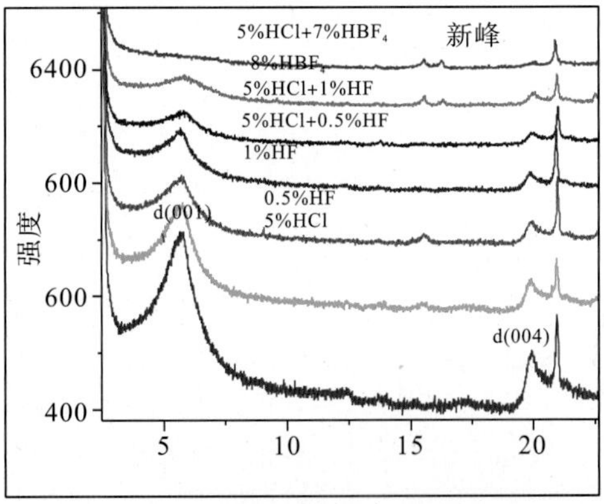

图5-12 蒙脱石反应2h后的衍射曲线

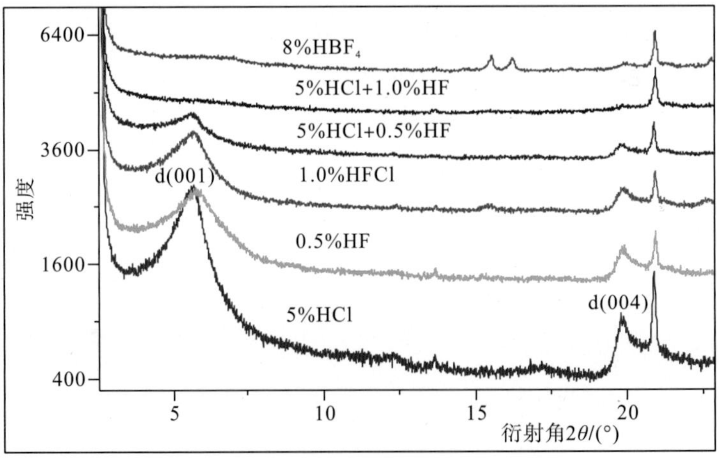

图5-13 蒙脱石反应12h后的衍射曲线对比

在单矿物与酸液反应研究的基础上，进一步开展黏土矿物岩板与酸反应后的测试。图5-14是蒙脱石岩板样品过土酸(5%HCl+0.5%HF)前后，扫描电镜观察到的孔隙结构变化。蒙脱石与酸液反应较强，过酸表面溶蚀现象很严重，出现多个大的溶蚀孔，个别较大溶蚀孔，孔喉半径约在 100 μm 左右，大多数孔隙孔喉半径在 20 μm 左右。从图 5-14中也可以看出明显的孔隙流动通道，且为多条孔隙通道互相交织状，形成网状通道，是一种典型的过酸溶蚀而产生有效导流通道的实例，反映出酸化效果很好。当放大到5 000倍，可以清楚地看到孔隙间有部分被溶蚀掉的胶结物质。

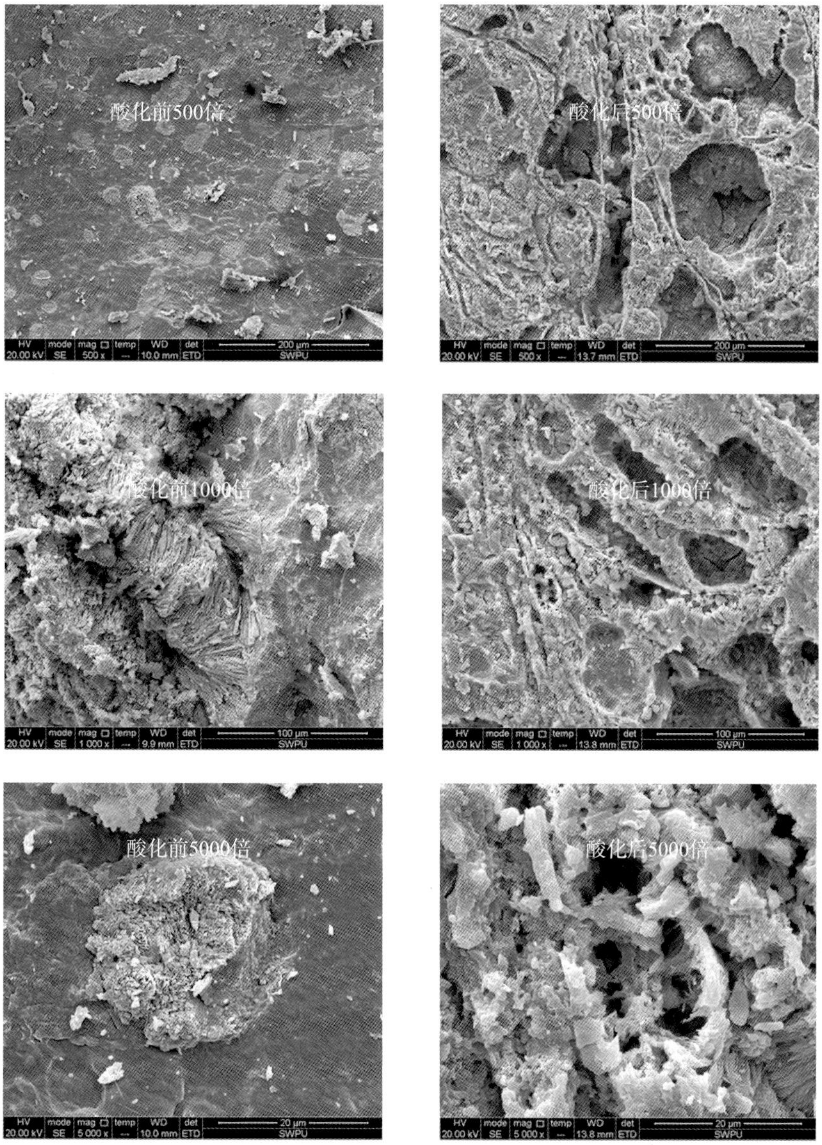

图 5-14　蒙脱石过酸前后扫描电镜观察

(二)高岭石与酸反应(唐洪明等，2006)

高岭石结构化学式为 $Al_4[Si_4O_{10}](OH)_6$，其晶层由一个硅氧四面体片和一个铝氢氧八面体片叠合而成，然后晶层沿 C 轴方向叠积形成高岭石黏土片(图 5-15)。高岭石晶面间距约 5.4～7.15 Å，晶层一面为氢氧原子面，另一面为氧原子面。叠积时，在相邻两晶层之间，除了范德华引力外，还有一定比例 OH 原子团形成的氢键力，将相邻两晶层紧密地结合起来，使水不易进入晶层之间。即使有表面水化能撑开晶层，也不足以克服晶层间大的内聚力。高岭石几乎无阳离子交换，即使有也仅是在高岭石晶片侧边的破裂断口上，因破键所造成的电荷不足，有极低的阳离子或阴离子补偿，约 1～10mg 当量/100g，对晶层水化影响不严重。因此高岭石是比较稳定的非膨胀性黏土矿物，一般不易水化分散。

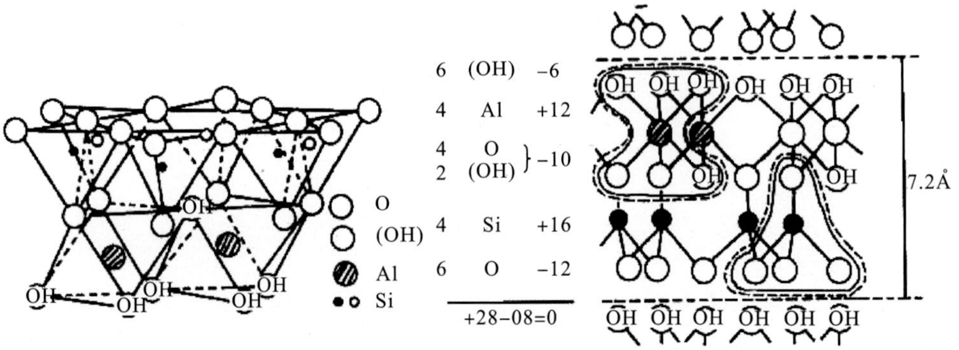

图 5-15 高岭石晶体结构示意图

高岭石晶层与晶层之间，虽然有一定比例的氢键力，但主要作用力还是范德华分子力。而晶层之内则是原子的共价键力，所以晶层内极为牢固，而晶层与晶层之间联系弱，硬度低，具有完善的解理，在机械力以及一定高速流体的流动冲击作用下，便会解理裂开分散形成鳞片状的微粒。

1. 高岭石与酸反应的机理

HF 与高岭石反应为

$$Al_2Si_2O_5(OH)_4+18HF=2H_2SiF_6+2AlF_3\downarrow+9H_2O \quad (5\text{-}3)$$

H_2SiF_6 与高岭石的化学反应为

$$H_2SiF_6+3Al_2Si_2O_5(OH)_4+12H^++H_2O=6AlF^{2+}+7Si(OH)_4\downarrow \quad (5\text{-}4)$$

2%HF 和 3%HF 在 65℃和 95℃下，Si 离子浓度在 5～20min 逐渐升高，但随后有逐渐降低的趋势，反应中形成了 $Si(OH)_4$ 胶体。

2. 实验结果分析

高岭石与酸液体系反应后硅、铝元素离子浓度变化见图 5-16～图 5-18。

(1)从反应速度来看，HF、土酸体系与高岭石反应的初始速率很快，0.5～1.0h 硅、铝元素离子浓度基本达到最大；而氟硼酸/盐酸体系为 1.0～2.0h 达到最大。

(2)单一 HF 体系与高岭石反应强烈，仅从硅、铝元素离子浓度判断，反应强度与 HF 浓度成正相关关系。

(3)对于高岭石的反应来说，氢氟酸对高岭石的溶解作用最强，反映出强酸的反应特征，而氟硼酸反映出慢反应酸的特征。

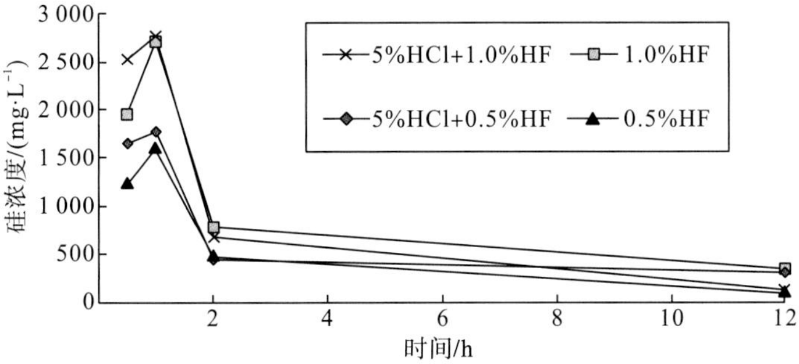

图 5-16　高岭石与 HF、土酸反应后硅离子浓度变化

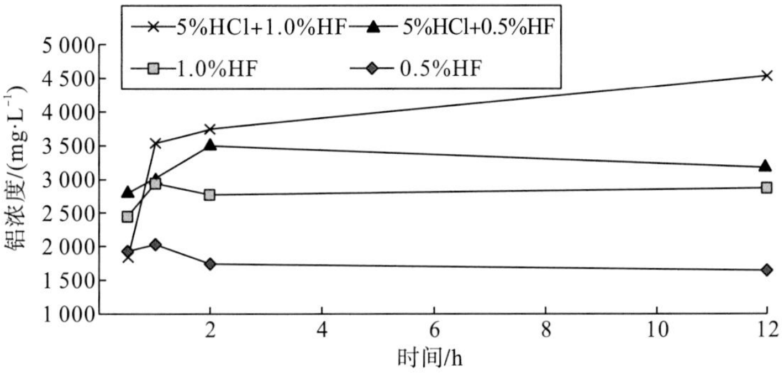

图 5-17　高岭石与 HF、土酸反应后反应后铝离子浓度变化

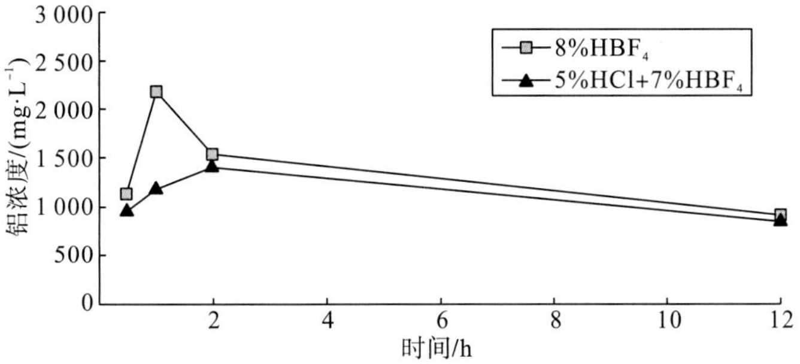

图 5-18　高岭石与氟硼酸、氟硼酸/盐酸反应后铝离子浓度变化

图 5-19 是利用 X 射线−衍射对高岭石与各种酸体系反应前后的样品系统分析测试的结果。从晶面间距和峰位、峰强度、有无新峰产生等参数综合对比可以看出：

5％HCl、0.5％HF 和 1.0％HF 三体系中的残余高岭石各种参数基本没有变化。土酸、氟硼酸体系与高岭石反应后固相的衍射峰位没有变化，但是 d(001)、d(002)晶面的峰强度有所降低，尤其是 8％HBF_4酸液体系反应后的残余高岭石。衍射峰强度的降低是由于矿物结晶度降低，使微结构局部破坏所造成的。

酸对高岭石处理的比表面积和孔容测试结果表明(赵晨，2007)，随着酸反应时间的延长，高岭石比表面积和孔容显著增加(图 5-20)。

在酸反应初期，孔径主要集中在 3～10nm，孔容小；随着酸处理时间的增加，孔径在 3～10nm 的孔隙减少，孔容增大，这是 Al_2O_3溶解量增加的结果。随着铝原子不断脱出，在原来的位置上形成孔隙，相邻的孔隙连接起来形成管状孔，随着铝原子脱出数量的增加，管状孔进一步连接形成了平行壁和狭缝状孔，孔的数量逐渐增加，部分孔容增大，因此比表面积和孔容都逐渐增大(赵晨等，2007)。

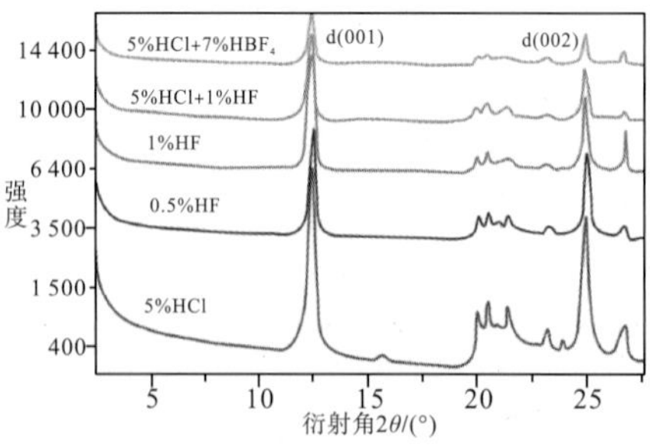

(a)高岭石与酸反应 2h 后衍射对比

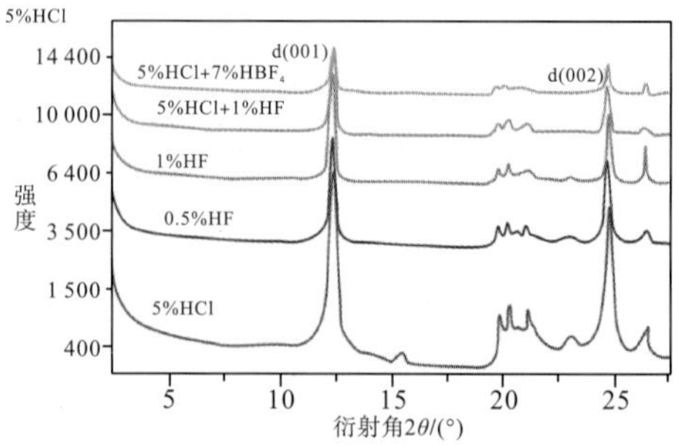

(b)高岭石与酸反应 12h 后衍射对比

图 5-19　X 射线—衍射对高岭石与各种酸液体系反应前后的样品系统分析测试结果

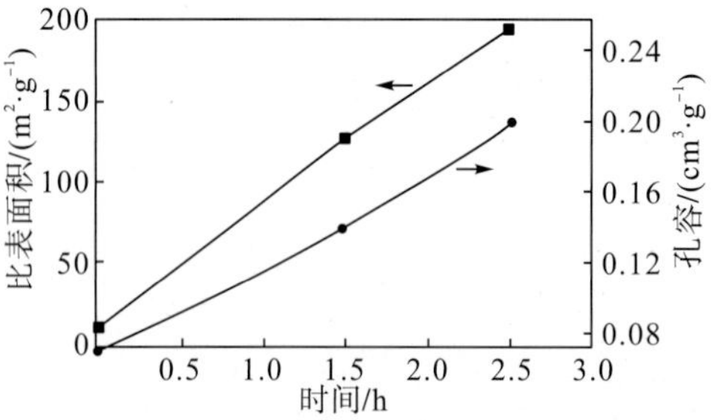

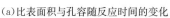

(a)比表面积与孔容随反应时间的变化

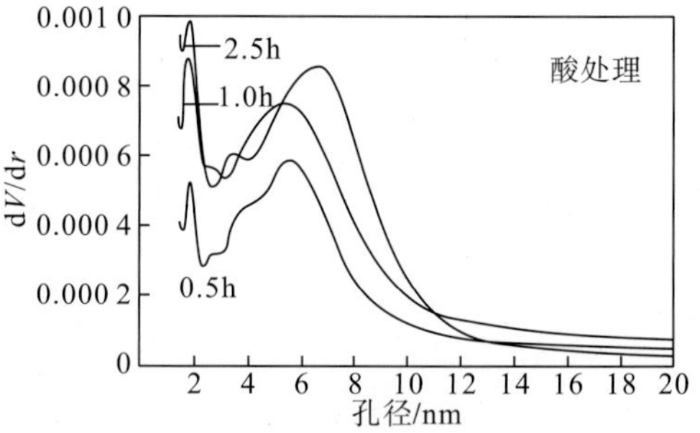

(b)不同时间酸处理的孔径分布

图 5-20　酸对高岭石处理的比表面积和孔容测试结果

图 5-21 是高岭石岩板样品过土酸(5％HCl+0.5％HF)前后，扫描电镜观察到的孔隙结构变化。可以看出，高岭石与酸反应较强烈，过酸后高岭石面上有很多溶蚀孔生成，在放大倍数为 100 倍时能看到多个小点；放大到1 000倍时，能清楚看到溶蚀孔的结构形貌，估计孔喉半径为 10～20 μm，表明在很大程度上提高了岩石孔隙空间，改善了孔隙结构，对于岩石渗透性能的改造有很好作用；当放大到5 000倍时，能观察到岩石矿物颗粒本身圆度、球度被溶蚀变差，颗粒间的结晶度变差，颗粒孔隙间有溶蚀物填充，使高岭石的胶结强度降低，对于降低岩石强度具有重要意义。

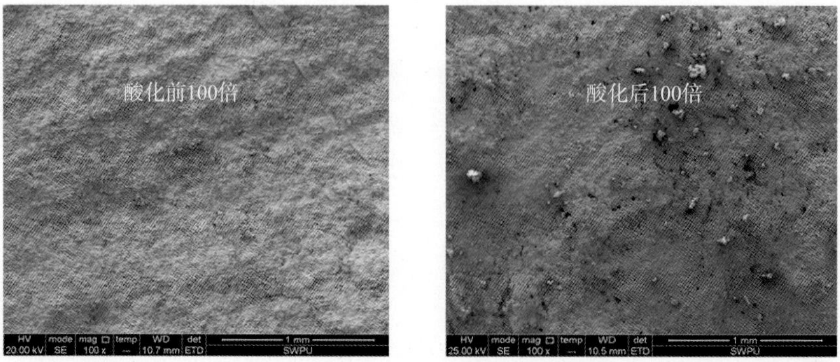

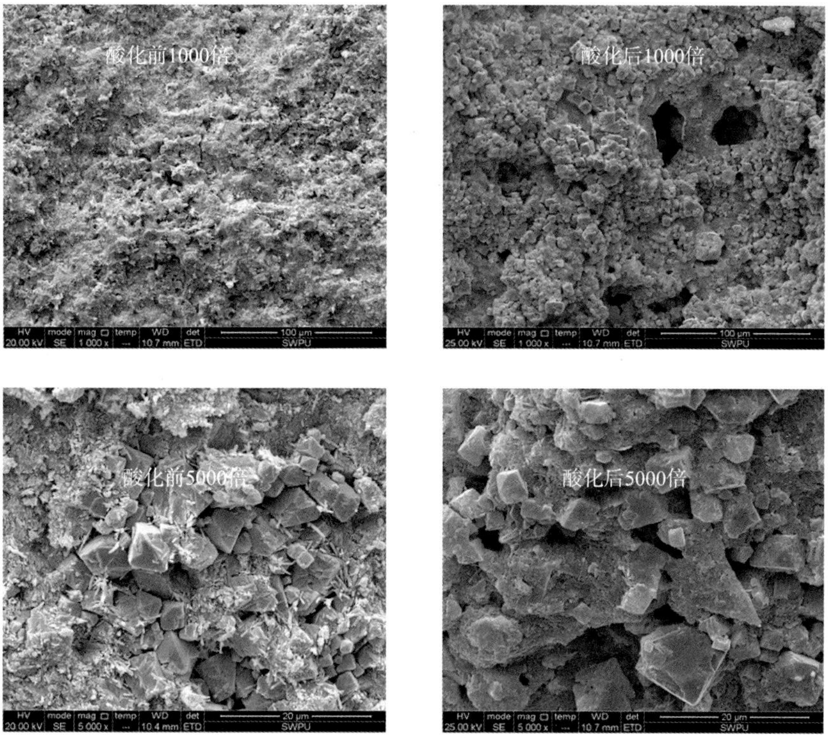

图 5-21 高岭石过酸前后扫描电镜观察

(三)伊利石与酸反应

伊利石晶层结构与蒙脱石结构一样，由两片硅氧四面体晶片夹一片 Al(Fe，Mg)－O(H)八面体晶片结合而成，然后晶层沿 C 轴方向叠积形成伊利石黏土片(图 5-22)。伊利

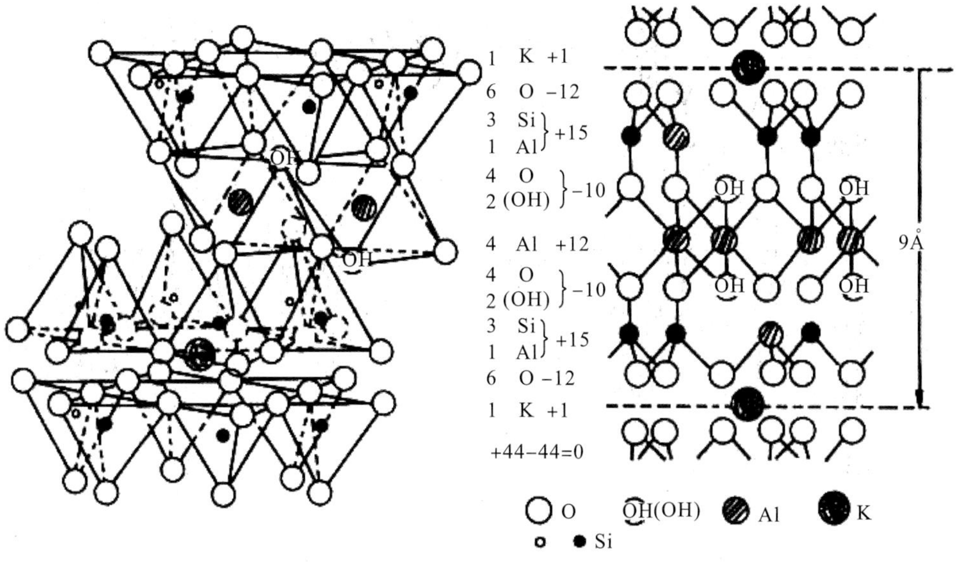

图 5-22 伊利石晶体结构示意图

石一般结构式：$K_{x+y}(Al_{2-y}Mg_y)(Si_{4-x}Al_x)O_{10}(OH)_2$。伊利石晶层内的阳离子交换量约10～40mg当量/100g黏土，比蒙脱石少。阳离子交换主要发生在Si－O四面体晶片内，如Al^{3+}置换Si^{4+}，其结构电荷达59%；八面体内阳离子交换少，如Mg^{2+}置换Al^{3+}，其结构电荷约25%。所以不均衡电荷主要在四面体片内，距高价阳离子很近，当结构层出现阳离子K^+时，便被紧紧地吸附住，并恰好嵌在上下两个四面体晶片氧原子的六方网眼中形成一种强键，致使水难以进入晶层间引起晶层膨胀，因此伊利石是一种不膨胀的黏土矿物。

伊利石晶面间距为10 Å。在弱酸性水的淋滤作用下，由于K^+对酸很敏感，最终会导致晶层间的K^+脱离出被(Na^+、Ca^{2+}或H_2O)替代，使边缘键吸附的水随之进入晶层间，晶面间距可增大到14×10^{-1}nm以上，这种蚀变伊利石或降解伊利石会降低伊利石的强度。

1. 反应机理

伊利石与各种酸液体系的反应机理与其他硅酸盐结构类似，伊利石与酸反应强度比长石、蒙脱石均弱，但是伊利石与酸反应速度最快。随反应时间的延长，硅元素离子浓度略有下降趋势，但下降趋势远小于蒙脱石的下降幅度。贺承祖对砂岩酸化反应镜下研究表明，醋酸和盐酸对伊利石填隙物几乎没有作用，但柠檬酸对伊利石有轻微的溶蚀作用。实验研究表明伊利石在盐酸溶液中很稳定(Simon，et al.，1990)，将伊利石置于3%、15%盐酸中在85℃条件下对流24h，发现伊利石仍然稳定。

氢氟酸与硅铝酸岩的反应复杂，最终反应生成氟化硅、氟化铝。

2. 实验结果

图5-23～图5-26为伊利石与酸液体系反应的硅元素和铝元素离子曲线。

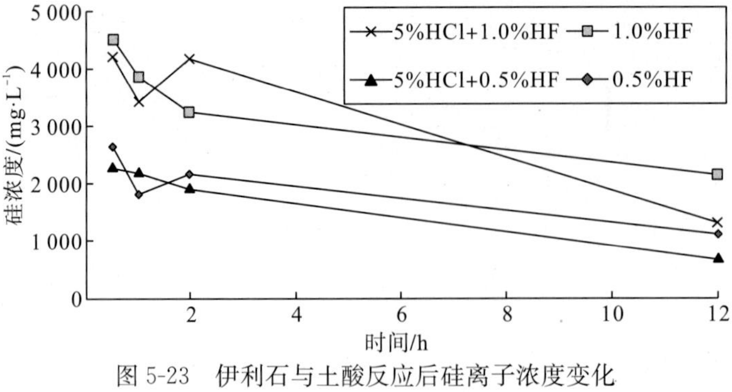

图5-23 伊利石与土酸反应后硅离子浓度变化

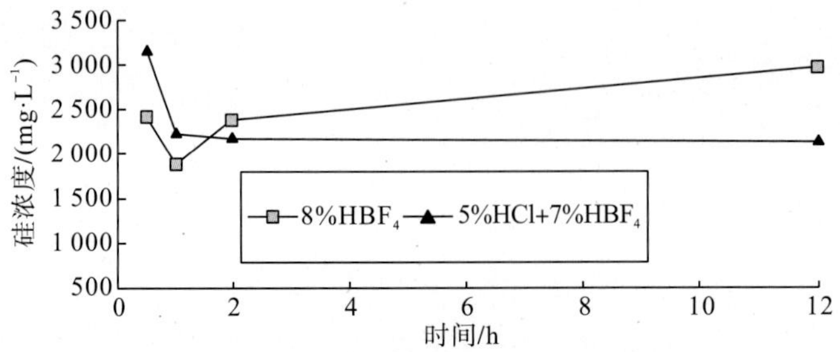

图5-24 伊利石与氟硼酸反应后硅离子浓度变化

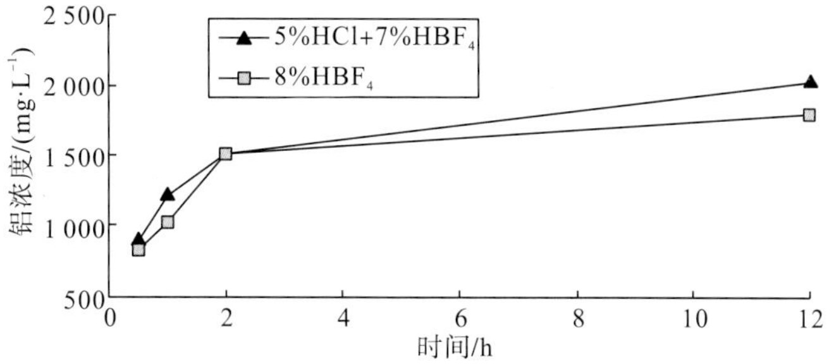

图 5-25　伊利石与氟硼酸反应后铝离子浓度变化

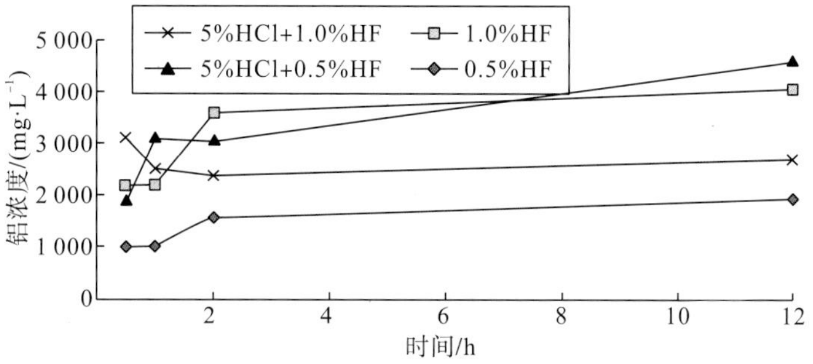

图 5-26　伊利石与氢氟酸、土酸反应后铝离子浓度变化

(1)HF、土酸、氟硼酸体系与伊利石反应的初始速率很快，0.5h 内基本达到最大，反应速率比蒙脱石快。

(2)单一 HF、土酸体系与伊利石反应强度明显强于其他酸液体系，在 HF 酸浓度相同的情况下，土酸体系与伊利石的反应强度大于相同浓度的 HF 酸体系。

图 5-27 伊利石过酸前后扫描电镜观察

图 5-27 是伊利石岩板样品过土酸(5%HCl+0.5%HF)前后，扫描电镜观察到的孔隙结构变化。可以看出，伊利石岩板过酸后微观结构变化很大：孔隙空间增大，出现了多个溶孔，岩石面变得疏松，很大程度上增加、改善了岩石的渗透性，显著降低了伊利石胶结物强度(邢希金等，2007)。

(四)绿泥石与酸反应

绿泥石晶层结构由两个硅氧四面体片夹一个铝氢氧八面体片组成，属 2∶1∶1 型黏土矿物。绿泥石的阳离子交换容量比蒙脱石少，而近似伊利石的阳离子交换量，约 10～40mg 当量/100g 黏土。在绿泥石的两四面体片夹一八面体晶片中，由于低价 Al^{3+} 置换高价 Si^{4+} 所造成的正电荷亏损，显负电性，由其附加在晶层间的八面体晶片中的高价阳离子 Al^{3+} 置换低价阳离子 Mg^{2+} 所赢得正电荷来平衡。可以看出，绿泥石的晶层间联系力，除了范德华引力和水镁石八面体上氢氧根形成的氢键外，就是阳离子交换后形成的静电力。所以绿泥石晶层一般不具有膨胀性，晶层间距约 14.2 Å。但是蚀变绿泥石，因水镁石八面体晶片酸蚀失去了 Mg^{2+}、Fe^{3+} 导致水镁石解体。绿泥石晶体结构如图 5-28 所示。

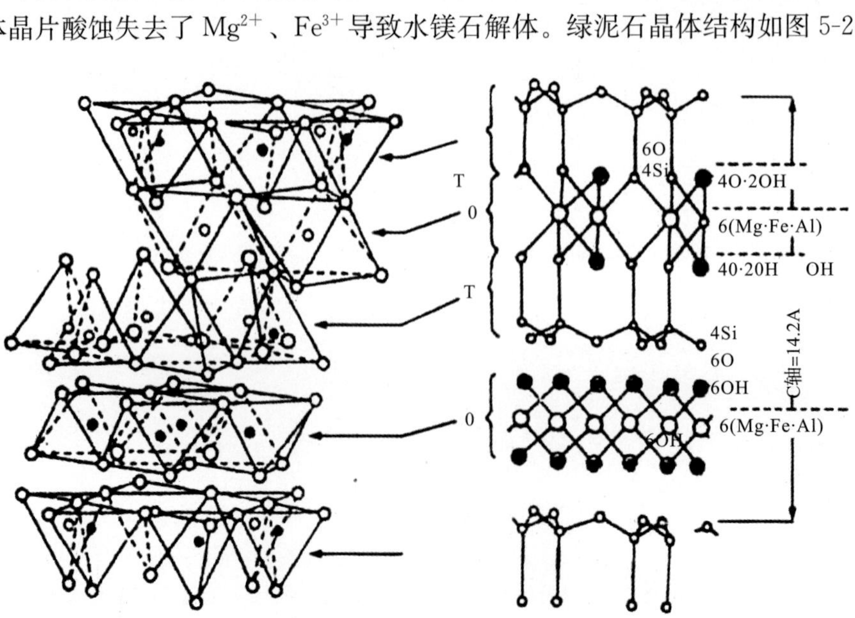

图 5-28 绿泥石晶体结构示意图

图 5-29～图 5-32 是绿泥石与酸液体系反应的硅、铝元素离子浓度随时间的变化曲线，有以下结论：

(1)HF、土酸与绿泥石反应的初始速率很快，0.5h 内基本达到最大，绿泥石与酸反应速率很快。

(2)单一的 HF 酸体系与绿泥石反应强度与 HF 浓度近似成正比，绿泥石在 HF 体系中的溶蚀率较大，1h 达到最大。主要是绿泥石晶层的水镁石层被率先溶解，快速消耗，释放出铁、镁、铝等离子。

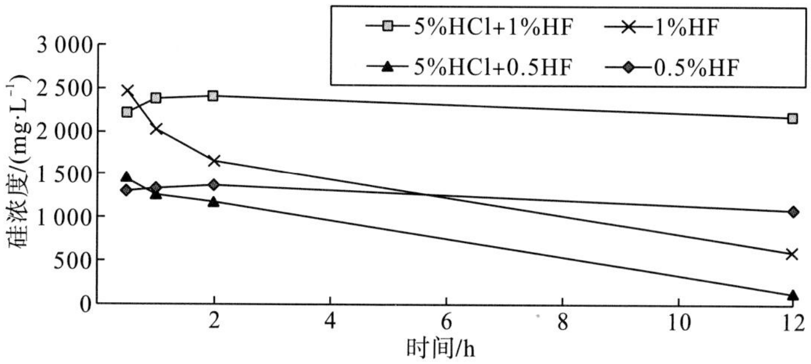

图 5-29 绿泥石与氢氟酸、土酸反应后硅离子浓度变化

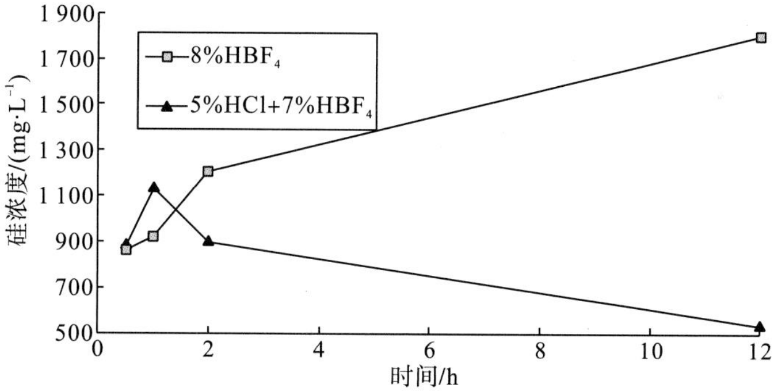

图 5-30 绿泥石与氟硼酸反应后硅离子浓度变化

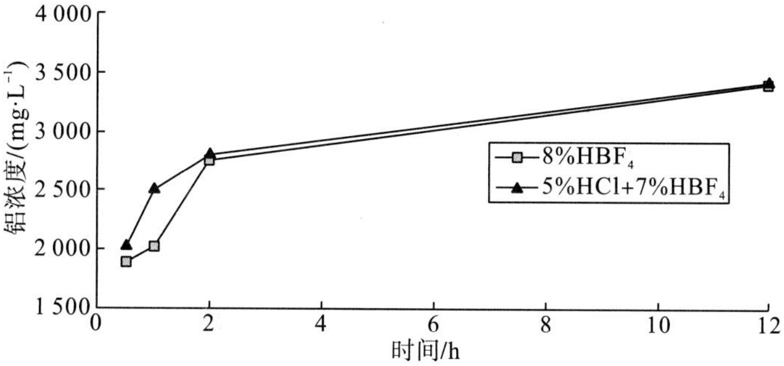

图 5-31 绿泥石与氟硼酸反应后铝离子浓度变化

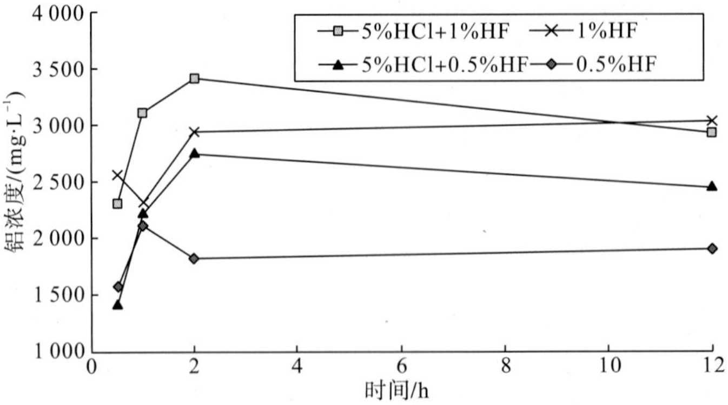

图 5-32 绿泥石与土酸反应后铝离子浓度变化

图 5-33 是对绿泥石与氟硼酸反应后的残余物能谱分析的结果：绿泥石的晶面间距在 d(001)、d(002)以及 d(003)晶面基本保持完整，说明晶体结构未受严重破坏。但是衍射峰强度明显降低，说明晶体强度降低。其原因是有部分铁、镁、铝被淋滤出水镁石和八面体岩层，引起部分晶体结构破坏，以及反应后绿泥石表面有一层非晶态硅(和铝)产生。

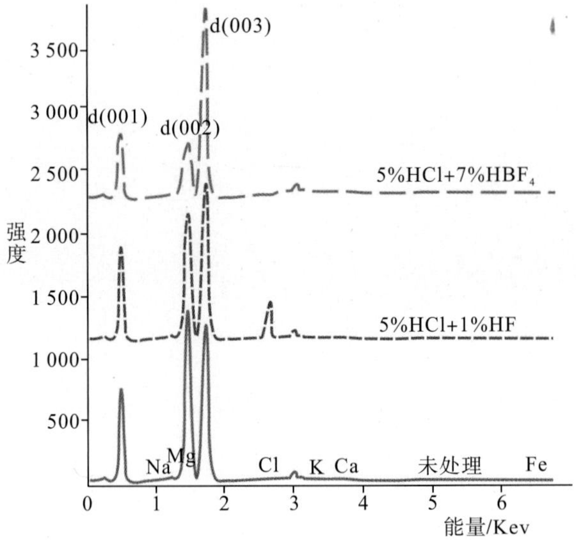

图 5-33 绿泥石与酸反应前后能谱分析图

采用环境扫描电镜对不同类型的绿泥石(针叶状贫铁、分散状含铁、蜂窝状富铁绿泥石)的酸敏性进行系统研究，结果表明：5moL/L 盐酸与绿泥石在 25℃反应 48h 后，晶体结构被完全破坏，检测不到绿泥石的 1.42nm $d_{(001)}$ 和 0.714nm $d_{(002)}$ 晶面绿泥石与盐酸反应时优先释放铁、镁、铝离子，导致绿泥石晶体结构完全破坏(Baker，et al.，1993)。

图 5-34 是绿泥石岩板样品过土酸(5%HCl+0.5%HF)前后，扫描电镜观察到的孔隙结构变化。可以看出，绿泥石与酸液反应后过酸表面变得疏松，疏通了孔隙空间，对孔隙空间结构有所改善。

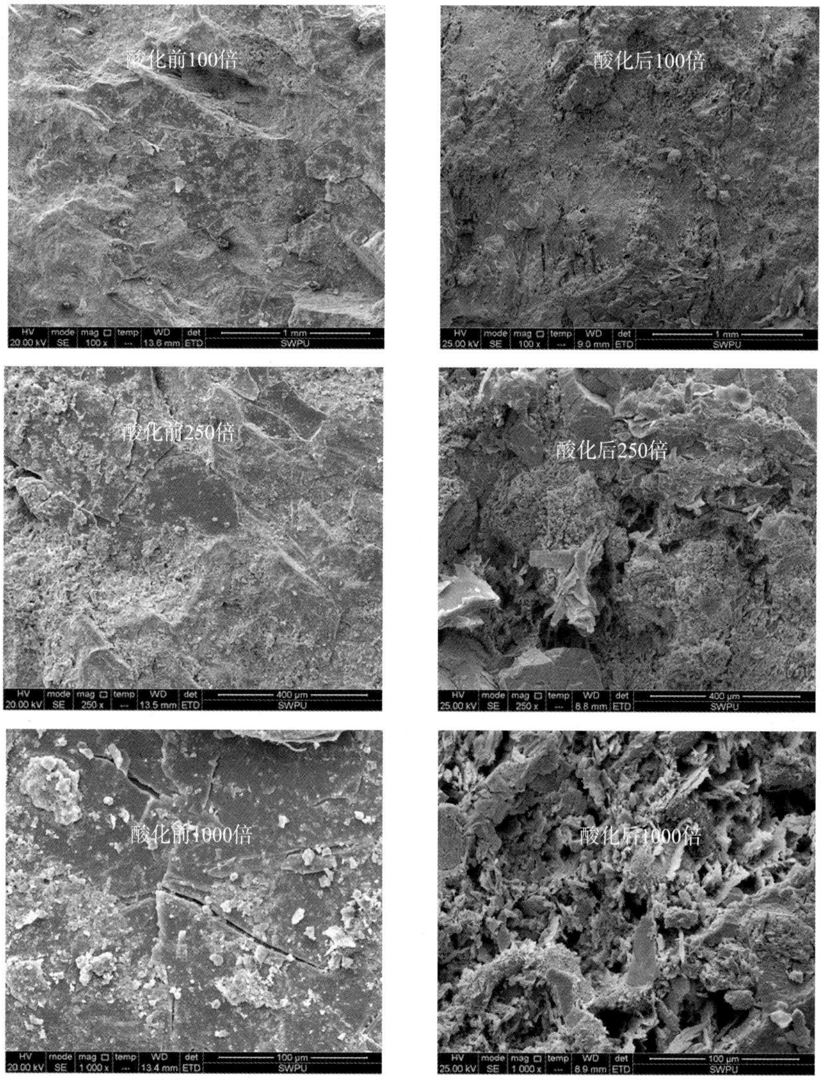

图 5-34　绿泥石过酸前后扫描电镜观察

三、骨架矿物与酸反应研究

石英、钾长石、斜长石酸蚀率及硅铝离子浓度如表 5-4 所示。

表 5-4　石英、钾长石、斜长石酸蚀率及硅、铝离子浓度

酸 型	时间/h	石英		钾长石			斜长石		
		溶蚀率/%	Si/(mg·L^{-1})	溶蚀率/%	Si/(mg·L^{-1})	Al/(mg·L^{-1})	溶蚀率/%	Si/(mg·L^{-1})	Al/(mg·L^{-1})
5.0%HCl	0.5	1.17	5.1	0.97	5.3	17.1	0.61	6.4	251.3
	1	0.71	8.6	0.99	9.1	23.4	0.82	10.2	215.6
	2	0.88	9.0	3.46	11.0	19.2	0.61	11.5	231.4
	12	0.82	11.0	1.80	13.3	21.5	0.87	14.4	478.6
	平均	0.89	8.5	1.81	9.7	20.3	0.73	10.6	294.2

续表

酸型	时间/h	石英 溶蚀率/%	石英 Si/(mg·L⁻¹)	钾长石 溶蚀率/%	钾长石 Si/(mg·L⁻¹)	钾长石 Al/(mg·L⁻¹)	斜长石 溶蚀率/%	斜长石 Si/(mg·L⁻¹)	斜长石 Al/(mg·L⁻¹)
0.5%HF	0.5	1.14	1 581.4	1.72	1 425.5	417.3	1.02	1 492.3	1 312.4
	1	0.62	2 118.9	1.80	1 501.9	596.7	4.69	2 440.1	2 831.6
	2	0.72	1 352.4	2.39	2 443.3	1 252.3	0.94	1 810.4	2 771.3
	12	0.87	2 405.1	3.87	2 217.5	1 134.6	1.88	2 651.0	2 421.3
	平均	0.84	1 864.4	2.44	1 897.1	850.2	2.13	2 098.4	2 334.2
1.0%HF	0.5	0.94	2 449.6	2.25	2 672.3	1 047.3	9.11	3 432.4	3 471.3
	1	3.13	3 476.9	2.71	2 538.7	1 538.5	3.27	1 870.8	3 145.2
	2	0.96	2 338.3	8.14	3 467.4	1 467.1	1.57	2 739.1	3 491.6
	12	2.63	3 279.7	5.85	3 594.6	1 594.5	3.46	4 122.6	4 387.1
	平均	1.92	2 886.2	4.74	3 068.3	1 411.9	4.35	3 041.2	3 623.8
5%HCl+0.5%HF	0.5	1.79	1 272.9	2.27	1 759.5	826.3	0.39	1 600.5	1 141.3
	1	0.98	1 740.4	2.10	2 023.5	1 011.6	1.95	1 447.8	1 795.6
	2	1.39	1 113.9	2.81	2 405.1	1 205.3	0.85	1 590.9	2 071.8
	12	1.74	1 361.9	4.80	2 366.9	1 164.8	2.01	2 153.9	2 973.4
	平均	1.48	1 372.3	3.00	2 138.8	1 052.0	1.30	1 698.3	1 995.5
5%HCl+1.0%HF	0.5	2.27	2 732.7	3.00	3 162.1	1 562.4	1.69	2 440.1	2 621.3
	1	0.88	2 459.2	3.29	3 053.9	1 453.8	3.70	2 481.4	4 638.4
	2	1.23	2 557.8	4.06	3 852.2	1 960.6	1.37	2 815.4	4 867.2
	12	1.68	2 497.3	7.00	3 235.2	2 031.2	3.52	4 408.8	5 948.5
	平均	1.52	2 561.8	4.34	3 325.9	1 752.0	2.57	3 036.4	4 518.9
8%HBF_4	0.5	1.40	84.6	2.52	255.1	263.4	0.67	191.5	2 384.6
	1	0.73	121.2	2.82	576.4	376.1	3.64	391.9	3 142.1
	2	0.66	131.1	4.41	1 190.2	843.9	0.84	401.4	3 946.5
	12	0.95	341.0	7.44	3 511.9	1 211.6	1.68	3 356.1	5 763.9
	平均	0.94	163.5	4.30	1 383.4	673.8	1.71	1 085.2	3 809.3
5%HCl+7%HBF_4	0.5	1.04	113.3	1.90	312.4	213.4	0.91	318.7	2 524.6
	1	0.72	98.9	3.05	722.7	326.1	2.82	528.6	3 713.2
	2	0.75	112.0	4.66	1 250.6	927.6	1.76	563.6	4 131.8
	12	0.81	337.8	7.44	2 815.4	1 350.3	2.43	3 130.3	4 267.9
	平均	0.83	165.5	4.27	1 275.3	704.4	1.98	1 135.3	3 659.4

（一）石英与酸反应

石英晶体结构如图 5-35 所示。

1. 石英与酸反应机理

氢氟酸溶解石英的特征是以氟离子与硅元素形成配合物。酸－岩反应结果是 HF 通过溶解石英反应形成新的化合物，化合物与氢氟酸之间相互反应，存在多种平衡。

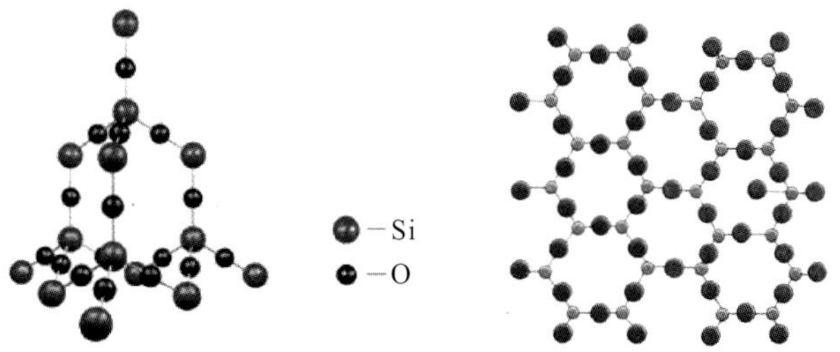

图 5-35　石英晶体结构示意图

当 HF 浓度较高(>4%wt)时，HF 溶解石英的总反应式为

$$SiO_2+6HF \rightarrow H_2SiF_6+2H_2O \tag{5-5}$$

当 HF 浓度降低时可逆转生成 HF 和氢氧化硅沉淀：

$$H_2SiF_6+4H_2O \rightarrow Si(OH)_4+6HF \tag{5-6}$$

硅酸在水中的溶解度不大，当液相中硅酸浓度大于其在一定温度下的溶解度时发生硅酸逐渐沉淀，开始生成的是可溶于水的单分子 H_4SiO_4，然后再逐步脱水成为多硅酸溶胶或生成硅酸凝胶 [$Si(OH)_4 \cdot nH_2O$]。

在土酸与石英反应时，溶解硅初始阶段主要以 H_4SiO_4 形式存在，随后再逐步脱水成为多硅酸溶胶或生成硅酸凝胶 [$Si(OH)_4.H_2O$]；随后在较高 HF 浓度条件下，形成 Na_2SiF_6、K_2SiF_6 沉淀；当 HF 浓度进一步降低，H_2SiF_6 可逆转重新生成氢氧化硅沉淀。

2. 反应结果

从石英与盐酸、氢氟酸、土酸、氟硼酸的反应结果(图 5-36 和图 5-37)可以看出：

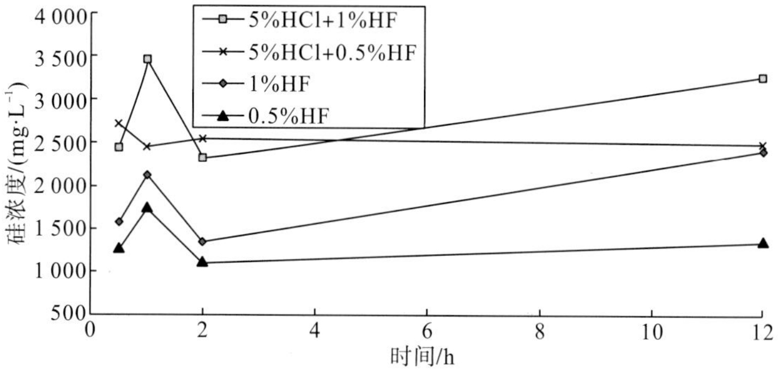

图 5-36　石英与氢氟酸、土酸反应后硅离子浓度变化

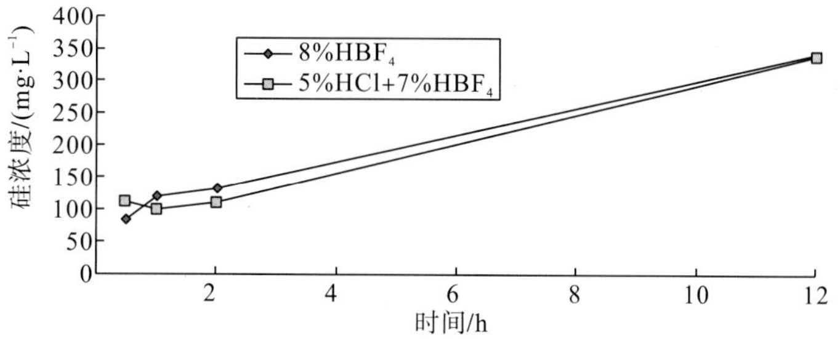

图 5-37　石英与氟硼酸反应后硅离子浓度变化

(1)石英与 HF、土酸反应的初始速率很快，1h 内反应液中硅离子浓度基本达到最大；氟硼酸与石英反应相对较慢，12h 后才达到最大值。

(2)对比反应后几种酸液硅离子浓度可判断，石英与土酸体系反应最强，反应强度与 HF 浓度成正相关关系，如 0.5%HF 反应 2h 后反应液中硅元素离子浓度为 1 352mg/L，而 1.0%HF 反应液中的硅离子浓度为 2 338mg/L。

(3)石英与 8%HBF_4、5%HCl+7%HBF_4 反应的离子浓度随时间的增长而增加，表现慢反应的特点。

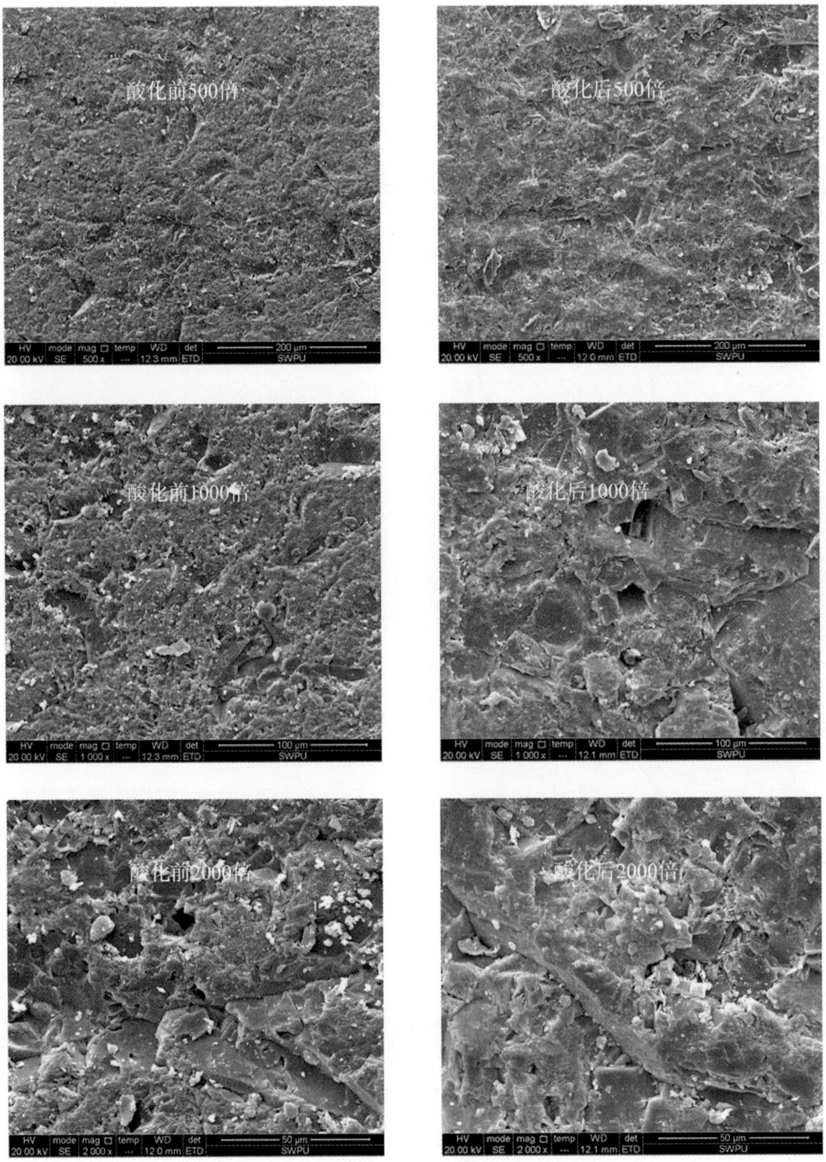

图 5-38　石英过酸前后扫描电镜观察

图 5-38 是石英岩板样品过土酸(5%HCl+0.5%HF)前后，扫描电镜观察到的孔隙结构变化。可以看出，孔隙空间和裂缝并没有明显变化，溶蚀比较小。过酸后岩板表面完

整致密，这也间接说明了酸对岩石骨架的力学性能改变不大。

（二）长石与酸反应

1. 反应机理

长石属于架状硅酸盐矿物，每个 $[SiO_4]^{4-}$ 四面体的 4 个角顶全部与其相邻的 4 个 $[SiO_4]^{4-}$ 四面体共用，每个氧与两个硅相联结，所有的氧为惰性氧。在硅酸盐的架状骨干中，有部分 Si^{4+} 为 Al^{3+} 所代替，使氧离子带有部分剩余电荷与骨干外的其他阳离子结合，形成铝硅酸盐，长石的架状硅氧骨干如图 5-39 所示。实际上四方环沿着链的方向有所扭曲，扭动后的位置如图 5-39(a)中细线所示。这种架状硅氧骨干的化学式一般可以写作 $[Si_{n-x}Al_xO_{2n}]^{n-}$。

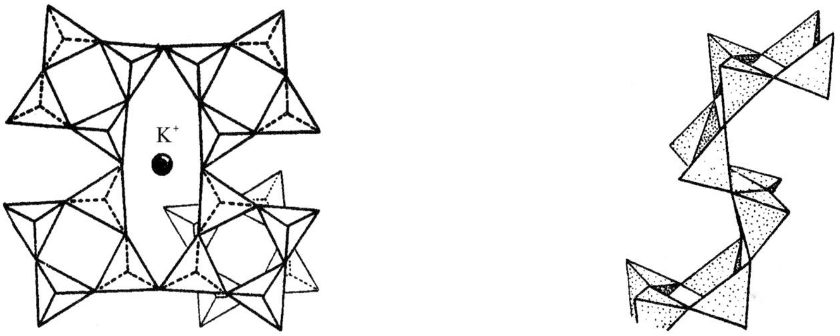

(a)理想化的钾长石架状结构，图面垂直于 a 轴　　(b)理想化的假四方环所构成的平行于 a 轴的硅氧链

图 5-39　理想化的长石晶体结构

斜长石的主要成分为 $Na[AlSi_3O_8]-Ca[Al_2Si_3O_8]$，相互代替的 Na^+ 与 Ca^{2+} 离子半径差值为 0.004nm。在化学上，硅(铝)氧四面体之间以桥键氧相接，四面体与钾、钠、钙等阳离子之间以非桥键氧相接。长石在酸液的溶解反应，主要发生在桥键氧和非桥键氧上。

HF 与长石的反应为

钠长石：$NaAlSi_3O_8+22HF \rightarrow NaF+AlF_3\downarrow+3H_2SiF_6+8H_2O$ (5-7)

钾长石：$KAlSi_3O_8+22HF \rightarrow KF+AlF_3\downarrow+3H_2SiF_6+8H_2O$ (5-8)

钙长石：$CaAl_2Si_2O_8+22HF \rightarrow CaF_2\downarrow+2AlF_3\downarrow+2H_2SiF_6+8H_2O$ (5-9)

HF 与硅铝酸盐的反应通式为

$$(6+x)HF+M-O-Al-Si+(3-x+1)H^+ \rightarrow H_2SiF_6+AlF_x^{(3-x)+}+M^++2H_2O \quad (5\text{-}10)$$

硅酸盐矿物晶格表面具有强烈的吸水性和离子交换性，在酸性介质中，晶格表面已羟基化，如图 5-40。

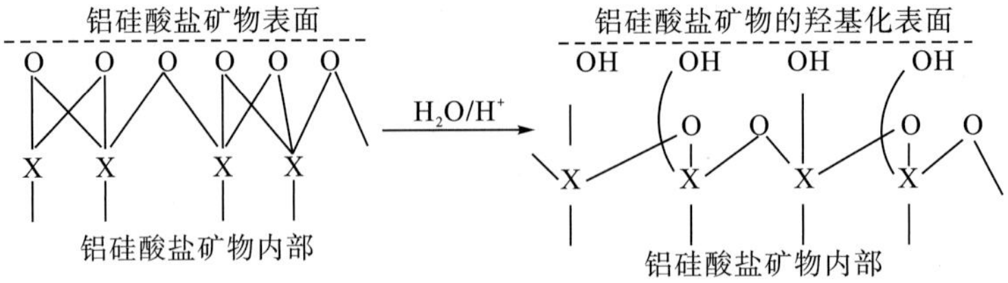

图 5-40 长石颗粒表面的羟基化示意图(X 代表 Si 或 Al 的晶格原子)

与酸反应的长石中既有共价键(Si—O、Al—O、Al—OH),也有离子键。长石与酸的反应过程要涉及这些键的断裂。由于离子键通常比共价键弱,酸与长石的反应受共价键 Si—O—Si 和 Si—O—Al 的断裂控制:

$$\text{Si—O—X+HF} \rightarrow \text{X—OH—SiF} \tag{5-11}$$

在与长石的反应过程中,土酸中盐酸的作用主要体现在:从 HCl 电离出 H^+ 与长石中的 Na^+、K^+、Ca^{2+} 等发生阳离子交换后,由于 H^+ 半径比其他离子半径要小,导致矿物晶格空间位置变大,表面反应活性点暴露几率增加,强化了 HF 分子向矿物晶格中 Si—O—Si 和 Si—O—Al 键进攻的能力,使得反应速度加快,且反应充分。

2. 实验结果

斜长石与上述酸体系反应后,硅元素浓度大小如图 5-41~图 5-44 所示。

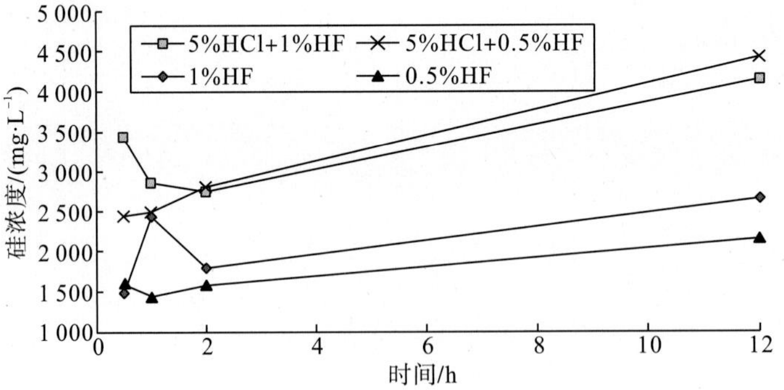

图 5-41 斜长石与氢氟酸、土酸反应后硅离子浓度变化

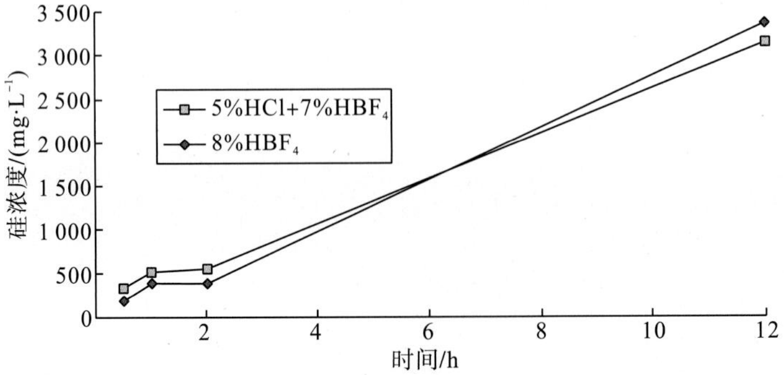

图 5-42 斜长石与氟硼酸反应后硅离子浓度变化

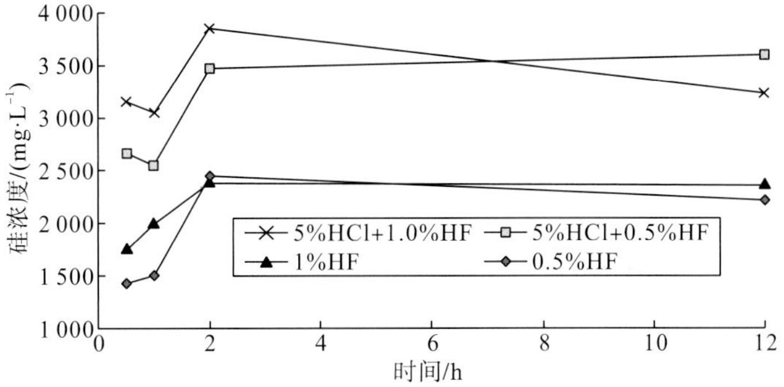

图 5-43　钾长石与氢氟酸、土酸反应后硅离子浓度变化

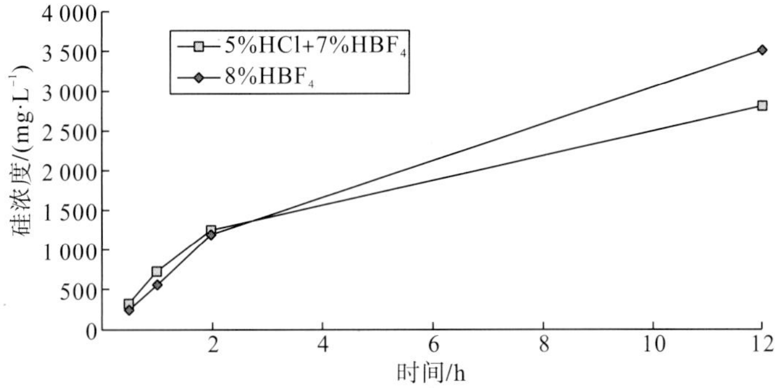

图 5-44　钾长石与氟硼酸反应后硅离子浓度变化

(1)从硅元素离子浓度大小等参数判断，长石与氢氟酸、土酸的反应速度很快，显示出快、强的溶蚀特征，氟硼酸与长石的反应表现为慢反应的特征。

(2)土酸中，随氢氟酸浓度的增加，酸对长石的溶蚀能力增强，表明土酸对长石的溶解能力主要体现在氢氟酸的作用上。

图 5-45 是长石岩板样品过土酸(5%HCl+0.5%HF)前后，扫描电镜观察到的孔隙结构变化。可以看出，长石矿物酸损伤前后的微观结构变化不是很明显，酸损伤后有溶蚀胶结物出现在颗粒表面，或堵塞在孔隙通道中，严重影响到岩石的渗透率。从微观图上也可以看出，过酸后的长石表面在一定程度上变得疏松，由此推断出岩石力学强度可能发生一定变化。

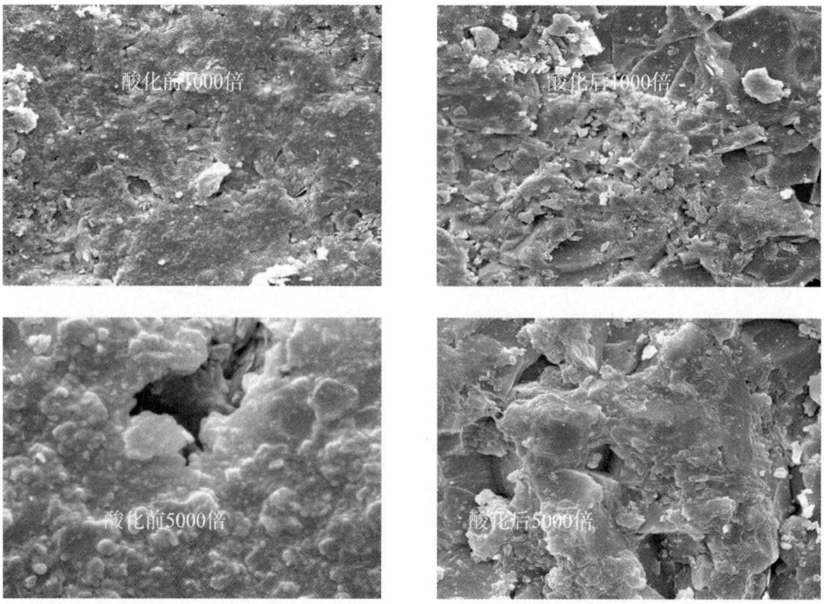

图 5-45　长石过酸前后扫描电镜观察

四、酸损伤降低岩石强度实验研究

前面通过开展酸液体系与砂岩典型单矿物化学反应特征研究，揭示了砂岩酸损伤改变岩石力学强度的机理：酸液通过对矿物晶体结构的破坏，降低了岩石矿物颗粒间的结构连结作用力，改变了单矿物颗粒的力学性质，进一步降低了整个岩石的强度。

本节将以砂岩储层岩芯为研究对象，模拟射孔井压裂的实际情况，研究钻井泥浆污染、酸损伤对岩石力学性质的影响。

（一）岩块准备

实验采用典型的砂岩作为试样。考虑到需要开展大量、重复性的实验，以及对岩样的孔隙度、渗透率有较高的要求，因此选择了岩石露头进行实验。岩芯露头取自某正在修建公路的隧洞内，风化程度低。制作岩样时，剔除表面的风化层，制成 0.25m×0.25m 的岩块，准备实验。

（二）矿物成分鉴定

岩石的力学性质除了受岩石的结构影响外，矿物成分的影响也很大。因此，在开展实验前需要鉴定岩石的矿物成分。

目前鉴定岩石矿物成分的方法主要有差热分析法、X 射线-衍射分析法、全岩分析法、化学分析法以及红外光谱分析法、染色法等方法。由于天然岩石中存在多种不同的岩屑矿物和黏土矿物类型，因此一般采用多种方法进行综合性分析。研究采用了 X 射线一衍射分析法和全岩分析法来确定岩石的矿物组成。

1. X 射线－衍射分析法(张定铨等，1999)

X 射线－衍射分析法是普遍采用的用于鉴定黏土矿物的方法。X 射线是一种波长很短的光波，穿透能力比较强，当 X 射线穿过黏土矿物晶格时会产生衍射现象，不同黏土矿物的晶格由于排列构造不同，会产生不同的衍射图谱。形成衍射的前提是当 X 射线射入层状结构晶体矿物中时，在相邻晶面产生的次生 X 射线的行程差为波长的整数倍，晶胞间距、X 射线的入射角、波长都是重要的参数。

X 射线衍射鉴定晶体的理论依据是布拉格定律：

$$n\lambda = 2d\sin\theta \tag{5-12}$$

式中，d——晶面间距，m；

λ——入射 X 射线的波长，m；

θ——X 射线的入射角度，(°)；

n——大于零的整数。

当控制 X 射线的波长 λ 和入射角 θ 时，通过式(5-12)可以求得矿物晶体原子层的间距，以此判断岩体中矿物成分的种类。在实际情况下，矿物晶体内部原子层呈空间排列，而非单纯分布在一个层面上，随着层面上原子密度的不同所产生的衍射强度就不同。通过变化 X 射线的入射角，得到多个衍射强度，转换成图像后得到两倍入射角 2θ 衍射强度的衍射图谱(图 5-46)。

由于黏土矿物是层状结构，相邻晶层产生的衍射强度会出现一个衍射峰值，不同的黏土矿物的晶层间距不同，所以通过衍射图谱上的衍射峰值和其所在位置可以判断出黏土矿物的类型。

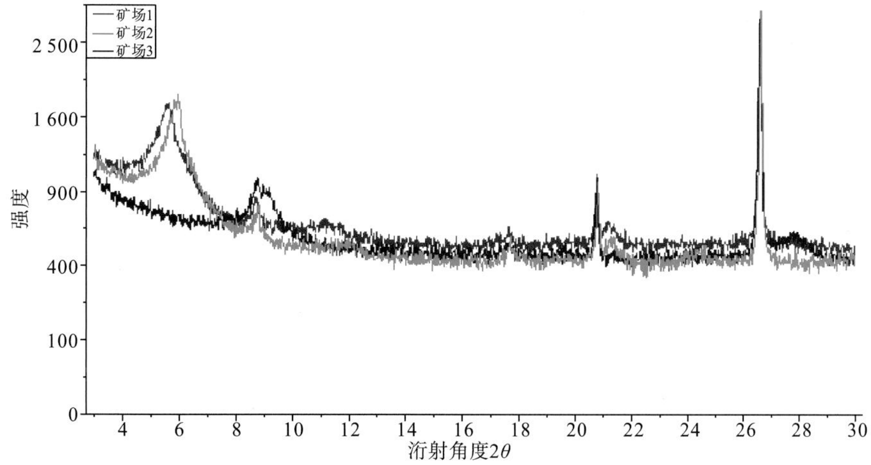

图 5-46　岩样黏土矿物衍射结果

2. 全岩分析法(孙建孟等，2014)

全岩分析法是通过测定岩样中各主要元素的相对含量，如 SiO_2、Al_2O_3、Fe_2O_3、FeO、CaO、K_2O、Na_2O、MgO 等来鉴定岩石的矿物类型。

全岩和X射线-衍射分析鉴定实验测试岩石样品为细粒斜长石砂岩，其结构为细粒砂状。岩石由碎屑物和填隙物两部分组成，黏土填隙物的含量为15.6%～17.6%，其成分主要为高岭石、绿泥石、伊利石和伊蒙混层，见表5-5、表5-6。岩石碎屑物含量占整个岩石绝对含量的82.4%～84.4%，其主要成分以石英、钾长石、斜长石和方解石为主。胶结物主要成分为黏土矿物。

表5-5 岩石黏土矿物类型及含量(绝对含量16.6 %)

矿物类型	高岭石	绿泥石	伊利石	蒙脱石
相对百分含量/%	9.5	23.3	36.0	31.2

表5-6 全岩分析得到岩石的主要成分及含量(绝对含量83.4%)

矿物类型	石英	钾长石	斜长石	方解石
相对百分含量/%	44.99	9.23	39.19	6.59

(三)实验设备

为了模拟压裂过程中地层温度、压力、泥浆污染和酸损伤对岩石力学性质的影响，实验过程中采用了纵波波速测试、岩芯流动实验测试和三轴力学实验测试设备。

1. 纵波波速测试实验设备

设备主要由示波器、激发器、岩芯探头等组成。设备主要用来测试酸损伤前岩样的波速，判断岩样的均质性，确保实验用岩样测试结果的可对比性；测试酸损伤后岩石纵波波速的变化，用于计算损伤变量。

2. 岩芯流动实验设备

实验仪器由泵注系统、恒温系统、流动管路模拟系统、岩芯夹持器、环压自动控制系统、回压系统和数据采集系统等7大功能部分组成(图5-47)。该设备可以模拟泥浆对岩石的污染和酸对岩石的损伤。

图5-47 高温高压动态滤失仪

3. 三轴岩石力学测试设备

试压仪器由高温高压三轴室、围压加压系统、轴向加压系统、数据自动采集控制系统等四大部分组成(图 5-48)。用来测试标准岩样、泥浆污染岩样、酸损伤岩样的力学性质：抗压强度、杨氏模量、泊松比、摩擦角、内聚力等参数。

图 5-48 三轴力学实验仪

(四)实验准备

1. 岩样制备

1)钻取标准岩芯

从现场取回的天然岩块中钻取 2.54cm×5.00cm 的标准岩芯，尽量避免在采取和制备过程中产生裂缝。

2)试件的端面精度要求

(1)试件两端面不平整度误差小于 0.05mm；

(2)沿试件高度直径误差小于 0.3mm；

(3)端面应垂直于试件轴线，最大偏差小于 0.25°。

2. 岩样的标定和分组

对初步制备好的完整岩样纵波波速参数进行测试。将纵波波速为 3 900～4 100m/s 的岩样进行编号，准备下一步实验，以保证实验结果的可对比性。

3. 实验方案设计

根据前面 X 射线－衍射、全岩分析的结果表明，实验岩样中含有较多的黏土矿物(16.6%)以及较高的钙质含量(5.4%)。实验测试了不同的酸浓度组合对岩石损伤后力学性质的影响。

（五）实 验 步 骤

1. 以泥浆污染岩芯实验为例，主要的实验步骤

（1）将实验用的岩样在抽空条件下饱和标准盐水。

（2）按照实验流程（图 5-49）接好管线，并将泥浆装入高压容器。

（3）将岩样放入岩芯夹持器，使液体流动方向与规定方向一致。

（4）缓慢将围压调至 12MPa，实验过程中始终保持围压大于岩芯上游压力 2.0MPa。

（5）打开岩芯夹持器进口端排气阀，开驱替泵（泵速不超过 1mL/min），这时驱替泵至岩芯管线中的气体从排气阀中排出。当液体排净，管线中全部充满实验流体，流体从排气阀中流出时，关驱替泵。

（6）打开夹持器出口端阀门，关闭排气孔。

（7）驱替泵的流量调节到实验选定的初始流量，打开驱替泵。

（8）观测到出口端有泥浆流量稳定流出，停止驱替。考虑到由于泥浆中固体颗粒含量较多，如遇泥浆驱替不过岩芯，则在 10MPa 的驱替压力下憋压 3h。

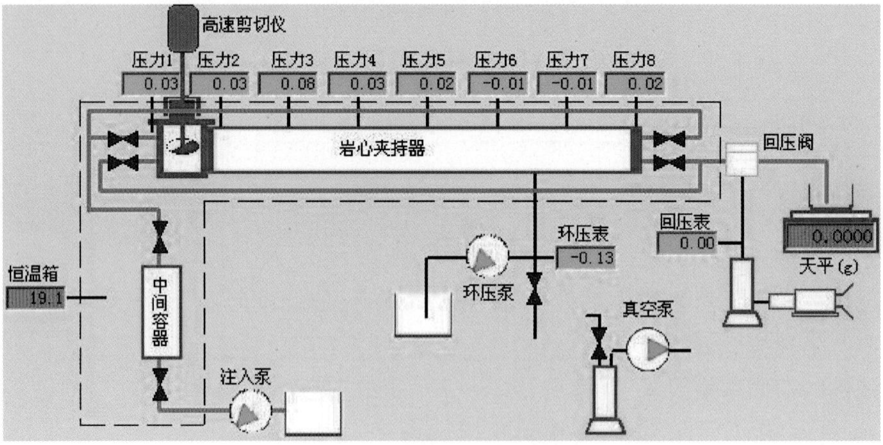

图 5-49 岩芯流动实验测试仪

2. 酸损伤模拟

酸损伤模拟与泥浆污染的实验流程一致。主要区别是将泥浆驱替实验过程中的泥浆替换为酸液，按照预定的实验要求驱替酸液 2h。

（六）实 验 结 果

1. 微观损伤结果

对泥浆污染、酸损伤的岩样开展了显微镜观察、铸体薄片实验研究，分析其微观结

构的变化。

1)泥浆污染前后岩石的显微观察结果

(1)泥浆伤害前岩芯外观及电镜扫描结果。图 5-50 是泥浆伤害前岩样电镜扫描结果(×1 000倍)。可以看出，岩石内部基本没有粒间孔，原生粒间孔大部分被伊利石、高岭石或自生石英所充；基质表面被黏土矿物充填，伊利石较多。

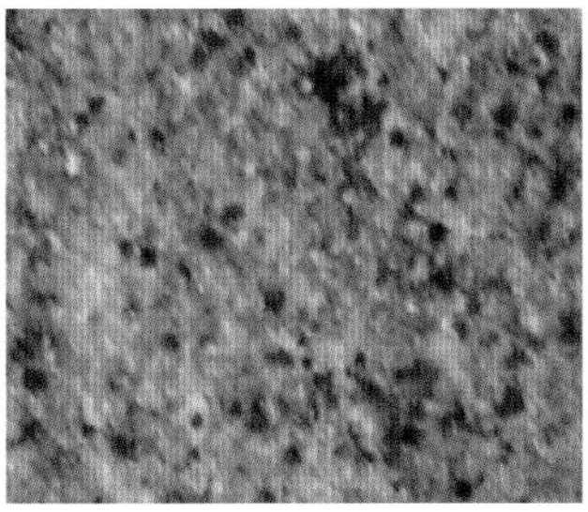

(a)岩样端面观察结果

(b)电镜扫描结果

图 5-50　泥浆伤害前岩样电镜扫描结果

(2)泥浆伤害后岩芯外观及电镜扫描。图 5-51 是岩样直接污染面的外观与微观结构(×1 000倍)，可以明显观察到钻井液滤液浸入岩样，其造成的污染使孔隙轮廓不明显。从岩石颗粒的外观来看，岩石颗粒表面模糊，说明泥浆浸泡后使岩石中的黏土矿物发生了软化。

(a)岩样端面观察结果

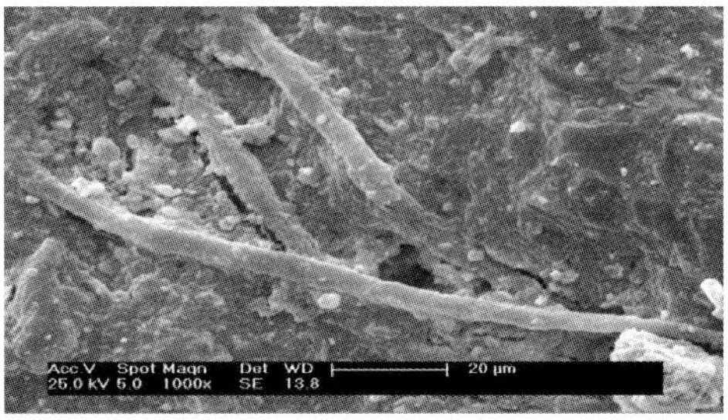

(b)电镜观察钻井液聚合物

(c)矿物颗粒电镜扫描结果

图 5-51　泥浆伤害后岩样电镜扫描结果

2)酸损伤前后岩石的显微观察结果

(1)砂岩酸损伤前的电镜扫描结果。岩石内部基本没有粒间孔，原生粒间孔大部分被绿泥石、伊利石或自生石英充填(图 5-52)；基质表面被黏土矿物充填，绿泥石、伊利石较多(图 5-53)；绿泥石生在长石表面，较发育；颗粒表面发育有伊利石，为环带(图 5-54)；有少量的晶内溶孔(图 5-55)。

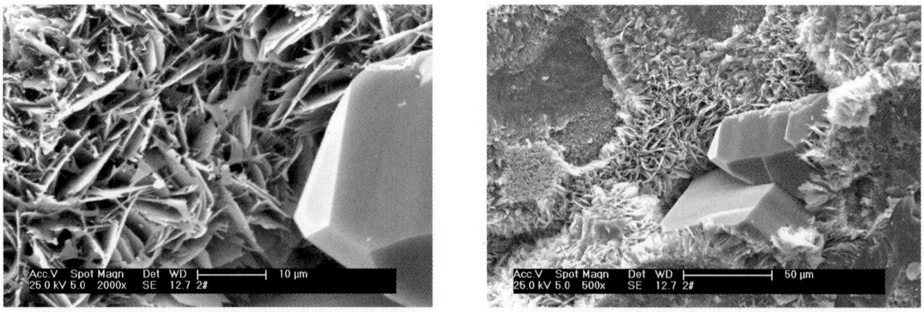

图 5-52 1＃样长石表面有黏土矿物

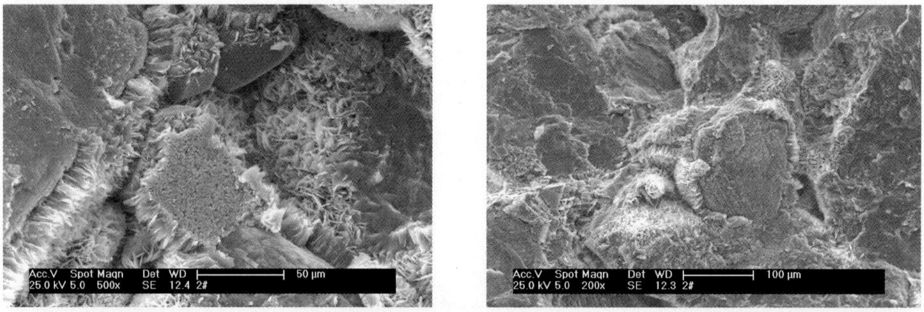

图 5-53 1＃样黏土矿物包裹在基质周围(充填于粒间孔隙内)

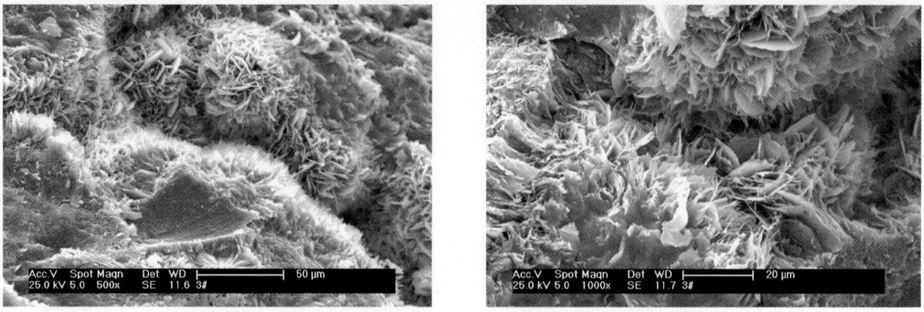

图 5-54 2＃样黏土矿物生长于基质表面(有少量剩余粒间孔)

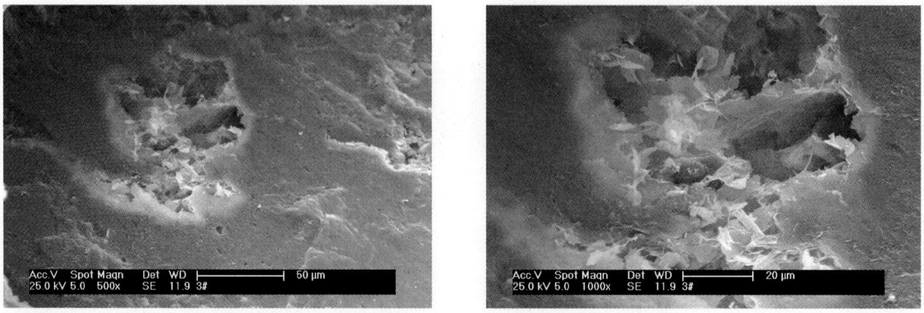

图 5-55 2＃样有长石晶内溶孔(但连通性差)

(2)砂岩酸损伤后电镜扫描结果。图 5-56～图 5-59 是砂岩酸损伤后电镜扫描结果。观察发现，土酸与岩石的骨架(石英、长石)、胶结物(黏土矿物)均有反应。土酸与砂岩的反应效果非常明显，产生了大量溶孔，并且可以清晰看到矿物的溶孔轮廓，黏土矿物反应完全，石英在土酸作用下外表变得模糊；土酸与长石的反应较弱，沿长石解理方向有少量溶孔。

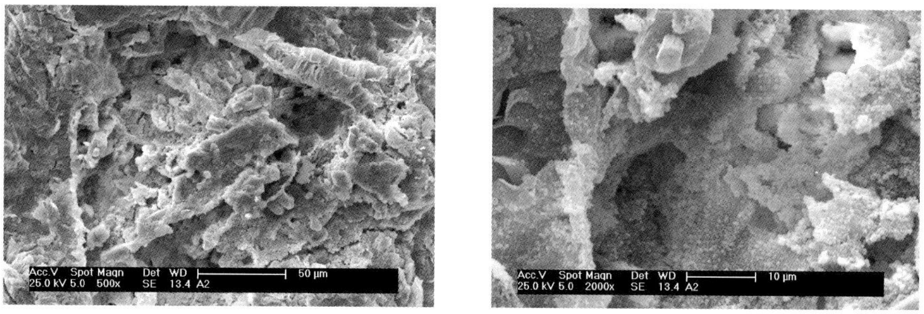

图 5-56　1＃样在 5％HCl＋1％HF 酸作用下变得模糊

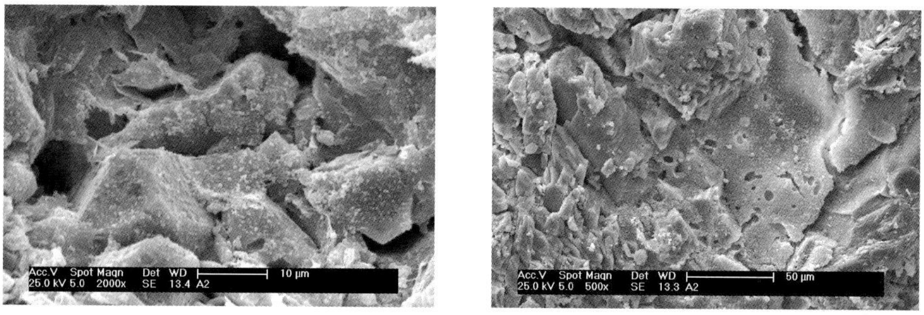

图 5-57　1＃样在 5％HCl＋1％HF 酸作用下可以清晰看到颗粒溶孔且有少量石英溶孔

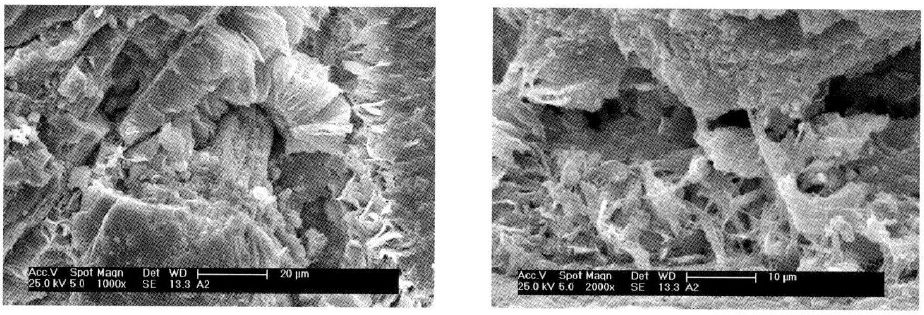

图 5-58　2＃样在 5％HCl＋7％HBF_4 酸作用下有未完全溶解的黏土矿物

图 5-59　2＃样在 5％HCl＋7％HBF_4 酸作用下有长石溶孔

(3)砂岩损伤后的铸体薄片观察。图 5-60 是酸处理前后的铸体薄片实验情况。可以看出，岩样基质成分主要有石英、长石、云母和其他杂基。岩石颗粒磨圆性差，成熟度低；胶结物主要为泥质、钙质胶结，为接触式胶结。从薄片颜色可以看出，有色液态注不进，说明岩石致密、孔喉结构差。

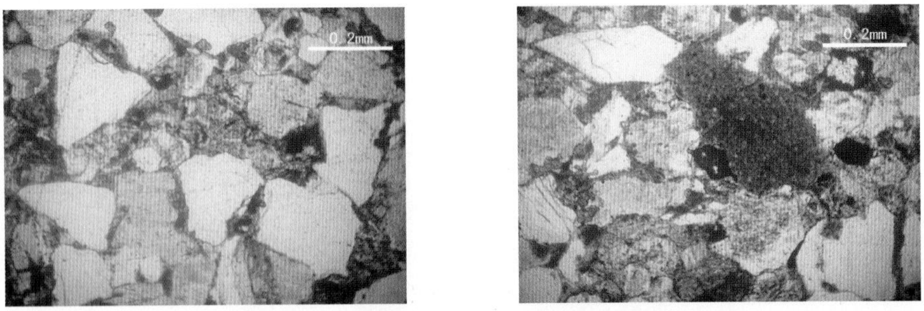

图 5-60　酸损伤前的铸体薄片观察结果

图 5-61 是注入 10PV 5%HCl+1%HF 酸后薄片观察结果。注酸后的岩样孔隙大小、连通性较注酸前有明显改善；岩石中的钙质基本完全反应，黏土成分在连通较好的地方反应殆尽，微毛细孔隙有黏土矿物；长石、石英也部分参加了反应。

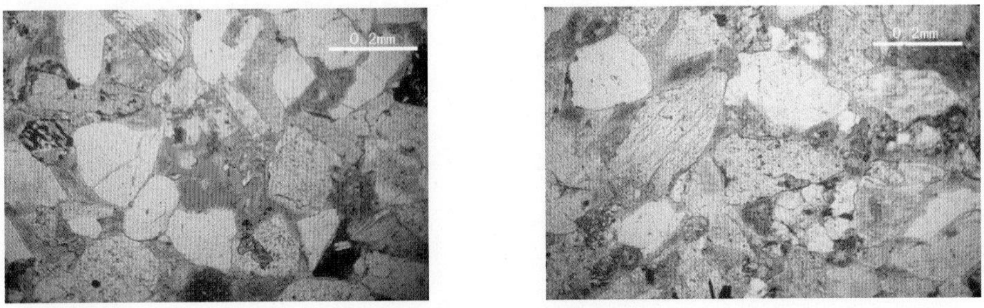

图 5-61　酸损伤后的铸体薄片观察结果

2. 宏观损伤结果

1)常规物理性质

表 5-7 是岩样常规物理性质指标。可以看出，经泥浆污染、酸损伤后的岩样在物理性质上反映出较大的差异。泥浆污染后的岩芯由于泥浆矿物颗粒侵入岩石孔隙，导致岩样的孔隙度降低，密度增加。酸处理后的岩样，其密度降低，孔隙度和含水量增加，这是因为酸液与岩石中的胶结物、骨架颗粒矿物等发生了化学反应，密度较大的二氧化硅以及金属氧化物流失。

表 5-7　岩样常规物理性质

指标 \ 岩样类型	原始岩样	泥浆污染	10%HCl 酸损伤	10%HCl+1%HF 酸损伤
天然含水量/%	7.97～8.10	7.57～7.64	8.34～8.48	8.52～8.55
孔隙度/%	10.1～11.7	4.3～4.8	20.3～21.3	22.5～23.8
密度/(g·cm^{-3})	2.16～2.24	2.28～2.34	2.02～2.07	1.87～1.95

表 5-8 是不同酸液对岩粉的溶蚀结果。可以看出酸液对实验岩样具有极强的溶蚀作用。从溶蚀结果来看，10%HCl+3%HF 溶蚀率最高，达到了 20.3%，盐酸的溶蚀率最低。高浓度酸的溶蚀效果好于低浓度酸的溶蚀效果。

表 5-8　岩粉在不同酸液中的溶蚀结果

酸溶液	溶蚀前岩粉干重/g	溶蚀后岩粉干重/g	溶蚀量/g	溶蚀率/%
10%HCl	53.85	48.20	5.65	10.50
10%HCl+0.5%HF	54.22	46.85	7.37	13.60
10%HCl+1%HF	54.23	45.99	8.24	15.20
10%HCl+3%HF	53.24	42.43	10.81	20.30

表 5-9 是岩样过酸后的粒度组成变化情况。可以看出，过酸后的粒度组成呈从大颗粒向小颗粒转化的现象，即大颗粒含量降低，小颗粒含量增加。这是粒径较大、硬度较大的石英、钾长石、斜长石等物质被溶解的结果。这些物质的减少，必将会降低岩石的力学强度。

表 5-9　岩样过酸后主要矿物成分含量及粒度变化情况

实验编号	酸液类型	石英		钾长石		斜长石		方解石	
		含量/%	粒度/mm	含量/%	粒度/mm	含量/%	粒度/mm	含量/%	粒度/mm
1#	未经酸处理	37.52	1.00～0.70	7.70	0.50～0.2	32.68	0.50～0.25	5.50	0.10～0.01
2#	10%HCl	36.40	1.00～0.70	7.50	0.50～0.2	31.45	0.50～0.25	0.15	—
3#	10%HCl+0.5%HF	34.80	0.85～0.70	5.20	0.30～0.15	28.53	0.30～0.10	0.20	—
4#	10%HCl+1%HF	32.25	0.70～0.50	3.35	0.20～0.10	25.29	0.20～0.10	—	—
5#	10%HCl+3%HF	31.03	0.60～0.50	2.15	0.15～0.10	21.37	0.15～0.10	—	—

图 5-62 是岩样在过酸(10%HCl+3%HF)前后的孔隙大小分布结果。可以看出注酸前孔隙直径小于 0.20mm 占绝大多数，最大孔隙直径也不到 0.23mm；注酸后孔隙结构明显得到改善，小孔隙减少，大孔隙度所占比例增加，且增加幅度明显(曾凡辉等，2010)。

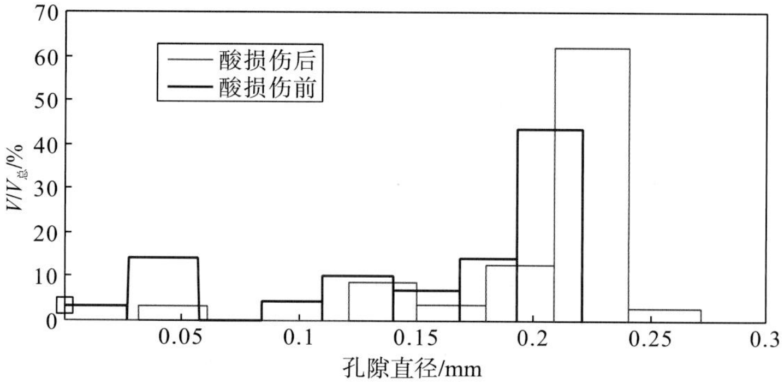

图 5-62　酸损伤前后岩石孔隙大小分布图

2)力学参数变化研究

表 5-10 是岩芯在泥浆污染不同时间后岩石力学参数的变化情况。随着泥浆污染时间的增加，除岩石泊松比增加外，抗压强度、杨氏模量、内聚角等力学参数有不同程度的

降低。这是因为随着泥浆污染时间的增加，岩样中的黏土矿物吸水变软，岩样中的水含量增加，水分子在岩石颗粒表面形成润滑剂，同时使薄膜水变厚，粒间的电分子力减弱，岩石颗粒之间的摩擦力、团聚体间的咬合力变小，导致形成的内摩擦角、内聚力降低。泥浆浸泡后岩石泊松比增大是由于在外部压力下，钻井液滤液与岩石矿物中的泥质黏土矿物接触，由于矿化度、pH 值等不同，泥浆对岩石中的黏土矿物“软化”效应造成的。泊松比的增加意味着在裂缝起裂的局部位置最小水平主应力增大，导致破裂压力增加。

表 5-10 泥浆伤害不同时间下对岩石力学参数的影响

（孔隙压力：20MPa；围压：30MPa，40MPa）

浸泡时间/d	抗压强度/MPa	杨氏模量/GPa	泊松比/无因次	内摩擦角/(°)	内聚力/MPa
0	54.1	7.06	0.421	24	4.5
5	50.3	6.27	0.447	22	3.8
10	46.8	5.69	0.476	18	3.3

图 5-63 是泥浆污染对岩石应力－应变关系的影响结果。从原始岩样模拟地层温度、压力条件下轴向变形与轴向差应力之间的关系曲线可以看出，岩样轴向变形呈现出典型的脆性变形特征，基本上无初始压实阶段，以弹性变形为主，岩石破坏前的变形量较小，不超过 0.8%。

从岩样浸泡 5d，10d 后岩石的轴向应力与轴向差应力之间的关系可以看出，岩石在变形过程中，明显存在一个压实阶段(*A* 点)。浸泡时间越长，压实段的长度越大，反映出岩石经泥浆浸泡后变软的特点。从岩石破坏时的轴向应变来看，轴向应变分别达到了 0.82%和 0.85%，表现出较明显的塑性特征。从泊松比的测试结果来看，泥浆浸泡后泊松比增大，导致局部应力增加，增加了储层改造时的破裂压力。

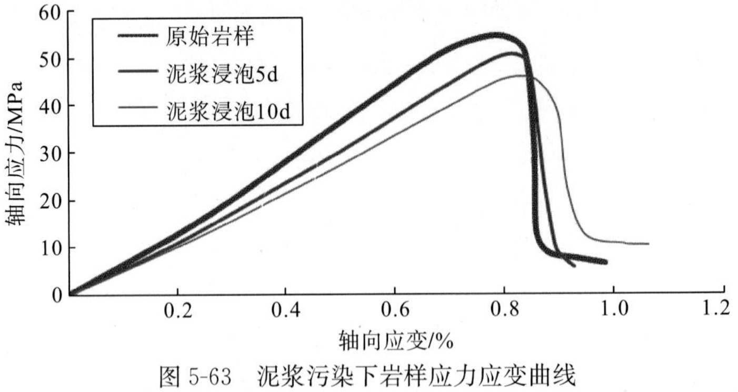

图 5-63 泥浆污染下岩样应力应变曲线

表 5-11 是岩样经过不同酸液损伤后的岩石力学参数变化情况，可以看出，随着酸液浓度(特别是氢氟酸)的增加，岩石抗压强度降低幅度越大，表明岩石受到酸损伤越严重。

表 5-11 酸损伤对岩石力学参数的影响

（孔隙压力：20MPa；围压：30MPa，40MPa）

酸液类型	抗压强度/MPa	杨氏模量/GPa	泊松比/无因次	内摩擦角/(°)	内聚力/MPa
未经酸处理	54.1	7.06	0.42	24	4.5
10% HCl	47.8	6.59	0.40	20	3.4

续表

酸液类型	抗压强度/MPa	杨氏模量/GPa	泊松比/无因次	内摩擦角/(°)	内聚力/MPa
10% HCl+1%HF	47.0	6.16	0.39	18	2.7
15%HCl+3%HF	45.5	6.00	0.41	18	2.6
18%HCl+5%HF	44.3	5.58	0.38	16	2.6

图 5-64 是岩样经酸处理后的应力–应变曲线。可以看出，经过处理后岩石强度降低。由于酸液溶解了岩石中部分矿物质，使岩石孔隙度增加，在压缩初期，存在明显的压实阶段。在岩石的破坏阶段，轴向变形量均大于没有酸损伤下的岩石轴向变形。

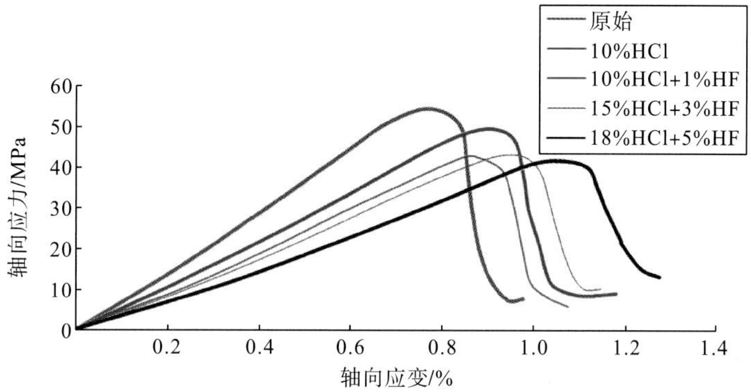

图 5-64　岩样经不同酸液处理后的应力–应变曲线

表 5-12 是岩样经过泥浆污染、酸处理后岩石的力学参数实验结果。当岩石经过酸液处理后，岩石的矿物组成部分受到破坏改变，岩石孔隙度增大，含水量相应增加，岩石的原有结构受扰动破坏，导致内聚力大大降低，内摩擦角亦相应变小。实验结果表明，酸处理后岩石的强度降低，如图 5-65 所示。

表 5-12　泥浆污染后再酸损伤对岩石力学参数的影响

（孔隙压力：20MPa；围压：30MPa，40MPa）

处理类型	抗压强度/MPa	杨氏模量/GPa	泊松比/无因次	内摩擦角/(°)	内聚力/MPa
原始岩样	54.1	7.06	0.42	24	4.5
泥浆浸泡 5d	50.3	6.27	0.45	22	3.8
泥浆泡 5d，15%HCl+3%HF	45.5	6.00	0.40	18	2.6

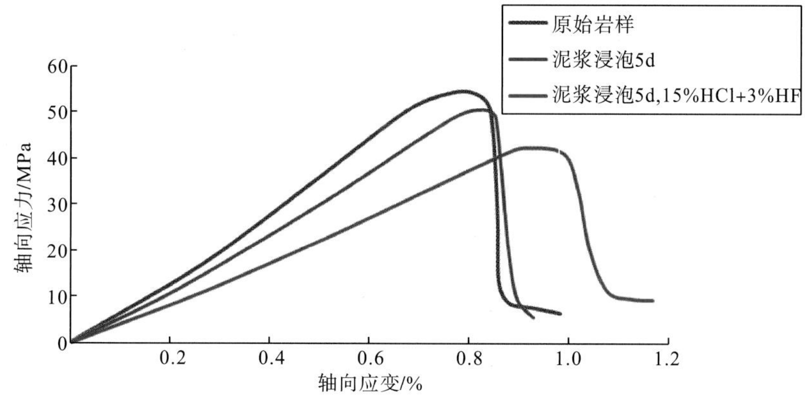

图 5-65　岩样泥浆污染后再经酸损伤后的应力应变曲线

第三节　碎屑岩储层酸损伤定量预测理论

一、酸损伤变量预测基础理论

(一)损伤力学基础理论

1. 岩石破裂损伤演化过程

图 5-66 是砂岩岩心在围压条件下的三轴力学实验结果。可以看出，从对岩石加载到岩石破坏的全过程，可以分为以下基本阶段：

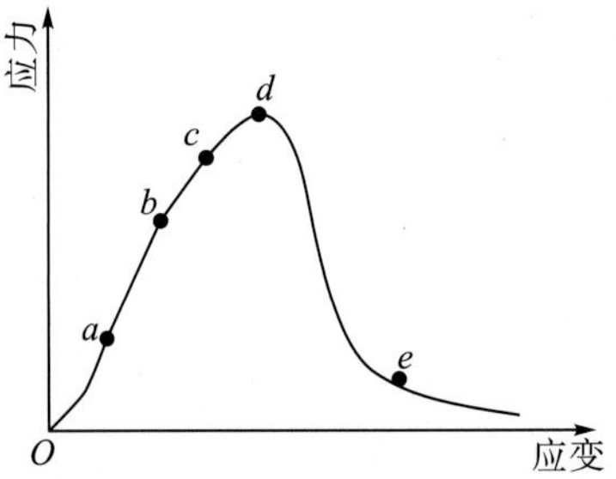

图 5-66　岩石破裂过程应力应变曲线

第一阶段(*oa* 段)：微裂隙压密阶段，$d\sigma/d\varepsilon$ 随应力增加递增，$\frac{d^2\sigma}{d\varepsilon^2}>0$；岩石裂隙减小，密度增大，强度提高(注：$\sigma$ 为应力，MPa；ε 为应变，m)。

第二阶段(*ab* 段)：弹性变形阶段，$\frac{d\sigma}{d\varepsilon}=k$($k$ 为常数)，$\frac{d^2\sigma}{d\varepsilon^2}=0$，应力应变关系为直线。此处，$k$ 值为弹性模量。该阶段主要为弹性压缩变形，孔隙水压力变化速率为常数，即为直线关系。

第三阶段(*bc* 段)：损伤开始演化和稳定发展阶段，这一阶段 $d\sigma/d\varepsilon$ 随应力增加递减，$\frac{d^2\sigma}{d\varepsilon^2}<0$，变形主要是微裂隙的发育、扩展、贯通引起的。

第四阶段(*cd* 段)：损伤加速发展阶段，这一阶段微裂纹回合贯通，形成宏观裂纹，岩石强度很快达到峰值，然后断裂。

第五阶段(*de* 段)：峰值后损伤迅速发展阶段，这一阶段已形成的宏观裂纹迅速张开，岩石急剧扩容。

岩石破裂过程损伤演化分析有利于建立模型和模拟岩石破裂过程，从上述分析可知，借助加速损伤即微裂隙的发育、扩展和贯通来降低其岩石强度，从而促使其更快产生断裂，而酸损伤能够加快微裂隙的发育、扩展和贯通，因此利用酸损伤技术来降低岩石力学强度是可行的。

2. 损伤力学基础理论研究

用损伤理论来分析材料受力后的力学状态，首先要选择恰当的损伤变量来描述材料损伤。材料损伤将引起材料微观结构和某些宏观物理性能变化，因此，度量损伤的基准可以从微观、宏观两个方面选择。在微观方面，可以选用孔隙或微裂纹的数目、长度、面积和体积等；在宏观方面，可以选用弹性系数、屈服应力、拉伸强度、密度、超声波速及声辐射等。比较合适的损伤变量应具有明确的物理意义，便于分析计算及实验测量。根据酸损伤后岩石的电镜扫描结果，损伤后表现为岩石孔隙度增加，有效承载面积变小，因此这里选用有效承载面积的变化作为损伤变量。

Kachanov(范华林等，2000)第一次提出用连续性变量 ψ 描述材料的损伤状态，并称 ψ 为损伤因子。以式(5-13)为例分析损伤因子。设等直杆无损的初始横截面面积为 A，受损后的损伤面积为 A^*，杆的净有效面积为 $\widetilde{A}=A-A^*$，定义损伤因子 ψ 为

$$\psi=\widetilde{A}/A \tag{5-13}$$

设单轴拉伸时 σ 为横截面上的应力，则作用于试件上的力为

$$F=\sigma A=\tilde{\sigma}\widetilde{A} \tag{5-14}$$

式中，$\tilde{\sigma}$——有效应力，即有效面积上作用的应力，MPa。

由式(5-13)和式(5-14)可得

$$\tilde{\sigma}=\sigma/\psi \tag{5-15}$$

Darabi 等(2012)推广了这一概念，引入损伤变量：

$$\Omega=1-\psi=1-\widetilde{A}/A \tag{5-16}$$

式中，$\Omega=0$ 对应于无损状态；

$\Omega=1$ 对应于完全损伤(破坏)状态；

$0<\Omega<1$ 对应于不同程度的损伤状态。

对于单轴拉伸，受损材料的有效应力(图 5-67)定义为

$$\tilde{\sigma}=\frac{F}{}=\frac{F}{A(1-\Omega)}=\frac{\sigma}{1-\Omega} \tag{5-17}$$

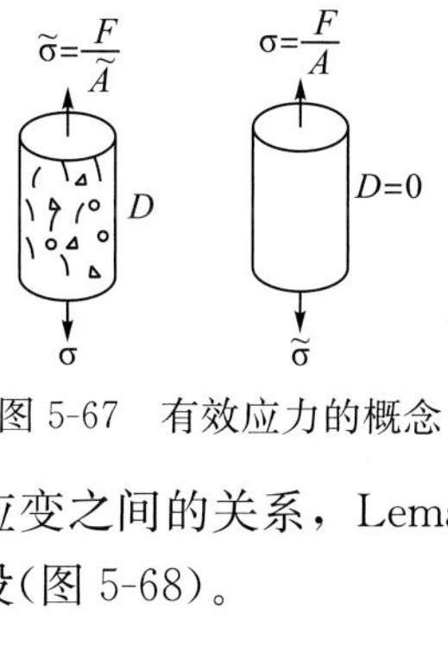

图 5-67　有效应力的概念

为了建立损伤变量与应力、应变之间的关系，Lemaitre 提出了应变等价原理，建立了一种各向同性物体应变等效假设(图 5-68)。

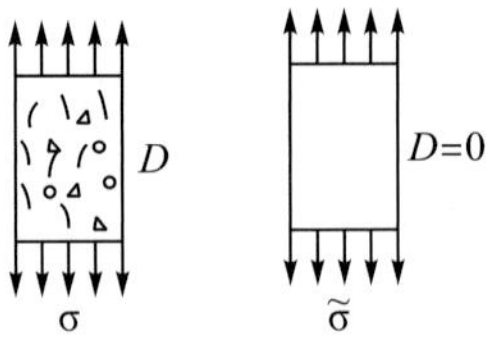

图 5-68 应变等效假设

在损伤状态下给定应力的应变，与在有效应力作用下未受损时的应变相等。对于损伤状态，其应变用损伤本构关系表示为

$$\{\varepsilon\} = [D^*]^{-1}\{\sigma\} \tag{5-18}$$

对于该损伤状态，根据应变等效的假设，应力$\{\sigma\}$在损伤本构上引起的应变等于有效应力$\{\tilde{\sigma}\}$在非损伤本构上引起的应变，将式(5-17)代入式(5-18)得

$$\{\varepsilon\} = [D]^{-1}\{\tilde{\sigma}\} = \frac{[D]^{-1}}{1-\Omega}\{\sigma\} \tag{5-19}$$

比较式(5-18)和式(5-19)，根据应变等效假设，材料损伤后的本构矩阵与非损伤时的本构矩阵关系为

$$[D^*] = (1-\Omega)[D] \tag{5-20}$$

式中，$[D^*]$——损伤特性矩阵；

Ω——损伤变量；

D——特性矩阵。

根据岩样酸损伤后的电镜扫描、铸体薄片等实验观察可以看出：由于酸液对岩石矿物的溶蚀作用，引起岩石损伤的主要表现为岩石的微孔洞或孔隙增加，导致有效承载面积减少。以有效承载面积作为损伤变量，定义损伤变量为

$$\Omega_{(t)} = \frac{A_{(t_0)} - A_{(t)}}{A_{(t_0)}} = 1 - \frac{A_{(t)}}{A_{(t_0)}} \tag{5-21}$$

式中，$\Omega_{(t)}$——岩石 t 时刻的损伤变量，无因次；

$A_{(t_0)}$——岩石 t_0时刻的有效承载面积，cm^2；

$A_{(t)}$——岩石 t 时刻的有效承载面积，cm^2。

根据式(5-20)、式(5-21)可以建立损伤条件下的岩石力学参数模型。

（二）砂岩酸损伤特点

砂岩是典型的近似弹脆性材料，为了研究射孔孔眼端部损伤问题，必须解决端部损伤集中发育的区域问题，以便在该区域中应用连续介质损伤力学模型及方程求解损伤问题，进一步将损伤力学与断裂力学耦合，最终完成砂岩酸损伤－渗流－断裂问题的研究。根据砂岩酸损伤的酸－岩接触关系及化学反应特点，储层中将出现三个不同层次的酸岩损伤区域(图 5-69)。

1. 射孔孔眼两侧的裂缝面损伤区

酸液通过与射孔孔眼两侧岩石矿物的溶解反应，降低了岩石强度，改变了岩石的应力-应变本构关系。

2. 孔眼尖端酸损伤区

在孔眼尖端，尤其是处于受力状态时，是酸岩化学作用的活跃区域。在此区酸损伤基元密集，对岩石力学性质影响很大：

(1)酸岩化学作用直接溶解孔眼尖端的矿物成分，降低孔眼尖端岩石的强度；

(2)孔眼尖端因受外力、酸损伤的作用，岩石的固有力学性能——断裂韧性将产生较大的影响，最终影响裂纹的扩展和延伸。

3. 原始状态区域

原始状态区域即受酸损伤不明显的区域，该区域的岩石力学性质、断裂韧性等参数不发生改变。

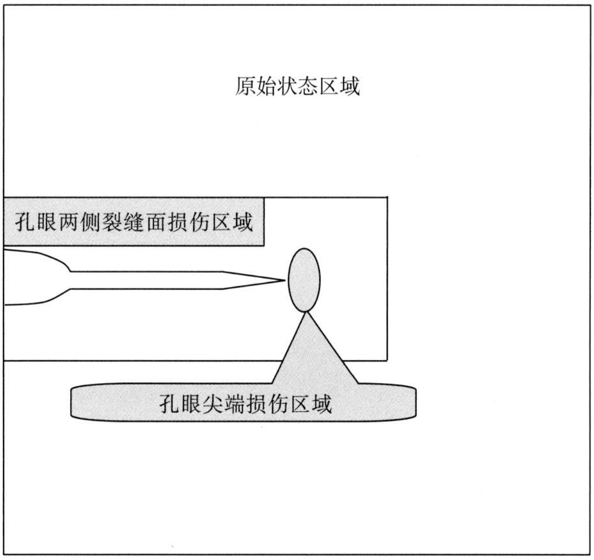

图 5-69　酸岩-酸损伤区域的划分

(三)酸损伤研究途径

酸-岩反应以岩石矿物骨架、胶结物质等为损伤对象，酸岩作用将会在岩石中产生典型的损伤基元，如微孔洞、微弱面、表面弱化等。各化学损伤基元的存在、组合及发展演化过程使岩石的物质成分及结构更加不均匀、不连续化，最终导致岩石宏观力学损伤效应。因此，对岩石-酸损伤的定量分析，要进行以下三方面的研究：

(1)定量分析酸-岩化学反应过程并研究化学反应与宏观酸损伤变量间的关系；

(2)定量研究酸损伤基元对宏观力学效应的作用，采用等效化方法，求得损伤基元的变化过程与酸损伤变量之间的关系；

(3)建立砂岩酸损伤下的应力-应变本构方程和岩石破坏的强度准则，并确定有关参数。

二、碎屑岩酸损伤变量预测模型

砂岩储层由碳酸盐岩、长石、石英、黏土以及一些金属矿物组成。当酸液进入孔隙型砂岩储层时，由于矿物结构和化学组成上的差异导致矿物之间溶解速率不同。根据砂岩矿物酸溶解能力，将矿物分为两类：快反应矿物，主要包括铝硅酸盐(自生黏土矿物、长石、非晶质氧化硅)；慢反应矿物(碎屑黏土、石英)。仅考虑土酸中的 HF 对矿物的溶蚀作用，这样的模型即为“一酸两矿物”模型，也称标准模型。该模型简化了 HF 酸与铝硅酸盐的反应，没有考虑高温条件下氟硅酸(H_2SiF_6)与铝硅酸盐的反应，因此标准模型不适合高温储层条件下酸损伤情况。

Bryant 考虑了氟硅酸(H_2SiF_6)与铝硅酸盐的反应，以及硅胶沉淀影响，改进了“一酸两矿物”模型，提出“两酸三矿物”模型(王宝峰，1999)。但是该模型是基于酸液线性驱替岩芯实验得到的，与现场酸液径向流入地层实际情形差异大。对该模型进行改进，引入酸液径向流入地层模型的化学反应模型(郭建春等，2006)。

(一)基 本 假 设

基于酸液、矿物质量平衡方程、达西定律，建立了酸液与砂岩矿物反应的三维模型。基本假设如下：

(1)孔隙介质中流体为不可压缩单向流；

(2)仅考虑单层酸损伤情况，不考虑纵向上储层的非均质性；

(3)仅考虑酸岩液固两相反应，酸与不同矿物反应时按照各自的动力学方程进行；

(4)忽略固相吸附作用；

(5)不考虑分子扩散作用；

(6)忽略重力影响；

(7)酸液在储层中的流动为径向流，且遵循达西定律；

(8)硅胶矿物 $Si(OH)_4$ 的溶解度为 0，Al 的氟化物能完全溶解在酸液中；

(9)注土酸时，储层中碳酸盐岩矿物已完全被前置液中的 HCl 溶蚀。

(二)数 学 模 型

1. 酸岩反应动力学方程

1)一次化学反应

HF 酸溶蚀快反应矿物和慢反应矿物的化学反应过程属于一次反应，总的反应方程式如下：

$$\upsilon_1 HF + Mineral_1 \rightarrow \upsilon_5 H_2SiF_6 + AlF_m. etc \qquad (5\text{-}22)$$

$$\upsilon_2 HF + Mineral_2 \rightarrow \upsilon_6 H_2SiF_6 + AlF_m \qquad (5\text{-}23)$$

假设以上反应 HF 和溶解矿物均遵循一级反应动力学，则矿物的溶蚀速率为

$$R_k = -\lambda_k C_{HF}(C_{Min,k} - C_{ir,k}) \quad (k = 1,2) \tag{5-24}$$

以上各式中，υ_k——化学计量系数(k=1，2，5，6)；

Mineral$_1$——快反应矿物；

Mineral$_2$——慢反应矿物；

R_k——酸岩反应速度，moL/(cm^2 · s)；

C_{HF}——HF 酸浓度，moL/cm^3；

$C_{Min,k}$——暴露在酸液中的矿物浓度，moL/cm^3；

$C_{ir,k}$——因窜流或死角，酸液未接触的矿物浓度，moL/cm^3。

2)二次化学反应

次生的氟硅酸(H_2SiF_6)进一步与快反应矿物(黏土和长石)反应，在黏土矿物表面形成硅胶($Si(OH)_4$)沉淀，沉淀被活性氢氟酸(HF)溶解。氟硅酸(H_2SiF_6)与地层水中的K^+、Na^+混合易形成氟硅酸盐沉淀。在氟硅酸(H_2SiF_6)与硅铝酸盐的二次反应期间，氟硅酸(H_2SiF_6)完全反应之前一直维持一恒定的 F/Al 比值，且这一比值取决于盐酸(HCl)的浓度。化学反应方程式如下：

$$\upsilon_3 H_2SiF_6 + \text{Mineral}_1 \rightarrow \upsilon_7 Si(OH)_4 + AlF_m.\text{etc} \tag{5-25}$$

$$\upsilon_4 HF + Si(OH)_4 \rightarrow \upsilon_8 H_2SiF_6 + 4H_2O \tag{5-26}$$

假设 H_2SiF_6与快反应矿物的反应遵循一级反应动力学，则快反应矿物的溶解速率为

$$R_3 = -\lambda_3 C_{f.a}(C_{Min,1} - C_{ir,1}) \tag{5-27}$$

硅胶 $Si(OH)_4$的溶解速率为

$$R_4 = -\lambda_4 C_{HF}(C_{Sil} - C_{ir,s}) \tag{5-28}$$

式中，$C_{f.a}$——H_2SiF_6浓度，moL/cm^3；

C_{sil}——硅胶矿物 $Si(OH)_4$浓度，moL/cm^3。

化学计量系数及物理意义参照表 5-13。

表 5-13　化学计量系数及其定义

符号	定义(moL/moL)	近似值
υ_1	消耗的 HF 量/溶解的快反应矿物量	27
υ_2	消耗的 HF 量/溶解的慢反应矿物量	6
υ_3	消耗的 H_2SiF_6量/溶解的快反应矿物量	1
υ_4	消耗的 HF 量/溶解的硅胶矿物量	6
υ_5	生成的 H_2SiF_6量/溶解的快反应矿物量	3
υ_6	生成的 H_2SiF_6量/溶解的慢反应矿物量	1
υ_7	生成的硅胶矿物量/溶解的快反应矿物量	2.5
υ_8	生成的 H_2SiF_6量/溶解的硅胶矿物量	1

2. 物质平衡方程

1)酸液物质平衡方程

酸损伤作业时，酸液沿着地层径向流动，根据物质守恒，建立酸液反应时的摩尔平衡方程为

$$\frac{\partial(\phi C)}{\partial t}+u_w\frac{r_w}{r}\frac{\partial C}{\partial r}-R_a=0 \tag{5-29}$$

酸液反应速率与矿物消耗速率关系为

$$R_a=\sum_{k=1}^{n}\upsilon_k R_k \tag{5-30}$$

2)反应性矿物物质平衡方程

同理可得，反应性矿物的物质平衡方程：

$$\frac{\partial[(1-\phi)C_{\mathrm{Min},k}]}{\partial t}-\sum_{k=1}^{n}R_k=0 \tag{5-31}$$

以上各式中，ϕ——孔隙度，无因次；

u_w——酸液在井壁附近的表观速度，m/min。

3. 数学模型无因次化

1)HF 物质平衡方程的无因次化

由方程(5-29)可得，HF 的物质平衡方程为

$$\begin{aligned}\frac{\partial(\phi C_{\mathrm{HF}})}{\partial t}+u_w\frac{r_w}{r}\frac{\partial C_{\mathrm{HF}}}{\partial r}&=\upsilon_1R_1+\upsilon_2R_2+\upsilon_4R_4\\&=-\upsilon_1\lambda_1C_{\mathrm{HF}}(C_{\mathrm{Min},1}-C_{\mathrm{ir},1})-\upsilon_2C_{\mathrm{HF}}\lambda_2(C_{\mathrm{Min},2}-C_{\mathrm{ir},2})\\&\quad-\upsilon_4\lambda_4C_{\mathrm{HF}}C_{\mathrm{Sil}}\end{aligned} \tag{5-32}$$

定义以下无因次量：

无因次 HF 酸浓度 C_{H}：

$$C_{\mathrm{H}}=\frac{C_{\mathrm{HF}}}{C_{\mathrm{HF}}^{i}} \tag{5-33}$$

无因次矿物浓度 C_{M_k}：

$$C_{M_k}=\frac{C_{\mathrm{Min},k}-C_{\mathrm{ir},k}}{C_{\mathrm{Min},k}^{i}-C_{\mathrm{ir},k}} \tag{5-34}$$

无因次硅胶浓度 C_{S}：

$$C_{\mathrm{S}}=\frac{C_{\mathrm{Sil}}}{C_{\mathrm{Min},1}^{i}-C_{\mathrm{ir},1}} \tag{5-35}$$

无因次时间：

$$t_{\mathrm{D}}=\frac{tu_w}{\phi_0r_w} \tag{5-36}$$

无因次井眼半径：

$$r_{\mathrm{D}}=\frac{r}{r_w} \tag{5-37}$$

无因次 DamKohler 数(酸反应速度与酸传质速度之比，表征酸岩反应进行的快慢)：

$$N_{\mathrm{Da}k}=\frac{\upsilon_k\lambda_k(C^i_{\mathrm{Min},k}-C_{\mathrm{ir},k})r_w}{u_w}\quad(k=1,2)\tag{5-38}$$

$$N_{\mathrm{Da}k}=\frac{\upsilon_k\lambda_k(C^i_{\mathrm{Min},1}-C_{\mathrm{ir},1})r_w}{u_w}\quad(k=3,4)\tag{5-39}$$

假设酸液溶蚀矿物过程中，孔隙度的变化很小，将式(5-33)～式(5-39)代入式(5-32)，可得无因次的 HF 物质平衡方程：

$$\frac{\partial C_{\mathrm{H}}}{\partial t_{\mathrm{D}}}+\frac{1}{r_{\mathrm{D}}}\frac{\partial C_{\mathrm{H}}}{\partial r_{\mathrm{D}}}=-(N_{\mathrm{Da1}}C_{\mathrm{M1}}+N_{\mathrm{Da2}}C_{\mathrm{M2}}+N_{\mathrm{Da4}}C_{\mathrm{S}})C_{\mathrm{H}}\tag{5-40}$$

2) H_2SiF_6物质平衡方程的无因次化

在酸溶蚀矿物过程中，模型忽略了除 H_2SiF_6之外的其他形式的氟硅酸参与化学反应。H_2SiF_6仅与快反应矿物反应产生硅胶，不考虑其副反应。从式(5-22)～式(5-26)可以看出，HF 参加的化学反应均产生 H_2SiF_6，因此，H_2SiF_6的物质平衡方程如下：

$$\begin{aligned}\frac{\partial(\varphi C_{\mathrm{f.a}})}{\partial t}+u_w\frac{r_w}{r}\frac{\partial C_{\mathrm{f.a}}}{\partial r}&=(\upsilon_5R_1+\upsilon_6R_2+\upsilon_3R_3+\upsilon_8R_4)\\&=\upsilon_5\lambda_1C_{\mathrm{HF}}(C_{\mathrm{Min},1}-C_{\mathrm{ir},1})+\upsilon_6\lambda_2C_{\mathrm{HF}}(C_{\mathrm{Min},2}-C_{\mathrm{ir},2})\\&\quad-\upsilon_3\lambda_3C_{\mathrm{f.a}}(C_{\mathrm{Min},1}-C_{\mathrm{ir},1})+\upsilon_8\lambda_4C_{\mathrm{HF}}C_{\mathrm{Sil}}\end{aligned}\tag{5-41}$$

定义以下无因次量：

无因次 H_2SiF_6酸浓度 C_{F}：

$$C_F=\frac{C_{\mathrm{f.a}}}{C^i_{\mathrm{HF}}}\tag{5-42}$$

将式(5-33)～式(5-39)、式(5-42)代入式(5-41)可得

$$\frac{\partial C_{\mathrm{F}}}{\partial t_{\mathrm{D}}}+\frac{1}{r_{\mathrm{D}}}\frac{\partial C_{\mathrm{F}}}{\partial r_{\mathrm{D}}}=\frac{\upsilon_5}{\upsilon_1}N_{\mathrm{Da1}}C_{\mathrm{M1}}C_{\mathrm{H}}+\frac{\upsilon_6}{\upsilon_2}N_{\mathrm{Da2}}C_{\mathrm{M2}}C_{\mathrm{H}}-N_{\mathrm{Da3}}C_{\mathrm{F}}C_{\mathrm{M1}}+\frac{\upsilon_8}{\upsilon_4}N_{\mathrm{Da4}}C_{\mathrm{S}}C_{\mathrm{H}}\tag{5-43}$$

3)反应矿物物质平衡方程的无因次化

对三种矿物的物质平衡方程进行无因次化。对于快反应矿物，两种酸(HF 和 H_2SiF_6)均参与了反应，因此，快反应矿物的物质平衡方程为

$$\begin{aligned}\frac{\partial[(1-\phi)C_{\mathrm{Min},1}]}{\partial t}&=R_1+R_3\\&=-\lambda_1C_{\mathrm{HF}}(C_{\mathrm{Min},1}-C_{\mathrm{ir},1})-\lambda_3C_{f.a}(C_{\mathrm{Min},1}-C_{\mathrm{ir},1})\end{aligned}\tag{5-44}$$

定义以下无因次变量：

无因次酸容量数(单位岩石体积内孔隙中酸量与溶解该岩石体积内矿物所需酸量之比)：

$$N_{\mathrm{AC}k}=\frac{\phi_0C^i_{\mathrm{HF}}}{\upsilon_k(1-\phi_0)(C^i_{\mathrm{Min.}k}-C_{\mathrm{ir},k})}\quad(k=1,2)\tag{5-45}$$

$$N_{\mathrm{AC}k}=\frac{\phi_0C^i_{\mathrm{HF}}}{(1-\phi_0)\upsilon_k(C^i_{\mathrm{Min.}1}-C_{\mathrm{ir},1})}\quad(k=3,4)\tag{5-46}$$

将式(5-33)～式(5-39)、式(5-45)、(式 5-46)代入式(5-44)，无因次化可得

$$\frac{\partial C_{M1}}{\partial t_D}=-N_{Da1}N_{AC1}C_H C_{M1}-N_{Da3}N_{AC3}C_F C_{M1} \tag{5-47}$$

对于慢反应矿物仅与 HF 反应，因此其物质平衡方程为

$$\begin{aligned}\frac{\partial[(1-\varphi)C_{Min,2}]}{\partial t}&=R_2\\&=-\lambda_2 C_{HF}(C_{Min,2}-C_{ir,2})\end{aligned} \tag{5-48}$$

将式(5-25)~式(5-30)、式(5-45)、式(5-46)代入式(5-48)：

$$\frac{\partial C_{M2}}{\partial t_D}=-N_{Da2}N_{AC2}C_H C_{M2} \tag{5-49}$$

硅胶沉淀在高温条件下被 HF 溶蚀，同时在 H_2SiF_6 和快反应矿物反应时产生。硅胶生成量决定于快反应矿物的溶蚀量和化学反应计量系数。其物质平衡方程为

$$\begin{aligned}\frac{\partial[(1-\varphi)C_{Sil}]}{\partial t}&=\upsilon_7 R_3+R_4\\&=\upsilon_7\lambda_3 C_{f.a}(C_{Min,1}-C_{ir,1})-\lambda_4 C_{HF}C_{Sil}\end{aligned} \tag{5-50}$$

将式(5-33)~式(5-39)、式(5-45)、式(5-46)代入式(5-50)，无因次化得

$$\frac{\partial C_S}{\partial t_D}=\upsilon_7 N_{Da3}N_{AC3}C_F C_{M1}-N_{Da4}N_{AC4}C_H C_S \tag{5-51}$$

综上所述，HF、H_2SiF_6、快反应矿物、慢反应矿物、硅胶的无因次化物质平衡方程为

$$\begin{cases}\dfrac{\partial C_H}{\partial t_D}+\dfrac{1}{r_D}\dfrac{\partial C_H}{\partial r_D}=-(N_{Da1}C_{M1}+N_{Da2}C_{M2}+N_{Da4}C_S)C_H & (\text{HF 酸})\\ \dfrac{\partial C_F}{\partial t_D}+\dfrac{1}{r_D}\dfrac{\partial C_F}{\partial r_D}=\left(\dfrac{\upsilon_5}{\upsilon_1}N_{Da1}C_{M1}C_H+\dfrac{\upsilon_6}{\upsilon_2}N_{Da2}C_{M2}C_H-N_{Da3}C_F C_{M1}+\dfrac{\upsilon_8}{\upsilon_4}N_{Da4}C_S C_H\right) & (H_2SiF_6\text{ 酸})\\ \dfrac{\partial C_{M1}}{\partial t_D}=-N_{Da1}N_{AC1}C_H C_{M1}-N_{Da3}N_{AC3}C_F C_{M1} & (\text{快反应矿物})\\ \dfrac{\partial C_{M2}}{\partial t_D}=-N_{Da2}N_{AC2}C_H C_{M2} & (\text{慢反应矿物})\\ \dfrac{\partial C_S}{\partial t_D}=\upsilon_7 N_{Da3}N_{AC3}C_F C_{M1}-N_{Da4}N_{AC4}C_H C_S & (\text{硅胶})\end{cases} \tag{5-52}$$

4)模型的边界条件及无因次化

假设在酸损伤前，地层中没有土酸。初始条件为

$$\begin{cases}C_{HF}(r,0)=C_{H_2SiF_6}(r,0)=0\\ C_{Min,k}(r,0)=C^i_{Min,k}-C_{ir,k} \quad (k=1,2)\\ C_{Sil}(r,0)=0\end{cases} \tag{5-53}$$

注酸过程中，注酸排量 Q 一定，因此井壁处酸液浓度为初始浓度，随着酸液注入地层溶蚀矿物，在边界处酸液浓度为 0，因此内边界条件为

$$\begin{cases} C_{\mathrm{HF}}(r_w,t)=C_{\mathrm{HF}}^i \\ C_{\mathrm{H_2SiF_6}}(r_w,t)=0 \\ C_{\mathrm{Min},k}(r_w,t)=0 \quad (k=1,2) \\ C_{\mathrm{Sil}}(r_w,t)=0 \end{cases} \tag{5-54}$$

外边界条件为

$$\begin{cases} C_{\mathrm{HF}}(r_e,t)=0 \\ C_{\mathrm{H_2SiF_6}}(r_e,t)=0 \\ C_{\mathrm{Sil}}(r_e,t)=0 \\ C_{\mathrm{Min},k}(r_e,t)=C_{\mathrm{Min},k}^i-C_{\mathrm{ir},k} \quad (k=1,2) \\ C_{\mathrm{HF}}(r>r_{ef},t)=0 \\ C_{\mathrm{H_2SiF_6}}(r>r_{ef},t)=0 \\ C_{\mathrm{Sil}}(r>r_{ef},t)=0 \\ C_{\mathrm{Min},k}(r>r_{ef},t)=C_{\mathrm{Min},k}^i-C_{\mathrm{ir},k} \quad (k=1,2) \end{cases} \tag{5-55}$$

根据式(5-33)～式(5-39)将式(5-53)～式(5-54)无因次化可得

初始条件：

$$\begin{cases} C_{\mathrm{H}}(r_{\mathrm{D}},0)=C_{\mathrm{F}}(r_{\mathrm{D}},0)=0 \\ C_{\mathrm{M},k}(r_{\mathrm{D}},0)=1 \quad (k=1,2) \\ C_{\mathrm{S}}(r_{\mathrm{D}},0)=0 \end{cases} \tag{5-56}$$

内边界条件：

$$\begin{cases} C_{\mathrm{H}}(1,t_{\mathrm{D}})=1 \\ C_{\mathrm{F}}(1,t_{\mathrm{D}})=0 \\ C_{\mathrm{M},k}(1,t_{\mathrm{D}})=0 \quad (k=1,2) \\ C_{\mathrm{S}}(1,t_{\mathrm{D}})=0 \end{cases} \tag{5-57}$$

外边界条件：

$$\begin{cases} C_{\mathrm{H}}(r_e/r_w,t_{\mathrm{D}})=0 \\ C_{\mathrm{F}}(r_e/r_w,t_{\mathrm{D}})=0 \\ C_{\mathrm{S}}(r_e/r_w,t_{\mathrm{D}})=0 \\ C_{\mathrm{M},k}(r_e/r_w,t_{\mathrm{D}})=1 \quad (k=1,2) \\ C_{\mathrm{H}}(r_D>r_{ef}/r_w,t_{\mathrm{D}})=0 \\ C_{\mathrm{F}}(r_D>r_{ef}/r_w,t_{\mathrm{D}})=0 \\ C_{\mathrm{S}}(r_D>r_{ef}/r_w,t_{\mathrm{D}})=0 \\ C_{\mathrm{M},k}(r_D>r_{ef}/r_w,t_{\mathrm{D}})=1 \quad (k=1,2) \end{cases} \tag{5-58}$$

(三)数学模型数值求解

1. 网格划分

1)时间网格划分

设酸损伤主体酸注入量为V，注酸排量为Q，则总的注酸时间$T=V/Q$，取时间步长Δt，令

$$N_t = \mathrm{int}(T/\Delta t) \tag{5-59}$$

则划分任意时刻的时间t^n为

$$t^n = \begin{cases} (n+1)\Delta t, & n = 0,1,2,\cdots,N_t - 1 \\ T, & n = N_t \end{cases} \tag{5-60}$$

2)空间网格划分

设泄油半径为r_e，井眼半径为r_w，采用对数网格划分径向距离：

$$r_{D,k} = \begin{cases} ar_{D,k-1}, & i = 1,2,\cdots,M-1 \\ r_e/r_w, & i = M \quad (a\text{ 等比因子}, a > 1) \\ 1, & i = 0 \end{cases} \tag{5-61}$$

M确定方法如下：

令$m=\mathrm{int}\left(\ln\left(\frac{r_e}{r_w}\right)/\ln a\right)$，则有

$$M = \begin{cases} m, & m = \ln\left(\frac{r_e}{r_w}\right)/\ln a \\ m+1, & m < \ln\left(\frac{r_e}{r_w}\right)/\ln a \end{cases} \tag{5-62}$$

2. 酸浓度、矿物浓度分布数值模型

用n作时间上标，i作空间下标，对时间导数用向前差分格式，对空间导数用向后的差分格式，差分网格如图5-70所示(mccune, et al., 1975)，得到HF酸、H_2SiF_6酸和三种矿物的显式差分格式如下。

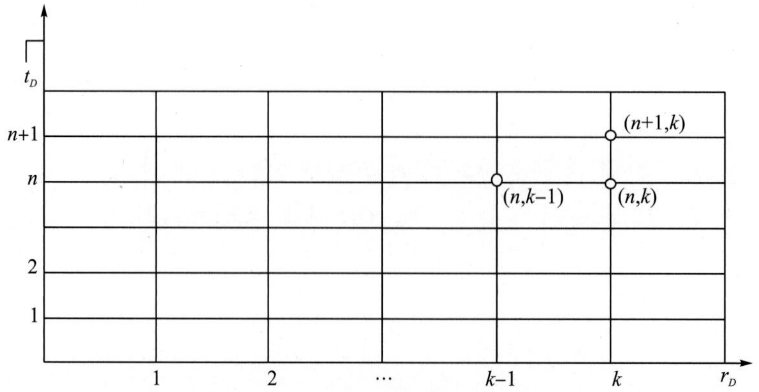

图5-70 数值计算差分网格

对于 HF 酸：

$$\frac{C_{H,i}^{n+1}-C_{H,i}^{n}}{\Delta t_D^n}+\frac{1}{r_{D,i-\frac{1}{2}}}\left[\frac{C_{H,i}^{n}-C_{H,i-1}^{n}}{\Delta r_{D,i-\frac{1}{2}}}\right]=-(N_{Da1,i}^{n}C_{M1,i}^{n}+N_{Da2,i}^{n}C_{M2,i}^{n}+N_{Da4,i}^{n}C_{S,i}^{n})C_{H,i}^{n} \tag{5-63}$$

整理得

$$C_{H,i}^{n+1}=(1-A_i^n-B_i^n)C_{H,i}^{n}+A_i^nC_{H,i-1}^{n} \tag{5-64}$$

其中，

$$\begin{cases}A_i^n=\dfrac{\Delta t_D^n}{r_{D,i-\frac{1}{2}}\Delta r_{D,i-\frac{1}{2}}}\\ B_i^n=\Delta t_D^n(N_{Da1,i}^{n}C_{M1,i}^{n}+N_{Da2,i}^{n}C_{M2,i}^{n}+N_{Da4,i}^{n}C_{S,i}^{n})\\ r_{Di-1/2}=\dfrac{r_{Di}+r_{Di-1}}{2}\\ \Delta r_{Di-1/2}=\dfrac{\Delta r_{Di}+\Delta r_{Di-1}}{2}\end{cases} \tag{5-65}$$

于是易得 HF 酸浓度分布的显式差分格式为

$$\begin{cases}C_{H,i}^{n+1}=(1-A_i^n-B_i^n)C_{H,i}^{n}+A_i^nC_{H,i-1}^{n}\\ C_H(0,i)=0\quad(\text{初始条件})\\ C_H(n,0)=1\quad(\text{内边界条件})\\ C_H(n,Mt)=0\quad(\text{外边界条件})\\ C_H(n,i>\xi)=0\end{cases} \tag{5-66}$$

对于 H_2SiF_6 酸：

$$\begin{aligned}\frac{C_{F,i}^{n+1}-C_{F,i}^{n}}{\Delta t_D^n}+\frac{1}{r_{D,i-\frac{1}{2}}}\left[\frac{C_{F,i}^{n}-C_{F,i-1}^{n}}{\Delta r_{D,i-\frac{1}{2}}}\right]=&\frac{\upsilon_5}{\upsilon_1}N_{Da1,i}^{n}C_{M1,i}^{n}C_{H,i}^{n}+\frac{\upsilon_6}{\upsilon_2}N_{Da2,i}^{n}C_{M2,i}^{n}C_{H,i}^{n}\\ &-N_{Da3,i}^{n}C_{F,i}^{n}C_{M1,i}^{n}+\frac{\upsilon_8}{\upsilon_4}N_{Da4,i}^{n}C_{S,i}^{n}C_{H,i}^{n}\end{aligned} \tag{5-67}$$

整理得

$$C_{F,i}^{n+1}=(1-A_i^n-\Delta t_D^nN_{Da3,i}^{n}C_{M1,i}^{n})C_{F,i}^{n}+A_i^nC_{F,i-1}^{n}+E_i^n \tag{5-68}$$

其中

$$E_i^n=\Delta t_D^n\left(\frac{\upsilon_5}{\upsilon_1}N_{Da1,i}^{n}C_{M1,i}^{n}+\frac{\upsilon_6}{\upsilon_2}N_{Da2,i}^{n}C_{M2,i}^{n}+\frac{\upsilon_8}{\upsilon_4}N_{Da4,i}^{n}C_{S,i}^{n}\right)C_{H,i}^{n} \tag{5-69}$$

于是得到 H_2SiF_6 酸分布的显式差分格式为

$$\begin{cases}C_{F,i}^{n+1}=(1-A_i^n-\Delta t_D^nN_{Da3,i}^{n}C_{M1,i}^{n})C_{F,i}^{n}+A_i^nC_{F,i-1}^{n}+E_i^n\\ C_F(0,i)=0\quad(\text{初始条件})\\ C_F(n,0)=0\quad(\text{内边界条件})\\ C_F(n,Mt)=0\quad(\text{外边界条件})\\ C_F(n,i>\xi)=0\end{cases} \tag{5-70}$$

对于快反应矿物：

$$\frac{C_{M1,i}^{n+1}-C_{M1,i}^{n}}{\Delta t_D^n}=-N_{Da1,i}^{n}N_{AC1,i}^{n}C_{H,i}^{n}C_{M1,i}^{n}-N_{Da3,i}^{n}N_{AC3,i}^{n}C_{F,i}^{n}C_{M1,i}^{n} \tag{5-71}$$

整理得

$$C_{M1,i}^{n+1}=(1-G_i^n)C_{M1,i}^{n} \tag{5-72}$$

其中，

$$G_i^n=\Delta t_D^n(N_{Da1,i}^{n}N_{AC1,i}^{n}C_{H,i}^{n}+N_{Da3,i}^{n}N_{AC3,i}^{n}C_{F,i}^{n}) \tag{5-73}$$

于是得到快反应矿物分布的显式差分格式为

$$\begin{cases}C_{M1,i}^{n+1}=(1-G_i^n)C_{M1,i}^{n}\\ C_{M1}(0,i)=1 \quad (\text{初始条件})\\ C_{M1}(n,0)=0 \quad (\text{内边界条件})\\ C_{M1}(n,Mt)=1 \quad (\text{外边界条件})\\ C_{M1}(n,i>\xi)=1\end{cases} \tag{5-74}$$

对于慢反应矿物：

$$\frac{C_{M2,i}^{n+1}-C_{M2,i}^{n}}{\Delta t_D^n}=-N_{Da2,i}^{n}N_{AC2,i}^{n}C_{H,i}^{n}C_{M2,i}^{n} \tag{5-75}$$

整理得

$$C_{M2,i}^{n+1}=(1-J_i^n)C_{M2,i}^{n} \tag{5-76}$$

其中，

$$J_i^n=\Delta t_D^nN_{Da2,i}^{n}N_{AC2,i}^{n}C_{H,i}^{n} \tag{5-77}$$

于是得到慢反应矿物分布的显式差分格式为

$$\begin{cases}C_{M2,i}^{n+1}=(1-J_i^n)C_{M2,i}^{n}\\ C_{M2}(0,i)=1 \quad (\text{初始条件})\\ C_{M2}(n,0)=0 \quad (\text{内边界条件})\\ C_{M2}(n,Mt)=1 \quad (\text{外边界条件})\\ C_{M2}(n,i>\xi)=1\end{cases} \tag{5-78}$$

对于硅胶矿物：

$$\frac{C_{S,i}^{n+1}-C_{S,i}^{n}}{\Delta t_D^n}=\upsilon_7N_{Da3,i}^{n}N_{AC3,i}^{n}C_{F,i}^{n}C_{M1,i}^{n}-N_{Da4,i}^{n}N_{AC4,i}^{n}C_{H,i}^{n}C_{S,i}^{n} \tag{5-79}$$

整理得

$$C_{S,i}^{n+1}=\upsilon_7\Delta t_D^nN_{Da3,i}^{n}N_{AC3,i}^{n}C_{F,i}^{n}C_{M1,i}^{n}+(1-\Delta t_D^nN_{Da4,i}^{n}N_{AC4,i}^{n}C_{H,i}^{n})C_{S,i}^{n} \tag{5-80}$$

于是得到硅胶矿物分布的显式差分格式为

$$\begin{cases}C_{S,i}^{n+1}=\upsilon_7\Delta t_D^nN_{Da3,i}^{n}N_{AC3,i}^{n}C_{F,i}^{n}C_{M1,i}^{n}+(1-\Delta t_D^nN_{Da4,i}^{n}N_{AC4,i}^{n}C_{H,i}^{n})C_{S,i}^{n}\\ C_S(0,i)=0 \quad (\text{初始条件})\\ C_S(n,0)=0 \quad (\text{内边界条件})\\ C_S(n,Mt)=0 \quad (\text{外边界条件})\\ C_S(n,i>\xi)=0\end{cases} \tag{5-81}$$

式(5-66)、式(5-70)、式(5-74)、式(5-78)、式(5-81)中：$i=1, 2, 3, \cdots, M-1$；$n=0, 1, 2, \cdots, Nt$；ζ 由计算确定，确定方法如下：

假定当主体酸消耗到初始浓度的10%即成为残酸($C_D=0.1$)，此时酸液流过的距离即为酸作用的有效距离，t^n时刻酸作用的有效距离为

若$C_{D,k}{}^n<0.1$，则由拉格朗日内插值可得

$$r_{ef} = r_{k-1} + (r_k - r_{k-1}) \frac{C^n_{D,k\ 1} - 0.1}{C^n_{D,k-1} - C^n_{D,k}} \tag{5-82}$$

若$C^n_{D,k}=0.1$，$r_{ef}=r_i$，这时记$k=\xi$。

以上显式差分数值模型数值解的稳定条件为

$$\Delta t_D \leqslant 0.5(\Delta r_D)_{\mathrm{Min}} \tag{5-83}$$

3. 酸损伤后孔隙度和渗透率分布数值模型

基于物质平衡方程，可以计算矿物岩石溶蚀引起的地层孔隙度变化。酸损伤后，地层净孔隙体积的增加等于溶蚀矿物的体积减去硅胶沉淀的体积。利用矿物浓度的体积平衡方程可推导出t^n时刻，在r_i处的孔隙度$\varphi_i{}^n$的数值计算公式：

$$\phi_i^n = \phi_0 + (1-\phi_0)\sum_{k=1}^{2}(C^i_{\mathrm{Min},k} - C^n_{\mathrm{Min},k})\frac{W_k}{\rho_k} - \phi_0 C^n_{\mathrm{Sil}}\frac{W_{\mathrm{Sil}}}{\rho_{\mathrm{Sil}}} \tag{5-84}$$

酸损伤后，井眼附近岩石渗透率由于溶解矿物后孔隙度的变化而引起渗透率变化，假设渗透率的变化完全是由孔隙度的变化引起，则可由Labrid提出的指数关系计算酸损伤后的地层渗透率：

$$K_i^n = K_0\left(\frac{\phi_i^n}{\phi_0}\right)^L \quad (L>1) \tag{5-85}$$

式中，W_k——矿物摩尔质量，g/moL；

ρ_k——矿物密度，g/moL；

W_{Sil}——硅胶矿物摩尔质量，g/moL；

ρ_{Sil}——硅胶矿物密度，g/cm^3；

L——经验指数，由实验及流体性质确定。

（四）模型参数获取

1. 酸岩反应动力学参数

在前面定义的无因次量Damkohler数中含有酸岩反应速度常数λ_j，温度对酸岩反应速度的影响主要体现在Damkohler数中。根据酸岩反应动力学理论，由Arrhenius方程可得

$$\lambda_j = \lambda_{0j} \times \exp\left[\frac{E_{aj}}{R}\frac{(T-T_0)}{TT_0}\right] \tag{5-86}$$

式中，λ_j——温度为T时的酸岩反应速率常数，($j=1, 2, 3, 4$)，cm^3/s·moL；

λ_{0j}——温度为T_0时的酸岩反应速率常数，($j=1, 2, 3, 4$)，cm^3/s·moL；

E_{aj}——酸岩反应活化能，J/moL；

T——储层温度，K；

T_0——实验温度，K；

R——气体常数，R=8.314J/(moL·K)。

2. 酸浓度参数

根据酸的质量百分数和密度，可由式(5-87)确定 HF 酸的初始物质的量：

$$C_{\mathrm{HF}}^{i}=\frac{\rho}{100M}X \tag{5-87}$$

式中，$C_{\mathrm{Min},k}^{i}$——酸的初始浓度，moL/cm^3；

ρ——酸液密度，g/cm^3；

M——酸的摩尔质量，g/moL；

X——酸的质量分数，%。

3. 矿物浓度参数

通过岩相分析可以确定砂岩各组成矿物的质量分数，用相应的分子量和岩石密度即可求出矿物的初始物质的量。

$$C_{\mathrm{Min},k}^{i}=\frac{\rho_k}{100M_k}X_k \tag{5-88}$$

式中，$C_{\mathrm{Min},k}^{i}$——矿物的初始浓度，moL/cm^3(k=1，2)；

ρ_k——矿物的密度，g/cm^3；

M_k——矿物的摩尔质量，g/moL；

X_k——矿物质量分数，%。

三、酸损伤预测模型验证及应用

(一)酸损伤模型的验证

为了验证砂岩酸损伤模型的可靠性，利用超声波测酸损伤岩样中弹性波波速的实验来验证模型。考虑基于孔隙度变化的损伤变量(丁梧秀等，2005)：

$$\Omega_{(t_1)}=\frac{\varphi_{(t)}-\varphi_{(t_0)}}{1-\varphi_{(t_0)}}=1-\frac{1-\varphi_{(t)}}{1-\varphi_{(t_0)}} \tag{5-89}$$

式中，$\varphi_{(t_0)}$——岩样 t_0 时刻的孔隙率，无因次；

$\varphi_{(t_1)}$——岩样 t_1 时刻的孔隙率，无因次。

由式(5-89)定义的损伤变量，结合孔隙度的定义有

$$\begin{aligned}\Omega_{(t_1)}&=\frac{\varphi_{(t)}-\varphi_{(t_0)}}{1-\varphi_{(t_0)}}\\&=\frac{[(1-\varphi_{(t_0)})-(1-\varphi_{(t)})]Al}{[1-\varphi_{(t_0)}]Al}\end{aligned}$$

$$= \frac{(1-\varphi_{(t_0)})A - (1-\varphi_{(t)})A}{[1-\varphi_{(t_0)}]A}$$

$$= \frac{A_{(t_0)} - A_{(t_1)}}{A_{(t_0)}} \tag{5-90}$$

式中，A——不考虑孔隙度时岩样的初始有效承载面积，cm^2；

l——岩样的长度，cm；

$\varphi_{(t_0)}$——t_0 时刻岩样的孔隙度，无因次；

$\varphi_{(t)}$——t 时刻岩样的孔隙度，无因次；

$A_{(t)}$——t 时刻岩样的有效承载面积，cm^2；

$A_{(t_0)}$——t_0 时刻岩样的有效承载面积，cm^2。

由式(5-90)可以看出，以有效承载面积定义的损伤变量与以孔隙度定义的损伤变量效果等价。因此，可以通过测量酸损伤岩样弹性波波速的方法来验证模型的合理性。

1. 计算参数的取值原则

实验中，由于酸液持续流经岩样，且溶液较稀，所有 v_f 取水溶液的纵波速度，即 1 500m/s；实验用的岩样结构较致密，v_m 取为5 000m/s。

2. 弹性纵波 $v_{p(t)}$ 的测试结果

原始岩样未损伤时的纵波波速 $v_{p(0)}$ 取饱和盐水的状态下，岩样波速的平均值 3 983m/s。

根据测定的实验岩样在持续注入 12%HCl 体系 10min 后的纵波波速、注入 15%HCl +3%HF 主体酸后为 20，60，120min 时的纵波波速计算损伤变量。

表 5-14　纵波波速测量损伤变量值与课题模型预测的结果对比(温度：70℃)

测试编号	纵波波速/(m·s⁻¹)	孔隙度/无因次	损伤变量/无因次			备注
			纵波实验	课题模型	相对误差/%	
1	3 586	0.17	0.067	0.067	1.11	注前置酸：10min
2	3 315	0.22	0.122	0.123	0.39	注主体酸：20min
3	3 272	0.22	0.132	0.133	0.83	注主体酸：60min
4	3 200	0.24	0.148	0.150	1.29	注主体酸：120min

可以看出，建立的酸损伤预测模型与实验结果的损伤变量值基本一致，说明砂岩酸损伤模型是可行的。

(二)砂岩损伤与力学结果对比

根据酸损伤模型的预测结果，结合三轴力学实验结果和酸损伤预测模型，分析了砂岩酸损伤的损伤变量与三轴力学实验结果(抗压强度、杨氏模量、岩样破裂时的最大应变)之间的关系，见表 5-15。

表 5-15　岩石损伤变量与岩石力学参数的关系(实验条件：过酸液 2h)

岩样类型	损伤变量/无因次	泊松比/无因次	破裂时最大应变/%	抗压强度/MPa	杨氏模量/GPa
标准岩样	0	0.42	0.840	55.1	7.06
10%HCl	0.068	0.41	0.950	47.8	6.59
10%HCl+1%HF	0.137	0.39	0.947	47.0	6.16
15%HCl+3%HF	0.158	0.42	1.165	45.5	6.00
18%HCl+5%HF	0.200	0.38	1.222	44.3	5.58

拟合酸损伤前后杨氏模量与损伤变量之间的关系如图 5-71。

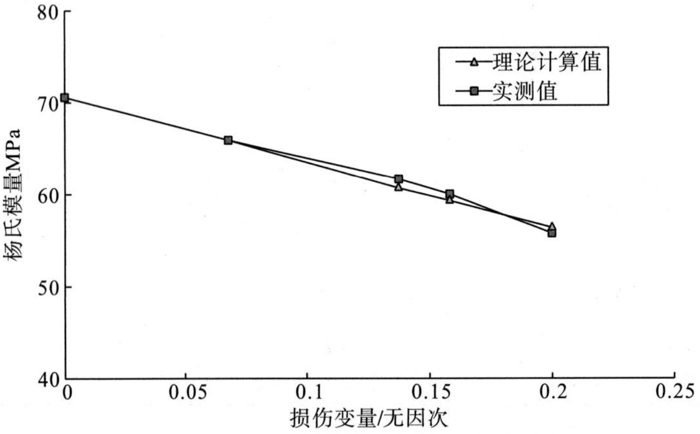

图 5-71　酸损伤后杨氏模量理论计算值与实测值的对比

从图 5-71 中可以看出，酸损伤后杨氏模量的理论值与实测值相关性较好，因此砂岩酸损伤模型是合理、可行的。

为了消除岩石初始抗压强度对损伤后抗压强度的影响，将抗压强度进行无因次化处理，整理得到无因次抗压强度与损伤变量之间的关系(图 5-72)。

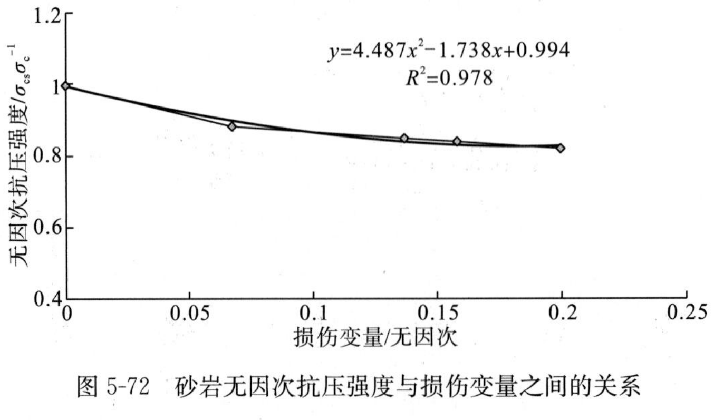

图 5-72　砂岩无因次抗压强度与损伤变量之间的关系

$$\sigma_{cs}/\sigma_c = 3.5854 \times \Omega^2 - 1.5429 \times \Omega + 0.9927 \tag{5-91}$$

式中，σ_{cs}——损伤后的抗压强度，MPa；

σ_c——无损伤时的抗压强度，MPa；

Ω——损伤变量，无因次。

根据式(5-89)、式(5-90)可以建立砂岩损伤后杨氏模量、抗压强度与原始岩样的初始杨氏模量、抗压强度之间的关系。

(三)砂岩酸损伤影响因素分析

以某一油井酸损伤基础参数(表5-16)为例，分析注酸量、施工排量和酸液浓度对酸损伤后孔隙度、渗透率的影响，为酸损伤工艺参数的优选提供依据。

表5-16　实例计算输入的基本参数

慢反应矿物初始浓度/(moL·cm^{-3})	0.033	快反应矿物初始浓度/(moL·cm^{-3})	0.001
储层温度/℃	80	酸岩反应活化能/(J·moL^{-1})	29.3×10^3
HF与快反应矿物反应速率常数/[cm^3·(moL·s)$^{-1}$]	3.340	HF与慢反应矿物反应速率常数/[cm^3·(moL·s)$^{-1}$]	0.016
H_2SiF_6与快反应矿物反应速率常数/[cm^3·(moL·s)$^{-1}$]	57.880	HF与硅胶矿物反应速率常数/[cm^3·(moL·s)$^{-1}$]	0.018
经验指数/L	7	油层厚度/m	5
井眼半径/m	0.12	泄油半径/m	120
储层污染后的渗透率/μm^2	0.05	储层污染后的孔隙度/无因次	0.1
储层无污染渗透率/μm^2	0.1	储层无污染的孔隙度/无因次	0.2

该井设计注酸总量10m^3，施工排量为1.0m^3/min，HF浓度为3%，模拟了酸损伤施工结束后的酸浓度与矿物浓度分布结果，如图5-73所示。

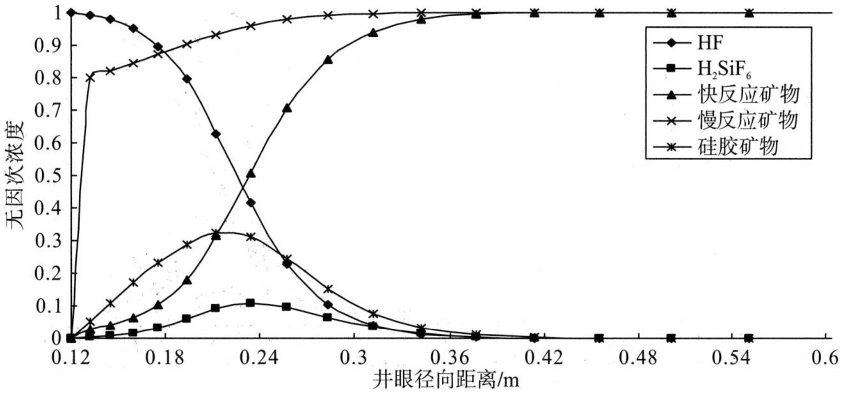

图5-73　停泵后井眼周围酸浓度、矿物浓度分布

由图5-73可知，酸液浓度沿径向距离递减很快，其有效作用距离一般小于3个井眼半径，这是由于酸液与储层矿物反应的面容比大导致反应速度快。从施工结束后H_2SiF_6的浓度变化可以看出，浓度先逐渐增大，然后逐渐降低，表明HF酸进入地层后首先与地层中的铝硅酸盐、长石等快反应矿物和石英等慢反应矿物发生反应，生成了大量的H_2

SiF_6；随着氟硅酸(H_2SiF_6)进一步与快反应矿物(黏土和长石)反应，在黏土矿物表面形成硅胶($Si(OH)_4$)沉淀，从而导致 H_2SiF_6浓度的降低。

从快反应矿物浓度分布曲线可知，快反应矿物部分被 HF 和 H_2SiF_6溶解，随着酸活性的丧失，溶解的矿物逐渐减少，快反应矿物逐渐恢复到原始地层浓度；由慢反应矿物浓度分布曲线知，HF 酸仅仅溶解了 2 个井眼半径之内的慢反应矿物，这主要是因为慢反应矿物与酸反应速度慢所致。从硅胶矿物浓度的分布可以看出，施工结束后，随着井眼距离的增加，近井眼周围的硅胶沉淀先逐渐增多后再减少。

1. 注酸量

图 5-74 是施工排量为 1.0m^3/min，HF 浓度为 3%时，不同注酸量下损伤变量的模拟结果。可以看出，酸损伤主要发生在井眼周围区域，1 倍井眼半径附近区域的损伤程度最严重，当距离井眼 3 倍井眼半径时，酸液与岩石基本上不发生作用，也没有损伤产生。从注酸量对储层损伤的影响程度和范围分布来看，注酸量越大，井眼周围的损伤程度和有效作用半径越大，但是损伤的增加程度在逐渐变小。如注酸量从 5m^3增加到 10m^3时，井壁附近的损伤变量从 0.19 增加到 0.29；当注酸量从 10m^3增加到 15m^3时，井壁附近的无因次孔隙度从 0.29 增加到 0.35。因此在考虑改善效果和经济效益条件下，存在一个最佳注酸量，本算例中最佳酸液量为 10～15m^3。

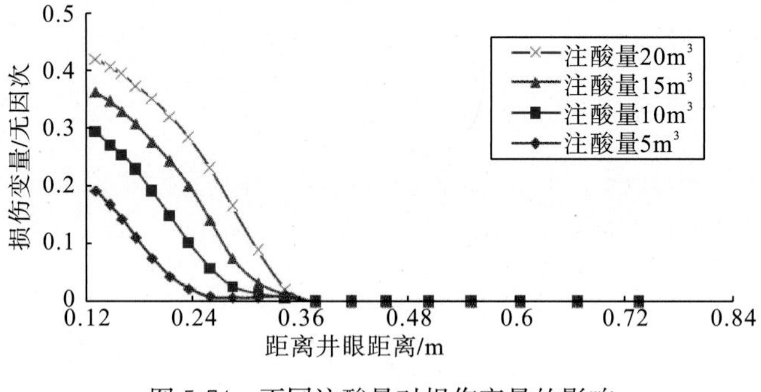

图 5-74 不同注酸量对损伤变量的影响

2. 注酸排量

图 5-75 酸量为 10m^3，HF 浓度为 3%时，不同施工排量下的损伤变量模拟结果。可以看出，低排量注酸有助于在井眼附近产生损伤。这是因为低排量注酸有利于酸液与岩石长期接触，充分溶解近井地带岩石中的可溶蚀物质；从酸损伤作用半径对比来看，低排量注酸下的损伤半径小于高排量损伤半径。因此对于污染深度小的储层，建议低排量注酸；而对于深度污染储层建议采用较大排量，增加酸液的损伤范围。

3. 注酸浓度

图 5-76 是注酸量为 10m^3，注酸排量为 1m^3/min，不同注酸浓度下的损伤变量模拟结果。可以看出，酸液浓度越高，井眼附近产生的损伤越明显，损伤作用距离越大。因此，适当提高酸液浓度有助于酸损伤处理效果。但是酸液浓度过高，很容易破坏岩石骨架，

劣化岩石的强度，导致孔隙坍塌，反而会降低储层渗透率，因此存在一个相对优选的注酸量，在本算例中，优选最佳酸液为3%HF。

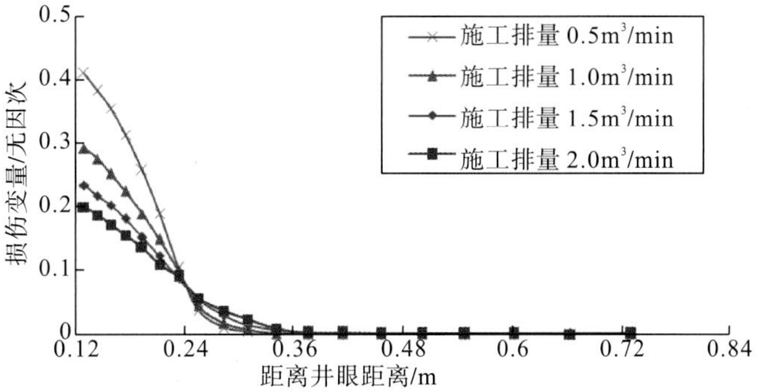

图 5-75　注酸排量对损伤变量影响

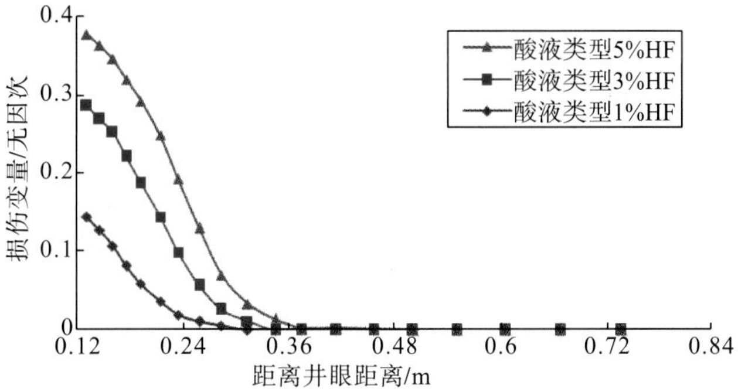

图 5-76　不同酸浓度对损伤变量的影响

第四节　碎屑岩储层酸损伤破裂压力定量预测

本节定量分析酸损伤降低储层破裂压力的因素及降低程度。

一、破裂压力预测基础参数

具体模拟时，考虑平面二维情况下射孔孔眼关于井筒对称分布，故采用含射孔孔眼的地层建立流固耦合有限元模型。

地层参数：

模拟地层参数杨氏模量 2.5×10^4 MPa，泊松比 0.25，孔隙度 10%，渗透率 $0.5\times10^{-3}\mu m^2$，孔隙压力 55MPa，断裂韧性 33.7MPa·$m^{1/2}$。

边界条件：

(1)外边界条件。分析时，施加井筒液柱压力 p，GA 和 CD 段为对称段，施加对称约束。EF 段施加最大有效水平地应力 p_1(85MPa)，DE、FG 段施加最小有效水平地应力 p_2(75MPa)，射孔孔眼 HBI 沿着最大有效地应力 p_1 方向。

(2)内边界条件。注入压力：55MPa，注液时间10s，注入流体黏度为1.0mPa·s。

在上述物理模型及边界条件下，利用有限元模型，建立了用于流固耦合分析的计算方法，实现了流体压力变化与岩石物性参数耦合作用下射孔孔眼尖端应力场计算。根据射孔孔眼尖端的应力强度因子，判断射孔孔眼是否会起裂，进而确定储层的破裂压力。

具体实施时，采用试算法计算射孔井破裂压力，即保持射孔参数和边界条件不变，在射孔孔眼处施加注液压力，计算该压力下射孔孔眼尖端的应力强度因子，将该应力强度因子与岩石的临界应力强度因子进行比较，若射孔孔眼尖端应力强度因子恰好等于临界应力强度因子，则所施加的压力就等于地层破裂压力；否则，改变注液压力值再计算射孔孔眼尖端的应力强度因子，直到等于井壁岩石的临界应力强度因子为止。

在上述物理模型和计算参数基础上，分析酸损伤后改善岩石渗透性能、杨氏模量、岩石断裂韧性、损伤程度、损伤区域大小对储层破裂压力的影响。

二、酸损伤降低碎屑岩储层破裂压力影响因素分析

(一)渗透率

根据酸液对射孔孔眼造成损伤的物理过程和机理可知，射孔孔眼经过酸损伤后，提高了储层渗透率。因此，这里分析了渗透性能改善对储层破裂压力的影响。考虑在储层酸损伤前，由于受到钻、完井伤害污染，储层渗透率为0.000 1×$10^{-3}\mu m^2$；经过酸损伤后，储层渗透率恢复提高，对比了0.000 1×$10^{-3}\mu m^2$、0.1×$10^{-3}\mu m^2$、0.5×$10^{-3}\mu m^2$和1×$10^{-3}\mu m^2$四种不同渗透率下注液结束时射孔孔眼周围孔隙压力、最大主应力、孔隙流体流速以及孔隙度分布结果，进一步预测了渗流—应力耦合作用下的破裂压力。

表5-17 渗透性能对破裂压力影响的计算参数

方案	最大水平主应力/MPa	最小水平主应力/MPa	注液压力/MPa	杨氏模量/GPa	泊松比/无因次	渗透率/(×$10^{-3}\mu m^2$)	孔隙度/无因次
1	85	75	55	25	0.25	0.000 1	0.1
2	85	75	55	25	0.25	0.1	0.1
3	85	75	55	25	0.25	0.5	0.1
4	85	75	55	25	0.25	1	0.1

图5-77是不同渗透率下注液结束时射孔孔眼周围孔隙压力分布结果。可以看出，在持续注入流体作用下，射孔孔眼周围的孔隙压力有较大幅度增加。初始孔隙压力为55MPa，储层渗透率为0.000 1×$10^{-3}\mu m^2$时，孔隙压力为97.8MPa；储层渗透率1.0×$10^{-3}\mu m^2$时，孔隙压力为84.2MPa。表明储层渗透率越高，注入液体在储层中的流动能力越强，射孔孔眼周围的孔隙流体很容易被驱替到地层深部，降低了射孔孔眼周围的储层孔隙压力，有利于降低储层破裂压力。

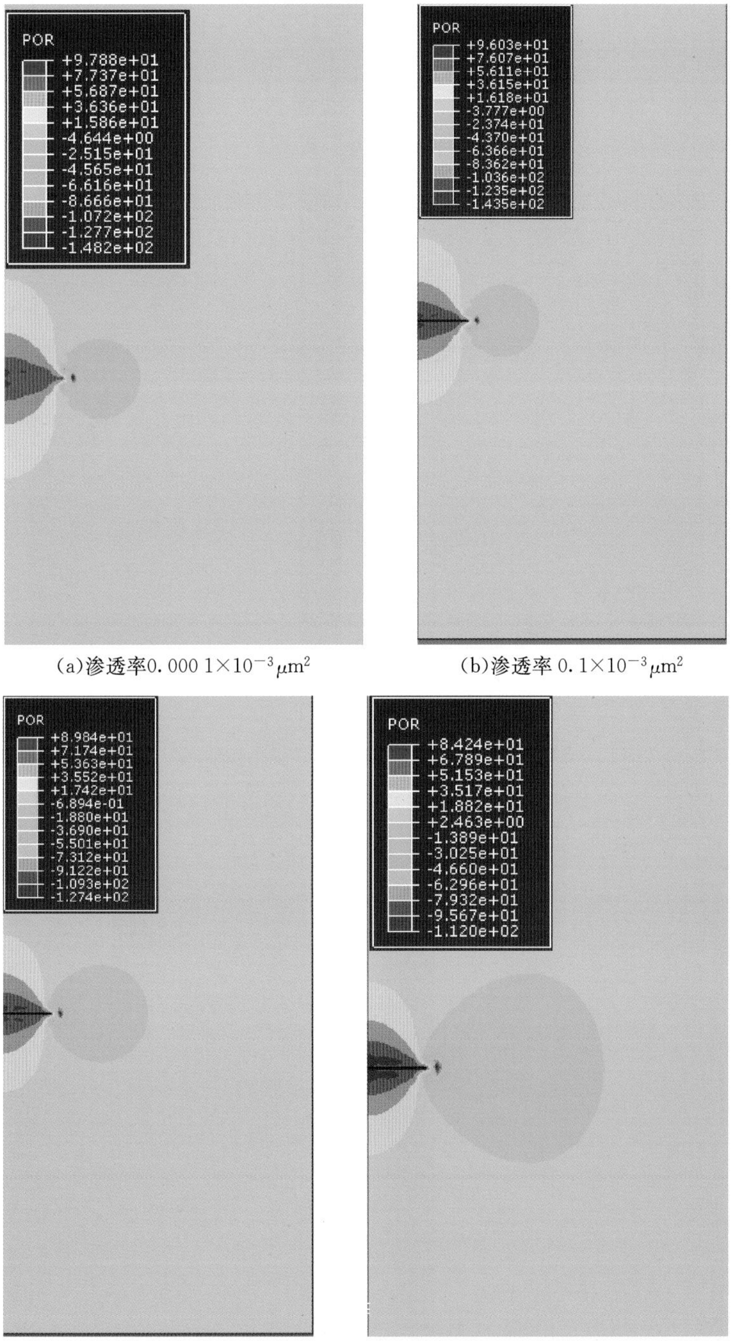

(a)渗透率0.000 1×$10^{-3}\mu m^2$　(b)渗透率 0.1×$10^{-3}\mu m^2$

(c)渗透率 0.5×$10^{-3}\mu m^2$　(d)渗透率 1.0×$10^{-3}\mu m^2$

图 5-77　不同渗透率下注液结束时孔隙压力分布

图 5-78 是不同渗透率下注液结束时射孔孔眼周围最大主应力分布情况。从应力分布云图可以看出，在持续注入流体作用下，最大主应力有了较大程度的增加。从射孔孔眼周围不同位置处的最大水平主应力分布可以看出，射孔孔眼尖端的数值最大，表明这个位置岩石受到的应力作用最大，裂缝将在射孔孔眼尖端起裂。从不同储层渗透率下注液结束时最大水平主应力的分布结果来看，渗透率越高，注入流体对射孔孔眼周围最大水

平主应力区域影响范围越广，而且到注液结束后，射孔孔眼周围的最大水平主应力越大。表明在注入流体的渗流压力作用下，流体通过射孔孔眼流入附近地层中，使附近地层的骨架受到流体支撑，加剧了岩石的拉伸作用，使射孔孔眼周围岩体在较小注入压力下达到岩石骨架破坏临界值，发生破坏，有利于地层起裂。

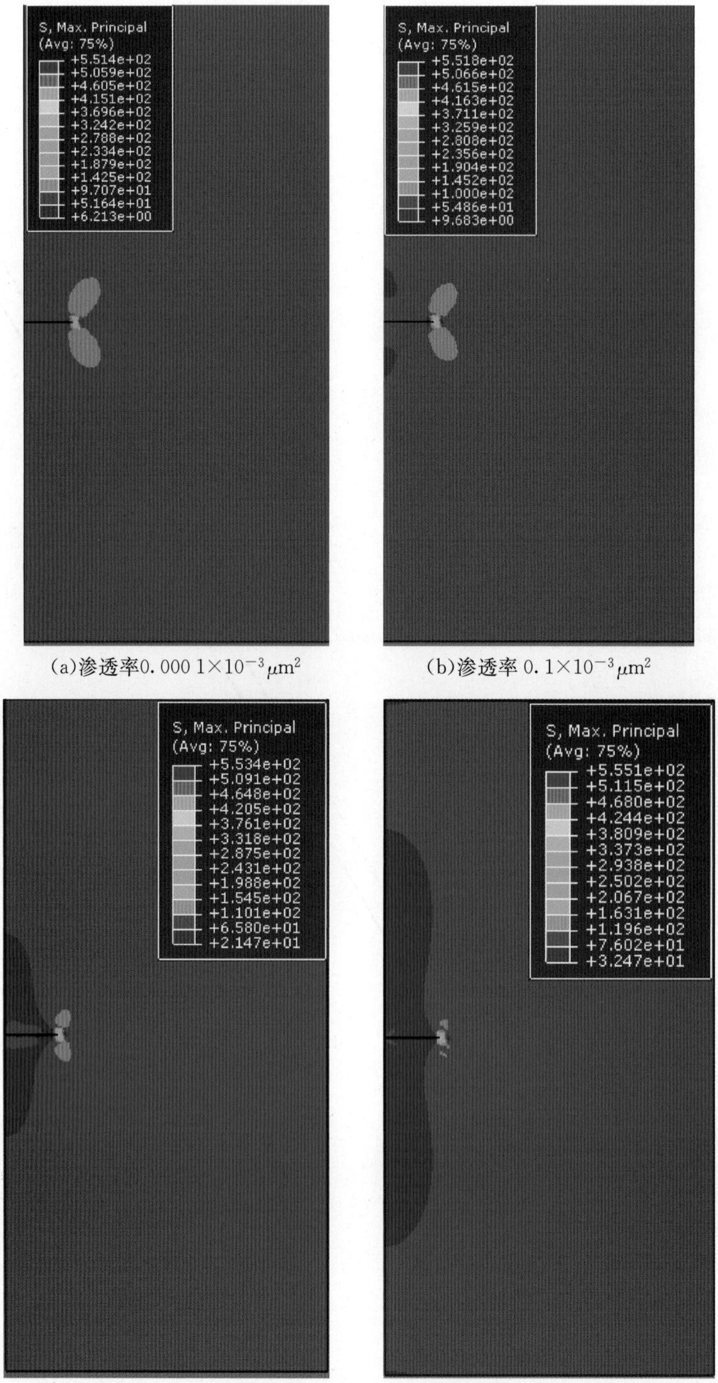

(a)渗透率0.000 1×$10^{-3}\mu m^2$　(b)渗透率 0.1×$10^{-3}\mu m^2$

(c)渗透率 0.5×$10^{-3}\mu m^2$　(d)渗透率 1.0×$10^{-3}\mu m^2$

图 5-78　不同渗透率下注液结束时最大水平主应力分布

图 5-79 是不同渗透率下注液结束时射孔孔眼周围的孔隙度分布情况。可以看出，注入流体对岩石骨架的支撑作用，使射孔孔眼尖端周围岩石的孔隙度有一定程度增加。当储层渗透率为0.000 1×10^{-3} μm^2，通过注液后射孔孔眼尖端的岩石孔隙度从 0.1 增加到了0.117 2。从射孔孔眼周围岩石不同位置的孔隙度变化情况来看，射孔孔眼尖端的孔隙度最大。从储层渗透率高低对孔隙度分布的影响可以看出，渗透率越高，孔隙度越大，表明渗透性能越好，注入流体对岩石骨架的支撑作用越显著，岩石骨架受到拉伸作用越明显，有助于地层破裂。

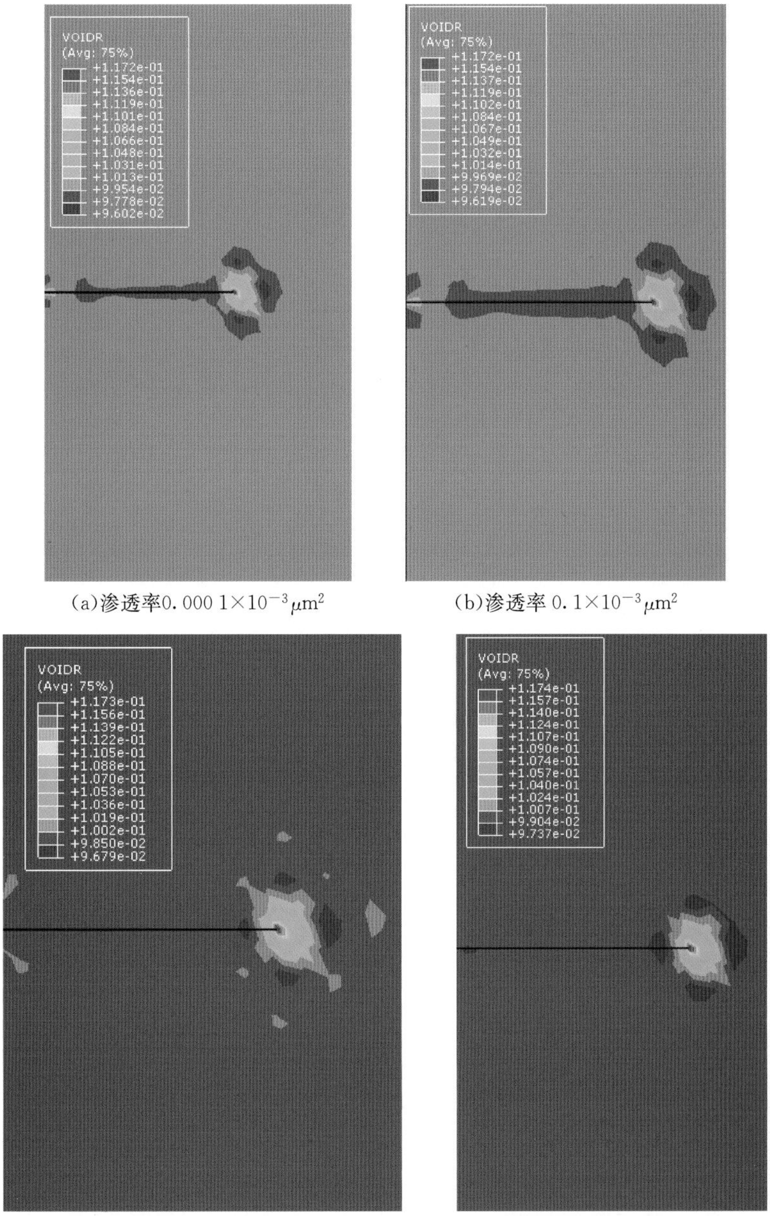

(a)渗透率0.000 1×10^{-3} μm^2　(b)渗透率 0.1×10^{-3} μm^2

(c)渗透率 0.5×10^{-3} μm^2　(d)渗透率 1.0×10^{-3} μm^2

图 5-79　不同渗透率下注液结束时孔隙度分布

图 5-79 是不同渗透率下注液结束时射孔孔眼周围流体速度的分布结果。可以看出，注液后由于射孔孔眼尖端的孔隙度最大、渗透率最高，因此在射孔孔眼尖端的渗流速度最大。当考虑了流体渗流与应力的耦合作用后，射孔孔眼尖端的流体支撑作用越强，导致射孔孔眼尖端的有效应力变小，进一步增加了该位置的渗透性，导致注入流体在射孔孔眼尖端的渗流速度最大，有利于增大射孔孔眼尖端的局部孔隙压力，促使裂缝在射孔孔眼尖端起裂和扩展。从不同渗透率下流体速度对比可以看出(图 5-80)，渗透率越大，注入流体流动速度越高，加剧了射孔孔眼尖端局部高压的形成，有助于储层破裂(表 5-18)。

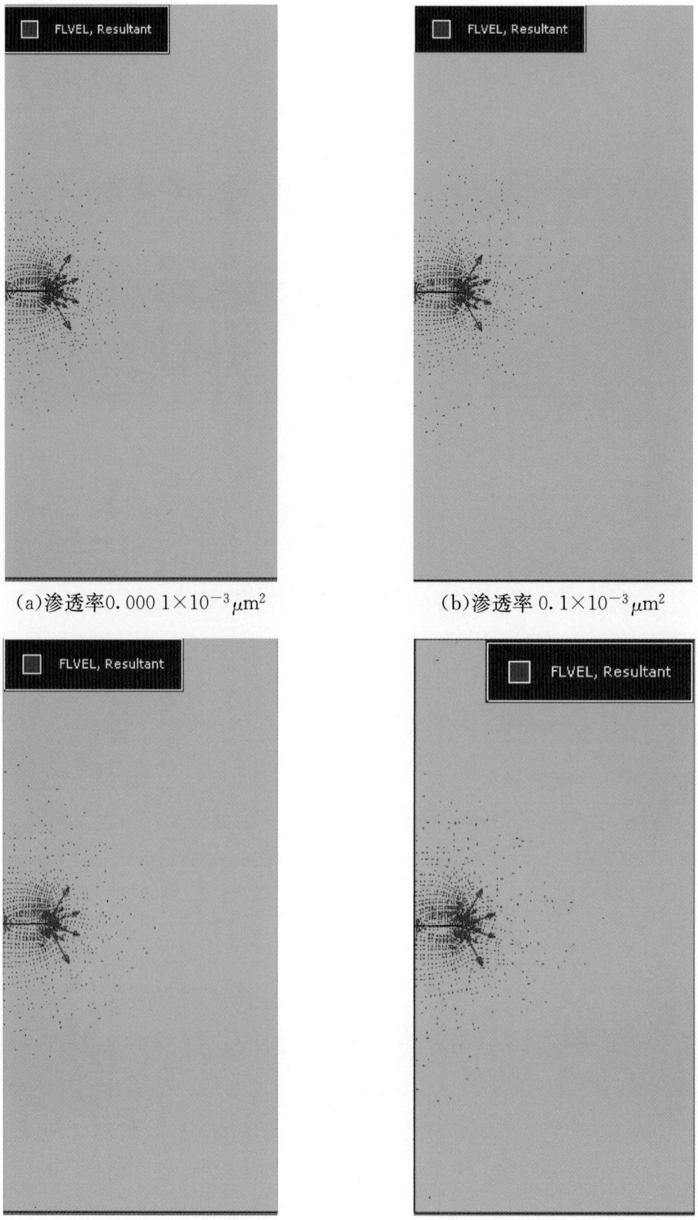

(a)渗透率0.000 1×$10^{-3}\mu m^2$　(b)渗透率 0.1×$10^{-3}\mu m^2$

(c)渗透率 0.5×$10^{-3}\mu m^2$　(d)渗透率 1.0×$10^{-3}\mu m^2$

图 5-80　不同渗透率下注液结束时流体速度分布

表 5-18　射孔孔眼周围渗透率分布对破裂压力的影响

计算方案	渗透率/($\times10^{-3}\mu m^2$)	起裂压力/MPa
1	0.000 1	110.2
2	0.1	102.3
3	0.5	97.8
4	1	85.7

图 5-81 是不同渗透率下地层破裂压力计算结果。可以看出，随着储层渗透率的增加，地层破裂压力下降。如当储层渗透率为0.000 1$\times10^{-3}\mu m^2$(可以近似认为储层不渗透)，破裂压力为 110.2MPa；储层渗透率为 0.5$\times10^{-3}\mu m^2$，破裂压力降低为 97.8MPa；当储层渗透率增加到 1.0$\times10^{-3}\mu m^2$，破裂压力降低为 86.1MPa。说明通过增加储层渗透率，可以显著降低地层破裂压力。反映出由于钻完井伤害降低了储层渗透率，将显著增加地层的破裂压力；当采用酸损伤改善储层渗透率后，将大幅度降低地层破裂压力，说明了酸损伤是降低地层破裂压力的有效措施。

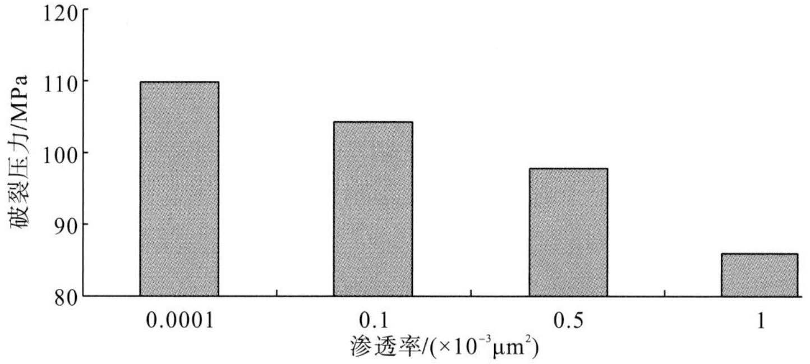

图 5-81　不同渗透率下的破裂压力计算结果

(二)杨 氏 模 量

实验研究结果表明，酸损伤后将会显著降低岩石强度，在具体计算射孔井储层破裂压裂时表现为有限元方程中的本构方程将发生改变。结合应变等效假设，损伤后的本构方程主要杨氏模量降低，计算不同杨氏模量下储层的破裂压力。

图 5-82 是杨氏模量对破裂压力影响的计算结果。可以看出，随着杨氏模量增加，破裂压力增加。这是因为杨氏模量主要反映岩石的强度和硬度，杨氏模量越大，抵抗外力变形的能力越强。在相同的射孔孔眼注入压力下，随着杨氏模量增加，岩石纵向变形减少；考虑岩石其他参数不变，岩石的横向变形也相应减小，使射孔孔眼尖端的岩石位移减小，导致裂缝内流体压力在射孔孔眼尖端的应力强度因子变小，最终随着杨氏模量增加，破裂压力增大。酸损伤通过降低岩石杨氏模量，有助于降低破裂压力。

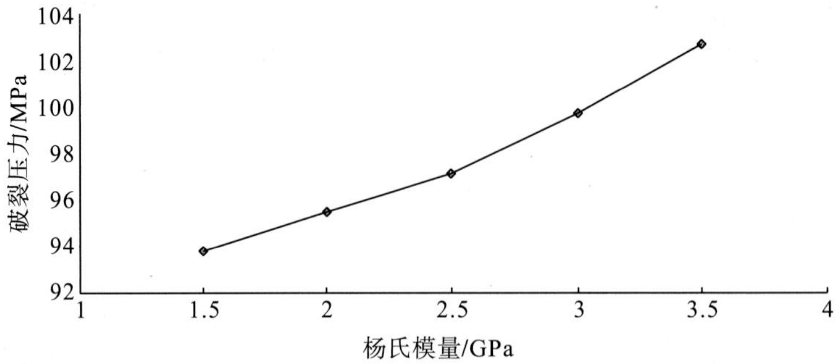

图 5-82 杨氏模量对破裂压力的影响

（三）断 裂 韧 性

酸损伤降低储层破裂压力的第三个作用机理体现在酸损伤后降低了岩石的临界应力强度因子。不同注入压力条件下射孔孔眼尖端应力强度因子与射孔孔眼内注入流体压力的关系式为

$$y = 2.1459x - 171.82 \tag{5-92}$$

式中，x——裂缝内流体压力，MPa；

y——裂缝尖端应力强度因子，MPa・$m^{1/2}$。

图 5-83 是临界应力强度因子对破裂压力影响的计算结果。可以看出，随着临界应力强度因子增加，储层破裂压力呈线性增加。酸损伤通过溶蚀岩石中的可溶解物质，降低了储层岩石的临界应力强度因子，有利于降低储层破裂压力。

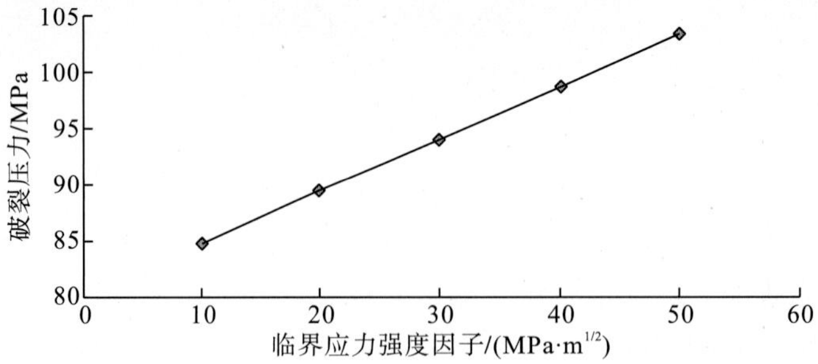

图 5-83 临界应力强度因子对破裂压力的影响

（四）损 伤 变 量

根据酸损伤降低储层破裂压力的机理研究可知，酸损伤通过增加储层孔隙度、劣化岩石强度来达到降低储层破裂压力的目的，主要表现为酸损伤后增加了储层的渗透性，降低了岩石杨氏模量和临界应力强度因子，因此计算了不同损伤变量下这三方面综合作用降低储层破裂压力的计算结果。

图 5-84 为不同损伤变量对破裂压力影响的计算结果。可以看出，随着损伤变量增加，破裂压力的降低幅度增大，表明酸损伤程度越严重，降低破裂压力的效果越明显。

从酸损伤改变储层渗透率、杨氏模量和断裂韧性对降低储层破裂压力的程度来看，酸损伤改变储层渗透率对储层破裂压力的影响最大，其次为杨氏模量，最后为断裂韧性。在计算实例中，当损伤变量为 0.1 时，酸损伤通过改变岩石临界应力强度因子、杨氏模量和渗透率后降低的破裂压力分别为 1.0，2.1，4.6MPa，累计降低储层破裂压力 7.7MPa，说明对于异常破裂压力储层，通过酸损伤可以较大幅度降低破裂压力，保证后续作业的顺利实施。

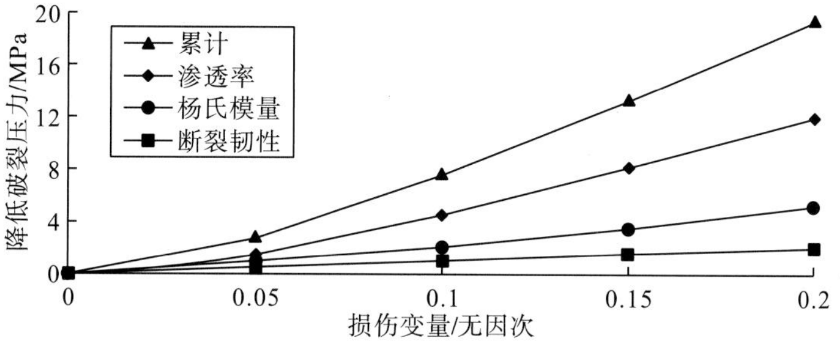

图 5-84　损伤变量对破裂压力的影响

（五）损伤区域大小

图 5-85 是损伤区域大小示意图。

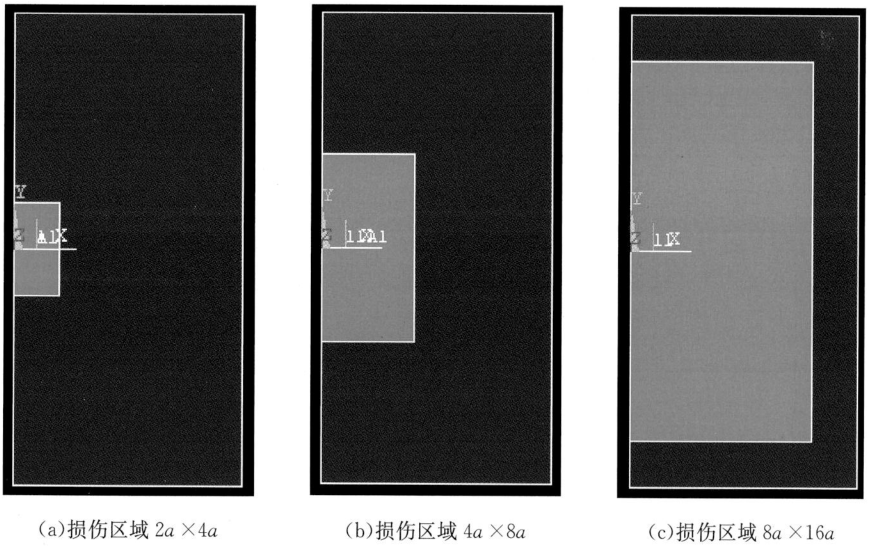

(a)损伤区域 $2a\times4a$　(b)损伤区域 $4a\times8a$　(c)损伤区域 $8a\times16a$

（a：射孔深度）

图 5-85　损伤区域大小示意图

在砂岩酸损伤降低破裂压力过程中，酸液通过射孔孔眼进入地层，即酸对地层的损伤是通过射孔孔眼向四周进行扩散的。当酸液注入量较少时，地层岩石的酸损伤区域有限。因此，有必要分析酸损伤区域大小对破裂压力的影响。

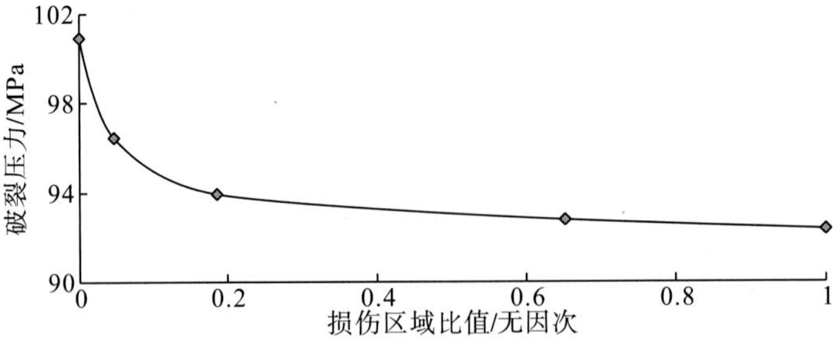

图 5-86 破裂压力与损伤区域比值的关系

图 5-86 是损伤变量为 0.1 时，模拟射孔孔眼长度为 a、地层尺寸为 $10a \times 20a$ 条件下，不同损伤区域尺寸对射孔井破裂压力的影响。可以看出，随着损伤区域增大，破裂压力降低幅度增大，在孔眼附近区域损伤比远离射孔孔眼区域损伤对降低破裂压力的影响程度更大。因此在酸损伤降低破裂压力时，可以通过强化孔眼周围岩石损伤，显著降低破裂压力。

第五节 酸损伤降低碎屑岩储层破裂压力优化设计

一、DY1 井基本情况

DY1 是一口深层预探井(图 5-87)。DY1 井的一些基本数据见表 5-19，测井解释结果见表 5-20。

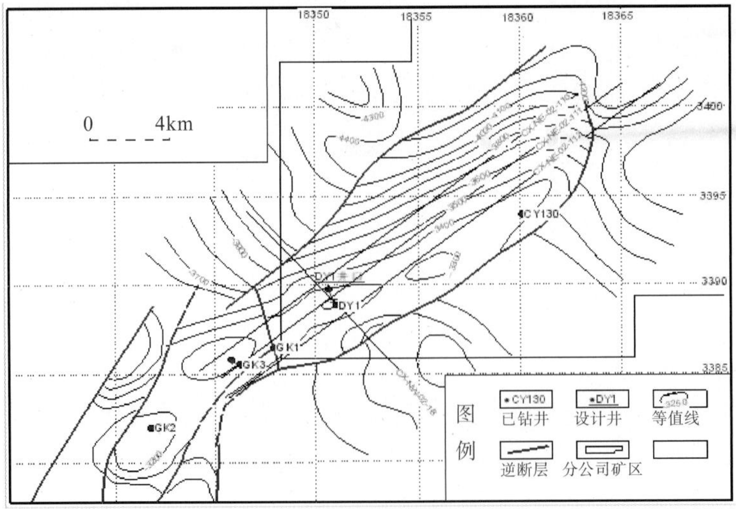

图 5-87 DY1 井构造基本情况

表 5-19　DY1 井的基本数据

构造位置	DY 背斜(地震 $T_5{}^1$、$T_5{}^3$反射层)近轴部					井型	定向井
完井井深	5 160.00m(斜深)，4 945.51m(垂深)			最大井斜角	34.52°/4 139.8m	造斜点	850m
套管程序	外径/mm	壁厚/mm	钢级	下入深度/m	水泥返高/m	井段/m	固井质量
表层	339.7			691.01	地面	0～691.01	优
技术	244.5			2 798.34	地面	0～2 798.34	合格
油层	177.8	12.65	13Cr－110	326.96	地面	0～326.96	优
		11.51	P110	528.80		326.96～528.81	优
		10.36		832.50		528.81～832.54	优
		10.36		2 594.15		832.54～2 594.15	优
		10.36		2 638.00		2 594.15～2 638.84	优
		12.65	P110	4 371.50		2 634.83～4 371.50	优
		12.65	13Cr－110	4 581.54		4 371.5～4 581.54	优
		11.51	P110	4 628.00		4 581.54～4 628.82	差

表 5-20　DY1 井测井解释结果

层位	井段(垂深)/m	厚度/m	泥质含量/%	孔隙度/%	含水饱和度/%	渗透率/($\times10^{-3}\mu m^2$)	解释结果
T_3x^2	4 897.4～4 901.5	4.1	6.4	3.9	34.5	0.02	含气层
T_3x^2	4 902.6～4 919.4	16.8	2.3－48.2	4.5－19.6	5.4－16.3	0.13－68.9	气层

该井采用油管传输射孔对 T_3x^2(5 106.0～5 128.0m)井段进行射孔，射孔段厚度22m，射孔相位角 60°，射孔密度 20 孔/m。射孔的穿深及孔眼校正见表 5-21。

表 5-21　穿深校正及孔眼直径校正

弹型号	标准穿深/mm	标准孔径/mm	校正穿深/mm	入口孔径/mm	校正孔径/mm
DP30 HMX－38－102	500	9	104.3	8.36	3.8

压裂管柱：$3^1/2$" P110 外加厚油管＋Y344－148 封隔器＋7" 水力锚＋$2^7/8$" N80 油管＋36mm 接球座。

1. 前期改造分析

该井在正式施工前，采用清水进行了测试压裂分析(图 5-88)。当排量为 1.0m^3/min，施工泵压维持在 40MPa 左右。随着排量增加，施工压力急剧增加，排量提高到 1.5m^3/min 时，接近 80MPa，超过施工限压 77MPa，地层未压开。多次憋压后，地层仍未压开。

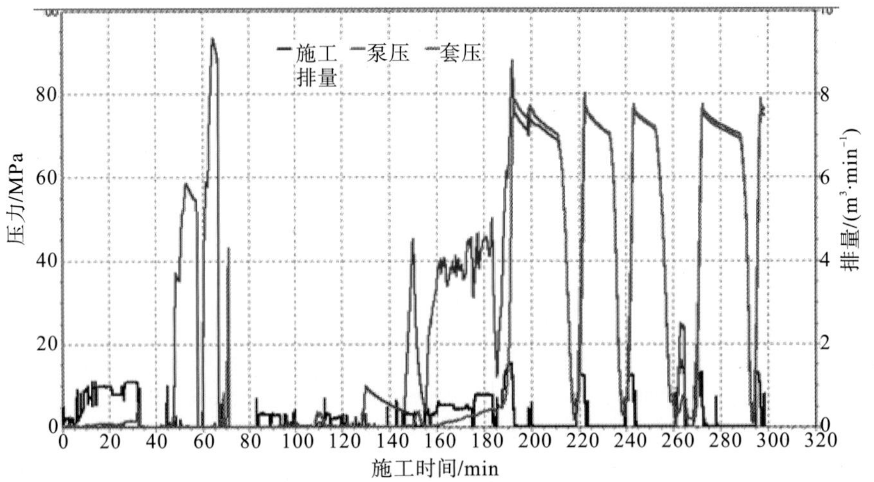

图 5-88　DY1 井前期压裂资料分析

2. 异常破裂压力原因分析

(1)DY1 井位于某构造近轴部(图 5-87)，但是局部地方逆断层发育，增加了储层的最小水平主应力。根据对影响射孔井破裂压力的因素(最小水平主应力对破裂压力的影响)分析可知，随着最小水平主应力增加，破裂压力增加。

(2)储层段低角度、未充填微裂缝发育，钻井时使用了高密度(1.2g/cm^3)的暂堵性泥浆，堵塞了地层裂缝和孔隙，储层污染严重，造成压裂时井筒中的液柱压力不能传递到地层中，使破裂压力高。

(3)储层矿物组成以硬度大的碎屑颗粒(石英颗粒)为主，胶结物类型主要为石英、方解石和白云石三种，使岩石本身的强度较大，增加了破裂压力(表 5-22)。此外，岩石中黏土矿物的含量高达 24.22%，岩石的塑性较强，增加了岩石抵抗变形的能力，也使破裂压力偏高(表 5-23，图 5-89)。

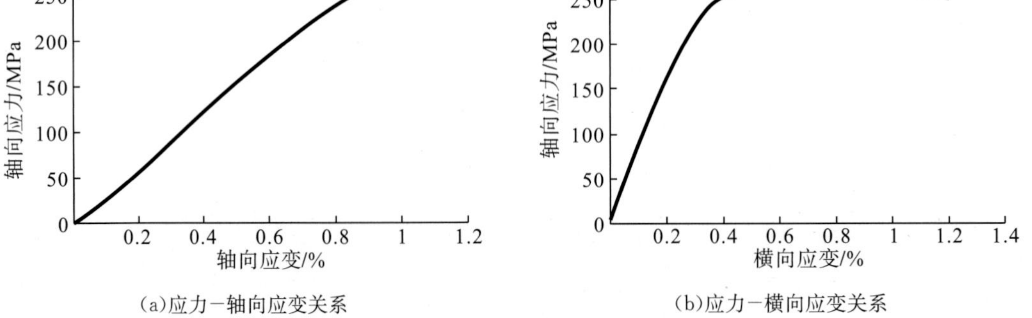

(a)应力-轴向应变关系　　(b)应力-横向应变关系

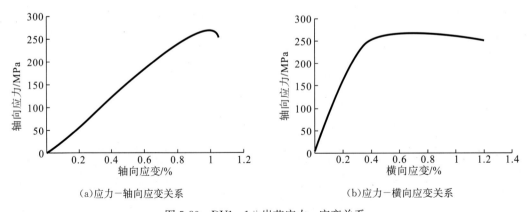

图 5-89　DY1-1#岩芯应力-应变关系

表 5-22　储层矿物分析

样号	绿+高	伊混+高	石英	重晶石	斜长石	方解石	白云石	总黏土
DY1−1	14.82	12.81	66.85	0	4.52	0	0.99	27.63
DY1−2	14.66	18.8	50.59	0	14.47	0.69	0.79	33.46
DY1−3	9.07	13.7	57.07	2.25	5.95	7.63	4.33	22.77
DY1−4	8.27	14.19	66.63	1.96	1.08	5.57	2.3	22.46
DY1−5	5.89	8.9	77.04	1.1	1.41	3.06	2.6	14.79
平均	10.54	13.68	63.64	1.06	5.49	3.39	2.2	24.22

表 5-23　DY1 井岩石三轴应力实验结果

岩芯号	取芯深度/m	实验条件		实验结果					
		围压/MPa	孔压/MPa	杨氏模量/GPa	泊松比/无因次	抗压强度/MPa	压缩系数/($\times10^{-4}$MPa^{-1})		孔隙弹性系数/无因次
							体积	基质	
DY1−1	5 106.05～5 106.24	70	58.7	37.5	0.28	250	1.78	0.516	0.71
DY1−2	5 107.53～5 107.74	70	58.7	34.4	0.23	262	1.72	0.447	0.74
DY1−3	5 114.95～5 115.18	70	58.8	34.0	0.23	264	1.54	0.493	0.73
DY1−4	5 119.73～5 119.84	70	58.9	31.6	0.26	255	1.29	0.323	0.75
DY1−5	5 128.24～5 129.14	70	60.0	37.4	0.18	310	1.67	0.367	0.78
	平均	70	59.02	35.0	0.24	268.2	1.6	0.429	0.74

(4)本井为斜井，按照降低斜井施工压力的观点，应控制射孔段长度，减少射孔孔数，保证在低破裂压力下压开地层。本井射孔打开了整个储层段 22m，射孔密度为 20 孔/m，这也增加了地层的破裂压力。

通过开展岩芯室内溶蚀率实验，结果见表 5-24、表 5-25。其中岩屑取自本井5 106～5 128m 井段，钻井泥浆样品取自 DY1 井现场须二段钻井泥浆。

表 5-24　DY1 井须二段岩屑酸溶蚀实验结果

酸液配方	溶蚀前岩屑重量/g	溶蚀后岩屑重量/g	溶蚀率/%
12%HCl	10.000	9.603	3.97
15%HCl	10.058	9.679	3.77
18%HCl	10.134	9.742	3.87
20%HCl	10.029	9.655	3.73
12%HCl+1%HF	10.104	8.906	11.86
15%HCl+3%HF	10.013	8.229	17.82
18%HCl+3%HF	10.205	8.343	18.25
20%HCl+5%HF	10.176	7.912	22.25

表 5-25 DY1 井须二段钻井泥浆酸溶蚀实验结果

酸液配方	溶蚀前泥浆重量/g	溶蚀后泥浆重量/g	溶蚀率/%
12%HCl	10.000	8.706	12.94
15%HCl	10.075	8.788	12.77
20%HCl	10.022	8.738	12.81
12%HCl+1.5%HF	10.123	8.232	18.68
15%HCl+3%HF	10.213	8.302	18.70
20%HCl+5%HF	10.145	8.244	18.74

从表 5-24、表 5-25 中可以看出，酸液体系对泥浆堵塞物以及岩石矿物均有较强的溶蚀能力。

考虑酸液体系优选结果、作业成本以及降低施工管柱腐蚀等方面，最终选择了 15% HCl+3%HF 的酸液体系作为酸损伤降低破裂压力的主体酸液，选择施工参数为注酸量 $20m^3$，施工排量 $2.0m^3/min$。

二、酸液体系及施工参数优化

(一)酸损伤前破裂压力预测

根据储层的基础数据，结合三轴力学实验结果和射孔数据，进行破裂压力预测(表 5-26)。

表 5-26 DY1 井破裂压力预测数据

射孔孔眼长度/mm	射孔直径/mm	射孔方位/(°)	孔密/(孔·m^{-1})	杨氏模量/GPa
104.3	3.8	0	20	35
泊松比/无因次	最大水平主应力/MPa	最小水平主应力/MPa	抗压强度/MPa	断裂韧性/(MPa·$m^{1/2}$)
0.24	85	64.8	267.2	37

基于表 5-26 的基础数据预测的井底破裂压力为 107.5MPa。考虑斜井以及长射孔段、高孔密的布孔方式，破裂压力应更高，这也是施工压力在 78MPa 时多次震荡地层未破裂的原因。

(二)酸液体系及施工参数优化

根据岩石矿物成分和酸损伤定量预测模型，优化该井酸损伤的酸液类型、酸液用量和施工排量，并根据现场实施数据反演的破裂压力与预测结果的对比，验证酸损伤破裂压力预测模型的合理性。

根据岩石薄片鉴定、电镜扫描分析表明，岩石的碎屑颗粒以石英、岩屑为主，次为长石。其中岩屑含量低的砂岩，其多数粒径为0.20～0.35mm，部分超过0.50mm；碎屑颗粒石英含量为5%～90%，长石含量0～28%，岩屑含量8%～95%；胶结物类型主要为石英、方解石和白云石三种。储层矿物的X射线－衍射实验结果表明，储层的总黏土含量很高，使得储层的塑性很强，增加了储层的破裂压力。

1. 岩石矿物初始浓度

表5-27是DY1井的矿物岩相分析结果。根据砂岩酸损伤定量预测模型的研究成果，将绿泥石、伊利石和斜长石视为快反应矿物，石英视为慢反应矿物，计算了该储层矿物的初始浓度。

表5-27　储层矿物质量分析

矿物名称	质量/g	密度/($g \cdot cm^{-3}$)	体积/cm^3	摩尔质量/($g \cdot moL^{-1}$)	物质的量/moL
石英	63.64	2.65	24.015	60	1.060 7
长石	5.49	2.5	2.196	270	0.020 3
绿泥石	10.54	2.5	4.216	552	0.019 1
伊利石	13.68	2.5	5.472	398	0.034 4
重晶石	1.06	4.5	0.235 6	233	0.004 5
方解石	3.39	2.65	1.279 2	100	0.033 9
白云石	5.49	2.85	1.926 3	184	0.029 8

快反应矿物的平均分子量为

$$M_1 = (270 \times 0.020\,3 + 552 \times 0.019\,1 + 398 \times 0.034\,4) / 0.073\,8 = 402.5\text{g/moL} \tag{5-93}$$

100g矿物岩石体积为

$$V = \frac{V_{\min}}{(1-\varphi)} \tag{5-94}$$

式中，V——岩石表观体积，cm^3；

$V_{\min}$——岩石矿物骨架体积，cm^3；

φ——岩石孔隙度，无因次。

$$V = 39.340\,2/(1-0.042) = 41.065\text{cm}^3 \tag{5-95}$$

则快反应矿物初始物质的量浓度为

$$C^i_{\min,1} = 0.073\,8\text{moL}/41.065\text{cm}^3 = 0.001\,797\text{moL/cm}^3 \tag{5-96}$$

慢反应矿物初始浓度为

$$C^i_{\min,2} = 1.060\,7\text{moL}/41.065\text{cm}^3 = 0.025\,83\text{moL/cm}^3 \tag{5-97}$$

为了优选酸损伤施工参数，计算了不同酸液浓度、酸液用量、施工排量对酸损伤变量和储层渗透率的改善情况，为酸损伤破裂压力的预测提供基础数据。酸损伤模拟输入的基本参数见表5-28。

表 5-28 酸损伤施工参数计算输入的基本参数

慢反应矿物初始浓度/(moL·cm^{-3})	0.026	快反应矿物初始浓度/(moL·cm^{-3})	0.002
储层温度/℃	120	酸岩反应活化能/(J·moL^{-1})	29.3×10^3
HF 与快反应矿物反应速率常数/[cm^3·$(moL·s)^{-1}$]	3.340	HF 与慢反应矿物反应速率常数/[cm^3·$(moL·s)^{-1}$]	0.016
H_2SiF_6与快反应矿物反应速率常数/[cm^3·$(moL·s)^{-1}$]	57.880	HF 与硅胶矿物反应速率常数/[cm^3·$(moL·s)^{-1}$]	0.018
经验指数	7	酸损伤需处理的油层厚度/m	15
井眼半径/m	0.12	泄油半径/m	200
储层渗透率/μm^2	0.000 1	储层孔隙度/无因次	0.1

2. 酸液体系优选

图 5-90 模拟了在 1%HF、3%HF、5%HF 不同酸液浓度下，注酸量为 $20m^3$，施工排量为 $2.0m^3/min$ 时，酸损伤后储层的损伤变量和渗透率分布结果。

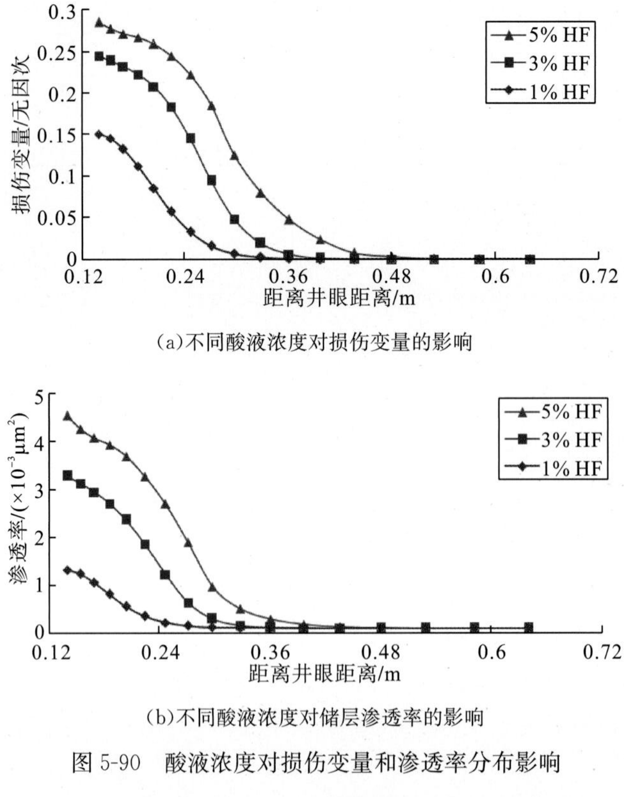

图 5-90 酸液浓度对损伤变量和渗透率分布影响

可以看出，在距离井眼相同的位置处，随着施工过程中使用的 HF 浓度增加，酸损伤后损伤变量增大、储层渗透率升高。当 HF 浓度增加到一定程度后，继续增加酸液浓度，损伤变量和渗透率的增加幅度变小；从距离井眼不同位置处的损伤变量和储层渗透率计算结果可以看出，注入的酸液主要在井眼附近对储层的渗透率有较大幅度提高，随着距离的增加，储层渗透率逐渐降低，当距离井眼 3 倍井眼半径时，储层渗透率降低到地层的原始渗透率。针对 DY1 井的基础数据，优选 3%～5%HF 的酸液体系。

3. 酸液用量优选

图 5-91 模拟了在 10，20，30m^3不同酸液浓度下，注酸浓度为 3%HF，施工排量为 2.0m^3/min 时，酸损伤后储层的损伤变量和渗透率分布结果。

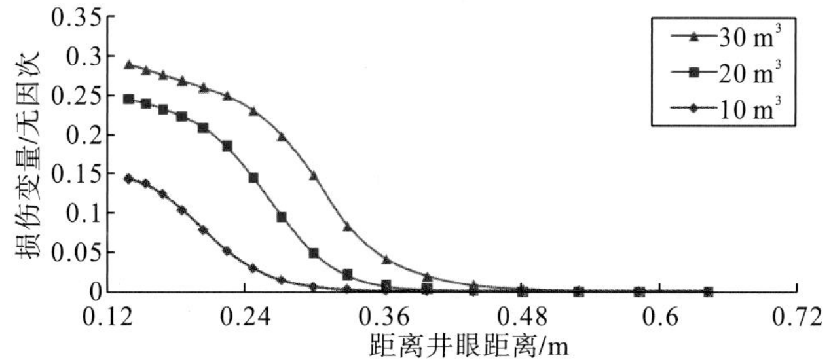

(a)不同酸液用量对损伤变量的影响

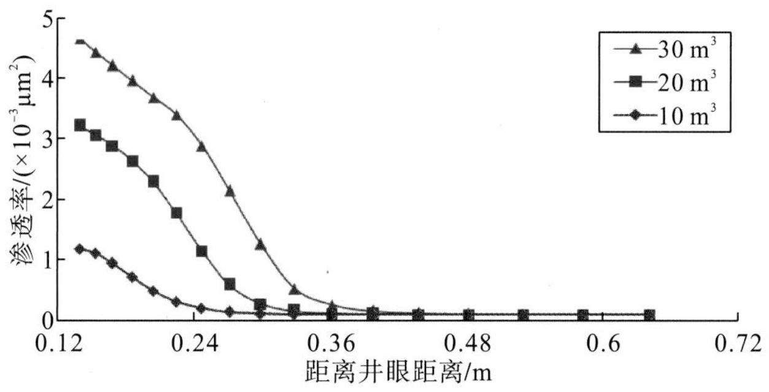

(b)不同酸液用量对储层渗透率的影响

图 5-91　酸液用量对损伤变量和渗透率分布影响

可以看出，在距离井眼相同的位置处，随着施工过程中酸液用量的增加，酸损伤后损伤变量增大，储层渗透率升高。当酸液用量增加到一定程度后，继续增加酸液用量，损伤变量和渗透率的增加幅度变小；从距离井眼不同位置处的损伤变量和储层渗透率计算结果可以看出，注入的酸液主要在井眼附近对储层的渗透率有较大幅度提高，随着距离的增加，储层渗透率逐渐降低，当距离井眼 3 倍井眼半径时，储层渗透率降低到地层的原始渗透率。针对 DY1 井的基础数据，优选酸液用量为 20～30m^3。

4. 施工排量优选

图 5-92 模拟了在 1.0m^3/min，2.0m^3/min，3.0m^3/min 不同施工排量下，注酸浓度为 3%HF，酸液用量为 20m^3时，酸损伤后储层的损伤变量和渗透率分布结果。

可以看出，在酸损伤施工过程中，随着施工排量增加，近井筒地带的损伤变量、储层渗透率增加幅度降低，但是酸损伤的作用半径和范围增加。因为施工排量越高，酸液与岩石还没有充分反应，就已经被驱替到远离井眼的位置，使得离井眼较近的地方，储层的损伤程度和渗透率改善情况反而不如低排量下的改善情况。针对 DY1 井的基础数据，优选酸液施工排量为 2.0～3.0m³/min。

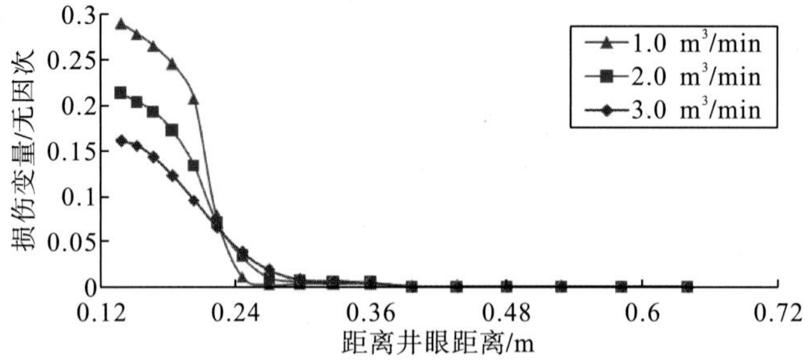

(a)不同施工排量对损伤变量的影响

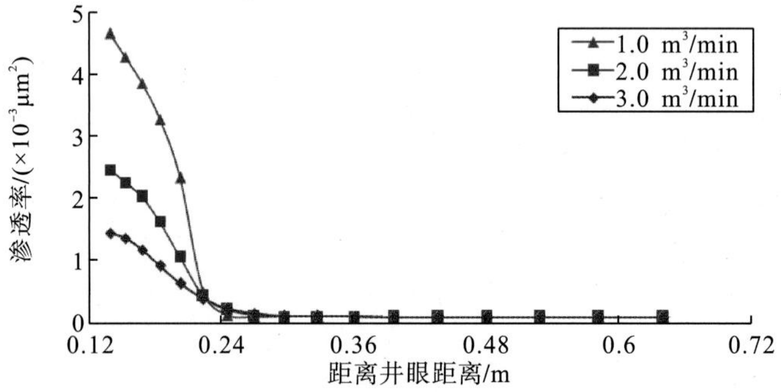

(b)不同施工排量对损伤变量的影响

图 5-92 注酸排量对损伤变量和渗透率分布影响

为了验证模型的合理性，基于现场实际的施工参数预测了 15%HCl+3%HF 在注酸量 20m³，施工排量 2.0m³/min 下的储层破裂压力。

从图 5-93 中可以看出，酸损伤通过改善岩石的渗透率、降低岩石杨氏模量和临界应力强度因子可分别降低破裂压力 12.2MPa，3.6MPa，1.5MPa，累计降低破裂压力 17.3MPa。结合预测的原始破裂压力 107.5MPa，通过酸损伤后的储层破裂压力为 90.2MPa，与现场实际施工时反酸的破裂压力 95MPa 基本吻合，验证了模型的合理性。

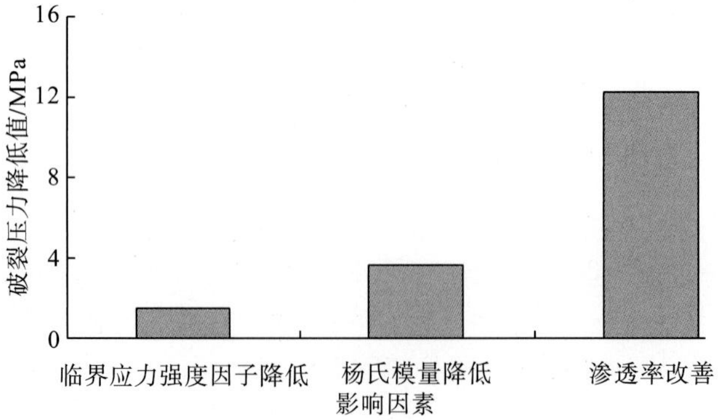

图 5-93 优化设计参数下酸损伤降低破裂压力

三、现场实施及效果分析

根据室内实验结果，本井酸损伤设计采用两段酸液体系，前置酸采用低摩阻的缓速降阻酸，主体酸采用降阻土酸。酸液配方如下：

前置酸：15% HCl + 2% BA1 − 9 + 1% BA1 − 2 + 2% BA1 − 11 + 1% BA1 − 13 +1%BA1−5

主体酸：5%HCl+3%HF+2%BA1−9+1%BA1−2+2%BA1−11−18+1%BA1−13 +1%BA1−5

酸损伤工艺设计参数如表 5-29 所示。

表 5-29　酸损伤工艺设计参数

作业井口	78/65−105 型采气树
注入方式	油管注入
酸化管柱	$3^1/2$" P110 外加厚油管+Y344−148 封隔器+7 "水力锚+$2^7/8$" N80 油管+36mm 接球座
KCL 溶液量/m^3	40
前置酸/m^3	20
主体酸/m^3	20
施工排量/($m^3 \cdot min^{-1}$)	2
施工限压/MPa	95

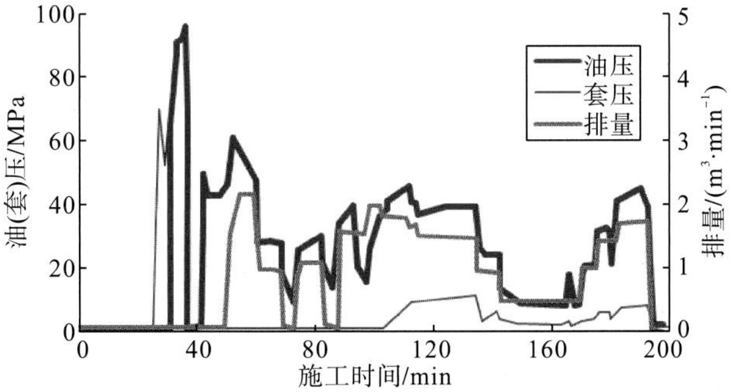

图 5-94　DY1 井酸化预处理施工曲线

图 5-94 是 DY1 井酸化预处理施工曲线。可以看出，酸损伤时，当排量逐步从 1.6m^3/min 提高到 2.2m^3/min 时，施工压力从 40MPa 增加到 62 Mpa；当排量降低并稳定在 1m^3/min，施工压力稳定在 30MPa 左右；随后排量稳定在 2m^3/min 时，施工泵压稳定在 40MPa 左右。表明地层开始吸酸，酸损伤起到了溶解近井堵塞物和岩石矿物的作用。

在酸损伤降低破裂压力的基础上，为了进一步提高气井产量，采取了大型网络裂缝酸化的措施(图 5-95)。当排量达到 3m^3/min 时，地层破裂，井口破裂压力为 68MPa(折算到井底破裂压力为 95MPa)。

该井经过大型网络裂缝酸化处理后，产量为 25.98×10^4 m^3/d(油压 29.6MPa，套压 30.8MPa)，无阻流量 47.336×10^4 m^3/d，储层增产效果显著。

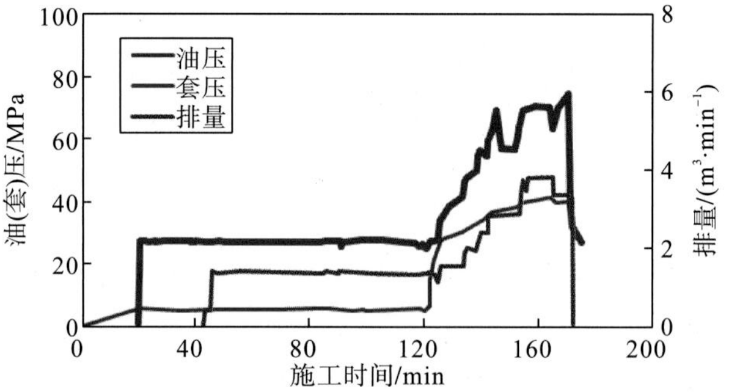

图 5-95 DY1 井网络裂缝酸化施工曲线

参考文献

埃米尔 J. 埃克诺米德斯，肯尼斯 G. 诺尔特. 2002. 油藏增产措施(第三版). 北京：石油工业出版社.

丁梧秀，冯夏庭. 2005. 灰岩细观结构的化学损伤效应及化学损伤定量化研究方法探讨. 岩石力学与工程学报，24：1283－1288.

范超，等. 2012. 水化学环境对土体宏观性质影响的细观结构分析研究综述. 北京：中国科技论文在线.

范华林，金丰年. 2000. 岩石损伤定义中的有效模量法. 岩石力学与工程学报，19：432－435.

郭建春，等. 2006. 砂岩基质酸化模型研究与应用. 石油天然气学报，27：485－488.

郭建春，曾凡辉，赵金洲. 2011. 酸损伤射孔井储集层破裂压力预测模型. 石油勘探与开发，38：221－227.

孙建孟，姜东，尹璐. 2014. 地层元素测井确定矿物含量的新方法. 天然气工业，34：42－47.

唐洪明，等. 2006. 高岭石在酸中的化学行为实验研究. 天然气工业，26：111－113.

汪中浩，章成广. 2004. 低渗砂岩储层测井评价方法. 北京：石油工业出版社.

王宝锋. 1999. 砂岩酸化设计模型的研究及发展. 河南石油，13：28－31.

韦莉，田玉玲. 1998. 蒙脱石与土酸反应的实验研究. 油田化学，15：237－240.

邢希金，等. 2007. 伊利石与土酸/氟硼酸反应实验研究. 西南石油大学学报，29：29－31.

阎宗岭. 2003. 堆石体物理力学特性及其工程应用研究. 重庆：重庆大学.

曾凡辉，等. 2010. 酸处理降低储层破裂压力机理及现场应用. 油气地质与采收率，108－110.

曾凡辉，郭建春，赵金洲. 2009. 酸损伤降低砂岩储层破裂压力实验研究. 西南石油大学学报，31：93－96.

张定铨，等. 1999. 材料中残余应力的 X 射线衍射分析和作用. 西安：西安交通大学出版社.

赵晨，等. 2007. 酸和碱处理对内蒙古煤系高岭土结构和裂化性能的影响. 工业催化，15：14－18.

赵晨. 2007. 稀土元素对煤系高岭土结构与催化裂化性能的影响. 天津大学.

赵成刚. 2004. 土力学原理. 北京：清华大学出版社.

赵澄林，朱筱敏. 2001. 沉积岩石学. 北京：石油工业出版社.

Baker J，Uwins P，Mackinnon I D. 1993. ESEM study of authigenic chlorite acid sensitivity in sandstone reservoirs. Journal of Petroleum Science and Engineering，8：269－77.

Darabi M K，Al－Rub R K A，Masad E A，Little D N. 2012. A thermodynamic framework for constitutivemodeling of time－and rate－dependentmaterials. Part II：Numerical aspects and application to asphalt concrete. International Journal of Plasticity，35：67－99.

McCune C，Fogler H，Cunningham J. 1975. A newmodel of the physical and chemical changes in sandstone during acidizing. Society of Petroleum Engineers Journal，15：361－70.

Simon D，Anderson M. 1990. Stability of clayminerals in acid. SPE Formation Damage Control Symposium. Society of Petroleum Engineers.

第六章　酸损伤降低碳酸盐岩储层破裂压力理论

我国的碳酸盐岩油气藏分布广泛，已在四川、渤海湾、塔里木、鄂尔多斯、北部湾、柴达木、江汉、苏北、百色等盆地获得发现，包括海相和湖相碳酸盐岩油气藏。深层碳酸盐岩油气藏是目前我国石油、天然气探明储量分布最多的地方，如塔里木盆地塔中地区、四川盆地元坝地区、塔河外围油田等油藏埋深均在 5 000m 以上(谢锦龙等，2009)。这类储层坚硬致密、埋藏深，压裂酸化是实现经济高效开发的关键技术。破裂压力高，甚至压不开地层制约了这类储层的开发。实践证明酸损伤技术是降低破裂压力行之有效的措施，由于岩性等的差异，碳酸盐岩储层酸损伤降低破裂压力的机理与砂岩差异大，本章将揭示碳酸盐岩储层降低破裂压力的机理及其预测方法。

第一节　碳酸盐岩储层及岩石强度特征

一、基本类型

碳酸盐岩主要由方解石和白云石两种矿物组成，以方解石为主的碳酸盐岩称为石灰岩，以白云石为主的碳酸盐岩称为白云岩。纯石灰岩(纯方解石)的理论化学成分为 CaO (56%) 和 CO_2 (44%)；纯白云岩(白云石)的理论化学成分为 CaO(30.4%)、MgO (21.7%)、CO_2(47.9%)。但是，实际上自然界的碳酸盐岩总是或多或少的含有其他化学成分(冯增昭，1982)。

方解石属于三方晶系，其晶体结构见图 6-1，图中三角形代表 $[CO_3]^{2-}$ 阴离子，圆球代表 Ca^{2+} 阳离子。方解石常见晶形有菱面体、复三方偏三角体，三组菱面体解理完全，相对密度为 2.71(陈昆林等，1983)。

方解石矿物体系中，有低镁方解石、高镁方解石和文石等矿物。低镁方解石，即通常所称的方解石，其 $MgCO_3$ 含量一般小于 4%(摩尔分数)；高镁方解石即镁方解石，其 $MgCO_3$ 含量一般大于 10%，但是晶格并未被破坏；文石又称霰石，属斜方晶系。在这三种碳酸盐矿物中，镁含量越高越不稳定。

白云石也属于三方晶系，常见的晶形为菱面体(图 6-2)，菱形晶面常弯曲，硬度为 4.5～4.0；相对密度为 2.87。白云石的理想化学式是 $CaMg[CO_3]_2$。在理想的白云石晶体构造中，Ca^{2+}、Mg^{2+}、$[CO_3]^{2-}$ 都有其特定的位置。呈各自的离子面，在垂直 c 轴的方向上相互交替叠积，形成最有序的晶体状态。

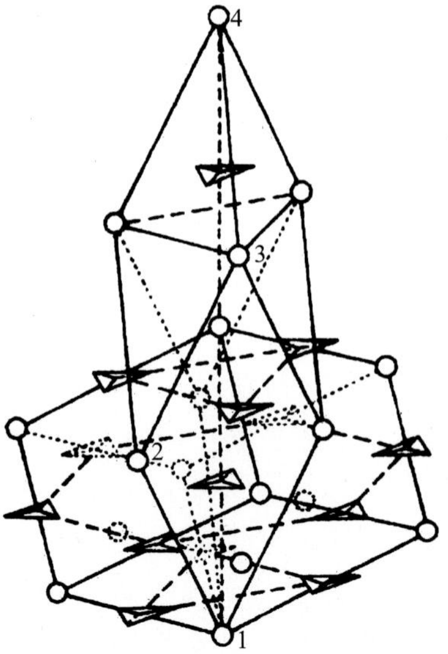

图 6-1　方解石的晶体结构

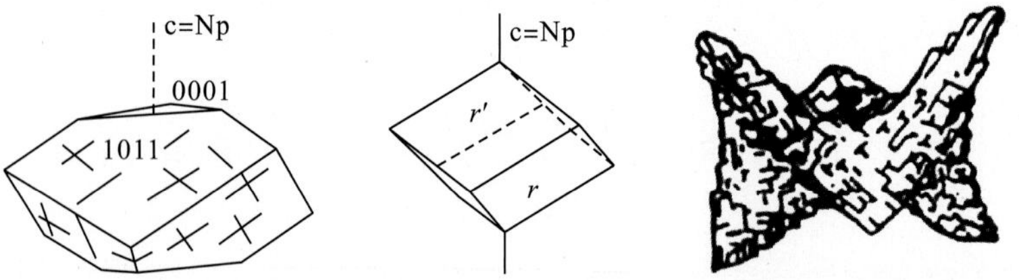

图 6-2　白云石的光性方位图及由弯曲晶面构成的马鞍形晶体

但是，碳酸盐岩中的白云石通常都是富钙的，很少有这种理想的白云石，其化学式大体在 $CaMg[CO_3]_2$ 和 $Ca(Mg_{0.84}Ca_{0.16})[CO_3]_2$ 之间变化。这种富钙的白云石欠稳定，有向更稳定的白云石转化的趋势，这也是时代越老的白云石越接近理想的白云石晶体结构和化学式的原因。

二、结构组分

碳酸盐岩基本组分由颗粒、泥、胶结物、晶粒、生物格架等五类结构类型组成。

（一）颗　粒

颗粒是一种在沉积盆地内由水动力作用、生物、生物化学、化学作用所控制的非正常化学沉淀的碳酸盐矿物的集合体。碳酸盐岩中的颗粒，按其是否在沉积盆地中形成，可分为内颗粒和外颗粒，以内颗粒为主，内颗粒主要有以下几种。

(1)内碎屑：内碎屑主要是沉积盆地中沉积不久的、半固结或固结的各种碳酸盐沉积物，受波浪、潮汐水流、重力流等作用，破碎、搬运、磨蚀、再沉积而成。根据大小，可以把内碎屑分为砾屑、砂屑和粉屑(表 6-1)。

表 6-1　粒级划分

粒径/mm	碎屑岩中的碎屑	碳酸盐岩中的内碎屑	碳酸盐岩中的晶粒
>2.0	砾(石)	砾(屑)	砾(晶)
2.0	极粗砂	极粗砂屑	极粗晶
1.0	粗砂	粗砂屑	粗晶
0.5	中砂	中砂屑	中晶
0.25	细沙	细砂屑	细晶
0.1	粗粉砂	粗粉屑	粗粉晶
0.05	细粉砂	细粉屑	细粉晶
0.005	泥	泥屑	泥晶

(2)鲕粒：鲕粒是具有核心和同心层结构的球状颗粒，鲕粒大都为极粗砂级到中砂级的颗粒(0.25～2.00mm)。鲕粒由两部分组成，即核心和同心层，核心可以是内碎屑、化石、球粒、陆源碎屑颗粒等；同心层主要由泥晶方解石组成。

(3)藻粒：即与藻类有成因联系的颗粒，包括藻鲕、藻灰结核以及藻团块。

(4)球粒与粪球粒：通常把较细粒的(粗粉砂级或砂级)、由灰泥组成的、不具有特殊内部结构的、球形或卵形的、分选较好的颗粒称为球粒。球粒的成因主要有两种，一种是机械成因，即是一些分选和磨圆都较好的粉砂级或砂级的内碎屑；另一种是生物成因，即是由一些生物排泄的粒状粪便形成。

(5)生物颗粒：指生物骨骼及其碎屑。

(6)蒲桃石：几个或多个颗粒相互接触的颗粒(鲕粒、球粒、生物颗粒等)胶结在一起形成一个复合颗粒。

(7)团块：通过胶结、凝聚或蓝藻黏液黏结碳酸盐沉积物而形成的无特殊内部结构的颗粒，包括灰泥相互黏结凝聚形成的颗粒。与内碎屑不同，团块并不是早期固结的石灰岩层被波浪水流破碎而成，二是通过胶结或黏结作用原地形成。

(8)豆粒：直径大于 2mm 的包粒，其同心层通常不规则。豆粒成因可有多种，有些豆粒是在高盐度海水中沉淀形成，有些豆粒就是藻灰结核，还有一些是作为土壤渗流带钙结壳的一部分形成的，是成岩作用的产物。

(二)泥

泥是与颗粒相对应的一种结构组分，是指泥级的碳酸盐质点，与黏土泥相当，又叫微晶碳酸盐泥、微晶、泥晶、泥屑。可以分为两类：一是灰泥，称方解石成分的泥，也称微晶方解石泥；二是云泥，称白云石成分的泥。

(三)胶 结 物

胶结物是主要沉淀于颗粒之间的结晶方解石或其他矿物，与砂岩中的胶结物相似。这种方解石胶结物的晶粒一般都比灰泥的晶粒粗大，通常大于 0.005mm 甚至大于

0.01mm。由于其晶体一般较清洁明亮，故又称为亮晶方解石、亮晶方解石胶结物或亮晶。

亮晶方解石胶结物是在颗粒沉积以后，由颗粒间的粒间水以化学沉淀的形式生成的，因此也叫淀晶方解石、淀晶方解石胶结物或淀晶。

这种方解石晶体常围绕颗粒表面呈栉壳状或马牙状分布，这就是第一世代胶结物。第一世代胶结物很难把粒间孔隙填满。未填满的空间有时被第二世代的亮晶方解石胶结物充填，第二世代胶结物多呈嵌晶粒状。

灰泥和胶结物的成因是不同的。灰泥是在安静环境中沉积的；而胶结物则是粒间水的化学沉淀产物，其存在的前提是必须有粒间孔隙。如果在沉积过程中，水动力条件较强，灰泥被冲走，颗粒孔隙空着，有可能生成胶结物；如果水动力条件较弱，颗粒灰泥同时沉积，粒间孔隙被灰泥充填，则不能生成胶结物。

（四）晶　粒

晶粒是晶粒碳酸盐岩(也称结晶碳酸盐岩)的主要结构组分。根据其粒度划分为砾晶、砂晶、粉晶、泥晶。

（五）生物格架

生物格架主要是指原地生长的群体生物，如珊瑚、苔藓、海绵、层孔虫等，以其坚硬的钙质骨骼所形成的骨骼格架。

三、碳酸盐岩与碎屑岩差异

碳酸盐岩与砂岩在矿物成分和结构方面显著不同(表 6-2)，主要表现在以下两个方面：

(1)成分不同。砂岩主要是由石英和黏土组成，其化学成分为硅、钙、黏土和氧化铁等；而碳酸盐岩较单一，主要是方解石和白云石，其成分是碳酸钙和碳酸钙镁。

(2)结构不同。砂岩主要是胶结结构，含孔隙，胶结物主要是硅质和钙质(图 6-3)；碳酸盐岩主要是结晶结构和胶结结构，结晶结构的碳酸盐岩致密坚硬，不含孔隙，有天然微裂缝和微孔洞，胶结结构的碳酸盐岩主要有泥质和钙质，孔隙较砂岩小(图 6-4)。

表 6-2　砂岩与碳酸盐岩的不同

参数类型	砂岩	碳酸盐岩
沉积物中原始孔隙度	一般为 25%～40%	一般为 40%～70%
原始孔隙类型	几乎全为粒间孔隙	粒间孔隙较多
最终孔隙类型	几乎为粒间孔隙	溶洞、裂缝发育，变化极大
孔隙大小	与颗粒直径分选相关	受次生作用影响大
孔隙形状	由颗粒形态、胶结情况和溶蚀程度决定	变化极大

续表

参数类型	砂岩	碳酸盐岩
裂隙的影响	对储层性质的影响一般不大	对储层性质影响很大
孔隙度与渗透率之间的关系	有一定相关关系	从相关到不相关

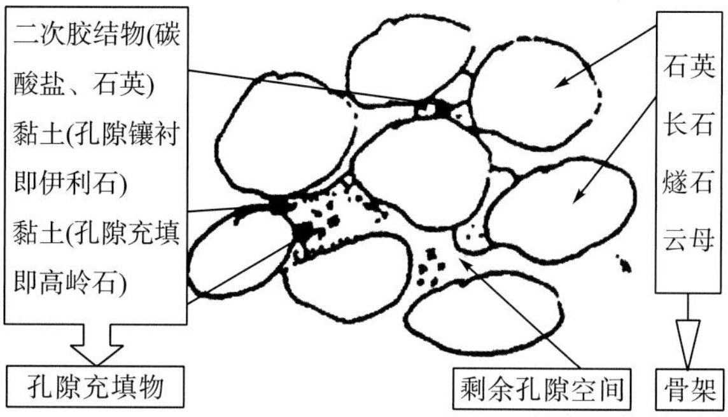

图 6-3　典型的砂岩结构图

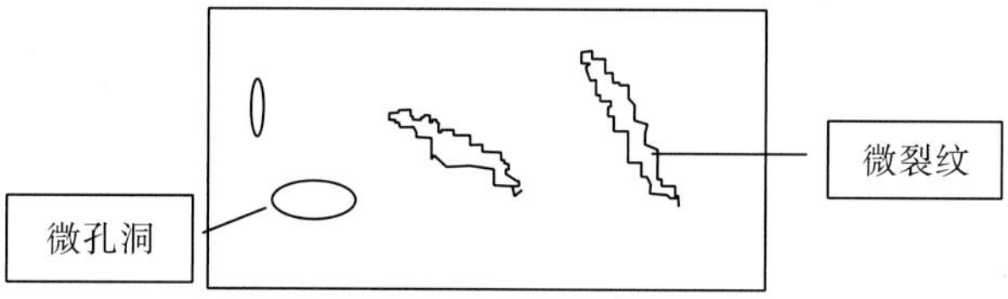

图 6-4　典型结晶结构的碳酸盐岩

四、岩石强度

岩石的强度是指岩石在各种外力(拉伸、压缩、弯曲或剪切等)作用下，抵抗破碎的能力。坚固岩石和塑性岩石(如黏土)的强度，主要取决于岩石的内连结力和内摩擦力；松散性岩石的强度主要取决于内摩擦力。碳酸盐岩属于坚固岩石，其岩石强度主要取决于岩石内部的内连结力和内摩擦力。

碳酸盐岩的强度主要由其结构决定，对于胶结结构的碳酸盐岩，其强度取决于矿物颗粒之间的强度和胶结强度；对于结晶颗粒结构的碳酸盐岩其强度取决于矿物颗粒之间的强度(罗强，2008)。

由于碳酸盐岩与碎屑岩在矿物组成、结构、岩石力学强度等方面的显著差异，碳酸盐岩储层与砂岩储层在酸损伤过程中酸与岩石矿物的化学反应、作用机理有显著区别，本章着重阐述酸损伤降低碳酸盐岩岩石强度的机理及其应用。

第二节　酸损伤降低碳酸盐岩强度机理研究

选取碳酸盐岩酸损伤常用的四种酸液体系，即胶凝酸、变黏酸、乳化酸和黏弹性酸，开展不同酸液体系对岩石力学强度的破坏实验研究。利用静态溶蚀测试、岩芯动态流动测试，研究动静态环境下酸液对岩样的损伤形态；通过三轴力学实验测试不同酸液反应后岩石力学性质的变化，并结合扫描电镜从微观上研究反应后岩样内部结构的变化，以弄清岩石宏观力学性质变化的微观机理。

一、实验过程准备

（一）实验材料及设备

1. 实验材料

实验岩样来自某碳酸盐岩储层，岩芯加工为标准岩样（φ 2.54cm×5.00cm），并标记为1#～8#；岩芯薄片4块（φ 2.54cm×0.10cm）；从1#～8#岩芯分别截取酸处理前后≥2g岩粉（80目），用于做全岩分析。实验酸液选用现场酸液配方：

胶凝酸：20%HCl（根据实验要求调整浓度）+1%XR－140高温胶凝剂+2%CI－1铁稳剂+1%FCB助排剂+1%TWJ高温缓蚀剂+1%OP破乳剂。

变黏酸：20%HCl（根据实验要求调整浓度）+0.8%KMS－50胶凝剂+3%KMS－6铁离子稳定剂+2%KMS－7铁稳剂+1%FRZ－4破乳剂+1%HSC－25助排剂+0.5%KMS－50 H变黏酸活化剂

乳化酸：30%0# 柴油+61.3% HCl（31%工业盐酸）+2.0%NT18乳化剂+2.0% CI－1高温缓蚀剂+1.0% TWJ铁离子稳定剂+1.0% FCB助排剂+2.7% 洁净水

黏弹性酸：（15%～28%）HCl（根据实验要求调整浓度）+5%SL黏弹性表面活性剂+1%阴离子表面活性剂+1.5%WWD－1复合缓蚀剂+2.0% TWJ铁离子稳定剂稳定剂

2. 实验设备

实验测试仪器包括：高温高压酸岩反应动力学实验仪（图6-5）、高温高压动态滤失仪（图5-47）、GCTS－1 000型高温高压三轴岩石力学测试系统（图5-48）、Quanta450环境扫描电子显微镜（美国FEI公司）。

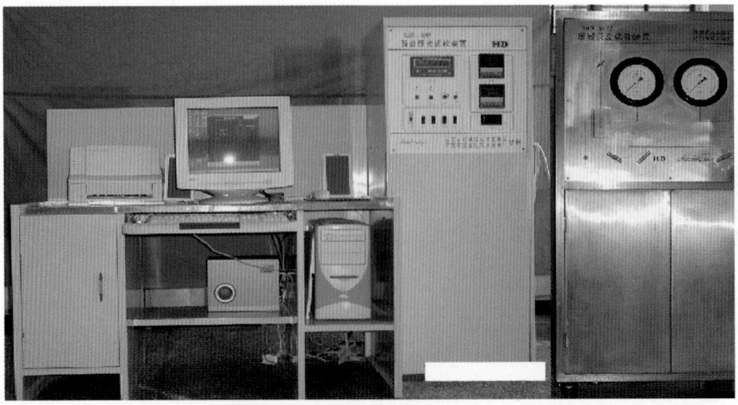

图6-5 高温高压酸岩反应动力学实验仪

(二)实验方案

1. 静态酸损伤处理

实验方案如表 6-3 所示，实验步骤如下：

(1)首先对 1#～8#岩芯在热烘箱里 50℃下烘干 8h 以上，再进行弹性波波速测试，得到 1#～8#岩芯的颗粒骨架弹性波纵波速。

(2)取回 1#～8#岩芯，在真空泵下抽真空饱和标准盐水 8h 以上，使整个岩芯都饱和标准盐水，再进行弹性波波速测试，得到 1#～8#岩芯的饱和标准盐水弹性波纵波速；通过费马定律可得 1#～8#岩芯的酸处理前的孔隙率。

(3)取回 1#～8#岩芯，进行静态酸损伤处理。将加工好的岩样放入装有 200mL 酸液的酸岩反应动力学测试仪反应釜中(保证面容比恒定)，加温到 90℃，压力为 5MPa(避免 CO_2 挥发影响酸岩反应过程)，为了便于后续岩石力学测试，反应时间定为 15min。观察静置反应条件下，酸液对岩样损伤刻蚀形态。

(4)得到处理后的岩芯，再次在真空泵下抽真空饱和标准盐水 8h 以上，使岩芯都饱和标准盐水，再进行弹性波波速测试，得到 1#～8#岩芯的饱和标准盐水弹性波纵波速；通过费马定律可得 1#～8#岩芯的酸处理后的孔隙率。

(5)对 1#～8#岩芯进行三轴力学测试，得到酸处理后峰值应变与孔隙率变化的关系。

表 6-3　岩芯编号及酸损伤方案

岩芯编号	井号	取芯井深/m	酸液类型	酸液浓度/%
1#	TP17	6 845.1	胶凝酸	20
2#	YQ10	6 647.0	胶凝酸	15
3#	TP6	6 341.8	胶凝酸	18
4#	YQ10	6 685.2	变黏酸	15
5#	BK2	5 943.3	黏弹酸	15
6#	TP2	6 889.0	黏弹酸	18
7#	YQ10	6 649.0	乳化酸	15
8#	TP17	6 845.6	变黏酸	18

2. 动态酸损伤处理

岩芯流动实验：将加工好的岩样放入岩芯夹持器中，施加围压 6.9MPa，在剪切速率 $170s^{-1}$ 下以恒定的注入压力注酸，模拟酸液在岩样中动态流动、反应、滤失过程。实验温度 90℃，驱替时间 30min。

3. 酸损伤三轴力学实验

力学测试设备为 GCTS—1 000型高温高压三轴岩石力学测试系统(图 5-48)。测试步骤为：首先将岩样用热塑性塑料套住，然后将装有试件的保护筒放入压力室中，按 0.05MPa/s 的加载速率用油向岩样加围压及孔压；然后按 0.5MPa/s 施加轴向应变使岩样破裂，通过应力-应变曲线计算酸蚀前后的岩石弹性模量、泊松比和抗压强度。

二、实验结果分析

(一)静态酸损伤实验分析

静态酸损伤模拟了酸液在扩散传质下与岩石的酸岩反应过程，在酸液滤失较小时反映了裂缝内的溶蚀反应过程。该实验虽然不能模拟酸液在裂缝壁面动态流动反应以及滤失过程，但能较好地对比不同酸液对岩芯的损伤刻蚀形态，同时也便于后续开展三轴力学测试。实验对每种酸液测试三组平行样，以观察酸液对岩石的刻蚀形态是否具有可重复性。

1. 岩石表观形态分析

图 6-6 为胶凝酸反应前后的岩样对比图。总体上看，酸液对岩芯接触面产生了大量微小的溶蚀孔洞，虽然岩芯整体形态(体积)未发生较大改变，但岩样质量有所减小，说明岩芯内部结构发生了变化，密度降低，岩芯观察也证实岩石结构变得较为疏松，随着酸液浓度的增加酸损伤前后形态差异变大。特别是实验岩样 1＃，2＃含有天然裂缝，酸液在天然裂缝区域形成较深的溶蚀裂纹，对反应后岩石的力学性质造成一定的影响。

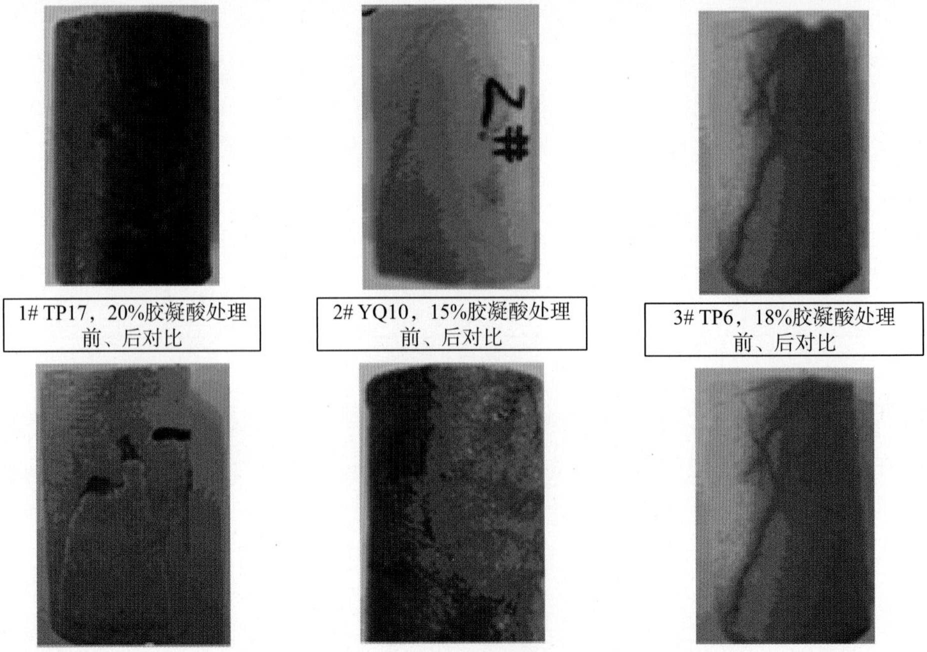

图 6-6　1＃、2＃、3＃岩芯胶凝酸损伤前后对比

图 6-7 为黏弹性酸损伤岩石前后的岩样对比图。5＃岩芯在酸损伤前只有少量的细微裂纹存在，酸损伤后，岩芯质量严重下降，长度和直径明显减小，并形成了很明显的孔洞，说明黏弹性酸对岩芯损伤刻蚀严重。6＃岩芯鉴于 5＃岩芯的反应过于激烈且酸液浓度由 15％增加到 18％，故缩短了黏弹性酸与 6＃岩芯的反应时间(10min)，岩芯本来含有天然微裂缝，在酸损伤后，岩芯腐蚀非常严重，并产生非常深的裂痕，岩性整体变得疏松，岩石强度遭遇了明显的破坏。

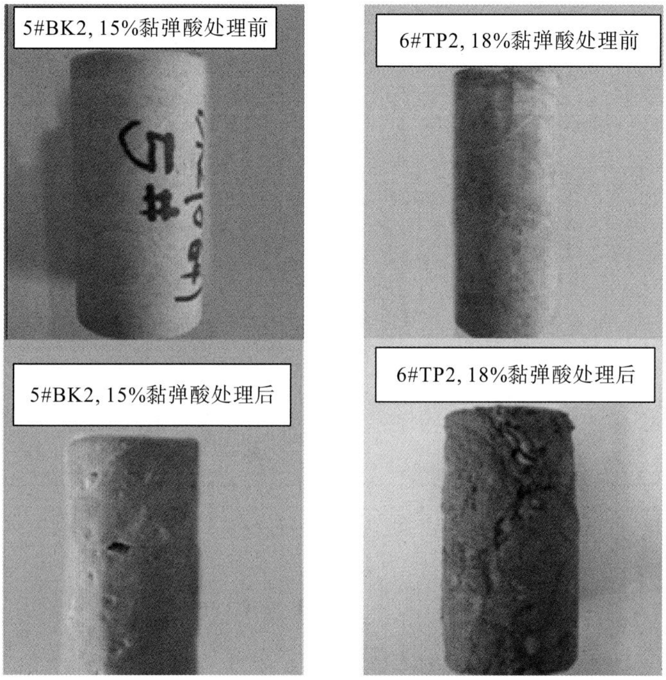

图 6-7　5＃和 6＃岩芯黏要弹性酸损伤前后对比

图 6-8 为 4＃、8＃岩芯与变黏酸反应前后的岩样对比图。4＃岩芯原来有细微的微裂纹，在酸损伤过后，裂纹扩展，产生了很多新的微裂纹，并伴随着有微小的蚓孔，但岩芯整体形态并未发生明显改变，同时岩芯质量变化较小，说明岩芯的内部结构变化较小，15％变黏酸对岩芯的力学强度破坏较小；随着酸液浓度增加(由 15％增加到 18％)，酸液对天然裂缝刻蚀加深，但岩芯质量无明显变化。因此，变黏酸对岩芯的力学强度破坏较小。

在乳化酸作用下，7＃岩芯产生了非常严重的腐蚀，有很多较深的酸蚀孔洞(图 6-9)。

从图 6-6～图 6-9 可以看出，碳酸盐岩岩芯原有的天然裂缝都有不同程度的张开、延伸以及扩展；其中 5＃岩芯被反应掉了大半，还产生了蚓孔，已经不满足三轴岩石力学实验条件(实验要求岩芯规格为 φ2.54cm×5.0cm)。

从实验结果可以直观的看出：碳酸盐岩的破坏和损伤主要与裂缝、孔洞及溶洞的发育有关，酸液溶蚀掉岩芯使岩芯的裂缝、孔洞及溶洞等缺陷增大，导致岩芯力学性质劣化，从本质上降低了破裂压力；不同的酸液体系以及不同的酸液浓度对岩石的破坏程度不同。

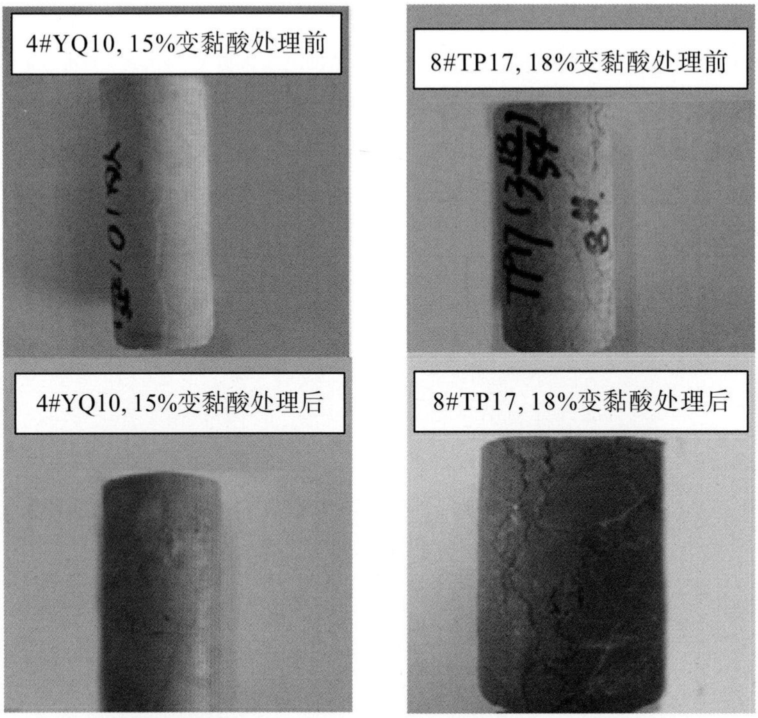

图 6-8　4＃、8＃岩芯变黏酸损伤前后对比

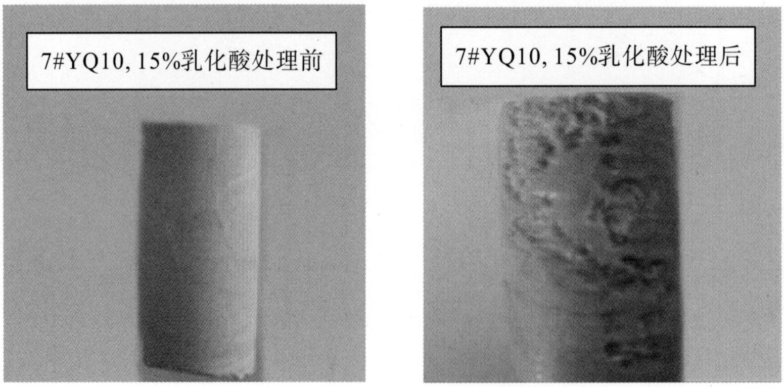

图 6-9　7＃岩芯乳化酸损伤前后对比

2. 岩石矿物成分分析

取上述实验中准备的 2＃、3＃、4＃、5＃、6＃、7＃岩芯，研磨成粉末，并用 120 目筛过筛，分别制作成 10g 岩粉。注：蓝色曲线为酸处理前的 XRD 曲线，红色曲线为酸处理后的 XRD 曲线(图 6-10～图 6-15)。

1)2＃岩芯

15％胶凝酸处理前：矿物成分为方解石：100％$CaCO_3$。

15％胶凝酸处理后：矿物成分为方解石：100％$CaCO_3$。

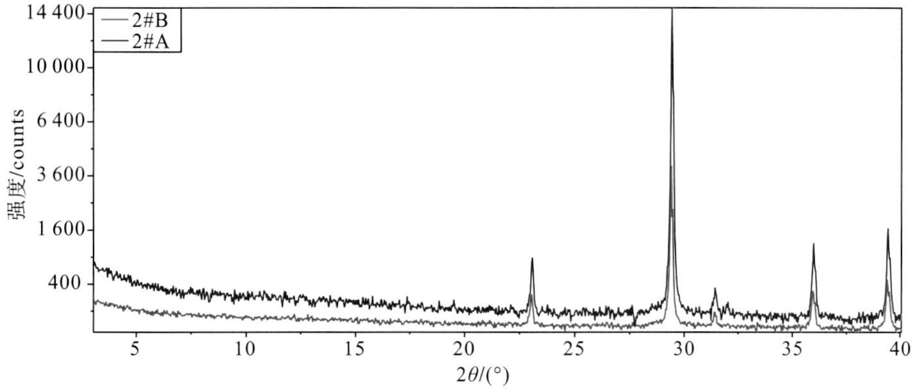

图 6-10　2＃岩芯 15％胶凝酸处理前后 XRD 分析曲线

2)3＃岩芯

18％胶凝酸处理前：矿物成分为方解石：98％$CaCO_3$，2％SiO_2。

18％胶凝酸处理后：矿物成分为方解石：98％$CaCO_3$，2％SiO_2。

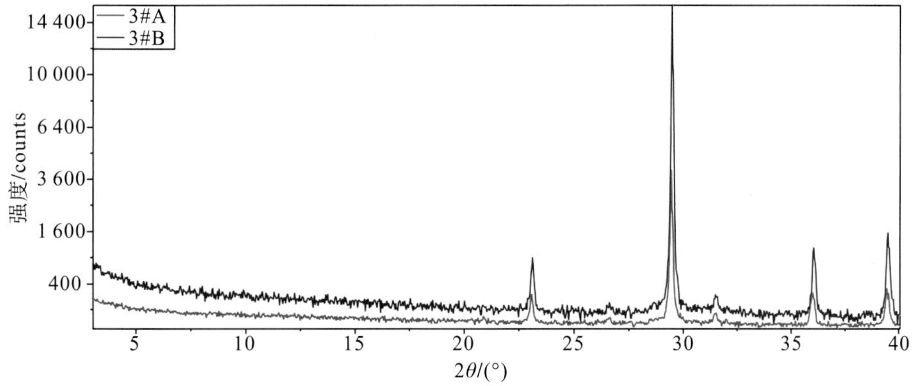

图 6-11　3＃岩芯 18％胶凝酸处理前后 XRD 分析曲线

3)4＃岩芯

15％变黏酸处理前：矿物成分为方解石：100％$CaCO_3$。

15％变黏酸处理后：矿物成分为方解石：100％$CaCO_3$。

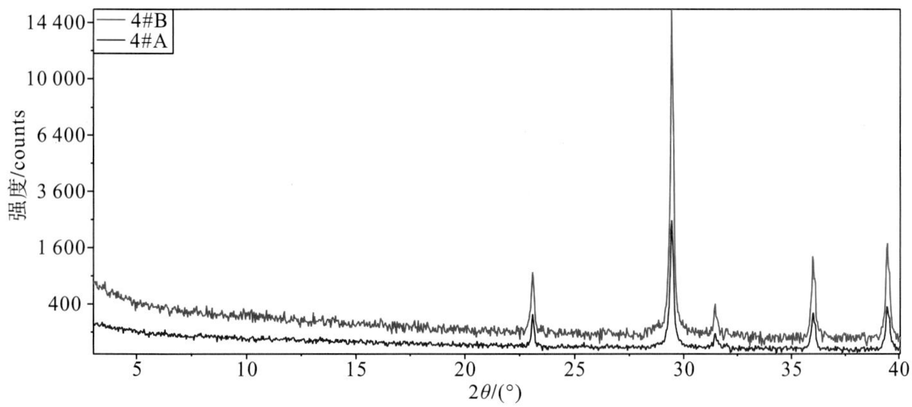

图 6-12　4＃岩芯 15％变黏酸处理前后 XRD 分析曲线

4)5#岩芯

15%黏弹酸处理前：矿物成分为方解石：98%$CaCO_3$，2%SiO_2。

15%黏弹酸处理后：矿物成分为方解石：98%$CaCO_3$，2%SiO_2。

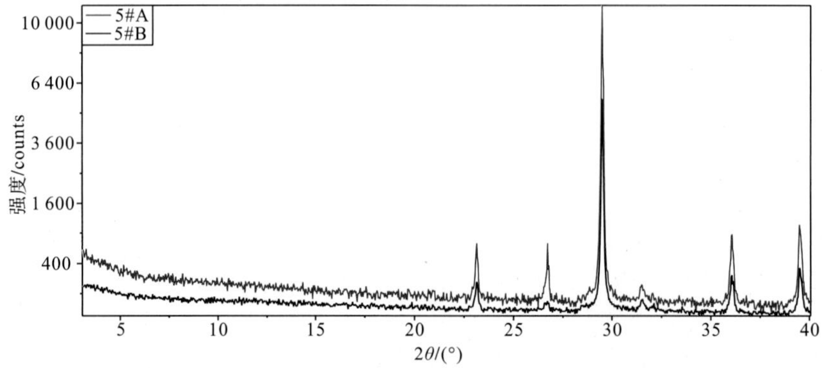

图 6-13 5#岩芯 15%黏弹酸处理前后 XRD 分析曲线

5)6#岩芯

18%黏弹酸处理前：6%SiO_2，88%$CaCO_3$，6%$CaMg(CO_3)_2$。

18%黏弹酸处理后：92%$CaCO_3$，8%$CaMg(CO_3)_2$。

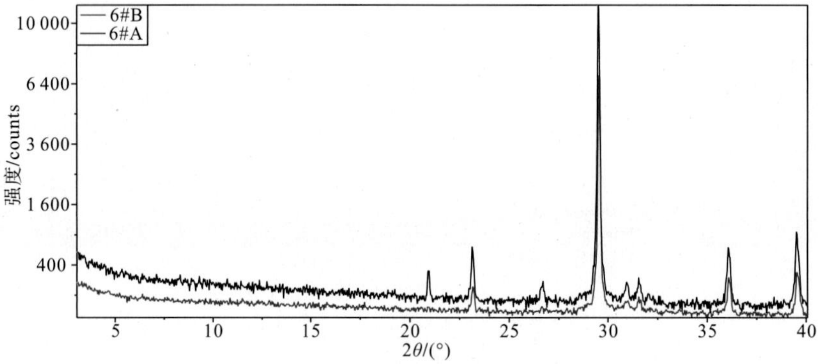

图 6-14 6#岩芯 18%黏弹酸处理前后 XRD 分析曲线

6)7#岩芯

15%乳化酸处理前：99%$CaCO_3$，1%SiO_2。

15%乳化酸处理后：100%$CaCO_3$。

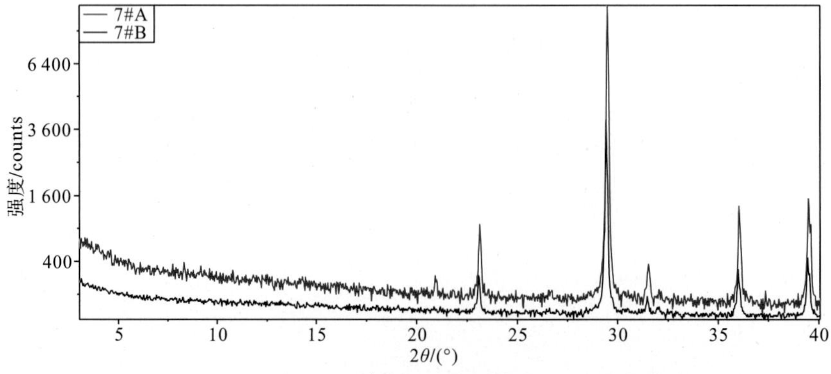

图 6-15 7#岩芯 15%乳化酸处理前后 XRD 分析曲线

从上述碳酸盐岩 XRD 分析可以看出，碳酸盐岩在反应前后的物相基本没有改变，表明碳酸盐岩化学反应后没有产生新的矿物。因此碳酸盐岩酸损伤前后岩石力学性能的改变不是因为碳酸盐岩组成的改变，而是因为微观结构的改变，其微裂纹和微孔洞的扩展和产生，导致了岩石力学性能变差，这与砂岩酸损伤明显不同。

3. 岩芯三轴岩石力学实验

三轴力学测试能够定量地描述不同酸液溶蚀后岩石在地层三向受压状态下变形破坏过程。为保证测试数据不因岩样差异而存在较大偏差，实验用岩芯都取自一块全岩柱。

实验岩芯酸损伤前后岩石力学特征如图 6-16～图 6-19 所示，可以看出酸损伤前后岩芯的应力应变特征发生了一定变化，由于酸液的溶蚀使岩芯孔隙空间增大，曲线初期的压实致密过程持续时间更长。同时可以看出酸蚀后岩芯表现出更强的塑性，发生形变的趋势增加。酸损伤前后岩石力学性质变化情况如表 6-4 所示。

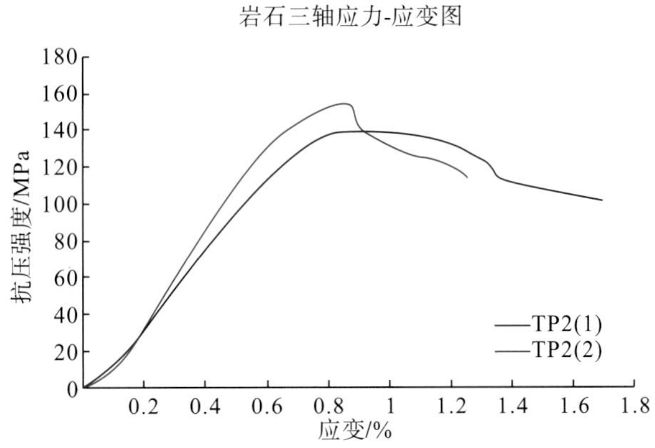

图 6-16 TP2 岩芯 5%胶凝酸处理前后岩石三轴应力－应变

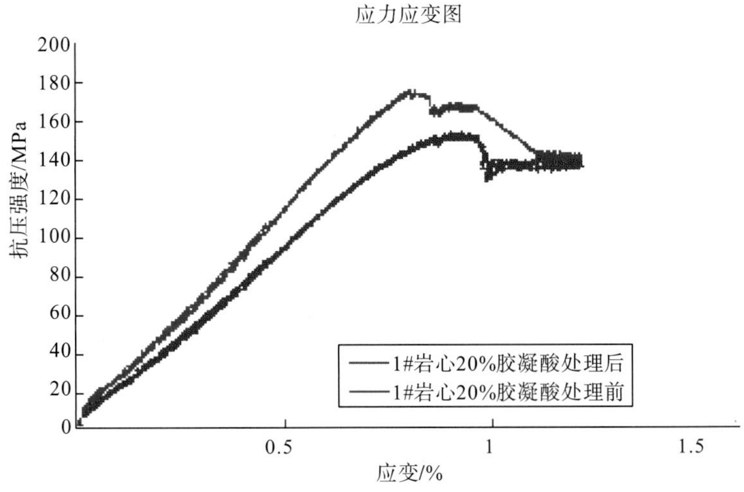

图 6-17 2＃岩芯 20%胶凝酸处理前后岩石三轴应力－应变

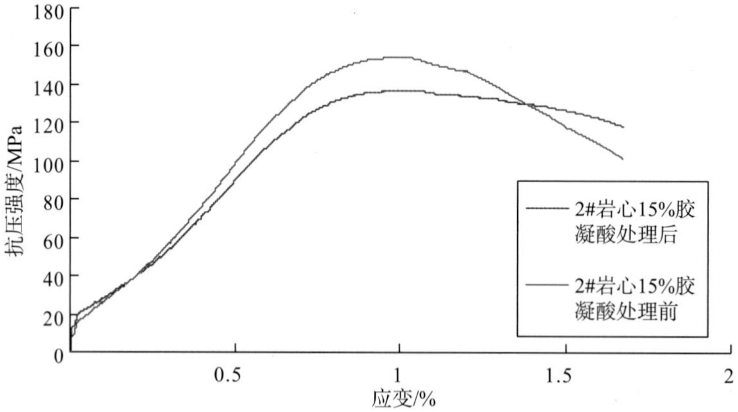

图 6-18 2＃岩芯 15％胶凝酸处理前后岩石三轴应力－应变

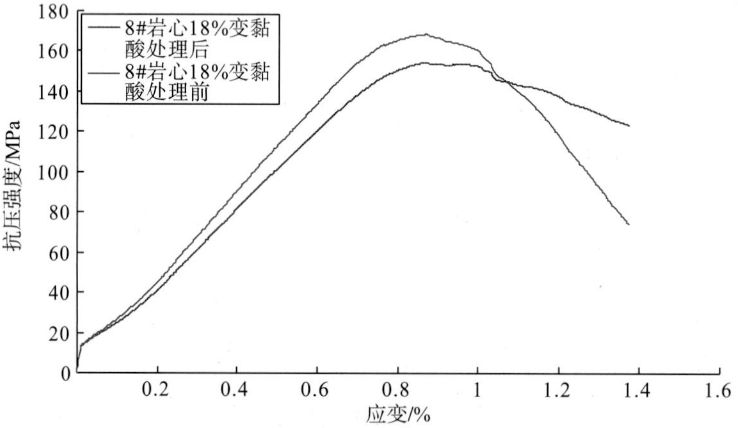

图 6-19 8＃岩芯 18％变黏酸处理前后岩石三轴应力－应变

表 6-4 酸处理前后岩石力学性质变化表

编号	围压/MPa	孔压/MPa	酸液类型	处理状态	时间/h	抗压强度/MPa	弹性模量/GPa	泊松比/无因次
TP2(2)	88	72	5％胶凝酸	处理前	/	154.2	26 585	0.28
TP2(1)	88	72	5％胶凝酸	处理后	0.5	139.6	21 175.7	0.275
1＃(1)	88	71	20％胶凝酸	处理前	/	173.5	25 143.1	0.385
1＃(2)	88	71	20％胶凝酸	处理后	1	152.6	14 976.2	0.383
2＃(1)	87	74	15％胶凝酸	处理前	/	154.6	24 132.7	0.226
2＃(2)	87	74	15％胶凝酸	处理后	1	137.4	17 322	0.219
4＃(1)	86	72	15％变黏酸	处理前	/	163.2	25 693.1	0.24
4＃(2)	86	72	15％变黏酸	处理后	1	149.64	20 515.9	0.23
8＃(1)	89	73	18％变黏酸	处理前	/	168.7	26 531.2	0.26
8＃(2)	89	73	18％变黏酸	处理后	1	154.5	20 560.3	0.25

根据损伤力学理论，选取岩石抗压强度和弹性模量为损伤变量，根据实验结果计算的损伤变量结果如表 6-5 所示。可以看出，全部岩芯的岩石力学强度都有不同程度的降

低，其中1#岩芯损伤最严重，其次是2#、4#和8#，最后是TP2。TP2、2#和1#岩芯分别是用5%，15%和20%的胶凝酸处理的，其抗压强度损伤率分别为9.47%，11.13%，12.14%，表明随着酸浓度的增加，抗压强度损伤率也随着升高；其弹性模量损伤率分别是10.35%，18.22%，20.44%，表明随着其酸浓度的增加，弹性模量损伤率也随着增加。而4#和8#岩芯的抗压强度损伤率和弹性模量损伤率均低于1#岩芯和2#岩芯，说明与酸处理类型有关，4#和8#岩芯是经变黏酸处理，而1#和2#是经胶凝酸处理。

表 6-5　TP2、1#、2#和8#岩石力学强度损伤表

编号	抗压强度损伤率/%	弹性模量损伤率/%
TP2	9.47	10.35
1#	12.14	20.44
2#	11.13	18.22
4#	8.31	10.15
8#	9.19	13.39

碳酸盐岩与盐酸的反应主要是由于离子传质过程控制，其关系式为(陈赓良等，2006)

$$q_d = \frac{DAC}{\delta} \times 10^{-3} \tag{6-1}$$

式中，q_d——单位时间酸反应物质量，moL/s；

D——有效传质系数，cm^2/L；

A——反应面积，cm^2；

C——反应物浓度，mol/L；

δ——特征常数，即边界层厚度，指浓度变化为0的界面附近一层酸液的厚度，cm。

反应物浓度越大，反应速度越快，因此20%的胶凝酸比15%的胶凝酸反应速度更快；则一定时间内反应的碳酸盐岩也越多，孔隙变得更大，岩石力学性质劣化越严重。

变黏酸会在岩石表面形成一层膜，增加了边界层厚度(δ)，因此反应速度比胶凝酸更慢，其岩石力学性质劣化程度比胶凝酸小。

4. 微观结构分析

前面开展了不同酸液体系对岩芯表观损伤刻蚀形态及岩石宏观力学强度影响等方面的系统研究。众所周知，岩石宏观力学特征改变的实质是对岩石微观结构变化的宏观体现，从微观角度研究不同酸液对岩芯内部结构的破坏程度，有利于从根本上认识不同酸液引起岩石力学性质变化的本质。

从图6-20中可以看出，反应前的岩芯非常致密，仅有少量的微孔隙，而酸岩反应后岩芯内部产生了不同尺寸的微观溶蚀孔洞，最大孔洞尺寸达到15μm。溶蚀孔洞的存在将会改变岩芯内部的应力分布，并引发局部应力集中。在闭合应力作用下，溶蚀孔洞将作为岩芯内部的薄弱点，首先达到岩石的破裂极限造成岩芯的破坏。同时溶蚀孔洞的形成会改善储层的渗流能力，使反应后残酸进入岩芯内部，流体的侵入也会降低岩石的力学强度，从而降低储层的破裂压力。

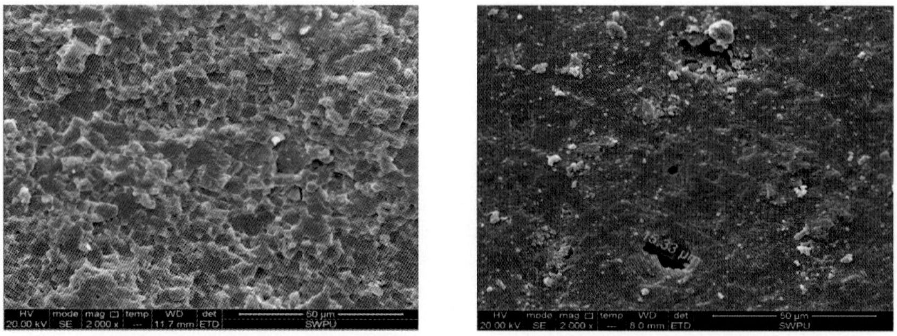

(a)胶凝酸溶蚀前岩芯内部结构　　(b)胶凝酸溶蚀后岩芯内部结构

图 6-20　胶凝酸静态溶蚀前后岩芯内部结构变化

图 6-21 为变黏酸溶蚀反应前后岩芯内部结构变化。从图中可以看出，虽然反应前岩芯内部有天然微裂缝存在，但并未对变黏酸的溶蚀反应造成太大的影响，变黏酸的黏度变化使滤失进入岩芯内部的酸液很少，对岩芯基质基本以完全溶蚀为主，仅在局部区域产生少数尺寸极小的溶蚀孔，对岩芯的内部结构破坏较小，对岩石的整体力学性质影响较小。

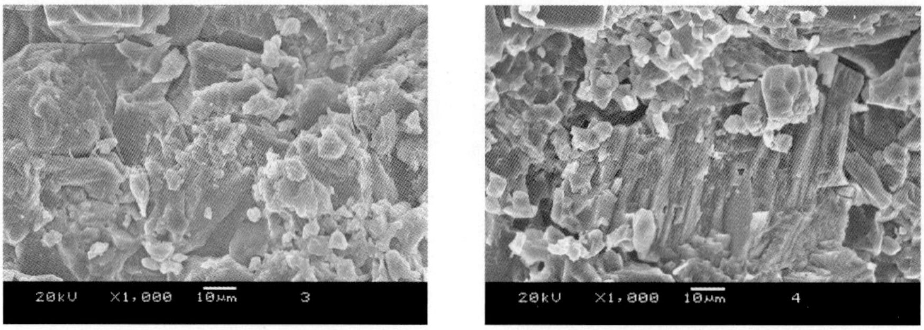

(a)变黏酸溶蚀前岩芯内部结构　　(b)变黏酸溶蚀后岩芯内部结构

图 6-21　变黏酸静态溶蚀前后岩芯内部结构变化

(二)动态酸损伤实验分析

动态酸液流动损伤实验能很好地模拟酸压改造中酸液在裂缝壁面局部的酸蚀反应过程，酸液一方面沿岩芯端面流动反应，另一方面在压差作用下沿岩芯端面滤失。为了测试溶蚀形态是否具有可重复性，进行了三组平行实验。图 6-22 为典型的胶凝酸和变黏酸流动反应后岩芯端面的溶蚀特征。

可以看出，变黏酸对岩芯端面的溶蚀较为均匀，只在局部区域产生少量溶蚀孔洞，岩面形态未发生明显变化。而胶凝酸溶蚀后在岩面形成大量尺寸较小的溶蚀孔洞，但由于岩芯较为致密，酸蚀孔洞的穿透深度非常有限(3mm 左右)。动态环境下胶凝酸对岩芯的溶蚀量远大于变黏酸。

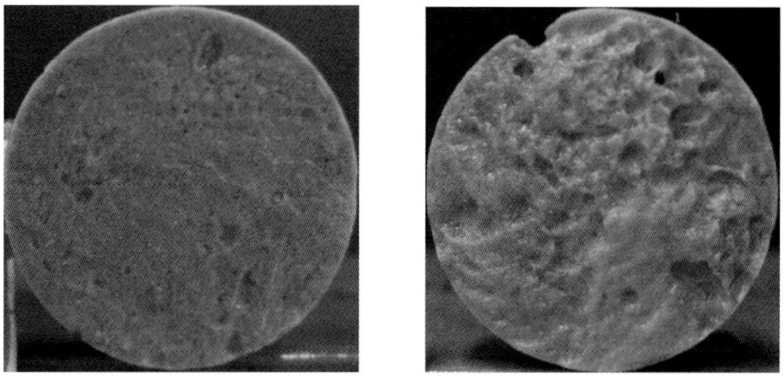

(a)胶凝酸注入　　(b)变黏酸注入

图 6-22　不同酸液注入岩芯流动反应实验模式

动态流动测试表明，不同酸液对岩芯端面的动态溶蚀形态差异较静态溶蚀更大，该差异主要与酸岩反应速率及酸液滤失有关。变黏酸在岩芯表面的变黏过程，一方面限制了酸岩反应的进行，另一方面高黏度也减少了酸液滤失，酸液对岩芯的溶蚀主要来自酸岩反应的贡献。而胶凝酸不存在酸液黏度变化，酸液对岩芯的溶蚀能力比变黏酸高，同时反应后溶蚀孔洞的产生说明酸液已经滤失进入岩芯内部，酸液滤失能够进一步增加对岩芯的溶蚀，同时也会对岩芯内部结构造成一定破坏，使岩芯力学强度降低。

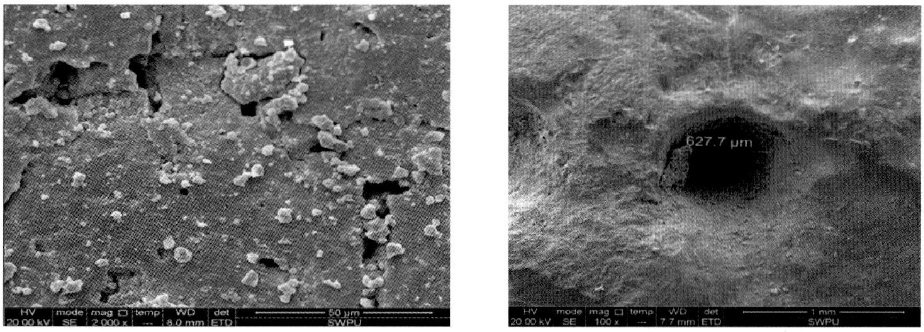

(a)胶凝酸动态溶蚀前岩芯内部结构　　(b)胶凝酸动态溶蚀后岩芯内部结构

图 6-23　胶凝酸动态溶蚀前后岩芯内部结构变化

从图 6-23 可以看出，动态流动反应条件下胶凝酸在岩芯端面形成了宏观尺寸的酸蚀蚓孔，A. D. Hill(Furui, et al., 2012)指出酸蚀蚓孔后未完全反应的酸会沿蚓孔壁面滤失，从而改变蚓孔周围岩石的内部结构及力学性质，使该区域的应力场发生变化。而对于未形成蚓孔的其他区域，从图中可见产生了大量微小尺寸的溶蚀孔洞，在闭合应力作用下裂缝面接触后很容易在孔洞区域发生破坏。从微观分析可以看出动态溶蚀对岩石内部结构的破坏远大于静态溶蚀，对岩石强度的破坏也更大。

通过岩石力学参数与岩石微观结构的对比分析，结合酸岩动静态溶蚀反应特征分析认为，造成岩石力学强度变化的根本原因在于酸液的滤失使岩芯内部产生大量微观溶蚀孔洞，这些微观孔洞会改变岩芯内部的应力分布，并引发局部应力集中，在闭合应力作用下首先发生坍塌、破坏或相互连通，从而最终导致岩石的破坏。

第三节　碳酸盐岩储层酸损伤变量定量预测理论

根据碳酸盐岩酸损伤实验研究结果，岩石强度的弱化是由于其胶结物(方解石、白云石)在氢离子的化学作用下溶解造成的，这一过程可以看作是岩石内部的一种损伤。在建立岩石的化学损伤量化强度模型时，需要考虑的两个关键因素是化学反应的速度与溶质在岩石内的运移。研究化学物质对岩石强度的影响时需要考虑溶质运移造成的滞后效应与化学弱化的时间效应，下面利用损伤力学理论研究分析碳酸盐岩在酸性溶液作用下由于胶结物溶蚀引起的强度变化规律(郭建春等，2007)。

一、模型基本假设

碳酸盐岩在酸性溶液作用下的损伤是由于占岩石体积很小一部分胶结物的溶解造成岩石结构的破坏，岩石力学性质的劣化与岩石承载面积密切相关。而在化学溶蚀条件下，岩石的胶结物含量可以通过化学动力学理论准确确定。因此，结合碳酸盐岩酸损伤的微观实验研究结果，选择了化学溶蚀下岩石承载面积的减少来描述碳酸盐岩的酸损伤变量。为了建立碳酸盐岩的酸损伤模型，做以下基本假设：

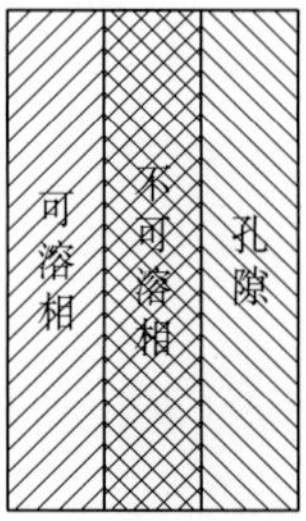

图 6-24　理想化的岩石结构

(1)假设岩石岩性、物性均匀，即胶结物均匀分布，孔隙连通且分布均匀；

(2)岩石由可溶相、不可溶相和孔隙三部分组成，孔隙没有任何承载能力，如图 6-24 所示；

(3)胶结物在岩样中均匀分布。

二、碳酸盐岩储层酸损伤复量预测数学模型

(一)酸岩反应数学模型

在碳酸盐岩的酸损伤过程中，酸液与岩石的化学反应只在固液界面上发生。反应的实质是酸中的氢离子和岩石矿物反应生成金属离子(图 6-25)。盐酸与碳酸盐岩类矿物(如方解石、白云石等)的反应速度很快，50℃以上几乎不受温度影响，其化学反应式为

$$HCl = H^+ + Cl^- \tag{6-2}$$

$$2H^+ + CaCO_3 = Ca^{2+} + H_2O + CO_2\uparrow \tag{6-3}$$

$$4H^+ + CaMg(CO_3)_2 = Ca^{2+} + Mg^{2+} + 2H_2O + 2CO_2\uparrow \tag{6-4}$$

因此，要连续发生反应必须满足以下条件：

(1)酸液中不断地离解出氢离子；

(2)溶液内部的氢离子不断向界面运动；

(3)已经运动到界面的氢离子与矿物发生反应；

(4)反应产物(金属离子)离开界面。

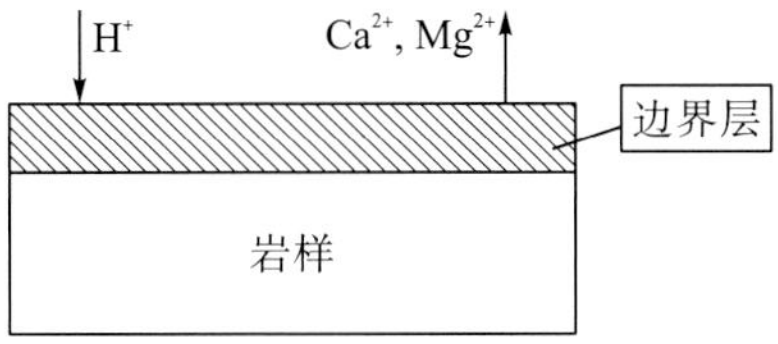

图 6-25　碳酸盐岩酸损伤过程示意图

以上四个条件也是反应发生的过程。由于酸与岩石的反应速度由较慢的步骤决定，而酸岩反应速度主要受以下两种速度控制：离子传质速度和岩石表面发生的化学反应速度。如果传质速度很高(紊流状态和大量滤失)，反应速度主要受表面反应速度控制。此时，反应动力学方程为

$$J = KAC^{m} \tag{6-5}$$

式中，J——反应速度，moL/s；

K——反应速度常数，$\mathrm{mol}^{1-m}\mathrm{L}^{m}/(\mathrm{cm}^2 \cdot \mathrm{s})$；

A——反应面积，cm^2；

C——酸液浓度，moL/L；

m——反应级数。

如果反应速度很快，如低速泵入的盐酸酸液与石灰岩地层的反应，总的反应速度受离子传质速度控制，则反应动力学方程为

$$J = \frac{DAC}{\delta} \times 10^{-3} \tag{6-6}$$

式中，D——有效传质系数，cm^2/s；

C——反应物浓度，moL/L；

δ——特征常数，即边界层厚度，指浓度变化为 0 的界面附近一层酸液的厚度，cm；

Williams 等的实验和研究表明，石灰岩与盐酸的反应主要受传质控制，而白云岩与盐酸的反应在低温主要受表面反应控制，但随着温度升高会逐渐变成受离子传质速度控制。

(二)酸损伤变量数学模型

根据酸损伤微观实验研究结果，碳酸盐岩经过酸损伤后主要表现为裂缝、溶洞、孔洞等缺陷扩大，这些物理参数的变化将会对岩石力学性质造成显著影响。将裂缝、溶洞、孔洞统一为孔隙率，考察其在酸损伤前后的变化，同时观察其岩石力学性质随孔隙率变化的情况(何春明等，2013)。

将岩石分为孔隙、可溶相、不可溶相三部分(图 6-24)，则整个岩石的面积为

$$S = S^{k} + S^{p} + S^{b} \tag{6-7}$$

式中，S——岩石总横截面积，cm^2；

S^{k}——可溶相面积，cm^2；

S^b——不可溶相面积，cm^2；

S^p——孔隙面积，cm^2。

式(6-7)两边同时乘以应力 σ，则有

$$\sigma \cdot S = \sigma \cdot S^k + \sigma \cdot S^p + \sigma \cdot S^b \tag{6-8}$$

而 $\sigma = E \cdot \varepsilon$，则有

$$E\varepsilon \cdot S = E^k \varepsilon^k \cdot S^k + E^p \varepsilon^p \cdot S^p + E^b \varepsilon^b \cdot S^b \tag{6-9}$$

考虑在压缩变形过程中，孔隙、可溶相和不溶相的应变相等，则有

$$\varepsilon = \varepsilon^k = \varepsilon^p = \varepsilon^b \tag{6-10}$$

$$E \cdot S = E^k \cdot S^k + E^p \cdot S^p + E^b \cdot S^b \tag{6-11}$$

$$E = E^k \cdot \frac{S^k}{S} + E^p \cdot \frac{S^p}{S} + E^b \cdot \frac{S^b}{S} \tag{6-12}$$

令$\overline{E^k} = E^k \cdot \dfrac{S^k}{S}$；$\overline{E^p} = E^p \cdot \dfrac{S^p}{S}$；$\overline{E^b} = E^b \cdot \dfrac{S^b}{S}$。$\overline{E^k}$、$\overline{E^p}$、$\overline{E^b}$分别为可溶相、孔隙、不可溶相的有效杨氏模量。

由损伤力学理论，根据有效承载面积定义损伤变量(张全胜等，2003)：

$$D = \frac{\Delta S}{S_0} = \frac{(\Delta r)^2}{(r_0)^2} = \left(\frac{\Delta V}{V_0}\right)^{\frac{2}{3}} = \left(\frac{\Delta w}{w_0}\right)^{\frac{2}{3}} = \left(1 - \frac{w}{w_0}\right)^{\frac{2}{3}} \tag{6-13}$$

式中，S_0——初始时刻岩样能溶蚀部分的有效承载面积，cm^2；

r_0——初始时刻岩样能溶蚀部分的有效承载半径，cm；

V_0——初始时刻岩样能溶蚀部分的有效承载体积，cm^3；

ΔS——岩样能溶蚀部分的有效承载面积，cm^2；

Δr——岩样能溶蚀部分的有效承载半径，cm；

ΔV——岩样能溶蚀部分的承载体积的变化，cm^3；

w——任意时刻可溶胶结物的摩尔数，moL；

w_0——初始时刻的可溶胶结物摩尔数，moL。

式(6-13)中 w 可通过化学动力学方程式得到，即

$$w = w_0 - \gamma t \tag{6-14}$$

对于地层中的易溶碳酸盐岩矿物来说，反应速度很快

$$\gamma = \frac{\mathrm{d}[CaCO_3]}{\mathrm{d}t} = k[CaCO_3]^x [H^+]^y = k'[H^+]^y \tag{6-15}$$

利用式(6-14)~式(6-15)即可求出任意时刻的损伤变量，同时可推导出损伤演化方程为

$$D^* = \frac{\mathrm{d}D}{\mathrm{d}t} = \frac{\mathrm{d}\left[1 - \dfrac{w}{w_0}\right]^{2/3}}{\mathrm{d}t} = \frac{2}{3}\left[\frac{r}{w_0}\right]^{2/3} \cdot t^{-1/3} \tag{6-16}$$

任意时刻岩石的弹性模量为

$$\bar{E} = \overline{E^k}(1 - D) + \overline{E^b} \tag{6-17}$$

式中，$\bar{E}$——任意时刻岩样损伤后的弹性模量，MPa；

$\overline{E^k}$——可溶矿物的弹性模量，MPa；

$\overline{E^b}$——不溶矿物的弹性模量，MPa；

D——任意时刻岩样的损伤变量，无因次。

根据式(6-17)可以计算出损伤条件下任意时刻岩石的强度。

三、酸岩反应动力学参数测定

从岩石强度的酸损伤模型可以看出，为了预测任意时刻岩石的强度，需要知道岩石与酸液的反应动力学参数。不同储层与不同酸液的反应动力学参数不同。采用现场常使用的酸液体系，测定了选取岩芯的酸岩反应动力学方程。

实验条件：实验温度，130℃；系统压力，8MPa；转速，400r/min；酸液体系，胶凝酸、变黏酸。

（一）求取酸岩反应动力学方程的基本理论

碳酸盐岩油气藏，主要成分是方解石，碳酸盐岩油气藏通常采用盐酸酸化，反应方程为

$$2HCl+CaCO_3=CaCl_2+H_2O+CO_2\uparrow \tag{6-18}$$

当酸从本体溶液通过对流或扩散到岩石表面时，酸岩之间发生反应。酸岩反应动力学模拟实验是获取酸岩动力学最直接、最有效地手段。

表示反应速率与浓度的关系或表示浓度与时间关系的方程称为化学反应的速率方程或动力学方程。根据质量作用定律，当温度、压力恒定时，化学反应速度与反应物浓度的 m 次方乘积成正比。由于酸岩反应为复相反应，岩石反应物的浓度可视为定值。因此，酸岩反应速度可表示为

$$J = KC^m = -\left(\frac{\partial C}{\partial t}\right)\cdot\frac{V}{S} \tag{6-19}$$

式中，J——反应速度，moL/(s·cm^2)；

K——反应速度常数，(moL/L)$^{1-m}$·s^{-1}；

m——反应级数，表示反应浓度对反应速度的影响；

C——t 时刻的酸浓度，moL/L；

$\frac{\partial C}{\partial t}$——t 时刻的酸－岩反应速度，moL/(L·s)；

V——参加反应的酸液体积，L；

S——反应表面积，cm^2。

对式(6-19)两边取对数，得

$$\lg J = \lg K + m\lg C \tag{6-20}$$

因为 K 和 m 在一定条件下为常数，因此，用 lg$J$ 和 lg$C$ 作图得一直线，根据实验取得酸岩反应浓度和反应时间数据，再用 lg$J$ 和 lg$C$ 进行线性回归处理，求得 K 和 m 值，从而确定酸岩反应动力学方程。

（二）测 试 方 法

（1）岩芯准备，将岩芯制备成长 3cm、直径 2.5cm 的圆柱形岩芯，打磨平整，烘干并称取初始重量。

（2）配制浓度分别为 0.1moL/L 和 0.01moL/L 的 NaOH 标准溶液。

（3）取实验用盐酸，用配置的标准液滴定酸液浓度。

（4）配制实验所需浓度的盐酸溶液，加入各种添加剂，密封放置 0.5h 让溶液充分溶胀，均匀分布，准备实验。

（5）将酸液倒入储液罐，岩芯装入反应釜，对储液罐和反应釜同时加热到反应温度。

（6）将储液罐内的酸液导入反应釜内，在设定的时间内以 400 r/min 的转速充分反应。

（7）取出反应后残酸，用标准溶液滴定反应后的浓度，并取出岩芯烘干，称取反应后的岩芯重量。

（8）把称重后的岩芯重新打磨平整，烘干并称重。

（9）把碳酸钙粉末加入配制的酸液中，调节酸液到所需的浓度，并用标准溶液滴定；

重复（5）～（9）步。

（三）酸岩反应动力学测定结果

1. 胶凝酸

高黏度胶凝酸是在现有胶凝酸酸液体系基础上，通过添加高温胶凝剂及辅助添加剂，降低酸液中聚合物含量，提高高温条件下酸液黏度，延缓酸岩反应速度，减少酸液滤失，提高活性酸液的穿透深度。

实验用胶凝酸液配方：20％HCl＋0.8％BD1－6B 胶凝剂＋2.0％BD1－20 缓蚀剂＋1.0％BD1－2＋1.0％BD1－5 铁离子稳定剂＋1.0％BD1－13 助排剂。

将塔河外围油田 TP17 岩芯做成直径为 2.516cm 的圆盘，放入酸岩反应及腐蚀速率测定仪，测得酸岩反应浓度和反应时间。反应前和反应后岩芯照片如图 6-26 所示，实验数据见表 6-6。

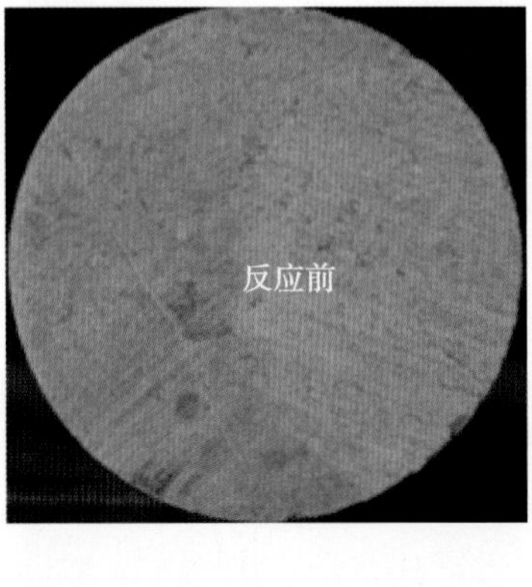

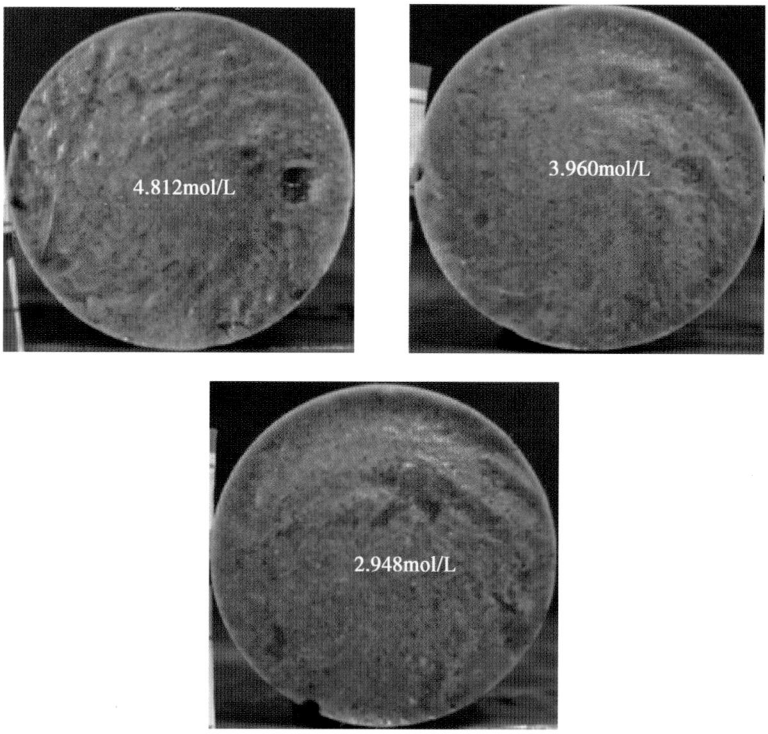

图 6-26 TP17 井岩芯酸岩反应前后对比照片

表 6-6 岩芯在胶凝酸中的反应动力学测试数据

序号	时间/s	浓度/(moL·L^{-1})	酸液体积/mL	反应速度/(moL·cm^{-2}·s^{-1})
1	180	5.525	600	1.910×10^{-3}
2	240	4.812	600	1.802×10^{-3}
3	300	3.960	600	1.318×10^{-3}
4	360	2.948	600	1.016×10^{-3}

根据表 6-6 的反应动力学测试数据，可以得到图 6-27 为胶凝酸酸岩反应动力学方程曲线，进行线性回归处理得酸岩反应速率常数和反应级数：

$$K = 3.18 \times 10^{-4}, m = 1.064 \tag{6-21}$$

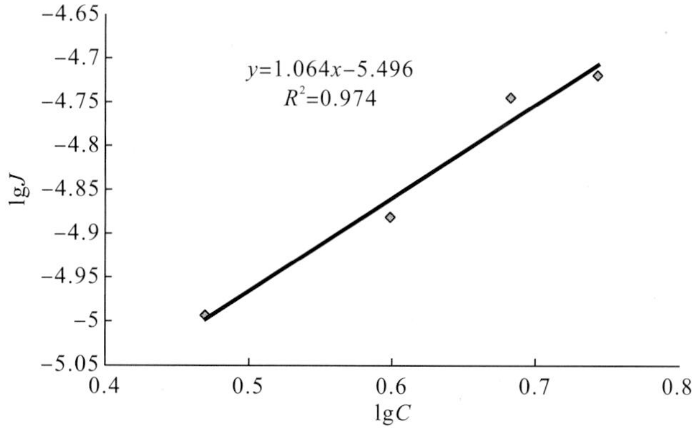

图 6-27 胶凝酸酸岩反应动力学方程曲线

酸岩反应动力学方程为

$$J = 3.18 \times 10^{-4} C^{1.064} \tag{6-22}$$

式中，J——酸岩反应速度，moL/(cm^2 · s)；

C——酸浓度，moL/L。

2. 变黏酸

实验用变黏酸配方：18%HCl+0.8%变黏酸稠化剂 BD1－11+2%KMS－7+3%缓蚀剂 BD1－20+1%助排剂+1%铁离子稳定剂 BD1－2+1.0%破乳剂 BD1－3+交联剂 0.3%。

将 YQ10 岩芯做成直径为 2.540cm 的圆盘，放入酸岩反应及腐蚀速率测定仪，测得酸岩反应浓度和反应时间。反应前和反应后得岩芯照片如图 6-28 所示，实验数据见表 6-7。

图 6-28 YQ10 井岩芯酸岩反应前后对比照片

表 6-7　岩芯在变黏酸中的反应动力学测试数据

序号	浓度/(moL・L^{-1})	时间/s	酸液体积/mL	反应速度/(moL・cm^{-2}・s^{-1})
1	5.546	180	600	7.794×10^{-4}
2	4.848	240	600	6.352×10^{-4}
3	3.996	300	600	5.473×10^{-4}
4	2.946	360	600	4.160×10^{-4}

将图 6-29 线性回归处理得到变黏酸反应速率常数为

$$K = 1.4018 \times 10^{-4}, m = 0.9994 \tag{6-23}$$

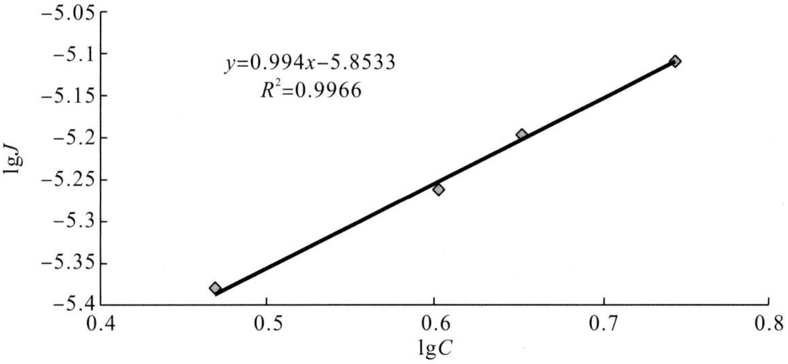

图 6-29　变黏酸酸岩反应动力学方程曲线

变黏酸酸岩反应动力学方程为

$$J = 1.4018 \times 10^{-4} C^{0.9994} \tag{6-24}$$

同理可得，岩石不同酸液体系的反应动力学参数及方程如表 6-8 所示。

表 6-8　岩石与不同酸液反应的酸岩动力学参数

岩芯	酸处理方式	K	m	动力学方程
TP2	5%胶凝酸	1.497×10^{-4}	0.6703	$J=1.497\times10^{-4}C^{0.6703}$
TP17	20%胶凝酸	3.18×10^{-4}	1.0640	$J=3.18\times10^{-4}C^{1.064}$
YQ10	15%胶凝酸	2.673×10^{-4}	0.8936	$J=2.673\times10^{-4}C^{0.8936}$
TP17	18%变黏酸	1.4018×10^{-4}	0.9994	$J=1.4018\times10^{-4}C^{0.9994}$

四、碳酸盐岩储层酸损伤模型的验证

利用建立的碳酸盐岩酸损伤数学模型，结合岩石孔隙度变化和损伤变量的关系，验证碳酸盐岩酸损伤变量的合理性；通过岩石强度预测模型，将预测酸损伤后的岩石强度与实测结果进行对比，验证岩石强度预测模型的合理性。

(一)损伤变量预测模型的验证

为了验证酸损伤变量数值模型的合理性，采用实验方法进行验证。考虑到弹性波波速对孔隙发育状况的反应敏感，因此，可以通过弹性波波速的变化计算岩石经过损伤后的孔隙度，进而得到酸损伤后岩石的损伤变量。

具体测试弹性波波速时，完全模拟地层情况，在三轴力学实验仪上测试，条件与测试三轴力学性能相同，通过前面建立的损伤变量模型，需要测定岩石骨架的声波波速、酸处理前饱和标准盐水弹性波波速、酸处理后饱和标准盐水弹性波波速。

表 6-9 酸处理前后弹性波波速变化表

编号	岩石骨架弹性波波速/($m \cdot s^{-1}$)	酸损伤前饱和标准盐水弹性波波速/($m \cdot s^{-1}$)	酸损伤后饱和标准盐水弹性波波速/($m \cdot s^{-1}$)
1#	6 206.4	6 019.1	4 792.9
2#	6 318.2	6 121.2	5 184.9
8#	6 113.5	5 907.4	5 155.5

根据表 6-10 计算 1#、2#以及 8#岩芯的孔隙率变化，实验中，岩石在化学溶液中饱和，又因溶液较稀，v_f可取为水溶液的纵波速，即1 500m/s；将表 6-9 中的相应数据代入，得到相应参数的计算结果为

$$a_1 = \frac{v_{m1} v_f}{v_{m1} - v_f} = 6\,206.4 \times 1\,500/(6\,206.4 - 1\,500) = 2\,903.4$$

$$b_1 = -\frac{v_f}{v_{m1} - v_f} = -1\,500/(6\,206.4 - 1\,500) = -0.47$$

$$n_{10} = \frac{a}{v_{p(0)}} + b = 2\,903.4/\,6\,019.1 - 0.47 = 0.012\,3 = 1.23\%$$

$$n_{1t} = \frac{a_1}{v_{p(t)}} + b_1 = 2\,903.4/\,4\,792.9 - 0.47 = 0.136 = 13.6\%$$

$$D_1 = 1 - \frac{1 - n_{1t}}{1 - n_{10}} = 1 - (1 - 0.136)/(1 - 0.012\,3) = 0.125\,2 = 12.52\%$$

同理可以算出 1#、2#和 8#岩芯酸处理前后孔隙率和损伤变量预测结果如表 6-10 所示。表 6-10 是建立的损伤变量预测模型和纵波波速测量结果的对比值，可以看出，两者之间具有较好的相关性，验证了模型的合理性。

表 6-10 纵波波速测量损伤变量值与模型预测结果对比

岩芯编号	酸液类型	初始孔隙率/%	酸处理后孔隙率/%	损伤变量/%		
				纵波实验	模型	相对误差
1#	20%胶凝酸	1.23	13.6	12.52	11.63	7.11
2#	15%胶凝酸	1.14	6.94	5.87	5.14	5.83
8#	18%变黏酸	1.15	6.06	4.97	4.18	6.29

表 6-11 是岩石损伤后损伤变量与岩石破裂时应变峰值、抗压强度、弹性模量损伤之间的关系对比结果。可以看出，岩石酸损伤前后孔隙率变化的趋势与岩石力学性能损伤(抗压强度损伤率和弹性模量损伤率)的趋势基本一致；孔隙变化率越大，导致岩石力学损失率也越大。说明建立的以孔隙率为损伤变量的损伤模型是实用的。

表 6-11 岩芯损伤变量与岩石力学性质损伤相关表

岩芯编号	损伤变量/%	破裂时峰值应变/%	抗压强度损伤/%	弹性模量损伤/%
1#	12.52	0.96	12.14	13.44
2#	5.87	0.92	11.13	5.22
8#	4.97	0.86	9.19	4.39

(二)强度预测模型的验证和应用

对碳酸盐岩酸损伤前后的岩石强度进行了预测和对比(表 6-12)，验证了模型的合理性。

表 6-12 酸损伤模型预测值与实验值对比

岩芯	抗压强度/MPa			弹性模量/MPa		
	实验值	预测值	误差/%	实验值	预测值	误差/%
TP2	139.6	126.2	9.5	21 175.7	21 775.0	2.8
TP17	152.6	159.3	4.4	14 976.2	16 223.0	8.3
YQ10	137.4	124.9	9.1	17 322.0	16 397.8	5.3

可以看出，实验值与预测值的误差均小于 10%，说明碳酸盐岩酸损伤模型符合现场实际应用情况。

第四节 酸损伤降碳酸盐岩储层破裂压力优化设计及应用

一、TP16 井基本概况

TP16 井完钻井深6 790m，完钻层位 O_2yj，完井方式为裸眼完井 5″尾管下深6 740m，6 740～6 790m 为裸眼，其基本数据见表 6-13。

本井酸压目的层段为 6 672～6 690m，储层发育较致密，邻井破裂压力与裂缝延伸压力属于中等偏高(表 6-14)。借鉴邻井地层延伸压力数据，预测本井改造目的层段延伸压力为 118.09MPa，酸压施工存在井口压力高、地层难以压开的风险。

针对上述情况，有必要对 TP16 井的地层破裂压力和裂缝延伸压力进行预测，为指导本井的酸压施工设计和提高酸压成功率提供技术保证。

表 6-13　TP17 井基本数据表

地理位置	位于 TP10CX 井南东 159°49′27.76″方位，平距4 792.60m		
构造位置	阿克库勒凸起西南斜坡		
补心高/m	7.5	完钻井深/m	6 881
设计层位	O_2yj	完钻层位	O_2yj
完井井段/m	6 784.04～6 881.00	钻井液性能	密度：1.17g/cm^3；黏度：47s^{-1}
完井方式	裸眼酸压		性质：低固相聚磺钻井液

表 6-14　TP16 井邻井酸压施工参数

对比项	TP7#	TP7－1X#	TP10CX#
施工层位	O_2yj	O_2yj	O_2yj
施工层段/m	6 500.02～6 560.0	6 452.65～6 530.0	6 787.0～6 860.0
施工排量/(m^3·min^{-1})	4.8～5.0	4.3～6.4	4.5～5.0
管柱摩阻/MPa	50.5	44.5	37.5
压裂液密度/(g·cm^{-3})	1.01	1.10	1.01
延伸压力/MPa	110.07	113.47	119.54
延伸压力梯度/(MPa·m^{-1})	0.016 9	0.017 0	0.017 5
井口压力/MPa	85～97	38.2～87.9	80～93

二、异常高破裂压力原因分析

(1)TP16 井的构造应力叠加在水平主应力方向造成区内地层破裂压力异常；此外，由于断裂发育也会造成地应力的重新分布，引起应力集中，从而增大地层的破裂压力。

(2)TP16 井的酸压改造目的层为碳酸盐岩6 672～6 690m，该储层埋藏深，岩石致密坚硬，导致地层很难被压开，地层破裂压力高。

(3)钻井泥浆的污染，钻井泥浆对近井地带的长期浸泡以及完井工作液与储层接触的过程中，一方面固相颗粒能充填到储层发育的微裂缝中，对储层造成严重伤害，从而导致岩石的抗张强度增大，岩石泊松比升高，塑性增强，引起破裂压力升高；另一方面，钻井泥浆滤入井壁地层，由于压力传递和滤液与地层黏土矿物之间通过水化作用产生水化应力，引起地层孔隙压力的升高，因而会增大影响到地层的破裂压力。

三、酸损伤降低碳酸盐岩储层破裂压力施工参数优化

（一）酸损伤前地层破裂压力预测

根据该区块斜坡构造地应力模型，在同一个区块内，构造应力系数为恒定值。下面进行 TP16 井的地应力计算。

$$\begin{cases} \sigma_v^i = \rho_0 g H_0 + \sum_i \rho_i g \mathrm{d}h_i \\ \sigma_{h\min} = \dfrac{\mu}{1-\mu}(\sigma_v - \alpha P_p) + 5.26 \times 10^{-8} \dfrac{EH}{1+\mu} + \dfrac{\alpha_T E \Delta T}{1-\mu} + \alpha P_p \\ \sigma_{h\max} = \dfrac{\mu}{1-\mu}(\sigma_v - \alpha P_p) + 1.32 \times 10^{-7} \dfrac{EH}{1+\mu} + \dfrac{\alpha_T E \Delta T}{1-\mu} + \alpha P_p \end{cases} \tag{6-25}$$

根据建立的动静态参数之间的相关关系式，TP16 酸压井段（6 672～6 690m）的静态力学参数计算结果见表 6-15。

取6 672.0～6 690.0m 段的平均静态力学参数来计算地应力和破裂压力，杨氏模量和泊松比取值分别为24 300MPa，0.23。

表 6-15　TP16 井6 672～6 690m 段的岩石力学参数

深度/m	动态泊松比/无因次	动态杨氏模量/MPa	静态泊松比/无因次	静态杨氏模量/MPa
6 672	0.292	41 808.31	0.234	24 076.70
6 673	0.291	40 543.75	0.233	22 632.05
6 674	0.290	42 490.75	0.232	24 856.32
6 675	0.291	42 620.49	0.233	25 004.50
6 676	0.292	42 553.39	0.234	24 927.84
6 676	0.292	42 553.39	0.238	24 927.84
…	…	…	…	…
6 687	0.293	44 271.76	0.235	26 890.94
6 688	0.292	44 817.69	0.234	27 514.61
6 689	0.291	45 344.75	0.233	28 116.72
6 690	0.292	45 180.08	0.234	27 928.61

结合 TP16 井储层段的物性参数，利用地应力模型（式 6-25）就可以进行地应力计算，其中地层孔隙压力系数为 1.08。油层段中部地应力的计算结果见表 6-16。

表 6-16　TP16 井油层地应力计算结果

油层深度/m	最小水平主应力/MPa	最大水平主应力/MPa	垂直主应力/MPa	杨氏模量/MPa	泊松比/无因次
6 672.0～6 690.0	101.4	124.3	146.4	24 300	0.23

在获取地应力基础上，由于钻、完井过程中工作液对油气储层存在污染，利用建立的射孔井破裂压力预测模型计算储层破裂压力为 125.4MPa，折算到井口破裂压力为 110.5MPa，超过限压 100MPa(井口及高压管线试压为 100MPa)，因此需要采用酸损伤和加重压裂液技术来降低储层破裂压力，以保证后续改造的顺利实施。

(二)酸损伤降低储层破裂压力施工参数优化

利用建立的碳酸盐岩储层损伤变量和岩石强度预测模型，计算了不同酸液体系、浓度下的岩石强度损伤率(图 6-31～图 6-33)。

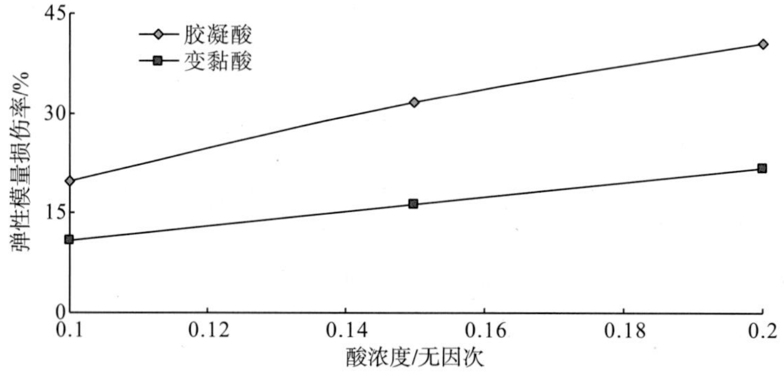

图 6-31　酸浓度与弹性模量损伤率的关系

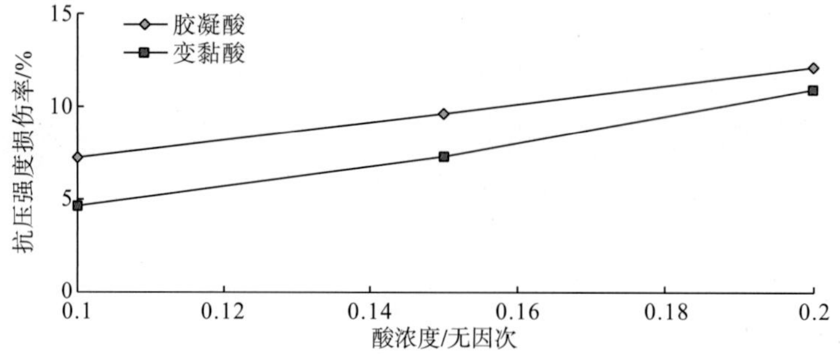

图 6-32　酸浓度与抗压强度损伤率的关系

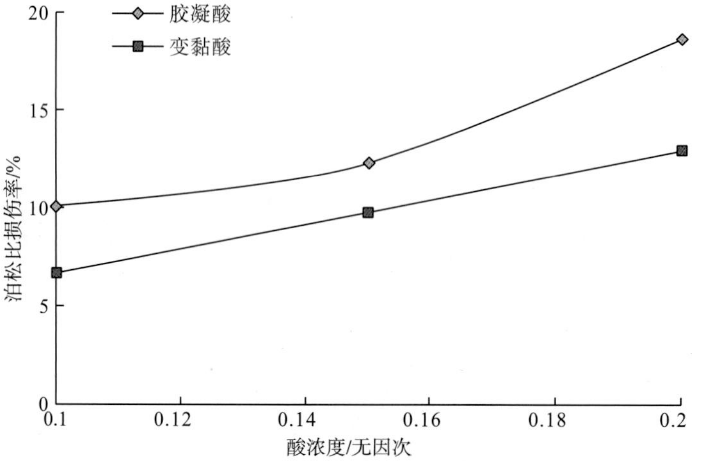

图 6-33　酸浓度与泊松比损伤率的关系

由于地层破裂压力与岩石力学性能有很大关系，且碳酸盐岩酸损伤是通过降低岩石的力学性能来降低地层破裂压力。从不同酸液类型对杨氏模量、抗压强度、泊松比的损伤率预测结果可以看出，采用 20%胶凝酸最为合适，能够最有效地降低岩石力学性能，进而降低储层破裂压力。利用酸损伤射孔井的破裂压力预测模型，预测经过酸损伤后可降低破裂压力 4.5MPa（地层破裂压力为 122.7MPa），折算到井口破裂压力为 106MPa，仍然超过施工限压 100MPa，因此需要辅助其他降低破裂压力的措施。

（三）降低 TP16 井施工压力的其他措施

从 TP16 井预测的破裂压力结果可知（表 6-17），地层破裂压力较高，那么地层破裂时井口的施工压力也较高。因此可以通过降低施工摩阻，通过对液体加重增大液柱压力来降低酸压时的地面施工压力，提高施工成功率。

1. 施工管柱优化

为了充分降低施工摩阻，尽可能地提高施工过程井底有效压力，可以采用大油管及“油管浅下”的方法施工，尽量减少小油管的下入量。根据压裂液在管柱中的流体摩阻系数，按 5.0m^3/min 排量计算不同尺寸油管组合的管柱摩阻，结果见表 6-17 所示。

表 6-17　不同尺寸管柱组合的摩阻表

不同管径油管组合/m		油管摩阻系数/(MPa/m)		管柱摩阻/MPa
$^{1}/_{2}''$	$2^{7}/_{8}''$	$3^{1}/_{2}''$	$2^{7}/_{8}''$	
000	1 650			54.85
5 500	1 150			54.35
6 000	650	0.008	0.009	53.85
6 000	/			50.60
5 500	/			48.60

2. 加重压裂液

考虑到降低施工摩阻的需要，根据“油管浅下”的原则，下入 $3\,^{1}/_{2}''$油管5 500m，采用常规压裂液时，测得地层破裂时地面施工压力为 106MPa；而当压裂液密度加重至 1.2g/cm^3时，地层破裂时的地面施工压力为 95MPa。因此，为了降低酸压施工风险并提高施工成功率，可以考虑加重压裂液。

四、现场施工及效果分析

基于 TP16 井预测的异常高地层破裂压力而提出的降低施工压力措施（酸损伤预处理、优化施工管柱和加重压裂液），对该井油层6 672.0～6 690.0m 井段实施了变黏酸酸压施工作业，其酸压施工曲线见图 6-34。TP16 井酸压施工历时 131min，挤入地层总液量 611m^3，其中冻胶 240m^3，变黏酸 280m^3，原井筒液体 24.8m^3，活性水 66.2m^3，最高施工泵压 85.2MPa，最高施工排量 5.8m^3/min。施工过程中，先泵注未加活化剂的浓度为 20%的胶凝酸 20m^3 酸损伤地层，井壁解堵，降压效果明显，泵注冻胶排量至 5.0m^3/min，人工裂缝缝高控制较好，主要呈横向延伸，施工参数均达设计要求，施工成功。

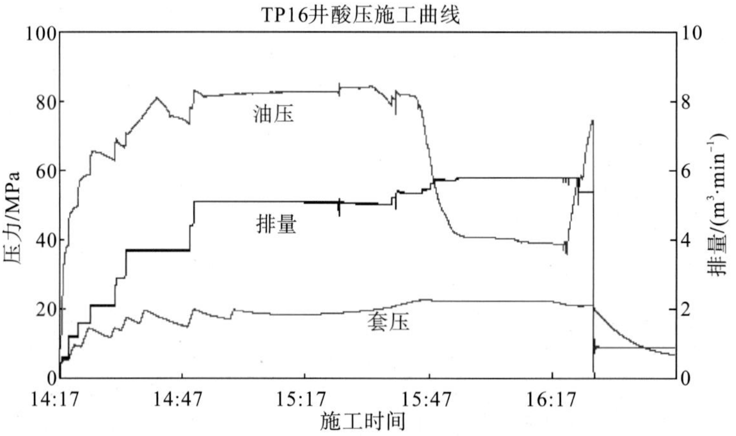

图 6-34 TP16(6 672～6 690m)井段酸压施工曲线图

TP16 井储层改造主要采取了酸损伤、加重压裂液、优化施工管柱等措施来降低酸压施工时的地面施工泵压。地层破裂时的地面施工泵压为 81.4MPa，最高施工泵压为 85.2MPa，施工进展顺利，较好地完成了酸压施工任务，有效沟通了有利油气储集体。

根据破裂时的井口压裂计算公式：

$$p_{破裂时井口压力} = p_{破裂压力} + p_{摩阻} - p_{液柱} \quad (6\text{-}26)$$

可反算求得地层破裂压力为 114.8MPa，对比预测的地层破裂压力 122.7MPa，其相对误差为 6.43%，在 10%的工程误差之内，可以看出施工设计合理，计算精度符合现场应用要求，可以用于指导地层破裂压力预测和酸压施工，所采取的降低施工压力措施亦能有效降低地层破裂压力和酸压施工风险。

参考文献

陈赓良，黄瑛. 2006. 碳酸盐岩酸化反应机理分析. 天然气工业，26：104－108.

陈昆林，蔡素晖，王作霖. 1983. 三方晶系碳酸盐矿物的 X 射线粉末法比较鉴定. 矿物岩石，(4)：015－019.

冯增昭. 1982. 碳酸盐岩分类. 石油学报，3：11－18.

郭建春，薛仁江，邓燕，范炜婷. 2007. 定量计算酸预处理降低破裂压力模型研究. 西南石油大学学报. 29：85－88.

何春明，郭建春. 2013. 酸液对灰岩力学性质影响的机制研究. 岩石力学与工程学报，(2)：005－011.

罗强. 2008. 碳酸盐岩应力－应变关系与微结构分析. 岩石力学与工程学报.

谢锦龙，黄冲，王晓星. 2009. 中国碳酸盐岩油气藏探明储量分布特征. 海相油气地质，14：24－30.

张全胜，杨更社，任建喜. 2003. 岩石损伤变量及本构方程的新探讨. 岩石力学与工程学报，22：30－34.

赵澄林，朱筱敏. 2001. 沉积岩石学. 北京：石油工业出版社.

Furui K，Burton R C，Burkhead D W，Abdelmalek N A，Hill A D，Zhu D，et al. 2012. A Comprehensive Model of High－Rate Matrix－Acid Stimulation for Long Horizontal Wells in Carbonate Reservoirs：Part I－Scaling Up Core－Level Acid Wormholing to Field Treatments. SPE Journal. 17：271－279.

第七章　定向射孔降低储层破裂压力模拟及现场应用

除了储层埋藏深度大、岩石致密、构造应力强的改造井具有高破裂压力的难题外，斜井压裂过程中也容易出现高破裂压力的难题(郭建春等，2006；曾凡辉等，2013)。斜井是指按预先设计沿一定井斜和方位轨道钻进的井，它能够使受地面和地下环境限制的油气资源得到经济、有效开发，具有占地面积小、投资少、钻井风险低的优点，能够显著降低钻完井成本，有利于保护环境，具有显著的经济和社会效益。低渗透储层和海上平台的定向井为了加快投资回收速度，普遍采用射孔后再压裂的方式投产。射孔参数不合理容易产生高破裂压力以及发生裂缝转向，导致近井摩阻和泵压升高，增加施工风险和降低改造效果，射孔参数优化是实现定向井高效开发的关键(AAID，1973)。

在压裂施工作业时，井壁周围岩石的实际受力状态非常复杂，井眼内部作用有液柱压力，外部作用有原地应力，岩石内部存在孔隙压力，压裂液由于压差向地层渗滤引起附加应力，压裂井段由于封隔器作用引起应力集中，井壁岩石在复杂应力条件下有可能发生塑性变形，加上地层不均质和各向异性等因素使得数学分析十分复杂(张广清等，2003)。通过开展水力压裂模型室内评价实验，通过模拟地层条件的压裂实验，深入认识射孔参数对裂缝的起裂、延伸机制以及裂缝形态的影响，对于正确认识射孔参数对水力裂缝的起裂和延伸的影响规律具有重要意义(Yang，et al.，1997；Papanastasiou，et al.，1998)。

第一节　射孔参数对斜井压裂影响因素分析

一、实验装置

模拟压裂实验系统主要由大尺寸真三轴实验架、MTS 伺服增压泵、稳压源、油水隔离器及其他辅助装置组成。其整体结构如图 7-1 所示。

(一)实验设备

1. 大尺寸真三轴实验架

水力压裂模拟实验要求模拟地层条件，其中最主要的因素之一是地层应力的大小和

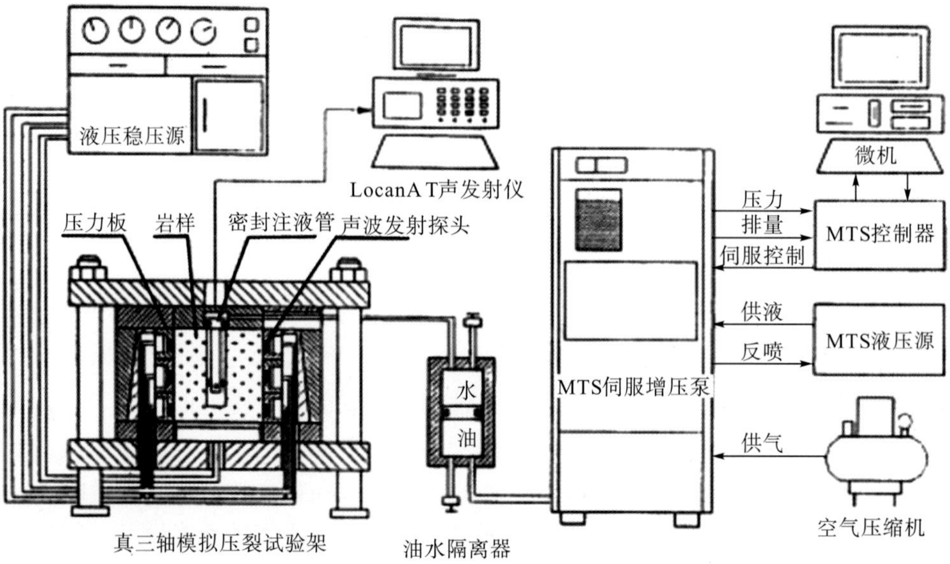

图 7-1 水力压裂模拟实验流程图

分布。一般情况下，地层三向主应力互不相等。对于水力压裂来说，三向主应力的相对大小决定着裂缝扩展的方向，且最小水平地应力的大小与分布影响到裂缝的几何形态。因此在模拟实验中采用真三轴加载方式能更好地反映地层的实际应力状况。大尺寸真三轴实验架如图 7-2 所示。

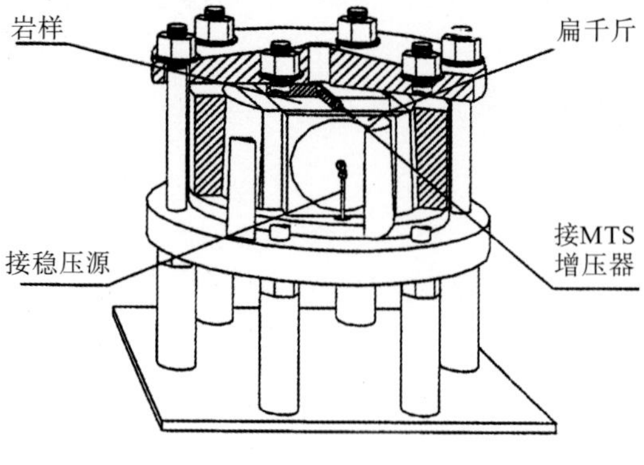

图 7-2 大尺寸真三轴实验架

实验架采用扁千斤顶向试样的侧面施加刚性载荷，由多通道稳压源向扁千斤提供液压，各通道的压力大小可分别控制，每个通道的最大供液压力可达到 60MPa。

2. 压裂液泵注系统

在模拟压裂实验系统中采用 MTS 伺服增压泵和油水分隔器向模拟井眼泵注高压液体。MTS 伺服增压泵具有程序控制器，既可以恒定排量泵注液体，也可按预先设定的泵注程序进行。实验过程中利用 MTS 数据采集系统记录压裂液压力、排量等参数。MTS 伺服增压泵的工作介质是液压油，因此当使用其他介质作为压裂液时，在管路上设置一个油水隔离器，将 MTS 伺服增压泵的工作介质与压裂液分隔开来。

(二)岩 样 制 备

由于天然岩样从选材、采集、运输到加工都存在不小的困难。研究使用自制的水泥块试样，由于其断裂韧性、强度值可由加砂、加水比例进行调节，增强了实验的可重复性与可比性。

为了获得满意的外形尺寸，专门设计了预制水泥试样的模具，如图 7-3 所示。模具由底板、盖板和 4 个侧板拼装而成。制作试样时，先将 4 个侧板立在底板上并用 8 个螺栓将其两两固定形成箱体，底板上的凸缘和侧板上的基准线用作侧板定位。

在箱体内侧用黄油裱上纸，将注液管倒插在底板中央的沉孔内(这种注液管的定位效果非常好)，注液管为外径 20mm，内径 8mm 的钢管，作为模拟井筒，在距钢管底部 50mm 处钻有直径 4mm 的圆孔，用塑料管向外延伸 20mm，作为预置炮孔。然后将和好的混凝土(水泥、精筛的细砂和水)灌入箱体，合上盖板，待凝固形成后取出。水泥和细砂以 3∶1 混合，水泥为 425 号建筑水泥。加工完成的试样如图 7-4 所示。

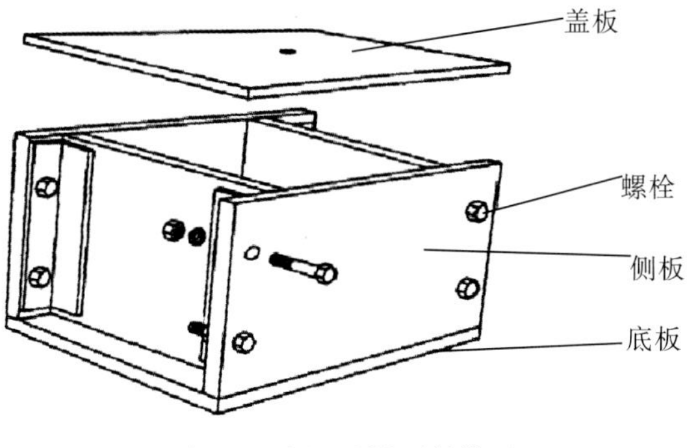

图 7-3　水泥试样预制模具

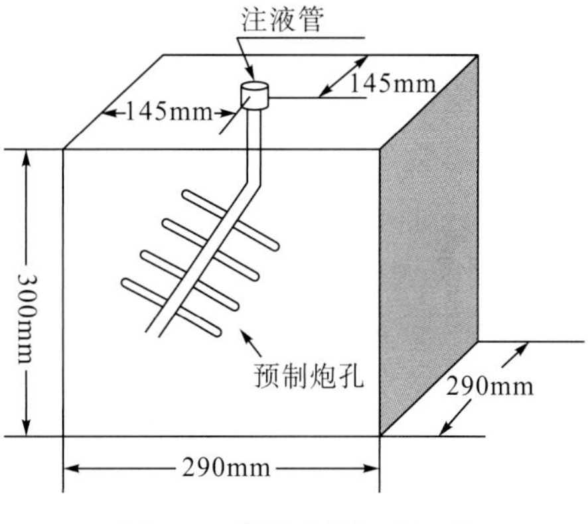

图 7-4　水泥试样标准尺寸

二、实验步骤

(1)将试样放入实验机，然后安装压力板和实验机的其他部件。为了保证压力板向试样表面均匀加载，在压力板与试样之间放置一橡胶垫片。

(2)试样安装完毕后，由液压稳压源施加三向围压。再根据选定的泵排量向模拟井筒泵注压裂液。在开始泵注压裂液的同时，启动与 MTS 控制器连接的数据采集系统，记录泵注压力、排量等参数。

(3)实验完成后卸除围压，在试样上下表面施加单轴压力，岩样沿裂缝表面分裂，然后取出岩样，观察形成的裂缝形态即裂缝表面压裂液的痕迹。

三、射孔参数对斜井压裂破裂压力影响分析

(一)实验方案

为了研究每一参数的影响，在变化一种参数时，保持其他参数不变，寻求各参数对水力压裂的影响规律。

具体方案如下(详见表 7-1~表 7-3)：

(1)在保持井眼方位角和射孔方式不变时，井斜角分别取为 0°，30°，60°，90°，参数设计见表 7-1。

(2)在保持井斜角及射孔方式不变的情况下，井眼方位角分别取为 30°，45°，90°，参数设计见表 7-1。

(3)在保持井斜角和井眼方位角不变的情况下，射孔方式分别取如图 7-5 所示的三种方式，参数设计见表 7-1。

(4)保证其他参数不变的情况下，孔深 50mm，孔径分别为为 2mm，4mm，6mm，8mm，参数设计见表 7-2。

(5)保证其他参数不变的情况下，孔径 4mm，孔深分别为为 30mm，50mm，70mm，90mm，参数设计见表 7-2。

(6)保证其他参数不变的情况下，井型选择为直井，射孔相位为 0°，30°，60°，90°，参数设计见表 7-3。

(7)保证其他参数不变的情况下，井型选择为直井，孔密为 3 孔/m，6 孔/m，18 孔/m，30 孔/m，参数设计见表 7-3。

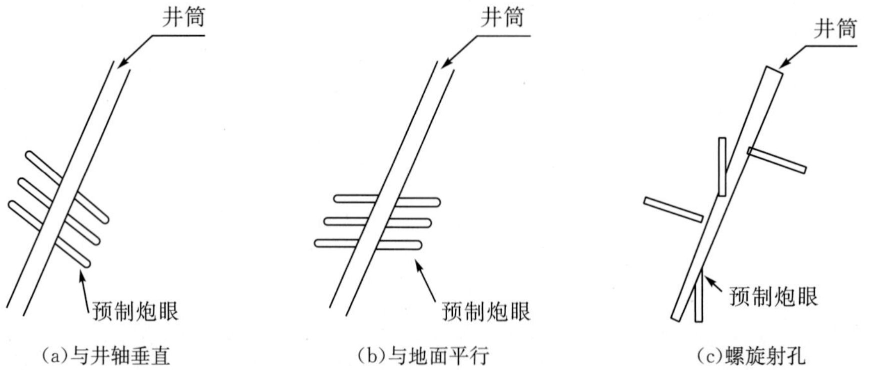

图 7-5 三种不同的射孔方式

表 7-1　模拟实验方案

岩样号	井斜角/(°)	井眼方位角/(°)	射孔方式	三向应力/MPa		
				σ_v	σ_H	σ_h
1	0					
2	30	0	垂直井轴	13.0	11.0	9.0
3	60					
4		0				
5		30				
6	30	45	垂直井轴	13.0	11.0	9.0
7		90				
8			垂直井轴			
9	30	0	水平	13.0	11.0	9.0
10			螺旋射孔			

表 7-2　模拟实验方案

岩样号	孔深/mm	孔径/mm	射孔方式	三向应力/MPa		
				σ_v	σ_H	σ_h
1	30					
2	50	4	垂直井轴	12.0	15.0	21.0
3	70					
4	90					
5		2				
6	50	4	垂直井轴	12.0	15.0	21.0
7		6				
8		8				

表 7-3　模拟实验方案(直井)

岩样号	孔密/(孔·m^{-1})	射孔方位/(°)	三向应力/MPa		
			σ_v	σ_H	σ_h
1		0	12.0	15.0	21.0
2	6	30	12.0	15.0	21.0
3		60	12.0	15.0	21.0
4		90	12.0	15.0	21.0
5		0	12.0	15.0	21.0
6	16	30	12.0	15.0	21.0
7		60	12.0	15.0	21.0
8		90	12.0	15.0	21.0

续表

岩样号	孔密/(孔·m^{-1})	射孔方位/(°)	三向应力/MPa		
			σ_v	σ_H	σ_h
9	18	0	12.0	15.0	21.0
10		30	12.0	15.0	21.0
11		60	12.0	15.0	21.0
12		90	12.0	15.0	21.0
13	30	0	12.0	15.0	21.0
14		30	12.0	15.0	21.0
15		60	12.0	15.0	21.0
16		90	12.0	15.0	21.0

(二)实验数据及结果分析

实验数据结果如表 7-4 所示。

表 7-4 实验结果

岩样号	井斜角/(°)	方位角/(°)	射孔方式	三向应力/MPa			破裂压力/MPa	实验现象
				σ_v	σ_H	σ_h		
1	0	0	垂直井轴	13.0	11.0	9.0	17.71	沿最大水平主应力方向(射孔方向)裂开一条垂直缝，裂缝壁面光滑
2	30						16.70	沿最大水平主应力方向(射孔方向)裂开一条垂直缝，裂缝壁面光滑
3	60						13.32	沿射孔方向裂缝较光滑，但由于试样内部存在缺陷，裂开两条裂缝
4	30	0	垂直井轴	13.0	11.0	9.0	16.70	沿最大水平主应力方向(射孔方向)裂开一条垂直缝，裂缝壁面光滑
5		30					16.00	沿射孔方向起裂一段距离后，又转到最大水平主应力方向
6		45					19.29	沿孔眼方向裂开两条裂缝一段距离后，又转向最大水平主应力方向串连成一条大裂缝
7		90					16.80	沿射孔方向和最大水平主应力方向裂开两条裂缝
8	30	0	垂直井轴	13.0	11.0	9.0	16.70	沿最大水平主应力方向(射孔方向)裂开一条垂直缝，裂缝壁面光滑
9			水平				17.41	沿最大水平主应力方向(射孔方向)裂开一条垂直缝，裂缝壁面光滑
10			螺旋射孔				20.75	沿最大水平主应力方向裂开一段距离后向水平方向转裂，最小水平主应力方向的炮孔不起作用，裂缝壁面粗糙

1. 井斜角对水力压裂起裂及裂缝延伸的影响

如图 7-6 所示，对井斜角分别为 0°，30°，60°的斜井进行了实验。

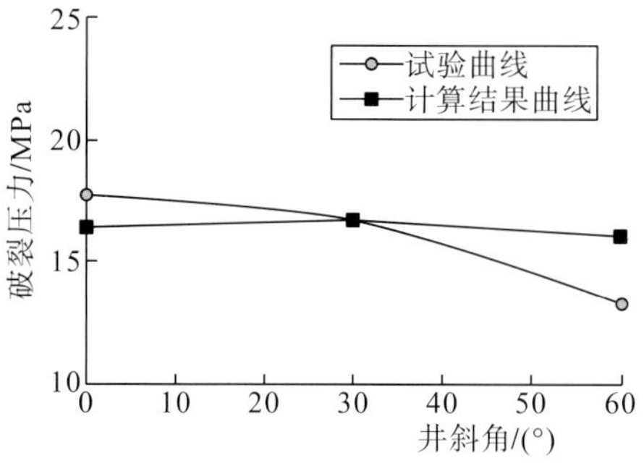

图 7-6　破裂压力与井斜角关系曲线

从实验曲线可以看出：在保持井眼方位角和射孔方式不变，上覆地层压力为最大应力时，破裂压力随井斜角的增加而略有降低。而且如图 7-7～图 7-9 所示：井眼方位处于最佳平面(最大水平主应力)，射孔方位垂直于最小水平主应力方向时，都能沿最大水平主应力方向产生一条平整大裂缝，且裂缝壁面光滑。

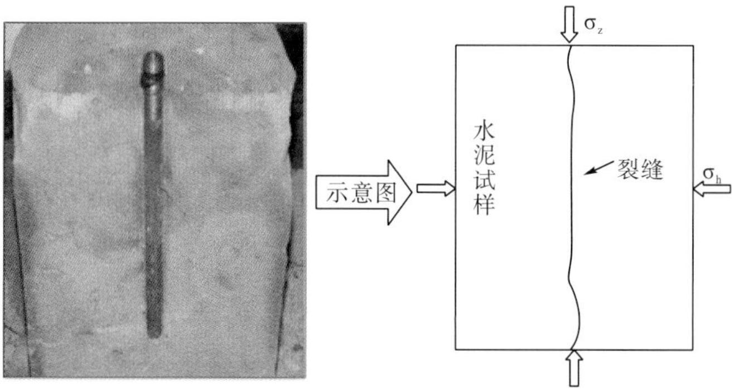

图 7-7　垂直井，0 方位射孔实验结果

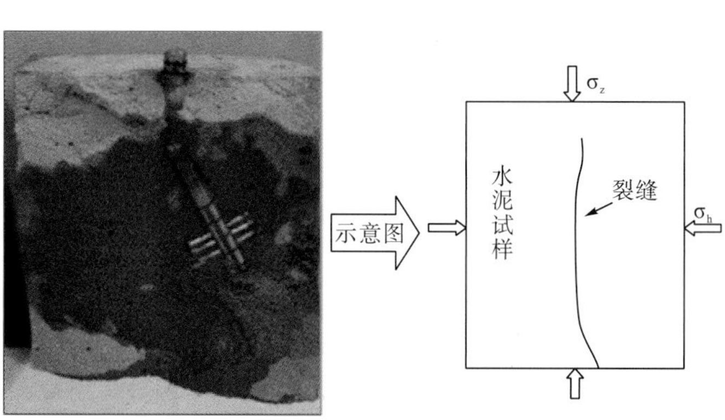

图 7-8　30°井斜角，0 方位射孔实验结果

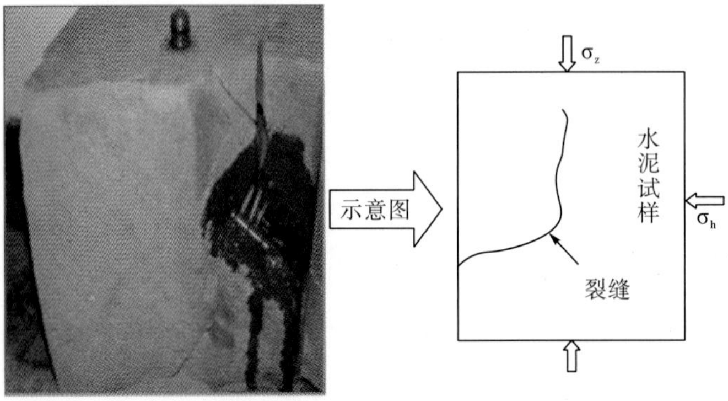

图 7-9　60°井斜角，0 方位射孔实验结果

2. 井眼方位角对水力压裂起裂与延伸的影响

井眼方位角是指斜井的井轴与最大水平主应力所成的角度。图 7-10 是根据井眼方位角分别为 0°，30°，45°，90°的实验结果。

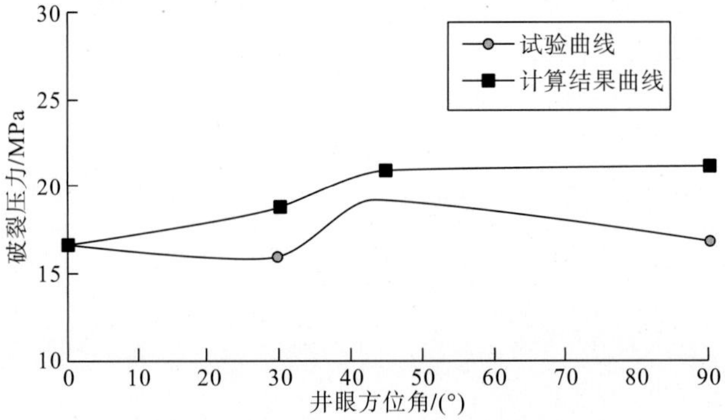

图 7-10　破裂压力－井眼方位曲线

从实验曲线可以看出：在保持井斜角及射孔方式不变的情况下，上覆地层压力为最大应力时，破裂压力随着方位角(与最大地应力的夹角)的增大，呈先增大后减小的规律。而且从图 7-11～图 7-14 还可以看出：随着井眼方位角的增大，裂缝的形态变得比较复杂，易产生多条裂缝。井眼方位角为 0°～30°时，破裂压力变化不太明显，且能形成壁面较光滑的一条大裂缝。

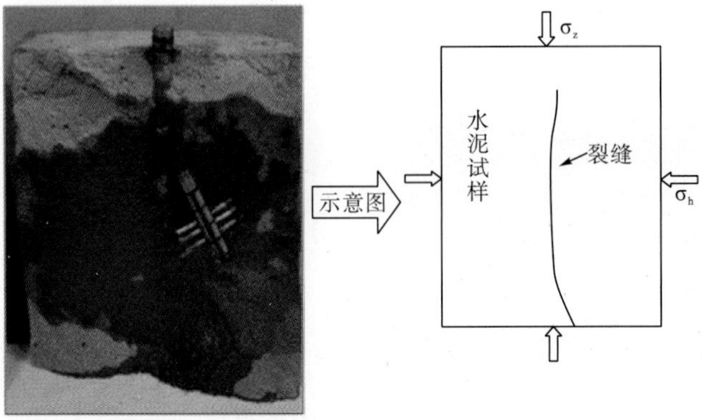

图 7-11　井斜角 30°，井眼方位 0°实验结果

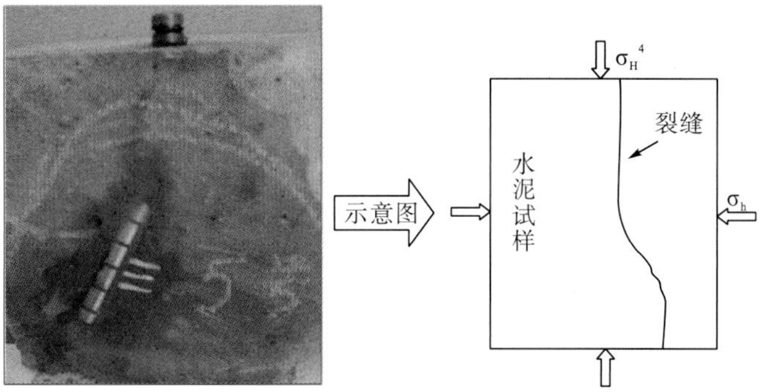

图 7-12 井斜角 30°，井眼方位角 30°实验结果

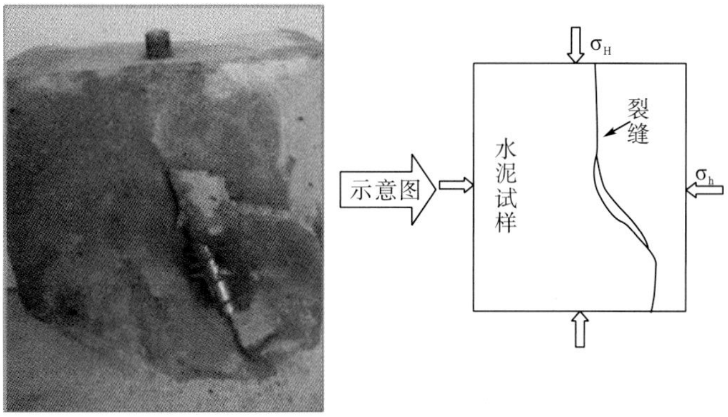

图 7-13 井斜角 30°，井眼方位角 45°实验结果

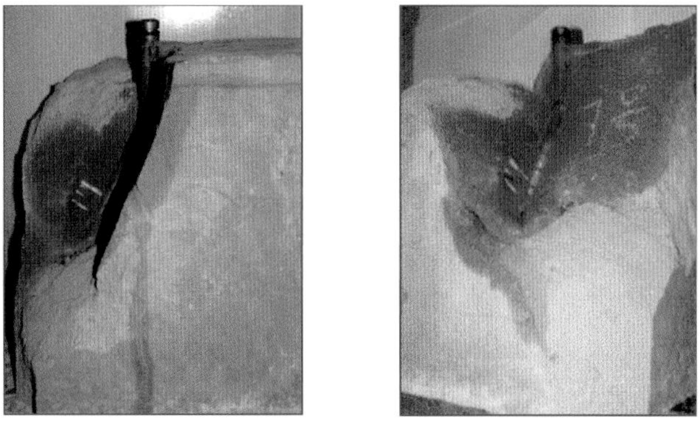

图 7-14 井斜角 30°，井眼方位角 90°实验结果

3. 射孔方式对水力压裂起裂与延伸的影响

射孔方式也是射孔设计的一个重要方面。实验中采用了三种不同的射孔方式（图 7-15～图 7-17）：垂直井轴射孔、与地面平行射孔和螺旋射孔。实验结果表明三种射孔方式中螺旋射孔的破裂压力较大，且裂缝易发生转向；另外两种定向射孔在井眼方位角处于最佳平面，射孔方向垂直于最小水平应力时，都能形成壁面较光滑的大裂缝，且得到的破裂压力值也较小。

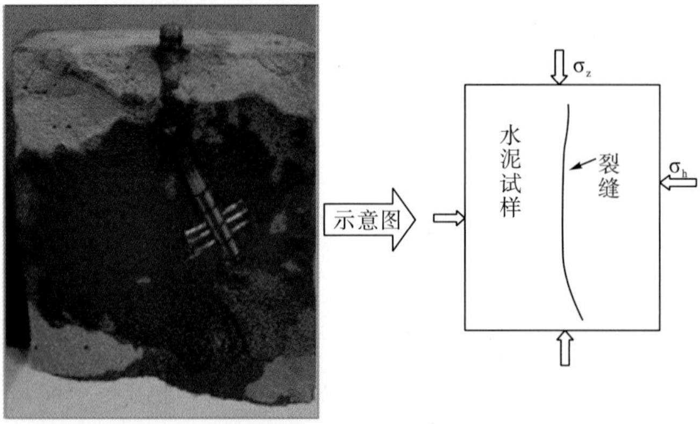

图 7-15 井斜角 30°，射孔方位 0°实验结果

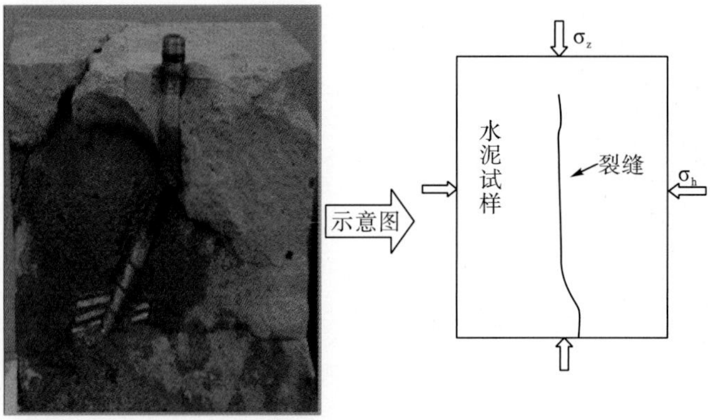

图 7-16 井斜角 30°，射孔方位 30°实验结果

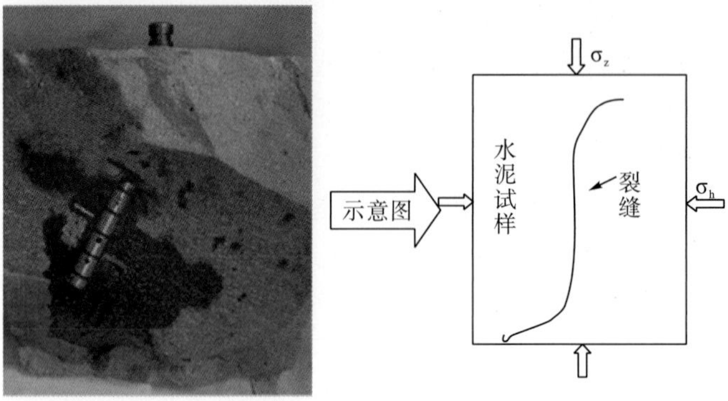

图 7-17 井斜角 30°，射孔方位 45°实验结果

4. 孔径、孔深的影响

1)孔径的影响

根据图 7-18 可知，随着射孔孔眼直径的增加，岩石起裂压力开始下降较快，射孔直径超过 4mm 后，这一趋势逐渐变缓，由 4mm 增加到 8mm 后，起裂压力下降了 0.69MPa(2.7%)，因此可以推断，岩样的起裂压力对射孔直径变化并不敏感。但由

图 7-19表明，相同条件下，仅仅增加射孔直径，起裂时间也随之增加。

同时，考虑到较小的射孔孔眼会引起高孔眼摩阻，且容易发生砂堵砂卡现象，因此，在起裂压力不敏感的情况下，推荐采用大孔径射孔弹。

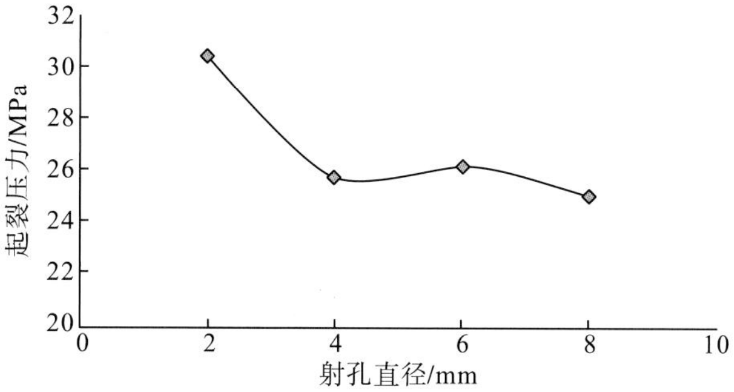

图 7-18　起裂压力与射孔直径的关系曲线

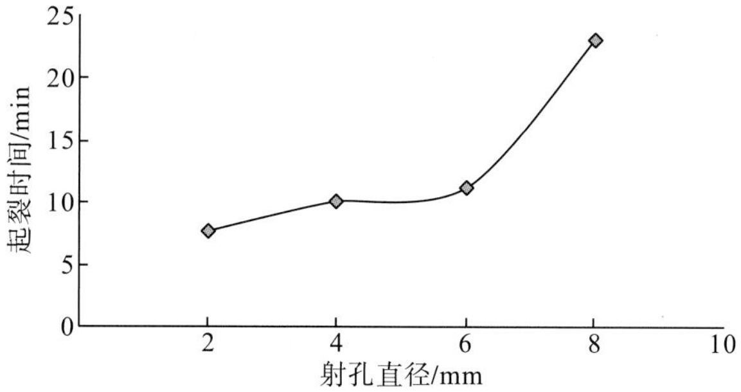

图 7-19　起裂时间和射孔直径的关系曲线

2)孔深

由图 7-20 可知，随着射孔深度的增加，岩样的起裂压力随之呈近似线形降低，岩样的起裂时间也具有同样的规律，当射孔深度由 30mm 增加到 50mm 时，深度增加了 66.7%，起裂压力则由 29.21MPa 降低到 25.77MPa，下降了 11.8%，相应的起裂时间下降了 28.6%(图 7-21)。

中国石油大学李根生分析产生此现象主要是孔眼的“活塞效应”所致，即当压裂液完全充满孔眼后，在泵压作用下，这一段液体相当于一段“液体活塞”，射孔深度越大，“活塞”长度也相应越长，高压下蓄含的能量越多，因此，更容易压开岩样。

根据实验分析结果，为降低地层破裂压力，应选择深穿透射孔弹。

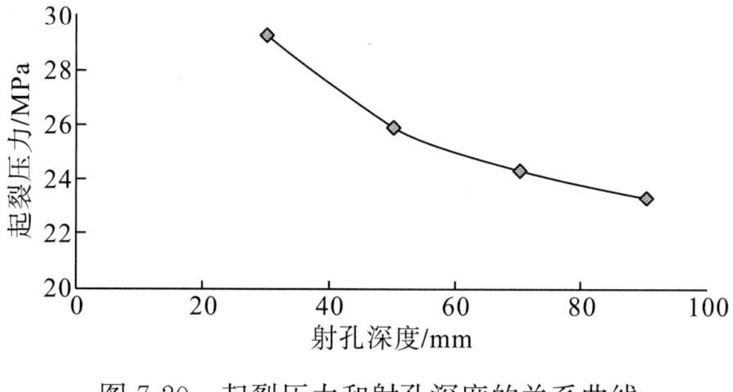

图 7-20　起裂压力和射孔深度的关系曲线

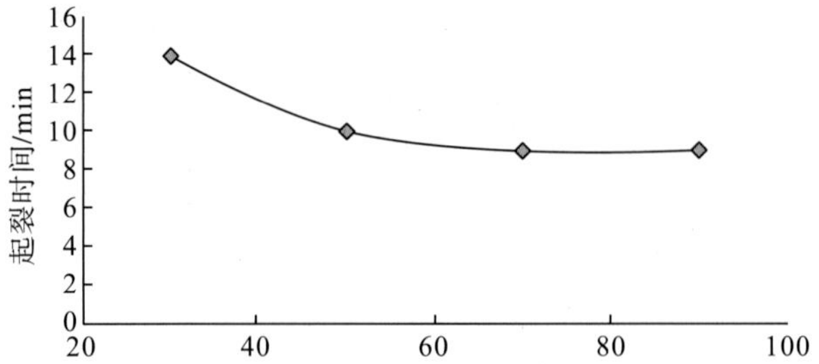

图 7-21 起裂时间和射孔深度的关系曲线

5. 射孔方位角对压裂效果的影响

射孔方位角为射孔孔眼与最大水平主应力方向的夹角。实验绘制其规律曲线(图 7-22)，由曲线可知：随着射孔方位角的增大，破裂压力的增加幅度呈现阶段性。在 0～30°范围内，破裂压力曲线增加幅度不明显；30°～60°破裂压力的增加幅度增加；在 60°～90°范围内破裂压力曲线又趋于平缓。0°射孔(即沿着最大水平主应力方向射孔)破裂压力最低，90°射孔破裂压力最高。

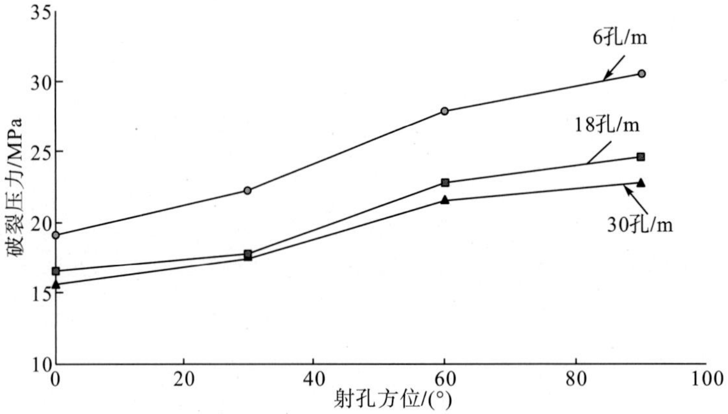

图 7-22 射孔方位角、孔密与破裂压力的关系图

进行裂缝形态观察可以看出(图 7-23)：

(1)不同的射孔方位，水力裂缝的起裂方向、裂缝延伸方向及裂缝形态也不相同。

(2)射孔方位角在 0°～30°范围内时，无论射孔密度为 3 孔/m，6 孔/m，18 孔/m，30 孔/m，都沿最大水平主应力方向产生一条平整大裂缝，裂缝壁面较光滑。

(3)射孔方位角为 30°～60°时，裂缝大部分沿孔眼起裂，而后又转到最大水平主应力方向，裂缝壁面较粗糙。

(4)60°～90°时，特别是 90°射孔，裂缝多沿孔眼水平起裂，而后又转为垂直缝。裂缝壁面粗糙，近井地带裂缝发生弯曲转向，使液体流动摩阻增加，破裂压力增加。

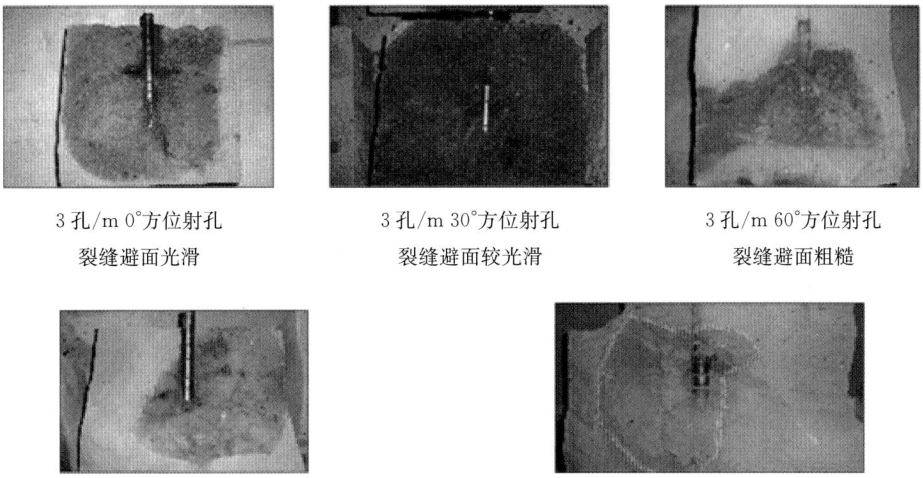

3 孔/m 0°方位射孔 裂缝避面光滑
3 孔/m 30°方位射孔 裂缝避面较光滑
3 孔/m 60°方位射孔 裂缝避面粗糙
3 孔/m 90°方位射孔 裂缝水平起裂后又转成垂直裂缝
6 孔/m 60°方位射孔 裂缝沿射孔方向起裂后又转向垂直于最小主应力的方向

图 7-23 不同方位角下的裂缝形态

6. 孔密对压裂效果的影响

从实验曲线及裂缝形态可以看出(图 7-24、图 7-25)：

(1)在同一射孔方位下，破裂压力随射孔密度的增加而降低，在 6～18 孔/m 范围内，破裂压力曲线降低的幅度较大，18～30 孔/m 破裂压力曲线下降幅度较平缓，其原因可以解释为多孔应力集中效应的相互影响程度不随孔间距的缩小而均匀增大。

(2)当射孔密度增加到一定值时，射孔孔眼对水力裂缝起裂与延伸的作用明显下降。且随着射孔密度的增加，裂缝形态越来越复杂，易产生多条在不同孔眼起裂的互不连通的裂缝。

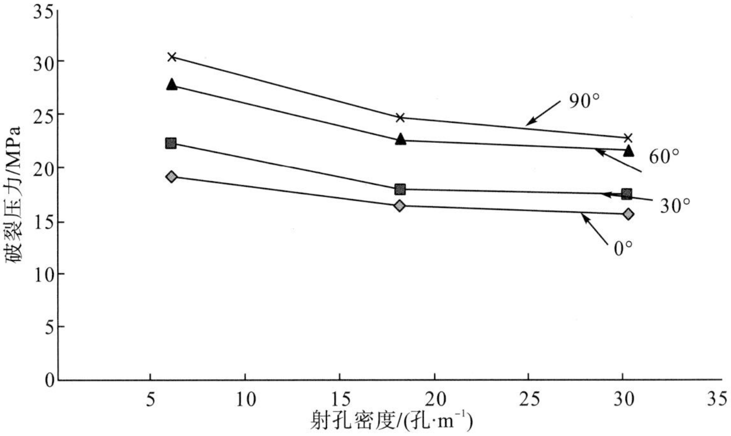

图 7-24 不同射孔孔密、相位与破裂压力关系曲线

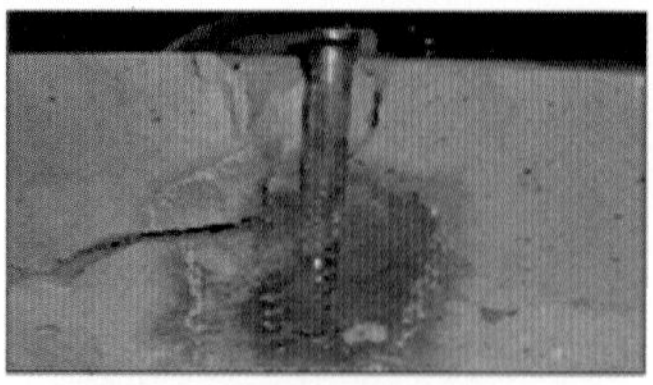

射孔密度 18 孔/m，射孔方位角 60°
沿孔眼起裂多条裂缝，最大主应力方向裂缝面积较大

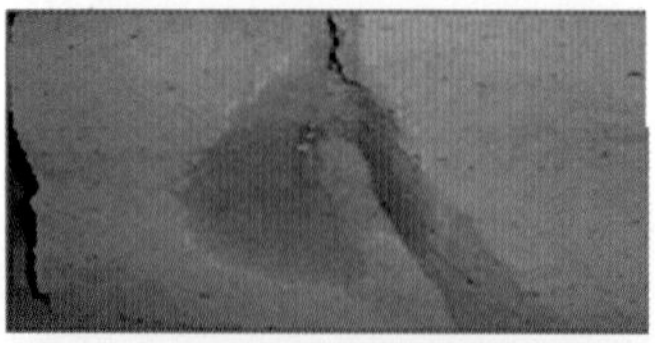

射孔密度 18 孔/m，射孔方位角 90°
沿射孔孔眼和最大主应力方向均产生裂缝

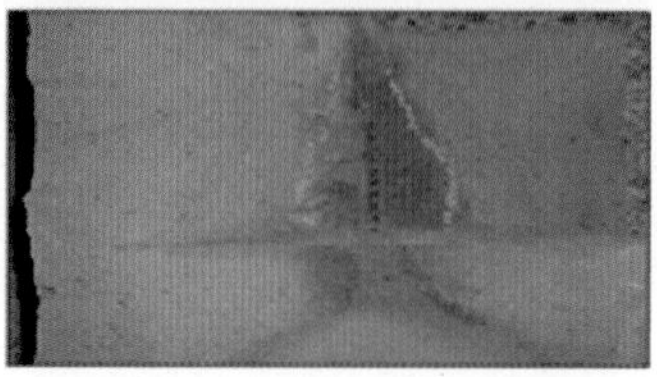

射孔密度 30 孔/m，射孔方位角 90°
在井壁上形成 3 条裂缝，射孔孔眼未起作用

图 7-25 不同孔密下的裂缝形态

第二节 斜井压裂定向射孔优化设计

一、定向射孔原理

定向射孔是通过射孔方位优选射孔参数，然后根据定向方位射孔井下仪与地面计算机系统确定射孔枪位置及射孔方位，使射孔方位对准设计方位，以达到预测设计目的。根据射孔方位与破裂压力的敏感性分析，采用平行于最大水平主应力方向定向射孔，地层破裂压力最低且易形成一条平整大裂缝(Yale, et al., 1994)。因此，对于压裂井，采用定向射孔是降低地层破裂压力，提高压裂效果的最佳选择。

定向射孔技术基于两个最主要的条件是：准确的地应力方位以及射孔定向的准确性(图 7-26)。

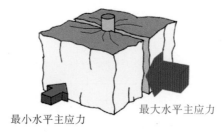

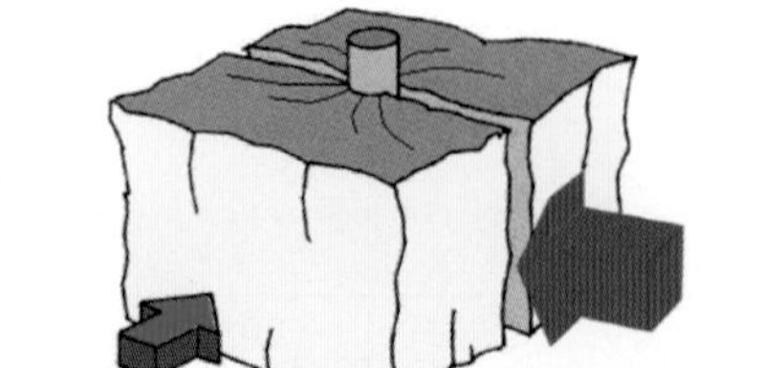

图 7-26 地应力方向模型图

根据实验研究及理论计算，射孔方位与最大主应力夹角在 30°以内，地层破裂压力增幅不明显，当超过 30°后，增幅明显，所以定向射孔允许的精度偏差为±30°。

目前定向射孔主要有内定向射孔和外定向射孔两种方式。

（一）内定向射孔

内定向射孔主要针对水平井和定向井，依靠枪身弹架附加加重块，通过下枪过程中自动调整射孔方位，来达到定向射孔的目的(图 7-27、图 7-28)。

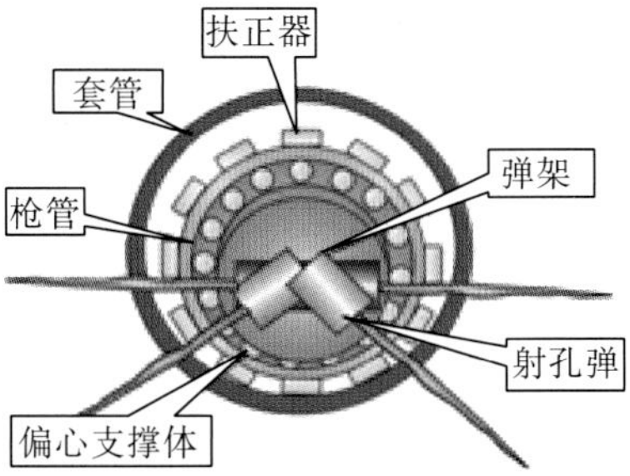

图 7-27　内定向射孔结构示意图

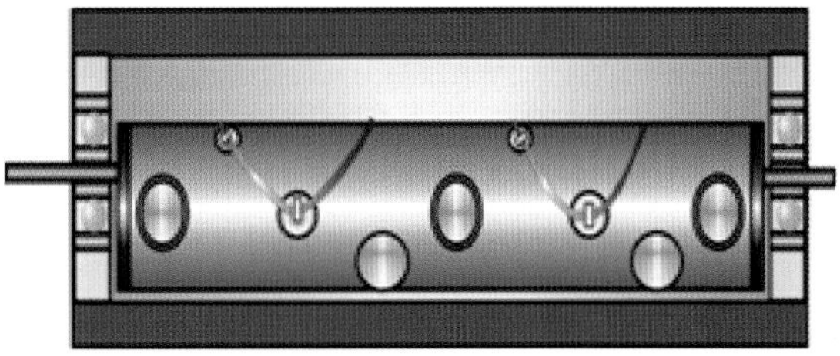

图 7-28　内定向旋转偏心弹架

内定向射孔的特点：

(1)在相同套管尺寸下内定向方式比外定向方式可以选择更大外径的射孔枪，以及与射孔枪配套的射孔弹，提高了射孔完井的效果。

(2)内定向射孔的定向精度误差更高。定向精度误差是指射孔枪在水平井定向发射时，射孔弹的设计发射方向与实际发射方向之间的角度差别，该角度越小，则定向精度越高。内定向定位精度主要受制造精度和装配的影响，井况对其影响较小，易于控制，定向精度误差为±5°。

（二）外定向射孔

外定向射孔设计采用定向键槽配合进行射孔定向。其主要工作原理(王正国，2007；邓金根等，2009)(图 7-29)是通过连接于电子陀螺仪的定向槽插入固定在射孔枪串上的定向键，使定向仪与射孔枪固定连接，再通过测定结果，计算出射孔枪所需调整的度数，并通过地面油管旋转进行角度调整。在调整过程中，由于定向仪通过定向键槽固定于射孔枪串上，因此始终与油管同步旋转，通过实时测得数据以指导油管旋转。在测量完成后，通过电缆将仪器起出井口，再安装井口采油树，最后进行射孔作业。

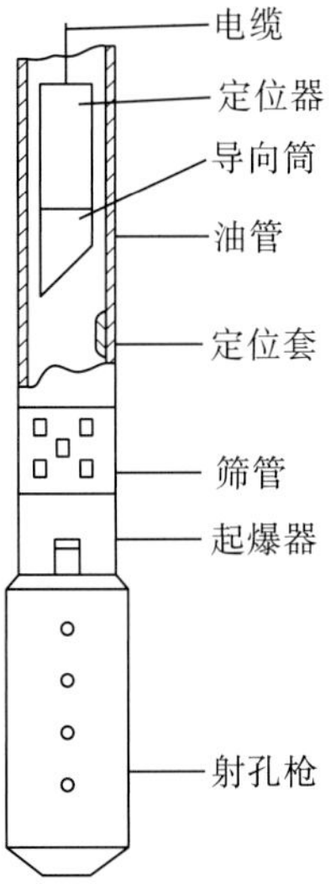

图 7-29　定方位射孔的工艺原理图

二、定向配套仪器

(一)定向配套仪器选择

目前外定向主要使用重力加速度计测定向仪和陀螺定向仪(Abass, et al., 1994)。

1. 重力加速度计测斜定向法

利用该方法进行射孔方位的确定实际上是通过测量井斜角和相对方位角完成的。石英挠性伺服加速度计输入轴水平安装在定方位仪的底部，当仪器垂直向下时，重力加速度计输出值为 0；当输入轴垂直向下(即仪器水平放置)时，重力加速度计输出正值或负值(或绝对值)最大。

如图 7-36 所示，当仪器沿输入轴方向倾斜时，倾角 θ 与重力加速度计输出值的关系为

$$\sin\theta = G_y/g \tag{7-1}$$

如果井斜角不变，仪器沿井轴旋转，仪器 x 轴与井斜方向的夹角(即相对方位角)关系为

$$\cos\phi \cdot \sin\theta = G_y/g \tag{7-2}$$

式中，θ——井斜角，(°)；

G_y——y 轴重力加速度计输出值；

g——重力加速度值，一般取 $g=9.8\text{m/s}^2$；

ϕ——相对方位角，(°)。

由于在仪器深度定位后最多旋转 180°就能得到最大 y 轴加速度输出值，因此可在获得井斜角 θ 后，继续旋转仪器得到 x 轴的相对方位角 ϕ。在实际定方位过程中，只要仪器输出值 G_y 为 0，x 轴相对方位角为 0°或 180°，即仪器必然对准井斜方向，可点火射孔。

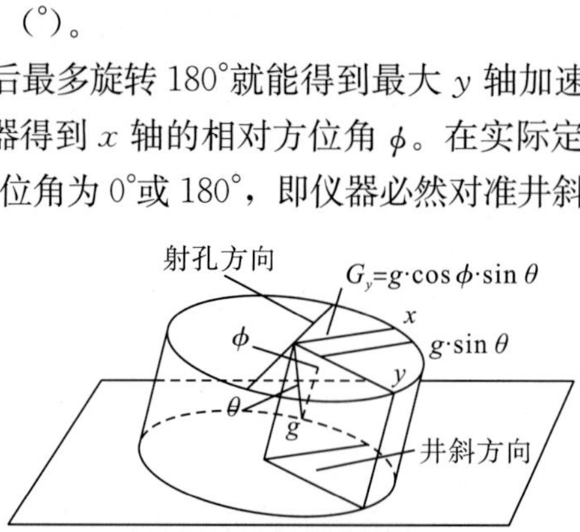

图 7-30 重力加速度计测量原理图

值得注意的是，上述定方位原理要求射孔枪的排弹方向相对于仪器 x 轴的夹角应预先调整到等于所需射孔方位(如垂直于裂缝方位或最小水平地应力方位)与井斜方位的夹角，与此配套的定方位射孔枪已通过定方向的键槽旋转定位予以保证。同时，由于射孔枪的排弹相位角为 180°，因此，只要仪器的 x 轴对准井斜方向，无论是正或负方向均可，仪器输出值为 0，即可点火射孔。这种方法称之为“过零射孔法”，其特点是可以减小由

于重力加速度计在高角度时对角度不敏感引起的测量误差，并且只需要一个重力加速度计就可以精确地完成方位定向过程(Pospisil，et al.，1995)。目前重力加速度计测量精度为 2°，因此需保证其井斜角大于 2°方能进行正常测量。

2. 电子陀螺仪定向法

绕一个支点高速转动的刚体称为陀螺。通常所说的陀螺是特指对称陀螺，是一个质量均匀分布的、具有轴对称形状的刚体，其几何对称轴即为自转轴(史雪枝等，2008)。在一定的初始条件和外力矩作用下，陀螺在自转的同时，还绕着另一个固定的转轴不停地旋转，这就是陀螺的旋进，又称为回转效应。

陀螺仪基本上就是运用物体高速旋转时，角动量很大，旋转轴会一直稳定指向一个方向的性质，所制造出来的定向仪器。但仅采用简单的陀螺仍是自由陀螺仪，无定向功能。为使自由陀螺仪能定向，采用了两种校正方法：①使陀螺仪转子轴保持水平或接近水平，即转子轴的倾角为 0°；②使陀螺仪转子轴保持初始给定的方位不变，即转子轴的初始方位角为常量，为此必须在自由陀螺仪的结构上附加水平修正和方位修正装置。

水平修正装置，一般采用液体(导电液或水银)摆式开关作水平传感器。当陀螺仪转子轴失去水平时，传感器接通电极，利用马达给陀螺仪外框架施加一修正力矩使陀螺仪内框架转动。当转子轴恢复水平时，修正力矩立即取消。方位修正，使陀螺仪转子轴在当地纬度上，跟踪地球子午线同速转动，以保持初始给定的方位。

通过修正，自由陀螺仪便可进行选择性定向作业。对于陀螺仪定向，有以下优势：①在高速旋转下，陀螺仪的转轴稳定地指向固定方向而不会发生偏转，因此在不稳定的情况下仍能准确定向；②陀螺仪定向不利用地球磁场定向，避免井下磁性物体对仪器的影响；③精度高(表 7-5)，可测量范围广(0°～70°)。图 7-31 为陀螺原理示意图。

表 7-5　电子陀螺仪精度

项目	测量范围	精度
井斜	0～70°	误差≤±0.5 °
方位	0～360°	误差≤±2.0°(井斜≤3°)
		误差≤±1.0°(3°≤井斜≤50°)
		误差≤±2.0°(50°≤井斜≤70°)

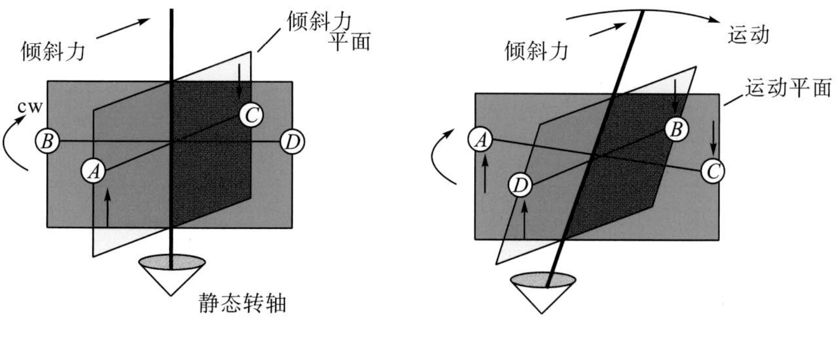

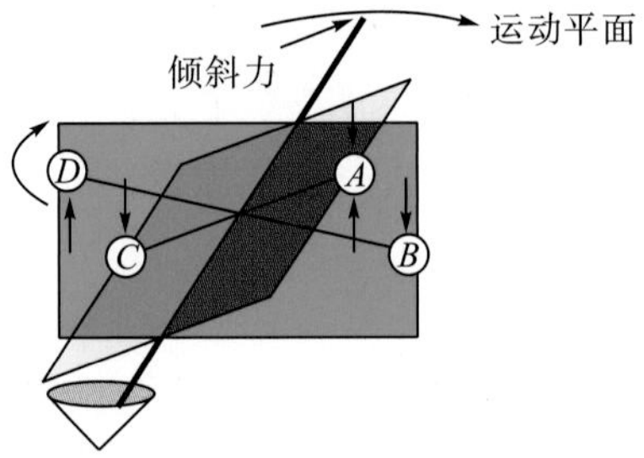

图 7-31　陀螺原理示意图(cw：顺时针转动)

通过两种定向仪原理及适用情况分析，其精度均能满足定向射孔需要。但考虑到重力加速度计测斜定向法需要保证 2°井斜，而无法满足直井定向射孔的需要，因此，统一考虑采用电子陀螺仪进行定向(图 7-32)，以同时满足直井及定向井定向的需要。

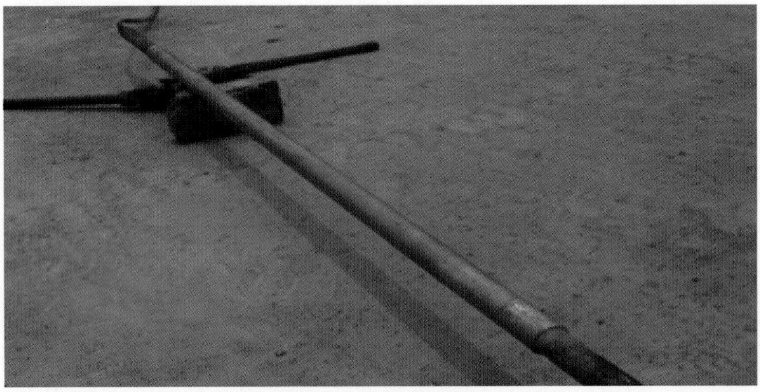

图 7-32　电子陀螺仪

三、定向射孔工艺优化

在定向射孔现场施工过程中，发现常规定向工艺存在如下问题：

(1)射孔枪、起爆器和定向键槽之间采用常规螺纹连接时，由于螺纹上扣无法保证射孔弹、定向键位于同一直线，现场进行偏差计算存在较大的误差。同时由于采用的常规螺纹，在斜井中下入射孔管串时，可能发生螺纹的紧扣或松扣，都将导致射孔方位的偏移。

例如某定向井施工时，定向键与射孔枪之间采用常规螺纹连接，上紧扣后，无法保证定向键与射孔弹处于同一平面(图 7-33)，后通过地面对其进行投影计算，定向键与射孔弹间方位偏差 24.5°。可见，现场施工测量容易出现误差。

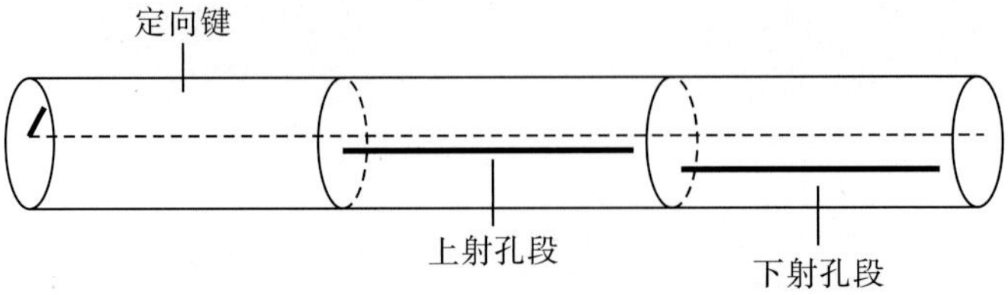

图 7-33　定向射孔时可能出现的偏差示意图

(2)在定向井中旋转油管进行方位调整时，由于管柱在井下易发生弯曲、扭矩难以释放或释放不规律，导致地面旋转油管后，井下旋转滞后，增大了定向井的定向时间，且精度也难以得到保证。

(3)对于定向井，采用油管加压起爆，通常加压 8～15MPa，加压时间 15s 左右。过快的加压，可能对井下弯曲油管产生冲击力，导致力矩的释放，从而改变射孔方位。

因此，针对以上难题，通过持续的技术改造及相关工具产品的研发，目前已初步形成了较为成熟的定向射孔施工工艺。

1. 定向限位配套接头连接工艺

通过对接头进行改进，设计采用对接式接头及限位接头组合，以保证射孔管串各部分处于同一平面。

射孔枪与起爆器间为保证起爆的可靠性，采用对接式接头，该接头主要部件有 O 型密封圈、定位键、分块式螺纹、上扣部件等。其中 O 型密封圈能保证其密封性能，定位键是与母扣的定位槽相连接来进行定位。

射孔枪与枪之间、起爆器与定位键槽之间可采用低成本的限位接头连接(图 7-34)。上扣到一定程度后，使两接头间的槽与螺栓孔眼同位时，加入螺栓固定，便可保证射孔弹、定向键位于同一平面。

(a)公扣　　　　(b)母扣

图 7-34　对接式接头

采用对接式接头和限位接头解决了各连接部件间方位难统一的问题，保证了射孔弹与定向键槽处于同一平面，提高了定向精度。

2. 长跨度射孔油管串定位技术

采用定向限位配套接头连接工艺能够保证起爆器与射孔枪、射孔枪与射孔枪之间定向连接的准确性。但在实际生产中，多层射孔时可能出现各射孔枪间存在较长的间距，若不进行统一定位固定，则无法保证下层射孔枪的准确定位。此时，若仍采用带限位接头的夹层枪来连接上下射孔枪，则将大大增加射孔成本，同时过长或过多使用夹层枪，也会增大射孔枪传爆失败的风险。

为解决长跨度射孔段油管串定位问题，采用在油管与接箍连接紧扣后进行打孔，打孔后攻扣，并采用限位销进行固定的方法。其加工方式如图 7-35、图 7-36 所示，加工前将油管外壁打孔面用白线进行准确标定，以保证加工方位的精度。

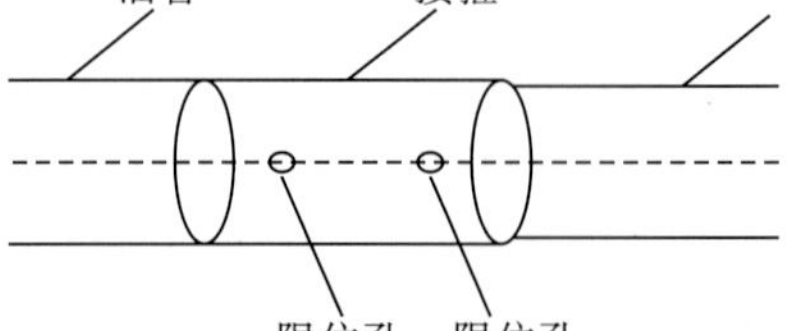

图 7-35 夹层油管限位孔加工示意图

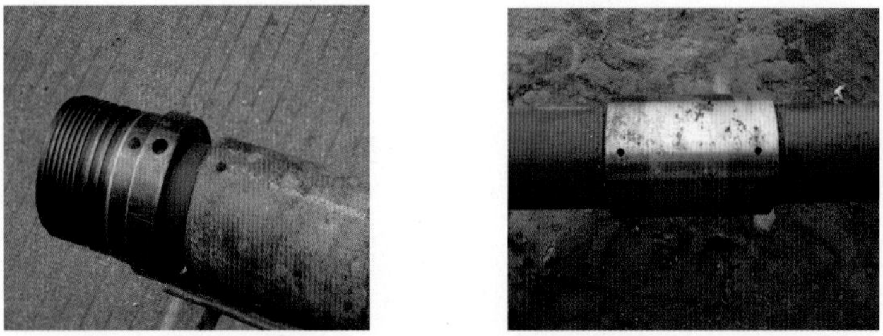

图 7-36 夹层油管改进接头图

接箍及丝扣打孔后，其连接强度相应降低，但考虑到一般情况下丝扣下部连接管串较少，仅油管短节、筛管及射孔枪的重量，能满足连接强度的要求。对于定位精度，由于加工前采用白线进行了准确标定，保证了两端定位的准确性，中间各连接段采用限位销固定后，精度能满足<5°的要求。

3. 定向井方位调整技术

通过对现场管柱的上提下放操作发现，井下监测方位变化明显，扭矩得到了快速释放。因此，在定向时推荐如下做法：

1)调整前应安装油管挂(锥管挂)

若在未安装油管挂(锥管挂)时进行管柱调整，则需调整后起出定向仪，再安装油管挂(锥管挂)，下放座封，此时可能出现下放座封时射孔方位变化，由于定向仪已经起出，无法对其进行监测。因此，在调整前安装好油管挂(锥管挂)，可避免以上弊端的发生。

2)释放扭矩，确定调整角度

要确定所需要调整的角度，则必须在扭矩释放的情况下进行测量，否则直接调整则可能导致所确定的调整角度在管柱扭矩释放的情况下偏差较大。

3)边调整边上提下放

角度调整时，旋转不宜过多，否则容易导致扭转方位超过预设计值。且由于油管采用丝扣连接，不可进行反向操作，以免松扣造成井下落物。

推荐在地面每进行一次旋转，需多次反复起下管柱，直到每一次起下，方位不会发生大的变化为止。并且每次起下后，需等待 1min 左右，以保证扭矩完全释放。当调整至接近方位时，减小地面调整角度以防止井下旋转过度。

4)调整完成后观察

调整完成后，座油管挂(锥管挂)，观察一段时间，直至方位达到预计位置的同时不发生改变。

该套定向井方位调整技术在川西地区得到推广应用，该技术应用情况见表 7-6 所示。该工艺的形成及应用，保证了定向井，特别是大于 35°井斜情况下的准确定向需要，定向偏差量均小于 3°。

表 7-6　定向射孔方位偏差统计

井号	最大井斜角/(°)	设计方位角/(°)	实际方位角/(°)	偏差量/(°)
MP46−1	46.8	北东 108	北东 109.5	1.5
MP49D	36.5	北东 108	北东 105.0	3.0
MP51D−1	37.0	北东 108	北东 105.5	2.5
MP38	35.3	北东 135	北东 136.7	1.7
MP39−1	40.0	北东 108	北东 106.0	2.0

4. 加压方式的优化

目前定向井普遍采用压力方式起爆射孔器。在定向井中，由于油管扭矩无法得到完全释放，油管存在一定的形变，当加压时，过快的压力提升将导致井内液体压力激动，管柱剩余扭矩将可能释放，会导致射孔方位发生变化而导致定向失败。

为避免油管加压引起压力激动而导致剩余扭矩释放而改变射孔方位，推荐采用套管注入并降低升压时间，由之前的 15s 增加至 2min 左右。通过现场实验，该方法也有助于消除由于液压起爆对射孔方位的影响。

四、定向射孔参数优化

(一)优化射孔段

由压裂裂缝起裂规律分析，斜井压裂易产生多裂缝，为解决压裂多裂缝的问题，射孔时集中射孔段，减少射孔数，集中压裂进入液量，以获得宽缝和长缝。另外，多层压裂时，射孔段还需结合储层应力情况综合而定(Hossain，et al.，1999)。

鉴于定向斜井压裂施工的难度，同时结合异常高破裂压力储层均需采取加砂压裂的具体特点，优化后的射孔井段大部分为 3～5m，采取集中射孔方式，使压裂施工时更易集中能量于一点，从而不易产生多裂缝，而一旦压开储层后，由于产层段无应力差，人工裂缝很快贯穿整个产层，从而达到改造效果。集中射孔的同时缩小了射孔段不仅节约了射孔费用，同时也降低了加砂压裂施工难度，可谓一举两得。

(二)优化射孔参数

根据理论分析与室内实验结果证实，斜井压裂时裂缝方向与地层最大主应力方向不一致，在近井地带产生较大的弯曲摩阻，裂缝宽度变窄，易发生砂堵。射孔时通过射孔优化设计，确定地层最大主应力方向，采用定向射孔技术，减小弯曲摩阻。

1. 相位的选择

根据第七章第一节和第二节的研究成果，平行于最大主应力方向射孔，有助于降低地层破裂压力，改善裂缝形态，因此在射孔方位的选择上，以平行于水平最大主应力方向为最佳选择。

为保证射孔方位的统一性，满足射孔孔眼位于同一平面上，不采用螺旋式弹架，而设计采用 180°相位平行弹架(图 7-37、图 7-38)。

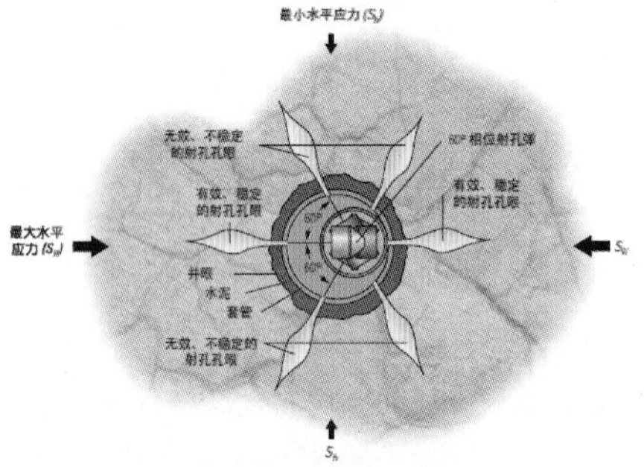

图 7-37 常规螺旋式布孔

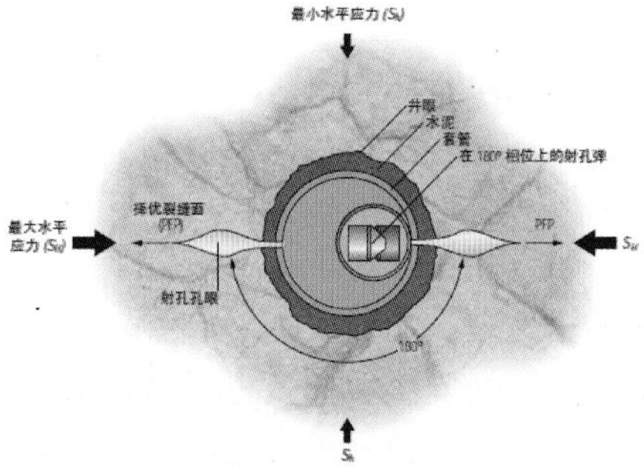

图 7-38 180°相位定向布孔

2. 射孔枪弹的选择

基于室内实验及数值模拟计算成果的优选原则为：

(1)随着孔密的增加，地层破裂压力有所降低，当达到一定程度后，降低幅度不明显；

(2)随着孔深的增加，地层破裂压力降低，当达到一定值后降低幅度趋于平缓；

(3)随着孔径增大，地层破裂压力有下降趋势，但不敏感。

为达到降低地层破裂压力，提高射孔效果的目的，应选择深穿透射孔弹。同时为保证加砂改造顺利进行，在保证穿透深度的同时，提高射孔孔眼，有利于降低孔眼摩阻，预防砂卡砂堵现象。

因此，应优选深穿透、大孔径射孔枪弹配套组合。

3. 孔密优化

根据优化原则，孔密的增加将有效降低地层破裂压力，因此采用保证射孔时不发生大的弹间干扰为基础，尽量提高射孔孔密的设计思路。但对于定向射孔，射孔弹需要均匀平行分布于射孔枪同一平面内，较螺旋布孔方式孔密将受到一定的限制。

采用弹间干扰分析优化软件进行弹间干扰计算分析图 7-39。根据计算结果(表 7-7)，在相位 180°定向射孔的情况下，当孔密大于 13 孔/m 后会发生较为明显的弹间干扰，因此定向射孔孔密优选为 13 孔/m。

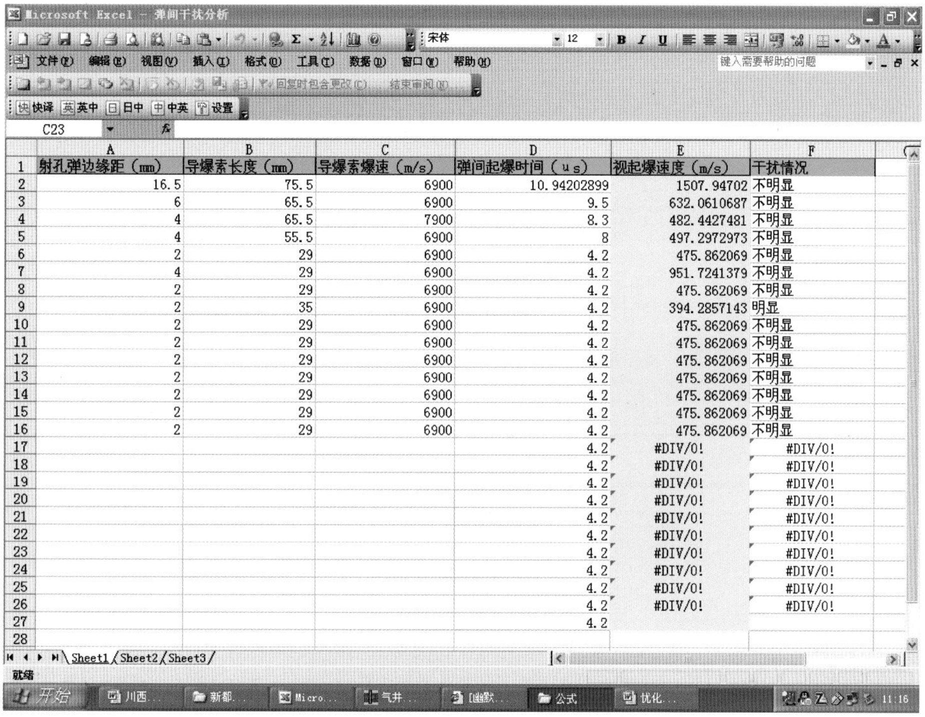
Microsoft Excel - 弹间干扰分析

	A	B	C	D	E	F
1	射孔弹边缘距 (mm)	导爆索长度 (mm)	导爆索爆速 (m/s)	弹间起爆时间 (μs)	视起爆速度 (m/s)	干扰情况
2	16.5	75.5	6900	10.94202899	1507.94702	不明显
3	6	65.5	6900	9.5	632.0610687	不明显
4	4	65.5	7900	8.3	482.4427481	不明显
5	4	55.5	6900	8	497.2972973	不明显
6	2	29	6900	4.2	475.862069	不明显
7	4	29	6900	4.2	951.7241379	不明显
8	2	29	6900	4.2	475.862069	不明显
9	2	35	6900	4.2	394.2857143	明显
10	2	29	6900	4.2	475.862069	不明显
11	2	29	6900	4.2	475.862069	不明显
12	2	29	6900	4.2	475.862069	不明显
13	2	29	6900	4.2	475.862069	不明显
14	2	29	6900	4.2	475.862069	不明显
15	2	29	6900	4.2	475.862069	不明显
16	2	29	6900	4.2	475.862069	不明显
17				4.2	#DIV/0!	#DIV/0!
18				4.2	#DIV/0!	#DIV/0!
19				4.2	#DIV/0!	#DIV/0!
20				4.2	#DIV/0!	#DIV/0!
21				4.2	#DIV/0!	#DIV/0!
22				4.2	#DIV/0!	#DIV/0!
23				4.2	#DIV/0!	#DIV/0!
24				4.2	#DIV/0!	#DIV/0!
25				4.2	#DIV/0!	#DIV/0!
26				4.2	#DIV/0!	#DIV/0!
27				4.2		
28						

Sheet1 Sheet2 Sheet3

图 7-39　弹间分析优化计算软件

表 7-7　弹间干扰分析结果

射孔枪型号	射孔弹型号	相位/(°)	孔密/(孔·m^{-1})	弹间干扰
102	SDP43RDX－52－102	180	10	不明显
			13	不明显
			16	明显
89	DP35RDX－46－102		10	不明显
			13	不明显
			16	明显
127	SDP43RDX－55－127	180	10	不明显
			13	不明显
			16	过度
			20	明显

第三节　斜井定向射孔降低破裂压力工艺现场应用

基于射孔与压裂改造效果规律的掌握，在MP46－1井进行了定向射孔现场实验，并在JS3井进行了复合射孔实验，均取得了良好的效果，有效地降低了地层破裂压力，提高了压裂改造效果。

一、MP46－1井概况

MP46－1井为用于定向射孔工艺实验的第一口井。该井射孔施工层段为JP_2^5(1 893～1 896m)，射厚3m，最大井斜角46.8°(表7-8)，套管尺寸为139.7mm。

表7-8　MP46－1井部分井斜数据表

井深/m	井斜度/(°)	井深/m	井斜度/(°)	井深/m	井斜度/(°)
1 650.0	44.54	1 735.0	45.15	1 820.0	42.89
1 655.0	45.00	1 740.0	45.02	1 825.0	42.97
1 660.0	45.58	1 745.0	44.85	1 830.0	43.66
1 665.0	46.11	1 750.0	44.98	1 835.0	42.77
1 670.0	46.21	1 755.0	44.94	1 840.0	43.25
1 675.0	46.12	1 760.0	44.85	1 845.0	43.12
1 680.0	46.30	1 765.0	44.40	1 850.0	42.75
1 685.0	46.47	1 770.0	44.33	1 855.0	42.83
1 690.0	45.07	1 775.0	44.18	1 860.0	42.81
1 695.0	45.93	1 780.0	43.63	1 865.0	42.58
1 700.0	45.88	1 785.0	43.89	1 870.0	42.70
1 705.0	45.65	1 790.0	43.71	1 875.0	42.89
1 710.0	45.84	1 795.0	43.94	1 880.0	42.83
1 715.0	45.59	1 800.0	43.53	1 885.0	42.56
1 720.0	45.09	1 805.0	43.74	1 890.0	42.18
1 725.0	45.03	1 810.0	43.57	1 895.0	42.25
1 730.0	45.16	1 815.0	43.59	1 900.0	42.17

二、施工优化设计

(1)射孔方位。根据该地区地应力研究，平均水平最大主应力方位北东108°，射孔要求平行于该方位，射孔弹相位180°。

(2)射孔参数。采用89mm射孔枪，DP35RDX−46−102射孔弹，相位180°，孔密10孔/m。射孔管串为(自下而上)：枪尾→下射孔枪→夹层枪→射孔枪→安全枪→压力起爆器→筛管→Φ73mm×5.51mm N80保护油管6根→定位短节→Φ73mm×5.51mm N80平式油管→Φ73mm×5.51mm P110平式油管2根→调整短节→双公→锥管挂。

(3)定向方式。设计采用定向键槽法，电子陀螺仪定向。

(4)起爆方式。该井射孔段以上部分最大井斜为46.81°，射孔段附近为42.2°，因此选用加压起爆方式以保证起爆可靠。

(5)施工步骤。在进行射孔枪深度定位调整后，再下入电子陀螺仪进行定位，并进行井口方位调整，直至达到射孔定深度定方位要求。

(6)根据压裂要求，射孔后直接进行地层试破作业，因此射孔前应将井筒内替换成KCL液体。

三、现场实施及效果分析

(一)现场实施

1. 在进行校深后，开始进行定方位。

(1)陀螺仪进行地面预热30min，以保证在连续工作后电子仪器不会因温度发生变化而发生数据漂移过大。

(2)下入陀螺仪，进行多次座键，以保证座键准确、定方位成功。

本次施工方位角为北偏东108°，加上键与射孔弹偏差的24.5°，实际定向位置为132.5°，定方位数据见表7-9。

表7-9　多次座键读取数据值

序号	1	2	3	4	5	6
方位/(°)	138.7	133.6	312.2(反键)	135.7	136.5	135.3

在确定座键成功后，读取方位值，座键方位为135.5°。

2. 方位调整

井口进行旋转油管作业，施工过程中，先连续旋转90°，井底方位未发生变化，再进行旋转时，定位仪显示方位变化剧烈。

后缓慢旋转，并进行上提下放，以加速释放扭矩，效果明显。在井口未旋转时，井口数据变化缓慢，通过上提下放，方位发生较大变化。

通过旋转，射孔弹方位定于109.5°(要求位置为108°)，静止观察20min，值未发生变化，满足本次施工要求。

(二)效 果 分 析

该井采用北东108°定向射孔后进行了试破作业，在井口压力27.6MPa的情况下，成功压开地层，计算地层破裂压力梯度2.61MPa/100m。由于该井在压裂过程中未进行变排量及测试压裂，因此部分数据分析受到了一定的限制。

1. 地层破裂压力分析

该井为区域扩边井，储层存在强非均质性，因此采用丛式井M46－2井进行对比分析。与同处于该井场的丛式井MP46－2井同层位JP_2^5施工层来看(表7-11)，MP46－1井定向射孔后地层破裂压力梯度2.61MPa/100m，远小于MP46－2井的3.21MPa/100m，达到了降低地层破裂压力的目的。

表7-10　邻井同层的破裂压力对比

井号	垂深/m	层位	井型	破裂压力梯度(MPa/100m)	最高延压梯度(MPa/100m)
MP46－1	1 638.4～1 649.0	JP_2^5	定向井	2.61	2.60
MP46－2	1 694.0～1 698.5			3.21	2.67

2. 裂缝形态分析

根据试井分析进行裂缝形态初步分析(表7-11)，MP46－1井压裂后表皮系数为0，裂缝半长解释为59m，裂缝导流能力102mD·m，储层的污染和导流能力得到了一定程度的改善，而MP46－2井裂缝半长解释为46m，裂缝导流能力为65mD·m。

表7-11　邻井同层的破裂压力对比

井号	表皮系数	裂缝半长/m	导流能力/(mD·m^{-1})
MP46－1	0	59	102
MP46－2	2.1	46	65

根据两口井的对比可知，在采用定向射孔的MP46－1井改造裂缝长于邻井的MP46－2井，并且裂缝导流能力也高于常规射孔的MP46－2井，证明定向射孔后，裂缝长度及形态较常规射孔得到了有效提高。

3. 改造后产能分析

MP46－1井改造后，获天然气绝对无阻流量1.439 6×10^4 m^3/d，高于MP46－2井

0.960 6×$10^4 m^3/d$ 的无阻流量。

参考文献

邓金根，等. 2009. 致密气藏压裂井定向射孔优化技术. 石油钻采工艺，30：93－96.

郭建春，邓燕，赵金洲. 2006. 射孔完井方式下大位移井压裂裂缝起裂压力研究. 天然气工业，26：105－107.

史雪枝，等. 2008. 定向射孔在致密储层改造中的应用. 天然气工业，28：92－94.

王正国. 2007. 定向射孔及其适用地质条件. 国外测井技术，22：45－47.

曾凡辉，尹建，郭建春. 2013. 定向井压裂射孔方位优化. 石油钻探技术，40：74－78.

张广清，陈勉，殷有泉. 2003. 射孔对地层破裂压力的影响研究. 岩石力学与工程学报，22：40－44.

Daneshy A A. 1973. A Study of Inclined Hydraulic Fractures. Society of Petroleum Engineers Journal，13.

Abass H H，Meadows D L，Brumley J L，Hedayati S，Venditto J J. 1994. Oriented perforations—a rockmechanics view. paper SPE，28555：25－28.

Hossain M，Rahman M，Rahman S S. 1999. A comprehensivemonograph for hydraulic fracture initiation from deviated wellbores under arbitrary stress regimes. SPE Asia Pacific Oil and Gas Conference and Exhibition. Society of Petroleum Engineers.

Papanastasiou P，Zervos A. 1998. Three－dimensional stress analysis of a wellbore with perforations and a fracture. Eurock 98 Symposium.

Pospisil G，Carpenter C，Pearson C. 1995. Impacts of oriented perforating on fracture stimulation treatments：Kuparuk River field，Alaska. paper SPE，29(645)：8－10.

Yale D P，Rodriguez J，Mercer T B，Blaisdell D W. 1994. In－situ stress orientation and the effects of local structure—Scott Field，North Sea. Eurock，pp. 945－952.

Yang Z，Crosby D，Akgun F，Khurana A，Rahman S. 1997. Investigation of the factors influencing hydraulic fracture initiation in highly stressed formations. Asia Pacific oil&gas conference&exhibition. pp. 247－258.

第八章　燃爆诱导压裂降低高应力储层破裂压力理论

第一节　燃爆诱导压裂降低储层破裂压力可行性分析

异常高应力储层压裂过程中，通过酸损伤、射孔参数优化能在一定程度下降低储层破裂压力，实现对某些储层的有效改造，但是对于某些储层地应力异常高，采用酸液、射孔参数优化降低储层破裂压力有限，地层不能有效压开还是不能确保水力压裂的顺利实施。针对该类储层，发展形成了燃爆诱导压裂降低高应力储层破裂压力的技术，该技术需要重点解决的关键问题包括：燃爆诱导压裂降低储层破裂压力可行性分析、药剂体系研制、控制点火系统、可控压裂结构设置、流动理论、裂缝扩展理论优化设计等(吴飞鹏等，2008；任山等，2009)。在此基础上，通过将多级燃爆诱导降破和水力加砂压裂相结合，利用气体压裂和水力压裂的差异互补性，降低水力压裂的破裂压力，同时形成一个较大半径的破碎带，降低近井地带流体的渗流阻力，提高高应力储层的改造效果。

一、燃爆诱导压裂作用原理

燃爆诱导水力压裂技术是利用高能燃爆产生的高强度能量，对近井岩石进行破碎，克服储层的高应力，预先在近井带建立若干条径向随机裂缝，同时利用压裂砂充填支撑径向随机裂缝网络，达到降低近井破裂压力和满足下步形成受应力控制的对称水力压裂主裂缝的技术(谷祖德等，1995；王安仕等，1998)。燃爆诱导水力压裂的致裂作用机理主要体现在以下两个方面：

(1)应力波致裂机理。在爆轰荷载破岩机理研究中，认为高波阻抗的岩石破坏主要是应力波作用结果。岩石中存在的微缺陷看成均匀分布的扁平状裂隙，这些裂隙的稳定性可用能量平衡判断：当受法向拉应力作用时，如果释放的应变能超过建立新表面所需的能量，则裂缝扩展。当法向应力为压应力时，裂缝闭合但两裂缝面的摩擦也需要消耗能量。爆炸作用下岩石破坏范围及破坏程度取决于受应力波作用激活的裂缝数量和裂缝的扩展速度。

(2)爆燃气体膨胀压力致裂机理。爆炸致裂过程中，爆燃气体产物迅速膨胀产生的应力波使钻孔壁产生裂缝，而裂缝的延伸则是随后穿入裂缝中的气体驱动造成。对比应力波的作用特点，裂缝内气体劈裂作用时间相对较长，因此也就可能形成相对较长的裂缝。裂缝扩展轨迹取决于裂缝扩展过程中所通过区域的主应力场，裂缝将沿垂直于水平最小主应力的方向扩展。裂缝扩展改变主应力场的大小和方向，因而裂缝扩展和岩体应力分布也是一个耦合过程。这就使得爆炸气体产生的裂缝并不是沿着同一个方向延伸。

二、爆燃气体压裂国内外研究现状

（一）国内燃爆诱导压裂技术现状

我国在 1985 年开始开展此项研究工作(杨秀夫等，1998)，主要是以西安石油学院高能气体压裂中心为主，先后邀请俄罗斯、乌克兰、美国等国学者专家前来交流，截至目前已研究开发了一系列技术成果，先后有有壳弹、无壳弹、深穿透复合射孔技术、燃气式超正压射孔技术、液体药等，目前正在开展研究“层内燃烧(爆炸)技术”等。并先后在延长油矿、中原油田、辽河油田、长庆油田、河南油田、塔里木油田等油气田推广应用2 000余井次，增产原油 100 余万吨，取得较为明显的经济效益和社会效益，已成为油气层改造的重要技术之一。

1994 年，塔里木油田进行深井或超深井水力压裂及酸化压裂时面临难以压开地层的难题(王晓泉等，1998)。研究通过高能气体压裂技术实施作为水力压裂前的预处理，有效地降低了地层破裂压力，为后续的水力压裂、酸化压裂改善了地层环境，取得可喜的成果。如塔中 422 井、英买 202 井，储层岩性均为细砂岩，破裂压力分别为 56.7MPa、106.0MPa，施工井段分别为3 224.5～3 554m/4 层、5 986～6 022m/2 层，井温 103℃、117℃。采用高能气体压裂无壳弹总装药量 80kg/2 次、50kg，峰值压力 85.5MPa、87.6MPa、121MPa，施工后液量 $2.72m^3/d$，油 $0.22m^3/d$ 和液量 $1.72m^3/d$、油 $0.22m^3/d$。后两口井分别进行了酸化压裂，其中塔中 422 井，酸化后产量 $83m^3/d$，英买 202 井酸化后产液量基本没变，油 $0.67m^3/d$，峰压/破压比值分别为 1.65、1.45，达到较理想的设计要求。实践证明，高能气体压裂产生的压力脉冲过程不仅仅是径向多裂缝产生及扩展的致因，而且在更大程度上是径向多裂缝产生和扩展过程的结果。高能气体压裂技术不但能有效地改善地层，而且通过与水力压裂及酸化压裂结合，能大大提高压裂效果，降低成本。通过多年的研究及现场应用，以高能气体压裂技术为基础的油田特种增产技术研究工作在我国取得了较大的发展。

（二）国外燃爆诱导压裂技术现状

国外燃爆诱导压裂技术主要表现在高能气体压裂与射孔复合技术和超正压射孔技术两个方面(杜伊芳，1994)。

1. 高能气体压裂与射孔复合技术

2004 年 Halliburton 的公司介绍了一种先进的射孔技术(Huh，2006)，认为仅根据 API 标准选择诸如穿透深度和孔眼大小是不够的，必须考虑以下所有因素：射孔枪、药型、药量、深穿深、孔眼大小；符合完井要求的相位角；不伤害油气层、流动效率最大的孔密；射孔状态：穿深、地应力条件下孔眼尺寸超平衡或远超平衡(即负压、正压、超正压射孔)；根据完井要求(增产措施、防砂)定向射孔；油层性质：渗透率、孔隙度、颗粒尺寸、压缩系数、单轴抗压强度、流体类型、完井液、孔隙压力与油层温度。实验证明优化射孔后，油气通过能力提高了 82%(图 8-1、图 8-2)。

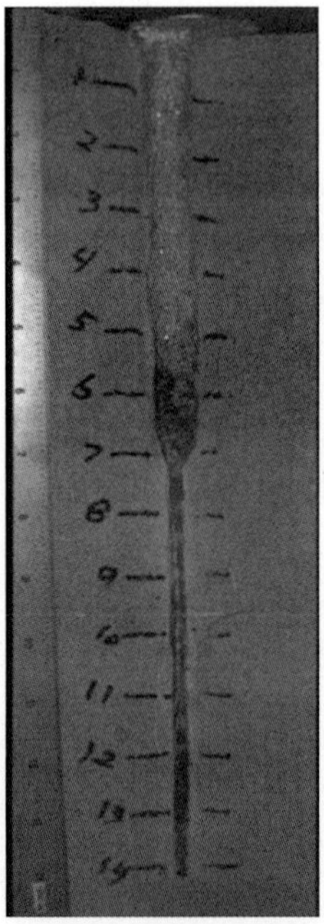

图 8-1 优化前射孔形态

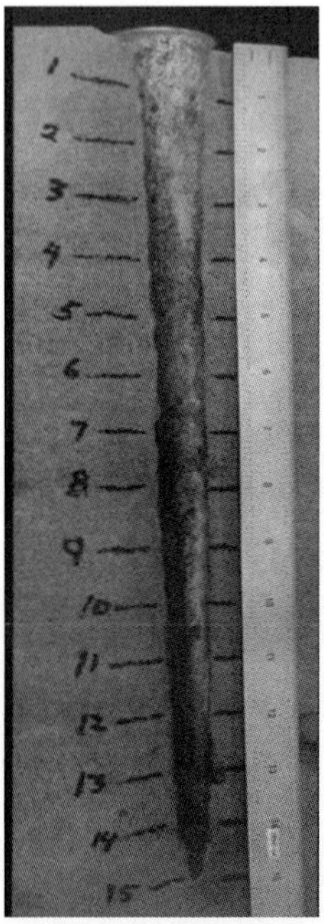

图 8-2 优化后射孔形态

1994 年，Schhembeger 和 Arco 公司(Mukerji，et al.，1994)在美国阿拉斯加的 Prudhoe Bay 油田进行了以氮气加压的超压射孔，取得了良好效果，克服了水力压裂时井筒附近压力损失过大和早期脱砂的问题，使前置液用量由 1990 年占总液量的 70%降到仅占 12%，同时加砂量由 8.16 t 提高到 24.49 t，平均增油量比 1990 年增加 80%。利用自主研发的流体驱动裂缝传播模型对超压射孔过程进行了模拟，4 口井的模拟结果证明计算和实测的井口、井底压力几乎完全符合。

2003 年 10 月，Halliburton 和 Shell 公司的 K. C. Fdse 和 R. L. Dupont 等介绍了在墨西哥湾加拿大 Calgary 的一个公司利用推进剂与负压射孔大大提高了 Albert 油井的压裂效果(Huh，2006)，推进剂-射孔联作也称为高能气体压裂复合射孔。实践证明：推进剂辅助射孔能有效地射开孔眼；用补孔办法打开原来未射开或射开了遭堵塞的孔眼；在平衡条件下射孔与推进剂联作的效果与负压射孔相当，明显减少了作业时间，降低了成本。

加拿大 Calgary 的一家公司(Grote，et al.，2001)利用推进剂与负压射孔大大提高了 Albert 油井的压裂效果。以前用氮气加压超压射孔，由于在处理段之上有射孔段，加拿大 Completion Survice 不得不使用从 Marathon 公司租借来的 Stimgun 且射孔与压裂为一趟管柱。结果发现 6～20 井破裂压力减小了 30%，破裂压力与计算相符，比以前降低了 20.7～27.6MPa。

2. 超正压射孔技术

超正压射孔技术(EOP)也称强超压射孔冲击法(EOBS)，是国外20世纪80年代末90年代初开发研究成功的一种在射孔瞬间促使储层增产的技术措施，该技术是采用井眼压力远高于使地层产生裂缝所需的压力(即岩层破裂压力)的条件下射孔(Wu Jin jun, 2002)。其作用原理主要是射孔枪下至目的层位置后，在射孔前首先在油管中灌入一定量与地层岩性配伍的工作液体，再注入氮气加压至高于储层破裂压力时，进行射孔作业，气体的快速膨胀会直接转换为作用于地层的动力，促使工作液挤进射孔孔眼，由于液体几乎为不可压缩，其作用相当于诱发裂缝的契状物，大大增强了使地层破裂的能力，在地层产生多条径向裂缝，并快速延伸，有效地提高和改善了地层的渗流能力。与常规射孔相比，增产处理地层效果十分明显。

美国Oryx公司自1990年开始研究超正压射孔技术，取得了令人可喜的进展(王献波等，2004)，1993年在SPE大会上，“超正压射孔”的概念被Oryx公司首次提出。在此之后，越来越多的公司开始以不同的方式在各类地层中进行此项技术的应用，到1996年，世界范围内进行了近千次的超正压射孔作业。1996年以前，大部分采用地面泵气体，产生高压，但作业费用高(李航等，2004)，1997年后美国各公司研究并采用火药在井底燃烧升压进行替代(廖红伟等，2002)，施工井次逐步增加。采用超正压射孔施工作业数据统计表明，由于超正压射孔降低了近井地带压力损耗和表皮因子(表8-1)，88%的井表现出负的表皮系数，充分表明超正压射孔技术是非常成功的，大大提高了油气井的产能，甚至在某些条件下，可增加可采储量。

表8-1　超正压射孔处理井的压力恢复分析结果

位置	地层	处理类型	射孔段中部深度/m	射孔段厚度/m	井底压力/MPa	压力梯度/($MPa \cdot m^{-1}$)	Kh/($\mu m^2 \cdot m$)	表皮系数
得克萨斯	Strawn砂岩	射孔压裂	1 758.4	5.2	13.65	0.031	0.217	−0.6
得克萨斯	Strawn砂岩		1 756.6	13.72	10.00	0.031	1.023	−2.2
得克萨斯	Strawn砂岩		1 756.6	1.52	11.38	0.031	0.018	−2.3
得克萨斯	Strawn砂岩		1 758.4	8.53	13.04	0.031	0.002	−2.3
得克萨斯	Strawn砂岩		1 763.0	98.10	14.20	0.032	0.002	−2.0
新墨西哥	Atoka灰岩		4 360.0	20.70	75.90	0.02	0.038	−2.3
俄克拉何马	Ist Spiro砂岩		3 299.0	21.30	55.20	0.028	0.013	−1.4
新墨西哥	Morrow砂岩		2 893.5	13.40	30.00	0.025	4.210	−5.0
新墨西哥	Atoka砂岩		3 968.8	3.05	32.90	0.025	0.072	−3.3
得克萨斯	Strawn砂岩		1 798.0	41.10	15.20	0.029	0.440	−3.6
新墨西哥	Morrow砂岩		3 287.0	13.40	30.0	0.029	10.500	−5.0

续表

位置	地层	处理类型	射孔段中部深度/m	射孔段厚度/m	井底压力/MPa	压力梯度/(MPa·m⁻¹)	Kh/(μm²·m)	表皮系数
新墨西哥	Svn Rvrs 砂岩	冲洗	921.1	6.10	4.41	0.038	12.030	10.0
俄克拉何马	Red Fork 砂岩	冲洗	3 849.6	12.20	40.20	0.027	0.007	−1.5
得克萨斯	Strawn 砂岩	冲洗	1 805.0	39.00	12.20	0.023	0.310	−1.1
俄克拉何马	Skinner 砂岩	冲洗	3 450.6	9.10	32.08	0.028	0.046	−1.5
密执安	PDC 砂岩	射孔压裂	3 118.5	11.60	32.10	0.030	0.044	−0.4

三、爆燃气体压裂发展趋势

以火工技术为主要手段的各种油气田增产技术经过多年的开发研究和现场推广应用，已取得一些较成熟的技术成果，得到了各油田公司的广泛重视，尤其为低压低渗、特低渗油藏的开发生产提供了一条新的技术途径。目前的研究及发展趋势主要表现在如何进一步增强射孔弹的穿透能力，加大加深射孔通道，进一步延伸在地层形成的多裂缝的长度(孙志宇等，2010)。

(一)射孔压裂—液体药复合技术

液体火药用于油井进行高能气体压裂油田改造，已取得明显效果，其作用特点是装药量大、作用时间长、成本低，在地层延伸裂缝深达 25～50m，但其峰值压力比固体推进剂在井下燃烧产生的峰值压力低得多，把射孔压裂技术与液体药结合起来，将大大提高对地层的综合作用效果。其作用特点是：引爆射孔弹时引燃固体推进剂药柱，并同时引燃液体火药，推进剂燃烧时产生高温高压气体，使井筒压力迅速提高，增加了液体火药的燃速，提高了整个压裂地层的压力，使地层产生裂缝速度加快，促使地层裂缝快速延伸，有利于进一步扩大和提高作用距离。

目前促使液体火药进入地层，在地层裂缝中燃烧，即“层内燃烧”、“层内爆炸”，以加深裂缝长度和增加形成裂缝宽度的工作正在实验研究中。考虑携带支撑剂以保持长裂缝不闭合的技术一旦得到突破，将使该项技术对压裂地层的作用效果大大增强。

(二)强超压深穿透射孔压裂技术

强超压深穿透射孔压裂技术是根据超正压射孔技术的基本原理而研究设计的一种射孔压裂多元复合技术。该技术装置简化了超正压射孔技术需要注氮气动用设备多等问题，是利用推进剂压裂技术，通过快速起压，形成强超压区，结合深穿透复合射孔技术穿透能力强的优点，研究成功的一种射孔压裂复合技术。该技术的主要特点是：强超压气体的作用提高了复合射孔枪射孔弹穿透地层的能力，进一步加大加深射孔通道；由于复合射孔枪上下高压气体对工作液体的双向作用提高了工作液体挤入射孔孔眼的流速，使裂缝在地层拓展延伸的速度大大增加，产生更深的地层裂缝，估算为4～10m；此项技术对地层无污染，处理后的油层绝大多数表现为负表皮系数，综合成本较低，易推广使用。

（三）爆炸燃烧复合射孔压裂技术

爆炸燃烧复合射孔压裂技术是把复合射孔技术与炸药爆炸技术相结合的一项新技术。其技术原理是在射孔枪上设置炸药装置，施工前通过对岩石取样分析测试，优化选用装药结构。首先引爆射孔弹，再引爆炸药，在地层深部形成压胀条件，通过了炸药爆炸产生的超高压冲击波的叠加，使地层岩石发生不可逆变形，产生松动裂缝；随后的高能气体发生器燃烧产生大量高温高压气体，压开地层，进一步快速延伸地层裂缝。由于高压气体及混合液体的冲蚀作用将减少或部分消除地层岩石上产生的压实带，改善和提高地层渗透性。其主要特点是在地层产生较长的多裂缝体系，裂缝长度估算为10～15m。

（四）优质工作液与射孔压裂复合技术

选用与油层配伍的工作液至关重要，如果选用不当，就可能对油层造成新的伤害，射孔压裂复合技术的使用必须要有工作液的配合，选择与地层岩性配伍的工作液，将进一步提高对地层的压裂效果。根据地层特性和工艺要求如选用泡沫剂、优质解堵剂、复合酸，以及其他化学处理剂，包括针对有机污染而使用的微生物处理剂等，通过射孔压裂复合技术产生高能气体压裂，快速挤入地层，对地层深部污染起到更有效地处理作用。射孔压裂技术与工作液的多元复合使用，将更有效地改善和提高地层渗透性，延长有效周期，增加油井产量。

四、多级燃速可控诱导压裂机理

（一）压裂P—T时间曲线对比分析

多级燃速可控诱导压裂技术涉及多学科交叉的研究，主要研究方法包括理论研究、模拟计算、地面模拟实验及下井实验等，研究的关键技术参数是脉冲压力的上升时间。图8-3、图8-4为理论计算得到的单脉冲高能气体压裂与多脉冲爆燃气体压裂的压力—时间对比曲线。可明显看出：单脉冲高能气体压裂仅有一个峰值，而多级脉冲加载压裂复合技术形成多个脉冲加载，产生两个以上峰值压力，而且压力作用时间延长了2～4倍。

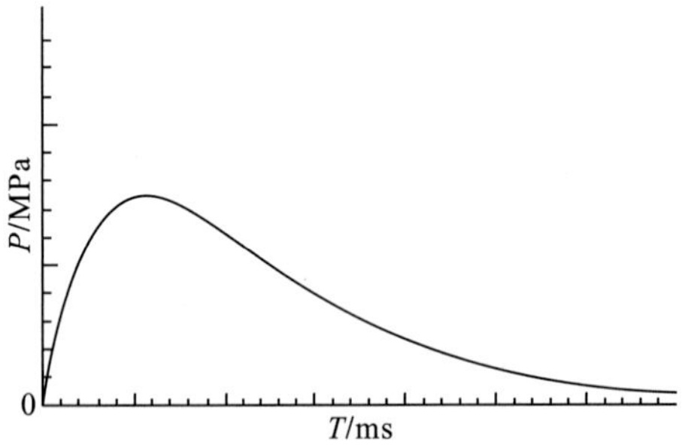

图 8-3 单脉冲压裂 P—T 曲线

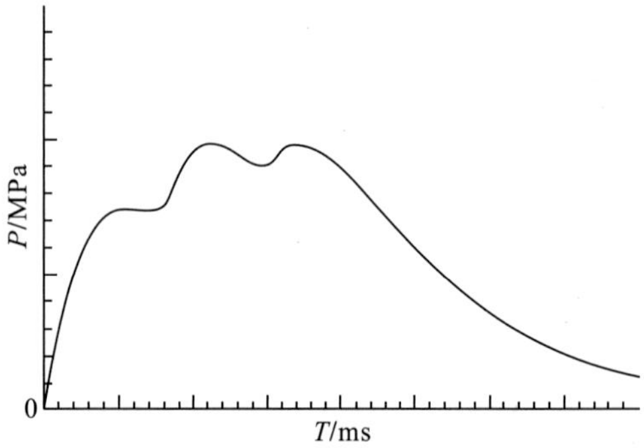

图 8-4 多脉冲压裂 P—T 曲线

(二)压裂裂缝形态对比

多级脉冲加载压裂复合技术通过控制多种组合火药按设计工艺要求有规律燃烧，延长了压力作用时间，并形成一种随时间振荡起伏的对地作用压力。因而多脉冲加载压裂吸收了振动对油流孔道的解堵、疏通、导流作用、对油水界面剪力、解除毛管力束缚作用的优点，有效增加了压裂裂缝的长度。图 8-5、图 8-6 分别为单脉冲高能气体压裂与多脉冲爆燃气体压裂效果示意图。

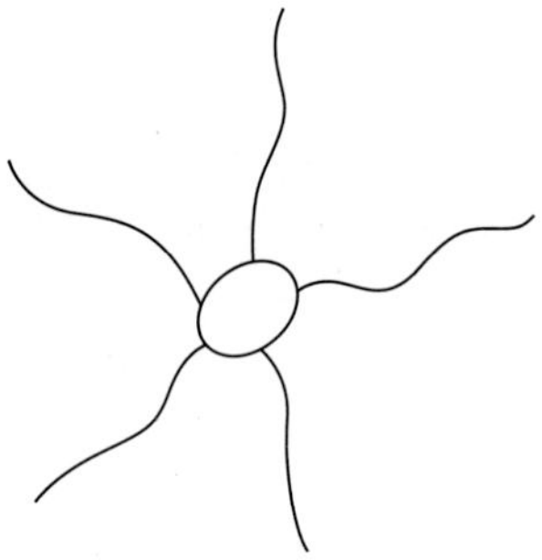
图 8-5 单脉冲高能气体压裂缝长度示意图

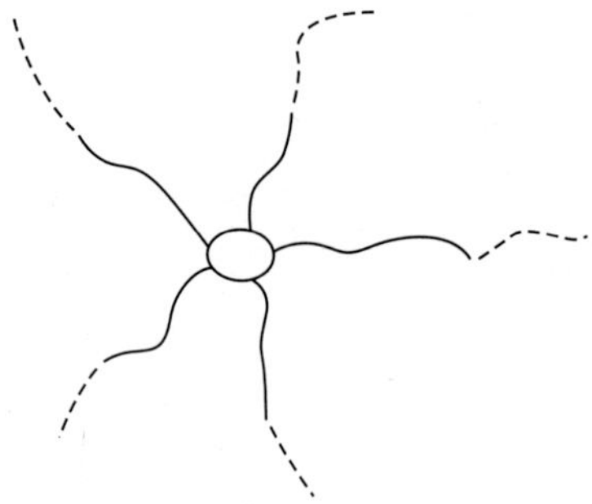
图 8-6 多脉冲爆燃气体压裂缝长示意图

(三)延长压力作用时间

多脉冲爆燃气体压裂技术比单脉冲高能气体压裂技术明显延长了压力作用时间，从图 8-7 可以看出：单脉冲高能气体压裂技术所产生的压力曲线Ⅰ，其压力达到最大值时持续时间较长，而后下降较快，这种压力曲线不利于压出较长的裂缝。

多脉冲加载压裂技术曲线Ⅱ达到最大值时持续时间较短，而后下降较慢，持续时间明显很长。早期美国 Mohaupt 等为充分利用推进剂延伸裂缝，对装药结构做了改进，把药分为两段，第一段快速燃烧产生高压气体，利于多裂缝，第二段则为慢燃速药，有利于延伸裂缝，压裂效果明显提高。

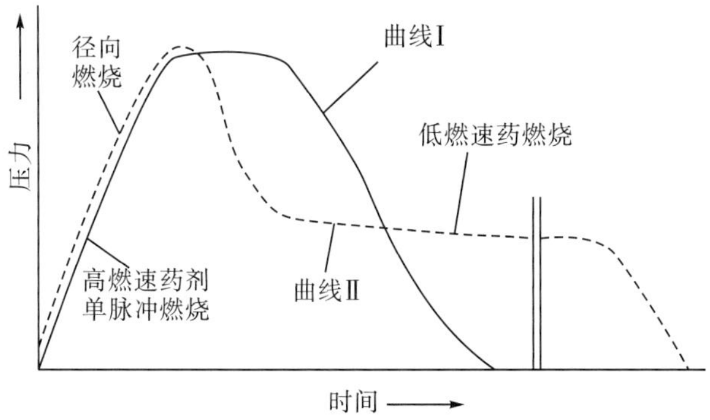

图 8-7　单脉冲与多脉冲压力曲线

五、多级燃速可控诱导压裂降低高应力储层破裂压力可行性分析

针对深层油气藏的特征，选用合理的改造技术措施对提高增产效果有明显作用。长期以来，水力压裂和酸化压裂被用作低渗油气藏的主要改造措施，获得了良好的增产效果。但国内外的大量施工实践表明，深层/低渗油气层的水力压裂效果往往不太理想，个别井层水力压裂后反而减产。通过对大量增产措施井增产效果不理想的原因分析可知，影响增产改造效果的原因主要表现为以下几个方面：

(1)钻井液滤失对地层渗透率产生严重伤害。

(2)注水泥固井过程中水泥滤失也使地层渗透率降低。

(3)射孔完井过程由于射孔深度不够，在孔眼周围易形成压实堵塞和低渗透率的粉碎岩石致密区。

(4)黏土矿物与钻井、完井、固井等注入地层的流体相遇，产生的黏土膨胀和微粒运移导致地层伤害。

(5)水力压裂与酸化压裂若处理不当，如凝胶堵塞、支撑剂破碎或酸化产生的疏松固体微粒返回井筒等导致岩石损伤。

(6)目的层破裂压力过高，油气层压不开。

高能气体压裂能克服水力压裂与酸化压裂的弊端，同时产生的高温、高压气体能清除钻井、完井、固井等过程引起的近井带污染，对地层污染小，不会对地层产生其他作用(如水敏、酸敏等)，但高能气体压裂所能提供的能量有限，只能在近井带形成短裂缝，同时对固井质量提出较高的要求，因此，高能气体压裂要完全代替水力压裂或酸化压裂是不现实的。

结合压裂增产措施，以及针对油气藏开发中存在的问题，可将高能气体压裂技术与水力压裂技术进行联作，首先进行高能气体压裂预处理，既可清除钻井、完井过程中形成的堵塞及其他机械杂质，又可在井眼附近形成多方位裂缝网络。然后针对不同地层利用水力压裂来扩展已形成的径向裂缝，使之与天然裂缝更好地沟通，同时形成长裂缝。对于水力压裂前的预处理，由于地层预先存在的裂缝，可大大降低泵压，有利于对裂缝高度的控制，因此经过高能气体压裂处理的井其地层破裂压力大大降低。

1993年，美国桑迪亚国家实验室在肯塔基联盟Rowan县和俄亥俄州Meigs县境内的两口低渗砂岩气井中使用高能气体压裂技术，使地层渗透性大大改善，提高了天然气井产能3～4倍。

截至2001年，川西致密砂岩气藏储层通过爆燃诱导压裂方式进行储层改造，施工约30余井次。以H3井为例，井深1 080m，层段1 035～1 045m，射孔后测试产量1 250m^3/d，井口装置KQ25MPa，初次施工井口压力达28MPa，施加到地层的压力达36MPa，未压开地层。进行高能气体压裂后，地层的破裂压力仅为24.2MPa，降低储层破裂压力11.8MPa，在未换井口装置的情况下顺利完成施工，压后测试产量上升为5 987m^3/d，取得了良好的增产效果。

2007年5月中国石油大学(华东)油气藏增产技术研究中心，在CG 561井和WJ 2井分别实施爆燃诱导压裂，施工数据显示，燃爆诱导对降低储层破裂压力起到了一定的作用，同时有效地改善了近井的渗流通道(停泵后压降速度明显增加)，降低了破裂压力。从压降分析来看，燃爆后渗流通道明显改善，压降速度大大增加。

美国在东部气藏中成功实施高能气体压裂和中国西部某致密砂岩气藏爆燃诱导压裂说明了爆燃气体压裂是低渗、深气藏改造增产的有效措施，为深层低渗透油气田提供了新的增产途径，该技术用在深层低渗油气藏是可行的。

第二节 燃爆诱导压裂药剂体系研制

研制与深层低渗透气藏高温高压地质特性相适应的压裂药剂体系，是多级燃速可控燃爆诱导压裂的关键技术(龙学等，2001)。研究目标是通过一系列室内实验、地面模拟实验、性能测试等，以多级脉冲复合药剂为主，确定多级脉冲可控燃爆诱导复合药优化配方及组合匹配方案，完善工艺技术，以在现场推广应用，改善地层，达到增产增注的目的。

一、火药综合性能要求

火药除了具有一定的化学组成、一定的几何形状和尺寸之外，还必须具有一定的性能。其研究的任何一种复合药必须满足国家规定技术规范才可使用。

(1)能量性能：对于枪炮发射药，其能量性能通常指火药的爆热、比容及火药力。

(2)燃烧性能：是指火药燃烧速度的规律性和燃烧过程的稳定性。

(3)力学性能：是指在制造、贮存、运输和使用过程中，火药受到各种载荷作用时所产生变化及破坏的性质。

(4)稳定性能：火药需要大量长期贮存。

(5)安全性能：是指对各种外界刺激(撞击、摩擦、静电火花、热、冲击波等)能源作用下发生着火或爆炸的敏感度。

(6)适应于油气井高温高压的要求。

二、复合药的选择与匹配及理论计算

根据深层高温高压气藏地质特点，采用综合性能更适合的复合压裂药作为多级燃爆诱导压裂的火药体系，以复合推进剂药的研究发展水平为基础，结合油气井特点，特种岩层破岩的需要以及工艺技术设计要求为目标进行复合药体系的研究(徐勇等，2007)。

(一)复合药选择与设计计算

依据油气层能否被压开，压开的缝长，能否增产或增产多少的问题，以套管不损坏为前提，对推进剂药柱的选择与匹配以及装药结构进行优化设计。套管极限载荷可根据我国和俄罗斯高能气体压裂技术的经验公式进行计算，即

$$p_m - p_f = 90 \tag{8-1}$$

式中，p_m——实测的峰值压力，MPa；

p_f－地层压力，MPa，如地层压力系数为 0.011MPa/m，井深6 000 m，$p_f=66$MPa，套管的极限耐压为 $p_m=90+66=156$MPa。

显然，套管耐压强度与井深及地层压力系数有关。

根据经验公式(8-1)，可以确定所选井的套管耐压强度。根据岩石变形不可逆理论，由弹性力学平面问题可导出裂缝不闭合的条件为

$$\frac{p-p_f}{q_\infty} \geqslant \frac{E_2/E_1}{E_2/E_1-1} \tag{8-2}$$

式中，p——高能气体压裂时井筒压力，MPa；

p_f——地层压力，MPa；

q_∞——地层侧向应力，MPa；

E_1、E_2——岩石加载、卸载时弹性模量，MPa。

井筒最大压力可以根据药量和火药起始燃烧总表面积估算出来，其量为 $V_b m=V_1$，那么 $P_1V_1=PV$，式中 P_1为大气压力，V_1为 $m$kg 药柱在标准状况下产生的体积，P 为井筒最大压力(该压力符合使地层裂缝不闭合的压力)，那么 V 为地层裂缝体积。国内外研究表明，在不考虑天然裂缝存在的条件下，裂缝条数对油井增产比的影响不大，而主要与裂缝长度有关，增产比为

$$\frac{J}{J_0}=\frac{\ln\frac{r_e}{r_w}}{\frac{\ln r_e}{0.5L_f}} \tag{8-3}$$

式中，J_0——压前产能指数；

J——压后产能指数；

r_e——供油半径，m，生产井可取井距之半，探井可取压前测试时的影响半径；

r_w——井底半径(指钻头尺寸)，m；

L_f——压裂缝长，m。

根据公式 $P_1V_1=PV$ 要想增大裂缝体积 V，就必须增大火药产气体量 V_1，火药比容公式为

$$V_b m = V_1 \tag{8-4}$$

式中，V_b——火药比容，L/kg；

m——装药量，kg。

在火药比容一定的情况下，就必须增加装药量 m。由于井筒最大压力的限制(不能超过套管的破坏极限压力)，必须加大火药燃烧和使用低燃烧速度的火药。

燃烧厚度的大小受套管内径的影响，如 124.4mm 套管的无壳弹外径为 100mm，再大下井就困难。而降低燃烧速度，如燃烧速度太慢，又增加了热散失的量，不仅浪费能量，而且难于达到地层裂缝不闭合的破裂压力。解决这一问题的关键是采用多组合复合装药机构，即把燃速快的推进剂药柱和燃速慢的推进剂药柱组配装填，燃速快的推进剂迅速燃烧，使施工层段迅速达到井筒最大压力，燃烧慢的火药由于延续了燃烧时间，增大了产气量，延长了裂缝长度，而使井筒压力又不至于过高。表 8-2 为不同推进剂药柱燃烧速度。

表 8-2 不同推进剂药柱燃烧速度

序号	药名	压力/MPa	燃速/(mm·s^{-1})	燃速随压力变化表达式
1	复合药－1	10	5	
2	双芳镁	10	8.1	
3	双芳－3	10	8.5	$v=v_1p^r=1.278P^{0.45}$
4	复合药－2	10	16	$v=v_1p^r=2.508P^{0.415}$
5	改性含铝粉双基药	10	25	

注：表中 v 为燃速；p 为压力。

复合药的主要组分是高氯酸铵(NH_4ClO_4)、铝粉和橡胶。NH_4ClO_4 的分解温度是 400℃，铝粉的燃烧点是 800℃，橡胶和其他辅料的分解燃烧点也在 150℃以上。用复合推进剂药柱组成的无壳弹在 120～150℃深层高温高压气井中可安全使用。

因此，选择不同燃速的推进剂药柱合理组配使用，以利于达到更长的裂缝。对于井温小于 120℃的井，可以采用双基药和复合药之间的组配；而对于深井，只能选用不同燃速的复合药组配，而不能和双基药组配。

根据油气井施工层地质条件和深度不同温度不同，因此，推进剂药柱的复合优化组配原则要从油气层的井温和火药推进剂压裂用药的耐温许可范围来确定。一般在油气井施工层温度在 50～120℃，可选用双基推进剂药(表 8-3)；部分油气井施工层温度 120～150℃，可选用复合推进剂药(表 8-4)。

表 8-3　双基推进剂压裂用药配方和性能

序号	药名	组分	定容爆热水液态/(J·g^{-1})	定容爆温/(℃)	比容/(L·kg^{-1})	火药力/(J·g^{-1})	可使用的温度/℃
1	双芳－3	硝化棉　56% 硝化甘油　26.5% 二硝基甲苯　9% 其他　8.5%	3 186.79	4 184.33	1 025.61	982.03	120
2	双镁－1	硝化棉　57% 硝化甘油　26% 二硝基甲苯 12% 其他　5%	3 702.84	3 502.85	767.5	778.50	120
3	双芳－3	硝化棉　33.8% 硝化甘油　26.4% 吉纳　5.4% 黑索金　19.6% 铝粉　9.3%	5 865.97	5 688.41	1 068	999.23	120

表 8-4　复合药推进剂压裂用药配方和性能

序号	药名	组分	定容爆热水液态/(J·g^{-1})	定容爆温/℃	比容/(L·kg^{-1})	火药力/(kN·m·kg^{-1})	可使用的温度/℃
1	复合药配方－1	NH_4ClO_4　72.0% Al　8% 端羟基聚丁二烯　11% 其他　9%	5 522.88～5 732.08	5 480.33	660～680	9.1×10^5	150
2	复合药配方－2	NH_4ClO_4　65.0% Al　10% 甘油丙醚硝酸酯　16% 其他　9%	6 276～6 568.88	4 940.33	490～630	9.6×10^5	150
3	复合药配方－3	NH_4ClO_4　67.0% Al　15% 端羟基聚丁二烯　14% 其他　4%	5 648.4～5 983.12	5 120.33	660～740	9.2×10^5	150
4	复合药配方－4	NH_4ClO_4　50.0% Al　20% 端羟基聚丁二烯　17% 其他　13%	18 828	4 760.33	650～860	9.6×10^5	150

(二)复合药剂包覆处理

装药的表面处理是指在火药表面进行涂覆，使火药表面涂覆一层阻燃剂，以延迟火药的瞬间点火，满足多级燃速爆燃诱导压裂点火的引燃技术要求。常用的阻燃剂有聚丙烯酸类、环氧树脂、癸二酸二辛酯、磷酸三苯酯、磷酸二苯基甲苯酯、乙二醇二甲丙烯酸酯、三甘醇二甲基丙烯酸酯等。为了对各种阻燃剂的阻燃效果进行定量的比较，以便选出一个较理想的阻燃剂，通过对数十种阻燃剂进行火药浸渍涂刷，并用密闭爆发器对点火延迟性进行了效果评价，如表 8-5 所示。

表 8-5 阻燃剂对火药的阻燃效果

药名	表面处理工艺	达到 20MPa 压力的时间/ms	达到最大压力的时间/ms	正常点火到最大压力的时间/ms	P_{max}/MPa
5/7F 药	未处理	1.6	5.6	4	194.8
6/7F 药	未处理	1.4	5.8	4.4	303.8
5/7F 药	丙烯酸酯乳液浸渍	2.8	7.8	5	313.1
6/7F 药	丙烯酸酯乳液浸渍	2.3	7.4	5.1	309.8

对复合火药表面进行钝感处理，并与火药表面阻燃处理的工艺融为一体，常用的钝化剂有 1，4－丁二醇与己二醇的聚合物(分子量约2 000)、石蜡、地蜡、蜂蜡和硬脂酸等。

实验表明：同时用阻燃剂和钝感剂涂覆火药表面，加以其他处理，使复合药的敏感度在符合技术规范的基础上进一步降低，使安全性进一步得到保证，同时也提高了表面硬度，保证了多级燃速可控爆燃诱导压裂技术的需要。

(三)复合药燃烧产物分析

双基推进剂药类火药燃烧产物主要为 CO_2、CO、H_2O、H_2、N_2。复合药组分主要是 NH_4ClO_4、铝粉和橡胶等，燃烧产物主要为除上述产物外还有 HCL、AI_2O_3。以 815 复合药配方为例，其配方和燃烧产物如表 8-6 和表 8-7 所示。

显然，从其燃烧产物看主要为酸性气体，本身对油气层有益，因此多级燃速爆燃诱导压裂技术对地层无伤害。

表 8-6 815 复合推进剂药配方

组分	比例/%
乙基聚硫橡胶	19.0
高氯酸铵	67.0
铝粉	8.0
环氧树脂	1.3
稀释剂	3.0
固化剂	0.3
其他	1.4

表 8-7 815 复合推进剂燃气成分

燃气成分	含量/(moL·kg^{-1})	平均分子量(Al_2O_3除外)
CO	8.12	28
CO_2	1.65	44

续表

燃气成分	含量/(moL·kg^{-1})	平均分子量(Al_2O_3除外)
H_2	6.34	2
H_2O	9.12	18
N_2	2.88	28
Al_2O_3	1.56	102
HCl	5.10	37
固体产物		22.47

(四)复合药剂耐温性耐压性实验

对复合药剂耐温性能进行实验，实验温度165～175℃，保持96h，化学性能保持不变，除一种氧化剂脱落较多外，实验后点火性能良好(表8-8)。药剂试压40MPa状态稳定，完全满足高温井使用要求。

表8-8　复合药推进剂耐温实验

序号	实验项目	温度/℃	时间/h	结论
1	YCP－Ⅰ	165～175	96	随加热时间增加，试样颜色加深，氧化剂略有脱落，试样先变软后增硬，最终硬度增加
2	YCP－Ⅳ	165～175	96	随加热时间增加，试样颜色加深，氧化剂脱落较多，试样硬度逐渐增加
3	YCP－Ⅲ	165～175	96	随加热时间增加，试样颜色加深，氧化剂有脱落，试样硬度逐渐增加
4	YCP－A	165～175	96	随加热时间增加，试样颜色加深，未见氧化剂脱落，试样变软，强度变差

备注：空气中常压下，药样为裸药实验，后点火实验试样均能完全正常燃烧。除2外化学性能保持稳定。

第三节　控制系统及点火药实验研究

点火引燃控制系统研究是多级燃速可控燃爆诱导压裂装置非常重要的一个环节，是满足该技术在深层低渗气藏成功实施的关键。为了保证该技术应用的安全性、可靠性，必须从点火药实验研究开始，选择合理安全可靠的点火药。

一、点火药选择设计

复合压裂药剂选用点火药要适应以下几个条件：

(1)有较大的热量，但燃烧产气量较低，点火原则是点火药在中心管中燃烧产生大量的热量，把中心管加热到2 800℃以上，同时燃烧气体量不大，不能对中心管产生太大的压力，保证正常引燃复合药剂。

(2)易于被点燃，点火器内装1.4～1.6g点火药，其结构要求为通过一个至少500mm长的空腔，只有点火药易于点火，才能不至于“瞎火”；

(3)要易于压制成型，以便现场使用容易携带和安装；

(4)要适应于深层气井高温的要求，由于井深不同温度一般在120～150℃，所选用的点火药，在此温度下必须不分解自燃。

(5)原材料易得、价格低廉。

二、点火药静态点火实验

中心管能否承受住引燃压裂推进剂药柱所需的点火药产生的点火压力，以及一定量点火药产生的热量能否点燃推进剂药柱，除了理论计算以外，还必须通过实验来验证。表8-9为双基药和复合药采用不同点火药静态点火实验数据。

从表8-9的实验结果可以看出：要点燃中心铝管外的推进剂药柱(复合药推进剂药柱或双基药柱)，不仅要达到足够高的点火温度，而且要有足够高的点火热量，二者缺一不可。一般而论，如药柱500mm，黑药25g，A型耐高温点火药30g，就足够点燃双基药柱和复合药柱。

表8-9 静态点火实验数据

序号	点火药品名和药量/g	计算压力/MPa	计算温度/℃	点火药产生的总热量/J	被点燃火药的品名	点燃情况	中心管破损情况
1	黑药10.4	16.9	2 150.85	32 052.12	双基药	没点着	完好
2	A型耐高温点火药10.4	15.4	3 314.70	47 864.96	复合药	没点着	完好
3	黑药25.8	43.0	2 211.00	79 513.91	双基药	点燃	完好
4	A型耐高温点火药30	40.2	2 972.85	138 072	复合药	点燃	完好

三、延时控制点火技术研究

目前通用的单脉冲高能气体压裂技术(如无壳弹高能气体压裂)由于能量集中，释放速度快，总体能量有限，作用时间很短，一般仅为100～500ms。长期以来，对此项技术的研究主要是在满足油气井使用条件的要求下，尽量提高其装药量，充分发挥能量利用率，有效控制和延长压力作用时间，以进一步提高压裂地层的效果。经实验研究研制成功全隔断式延时控制点火装置。

(一)全隔断式延时控制点火装置设计

全隔断式延时控制点火装置主要由辅助点火药、点火组合药、起爆组合药、延时点火药、喷火管、本体等组成，如图8-8所示。其目的是解决多脉冲高能气体压裂技术能量延时控制问题，延长对地层脉冲加载压裂的作用时间，进而达到延伸地层裂缝的目标。通过针对不同种类、不同燃速的药型，或同一药型不同的装药结构，合理组配，更合理更有效地延时控制，保证多脉冲多级控制的实现，从而进一步提高地层压裂效果。

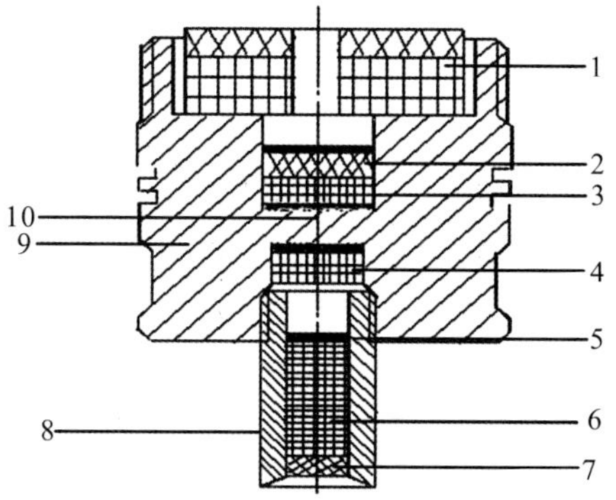

1. 辅助点火药Ⅰ；2. 点火组合药Ⅱ；3. 起爆组合药；4. 点火组合药Ⅲ；5. 点火组合药Ⅳ；6. 延时点火药；7. 点火药组合Ⅴ；8. 喷火管；9. 本体；10. 本体隔断

图 8-8　全隔断式延时点火器示意图

(二)作用原理

全隔断式延时控制点火装置作用原理主要包括四个作用过程：燃烧转爆轰过程、爆轰传递过程、爆轰转燃烧过程、多组合延时喷火过程。由延时点火药控制延迟点火时间，燃烧火药点由喷火管喷出，并保证其有足够长的喷火距离和点火压力，完成延时点火引燃下一级辅助点火药的过程。通过以上 4 个过程实现全隔断式延时点火，达到延时点火控制，同时完成引燃推进剂点火药的目的。

该技术的主要特点是：①全隔断引燃，保证中心传火不串燃点火、不熄火；②确保延时控制，起到延迟作用时间的目的；③延迟时间可控制，根据需要可调整；④可多组合使用；⑤性能安全、点火可靠。

(三)主要技术指标

(1)延迟时间 500～1 000ms、1～5s。

(2)延迟时间可调整控制。

(3)耐温 200℃、耐压 50MPa。

(四)延时点火静态实验

静态实验表明，全隔断式延时点火器点火性能可靠，能实现延时点火控制，并同时实现引燃推进剂点火药的目的。表 8-10 中未引燃的原因是喷火距离不够。

表 8-10　延时点火地面实验

序号	喷火管长度/mm	延时时间/ms	实测时间/ms	喷火距离/mm	结论
1	20	400～600	521	500	正常引燃
2	20	600～800	780	500	正常引燃
3	20	800～1 000	936	1 000	未引燃
4	30	900～1 100	992	1 000	正常引燃
5	30	1 800～2 000	1 830	1 000	正常引燃
6	30	2 400～3 000	2 602	1 200	正常引燃
7	30	2 400～3 000	2 960	1 600	未引燃

第四节　多级燃速可控诱导压裂技术装置结构设计

目前，高能气体压裂技术的研究和应用成果主要有(何丽萍等，2009)：有壳气体发生器、无壳气体发生器以及与射孔、水力压裂、酸化压裂等复合技术等。其结构特点分别是：有壳气体发生器带有金属外壳，压裂药装填在金属内，通过径向或轴向泄气，其优点是压裂药燃烧充分，起压快速，缺点是技术结构复杂，密封环节多，可靠性差，装药量有限；无壳气体发生器，其特点是中心点火同时燃烧，装药量大，压力大，结构简便，易施工，针对深井、中深井使用效果明显。高能气体压裂与射孔复合技术无论是内装式、袖套式还是悬挂式，其共同的不足点是，对地层高能气体压裂作用时间短。无壳气体发生器虽然装药量较大，但由于受套管强度的限制，其装药量必须有所控制，对层只作用一次，产生一个峰值压力，有效能量利用率较低。为此，针对深层低渗气藏的地质特征，多级燃速燃爆可控诱导压裂装置的设计思想是合理控制多种复合压裂用药的燃烧速度，逐级释放，连续脉冲加载岩层，压开地层，并快速使深层地层产生较长的径向多裂缝体系，达到更加有效地改善地层渗透导流能力，提高气井产量的目的。

一、多级燃速可控诱导压裂装置结构设计

多级脉冲装药装置的组成如图 8-9 所示。射孔弹被导爆索引爆后，爆炸生成物沿与药柱表面垂直的方向飞散，在装药轴线处汇合成一股高速、高温、高密度的金属流，这股金属流冲破枪身、套管射入油气层，金属流的温度很高，可瞬间把相邻的火药点燃，为了确保射孔弹引爆的能量与压裂火药引爆的能量不能相叠加，避免枪内压力迅速升高，超过枪身及套管所承受的压力，使枪身胀大，卡在套管上，枪身提不出来，就必须在火药表面进行涂复一层阻燃剂，以延迟火药的瞬间点火。控制点火系统通过特殊设计的延时装置——全隔断式延时点火器，以控制多级点火药逐级引燃，进而控制多级复合药型的逐级燃烧，使能量有序释放，并保证逐级产生的高温高压气体连续作用地层，满足形

成多级脉冲压力的设计要求。该多极燃速可控诱导压裂装置第一级装药结构采用高燃速药，首先保证能有效压开地层，使地层产生 3～5 条裂缝，经合理控制延迟时间，引燃第二级较低燃速压裂药，以进一步延深裂缝，再通过延迟装置引燃第三级压裂药，通过此方法多级脉冲对地层反复加载压裂，促使地层形成较长的裂缝，满足现场施工的需要。

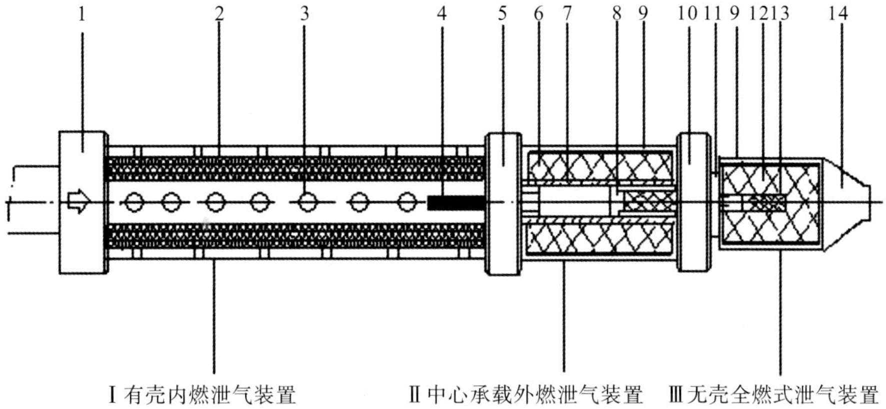

1. 导爆引燃装置；2. 一级压裂药；3. 射孔孔眼；4. 辅助点火药；5. 引燃连接体；6. 外包压裂药；7. 承载传火管；8. 辅助点火器；9. 防护隔热层；10. 转换引燃装置；11. 传火连接管；12. 无壳压裂药；13. 辅助点火药；14. 引鞋尾堵

图 8-9　多级脉冲气体加载压裂装置示意图

二、泄气管强度计算

泄气管为材料 N80，油管为 Φ101.6mm×9.2mm，上连接撞击起爆器，下接尾堵，中间装压裂药。其强度设计主要为燃烧气体压力释放和螺纹牙强度。

(一)枪身内火药燃烧的压力计算

根据火箭发动机燃烧室内压力计算原理，可以把泄气管看作一个火箭发动机药室，泄气孔面积总和看作发动机的喷喉。那么根据计算火箭发动机燃烧室内压力公式，泄气管内火药燃烧产生的气体压力为

$$p_{\max} = \left(u_1 \rho C^* \frac{S}{S_1}\right)^{\frac{1}{1-\gamma}} \tag{8-5}$$

式中，u_1——推进剂药柱燃速系数，无因次；

ρ——推进剂药柱的密度，g/cm^3；

C^*——推进剂药柱的特征速度，m/s；

S——推进剂药柱的总表面积，cm^2；

S_1——压裂弹有效作用射孔段的射孔面积总和，cm^2；

γ——推进剂药的压力指数，无因次。

ρ，C^*，S，S_1等都是恒定量，但是μ_1和γ是变量，对复合推进剂分段进行燃速测定，发现在不同压力段的μ_1和γ不一样，复合药燃速随压力变化的趋势如图 8-10 所示。

如果泄气管内装填的内孔推进剂药柱一定，也可以认为燃烧的总面积 S 在燃烧过程中保持不变。多级燃速爆燃压裂装置在泄气管尺寸为 Φ102mm×10.8mm，长度 1.21m，泄气孔 Φ25mm×26mm，一级压裂火药 4.6kg，燃烧总表面积3 405.6 cm^2，泄气总表面积为 127.6 cm^2，特征速度1 372.877m/s 的情况下，通过实验确定燃速系数(u_1)为 1.278，压力指数(γ)为 0.45，计算结果(p_{max})为 66.54MPa。

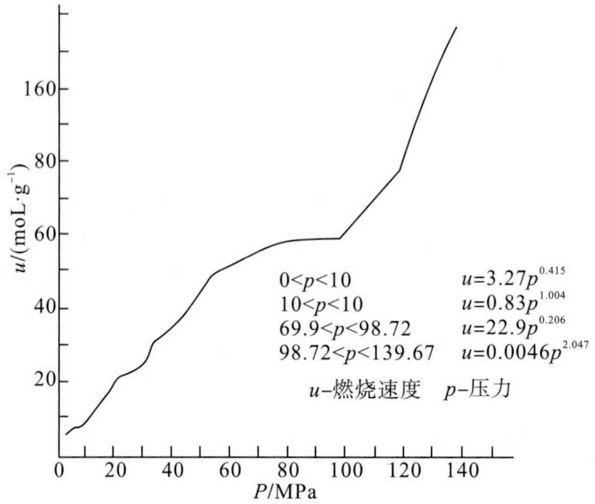

图 8-10 高温复合药燃速规律

(二)螺纹设计及强度计算

泄气管螺纹牙采用 T 型扣 Tr90×4 螺纹，根据螺纹牙剪切条件：$\frac{F}{\pi d t_1 z} \leqslant [\tau]$及螺纹牙的弯曲条件：$\frac{3Fh}{\pi d t_1^2 z} \leqslant [\sigma_b]$，在安全系数取 2.5 的情况下，螺纹牙受剪切许用载荷 251×10^3kg，弯曲许用载荷 262×10^3kg，泄气管壁耐压为 182.2MPa，由此可计算出作用在连接尾堵的最大载荷为 115.85 t，与上述计算结果相比，远远小于许用载荷。

三、井筒内多级燃速可控装置爆燃压力计算

对多级燃速火药爆燃压力的计算可以评估井筒的安全性能，并为装置内各级火药装药量的大小提供参考。由于多级燃速可控爆燃装置组合匹配不同种类、不同燃速的药型、不同的装药结构和控制引燃方式，其各级系统之间既相对独立，又保持了整体的连续性。多级燃速可控爆燃装置的特点使其能快速连续地促使地层裂缝的延伸与扩展，对地层压裂作用时间较一般的高能气体压裂装置提高 3～5 倍，有效提高了能量的利用率，由于压力分级连续控制释放，虽然总装药加大，但不会对套管造成伤害，大大提高了对地层的作用效果。第一级高压脉冲波，其压力一般大于地层破裂压力的 1.5～2.5 倍，沿射孔通道进入地层，快速起裂压开地层，形成 3～8 条裂缝，后续脉冲波连续补充能量，对地层

再实施 2～3 次高压冲击波加载压裂，继续促使裂缝快速延伸，以进一步延伸地层裂缝，从而在地层形成较长的多裂缝体系。第一级井筒内峰值压力计算式为

$$p = \frac{f\rho\varphi V}{s} + p_0 \tag{8-6}$$

式中，p——井筒内压力，MPa；

f——火药力系数；

ρ——装药密度，kg/m；

p_0——静液压，MPa；

V——射孔枪枪身内容积，m^3；

s——射孔枪枪身泄压孔面积，m^2；

φ——达到峰值压力时火药燃烧的百分率，一般为 0.5～0.6，本处取 0.6。

计算过程中假设压裂药燃烧产生的气体充满整个枪身，因此，压裂药燃气的体积可计为枪身内容积，为使问题简化，在计算枪身内自由容积时，不考虑弹架等配件对枪身内体积的影响。有

$$V = \pi\left(\frac{d}{2}\right)^2 h \tag{8-7}$$

式中，d——枪身直径，m；

h——枪身的长度，m。

对于第二、第三级压裂火药，因都在井筒内燃烧，故其峰值压力为

$$p_{\max} = p_0 + \frac{m_{(i)} f_{(i)} \varphi_{(i)}}{v_{0(i)} - \frac{m_{(i)}[1-\varphi_{(i)}]}{\rho_{(i)}} - \alpha_{(i)} m_{(i)} \varphi_{(i)}} \tag{8-8}$$

式中，$m_{(i)}$——i 级装置，$i \geqslant 2$；

$f_{(i)}$——i 级火药力，J/g；

$\varphi_{(i)}$——i 级达到峰值压力时火药燃烧的百分数，取 0.5～0.6；

$\alpha_{(i)}$——i 级火药余容；

p_0——压档水柱压力(每级认为不变)；

v_0——燃烧时形成的空腔，一般清水压档套管空腔为 30m。

四、压裂装置火药爆燃压力持压时间计算

第一级压裂药燃烧产生的高压气体通过射孔孔眼作用于地层，在射孔孔眼内迅速聚集，形成高压，从射孔孔眼射出的压裂药燃烧气体的质量流速为

$$m = p_{\text{gun}} s \sqrt{\frac{kg}{RT_0}\left(\frac{2}{k+1}\right)^{\frac{k+1}{k-1}}} \tag{8-9}$$

式中，k——燃气比热比；

p_{gun}——枪身内压力，MPa；

s——射孔孔眼面积，m^2；

RT_0——枪身内火药定压火药力，kg·m/kg；

g——重力加速度，一般取 $g=9.8\mathrm{m/s^2}$。

式(8-9)数值基本上取决于枪身内装填压裂药的性质。压裂药一定的情况下，基本为一定值。通过射孔孔眼的质量流速主要取决于 p_{gun} 和 s，即枪身内压力和射孔孔眼的面积，压力越大，射孔孔眼的面积越大，质量流速越大。当枪身内压裂药完全燃烧，生成的气体压力 $p_{\max}\geqslant p_0$ 时，爆燃气体向外流动，$p_{\max}<p_0$ 时，爆燃气体不再继续向外流动，压裂作用停止。根据式(8-9)可以推导出在 $p_0\sim p_{\max}$ 压力范围内平均压力下的质量流速为

$$\overline{m}=\frac{\int_{p_0}^{p_{\max}}\left[p_{\text{gun}}s\sqrt{\frac{kg}{RT_0}\left(\frac{2}{k+1}\right)^{\frac{k+1}{k-1}}}\right]\mathrm{d}p}{p_{\max}-p_0} \tag{8-10}$$

所以有，

$$\overline{m}=\frac{1}{2}(p_0+p_{\max})s\sqrt{\frac{kg}{RT_0}\left(\frac{2}{k+1}\right)^{\frac{k+1}{k-1}}} \tag{8-11}$$

依据质量守恒定律，爆燃气体喷射出的总质量为

$$q=\int_0^t\overline{m}\,\mathrm{d}t=w \tag{8-12}$$

所以有

$$t=\frac{2w}{(p_0+p_{\max})s\sqrt{\frac{kg}{RT_0}\left(\frac{2}{k+1}\right)^{\frac{k+1}{k1}}}} \tag{8-13}$$

式中，w——枪身内总装药量，kg。

当射孔孔眼内压力达到地层破裂压力时，地层破裂，射孔孔眼内的火药燃烧气体迅速泄入地层，射孔孔眼内压力下降，保证了枪身内的气流继续向射孔孔眼内流动。

对于第二、第三级火药，根据燃速压力变化公式 $u=u_1p^r$，可导出在平均压力下的燃速公式为

$$u_{p(i)}=\frac{u_{1(i)}}{p_{\max(i)}-p_o}\int_{p_0}^{p_{\max(i)}}p_i^{\gamma i}\,\mathrm{d}p_i \tag{8-14}$$

式中，$u_{p(i)}$——i 级平均压力下的燃速，m/s；

$u_{1(i)}$——i 级火药燃速系数，C；

p_0——液柱压力，MPa；

p_0——平均压力，MPa。

每级压裂持续时间根据 $t=\dfrac{H}{2u_p}$（H 为药肉厚）计算，从而计算出 i 级燃烧持续时间为

$$\mathrm{t}_i=\frac{H_i(p_{\max(i)}-p_0)}{2u_{(i)}\int_{p_0}^{p_{\max(i)}}p_i^{r(i)}\,\mathrm{d}p_i} \tag{8-15}$$

所以，压力总作用时间为

$$T=\sum_{n}^{i=1}t_i+\sum_{m}^{j=1}t_j \tag{8-16}$$

式中，t_j——j 级延时点火时间，s。

根据式(8-16)可计算出多级燃速可控诱导爆燃压裂作用总时间。由以上分析可知，

多级燃速可控诱导爆燃压裂作用地层总时间明显延长，产生的径向裂缝也就越长。一般的高能气体压裂装置由于受燃烧速率量级的控制，火药在很短时间内就燃烧完毕，产生的气体因来不及泄出，导致井内压力过高而引起套管破坏。如果为了保护套管而把装药量降到很低的水平，压力过程持续时间则很短，HEGF 的有效性就会大大降低。多级燃速可控诱导爆燃压裂装置从控制火药的燃烧方式入手，有效地解决了增产效果和套管保护这一对矛盾。目前，有壳弹的压力持续时间为 100～300ms，无壳弹的压力持续时间则为 200～500ms，液体药压力持续时间为 5～50s，多级燃速可控诱导爆燃压裂技术压力持续时间为 1～5s，甚至更长。

五、模拟装置地面实验测试

为了验证点火控制系统多级推进剂燃烧的可靠性，在地面靶场进行了多次实验，在室内实验的基础上，选用 5～8 种点火药进行实验，然后选用 3～5 种不同类型和燃速的双基、复合类火药进行实验。实验总装药量 8.6kg，每种药量分别为 4.6kg，2kg，1kg，1kg，燃速分别为 5m/s，10m/s，15m/s，20m/s，匹配组合，分 4 组进行实验，从实验结果分析，装药结构设计工艺取得成功，达到设计要求。

采用高 600mm、直径 400mm 的水泥结构模拟靶，通过两级压裂共计 1.2kg 的装药量，延时 200～360ms，来验证燃爆压裂裂缝形态，以此模拟实验验证装置结构设计的合理性，产生裂缝的形状等，以进一步完善装药设计。实验结果如图 8-11 所示，燃爆后模拟靶产生 3 条主裂缝，基本形成 120°夹角。

图 8-11　模拟水泥靶实验

多级燃速可控燃爆诱导压裂地面水泥靶实验照片如图 8-12，实验显示，压裂产生的裂缝总长已超过 2.0m。地面实弹实验靶直径 4.0m，高 2.0m，射孔枪为 89 枪，102 弹，8 孔/m，相位角 120°，加钝感处理的火药 1.2kg/m。实验结果显示，射孔弹 100%发射，3～5 条径向裂缝贯穿整个水泥靶。

该装置经在地面模拟点火、压裂实验证明，点火与爆燃系统按设计工艺要求引爆，装置整体结构设计合理，性能安全可靠，基本达到设计要求，完全具备在井下进行实验应用。

图 8-12 多级燃速可控诱导压裂地面模拟实验

第五节 多级燃速可控诱导压裂爆燃气体流动理论分析

低渗气藏爆燃气体载荷致裂作用时，裂缝内气体压力对裂缝特性有明显的影响，实验数据与相应的分析计算结果比较发现：

(1)当取裂缝内气体压力等于井筒内气体压力进行计算时，预测的应力值比实测值大，因而认为气体进入裂缝时受到限制，若将井筒内气体压力乘以折减系数后，作为裂缝气体压力进行计算，则与实测相符。

(2)慢速加载情况下，只有当裂缝内气体压力折减系数比快速加载的折减系数大时，才能与实测值相符，意味着慢性加载比快速加载情况下有更多的气体进入裂缝中。

(3)实测应力值峰值时间比分析时间长，说明气体进入裂缝中的动态过程，推后了裂缝面的受压时间。

井下多级燃速气体加载压裂过程中，射孔枪射孔后，经过一定时间的延迟，点燃第一级压裂火药产生爆燃高压高温气体，气体穿过射孔段环形液，沿射孔通道进入地层，快速起裂压开地层，后续脉冲波连续补充能量，对地层再实施多次冲击加载压裂，继续促使裂缝快速延伸，驱动裂缝向地层深处扩展。

根据气井中多级燃速可控燃爆诱导压裂工作条件，提出以下假定：

(1)在分析时段内采用固定裂缝，即沿裂缝长度方向裂缝宽度相等，且不随时间变化。

(2)裂缝内气体为理想气体，即气体参数满足状态方程。

(3)因为爆燃气体作用时间为毫秒级，因此可以认为气体黏性系数不随气体温度变化而变化。

一、爆燃气体在射孔裂缝内流动模型

裂缝中爆燃气体流动按以上假定引入 Nilson 流动模型建立流体质量、动量和能量守恒方程：

$$\frac{\partial}{\partial t}(\rho w) + \frac{\partial}{\partial x}(\rho w u) + 2\rho v = 0 \tag{8-17}$$

$$\frac{\partial}{\partial t}(\rho w u) + \frac{1}{r}\frac{\partial}{\partial x}(r\rho w u^2) = -\rho w\left(\frac{1}{\rho}\frac{\partial p}{\partial x} + \lambda\right) \tag{8-18}$$

$$\frac{\partial}{\partial t}(\rho w e) + \frac{1}{r}\frac{\partial}{\partial x}\left[r\rho w u\left(e + \frac{p}{\rho}\right)\right] = -2q'' - p\frac{\partial w}{\partial t} - 2\rho v\left(e + \frac{p}{\rho}\right) \tag{8-19}$$

式中，ρ，u——分别为流动断面的气体密度和纵向速度，g/cm^3，m/s；

p——气体压力，MPa；

w——裂缝张开位移，mm；

v——侧壁漏失速率，m^3/min；

$e = C_v T + \frac{u^2}{2}$为内能，J；

q''——横向热流量，J；

λ——摩擦作用系数，无因此。

图 8-13 为裂缝示意图。

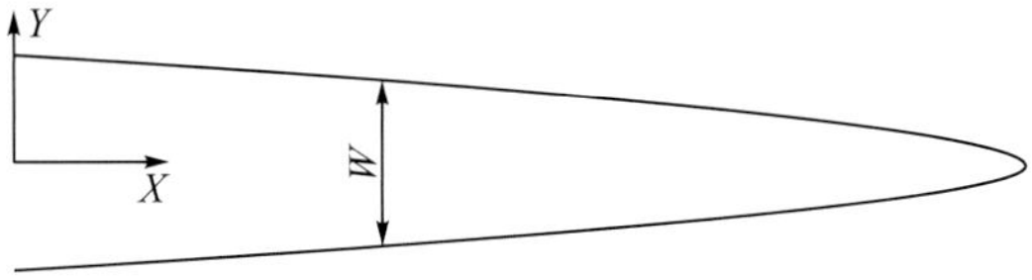

图 8-13　裂缝示意图

紊流和层流的摩擦作用合并为准一维形式自变量单位：

$$\lambda = \psi\frac{u^2}{w} \tag{8-20}$$

式中摩擦系数 ψ 依赖于雷诺数 $Re=\frac{\rho w u}{\mu}$和裂缝内相对粗糙度 ε。

$$\psi = \frac{12}{Re} + 0.1\left(\frac{\varepsilon}{w}\right)^{0.5} \tag{8-21}$$

式中，$Re=\frac{\rho w u}{\mu}$；

μ——气体黏性系数，无因次。

在裂缝宽度(w)已知的情况下，将方程(8-20)～方程(8-21)、气体状态方程以及相应的边界条件联立求解得到任意时刻任意位置的 ρ、u、p、T4 个未知量。下面先采用半解析法定性分析多级脉冲爆燃气体进入裂缝内的压力分布特征，再讨论半数值法求解裂缝内爆燃气体状态参数的思路。

二、半解析法求解射孔裂缝内气体压力分布

将式(8-20)和式(8-21)改写成如下形式(暂不考虑岩壁渗透性)：

$$\frac{\partial}{\partial t}(\rho w)+\frac{\partial q}{\partial x}=0 \tag{8-22}$$

$$\frac{\partial q}{\partial t}+\frac{1}{r}\frac{\partial}{\partial x}\left(r\frac{q^2}{\rho w}\right)=-\rho w\left(\frac{1}{\rho}\frac{\partial p}{\partial x}+\lambda\right) \tag{8-23}$$

式中，$q=\rho wu$ 为单位裂缝高度气体质量流量。

引入井眼边界条件：当 $r=r_b$ 时

$$q=q_0, p=p_0 \tag{8-24}$$

若设定摩擦系数 ψ 仅依赖于雷诺数，即，

$$\psi=\frac{12\mu}{q} \tag{8-25}$$

则将式(8-17)和式(8-20)带入式(8-23)，并对式(8-22)和式(8-23)分别积分后得到

$$q=\frac{r_b}{r}q_0-\frac{1}{r}\int_{r_b}^{r} r\frac{\partial(\rho w)}{\partial t}\mathrm{d}r \tag{8-26}$$

$$p=p_0+\int_{r_b}^{r}\frac{12\mu q}{\rho w^3}\mathrm{d}r-\int_{r_b}^{r}\left[\frac{1}{w}\frac{\partial q}{\partial t}+\frac{q^2}{\rho w^2 r}+\frac{1}{w}\frac{\partial}{\partial r}\left(\frac{q^2}{\rho w}\right)\right]\mathrm{d}r \tag{8-27}$$

w 不随时间变化，若假定 ρ 随时间变化很小，忽略式(8-26)中的第二项，则式(8-26)可改写成

$$q=\frac{r_b}{r}q_0 \tag{8-28}$$

将式(8-28)代入式(8-27)中，得到

$$p=p_0+12r_b q_0\int_{r_b}^{r}\frac{\mu}{\rho w^3 r}\mathrm{d}r-\int_{r_b}^{r}\left[\frac{r_b}{wr}\frac{\partial q_0}{\partial t}+\frac{r_b^2 q_0^2}{\rho w^2 r^3}+\frac{r_b^2 q_0^2}{w}\frac{\partial}{\partial r}\left(\frac{1}{\rho w r^2}\right)\right]\mathrm{d}r \tag{8-29}$$

以下分两种情况进行裂缝内压力分布讨论：①在分析时段内，裂缝内气体密度沿裂缝均匀分布；②在分析时段内，裂缝内气体温度沿裂缝均匀分布。

(一)气体密度沿裂缝均匀分布

在分析时段内，气体密度沿裂缝不变化，则式(8-29)改写为

$$p=p_0+\left(\frac{12\mu r_b q_0}{\rho w^3}-\frac{r_b}{w}\frac{\partial q_0}{\partial t}\right)\int_{r_b}^{r}\frac{1}{r}\mathrm{d}r-\frac{r_b^2 q_0}{\rho w^2}\int_{r_b}^{r}\frac{1}{r^3}dr-\frac{r_b^2 q_0^2}{w}\int_{r_b}^{r}\frac{\partial}{\partial r}\left(\frac{1}{\rho w r^2}\right)\mathrm{d}r \tag{8-30}$$

积分后得到

$$p=p_0+\left(\frac{12\mu r_b q_0}{\rho w^3}-\frac{r_b}{w}\frac{\partial q_0}{\partial t}\right)(\ln r-\ln r_b)-\frac{r_b^2 q_0^2}{\rho w^2}\left(\frac{1}{2r^2}-\frac{1}{2r_b^2}\right) \tag{8-31}$$

利用气体状态方程 $p=\rho RT$，得到 $\rho=\rho_0=\dfrac{p_0}{RT_0}$，其中 R 为气体常数($R=R_0/M$，M

为气体分子量，取 $M=24\text{kg/mol}$，R_0 是与气体种类无关的通用气体常数，通常可取 $R_0=848\text{kg}\cdot\text{m}/(\text{moL}\cdot\text{K}^{-1})$（即 $R_0=8\,480\ \text{N}\cdot\text{m}/(\text{moL}\cdot\text{K}^{-1})$），$T_0$ 为 $r=r_b$ 时气体温度，代入式(8-31)得到

$$p=p_0+\left(\frac{12\mu r_{\text{b}}q_0RT_0}{p_0w^3}-\frac{r_{\text{b}}}{w}\frac{\partial q_0}{\partial t}\right)(\ln r-\ln r_{\text{b}})-\frac{r_{\text{b}}^2q_0^2RT_0}{p_0w^2}\left(\frac{1}{2r^2}-\frac{1}{2r_{\text{b}}^2}\right)\tag{8-32}$$

式(8-32)等式两边除以 p_0，得到压力比值：

$$p/p_0=1+\left(\frac{12\mu r_{\text{b}}q_0RT_0}{p_0^2w^3}-\frac{r_{\text{b}}}{p_0w}\frac{\partial q_0}{\partial t}\right)(\ln r-\ln r_{\text{b}})-\frac{r_{\text{b}}^2q_0^2RT_0}{p_0^2w}\left(\frac{1}{2r^2}-\frac{1}{2r_{\text{b}}^2}\right)\tag{8-33}$$

（二）气体温度沿裂缝均匀分布

在分析时段内，气体温度沿裂缝不变化，根据气体状态方程

$$\rho=\frac{p}{RT_0}\tag{8-34}$$

式(8-29)改写为

$$p=p_0+\frac{12\mu r_{\text{b}}q_0}{w^3}\int_{r_{\text{b}}}^{r}\frac{1}{\rho r}\text{d}r-\frac{r_{\text{b}}}{w}\frac{\partial q_0}{\partial t}\int_{r_{\text{b}}}^{r}\frac{1}{r}\text{d}r-\frac{r_{\text{b}}^2q_0^2}{w^2}\int_{r_{\text{b}}}^{r}\frac{1}{\rho r^3}\text{d}r-\frac{r_{\text{b}}^2q_0^2}{w^2}\frac{1}{\rho r^2}+\frac{r_{\text{b}}^2q_0^2}{w^2}\frac{1}{\rho_0r_{\text{b}}^2}\tag{8-35}$$

将式(8-35)等式两边针对 r 求偏导得到

$$\frac{\partial p}{\partial r}=\frac{12\mu r_{\text{b}}q_0}{w^3}\frac{1}{\rho r}-\frac{r_{\text{b}}}{w}\frac{\partial q_0}{\partial t}\frac{1}{r}+\frac{\gamma_{\text{b}}^2q_0^2}{w^2}\frac{1}{\rho r^3}+\frac{\gamma_{\text{b}}^2q_0^2}{w^3\rho^2r^2}\frac{\partial\rho}{\partial r}\tag{8-36}$$

整理得

$$\frac{\partial p}{\partial r}\left(1-\frac{r_{\text{b}}^2q_0^2}{w^2\rho^2r^2RT_0}\right)=\frac{12\mu r_{\text{b}}q_0}{w^3}\frac{1}{\rho r}-\frac{r_{\text{b}}}{w}\frac{\partial q_0}{\partial t}\frac{1}{r}+\frac{r_{\text{b}}^2q_0^2}{w^2}\frac{1}{\rho r^3}\tag{8-37}$$

（三）裂缝入口气体质量流速分析

多级燃速爆燃诱导压裂装置内的火药燃烧生成的气体通过枪身射孔孔眼向外喷射，高速气体射流通过薄薄的环形液流，射入地层射孔孔眼中，气流不断往射孔孔眼中喷射，射孔孔眼内气体压力不断升高，当射孔孔眼压力达到地层的破裂压力时，地层破裂，射孔孔眼内气体迅速泄入地层，枪身内的爆燃气流持续向射孔孔眼内流动，直到推进剂燃烧结束。

在射孔压裂过程中，由于枪内压力一般较大，气体温度高，气流速度快，属于射流情况，枪身内的压力与装药密度、特征速度、总表面积、压力指数、燃速系数，以及射孔孔眼总面积等参数相关。为简化计算，把多级燃速气体压裂装置看作一个火箭发动机药室，泄气孔总面积看作发动机的喷喉，应用计算火箭发动机燃烧室内压力公式计算枪身内火药燃烧产生的气体峰值压力，然后根据所设计的多级燃速爆燃诱导压裂装置特点，

模拟 p_{gun} 压力变化曲线进行分析。

表 8-11　不同压力下气体发生装置内气体喷射流速

枪内气压/MPa	50	100	150	200	250	300
气体质量流速/($kg \cdot s^{-1}$)	13.2	26.4	39.6	52.8	66	79.2

从表 8-11 中看出，气体质量流速与枪内爆燃气体压力基本呈正比关系。裂缝内一维流动求解中用到的单位高度气体质量流速为

$$q_0 = \frac{m}{h} \tag{8-38}$$

式中，h——同一相位射孔间距单位，m。

以上气体质量流速分析是根据多级燃速爆燃诱导压裂装置的装药形式进行的。当推进剂装在射孔弹之间时，爆燃产生的气体先在枪内迅速膨胀，从泄压孔(即射孔孔眼)向枪外喷射气体，由于受到枪身内空间的限制，燃烧过程中枪内的爆燃气体压力可以上升到很高(监测数据显示可达 120MPa)；当安装在射孔枪下部的第二、第三级推进剂燃烧时，爆燃产生的气体在井筒内的环形液中膨胀后，通过射孔向地层泄流气体。由于井筒内的膨胀空间相对大，井筒内气体压力峰值不会升到太高(一般小于 100MPa)。这样的装药方式既有利于保护套管，又可以延伸裂缝。爆燃气体压力越大，气体质量流速也就越大，因而会有更多的气体进入裂缝。压力太高也存在一定的风险性，即如果枪内或井筒内爆燃气体升压过高有可能发生炸枪甚至炸毁套管现象，造成巨大经济损失。多级燃速爆燃诱导压裂技术的成功，关键在于解决推进剂爆燃不会炸枪和炸毁套管的技术难题，对枪身与套管的安全问题将在后面章节展开讨论。

(四)多级脉冲气体压力边界条件分析

多级燃速爆燃诱导压裂装置射孔枪及井筒内的气体压力，不仅决定着整个作业效果，而且决定着射孔枪系统及套管的安全。如前所述，针对深层气藏，可以装在压裂装置内的火药有多种，单纯从燃烧特性来划分，可大致分为增面燃烧、减面燃烧以及等面燃烧等。增面燃烧火药燃烧特点为：压力上升快，峰值压力高，火药燃烧快，又称为活性装药。减面燃烧火药燃烧特点为：表面逐渐减小，燃烧速度逐渐减慢，又称之为惰性装药。惰性装药其枪内压力上升较慢，且压力峰值较低，但压力持续时间较长。将活性装药与惰性装药两者合理组合成一种具有新的燃烧特性的复合型装药。

射孔枪内气体压力通常会出现两个峰值，第一个峰值为射孔弹引爆后爆轰产物扩散造成，第二个峰值为火药燃烧所致，第一个峰值压力较高但持续时间极短。多级燃速爆燃诱导压裂装置中的射孔弹爆轰主要作用是产生了射孔孔眼，在第一级火药燃烧之前的延迟点火时间里，枪内压力下降到与井筒液柱压力相当，因此研究时不考虑射孔弹爆轰与火药爆燃压力的叠加。为了模拟枪内和井筒气体压力变化，根据压裂装置特点，这里采用推进剂燃烧脉冲压力函数的修正形式：

$$p(t) = p_0 + p_r t e^{-bt} \tag{8-39}$$

式中，p_0——压档静液柱压力，MPa；

p_r——压力比；

b——当到达最大压力脉冲的时间，s。

以井筒内压力达到破裂压力的时间来表示压力上升时间更为直观。综合国内外理论研究和实践结果，压力上升时间一般控制在 0.5～10.0ms。由于裂缝数与射孔相位角分布形成的弱线相关，应根据射孔相位角将压力上升时间的范围进一步细分。对于采用的180°相位角对射的情形，由于射孔时只提供了两个弱线方向，要在其他方向上形成新的裂缝，就需要压力上升时间更短一些。根据相关资料提供，西安高能气体压裂中心通过大量的实验和测试，多级燃速爆燃诱导压裂装置第一级火药的压力上升时间均在 5ms 以内，以快速压开地层。式(8-39)中参数 p_r 和 b 取不同值时可用于描述火药燃烧气体压力变化。例如，某油田一口井深1 500m 的油井，对应的压档水柱压力为 15MPa，若采用两种装药类型不同的射孔枪，经 p－t 测试峰值压力都为 127MPa，到达最大压力脉冲的时间分别为 3.2ms 和 1.2ms。对于要描述枪内气体压力变化特征，脉冲压力函数其参数取值如表 8-12。

表 8-12　枪内气体压力模拟参数

装药类型	复合药	活性药
p_0/(GPa·s^{-1})	1.0×10^2	2.8×10^2
$1/b$/ms	3.2	1.2

注：表中的气体升压时间是以每发 100g 装药量为基准，若装药量增加或减少，则应作相应调整。

由于活性装药使枪内气体压力曲线第二个峰值升压时间很快，且压力较高，如果岩层不能及时压开或开裂速度较慢，则气体在枪内或井筒内集聚，存在炸坏射孔枪和套管的危险，因而在实际作业中较少使用。用表 8-12 所列参数，代入推进剂燃烧函数式(8-39)，得到压力曲线见图 8-14。

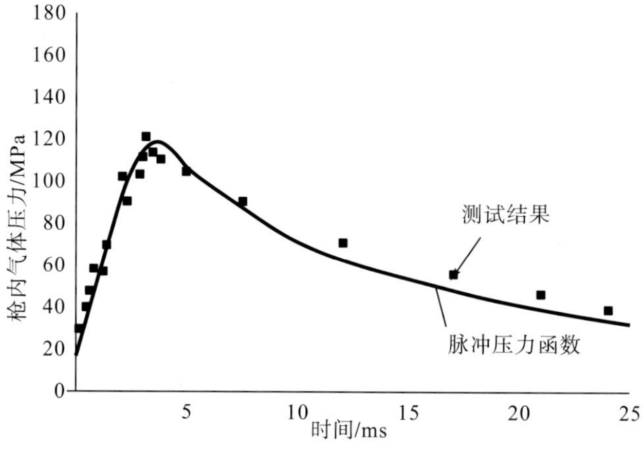

图 8-14　复合装药枪内气体压力随时间变化

因没有考虑射孔弹爆轰引起的压力叠加，所以射孔枪内压力计算是从第一级复合药燃烧开始计时，枪内的压力也主要是由于火药爆燃而产生的。从图 8-14 中可以看出，$p-t$ 测试火药压力与理论计算压力大体相当，证明引用的脉冲压力函数是可行的。

在第一级火药燃烧之后，经过一定时间的延迟点火，第二级压裂火药被点燃，与第一级压裂火药不同，第二级以及随后的第三级压裂火药都是在井筒的环形液中膨胀燃烧的，依据特定的推进剂性质，用燃烧模型可以计算出井筒中推进剂的燃烧质量，根据可供气体膨胀的容积，计算出井筒气体的压力。在推进剂燃烧生成气体并在井筒内膨胀过程中，还包含气体从井筒中的漏失以及与井筒壁的热交换等过程，可见井筒内气体状态参数的模拟是一个非常复杂的问题，而在此研究重点放在气体在裂缝内的流动问题，因而将井筒中的气体压力和温度变化简化模拟。井筒气体压力采用式(8-39)函数形式。

第一级火药燃速较快，在第二级火药开始燃烧时，井筒中的压力已恢复为压档静液柱压力 p_0，若第二级火药采用复合压裂药－2，其燃速 $u=2.508p^{0.415}$，若推进剂药柱 $\Phi_{外}=100$mm，内孔 $\Phi_{内}=25$mm，长 500mm，在压档液柱 $p_0=15$MPa 和井筒最大压力 $p_{max}=82$MPa 的情况下，计算可得出压档液柱和最大压力之间的平均燃速，根据该段平均燃速和火药燃厚求出复合压裂药－2 的燃烧持续时间约为 500ms。同理，对于第三级火药使用的复合压裂火药－3，其燃速 $u=1.278p^{0.45}$，在同样的压档液柱压力 p_0 和药厚下，当井筒峰值压力 $p_{max}=76$MPa 时，可知其燃烧持续时间约为 820ms。根据以上数据，利用火药燃烧压力函数可以得到第二、第三级火药压力曲线。图 8-15 为第二级压裂药实测与理论计算压力曲线。

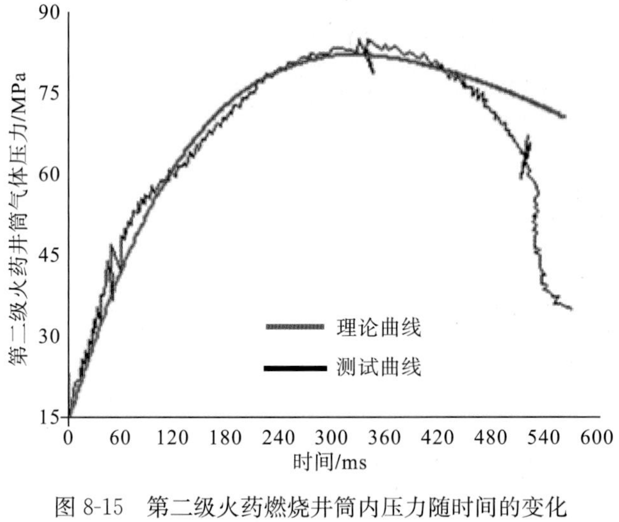

图 8-15　第二级火药燃烧井筒内压力随时间的变化

第三级火药燃烧压力曲线与第二级火药类似，只是燃速更慢，重点研究压力函数中的 b 和 p_r，对其压力图不再叙述。

三种装药在枪内和井筒内造成气体压力曲线的显著区别在于射孔弹射孔后，第一级压裂药压力升压时间很短，能快速压开地层，而随后的第二、第三级压裂药升压较慢，压力持续时间长，裂缝的延伸就会更长，形成的裂缝有效缝长越长，充分发挥了多级燃速可控诱导压裂技术的特点。

（五）裂缝内爆燃气体压力半解析求解

设定的基本参数取值见表 8-13。

表 8-13　基本参数取值

参数/单位	取值	参数/单位	取值
井筒半径 r_b/m	0.12	ρ_0/(kg·m^{-3})	120
黏性系数 μ/(Pa·s^{-1})	0.5×10^{-4}	T_0/K	1 000
裂缝宽度 w/m	0.004	q_0/(kg·m^{-1}·s^{-1})	20
气体分子量 M/(kg·moL^{-1})	24	p_0/MPa	80

注：气体常数 $R=R_0/M=8\,480/24=353$N·m/(kg·K^{-1})

1. 气体密度沿裂缝均匀分布

从式(8-32)可以看出，气体压力沿裂缝分布除与裂缝径向长度 r 有关外，还与裂缝入口注入气体流量随时间变化率 $\frac{\partial q_0}{\partial t}$ 相关。若裂缝入口气体升压率为(0～100)×10^5 MPa/s(即恒压加载——每微秒升压 10MPa)，参考表 8-11，可以得出气体流量变化率为(0～25)×10^5 kg/(m·s^2)。气体升压率与气体流量变化率对应情况见表 8-14。

表 8-14　气体升压率与气体流量变化率关系

升压率/(×10^5 MPa/s)	0	0.1	0.2	1	2	10	20
流量变化率/[×10^5(kg·m^{-1}·s^{-2})]	0	0.5	1.0	5	10	50	50

相应的结果见图 8-16，图 8-17。从图中看出，当流量变化率小于 2×10^5 kg/(m·s^2)，即对应压力变化率为每 1ms 压力变化 40MPa，气体压力沿裂缝变化不明显，沿裂缝的压力梯度均小于 20%。但当流量变化率大于 1×10^6 kg/(m·s^2)时，裂缝内压力梯度则较大。

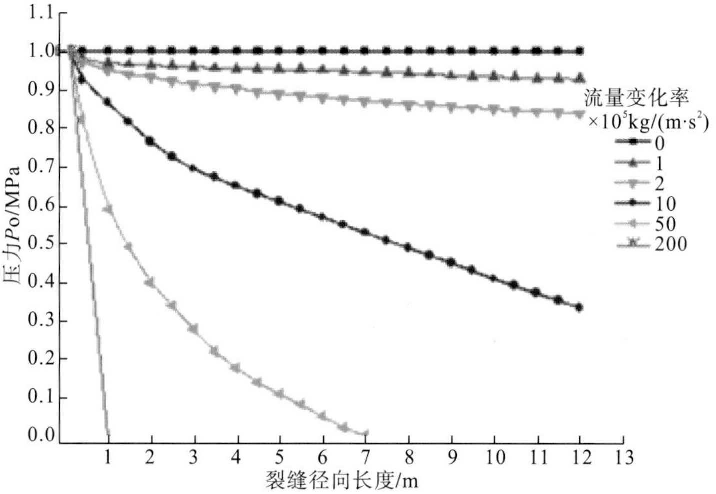

图 8-16　升压情况下压力分布与流量变化率关系（密度均匀分布）

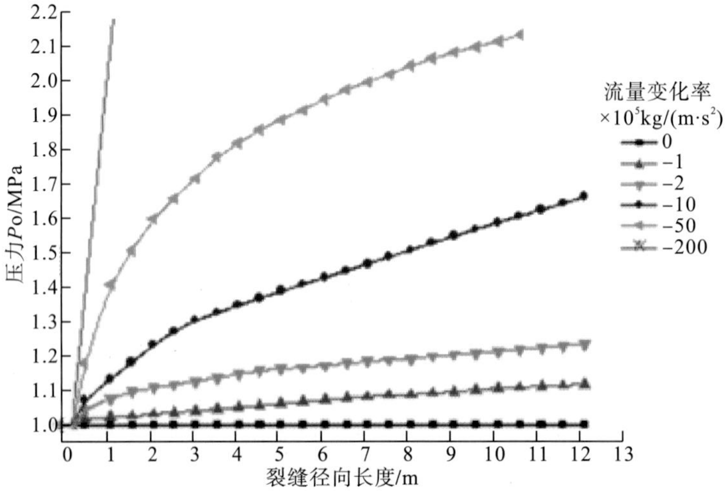

图 8-17 降压情况下压力分布与流量变化率关系(密度均匀分布)

2. 气体温度沿裂缝均匀分布

根据式(8-33)，沿裂缝方向线性离散，进行差分计算得到离散点的压力为

$$p_i = p_{i-1} + \frac{\partial p}{\partial r}\Big|_{r=r_{i-1}} \Delta r \tag{8-40}$$

式(8-40)同样反映出裂缝内气体压力梯度与裂缝入口处气体流量变化相关，不同气体流量变化率下压力分布情况见图 8-18，图 8-19。

由以上两图可知，当流量变化率小于 2×10^5 kg/(m・s^2)，即对应压力变化率为每 1ms 压力变化 40MPa，气体压力沿裂缝变化不明显，沿裂缝压力梯度均小于 20%。但当流量变化率大于 1×10^6 kg/(m・s^2)时，裂缝内压力梯度比较大。

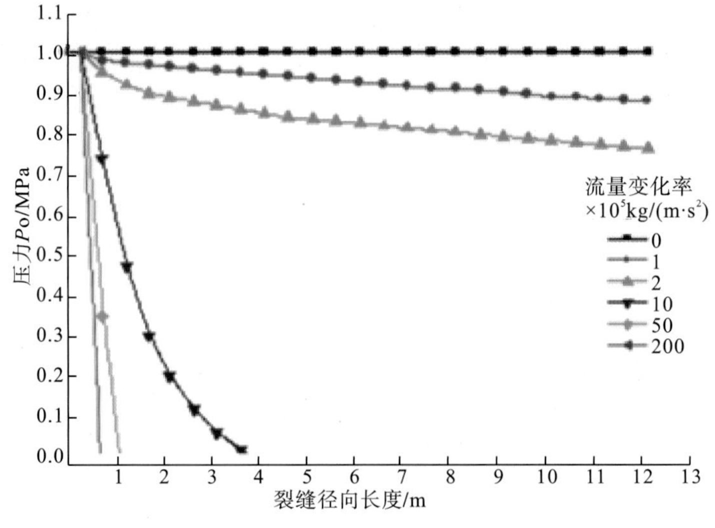

图 8-18 升压情况下压力分布与流量变化率关系(温度均匀分布)

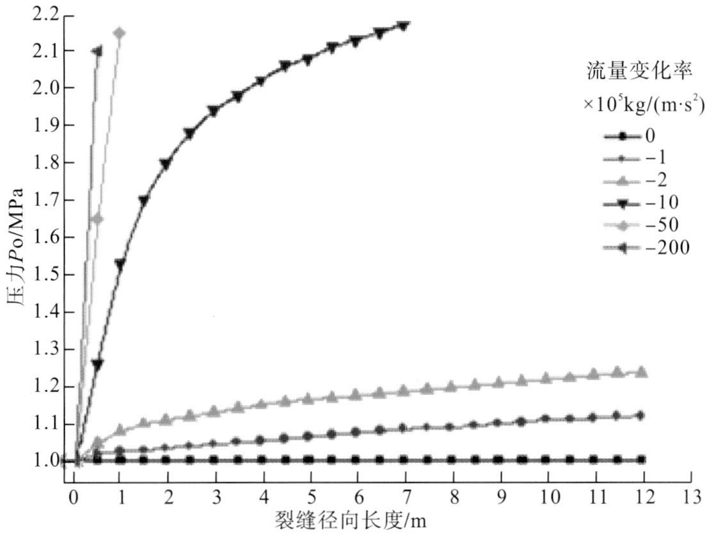

图 8-19　降压情况下压力分布与流量变化率关系(温度均匀分布)

3. 流动过程气体压力分布

气体在裂缝内流动过程中，气体温度高于裂缝壁岩体温度，与岩壁热交换后，气体冷却，则对应气体温度和压力都会降低。根据以上分析第一种假定，气体密度沿裂缝不变，即气体冷却带来压力变化与温度变化同步，因而根据气体状态方程密度不变化，使其与液体具有相同的特性。第二种假定，气体温度沿裂缝不变，即气体与裂缝岩壁没有热交换(绝热过程)。在两种极端的情况下得到基本相同的定性结论。

将图 8-16、图 8-17 中压力分布与图 8-18、图 8-19 中的压力分布比较可以看出，在相同流量变化率情况下，第一种假定下得到的压力梯度比第二种假定下得到的压力梯度小。裂缝内压力梯度是促进气体流动的动力，可见在绝热情况下更能促进气体在裂缝内流动，即更快到达裂缝尖端，这将在后面进一步讨论。当驱动压力下降(裂缝入口气体流量突然降低)，会出现气体倒流现象，即沿裂缝向外，压力降低，这也将在后面进一步讨论。

从表 8-12 及图 8-14、图 8-15 得到，多级燃速可控诱导压裂火药爆燃气体升压率为 0.4～40.0MPa/ms，每一级火药升压时间通常不同；爆燃气体压力衰减率小于气体升压率。从上面两种情况的分析结果看出，对于多级燃速可控诱导压裂，其第一级爆燃气体压裂初期裂缝内的气体压力梯度较大，到爆燃气体升压结束开始衰减后裂缝内的气体压力分布趋于均匀分布。而对于第二、第三级压裂药，因升压与降压速率相对较慢，裂缝内气体压力基本呈均匀分布。

三、数值迭代法求解射孔裂缝内气体压力分布

从以上解析分析中可以近似得到不同气体流量变化率下的压力分布情况，但由于无法考虑裂缝位移与压力的耦合影响。以下引入数值分析方法考虑裂缝长度和宽度对气体流动的影响。

（一）裂缝内气体压力分布函数

在求解气体流动方程前，设裂缝内气体压力分布为

$$\frac{p(\theta)-p(\theta^*)}{p(0)-p(\theta^*)}=f\left(\frac{\theta}{\theta^*},m\right),0<\theta<\theta^* \tag{8-41}$$

式中，$p(0)$——裂缝入口气体压力，MPa；

$p(\theta^*)$——气体流动尖端的压力，MPa，$\theta=x/L$；

θ^*——气体在裂缝中的穿入深度(简称气体穿深)；

m——压力曲线参数。

参考对缝内气体流动研究成果，以及本书分析结果图 8-16～图 8-19，采用如下压力分布函数：

$$f\left(\frac{\theta}{\theta^*},m\right)=(1-\theta/\theta^*)^m \tag{8-42}$$

m 取不同值时压力分布曲线见图 8-20。

将式(8-42)代入式(8-41)后可改写为

$$p(\theta)=[p(0)-p(\theta^*)]\left(1-\frac{\theta}{\theta^*}\right)^m+p(\theta^*),0<\theta<\theta^* \tag{8-43}$$

从式(8-43)看出，任意时刻裂缝内压力分布由 4 个参数确定：$p(0)$、$p(\theta^*)$、θ^* 和 m。如前所述，由于气体喷射速度很大，所以在本文分析中，将设定其中两个参数[如 $p(\theta^*)$、θ^*]讨论另外两个参数。

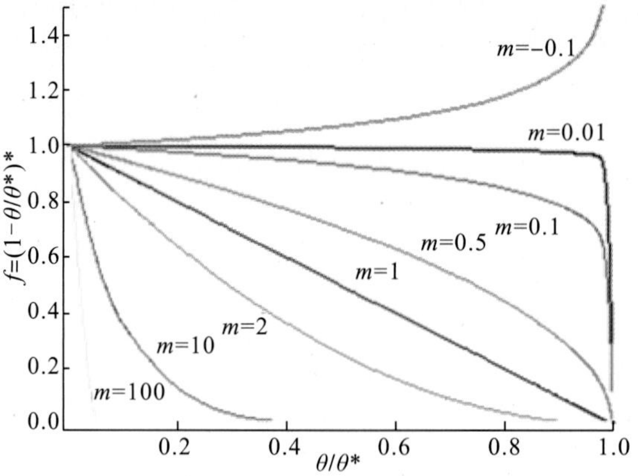

图 8-20　参数 m 取不同值时气体压力分布

（二）裂缝内气体质量守恒方程

将式(8-17)沿裂缝长度进行积分，得到质量平衡方程为

$$\dot{M}_{\text{in}}^k-\dot{M}_{\text{loss}}^k=\left(\frac{M_{\text{frac}}^k-M_{\text{frac}}^{k-1}}{\Delta t}\right) \tag{8-44}$$

即注入裂缝中的气体质量流量减去气体向地层的漏失质量流量等于裂缝中气体质量增加的速率。

式中，Δt——时步长；

k——分析时步。

若认为枪身泄压孔喷射的气体全部进入射孔孔眼，则

$$\dot{M}_{\text{in}} = Q \tag{8-45}$$

气体向地层的漏失流量和裂缝中气体质量分别为

$$\dot{M}_{\text{loss}} = h\int_0^L 2\rho^k(x)v^k(x)\mathrm{d}x \tag{8-46}$$

$$M_{\text{frac}}^k = h\int_0^L \rho^k(x)w^k(x)\mathrm{d}x \tag{8-47}$$

式中，L——裂缝长度，m；

h——同一相位射孔间距，m；

ν—气体向地层漏失速率，m/s。

射孔孔眼的直径和数量将决定推进剂燃烧时流入地层的气体量。如果这个流通面积不够大，则在燃烧结束前井筒就成为一个气瓶。为防止使套管爆裂，则应严格限制推进剂的用量。采用一种燃烧速度过快的推进剂，也会产生与“气瓶”相同的效应。如果认为从枪身泄压孔喷射的气体没有全部进入射孔孔眼中，则在式(8-45)中引入一个折减系数：

$$\dot{M}_{\text{in}} = \alpha Q \tag{8-48}$$

其中 $0<\alpha<1$。且将射孔孔眼喷射出的火药燃烧气体的质量流速改写为

$$Q = (p_{\text{gun}} - p_{\text{hole}})s\sqrt{\frac{\gamma g}{RT_0}\left(\frac{2}{\gamma+1}\right)^{\frac{\gamma+1}{\gamma-1}}} \tag{8-49}$$

式中，p_{hole}——井筒中气体压力，可通过气体膨胀理论得到

$$p_{\text{hole}} = RT_{\text{hole}}\frac{M_{\text{hole}}}{V_{\text{hole}}} \tag{8-50}$$

式中，T_{hole}——井筒中气体温度，℃；

M_{hole}——气体质量，kg；

V_{hole}——可膨胀容积，m^3。如果各相位射孔进入射孔孔眼气体流量折减系数相等，则用任一射孔相关量即可近似算出井筒中的压力

$$p_{\text{hole}} = RT_{\text{hole}}\frac{\int_0^t (1-\alpha)Q\mathrm{d}t}{\pi h(r_{\text{hole}}^2 - r_{\text{gun}}^2)/n} \tag{8-51}$$

式中，h——同一相位射孔间距，m；

r_{hole}——井筒半径，mm；

r_{gun}——射孔枪半径，mm；

n 为射孔相位数，(°)。

（三）裂缝内气体状态参数相互关系

根据理想气体状态方程 $p=\rho RT$，并假定气体在裂缝中流动过程中与岩壁无热交

换，有

$$\rho^k(\theta) = \frac{\rho^k(\theta)}{RT^k(0)} \tag{8-52}$$

若考虑气体与岩壁之间的热交换，则沿裂缝的温度分布由能量方程式(8-19)控制。将连续性方程和动量守恒方程代入式(8-19)，且进行偏导算子的替换得到

$$\frac{\mathrm{d}\rho}{\mathrm{d}\theta} = \frac{1}{C^2}\frac{\mathrm{d}p}{\mathrm{d}\theta} - \frac{\gamma-1}{C^2}\frac{L}{(u-\dot{L}\theta)}\left[-\frac{2}{w}q'' + \frac{1}{2}\frac{\psi}{w}\rho\mu^3 - \frac{2}{w}\rho v\left(e+\frac{p}{\rho}\right)_{\text{wall}}\right] \tag{8-53}$$

式中，$C^2 = \gamma RT$。

若针对固定裂缝 $\dot{L}=0$，且不考虑侧向岩壁漏失($v=0$)，则式(8-53)改写为

$$\frac{\mathrm{d}\rho}{\mathrm{d}\theta} = \frac{1}{C^2}\frac{\mathrm{d}p}{\mathrm{d}\theta} - \frac{\gamma-1}{C^2}\frac{L}{u}\left(-\frac{2}{w}q'' + \frac{1}{2}\frac{\psi}{w}\rho u^3\right) \tag{8-54}$$

将式(8-18)代入式(8-54)中，得

$$\frac{\mathrm{d}\rho}{\mathrm{d}\theta} = \frac{\gamma}{C^2}\frac{\mathrm{d}P}{\mathrm{d}\theta} + \frac{\gamma-1}{C^2}\frac{L}{u}\frac{2}{w}q'' \tag{8-55}$$

从式(8-58)看出，当 $q''=0$ 时，可以回归到绝热过程状态方程。

根据式(8-58)得

$$\frac{\mathrm{d}P}{\mathrm{d}\theta} = -\left[P(0) - P(\theta^*)\right]\frac{m(1-\theta/\theta^*)^{m-1}}{\theta^*} \tag{8-56}$$

因此，将式(8-56)代入式(8-55)后，可得裂缝内密度分布为

$$\rho(\theta + \Delta\theta) = \rho(\theta) + \frac{\mathrm{d}\rho}{\mathrm{d}\theta}\Delta\theta \tag{8-57}$$

在压强和密度均已知的情况下，根据状态方程计算出气体温度。

(四)裂缝、井筒及枪内气体流动关系

在多级燃速可控诱导压裂前期，由于枪内气体压力很大，而井筒和裂缝中气体压力较低，气体通过射孔孔眼从枪内射向井筒和裂缝；枪内气体压力下降后，随之燃烧的第二、第三级火药会保证气体从井筒不断地喷入裂缝中；而到后期，随着裂缝中气体压力的集聚以及井筒和枪内气体压力的下降，气体不再向裂缝中喷射，此时如果裂缝中气体压力大于井筒中的气体压力，则裂缝中的气体泄流入井筒中，相反由于裂缝延伸，裂缝中的气体压力下降到比井筒内气体压力低时，则井筒内气体向地层裂缝泄流。根据美国SPE Production Engineering(1996)J. F. Cuderman 在内达华实验场隧道结构中进行的高能气体压裂实验表明，在地应力不变的情况下压力上升时间大于 1ms 的推进剂，得到套管内相应稳定的峰值压力为 34～48MPa，而多级燃速可控诱导压裂枪内及井筒内升压跟以上情况类似。图 8-21 中列出各种情况下气体流动示意图。

图 8-21 中第一种情况，枪内喷射气体过程前面已有所描述；将图 8-21 中的第二、第三种情况视作孔口出流问题处理。

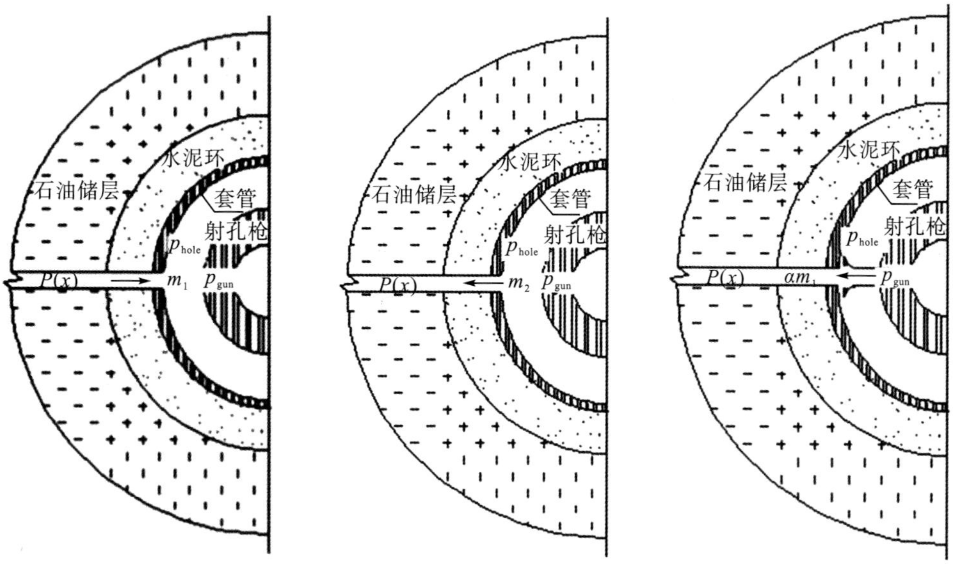

(a) $p_{\text{gun}} > p(x)$　　(b) $p(0) > p_{\text{hole}}$　　(c) $p_{\text{hole}} > p(0)$

图 8-21　油井内爆燃气体流动示意图

流体在压强差 Δp 的作用下，经过薄壁孔口出流时，出流速度为

$$\nu_c = \frac{1}{\sqrt{1+\zeta}}\sqrt{\frac{2\Delta p}{\rho}} \tag{8-58}$$

式中，ζ——孔口阻力系数。

如果经孔口流动没有能量损失，则孔口理想流速为

$$\nu_c = \sqrt{\frac{2\Delta p}{\rho}} \tag{8-59}$$

当裂缝中气体压力大于井筒中气体压力时，$\Delta p = p(0) - p_{\text{hole}}$，裂缝中气体向井筒中流动的质量流速为

$$O_1 = s\rho(0)\sqrt{\frac{2p(0) - p_{\text{hole}}}{\rho(0)}} \tag{8-60}$$

则

$$\dot{M}_{\text{in}} = -Q_1 \tag{8-61}$$

而井筒中气体质量为

$$M_{\text{hole}}^{k} = M_{\text{hole}}^{k-1} + Q_1 \mathrm{d}t \tag{8-62}$$

当井筒中的气体压力大于裂缝中气体压力时，$\Delta p = p_{\text{hole}} - p(0)$，则井筒中气体向裂缝中流动的质量流速为

$$O_2 = s\rho_{\text{hole}}\sqrt{\frac{2[p_{\text{hole}} - p(0)]}{\rho_{\text{hole}}}} \tag{8-63}$$

则

$$\dot{M}_{\text{in}} = Q_2 \tag{8-64}$$

而井筒中气体质量为

$$M_{\text{hole}}^{k} = M_{\text{hole}}^{k-1} - Q_2 \mathrm{d}t \tag{8-65}$$

根据以上公式可调整井筒和裂缝中的气体压力。

(五)流动求解程序及其边界条件和初始条件

气体流动过程求解，实际上是每个时步裂缝内压力分布函数参数的确定过程。求解时裂缝内压力初始条件为

$$p^0(\theta) = 0, p_{\text{hole}}^0 = 0 \tag{8-66}$$

枪身及井筒内火药燃烧的气体压力随时间变化曲线事先给定。温度边界条件，裂缝入口处的气体温度等于枪身内气体温度

$$T^k(0) = T_{\text{gun}}(t) \tag{8-67}$$

综上所述可以看出，式(8-40)等号左边项与 $p(0)$ 不相关，而等号右边项随 $p(0)$ 的增大而增大。因而在给定初始 $p(0)$ 后，试算式(8-44)等号左边项大于等号右边项则可将 $p(0)$ 值增大，否则将 $p(0)$ 值减小，直到式(8-44)成立(小于给定残余差)。而 $p(0)$ 值的调整与裂缝内压力分布参数 m 有关。

第六节　多级燃速可控诱导压裂驱动裂缝扩展耦合作用分析

在爆燃气体驱动裂缝扩展过程中，裂缝中的气体压力分布决定着裂缝的宽度和长度，而裂缝宽度和长度又反过来影响裂缝中气体压力分布。这是个相互影响、相互制约的过程，裂缝的实际宽度是二者相互影响并最终得到平衡的结果。在求解过程中，首先根据流体力学理论确定预存裂缝内爆燃气体压力分布，再通过岩石力学弹性理论建立裂缝形态与裂缝内气体压力之间的瞬态关系，在新的裂缝形态基础上，重新确定压力分布形式，二者之间的耦合求解是确定最终裂缝长度和宽度的核心和难点。流体致裂理论研究中通常包括 5 大基本方程(Réthoré J etal，2004)：

(1)表征裂缝面上压力与裂缝宽度之间耦合影响的控制方程；

(2)反映裂缝内流体流动与流体内部压力梯度的流动方程；

(3)反映裂缝内压裂流体质量平衡关系的连续性方程；

(4)采用综合滤失系数的滤失方程；

(5)表征裂缝前端应力强度状态与岩石破裂时所需的临界应力强度关系的方程。

其中(2)～(4)项基本方程已经讨论过，本节重点讨论第一项方程和最后一项方程，即通过岩石断裂力学理论，分析裂缝周围岩体对气体压力的位移响应和应力响应，从而得到裂缝宽度和裂缝尖端应力强度。将裂缝延伸和裂缝形态与气体流动过程进行耦合求解，以期得到气体驱动裂缝扩展理论分析模型，并在此基础上做相关因素影响分析。

一、基本假定与数学模型

假定条件：

(1)裂尖过程区(非弹性响应区)占裂缝长度比例很小，可忽略；

(2)裂缝周围岩体为均匀弹性体；

(3)致裂形成的裂缝为张开型裂缝；

(4)地层构造应力场水平方向为均匀应力场，文中将 x 方向和 y 方向的应力值分别表示为 σ_h、σ_H。

多级燃速可控诱导压裂是射孔和高能气体压裂联合作用，在射孔后进行不同火药燃速的高能气体压裂。射孔弹引爆后产生的高温金属流穿透枪身、套管并射开地层，在地层产生 0.2～0.7m 的射孔孔眼，第一级高能气体压裂药被引燃。产生的大量高温高压气体沿射孔孔眼对地层进行一次压裂，随后燃烧的压裂药依次对地层进行多次压裂。在一组自井筒径向发散的垂直裂缝中，单一裂缝的几何形状可能是楔形的，也可能是盘状的。当裂缝长度相对井筒的增压长度较短时，二维楔形裂缝模型是适用的；而当从一尖端到另一尖端的裂缝长度超过井筒增压长度时，裂缝将对称延伸，形成盘状裂缝，其轴线与井筒轴线正交。

研究认为，多级燃速可控诱导压裂井筒增压长度远大于井壁产生的裂缝长度，视作楔形裂缝进行分析，如图 8-22。并认为裂缝宽度(裂缝张开位移)远小于裂缝高度 H，且沿裂缝高度气体流量相同。在以上的假定前提下，计算模型可以简化为平面应变问题，图 8-23 为二相位射孔压裂简化模型。

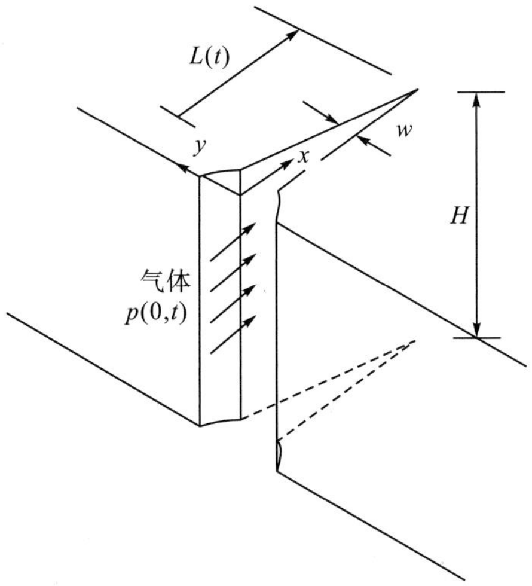

图 8-22　楔形裂缝示意图

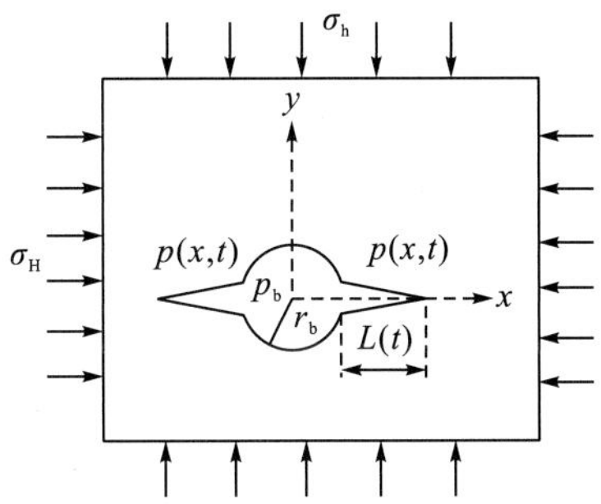

图 8-23　楔形简化示意图(二相位射孔)

射孔后，多级燃速推进剂燃烧产生的气体通过射孔孔眼后，对预存裂缝起裂和扩展产生作用的因素有：①裂缝内爆生气体压力 $p(x, t)$；②井眼内爆生气体压力 p_b；③远场的高地应力 σ_h，σ_H。如图 8-23 所示，假定井筒周围对称分布着两条单翼裂缝(与射孔方位一致)，其中σ_H，σ_h分别表示远场最大最小地应力；$L(t)$为单边裂缝长度；$p(x,t)$为裂缝中爆生气体压力分布函数；r_b为井筒半径。

在本书的研究中，将射孔通道视为预存裂缝，多级燃速爆燃压裂气体从射孔孔眼进入预存裂缝，使裂缝继续扩展。

二、准静态裂缝扩展理论

(一)裂缝张开位移公式

裂缝内气体压力作用下，裂缝张开位移可由弹性力学理论计算出来。针对流体压力驱动裂缝，提出过一些裂缝张开位移计算式，变线弹性理论，考虑各裂缝之间相互作用，近似求解出爆生气体作用下钻孔周围岩体内星状裂缝的表面法向位移：

$$u_\theta = -\frac{\alpha\varphi}{E}\left(r\left\{p(r) + \frac{1}{r}\int_r^{L+r_b}\frac{1}{\zeta}\left[r_b p_b + \int_{r_b}^{\zeta} p(\xi)\mathrm{d}(\xi)\right]\mathrm{d}\zeta\right\}\right.$$
$$\left. + \left[r_b p_b + \int_{r_b}^{L+r_b} p(\xi)\mathrm{d}\xi\right]\right) + O(\alpha^3) \tag{8-68}$$

式中，u_θ——裂缝表面的法向位移，m；

φ——与裂缝法向向量相关的量，$\varphi=\pm1$；

2α——裂缝间的夹角，(°)；

p_b——井筒内气体压力，MPa；

$p(x)$——裂缝内气体压力，MPa。

根据射孔相位数及高埋深情况，参考式(8-68)，建立井壁裂缝张开位移计算式：

$$w = \frac{2\pi}{nE}\left(r\left\{[p(r)-\sigma] + \frac{1}{r}\int_r^{L+r_b}\frac{1}{\zeta}\left\{r_b p_b + \int_{r_b}^{\zeta}[p(\xi)-\sigma]\mathrm{d}\xi\right\}\mathrm{d}\zeta\right)\right.$$
$$\left. + \left\{r_b p_b + \int_{r_b}^{L+r_b}[p(\xi)-\sigma]\mathrm{d}\xi\right\}\right] \tag{8-69}$$

式中，n——射孔相位数，(°)；

σ——地应力值，MPa。

将式(8-69)进行整理得到

$$w = \frac{2\pi}{nE}\left[\int_r^{L+r_b}\frac{1}{\zeta}r_b p_b d\zeta + r_b p_b\right]$$
$$+ \frac{2\pi}{nE}\left[r[p(r)-\sigma] + \int_r^{L+r_b}\frac{1}{\zeta}\int_{r_b}^{\zeta}[p(\xi)-\sigma]\mathrm{d}\xi\mathrm{d}\zeta + \int_{r_b}^{L+r_b}[p(\xi)-\sigma]\mathrm{d}\xi\right] \tag{8-70}$$

式(8-69)中第一项为井筒内气体压力对裂缝张开位移的贡献，在图 8-24、图 8-25 中用w_1表示；第二项为裂缝内气体压力及地应力对裂缝张开位移的贡献，在图 8-24、图 8-15中用w_2表示。图中w_2'表示裂缝内气体压力均匀分布时得到的裂缝张开位移，其中w_2''表示裂缝内气体压力三角形分布时得到的裂缝张开位移。

当地应力 $\sigma=0$ 时，裂缝张开位移的情况见图 8-24。从图中看出，井筒内气体压力对裂缝张开位移贡献很小(小于总张开位移的 1/10)，尤其在裂缝长度较长的情况下，更是如此。

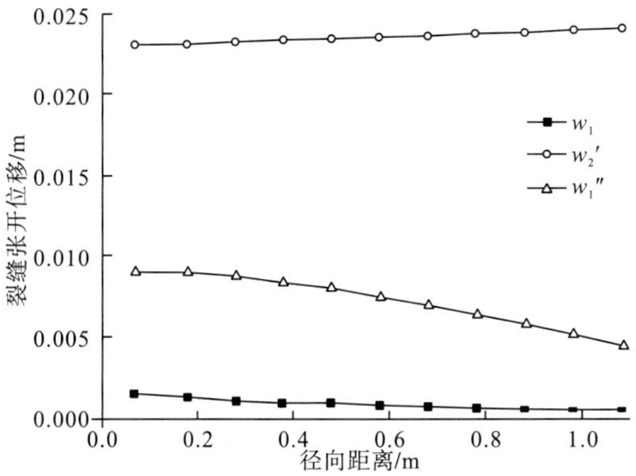

图 8-24　裂缝长度为 1m 时张开位移变化

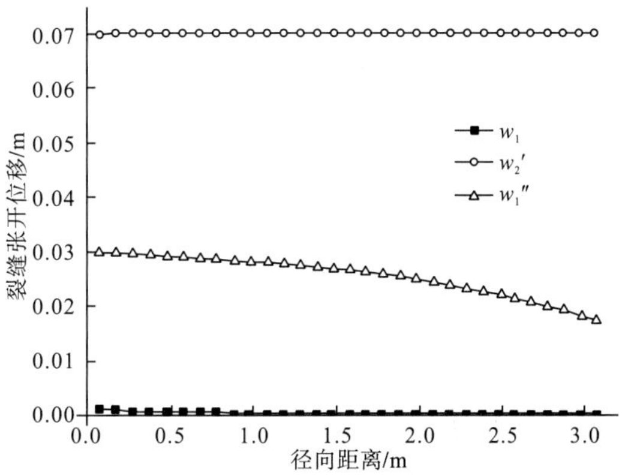

图 8-25　裂缝长度为 3m 时裂缝张开位移变化

(二)裂缝扩展判据

徐世烺等采用大型紧凑拉伸试件进行了混凝土断裂实验，从断裂过程中观测到，混凝土裂缝是先起裂，经过较长的裂缝稳定扩展阶段，最后进入失稳破坏。据此，建立了一个与 K_R 阻力曲线断裂准则等价且简单实用的双 K 断裂准则。此准则可叙述为：当裂缝应力强度因子 K 到达材料的起裂韧度 K_{IC}^{ini} 时，裂缝起裂；当裂缝应力强度因子 K 大于起裂韧度 K_{IC}^{ini} 时，裂缝处于稳定扩展阶段；而当应力强度因子达到或大于材料的等效断裂韧度值 K_{IC}^{un} 时，裂缝处于临界状态并进入不稳定扩展，即结构发生失稳断裂。

徐世烺认为，岩石半脆性材料裂缝前端断裂过程区的黏聚力导致裂缝扩展过程韧度增值，对于理想脆性材料，$K_{IC}^{ini}=K_{IC}^{un}$。

对于理想脆性材料，其裂缝扩展判据为

$$K \geqslant K_{IC}^{un} \tag{8-71}$$

应力强度因子的计算方法很多，而叠加法用于应力强度因子的计算中，往往使问题简化。本书应用叠加原理，将复杂荷载分解为单个简单荷载，将裂缝端部的应力强度因子表达为单个荷载所引起的应力强度因子的叠加。

进行各项荷载应力强度因子计算式推导时，利用无限大平板中具有长度为 2L 裂纹的应力强度因子普遍公式

$$K_I = (\pi L)^{-1/2}\int_{-L}^{L}\sigma_y(x,0)\left(\frac{L+x}{L-x}\right)^{1/2}\mathrm{d}x \tag{8-72}$$

以下将各项荷载作用下的应力强度因子分别分析计算，然后进行叠加。

1. 裂缝面多级燃速爆生气体作用下应力强度因子

参考文献 Paine(1994)，从钻孔周围星状裂缝分布分析模型中得到，在爆生气体准静态作用下裂缝体周围应力和位移的解析解。从钻孔到裂缝尖端（当 $-r_b-L<x<-r_b$，$r_b<x<r_b+L$ 时）的应力为

$$\sigma_{xx}(x,0)=-\frac{1}{x}\left[\int_{r_b}^{L+r_b}p(x,t)\mathrm{d}x\right]-\sigma_d\left(1-\frac{L+r_b}{x}\right) \tag{8-73}$$

$$\sigma_{yy}(x,0)=-p(x,t) \tag{8-74}$$

$$\sigma_{xy}(x,0)=0 \tag{8-75}$$

将裂缝壁法向应力公式(8-74)带入式(8-72)，且用 $L+r_b$ 代替 L，得到爆生气体作用下应力强度因子（该应力强度驱动裂缝扩展，因而取正值）：

$$K_I[p(x,t)]=\frac{1}{[\pi(L+r_b)]^{1/2}}\int_{-(L+r_b)}^{L+r_b}p(x,t)\left(\frac{L+r_b+x}{L+r_b-x}\right)^{1/2}\mathrm{d}x \tag{8-76}$$

式中，$p(x,t)$——裂缝面爆生气体压力分布函数。

2. 井筒内爆生气体作用下应力强度因子

井眼内爆生气体压力作用下井壁岩石受力情况，是属于圆筒埋在无限大弹性体中，受均布压力 p_b 的问题，如图 8-26 所示。分析时将水泥环和周围的岩石作为无限大弹性体，且设岩石和水泥环的弹性参数相同，为 E、μ，套管弹性参数为 E_s、μ_s，套管厚度为 δ。

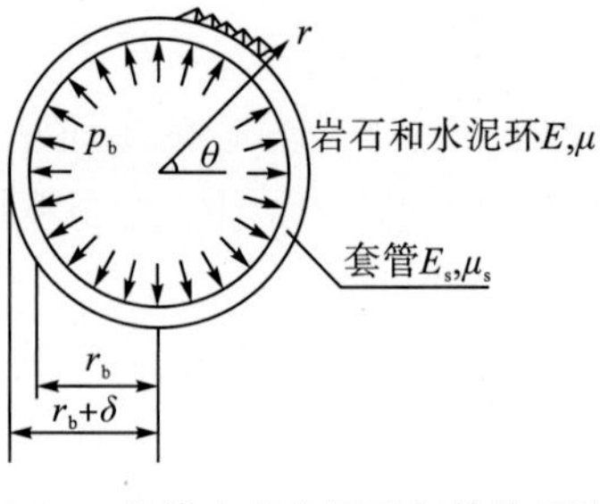

图 8-26 井筒内高能压裂气体作用模型

根据弹性力学的经典求解，得到无限弹性体（即井壁岩石）应力分量表达式：

$$\sigma_r=-\sigma_\theta'-p_b\frac{2(1-\mu_s)\eta\dfrac{(r_b+\delta)^2}{r^2}}{[1+(1-2\mu_s)\eta]\dfrac{(r_b+\delta)^2}{r^2}-(1-\eta)} \tag{8-77}$$

式中，$\eta=\dfrac{E(1+\mu_s)}{E_s(1+\mu)}$，套管的弹性模量比水泥环（或岩石）的弹性模量大 10～20 倍左右，因而 η 一般小于 0.1。

将式(8-77)代入式(8-72)，且用 $L+r_b$ 代替 L，得

$$K_I(p_b)=\frac{1}{[\pi(L+r_b)]^{1/2}}\int_{-(L+r_b)}^{L+r_b}p_b\frac{2(1-\mu_s)\eta\dfrac{(r_b+\delta)^2}{r^2}}{[1+(1-2\mu_s)\eta]\dfrac{(r_b+\delta)^2}{r^2}-(1-\eta)}\left(\frac{L+r_b+r}{L+r_b-r}\right)^{1/2}\mathrm{d}r \tag{8-78}$$

为了比较井筒内爆生气体压力作用与裂缝面爆生气体压力作用效果，取 $p_{hole}=100MPa$，$r_b=0.07m$。通过变化裂缝长度进行相应裂尖应力强度比较(假设裂缝入口处的气体压力等于套管内气体压力)。

3. 地层应力作用下应力强度因子

一般情况下地层岩石处于压应力状态，作用在地下岩石某单元体上的应力为垂向主应力 σ_z 和水平主应力 σ_h，σ_H。从各个油气田统计得出的垂向应力变化范围为

$$\sigma_z = (0.21 \sim 0.25)H \tag{8-79}$$

式中，H——地层深度，m；

σ_z——垂向主应力，kg/cm^2。

若将应力单位换算成国际单位 Pa，则式(8-79)改写成

$$\sigma_z = (21.0 \sim 25.0) \times 10^3 H \tag{8-80}$$

如果岩石处于弹性状态，岩石的水平主应力和竖向主应力之间的关系，可根据广义虎克定律求出

$$\sigma_h \text{或} \sigma_H = \frac{\mu}{1-\mu}\sigma_z \tag{8-81}$$

式中，μ——岩石的泊松比，无因次。

钻井以后，井底处的应力分布受井筒的影响，这种影响在各向同性及均质岩层中，可用弹性力学中无限大平板上钻一孔眼的理论进行分析。带圆孔的无限大板受远场应力(σ_h，σ_H)作用，圆孔周围的环向应力 σ_θ 已由 Kirsch 给出(不考虑裂纹的存在情况)：

$$\sigma_\theta(r,\theta) = \frac{1}{2}(\sigma_H+\sigma_h)\left[1+\left(\frac{r_b}{r}\right)^2\right] - \frac{1}{2}(\sigma_H-\sigma_h)\left[1+3\left(\frac{r_b}{r}\right)^4\right]\cos(2\theta) \tag{8-82}$$

当 $\sigma_h=\sigma_H=\sigma_d$ 时，则式(8-82)简化为

$$\sigma_\theta(r,\theta) = \sigma_d\left[1+\left(\frac{r_b}{r}\right)^2\right] \tag{8-83}$$

从式(8-83)可以看出，当 $r=r_b$时，$\sigma_\theta=2\sigma_d$，说明井眼壁上各点的周向应力比原地应力增大两倍，随着 r 增加，周向地应力迅速降低，大约在几个井径之后降为原地应力值。由于孔眼存在，产生了应力集中，这就是通常在液压致裂中提到地层破裂压力比延伸压力大的一个重要原因。将式(8-83)代入式(8-72)得到地层应力作用下，裂缝尖端应力强度因子为

$$K_I(\sigma_d) = \frac{\sigma_d}{[\pi(L+r_b)]^{1/2}}\int_{-(L+r_b)}^{L+r_b}\left[1+\left(\frac{r_b}{x}\right)^2\right]\left(\frac{L+r_b+x}{L+r_b-x}\right)^{1/2}dx \tag{8-84}$$

4. 应力强度因子叠加

积分时不考虑圆孔部分，因而积分区间为：$\{r_b+L, r_b\}$ 及 $\{-(r_b+L), r_b\}$，式(8-76)、式(8-78)、式(8-84)积分后叠加得到裂尖应力强度因子为

$$K_I(t) = K_I[p(x,t)] + K_I(p_b) + K_I(\sigma_d) \tag{8-85}$$

为了简化公式，进行应力强度因子计算式积分变换，若：$r_b \ll L$，设 $\theta=x/L$，即 $x=L\theta$，θ 取值范围 [0，1]，则式(8-76)变换成

$$K_I[p(x,t)] = 2\sqrt{\frac{L}{\pi}}\int_0^1 \frac{p(\theta,t)}{\sqrt{1-\theta^2}}\mathrm{d}\theta \tag{8-86}$$

如前所述，井筒内爆燃气体准静态作用忽略不计。式(8-84)变换成

$$K_I(\sigma_\mathrm{d}) = 2\sqrt{\frac{L}{\pi}}\int_0^1 \frac{\sigma_\mathrm{d}}{\sqrt{1-\theta^2}}\mathrm{d}\theta \tag{8-87}$$

则式(8-85)可改写成

$$K_I(t) = 2\sqrt{\frac{L}{\pi}}\int_0^1 \frac{p(\theta,t)-\sigma_\mathrm{d}}{\sqrt{1-\theta^2}}\mathrm{d}\theta \tag{8-88}$$

以上是以一对单翼裂缝形式得出的应力强度因子计算式，在井壁多裂缝情况下，Paine 等讨论井壁对称星状裂缝时，认为裂缝尖端应力强度因子为

$$K_I \sim 2p\sqrt{\frac{L}{n}} \tag{8-89}$$

式中，p——沿裂缝均布压力，MPa；

n——井壁径向裂缝数目。

可以看出井壁裂缝应力强度因子与裂缝条数的平方成反比，则四相位射孔多级燃速爆燃气体压裂裂缝($n=4$)尖端应力强度因子计算式由式(8-89)改写为

$$K_I(t) = \sqrt{\frac{2L}{\pi}}\int_0^1 \frac{p(\theta,t)-\sigma_\mathrm{d}}{\sqrt{1-\theta^2}}\mathrm{d}\theta \tag{8-90}$$

(三)裂缝扩展速度确定

1. 裂缝扩展速度计算公式

断裂力学的能量平衡理论认为，如果应变能释放率等于形成新表面所需要吸收的能量率，则裂纹达到临界状态；如果应变能释放率小于吸收的能量率，则裂纹稳定；如果应变能释放率大于吸收的能量率，则裂纹不稳定——即称为 G 准则。对于线弹性断裂力学问题，G 准则和 K 准则得到的结果是完全相同的。

$$\dot{L} = \begin{cases} 0, G_\mathrm{I} < G_\mathrm{IC} \\ V_{\max}\left(1-\dfrac{G_\mathrm{IC}}{G_\mathrm{I}}\right), G_\mathrm{I} \geqslant G_\mathrm{IC} \end{cases} \tag{8-91}$$

式中，G_I——裂尖能量释放率，$\mathrm{N \cdot m^{-1}}$，;

G_IC——能量释放率的临界值(即裂缝扩展阻力)，$\mathrm{N \cdot m^{-1}}$；

$V_{\max}$—岩石裂缝扩展速度最大值，m/s。

针对裂缝扩展速度最大值，Mott 研究认为当荷载加载到 Griffith 极限状态时，得出 $V_{\max}=0.38C_\mathrm{p}$，式中 C_p 为岩石介质的纵波波速；Stroh 提出，裂缝扩展极限速度为瑞利波波速，$V_{\max}=C_\mathrm{r}$，式中 C_r 是瑞利波波速，其值取决于材料的泊松比，$C_\mathrm{r}=(0.54\sim0.62)C_\mathrm{p}$，泊松比等于 0.25 时，$C_\mathrm{r}=0.58C_\mathrm{p}$。

国内有学者用大理岩、水泥砂浆等试件进行裂缝扩展速度研究，实验结果都比

Mott、Stroh 的理论预测值小得多，一般 $V_{max}=(0.26\sim0.29)C_p$，或 $V_{max}=(0.46\sim0.48)C_r$。

根据前述情况，本书取裂缝扩展速度最大值为

$$V_{max}=\frac{C_r}{2} \tag{8-92}$$

2. 气体驱动裂缝尖端能量释放率求解 $T_yT_xT_{xy}$

在线弹性材料中，能量释放率 G_I 和 J 积分是等价的，即均代表裂缝扩展过程中单位面积能量释放率，因而可以通过 J 积分式得到能量释放率 G_I。J 积分为

$$J=\int_{\Gamma}\left\{W_e n_x - T_i\frac{\partial u_i}{\partial x}\right\}\mathrm{d}\Gamma \tag{8-93}$$

式中，Γ——绕裂尖区域任意积分路线，无因次；

W_e——应变能密度，J/m^3；

T_i——外应力矢量分量，无因次；

n_x——积分路线外法向的 x 坐标分量，无因次。

裂缝尖端 J 积分回路如图 8-27 所示。

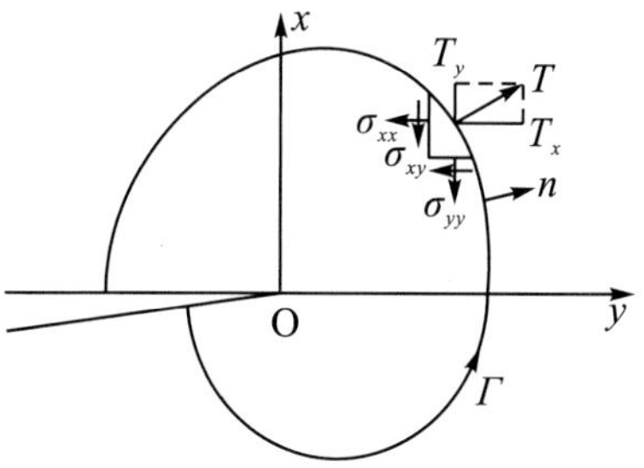

图 8-27　裂缝尖端 J 积分回路

式(8-93)由两项积分项组成，即应变能积分项和外应力矢量积分项，以下分别介绍对两项积分项的求解。

1)应变能积分项

应变能密度计算为式

$$W_e=\int_0^{\varepsilon_{ij}}\sigma_{ij}\mathrm{d}\varepsilon_{ij}=\frac{1}{2}\sigma_{ij}\varepsilon_{ij}=\frac{1}{2E_1}\left[\sigma_{xx}^2+\sigma_{yy}^2-2\mu_1\sigma_{xx}\sigma_{yy}+2(1+\mu_1)\sigma_{xy}^2\right] \tag{8-94}$$

平面应力问题：$\mu_1=\mu$，$E_1=E$；

平面应变问题：$\mu_1=\dfrac{\mu}{1-\mu}$，$E_1=\dfrac{E}{(1-\mu^2)}$。

引用准静态加载条件下，线弹性断裂力学推出的Ⅰ型 Griffith 裂缝尖端的应力渐进场

$$\sigma_{xx}(r_1,\theta_1)=\frac{K_1}{\sqrt{2\pi r_1}}\cos\frac{\theta_1}{2}\left(1-\sin\frac{\theta_1}{2}\sin\frac{3\theta_1}{2}\right) \tag{8-95}$$

$$\sigma_{yy}(r_1,\theta_1)=\frac{K_1}{\sqrt{2\pi r_1}}\cos\frac{\theta_1}{2}\left(1+\sin\frac{\theta_1}{2}\sin\frac{3\theta_1}{2}\right) \tag{8-96}$$

$$\sigma_{xy}(r_1,\theta_1)=\frac{K_1}{\sqrt{2\pi r_1}}\cos\frac{\theta_1}{2}\sin\frac{\theta_1}{2}\sin\frac{3\theta_1}{2} \tag{8-97}$$

式中，(r_1,θ_1)——坐标原点设在裂缝顶端的极坐标。

将裂缝尖端应力场公式(8-95)～式(8-97)代入式(8-94)得

$$W_e=\frac{K_1}{2\pi rE_1}\cos^2\frac{\theta_1}{2}\left[(1-\mu_1)+(1+\mu_1)\sin^2\frac{\theta_1}{2}\right] \tag{8-98}$$

$$\int_\Gamma W_e n_x \mathrm{d}s=\int_{-\pi}^{\pi}W_e r_1\cos\theta_1\mathrm{d}\theta_1=\frac{(1-\mu_1)K_1^2}{4E_1}=\frac{(1+\mu)(1-2\mu)}{4E}K_1^2 \tag{8-99}$$

2)外应力矢量积分项

外应力矢量计算式为

$$\begin{cases}T_x=\sigma_{xx}n_x+\sigma_{xy}n_y\\ T_y=\sigma_{yx}n_x+\sigma_{yy}n_y\end{cases} \tag{8-100}$$

引用在准静态加载条件下，线弹性断裂力学推出的Ⅰ型Griffith裂缝尖端的位移渐进场：

$$u_x(r_1,\theta_1)=\frac{K_I}{4G}\sqrt{\frac{r_1}{2\pi}}\left[(2k-1)\cos\frac{\theta_1}{2}-\cos\frac{3\theta_1}{2}\right] \tag{8-101}$$

$$u_y(r_1,\theta_1)=\frac{K_I}{4G}\sqrt{\frac{r_1}{2\pi}}\left[(2k+1)\sin\frac{\theta_1}{2}-\sin\frac{3\theta_1}{2}\right] \tag{8-102}$$

其中，(r_1,θ_1)——坐标原点设在裂缝顶端的极坐标；

$G=E/2(1+\mu)$——剪切模量，MPa；

E——弹性模量，MPa；

μ——泊松比/无因次；

平面应变状态下 $k=(3-4\mu)$。

根据裂缝尖端位移场公式(8-101)和式(8-102)得

$$\begin{aligned}\frac{\partial u_x}{\partial x}&=\cos\theta\frac{\partial u_x}{\partial r}-\frac{\sin\theta}{r}\frac{\partial u_x}{\partial\theta}\\&=\frac{K_I}{2G\sqrt{2\pi r}}\left[(1-2\mu)\cos\frac{\theta}{2}-\frac{1}{2}\cos\frac{\theta}{2}+\frac{1}{2}\sin\theta\sin\frac{\theta}{2}+\frac{1}{2}\cos\frac{\theta}{2}\cos(2\theta)\right]\end{aligned} \tag{8-103}$$

$$\begin{aligned}\frac{\partial u_y}{\partial x}&=\cos\theta\frac{\partial u_y}{\partial r}-\frac{\sin\theta}{r}\frac{\partial u_y}{\partial\theta}\\&=\frac{K_I}{2G\sqrt{2\pi r}}\left[(2-2\mu)\sin\frac{\theta}{2}-\frac{1}{4}\sin\theta\cos\frac{\theta}{2}+\sin\theta\cos^2\frac{\theta}{2}-\sin\frac{\theta}{2}\sin^2\theta\right]\end{aligned} \tag{8-104}$$

将式(8-103)和式(8-104)代入沿 Γ 的积分式，得

$$\int_\Gamma T_i\frac{\partial \mathrm{u}_i}{\partial_x}\mathrm{d}s=\int_{-\pi}^{\pi}\left(T_x\frac{\partial u_\mathrm{x}}{\partial x}+T_y\frac{\partial u_\mathrm{y}}{\partial x}\right)r\mathrm{d}\theta=\frac{(1+\mu)(3-2\mu)}{4E}K_I^2 \tag{8-105}$$

3)积分叠加

能量释放率由式(8-99)和式(8-105)相加得

$$G_{\mathrm{I}} = J = \frac{k+1}{8G}K_{\mathrm{I}}^2 \tag{8-106}$$

值得注意的是，油井井壁裂缝扩展阻力主要来自地层应力，而断裂韧性与之相比几乎趋于零，因此在计算能量释放率时中用到的 K_{I} 不包含地层应力项，而裂缝扩展阻力计算中纳入地层应力项

$$G_{\mathrm{IC}} = \frac{k+1}{8G}[K_{\mathrm{I}}(\sigma_d) + K_{\mathrm{IC}}]^2 \tag{8-107}$$

从而更能体现荷载变化对裂缝扩展速度的影响。

(四)爆燃气体流动和裂缝扩展耦合求解

初始裂缝形态由射孔弹金属流射孔决定。将射孔弹射孔穿深视为初始裂缝长度，初始裂缝宽度则由射孔通道与裂缝面积等效方法得到，如图 8-28 所示。

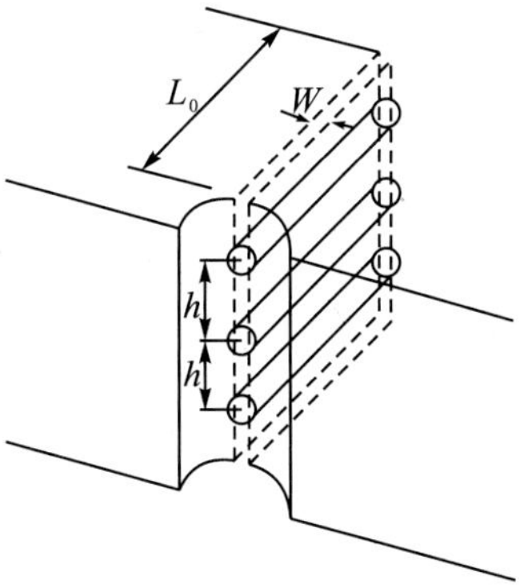

图 8-28　等效初始缝宽示意图

初始的等效缝宽为

$$w_0 = \frac{\pi r_s^2}{h} \tag{8-108}$$

式中，r_s——射孔半径，m；

h——同一相位射孔间距，m。

在对每个时步进行分析时，根据上一节分析的气体压力分布，进行裂缝尖端应力分析，再根据应力强度因子确定裂尖能量释放率，然后分析确定裂缝扩展速度，及该时步裂缝扩展量，最后确定裂缝张开位移。分析程序框图如图 8-29 所示。

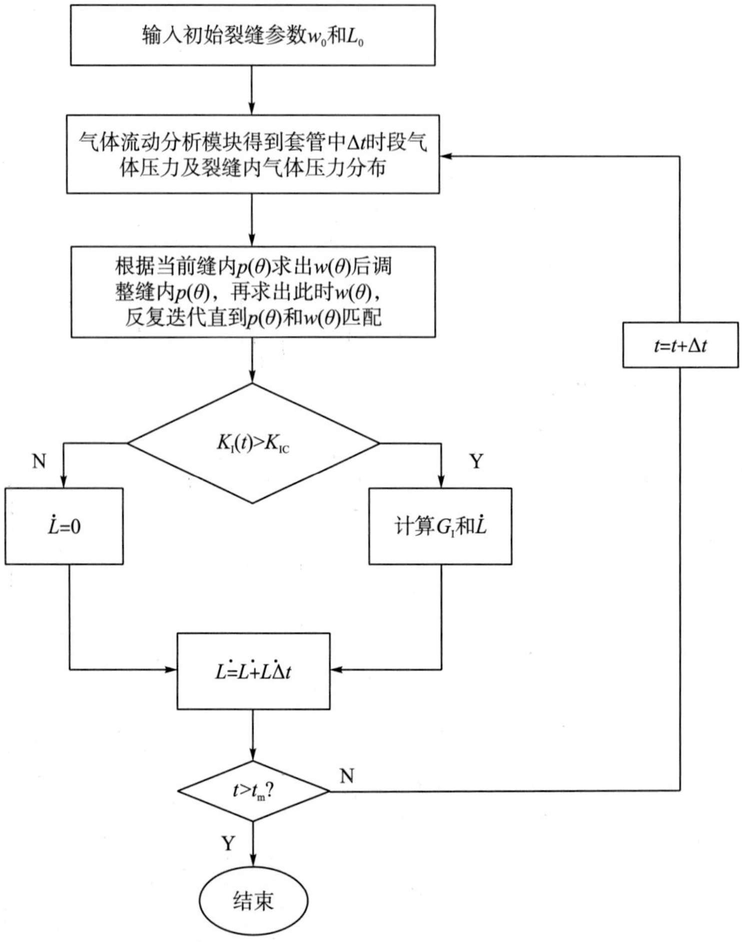

图 8-29 耦合求解程序框图

(五)深层高温高压气藏算例分析

多级燃速可控诱导压裂在深层高温高压气藏实施过程中，涉及相关因素很多，可以归为 4 大类：枪身及压裂药相关参数、井筒相关参数、地层相关参数以及气体相关参数，见表 8-15。

表 8-15 算例分析基本资料

射孔枪及压裂药相关参数	
射孔弹爆轰压力特性见表 8-12 中复合药一栏	
爆燃气体压力特性见表 8-12 中活性药一栏	
枪内温度	1 000 K
射孔枪外径	102mm
孔密	10 孔/m
射孔孔径	10mm

续表

井筒内相关参数		
	套管内径 140mm	
	套管壁厚 8mm	
	水泥环厚 50mm	
地层参数		
	剪切模量	3 GPa
	泊松比	0.3
	岩石密度	2 500kg/m^3
	地应力	25MPa
	表面粗糙度	400μm
	介质温度	350 K
	渗透率	$10^{-15}m^2$
	空隙率	0.15
	断裂韧性	0.8MPa · $m^{\frac{1}{2}}$
	导热系数	3.0
	热扩散系数 $\alpha=\frac{k}{\rho c}$，c=1 000J/(kg · ℃)为比热容	
气体特性		
气体分子量	24kg/moL	
比热比	1.4	
比热容	1 400 J/(kg · K)	

在本章第五节裂缝内 4 参数气体压力函数讨论中，设定其中两个参数的值，剩下两个不确定参数 $p(0)$和 m。裂缝中气体质量相同的情况下，取不同的压力分布函数参数，可以得到如下不同裂缝面压力分布。假如沿裂缝气体温度不变，则式(8-46)改写为

$$M_{\text{frac}}=\frac{Lh}{RT}\int_0^1 P(0)\ (1-\theta)^m w(\theta)\mathrm{d}\theta \tag{8-109}$$

若裂缝张开位移沿裂缝不变化，其压力分布计算结果见图 8-30～图 8-32。

从图 8-30 中看出，裂缝内气体质量相同时，均布气体压力情况下裂缝尖端的应力强度因子最大，即压力分布函数参数 m 越大，裂缝扩展力越小。Nilson(1985)在气体驱动裂缝扩展的研究中，用瞬间升压模型模拟井筒中爆燃气体，用质量、动量和能量方程描述裂缝中气体流动得到如下结论：在裂缝扩展早期气体未进入裂尖区域，且沿裂缝气体压力梯度较明显，而到中后期缝内气体压力分布趋于均匀。

从图 8-32 与图 8-30 的比较中看出，裂缝张开位移沿裂缝分布与裂缝内气体压力分布类似，裂缝张开位移与裂缝内气体压力分布密切相关，即局部压力大时，裂缝张开就大，局部压力小时，裂缝张开就小。这个现象为以后在地面靶实验或其他现场施工裂缝形态推测裂缝内气体压力分布提供了依据。

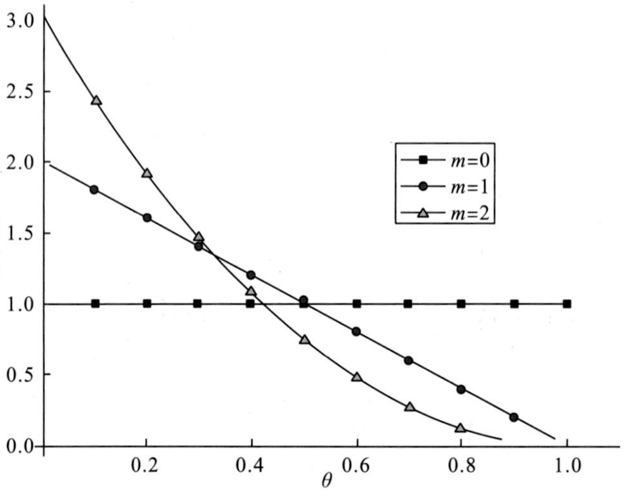

图 8-30 不同 m 取值下裂缝内气体压力分布

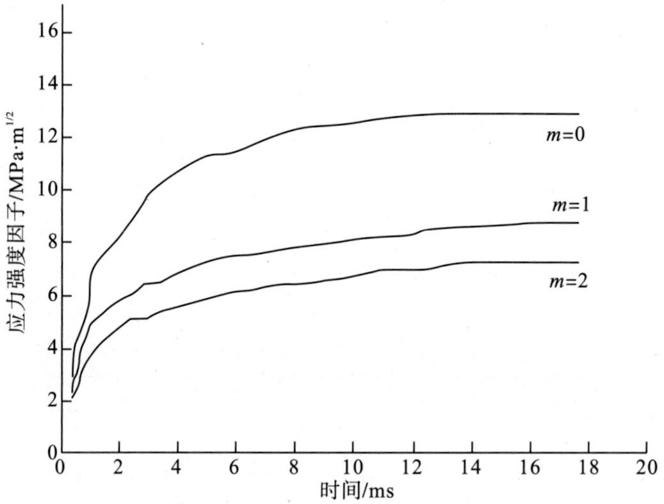

图 8-31 不同 m 取值下裂尖应力强度因子随时间变化

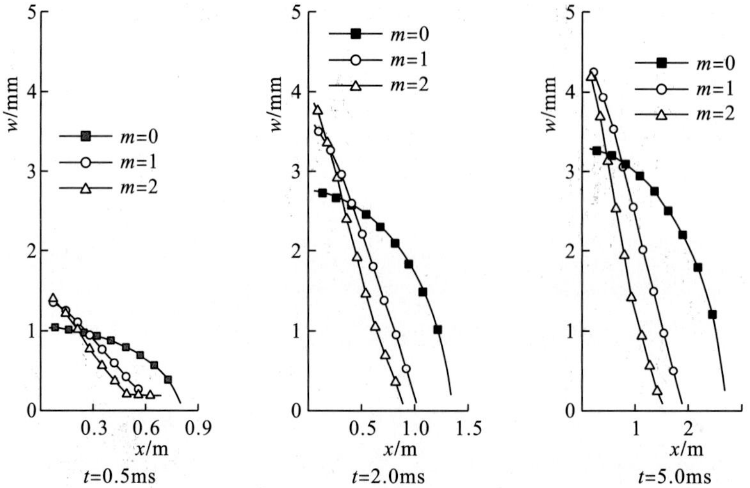

图 8-32 在不同时间下不同 m 取值下裂缝张开位移沿裂缝的分布

三、动态裂缝扩展理论

多级燃速气体加载压裂驱动裂缝扩展是裂缝快速扩展问题(或运动裂缝问题)。英国物理学家 Mott 第一次对裂缝快速扩展的扩展速度做定量分析，他在 1948 年推广了 Griffith 理论，将动能考虑进去，得到动态裂缝扩展规律。但 Griffith 理论是针对一个裂缝长度为 2a 的无限大板(单位厚度)，在无穷远处承受均匀拉伸应力 σ 作用的理想模型。本书基于 Mott 的量纲分析法，考虑裂尖动态响应情况，分析爆燃气体劈裂作用下裂缝起裂和扩展。做了如下假定：

(1)围绕裂缝尖端区域的应力场和位移场可由弹性理论方程确定；

(2)裂缝扩展阻力不随裂缝扩展速度变化而变化。

(一)井壁裂缝体能量方程

考虑包含单裂纹的弹性体，推广 Griffith 能量平衡理论，可以得

$$\Delta W = \Delta U_e + \Delta W_S \tag{8-110}$$

式中，ΔW——外力所做的功，J；

ΔU_e——弹性应变能增量，J；

ΔW_S——分离功，J。

即外力所做的功等于弹性应变能增量与分离功之和(分离功等于释放的能量，在 Griffith 断裂理论中用于裂缝扩展 Δa 时形成新的表面能)。

油气井爆生气体劈裂作用下运动裂纹与稳定裂纹的不同在于要考虑惯性效应，裂纹的动能是惯性效应的一个表现。因而在裂缝扩展过程中，如图 8-33，裂缝体的能量平衡可写为

$$\Delta W = \Delta U_e + \Delta W_S + \Delta E_k \tag{8-111}$$

式中，ΔE_k——动能增量。

则能量释放率(G_I)为

$$G_I = \frac{\Delta W_s}{\Delta a} = \frac{\Delta W - \Delta U_e - \Delta E_k}{\Delta a} \tag{8-112}$$

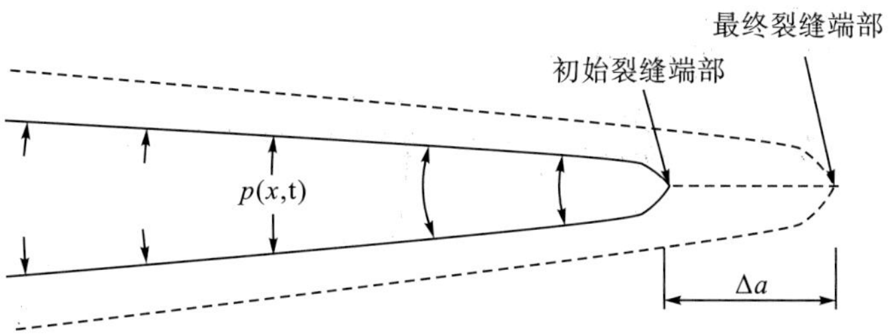

图 8-33　爆燃气体加载压裂作用示意图

裂缝体受气体加载压裂作用时，若能量释放率G_{I}大于裂缝扩展阻力R，则裂缝起裂扩展。在气体劈裂过程中，外力所做的功可表示为

$$\Delta W = 2\int_{L}\left\{\int_{a}^{a+\Delta a} p(x,t)\mathrm{d}u_{y}(x,0)\right\}\mathrm{d}x \tag{8-113}$$

式中，a——裂缝扩展前状态，m；

$a+\Delta a$——裂缝扩展了Δa后状态，m；

$p(x,\ t)$——x位置t时刻气体压力，MPa；

$u_{y}(x,\ 0)$——裂缝壁x位置y方向位移矢量，无因次；

L——当前裂缝总长，m。

由动态裂纹应变能公式

$$U_{\mathrm{e}} = \int_{-a}^{a}\sigma_{yy}(x,0)u_{y}(x,0)\mathrm{d}x \tag{8-114}$$

得出应变能增量的公式

$$\Delta U_{\mathrm{e}} = 2\int_{L}\left\{\int_{a}^{a+\Delta a}\sigma_{yy}(x,0)\mathrm{d}u_{y}(x,0)\right\}\mathrm{d}x \tag{8-115}$$

裂缝起裂前，裂缝尖端动能增量$\Delta E_{K}=0$，下节将单独讨论在裂缝扩展过程中ΔE_{K}的计算。气体加载劈裂作用引用Yoffe对动态裂纹的数学解，动态能量释放率为

$$G_{\mathrm{I}}(t) = A(t)\frac{1-v^{2}}{E}K_{\mathrm{I}}^{2}(t) \tag{8-116}$$

其中，$A(t) = \dfrac{\alpha_{1}(\alpha_{2}^{2}-1)}{(1-v)[(1+\alpha_{2}^{2})^{2}-4\alpha_{1}\alpha_{2}]}$；$\alpha_{1} = (1-\dot{a}^{2}/C_{p}^{2})^{1/2}$；$\alpha_{2} = (1-\dot{a}^{2}/C_{\mathrm{S}}^{2})^{1/2}$

式中，$A(t)$——一个普遍有效地裂纹速度因子；

$\dot{a}$——裂缝扩展速度，m/s；

C_{p}——岩石纵波波速，m/s；

C_{s}——横波波速，m/s；

应力强度因子$K_{I}(t)$子可通过裂缝面法向应力分布得到，具体计算公式见本章第五节。

（二）动能增量近似计算

气体劈裂作用下，裂缝顶端附近的位移场式(8-101)和式(8-102)可改写成为如下形式：

$$\begin{cases} u_{x}(t) \approx \dfrac{K_{\mathrm{I}}(t)}{E}\sqrt{r}f_{1}(\theta) \\ u_{y}(t) \approx \dfrac{K_{\mathrm{I}}(t)}{E}\sqrt{r}f_{2}(\theta) \end{cases} \tag{8-117}$$

根据式(8-85)～式(8-90)，裂尖应力强度因子可简写成

$$K_{\mathrm{I}}(t) \approx 2\frac{p(x,t)-\sigma_{\mathrm{d}}}{\pi}\sqrt{\pi a} \tag{8-118}$$

从量纲上分析，$r \propto a$，所以式(8-117)可表示为

$$\begin{cases} u_x(t) = c_1[p(x,t) - \sigma_d]a/E \\ u_x(t) = c_2[p(x,t) - \sigma_d]a/E \end{cases} \tag{8-119}$$

式中只有 $p(x, t)$、a 与时间相关，对 t 求导得

$$\begin{cases} \dot{u}_x(t) = c_1[p(x,t) - \sigma_d]\dot{a}/E + c_1\dot{p}(x,t)a/E \\ \dot{u}_y(t) = c_2[p(x,t) - \sigma_d]\dot{a}/E + c_2\dot{p}(x,t)a/E \end{cases} \tag{8-120}$$

将上式代入动能计算公式

$$E_k(t) = \frac{1}{2}\rho\iint_\Omega[\dot{u}_x^2(t) + \dot{u}_y^2(t)]\mathrm{d}x\mathrm{d}y \tag{8-121}$$

得

$$E_k(t) = \frac{1}{2}\rho\frac{\{[p(x,t) - \sigma_d]\dot{a} + \dot{p}(x,t)a\}^2}{E^2}\iint_\Omega(c_1^2 + c_2^2)\mathrm{d}x\mathrm{d}y \tag{8-122}$$

式中，Ω 的面积具有与 a 相同的量纲。则上式写为

$$E_k(t) = \frac{1}{2}K\rho a^2\{[p(x,t) - \sigma_d]\dot{a} + \dot{p}(x,t)a\}^2/E^2 \tag{8-123}$$

$$\Delta E_k = E_k(t) - E_k(t - \Delta t) \tag{8-124}$$

式中，K 可由$\sqrt{\frac{2\pi}{k}}=0.38$ 确定。参考 Mott 等对平板中心裂纹动能的研究认为，气体升压过程和降压过程中的压力变化率对动能的影响相同，因而式(8-123)中 $\dot{p}(x, t)$取绝对值。

将式(8-113)、式(8-114)和式(8-124)代入式(8-112)，在一定的气体压力劈裂作用下(即，$\dot{p}(x, t)$和 $p(x, t)$已知情况下)，只有裂缝扩展速度 $\dot{a}$ 是未知量，因而在离散时间计算时，每一时刻可通过代入初始裂缝扩展速度后进行迭代求解，得到当前时刻裂缝扩展速度。

(三)计算实例分析

算例分析的相关参数如下：井眼半径 r_b=0.12m，岩石弹性模量 E=12 GPa，泊松比 ν=0.2，地应力为 σ_d=25MPa，初始裂缝长度 a_0=0.08m。气体压力曲线见图 8-34，气体压力曲线采用多级和单级气体压力脉冲。在计算中认为，气体沿裂缝均匀分布。在分析过程中采用时步 Δt=0.01ms，得到裂缝扩展结果见图 8-35。

从图 8-35、图 8-36 中可以看出：多级燃速可控诱导压裂在裂缝延伸时间、延伸速度和最终裂缝长度上要明显优于单脉冲高能气体压裂；考虑裂尖动态响应时裂缝扩展速度要比准静态分析得到的裂缝扩展速度小得多，因而得到最终的裂缝扩展长度也较短。

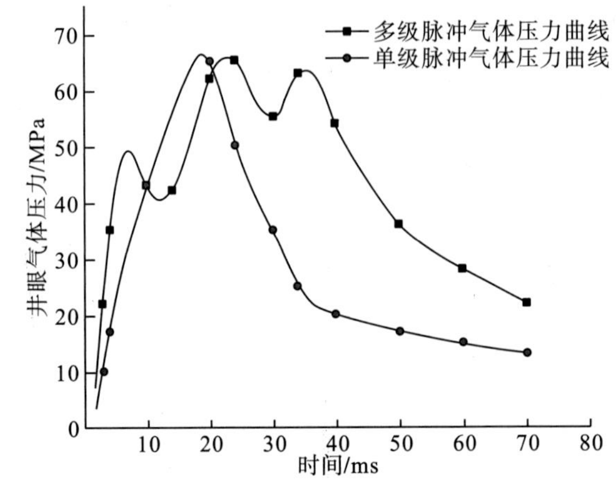

图 8-34 爆燃气体压力曲线形状

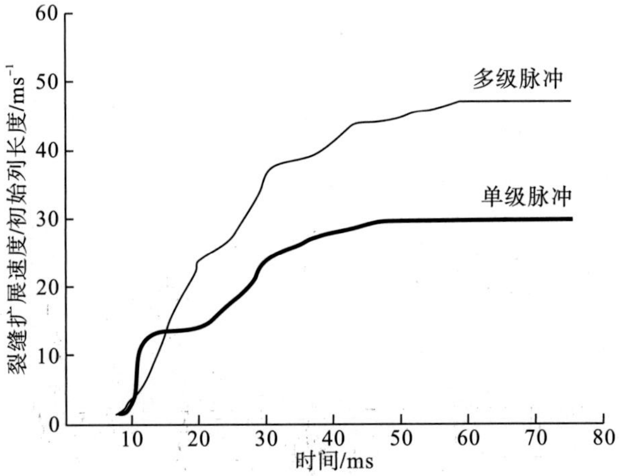

图 8-35 考虑动态响应爆燃气体驱动裂缝的扩展结果

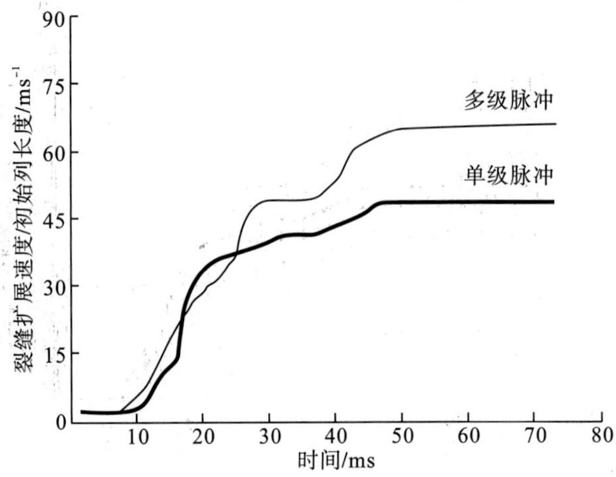

图 8-36 准静态爆燃气体驱动裂缝扩展结果

第七节　影响多级燃速可控爆燃诱导影响因素分析

井下地层裂缝延伸长度是影响深层气井增产率的最主要因素。而影响地层压裂裂缝长度的主要参数有：

(1)储层埋深。国内外爆燃气体压裂多用于2 000～2 500m，而国内深层气藏埋深一般为3 000～6 000m。

(2)岩层性质。主要针对岩层力学性质，如弹性模量、断裂韧度，讨论对压裂效果的影响。

(3)射孔穿深。据统计，一般的射孔穿深为 0.3m 左右，若采用聚能射孔的方法，将射孔穿深可以提高到 0.7m。

(4)爆燃气体压力上升速度。由于井下压力峰值受到限制，压力上升速度不宜过快。

(5)装药类型及装药量。国内外爆燃气体压裂装置装药类型多样，仅针对多级燃速可控爆燃气体压裂装药形式(即第一级压裂火药装在射孔枪内射孔弹之间的空隙内，射孔枪下挂第二、第三级压裂火药)进行分析。

因第二、第三级压裂火药与第一级压裂药在地层作用效果上具有相似的性质，主要针对第一级压裂药，通过变化某一参数取值进行方案分析，来研究以上各参数对地层压裂效果的影响。各参数的数值优化设计方案见表 8-16。

表 8-16　深层气藏压裂数值优化设计方案

影响因素	取值		
	方案 1	方案 2	方案 3
埋深/m	300	4 500	6 000
弹性模量/GPa	10	20	30
断裂韧性/($MPa \cdot m^{1/2}$)	0.617	1.234	2.468
射孔穿深/m	0.2	0.45	0.7
升压率/($MPa \cdot s^{-1}$)	5.15×10^4	8.75×10^4	1.45×10^6
装药量/(g·发$^{-1}$)	12.75	25	50

多级燃速爆燃气体诱导压裂优化设计主要思路：

(1)分析中地应力作为初始应力场，在爆燃气体驱动下裂缝扩展的方向保持在初始裂缝方向。

(2)采用能反映升压率、持压时间压力曲线函数模拟井筒内爆燃气体压力历程。

(3)将射孔通道视为初始裂缝形态，即将孔径转换成等效裂缝宽度，孔深作为初始裂缝长度，在此基础上进行爆燃气体驱动裂缝扩展分析。

一、储层埋深

压裂后地层中出现何种类型的裂缝，取决于地应力的方向和大小，本书分析均认为，水平主应力小于垂直主应力时地层中形成垂直裂缝。水平主应力与垂直主应力二者间的关系参见式(8-81)。下面采用6种水平主应力考察地应力对地层压裂的影响。某深层气藏储层埋深、垂直主应力以及水平主应力的关系见表8-17。不同储层埋深情况下，地层压裂过程中裂缝扩展情况见图8-37。

表8-17 某深层储层埋深、垂直主应力和水平主应力的关系

埋深/m	3 000	4 000	4 500	5 000	5 500	6 000
垂直主应力/MPa	75	100	112.5	125	137.5	150
水平主应力/MPa	66	88	99	110	121	132

注：设岩层的泊松比0.25。

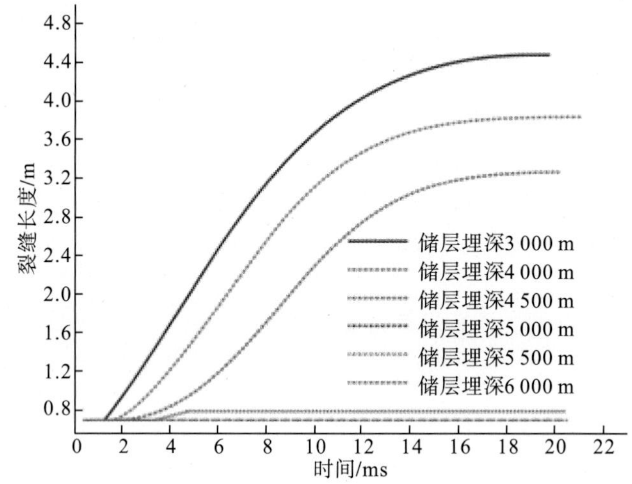

图8-37 不同储层埋深情况下裂缝扩展长度随时间的变化

从图8-37中看出，在相同爆燃气体压力作用下，随着储层埋深增大，裂缝起裂越晚，当储层埋深达到5 500m时，在当前爆燃气体压力作用下始终没有起裂。将储层埋深与相应起裂时间汇总于表8-18。

表8-18 储层埋深与起裂时间对应表

储层埋深/m	3 000	4 000	4 500	5 000	5 500	6 000
起裂时间/ms	1.25	1.75	1.96	2.36	—	—

从表8-18中看出，当储层埋深增加时，起裂时间几乎同比例增加。由于爆燃气体持压时间一定，起裂越晚，有效致裂作用时间越短，则最终裂缝扩展长度就越短。

从图8-37中同样看出，裂缝起裂后，迅速进入极限速度裂缝扩展阶段(除了大于等于5 000m高埋深情况)，之后随着缝内爆燃气体压力衰减，扩展速度下降，直至裂缝止裂。不同储层埋深情况下，最终裂缝扩展长度统计见表 8-19。

表 8-19　不同储层埋深情况下的最终裂缝扩展长度

储层埋深/m	3 000	4 000	4 500	5 000	5 500	6 000
裂缝长度/m	4.63	3.86	3.20	0.74	0.45	0.45

从表 8-19 中的数据看出，随着储层埋深增加，裂缝最终扩展长度显著下降，即地层应力对地层压裂制约作用越来越明显。埋深较浅的情况下（小于4 500m），地层埋深增加 1 000m，裂缝扩展长度减短 40%左右。

以上分析结果表明，克服地应力是压裂能否成功的关键。在裂缝尖端断裂韧度不为 0 的情况下，裂缝内气体压力大于地应力才可能使裂缝扩展。为了更清楚反映裂缝内气体驱动作用下的裂缝扩展过程，将以上 6 种埋深情况下的裂缝内气体压力随时间的变化绘于图 8-38 中。

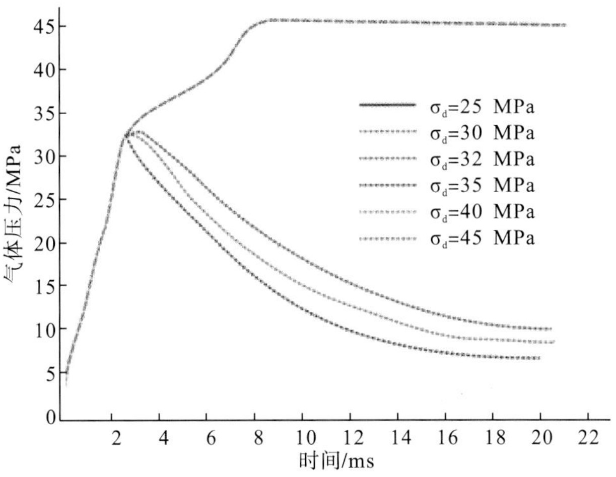

图 8-38　不同埋深情况下裂缝内气体压力随时间的变化

从图 8-38 中看出，裂缝起裂时，裂缝内的气体压力远高于岩体周围地应力，这与以准静态作用机理的水压致裂有很大差别；而维持裂缝持续扩展的裂缝内气体压力则相对较小，其值与岩体周围地应力值接近。储层埋深较高（地应力较高）的情况下，在给定的爆燃气体压力作用下，裂缝内气体压力没有达到裂缝起裂条件，缝内气体压力仅仅使裂缝宽度增加，而没有增加裂缝长度。从以上分析得出，要提高地层压裂效果，首先要使裂缝内气体压力达到起裂条件。

二、岩层性质

岩石的破坏方式主要有两种：一种是岩石变形很小时，由弹性变形直接发展为急剧、迅速的破坏；另一种是岩石在发生较大的永久变形后导致破坏的情况，或岩石在应力作用下应变持续不断增长而不出现破裂。岩石的破坏形式与其材料特性密切相关，美国气体研究所在人造岩石三维应力状况下进行了八十多次系列实验，得出结论：裂缝长度与岩石的杨氏模数成正比。为了进一步研究岩石参数对压裂的影响，给出了不同岩石弹性模量和断裂韧度下层压裂结果，见图 8-39～图 8-41。

从图 8-39 和 8-40 中看出，岩层弹性模量越大裂缝张开位移越小，而裂缝扩展速度却越快。这与岩石破坏形式的论述保持一致。值得注意的是在岩层弹性模量较小的情况下(小于 10 GPa)，则裂缝不能延伸，裂缝内气体压力作用只是将裂缝宽度增大。可以看出岩层弹性模量越低，压裂效果越差。当弹性模量降低 10 GPa，裂缝扩展长度减短 30%左右。

图 8-39 同样反映出，在裂缝不扩展的情况下，裂缝张开位移随时间变化曲线较光滑(见图 8-39 中 E=10 GPa 曲线)；而在裂缝扩展过程中，裂缝张开位移有明显的震荡现象(见图 8-39 中 E=20 GPa 曲线)，即裂缝扩展过程带来的动态效应非常明显，进一步说明了气体驱动裂缝扩展过程考虑动态响应的必要性。

从图 8-41 中看出，地层断裂韧度对压裂过程中裂缝扩展长度几乎无影响。这是因为在地层埋深较大(35 000m 以上)的情况下，地应力是地层压裂的主要障碍，断裂韧度则可忽略不计。这也正是许多学者在研究爆燃气体致裂作用准静态分析中，设定断裂韧度为 0 的原因。

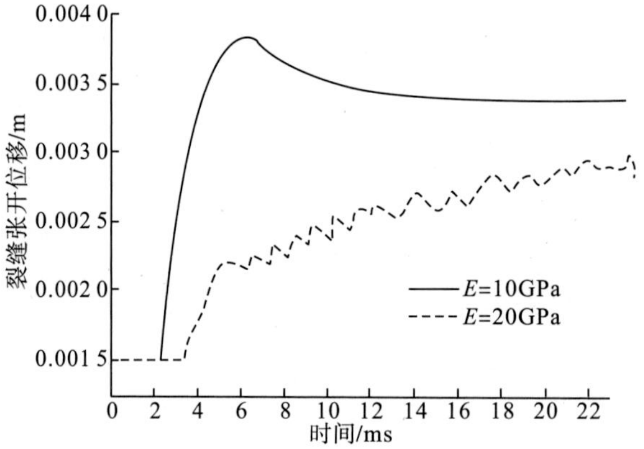

图 8-39 不同岩层弹性模量下裂缝张开位移随时间的变化

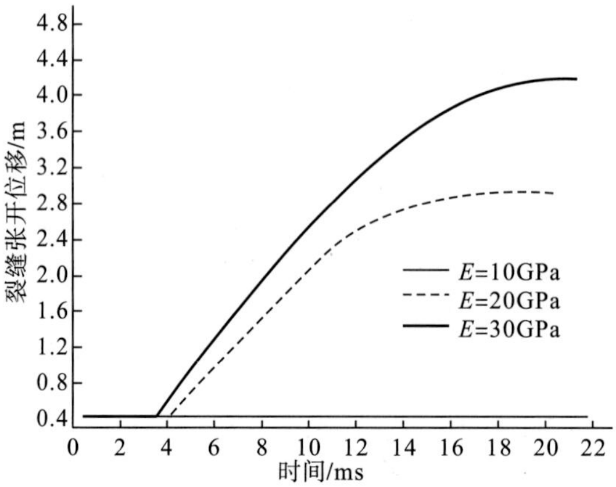

图 8-40 不同岩层弹性模量下裂缝扩展长度随时间的变化

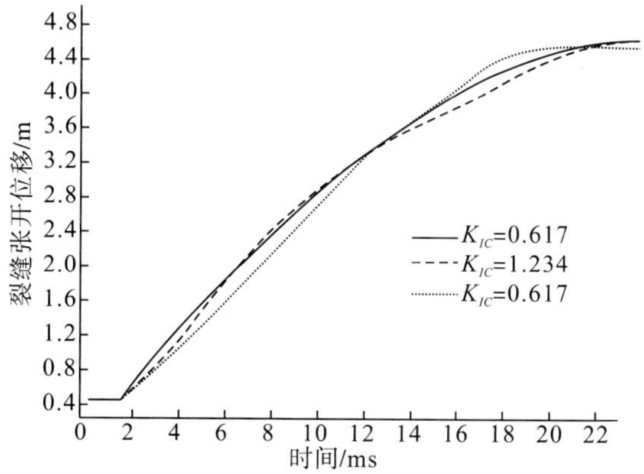

图 8-41　不同岩层断裂韧度下裂缝扩展长度随时间的变化

通过分析深层不同地层条件下和不同地层材料特性下裂缝扩展的情况可知。针对具体地层条件和地层力学特性的情况，要改善压裂效果，则需要研究多级燃速可控爆燃气体压裂技术相关参数对地层压裂效果的影响。以下着重讨论爆燃气体升压率、推进剂装药量以及射孔穿深 3 个因素对压裂效果的影响。

三、爆燃气体升压率

如前所述，爆燃气体持压时间有限，裂缝起裂时间在很大程度上决定了有效致裂作用时间，在储层条件一定的情况下，爆燃气体升压速率是影响裂缝起裂的关键因素。以下在第一级推进剂装药量一定的情况下，采用三种爆燃气体升压历程曲线 1～3(图 8-42)，作为井下地层压裂模拟初始条件，得到的裂缝扩展结果见表 8-20。

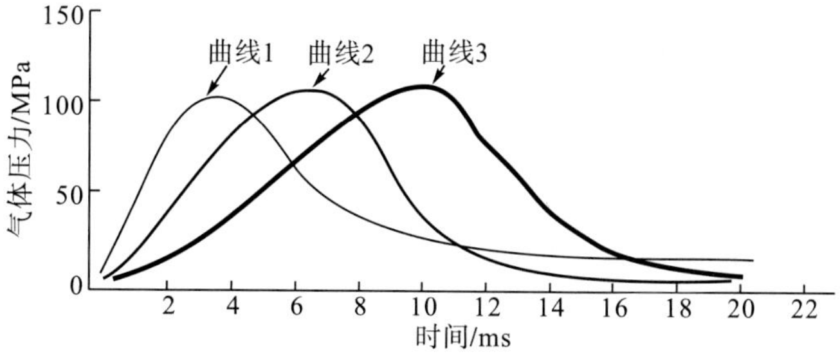

图 8-42　三种爆燃气体压力历程曲线

表 8-20　爆燃气体升压率与裂缝起裂时间关系

曲线	1	2	3
升压率/(MPa · s^{-1})	2.45×10^4	4.32×10^4	6.75×10^4
起裂时间/ms	1.42	2.54	3.20

从表中看出，升压最快的曲线 1 在爆燃气体压力作用下，裂缝起裂最早，而升压最慢的曲线 3 裂缝起裂最晚；当爆燃气体升压率增大三倍则起裂时间缩短一半，缩短起裂时间可以有效地提高致裂作用时间，从而得到更长的地层裂缝。

在推进剂装药量一定的情况下，最终裂缝扩展长度不随爆燃气体升压率增大而增加。最终裂缝扩展长度涉及推进剂的燃烧速度和爆燃气体持压时间。推进剂燃烧越快，爆燃气体升压越快，推进剂燃烧时间也就越短，从而导致井下爆燃气体持压时间缩短。因此，要得到最长的有效致裂作用时间，需要优化起裂时间和持压时间的关系。

四、装　药　量

多级燃速可控燃爆诱导压裂技术最大的优点是可以对地层进行反复压裂。为了加强压裂效果，可以增加推进剂用量。但考虑到炸枪和套管的危险，因此装药量不能随意增加。为了考察增加装药量对压裂效果的影响，对第一级压裂火药进行三种装药量(具有相同的升压速率)形成的爆燃气体压力驱动裂缝扩展的数值仿真模拟。三种装药量下的枪内气体压力历程见图 8-43，图中气体压力历程曲线是由枪内向外喷射气体质量流速、持压时间以及装药量的关系确定。可以看出，不同的装药量下，爆燃气体升压时间和峰值不同，装药量越大，升压时间越长，峰值也就越大。

同时，图 8-44 给出了不同装药量下地层压裂情况，即不同装药量下裂缝扩展长度随时间的变化。

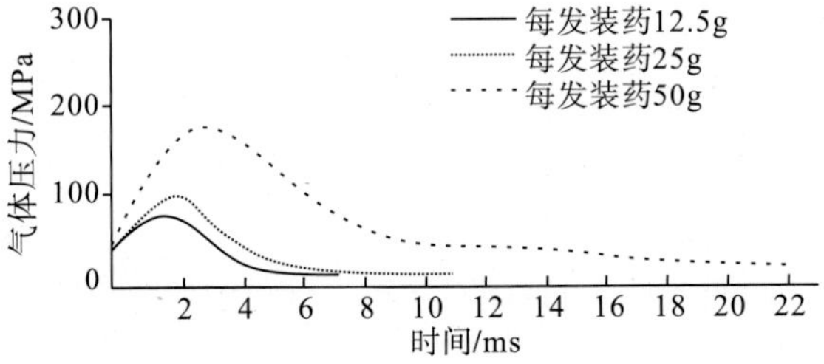

图 8-43　不同装药量下枪内气体压力历程曲线

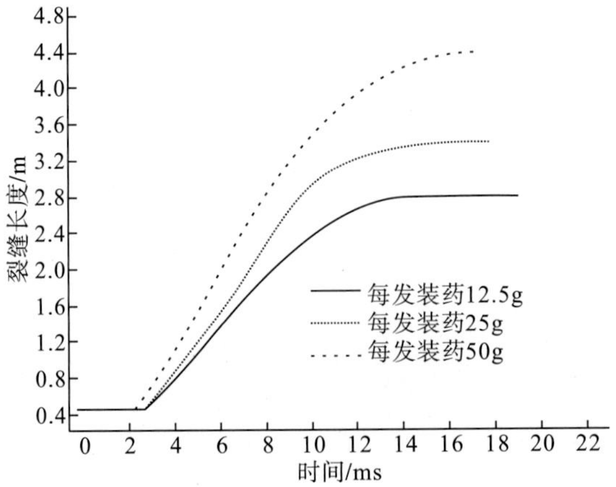

图 8-44　不同装药量下裂缝扩展长度随时间的变化

从图 8-44 中看出，三种装药量下，由于爆燃气体升压速率相同，几乎在同一时刻起裂，且起裂后一段时间内裂缝扩展长度差别很小。由于装药量越大，向地层喷射气体越多，随着压裂进行，装药量大的情况裂缝扩展速度与装药量小的情况逐渐区别开来。不同装药量下裂缝扩展长度见表 8-21。

表 8-21　不同装药量下最终裂缝扩展长度

每发装药量/g	12.5	25	50
峰值压力/MPa	80	95	175
裂缝扩展长度/m	2.80	3.30	4.62

从表 8-21 中数据看出，当装药量增加到两倍时，裂缝扩展长度增加 18%。爆燃气体压力峰值随装药量增加而大幅度增大，尤其是从 25g 装药增加到 50g 装药时，峰值压力增大将近一倍，爆燃气体峰值压力过大，直接威胁到枪身和井筒安全，因此虽然增加装药量可以使最终裂缝扩展速度有所增长，但也给井筒安全带来隐患。

由以上分析可知，增大爆燃气体升压速率和装药量均可以增大最终裂缝扩展长度，但增大爆燃气体升压速率和装药量均使爆燃气体峰值压力增大，给井下安全性带来隐患。目前要提高地层压裂效果，将爆燃气体升压率和装药量优化，即增大升压率而略降低装药量，或增大装药量略降低升压率，使之不仅不会有炸枪的危险，同时提高效果。

五、射孔深度

多级燃爆可控诱导压裂前，射孔弹起爆后产生的高速射流在地层中形成射孔通道，分析时将该通道等效为地层压裂前的初始裂缝长度。据统计，一般的射孔通道穿深 0.3m 左右，若采用聚能射孔的方法，也只能将射孔穿深提高到 0.8m，要在近井带形成孔缝结合型超穿深裂缝体系，需要爆燃气体沿射孔孔眼对地层进行压裂。下面讨论不同射孔穿深对地层压裂效果的影响。不同射孔穿深下地层压裂仿真分析结果见图 8-45。

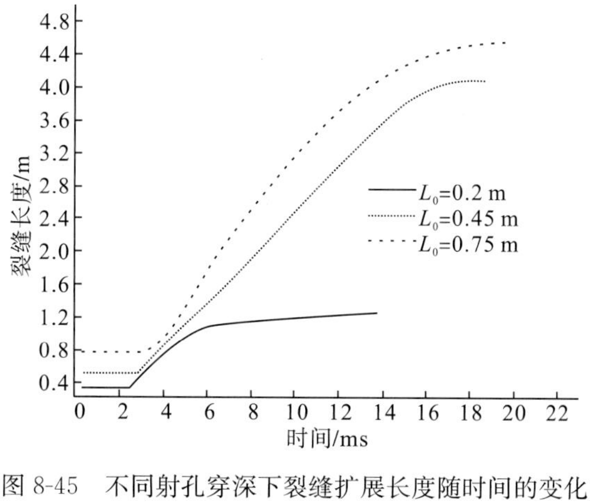

图 8-45　不同射孔穿深下裂缝扩展长度随时间的变化

从图 8-45 中可以看出，射孔穿深越短，预裂缝起裂越早(这是裂缝越短裂缝内气体压力升高越快的原因)，但止裂也越早；当射孔穿深长度偏小的情况下(小于 0.45m)，射孔穿深对压裂效果影响很大；射孔穿深大到一定程度后(大于 0.45m)，射孔穿深则对压裂效果影响变小。

不同射孔穿深下得到的最终裂缝扩展长度见表 8-22，可以看出，在多级燃速爆燃诱导压裂过程中，射孔穿深提高到一定程度后，再增加射孔穿深对改善地层压裂效果不明显。聚能射孔穿深达到 0.5m 以上，按目前的技术水平已很容易实现，因而改善近井带沟通率的关键还在于推进剂装药设计方面。

表 8-22 不同射孔穿深下得到的最终裂缝扩展长度

初始裂缝长度/m	0.2	0.45	0.75
最终裂缝长度/m	1.20	4.0	4.5

六、储层岩石弹性模量

对于深层气藏高埋深情况，地层应力较高是限制裂缝扩展的关键因素；低弹模地层在裂缝内爆燃气体压力作用下，使裂缝张开位移增加，但不利于地层破裂。又由于单纯增加装药或增大升压率都会引起爆燃气体压力峰值过大，造成井下炸枪或井壁损坏。因而为了将井下压力峰值控制在安全范围内，且达到提高地层压裂效果的目的，一般通过延长持压时间，而不是增加峰值压力的方法实现。下面从爆燃气体升压率和装药量的不同组合对压裂效果影响进行分析。第一级压裂火药气体压力历程曲线采用三种组合方案，见表 8-23。

表 8-23 三种推进剂装药量和升压率的组合方案

方案	每发推进剂装药/g	爆燃气体升压率/(MPa·s^{-1})	压力峰值/MPa
1	25.0	6.5×10^4	130
2	37.5	3.25×10^4	130
3	50.0	2.4×10^4	130

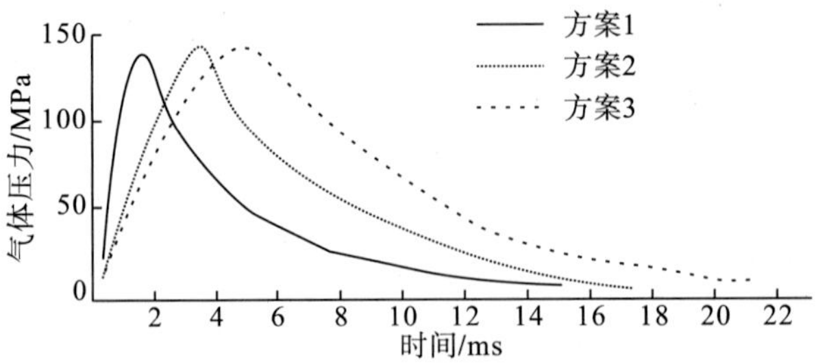

图 8-46 装药量和升压率三种组合方案压力历程曲线

三种压力历程曲线见图 8-46。由于方案 1 装药量最少，升压率又最快，第一级爆燃气体持压时间最短，不到 10ms；而方案 3 装药量最多，升压率又缓，第一级爆燃气体持压时间最长，为 20ms 左右。

(一)深层高埋深情况

基本资料：岩层埋深4 500 m(对应水平地应力 35MPa)，其他资料同表 8-18 和表 8-19。三种方案分析结果见图 8-47。

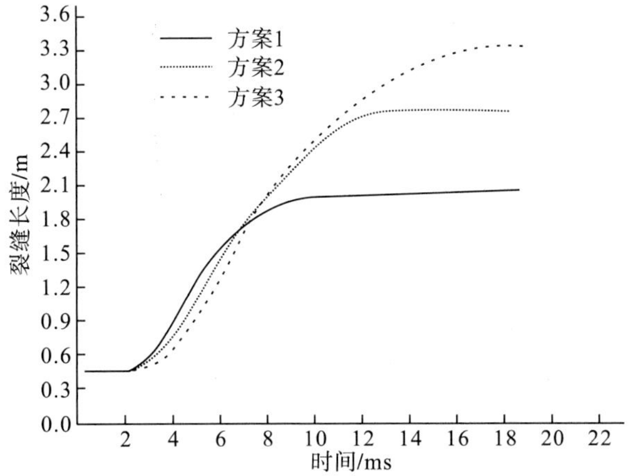

图 8-47　高埋深 3 种装药量和升压率组合方案下裂缝扩展结果

从图 8-47 中看出，三种方案爆燃气体驱动下，几乎同时起裂，起裂后三者的裂缝扩展速度几乎相等。这是由于三者爆燃气体升压率都在一个量级上，对起裂影响不明显。到压裂后期(10ms 以后)三者的裂缝扩展速度区别开来；由于方案 1 爆燃气体持压时间最短，裂缝止裂最早，裂缝扩展长度最短；而方案 3 持压时间最长，止裂最晚，裂缝扩展长度最长。三种方案下最终裂缝扩展长度见表 8-24。

表 8-24　三种方案爆燃气体压力驱动下裂缝扩展长度

方案	1	2	3
裂缝长度/m	2.0	2.8	3.2

表 8-24 反映出，三种装药量和升压率组合下，都可以有效克服高埋深对地层压裂的限制。方案 3 由于持压时间较长效果更显著。以上分析结果反映出，升压率在 10^4 MPa/s 数量级范围内变动时，对地层起裂影响不明显，压裂效果主要取决于爆燃气体持压时间。因而在深层高埋深情况下，可以采用增加装药量而略降低升压率的方法，改善压裂效果。

(二)低弹性模量情况

基本资料：岩层弹性模量 10GPa，其他资料同表 8-17 和表 8-18。多级燃速诱导压裂第一级压裂火药气体压力历程曲线采用三种情况，同图 8-47。三种方案分析结果见图 8-48。

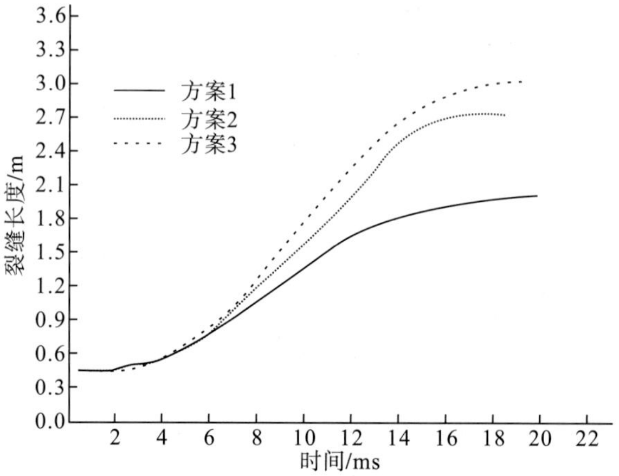

图 8-48 低弹性模量岩层三种装药量和升压率组合方案下裂缝扩展结果

从图 8-48 中看出，三种方案下低弹性模量岩层预裂缝均可起裂并扩展。但与弹性模量高的岩层裂缝扩展不同在于，低弹性模量岩层在爆燃气体驱动下起裂后，没有迅速进入快速裂缝扩展阶段，起裂后大约 2ms 时间处于起裂而不扩展阶段，之后才进入快速裂缝扩展。这与前面提到低弹性模量岩石破坏形式是保持一致的，即荷载作用主要使裂缝张开位移增大，而不引起破裂。图 8-48 同样反映出，方案 2 与方案 3 的裂缝扩展长度接近，而方案 1 的压裂效果与其他两个方案相比则差异比较大，说明在低弹性模量岩层压裂中，增加装药量能明显提高压裂效果，但装药量增加到原来 1.5 倍后，再增加装药量效果就不显著了。

第八节 多级燃爆诱导压裂降低储层破裂压力优化设计及现场应用

在理论研究与实验验证的基础上，完善了爆燃诱导压裂设计结构，并在 CG561 井进行现场施工，以确定施工方案可行性及多级燃速可控诱导压裂装置可靠性，并从增产效果上进行对比分析，以评价压裂装置是否达到工艺设计要求。

一、CG561 井基本概况

CG561 井的各种基础参数如表 8-25、表 8-26、表 8-27、表 8-28、表 8-29 和表 8-30 所示。

表 8-25 CG561 井基本数据

井别		探井	地理位置		完钻层位	T_2t	开钻日期	2003.9.10
海拔	地面/m		构造位置	某构造轴部北端	完钻井深	5 186.88m	完钻日期	2004.6.13
	补心/m		钻井目的		人工井底	5 133.7m	完井方式	尾管射孔完井

续表

井别		探井	地理位置		完钻层位	T_2t	开钻日期		2003.9.10
	套管名称	尺寸/mm	深度/m	短套管位置/m	水泥塞/m	返高/m	联入/m	壁厚/mm	钢级
井深结构	表层套管	508	78.34			地面			
	表层套管	339.7	806.02			地面			
	表层套管	244.5	4 575.33			地面			
	油层套管	177.8	4 649			地面		见表 8-4	见表 8-4
	尾管	114.3	4 542.19～5 185.5			4 542.19		8.56	P110
固井质量		见表 8-5							

表 8-26 储层基本数据(测井数据来源 SLB)

序号	层位	层段/m	厚度/m	常规测井			测井解释				解释结果
				自然伽玛/(API)	深侧向/(Ωm)	声速时差/(ft·s^{-1})	φ/%	K/$10^{-3}\mu m^2$	Sg/%	Vsh/%	
1	T_3x^2	4 921.6～4 924.1	2.4	70.4	174.7	56.7	2.2	0.011	43.5	14.4	
2	T_3x^2	4 924.5～4 925.3	0.8	29.2	273.7	59.8	3.1	0.040	55.9	4.5	气层
3	T_3x^2	4 925.9～4 930.6	4.7	37.2	331.9	59.8	2.6	0.026	51.7	6.9	
4	T_3x^2	4 931.2～4 938.4	7.2	59.6	89.7	58.3	4.1	0.062	46.1	11	气层
5	T_3x^2	4 939.3～4 943.9	4.6	64.3	149.7	57.6	4.2	0.014	47.8	11.8	气层
平均	T_3x^2	4 921.6～4 942.0	19.7				3.3	0.033		9.26	气层

表 8-27 射孔基础数据

层位	射孔段/m	厚度/m	射孔方法	枪型	弹型	孔密孔/m	相位角/(°)	总孔数
须二	4 921.0～4 943.9	22.9	环空加压射孔	SQ—73—Ⅱ	DP30RDX—38—102	16	60	336

表 8-28 CG561 井油层套管参数

尺寸/mm	井段/m	钢级	壁厚/mm	每米重/(kg·m^{-1})	抗挤强度/MPa	抗内压强度/MPa	抗拉强度/kN
177.8	0～308.12	KO—125V	12.65	52.13	93.89	112.54	3 598.6
	308.12～3 359.45	KO—125V	11.51	47.66	80.7	102.69	5 036.3
	3 359.45～3 430.56	KO—125V	12.65	52.13	93.89	112.54	3 598.6
	3 430.56～3 434.55	KO—125V	12.65	回接筒、悬挂器			
	3 434.55～4 135.59	KO—125V	12.65	52.13	93.89	112.54	3 598.6
	4 135.59～4 649	KO—HP1—13Cr110	12.65	52.13	100	98.43	4 675
114.3	4 542.19～5 185.50	P—110	8.56	22.47	98.94	99.42	2 157.4

表 8-29 CG561 井固井质量

套管尺寸/mm	井段/m	解释结果
177.8	0～3 207	不合格
	3 207～3 243	良好
	3 243～3 367	优质
	3 367～3 389	良好
	3 389～3 432	优质
	3 432～3 445	良好
	3 445～3 478	优质
	3 478～3 519	良好
	3 519～4 555	优质
114.3	4 547～5 017	差
	5 017～5 021	中
	5 021～5 028	差
	5 028～5 040	中
	5 040～5 133	好

表 8-30 油管基本数据及强度校核数据

尺寸	钢级	外径/mm	内径/mm	壁厚/mm	内容积/L/m	重量/kg·m⁻¹	抗拉/t	抗挤/MPa	抗内压/MPa	长度/m	油管重量/t	抗拉安全系数	剩余拉力 t	最大拉力 t	下入深度 m
41/2″	P110	114.3	97.2	8.56	7.405	22.47	22.64	98.94	95.91						
31/2″	P105	88.9	76.00	6.45	4.54	13.84	125.88	85	93.7	4 500	62.28	2.02	63.60	96.83	4 500
27/8″	N80	73.02	62.00	5.51	3.02	9.5	47.89	66.22	74.31	421	4.00	11.97	43.89	36.84	4 500—4 921

二、爆燃诱导压裂降低储层破裂压力优化设计

在 CG561 井4 921.0～4 943.9m、4 959.0～4 995.0m 井段进行燃爆压裂诱导压裂实验，其中4 921～4 943m 井段已经证实是高破裂压力层(初步分析为非渗透泥浆污染造成)。为了降低水力压裂的破裂压力，增加水力压裂的增产效果，特在此二层位进行爆燃诱导压裂施工。

(1)层位4 921.0～4 943.9m 共 22.9m 已采用 DP30RDX－38－102 弹射开，每米 16 孔，共 336 孔。为了增加爆燃压裂的地质效果，需每米再补孔 8 孔。

(2)层位4 959～4 995m 井段共 36m，在爆燃压裂施工前尚未射孔，按层位4 921.0～4 943.9m 射孔要求进行射孔和补孔。

(3)本次爆燃段为4 959～4 995m，起爆器位置为4 960m±0.5m。

(一)爆燃压裂药品

(1)品名：耐高温柱状药；

(2)外径：75mm；

(3)长度：500mm，900mm；

(4)重量：6～10kg/节(包括发射、点火、起爆药)；

(5)爆热：1 200kcal/kg；

(6)比容：600L/kg；

(7)耐温≥150℃；

(8)耐压≥90MPa。

(二)爆燃压裂装置

在多脉冲气体压裂过程中，有三个重要的参数，即为压力的上升时间、压力峰值和装药量，这三个参数各有不同的作用。

(1)压力上升时间：综合国内外理论研究和实践结果以及深层射孔相位，第一级压裂药压力上升时间一般控制在 1～3ms。

(2)峰值压力设计原则：压力峰值应高于地层破裂压力，低于地层的屈服极限和套管的承压极限。第一级高压脉冲波，其压力大于地层破裂压力 1.5～2.5 倍，根据深层地层压力与岩石破裂压力的关系，设计最大压力为 180MPa(作业层段压力)。

(3)装药量：装药量应根据井况参数，主要包括套管规格、射孔参数、油层厚度、地质参数施工井类别等确定。根据 CG561 井作业层段尺寸，射孔孔数及岩石破裂压力等情况，设计装药量为第一级高燃速爆燃弹 5 段，第二级中燃速爆燃弹 5 段，第三级低燃速爆燃弹 5 段，共计 15 段。

三、现场实施及效果分析

(一)前期改造分析

2007 年 5 月 16 日对 CG561 井(4 921～4 943m、4 959～4 995m)射孔后直接进行了试破施工；施工过程中先进行了全井筒反洗(共计 85m^3 KCl 液体，反洗井施工排量 0.9～1.2m^3/min)，然后整改井口、试压到 95MPa，平衡管线试到 55MPa。试压完毕，在施工排量 1.5m^3/min 时封隔器座封，开始进入高挤阶段，试图压开地层，但是经过 3 次 80～95MPa 的震荡，都未压开地层，在 80～95MPa 的升压过程中地层出现吸液现象，排量达到 0.46m^3/min，瞬时停泵压力 90.5MPa，滤失一定后停泵压力 82MPa。施工曲线如图 8-49 所示。

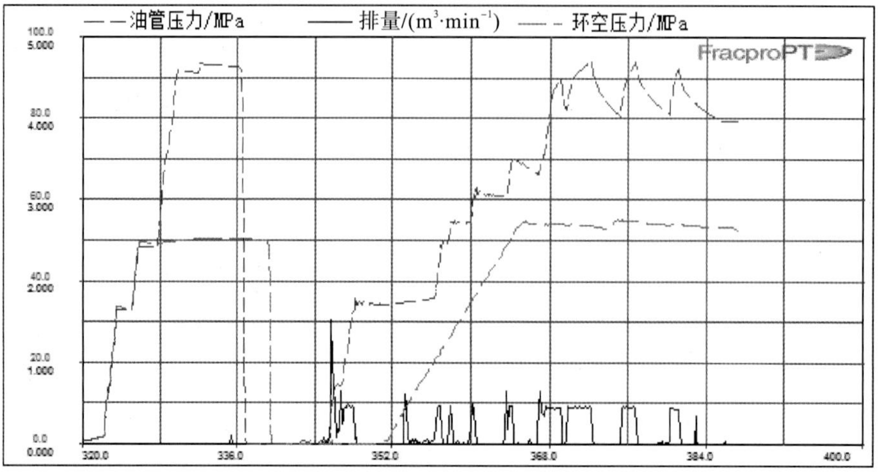

图 8-49 CG561 井施工曲线

经测试，射孔和试破后排液比较缓慢，4 天时间累计排液 $30m^3$，测试获得天然气产量为0.450 $7\times10^4m^3/d$。

(二)燃爆诱导压裂+酸损伤施工

燃爆诱导压裂+酸预处理施工程序如表 8-31 所示。首先进行 $85m^3$ KCl 的反洗井，反洗井结束后进行燃爆诱导压裂，燃爆结束后低替酸液，低替酸液 $18m^3$后座封封隔器。

表 8-31 燃爆诱导压裂+酸预处理施工程序

序号	程序	液体名	排量/(m³·min⁻¹)	液量/m³	泵压预测/MPa
1	反循环压井	KCl	0.8～1.0	85m³或井口连续返水	
2	燃爆诱导压裂	从油管进行投棒，投棒后确保油管闸门和套管闸门打开，燃爆后鳖压 30min			
3	低替前置酸	前置酸	<0.5	18.0	根据低替情况控制井口回压
4	封隔器座封		>1		20～25
5	高挤前置酸	前置酸	1.5～3.5	30.0	82～92
6	高挤主体酸	主体酸	1.5～3.5	35.0	82～92
7	高挤活性水	活性水	1.5～2	21.7	88～92

反洗井后，从油管投棒，进行燃爆压裂，后坐封封隔器，向地层高挤 KCl 溶液 $18m^3$，施工排量 0.65～$0.70m^3/min$，施工泵压 89～92MPa，中途停泵两次，停泵压力分别为 76MPa，79MPa。最后进行高挤酸液过程，共高挤入前置酸 $48m^3$、主体酸 $35m^3$，施工排量 0.955～$1.020m^3/min$，施工泵压 89～93MPa。中途停泵两次，停泵压力分别为 82.4MPa 和 83.07MPa。最后施工结束后停泵压力 79MPa。

(三)实施效果分析

(1)在深层应用的多级燃速可控诱导压裂技术有效地降低了储层破裂压力和改善了渗

流通道。

①常规射孔试破情况：施工泵压从 85MPa 升至 95MPa 过程中，排量 0.46m^3/min，瞬时停泵压力 90.5MPa，最终停泵压力 82MPa。

②燃爆诱导压裂情况：在施工泵压 88～92MPa 下，排量 0.65～0.70m^3/min，停泵压力 76.4MPa。

(2)从停泵压力来看：燃爆诱导压裂有效地降低储层的破裂压力 14.1MPa。同时从压降分析来看，燃爆后渗流通道明显改善，压降速度大大增加。

(3)施工结束后立即开井排液，采用三级流程进行测试，排液 10h(表 8-32)后，累计排液 70m^3，最终累计排液 110m^3。

表 8-32　CG561 井前 10h 排液制度

测试制度	阶段 1	阶段 2	阶段 3	目前
一级控制	4.7mm 油嘴	6.3mm 油嘴	4.7+6.3mm 油嘴	全开
二级控制	11mm 油嘴	11mm 油嘴	11mm 油嘴	全开
三级控制	全开	全开	全开	9mm 油嘴

该井经燃爆诱导压裂和 85m^3酸酸化后，测试无阻流量为 21.38×10^4m^3/d，在该构造须二段首获工业气流。在油压 45.5MPa 下，输气 7.3×10^4m^3/d。

参考文献

杜伊芳. 1994. 国外水力压裂工艺技术现状和发展. 西安石油学院学报(自然科学版)，02：26－29.

谷祖德，唐明，李文才. 1995. 燃爆技术在油田勘探开发中的应用及发展. 爆破，02：59－65.

何丽萍，等. 2009. 多级燃速爆燃气体压裂裂缝扩展耦合作用分析. 石油钻探技术，02：66－69.

李航，等. 2004. 超正压射孔与加砂压裂联作技术研究. 天然气工业，12：82－85，192.

廖红伟，等. 2002. 燃气式超正压射孔技术研究. 西安石油学院学报(自然科学版)，04：36－38.

龙学，宋艾玲. 2001. 川西致密砂岩气藏储层改造技术方法选择及效果分析. 钻采工艺，05：46－48.

任山，等. 2009. 燃爆诱导及酸处理新技术在川西须家河气藏的应用. 钻采工艺，01：31－32，42，113.

孙志宇，等. 2010. 射孔水平井爆燃气体压裂裂缝起裂研究. 石油天然气学报，04：124－129，427.

王安仕，秦发动. 1998. 高能气体压裂技术. 西安：西北大学出版社.

王献波，胡淑娟. 2004. 国外超正压射孔技术的发展. 国外油田工程，06：17－19.

王晓泉，陈作，姚飞. 1998. 水力压裂技术现状及发展展望. 钻采工艺，02：30－34，86.

吴飞鹏，等. 2008. 燃爆诱导酸化压裂在川西气井中的先导试验. 中国石油大学学报(自然科学版)，06：101－103，108.

徐勇，秦建军. 2007. 射孔新技术在川西地区的应用. 测井技术，01：85－88.

杨秀夫，等. 1998. 国内外水力压裂技术现状及发展趋势. 钻采工艺，04：27－31.

Grote D L，Park S W，Zhou M. 2001. Dynamic behavior of concrete at high strain rates and pressures：I. experimental characterization. International Journal of Impact Engineering.

Huh C. 2006. Improved Oil Recovery by Seismic Vibration：APreliminary Assessment of Possible Mechanisms. SPE 103 870－MS.

Mukerji T，Mavko G. 1994. Pore fluid effects on seismic velocity in anisotropic rocks. Geophysics.

Réthoré J，Gravouil A，Combescure A. 2004. A stable numerical scheme for the finite element simulation of dynamic crack propagation with remeshing. Comput Meth Appl Mech Eng.

Wu J J. 2002. Study on Application of Multi－Combined Perforating Fracturing Technology to Low－Permeability and Ultralow－Permeability oil Reservoirs and Its Development Tendency. Petroleum and Hi－TECH.

第九章　异常高应力储层改造配套措施

针对异常高应力储层的压裂改造问题，可以通过酸损伤、射孔参数优化、燃爆诱导压裂等措施降低储层的破裂压力，为后续改造奠定了基础。然而在后续施工过程中，为了保证后续改造的顺利实施和提高改造效果，还需要进一步采取相应的异常高应力储层改造配套措施：加重压裂液优化、压裂管柱结构优化、超高压压裂装备以及网络裂缝酸化工艺等。

第一节　加重压裂液体系优化

一、加重压裂液适应性分析

加重压裂液通过加重剂来增加压裂液密度，在压裂施工时增加井筒的液柱压力，从而实现压开和延伸高应力储层的目的(肖晖等，2013)。因此，为了使加重压裂液达到好的增加压裂液密度的目的和取得良好的增产效果，必须对加重压裂液体系的适应性、加重压裂液的性能等开展优化研究。这里以某气藏为例，根据具体的地质、工程条件，分析加重压裂液密度的适用性以及优选加重压裂液的密度。

(一)某须家河组储层加重压裂液适应性分析

1. 须四储层

某构造须四储层地层压力46.26～77.84MPa，地压系数1.72～2.15，平均地压系数1.92，属异常高压气藏，地层温度为68～90.0℃，地温梯度为(1.94～2.41)℃/100m，平均地温梯度为2.16℃/100m，属于正常地温梯度范围，含水饱和度50%～74%，属于低孔、低渗一致密孔隙型，发育部分裂缝型气藏。

从前期储层改造情况来看，该构造破裂压力、施工压力值高，存在压不开储层或者施工排量小不能满足加砂压裂改造需求的情况，施工难度相对要大。该类储层可采用高密度压裂液，提高井筒的液柱压力。采用密度为(1.16～1.41)g/cm^{3}的加重压裂液，对于4 000m左右的井，可降低井口压力8.0～16.0MPa。

2. 须二储层

该须二储层埋深约4 500～5 300m，孔隙度多为2%～4%，渗透率多为(0.02～0.08)

$\times 10^{-3}\mu m^2$，为典型的致密极致密储层；气藏地层压力约 80MPa，地压系数为 1.69～1.73，属异常高压气藏，地层温度 127～141℃，地温梯度(2.33～2.44)℃/100m，属于正常地温系统。

由于该须二储层埋藏深、储层致密等特征导致加砂压裂改造施工压力异常高，目前井口压力(105MPa)下提高压裂施工排量困难，完成压裂改造难度很大。对于这类储层，使用密度为 1.16～1.41g/cm^3 的加重压裂液试破或加砂压裂，可降低井口压力 9.0～21.0MPa。

(二)某须家河组储层加重压裂液适应性分析

某须家河组储层气藏埋深约4 500～5 700m，属于受断层和裂缝控制的低孔、低渗、超致密构造气藏，地温梯度 2.15℃/100m，地压系数 1.11～1.15，属于常压地层。

该类常压地层考虑压裂液返排问题时，一般不推荐采用加重压裂液，但对于破裂压力异常高，在井口限压下无法压开的储层，可采用加重压裂液进行小规模的试破(尚长健，2013)

典型井例如 DY 7 井，该井 Tx_2^{1-3}(5 390～5 423m)储层在井口限压 93MPa 下多次试挤，地层无压开迹象，补射孔后限压下再多次试挤也不能压开储层。该井套管限压 50MPa，封隔器极限压差为 55MPa，为保证井筒安全和封隔器安全工作压差，计算井口最高施工压力必须限制在 105MPa 内。若采用超高压井口及设备，不仅成本高，而且也增加井底压力值有限。按该井套管限压 50MPa，封隔器工作压差 55MPa 进行计算，可利用加重压裂液增加井底压力 12MPa 左右，由此计算加重压裂液密度可控制在1.23g/cm^{3}内。

二、加重压裂液体系性能优化

为满足高应力储层更高的温度需要，保证压裂施工的成功和液体的返排效果，通过室内添加剂优选、分子改性、添加剂合成等一系列实验，在室内合成了助排性能优良的表面活性剂、超高温改性瓜胶、温度稳定剂等压裂液添加剂。成功研发出具有工业推广价值的超高温(160～200℃)加重(最高密度可达 1.47g/cm^3)、低伤害瓜胶压裂液体系。

(一)液体流变性能评价

冻胶在最佳交联比 0.6%下 160℃、170s^{-1}高温评价结果显示如图 9-1 所示，该超高温压裂液冻胶黏度在 40min 内保持在 400mPa·s 以上，剪切 60min 后黏度保持在 350mPa·s 左右；当连续剪切 120min 后其黏度仍然保持在 250mPa·s 以上。整条曲线在后半部分其黏度基本维持相对稳定状态，表明压裂液在该温度下具有优良的抗剪切性能。

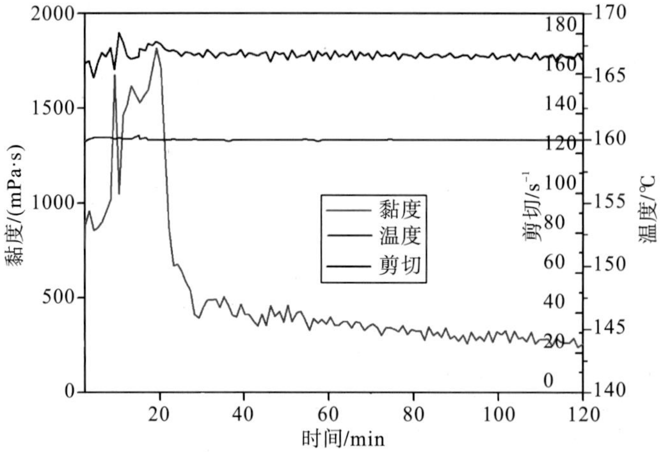

图 9-1 160℃下超高温压裂液黏度—时间曲线图

(二)高温破胶性能

在 180℃条件下，按最佳交联比的冻胶加入 50ppm① 过硫酸铵，进行 $170s^{-1}$ 连续剪切实验。实验结果见图 9-2。该超高温压裂液冻胶在 50ppm 破胶剂作用下，剪切 30min 后黏度保持在 50mPa·s 左右；当剪切时间延长至 50min 后，黏度降低至 20mPa·s；剪切 70min 后，黏度降低为 10mPa·s 以下。表明超高温压裂液进入地层后能很好破胶，可以保证压裂液的顺利返排。

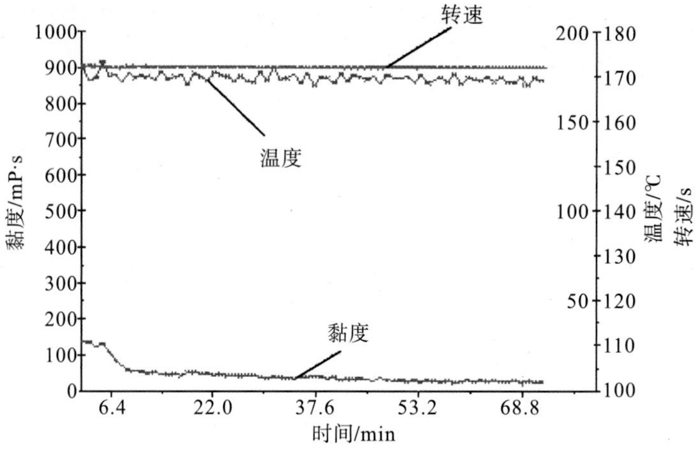

图 9-2 超高温破胶黏度—时间实验曲线图(破胶剂 50 ppm)

(三)固相残渣率测试

采用行业标准测试压裂液破胶剂的残渣含量，测试结果见表 9-1，超高温压裂液破胶

① 本书中，1ppm=1mg/L。

后的残渣含量为587mg/L，远低于有机钛胶联的高温压裂液的残渣含量。

表 9-1 固相残渣测试情况

取样/mL	空管总重量/g	烘干后总重量/g	残渣含量/(mg·L^{-1})
40	26.013 0	26.036 5	587

(四)压裂液滤失性能

压裂液滤失性能实验结果见表9-2，从实验结果看出，超高温压裂液有较好的造壁性，可大大减少压裂液向地层滤失，提高压裂液的造缝效率。

表 9-2 动态滤失系数测量

岩芯数据				压裂液密度/(g·cm^{-3})	滤失系数/(m·$min^{-0.5}$)
直径/cm	长度/cm	滤失截面积/cm^2	渗透率/mD		
2.504	3.286	4.924	11.26	1.004	3.56×10^{-4}

(五)伤害实验评价

1. 岩芯基质伤害

模拟压裂液在岩芯中的正反向流动，用以评价地层伤害程度以及对地层的伤害程度。实验结果(表9-3)表明压裂液污染后储层损害程度为28%～36%，其平均损害程度为32%。

表 9-3 压裂液伤害实验表

岩心号	原始渗透率	污染后渗透率	伤害率%	实验条件				
	$\times10^{-3}\mu m^2$			ΔP/MPa	剪切速率/S^{-1}	时间/h	温度/℃	滤液/mL
1	3.30	2.36	28.5	10	145	2	90	4.5
2	1.61	1.02	36.7	10	145	2	90	6.0

2. 导流能力伤害评价实验

压裂液对支撑剂导流能力伤害评价实验结果见图9-3，实验结果显示，压裂破胶剂前后裂缝导流能力伤害率最高为19.6%。该伤害比有机硼交联压裂液的伤害略高，但低于有机钛、有机锆交联压裂液的伤害。

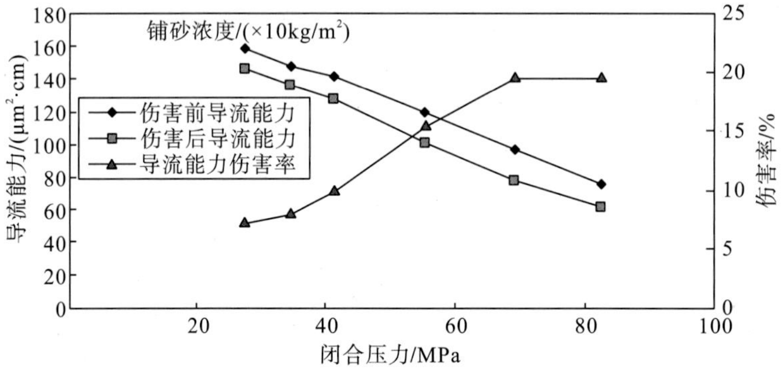

图 9-3　裂缝伤害前后导流能力对比图

实验评价表明，研究形成加重压裂液密度和性能能够满足施工要求。

第二节　压裂管柱结构优化

对于深井压裂，由于地层压力较高、产气量大，气井测试和完井管柱多采用油管－封隔器系统管柱进行施工。管柱入井后需要经历洗井、座封、酸压(压裂)、测试求产、关井等工况，不同工况将导致井筒内压力温度发生较大变化(Cunha，1995)。温度和压力的变化，导致油管与封隔器管柱受力和长度的改变，进而影响甚至破坏封隔器系统的井下工作效果，尤其在高温、高压和复杂深井中更是如此(郭建华等，2011)。因此需要针对深井管柱特征进行力学分析，以提高管柱的可靠性，满足施工要求。

一、管柱安全评价

(一)深井完井管柱力学

1. 管柱力学分析基本模型

根据经典力学基础理论和管柱力学分析调研资料(Landau，et al.，1996；Rick，2003；生丽敏，2005；李子丰等，2002；杜现飞等，2008)，管柱入井后在不同工况条件下主要承受 4 种基础效应作用，分别是温度效应、鼓胀效应、活塞效应和屈曲效应。

$$\Delta L_1 = -\frac{L}{EA_s}[(A_p - A_i)\Delta p_i - (A_p - A_o)\Delta p_o] \tag{9-1}$$

$$\Delta L_2 = -\frac{r^2 A_p^2(\Delta p_i - \Delta p_o)^2}{8EI(W_s + W_i - W_o)} \tag{9-2}$$

$$\Delta L_3 = -\frac{\mu}{E}\frac{\Delta\rho_i - R^2\Delta\rho_o - \dfrac{1+2\mu}{2\mu}}{R^2 - 1}L^2 - \frac{2\mu}{E}\frac{\Delta p_{is} - R^2\Delta p_{os}}{R^2 - 1}L \tag{9-3}$$

$$\Delta L_4 = \beta L \Delta T \tag{9-4}$$

以上各式中，Δp_o——环形空间压力，MPa；

Δp_i——油管内压力，MPa；

A_i 和 A_o——油管内截面积(以内径算)和外截面积(以外径算)，m^2；

A_p——封隔器密封腔的横截面积，m^2；

L——管柱长度，m；

ΔF_1——活塞力的变化，N；

E—杨氏模数(对于钢，E=206GPa)，GPa；

A_s——油管壁的横截面积，m^2；

r——油管和套管之间的径向间隙，mm；

F——压缩力，N；

I——油管横截面积对其直径的惯性矩，N/m；

W——单位长度油管重量，kN；

$\Delta\rho_i$——油管中流体密度的变化，g/cm^3；

$\Delta\rho_o$——环形空间流体密度的变化，g/cm^3；

R—油管外径与内径的比值(外径/内径)。

2. 管柱轴向力计算模型(赵金洲等，2005)

油管轴力主要包括自重、浮力、流体摩擦力、管柱变形时的摩擦力以及管柱弯曲时的弯曲应力等，这些力之间相互影响，其综合作用导致超深井水力压裂管柱受力异常复杂。

1)油管静态自重拉力数学模型

图 9-4 所示为定向井剖面图。油管在水平段产生的垂向拉力为 0，造斜段产生的垂向拉力也小于造斜段油管的总重量，在进行管柱受力分析时，如果仅考虑管柱重力和浮力进行设计，过于保守，导致不必要的浪费。

如图 9-5 是图 9-4 中造斜段 BDE 曲线上任意取一微小段 ΔL_i，其重量为 W_i，则沿轨迹线的轴向拉力为 T_i，与井壁法向正压力为 N_i，井斜角为 α_1，则其关系有

$$T_i = W_i \times \cos\alpha_i \tag{9-5}$$

$$N_i = W_i \times \sin\alpha_i \tag{9-6}$$

则 B 点油管的轴向拉力为

$$T_B = \sum_{i=1}^{n} W_i \times \cos\alpha_i = \int_{BDE} q_s \cos\alpha_i \, dl \tag{9-7}$$

井口 A 点油管在空气中的实际拉力为

$$T_A = q_s \times H_k + T_B = q_s \times \left(H_k + \int_{BDE} \cos\alpha_i \, dl\right) \tag{9-8}$$

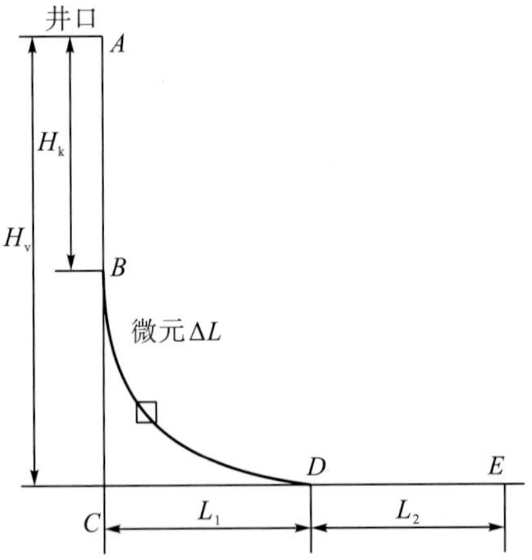

图 9-4 井眼轨迹垂直剖面图

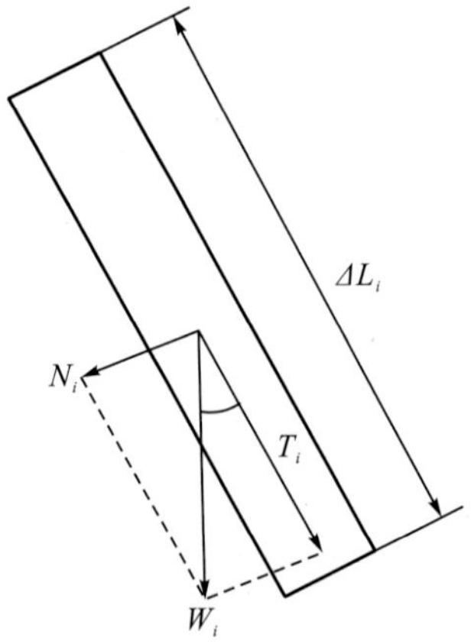

图 9-5 造斜段任意微元

2)动态附加力数学模型

(1)由管柱与井壁摩擦力引起的附加力。

水平井油管在井眼中活动时，将产生动态附加拉力，当油管中不存在流体时，动态附加拉力由造斜段和水平段油管与井壁间的法向力产生的摩擦力构成，其摩擦系数用 f_k 表示，则任意段所产生的摩擦力方向为油管轴向方向，其大小为

$$T_{f_i} = N_i \times f_k = f_k W_i \sin\alpha_i \quad (9\text{-}9)$$

当油管上提或下放时，最大摩擦力在图 9-10 中 B 点(造斜点)附近，其计算式为

$$T_{f_B} = \sum_{i=1}^{n} T_{f_i} = \sum_{i=1}^{n} N_i W_i \sin\alpha_i \quad (9\text{-}10)$$

式(9-10)为油管活动时的附加动态拉力，当油管上提时，T_{f_B} 是拉伸力($+T_{f_B}$)，当油管下放时，T_{f_B} 是压缩力($-T_{f_B}$)。因此井口的动态拉力为

$$T_A = T_A \pm T_{f_B} \quad (9\text{-}11)$$

(2)由注入(压裂、酸化)或采出引起的附加力。

当油管柱中注入或采出流体时，如压裂、酸化作业或采出等，流体在管柱内流动过程中，将在油管内壁产生摩擦阻力。在注入或采出时，摩阻力的方向刚好相反，井筒流体的流变性主要符合通用宾汉流体的流变性公式，其雷诺数 R_{eB} 的计算式用

$$R_{eB} = D\upsilon\rho/(\eta_p + \tau_o D/6\upsilon) \quad (9\text{-}12)$$

式中，D——油管内径，mm；

υ——流体流速，m/s；

τ_o——静切应力，Pa；

η_p——黏度，Pa・s；

ρ——流体密度，kg/m^3。

油管中流体沿程压将损失 Δp 为

$$\Delta p = \gamma \cdot h_f = \rho g \cdot h_f \quad (9\text{-}13)$$

则整个油管内由流体产生的附加动态摩阻力 $T_{摩阻}$ 为

$$T_{摩阻} = \tau_W(L \cdot \pi \cdot D) = \pi \cdot D^2 \cdot \Delta p/4 \quad (9\text{-}14)$$

井口的动态拉力为

$$T_A = T_A \pm T_{摩阻} \tag{9-15}$$

式(9-15)中，注入流体时取“+”号，采出时取“−”号。

因此在考虑附加动态力时，油管柱抗拉强度设计应按式(9-11)和式(9-15)进行设计，最恶劣情况考虑两者动态附加拉力同时存在进行设计。

(3)由曲率半径产生的轴向力数学模型。

根据材料力学可知，由弯曲应力所产生的附加拉力 F_T为

$$F_T = A_S \cdot \sigma_T = D_o \cdot E_x \cdot A_S/2R \tag{9-16}$$

式中，A_S——油管横截面积，m^2；

D_o——油管外径，mm；

E_x——油管材料弹性模量，GPa；

R——曲率半径，mm。

3)三维弯曲井眼管柱轴向载荷计算

如图 9-6 所示，建立轴向载荷分布与其他因素的关系式。假设：①管柱单元的曲率为常数；②管柱轴线和井眼轴线重合，即管柱单元的曲率与井眼曲率相同；③两测点间的井眼轨迹位于一个空间平面内；④管柱的弯曲变形仍在弹性范围之内。

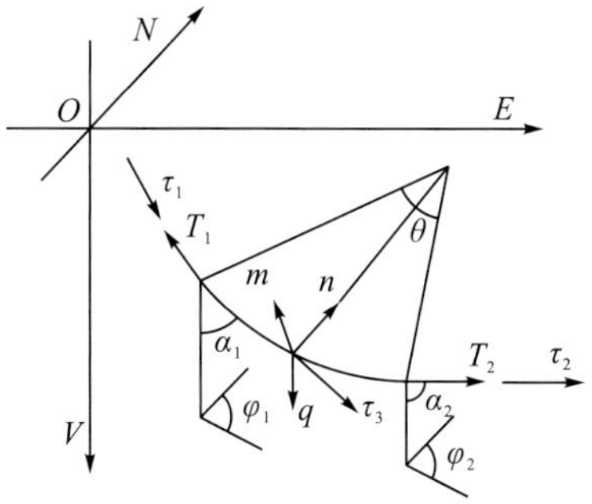

图 9-6　弯曲管柱单元体受力示意

根据以上假设，当已知管柱单元下端的轴向力 T_2和单位长度的侧向力 F_n时，其上端的轴向力 T_1可由下式计算：

$$T_1 = T_2 + L_S \times [q\cos\bar{\alpha} \pm \mu(F_E + F_n)]/\cos(\theta/2) \tag{9-17}$$

式中，$\bar{\alpha} = (\alpha_1 + \alpha_2)/2$；

μ——管柱与井眼之间的摩阻系数，管柱向上运动时取“+”，管柱向下运动时取“−”；

F_E——管柱弯曲变形引起的侧向力，MPa，由下式计算：

$$F_E = 11.3EIK^3 \tag{9-18}$$

其中，I 为管柱截面的惯性矩，m^4；

E 为钢材的弹性模量，MPa；

K 为管柱单元的曲率，m^{-1}。

全角平面上的总侧向力为

$$F_{ndp} = -(T_1 + T_2)\sin(\theta/2) + L_S q \times n = -(T_1 + T_2)\sin(\theta/2) + n_3 L_S q \quad (9\text{-}19)$$

副法线方向上的总侧向力为

$$F_{np} = L_S q \times m = m_3 q L_S \quad (9\text{-}20)$$

式中，$m_3 = \sin\alpha_1 \sin\alpha_2 \sin(\varphi_2 - \varphi_1)/\sin\theta$。

三维井眼中一个管柱单元的总侧向力是全角平面的总侧向力和垂直全角平面的总侧向力的矢量和。由于它们互相垂直，所以可得单位管长侧向力的计算公式为

$$F_n = \sqrt{F_{ndp}^2 + F_{np}^2}/L_S \quad (9\text{-}21)$$

由式(9-17)和式(9-19)可知，若要计算轴向力，则必须要先知道侧向力；反之，若要计算侧向力，则必须先确定轴向力。因此，管柱的侧向力和轴向力之间存在相互耦合的关系，且解耦表达式很复杂，因此采用迭代法求解。

3. 管柱力学计算结果与分析

1)主要功能模块介绍

根据管柱力学研究成果，研发了管柱受力分析软件(图 9-7、图 9-8)，软件主要包括6大类功能模块，实现了软件加密保护、单井基础数据管理、井筒压力温度分布预测、管柱变形量计算、受力分析及强度校核、力学分析、报告输出等功能。

图 9-7 软件登录界面

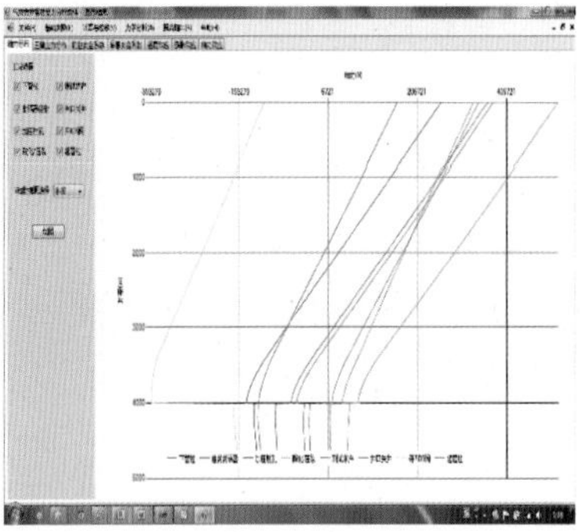

图 9-8 分工况计算结果图形显示

2)软件使用对比

利用自主开发的管柱受力分析软件，对哈里伯顿分析过的几口井的管柱受力分析数据进行了对比计算，计算结果表明，两套软件计算结果误差在10%以内，表明自主开发的软件能够满足工程施工需要。

(1)HB1－1D 井管柱受力分析对比。

HB1－1D 井是斜井，完井生产管柱采用复合油管：Φ88.9mm×9.52mm 110S－2Cr 油管+Φ88.9mm×7.34mm 110S－2Cr 油管+Φ88.9mm×6.45mm 110S－2Cr 油管组合。酸压排量 2.5m^3/min，时间 90min 计算。

上述计算结果的对比见表 9-4，自主开发的管柱受力分析软件与哈里伯顿软件计算结果误差小于10%，其中轴力误差小于 9.2 kN，三轴应力误差小于 30MPa。

表 9-4 两套软件计算结果对比明细表

工况	不同工况下轴力计算结果				不同工况下三轴应力计算结果			
	自主软件 /kN	哈里伯顿 /kN	差值 /kN	误差 /%	自主软件 /MPa	哈里伯顿 /MPa	差值 /MPa	误差 /%
下管柱	555	610.148	−55.148	−9.94	235	257.058	−22.058	−9.39
压裂	929.36	836.763 2	92.596 8	9.96	422.09	392.335	29.755	7.05
关井	664.85	643.928 6	20.921 4	3.15	383.54	379.8	3.74	0.98

(2)YB1－侧 1 井管柱受力分析对比。

以 YB1－侧 1 井为例，输入相同的基础参数，按改造施工排量 1.5m^3/min，施工时间 150min；测试产气量 150×$10^4 m^3$/d，计算管柱受力情况。

通过计算结果的对比见表 9-5，自主开发的管柱受力分析软件与哈里伯顿软件计算结果误差小于 10%，其中轴力误差小于 4 kN，三轴应力误差小于 22MPa，这种误差对于深达7 000m 的油气井生产管柱是允许的。

表 9-5 两套软件计算结果对比明细表

工况	不同工况下轴力计算结果				不同工况下三轴应力计算结果			
	自主软件 /kN	哈里伯顿 /kN	差值 /kN	误差 /%	自主软件 /MPa	哈里伯顿 /MPa	差值 /MPa	误差 /%
下管柱	816.62	845.8	−29.2	−3.58	343.5	364.9	−21.40	−6.23
压裂	1 213.15	1 252.0	−38.71	−3.19	551.64	556.6	−4.96	−0.90
生产	449.08	472.2	−23.09	−5.14	268.24	278.6	−10.35	−3.86

二、高应力储层改造管柱优化

(一)完井管柱结构设计基本原则

(1)高温、高压及含 CO_2 气井宜采用油管带永久式封隔器及配套的完井生产管柱，循环滑套、伸缩短节根据力学计算确定是否下入；

(2)高温高压含 CO_2 气井，井下工具密封结构宜避免采用动密封配合，以减少潜在的渗漏点；

(3)所有工具均在油层套管中，所选井下工具连接强度与连接油管相同；

(4)循环滑套下深不超过5 500m，井斜不超过 35°，封隔器坐封宜在井斜角低于 45°的井段；

(5)在满足改造施工及抗冲蚀的条件下，尽量选择小尺寸油管，有利于后期排水采气；

(6)在管柱满足各种作业工况安全的前提下，应尽量简化管柱结构，降本增效。

(二)完井管柱受力分析

按照某须二气藏埋深4 500～5 700m±，地层破裂压力 145MPa，施工泵压 120MPa，施工排量 $4m^3/min$，计算 Φ73mm×5.51mm 油管许可使用的最大长度为1 000m±。

按封隔器座封井深5 000m，座封压力 30MPa，施工时间 150min，采用 HP1－13Cr－110 材质 Φ88.9mm×6.45mm 4 200m＋Φ73×5.51mm 1 000m 油管组合进行管柱受力分析。计算完井管柱在空气中的抗拉安全系数 1.82，满足规范要求(表 9-6)。计算酸压施工时环空不同泥浆密度下许可的最大背压及油管强度下需要的最小背压(表 9-7)。从表中可以看出，在井口为 110 钢级的 Φ88.9mm×6.45mm 油管条件下，环空泥浆密度应小于 $1.6g/cm^3$。

表 9-6 完井管柱空气中强度校核

外径/m	段长/m	壁厚/mm	重量/$(kg \cdot m^{-1})$	抗外挤/MPa	抗内压/MPa	抗拉/kN	空气中累重/kN	空气中抗拉安全系数/无因次
88.9	4 200	6.45	13.6	93.3	96.3	1 253	686.20	1.82
73	1 000	5.51	12.9	100.3	100.2	885	126.42	7.00

表 9-7 酸压施工环空背压控制参数表

环空液体密度/$(g \cdot cm^{-3})$	环空液柱压力/MPa	许可最大背压/MPa	泵压/MPa	油管抗内压强度/MPa	最小背压/MPa
1	49	73.03	120	96.3	42.96
1.1	53.9	68.13	120	96.3	42.96
1.2	58.8	63.23	120	96.3	42.96
1.3	63.7	58.33	120	96.3	42.96
1.4	68.6	53.43	120	96.3	42.96
1.5	73.5	48.53	120	96.3	42.96
1.6	78.4	43.63	120	96.3	42.96
1.7	83.3	38.73	120	96.3	42.96
1.8	88.2	33.83	120	96.3	42.96
1.9	93.1	28.93	120	96.3	42.96
2	98	24.03	120	96.3	42.96

考虑完井管柱在改造时承受的载荷最大，计算不同改造条件下管柱的抗拉安全系数，结果见表 9-8 所示，从计算结果看，管柱在清水中下入，改造施工环空背压应不小于 50MPa，以保证施工安全。管柱在密度为 $1.5g/cm^3$ 泥浆条件下下入，改造时环空背压为 45MPa，管柱最小抗拉安全系数设计 1.73，才能够保证施工安全。

表 9-8 不同工况条件下的管柱强度校核

序号	施工条件	位置	改造拉力/MPa	改造抗拉安全系数
1	环空液体密度 1.5g/cm³，施工泵压 120MPa，排量 4m³/min，时间 150min，背压 45MPa	井口	731.02	1.73
		变径	223.28	3.96
		封隔器	177.50	4.98
2	环空液体密度 1.0g/cm³，施工泵压 120MPa，排量 4m³/min，时间 150min，背压 50MPa	井口	971.36	1.31
		变径	272.16	3.25
		封隔器	216.16	4.09

（三）高应力储层压裂管柱优化

某异常高应力气藏埋藏深度4 500～5 700m，构造不同部位具有不同的破裂压力梯度和裂缝延伸压力梯度，如其南部破裂压力属正常范围，破裂压力梯度为 2.1～2.5MPa/100m；而北部构造具有高的破裂压力和裂缝延伸压力，破裂压力梯度为 2.5～3.0MPa/100m，部分井破裂压力梯度超过 3.0MPa/100m，甚至出现不能压开储层的情况。

由于井身条件和井筒试压值的限制（全井筒试压普遍小于 70MPa），采用环空注入施工或不下工具保护套管施工难度较大，因此主要采用下封隔器保护套管，油管注入施工来完成压裂改造。目前须家河进行压裂改造可选用的油管尺寸有 Φ114.3mm、Φ88.9mm、Φ73mm 油管，油管性能参数见表 9-9。根据可供选择的油管及压裂井口采油树装置进行管柱的优化设计。须家河储层井口采油树装置主要有 105MPa 和超高压 140MPa 井口装置。

表 9-9 油管数据

尺寸/mm	钢级	壁厚/mm	抗内压/MPa	抗挤/MPa	连接强度/kN	工称重量/(N/m)
114.3	P110	8.56	98.9	99.4	2 155	221.5
88.9	P110	6.45	91.9	90	1 210	136
73	P110	5.51	100.2	100.3	882	93.1

按照储层破裂压力梯度 2.1～3.0MPa/100m，井深5 300m 的井采用不同管柱尺寸进行施工泵压的预测计算。

1. Φ114.3mm×8.56mm 油管施工压力的预测计算

表 9-10 Φ114.3mm 油管施工排量、泵压预测

延伸压力梯度/($MPa \cdot m^{-1}$)	裂缝延伸压/MPa	不同排量下的井口施工压力/MPa					
		3.5	4	4.5	5	5.5	6
0.021	111.3	67.6	69.1	71.2	74.4	78.8	81.5
0.022	116.6	72.9	74.4	76.5	79.7	84.1	86.8

续表

延伸压力梯度/(MPa·m^{-1})	裂缝延伸压/MPa	不同排量下的井口施工压力/MPa					
		3.5	4	4.5	5	5.5	6
0.023	121.9	78.2	79.7	81.8	85	89.4	92.1
0.024	127.2	83.5	85	87.1	90.3	94.7	97.4
0.025	132.5	88.8	90.3	92.4	95.6	100	102.7
0.026	137.8	94.1	95.6	97.7	100.9	105.3	108
0.028	148.4	104.7	106.2	108.3	111.5	115.9	118.6
0.03	159	115.3	116.8	118.9	122.1	126.5	129.2
沿程摩阻/MPa		9.3	10.8	12.9	16.1	20.5	23.2

目前井口装置 105MPa 和 140MPa 施工限压值分别为 95MPa 和 120MPa。根据表 9-10计算，对于裂缝延伸压力梯度高于 0.03MPa/m 的储层，施工排量低于 3.5m^3/min，是无法进行压裂改造施工的。对于正常延伸压力梯度按 0.025MPa/m 计算，在井口限压 95MPa 下采用 Φ114.3mm 油管注入施工可以提高排量至 4.5m^3/min，若采用超高压井口，在施工限压 110MPa 下，可以提高施工排量至 6.0m^3/min。

2. Φ88.9mm×6.45mm 油管施工压力的预测计算

表 9-11　Φ88.9mm 油管注入施工排量、泵压预测

延伸压力梯度/(MPa·m^{-1})	裂缝延伸压力/MPa	不同排量下的井口施工压力/MPa					
		3.5	4	4.5	5	5.5	6
0.021	111.3	83	88	93.5	99.4	105.7	112.5
0.022	116.6	88.3	93.3	98.8	104.7	111	117.8
0.023	121.9	93.6	98.6	104.1	110	116.3	123.1
0.024	127.2	98.9	103.9	109.4	115.3	121.6	128.4
0.025	132.5	104.2	109.2	114.7	120.6	126.9	133.7
0.026	137.8	109.5	114.5	120	125.9	132.2	139
0.028	148.4	120.1	125.1	130.6	136.5	142.8	149.6
0.03	159	130.7	135.7	141.2	147.1	153.4	160.2
沿程摩阻/MPa		24.7	29.7	35.2	41.1	47.4	54.2

由表 9-11 可以看出，采用 Φ88.9mm 油管注入，对于地层裂缝延伸压力梯度大于 0.028MPa/m 的储层，无法进行压裂施工，对于正常裂缝延伸压力梯度 0.025MPa/m，在 95MPa 限压下，无法满足深井超高压施工，在采用超高压井口，在施工限压 110MPa 下，最高施工排量可提高到 4.0m^3/min。

从表 9-10 和表 9-11 中看出，对于须二储层(井深5 000m)分别采用 Φ114.3mm 和 Φ88.9mm 油管注入施工排量和泵压的预计，为完成压裂改造施工，需采用 Φ114.3mm

油管作为加砂压裂管柱。若采用超高压井口装置，提高施工限压，可采用 Φ88.9mm 油管进行加砂压裂施工，施工排量能达到 4.0～5.0m³/min。

3. 组合油管施工压力的预测计算

该气藏完钻井井身结构油层套管多数采用 Φ139.7mm 套管回接，因此压裂管柱需采用 Φ114.3mm+Φ88.9mm 组合油管。按照储层正常裂缝延伸压力梯度 0.025MPa/m 计算不同油管组合在施工排量下的泵注压力(表 9-12)。

表 9-12　组合油管下不同施工排量泵压预测

组合油管	延伸压力梯度/(MPa·m⁻¹)	裂缝延伸压力/MPa	不同排量下的井口施工压力/MPa					
			3.5	4.0	4.5	5.0	5.5	6.0
Φ114.3mm×4 000m+Φ88.9mm×1 300m	0.025	132.5	92.5	94.4	97.9	101.6	104.2	107.2
	沿程摩阻/MPa		13	14.9	18.4	22.1	24.7	27.7
Φ114.3mm×3 500m+Φ88.9mm×1 800m	0.025	132.5	94.2	96.3	99.8	103.8	107.8	112.5
	沿程摩阻/MPa		14.7	16.8	20.3	24.3	28.3	33.0
Φ114.3mm×2 700m+Φ88.9mm×2 600m	0.025	132.5	99.1	102.1	108.4	112.8	116.5	
	沿程摩阻		19.6	22.6	28.9	33.3	37.0	
Φ114.3mm×1 000m+Φ88.9mm×4 300m	0.025	132.5	104.0	108.8	115.7	121.7		
	沿程摩阻		24.5	29.3	36.2	42.2		

由表 9-12 可以看出，应用 Φ114.3mm+Φ88.9mm 组合油管注入，其中 Φ114.3mm 组合油管的长度在4 000m 以内时，若采用 105MPa 井口装置在限压 95MPa 下，无法对延伸梯度 0.025MPa/m 的储层进行压裂施工。当排量达到 4.0m³/min，施工压力达 95MPa，施工排量低于 3.5m³/min，形成缝宽较窄，施工砂堵风险大；若采用 140MPa 井口装置在限压 110MPa 下，Φ114.3mm+Φ88.9mm 组合油管注入能够对延伸梯度 0.025MPa/m 的储层进行压裂施工，Φ114.3mm 油管长度达到4 000m 时，排量预计能够达到 6.0m³/min 以上。

根据上述不同油管尺寸在不同施工排量下泵压的预测计算，须二储层埋藏深，破裂压力高，优选 Φ114.3mm 或 Φ114.3mm+Φ88.9mm 组合油管作为压裂施工管柱，有利于降低施工摩阻，提高施工排量，减少砂堵风险；若 Φ114.3mm 油管管柱长度小于 4 000m 时，需要配套超高压设备(140MPa 井口)提高限压至 110MPa 进行压裂施工。由于须四储层埋藏深度较须二储层埋藏深度浅约1 000m，泵注压力低约 20MPa，若地层为正常破裂压力值(2.1～2.5)MPa/100m 时，须四储层压裂施工管柱尺寸优选 Φ88.9mm 油管，能满足储层改造的要求并有利于压后排液。对于须四储层破压梯度较高情况，则需要下入 Φ114.3mm 或 Φ114.3mm+Φ88.9mm 组合油管，配套 140MPa 井口压裂施工，如 XC 23 井，裂缝延伸梯度达 3.0MPa/100m。XC 须二储层深井压裂管柱综合优化见表 9-13。

表 9-13　XC 须二储层深井压裂管柱综合优化

<table>
<tr><th rowspan="2">井口压力级别/MPa</th><th colspan="4">油管</th><th rowspan="2">油管下深/m</th><th rowspan="2">施工排量/(m³·min⁻¹)</th><th rowspan="2">备注</th></tr>
<tr><th colspan="2">管径/mm</th><th>壁厚/mm</th><th>钢级</th></tr>
<tr><td rowspan="3">105
(限压 95)</td><td colspan="2">Φ114.3</td><td>8.56</td><td>P110</td><td>4 800～5 200</td><td>5.0</td><td rowspan="3">井筒大于试压 40MPa，组合套管中尾管挂或着回接位置应低压 Φ114.3mm 油管下深</td></tr>
<tr><td rowspan="2">组合</td><td>Φ114.3</td><td>8.56</td><td>P110</td><td rowspan="2">Φ114.3 油管下深大于3 500</td><td rowspan="2">4.0</td></tr>
<tr><td>Φ88.9</td><td>6.45</td><td>P105</td></tr>
<tr><td rowspan="3">120
(限压 110)</td><td colspan="2">Φ114.3</td><td>8.56</td><td>P110</td><td>4 800～5 200</td><td>5.5</td><td rowspan="3">井筒大于试压 55MPa，组合套管中尾管挂或着回接位置应低压 Φ114.3mm 油管下深</td></tr>
<tr><td rowspan="2">组合</td><td>Φ114.3</td><td>8.56</td><td>P110</td><td rowspan="2">Φ114.3 油管下深1 000～3 500</td><td rowspan="2">4.0～5.5 以上</td></tr>
<tr><td>Φ88.9</td><td>6.45</td><td>P105</td></tr>
<tr><td rowspan="4">138
(限压 125)</td><td rowspan="2">组合</td><td>Φ114.3</td><td>8.56</td><td>P110</td><td rowspan="2">Φ114.3 油管下深1 000以上</td><td rowspan="2">5.0 以上</td><td rowspan="2">井筒大于试压 70MPa，组合套管中尾管挂或着回接位置应低于 Φ114.3mm 油管下深</td></tr>
<tr><td>Φ88.9</td><td>6.45</td><td>P105</td></tr>
<tr><td rowspan="2">组合</td><td>Φ88.9</td><td>6.45</td><td>P105</td><td rowspan="2">Φ88.9 油管下深1 400～1 900</td><td rowspan="2">3.5～4.0</td><td rowspan="2">井筒大于试压 70MPa</td></tr>
<tr><td>Φ73.0</td><td>6.45</td><td>P110</td></tr>
</table>

(四)抗冲蚀能力的分析

根据管柱结构，可能造成严重冲蚀的地方为井口和 Φ73mm 油管(内通径 62mm)。

1. 井口抗冲蚀能力预测

计算无阻流量 $400\times10^4\ m^3/d$，下部 Φ73mm 油管长度分别为1 000 m，1 500 m，2 000m 时的抗冲蚀能力，见表 9-14～表 9-16。可知，考虑 9MPa 的外输压力，在最小井口压力 10MPa 下考察的 Φ88.9mm+Φ73mm 组合油管在井口不会发生冲蚀。

表 9-14　井口抗冲蚀计算(下部 Φ73mm 油管长度为1 000m)

井口压力/MPa	10	15	20	30	40	45
计算产量/($\times10^4 m^3\cdot d^{-1}$)	123.8	118.9	112.0	91.6	59.1	28.5
临界抗冲蚀流量/($\times10^4 m^3\cdot d^{-1}$)	180	220	250	267	269	271
冲蚀判断	不会	不会	不会	不会	不会	不会

表 9-15　井口抗冲蚀计算(下部 Φ73mm 油管长度为1 500m)

井口压力/，MPa	10	15	20	30	40	45
计算产量/($\times10^4 m^3\cdot d^{-1}$)	119.3	114.6	108.1	88.4	56.8	27.5
临界抗冲蚀流量/($\times10^4 m^3\cdot d^{-1}$)	180	220	250	265	267	268
冲蚀判断	不会	不会	不会	不会	不会	不会

表 9-16　井口抗冲蚀计算(下部 Φ73mm 油管长度为2 000m)

井口压力/MPa	10	15	20	30	40	45
计算产量/($\times10^4m^3\cdot d^{-1}$)	115.2	110.8	104.4	85.6	54.7	26.7
临界抗冲蚀流量/($\times10^4m^3\cdot d^{-1}$)	180	220	250	263	264	266
冲蚀判断	不会	不会	不会	不会	不会	不会

2. Φ73mm 油管的抗冲蚀临界流量计算

计算结果见表 9-17，可知 Φ73mm 油管的冲蚀临界流量在 $60\times10^4m^3/d$ 以上，目前配产条件下下部的 Φ73mm 油管抗冲蚀能力是满足的。

表 9-17　气井临界冲蚀流量计算

变径处尺寸/mm	气体相对密度/无因次	变径处流压/MPa	冲蚀临界流量/($\times10^4m^3/d$)
62	0.65	40	62.93
		50	66.30

(五)应力储层完井管柱结构

根据以上分析，所选油管组合酸压时抗拉安全系数仍有 1.3，为减少动态密封点，建议不下伸缩短节。

结合相关规范及开发经验，该地区高破裂压力储层完井管柱结构设计为：Φ88.9mm×6.45mm 油管+井下安全阀+Φ88.9mm×6.45mm+Φ73mm×5.51mm 油管+循环滑套+Φ73mm×5.51mm 油管+完井封隔器+Φ73mm×5.51mm 油管+座放短节+Φ73mm×5.51mm 油管+球座，图 9-9 所示。完井管柱具有结构简单、安装方便、安全可靠、节约成本，有利于后期排水等优点，如表 9-18 所示。

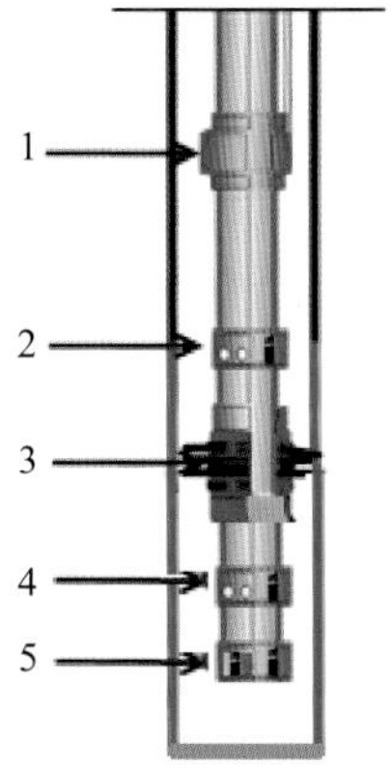

1. 井下安全阀；2. 循环滑套；3. 完井封隔器；4. 座放短节；5. 球座

图 9-9　完井管柱结构示意图

表 9-18　完井管柱结构特点

序号	工具名称	是否采用	依　据	备　注
1	井下安全阀	√	规范及相似气藏选择经验	下深 100m 左右
2	循环滑套	√	为压井等提供循环通道	井斜小于 35°
3	完井封隔器	√	规范及相似气藏选择经验	井斜小于 45°
4	座落短节	√	规范及相似气藏选择经验	井斜小于 35°
5	球座	√	坐封液压封隔器	—
6	伸缩补偿器	×	管柱变形量计算，减少动密封	减少附件

第三节　超高压压裂装备配套

超高压压裂施工是指施工压力级别在 103～140MPa 的压裂施工，对于异常高应力储层，除降低储层破裂和施工压力外，超高压压裂施工技术是通过提高井口施工泵压解决压裂施工难的重要措施。和常规压裂施工相比较，超高压压裂施工具有设备配套复杂、安全风险大等特点，从准备到施工的各个环节的要求都很高。因此，需要从压裂泵车、地面管线、流程等角度出发，对超高压压裂施工设备及配套、施工安全控制、施工质量保障和组织管理等方面进一步进行研究和改善。

一、压裂泵车改进

（一）超高压压裂车组优选

目前国内用于压裂施工的设备主要有2 000型及2 500型压裂泵车（目前已出现3 000型压裂泵车），这两类压裂泵车都能够满足超高压（103～140MPa）储层改造的需要（Craig，et al.，2002）。通过对2 000型及2 500型压裂泵车性能参数的对比分析，结合施工过程中质量控制及安全控制要求，对两种压裂泵车在超高压压裂施工作业中的特点进行了对比分析，优选出了适用于超高压压裂施工的压裂泵车，并进行了2 500型泵车及2 000型泵车的用车标准分析。

2 000型与2 500型压裂泵车性能对比研究如表 9-19、表 9-20 所示。

表 9-19　2 000型与2 500型压裂泵车基本性能对比

2 000型压裂泵车			2 500型压裂泵车		
发动机	型号	CAT3512B	发动机	型号	底特律 16V 4 000
	功率	2250BHP		功率	3 000BHP
压裂泵	缸体数量	3	压裂泵	缸体数量	5
	柱塞尺寸	3.75″		柱塞尺寸	3.75″
	最高工作压力	125.89MPa		最高工作压力	137.9MPa
	最大排量	1.48m^3/min		最大排量	2.17m^3/min
	最高输出功率	2 000BHP		最高输出功率	2 500BHP

表 9-20　2 000型与2 500型压裂泵车档位排量及压力对比

2 000型压裂泵车				2 500型压裂泵车			
档位	发动机转速/(r·min^{-1})	排量/(m^3·min^{-1})	压力/MPa	档位	发动机转速/(r·min^{-1})	排量/(m^3·min^{-1})	压力/MPa
1档	1 900	0.346	125.89	1档	1 900	0.608	137.9
2档	1 900	0.483	125.89	2档	1 900	0.762	137.9
3档	1 900	0.590	125.89	3档	1 900	0.901	124.17
4档	1 900	0.734	121.92	4档	1 900	1.072	103.37
5档	1 900	0.822	108.84	5档	1 900	1.410	79.34

通过对2 000型与2 500型压裂泵车性能对比研究可以得出如下结论：

(1)发动机功率差异：2 500型压裂泵车较2 000型压裂泵车发动机功率高出 750BHP。

(2)发动机功率富余差异：2 500型压裂泵车发动机功率富余较2 000型发动机功率富余高 250BHP。

(3)平稳性差异：2 000型压裂泵车采用 3 缸泵，而2 500型采用 5 缸泵，同时现场运用可以看出，在同等工况下，5 缸泵比 3 缸泵更加平稳。

(4)排量差异：在 120MPa 时2 500型压裂泵车最大排量较2 000型压裂泵车高 0.167m^3/min，在 103MPa 时2 500型压裂泵车较2 000型压裂泵车排量高 0.25m^3/min。

在相同排量、相同施工限压、相同规模下2 500型压裂泵车最低用车数量比2 000型压裂泵车少，在 103～120MPa 的超高压施工中，这种优势更为明显，同时由于2 000型设备最高施工压力为 125.89MPa，所以在更高级别的施工中将受到限制。

综上分析，优选2 500型压裂泵车作为超高压施工作业主体施工设备可以有效降低施工作业的安全风险及作业成本。

(二)配套井口装置优化

对超高压施工来说，由于压裂施工泵压高，因此需相应提高井口级别满足压裂施工要求。如果采用国外的井口装置，价格过于昂贵。在确保安全的前提下，为了降低投资成本，采气井口装置采用国产采气井口装置(图 9-10)，在生产井口和压裂作业井口互换操作性良好，功能上满足前期作业和后期生产要求下，根据具体施工条件，对井口装置进行优化。

1. 方案设计

作业部分组件有关技术要求：压力级别 140MPa，温度级别 P－U 级，规范级别 PSL3G，性能级别 PR2，材料级别 FF 级。生产部分组件有关技术要求：压力级别 105MPa，温度级别 P－U 级，规范级别 PSL3G，性能级别 PR2，材料级别 FF 级。

1)方案一

整体采用140MPa级别国产油管头和采气树作为生产和压裂井口。

2)方案二

105MPa和140MPa组件混组，采气树和油管头主通径上各部件采用140MPa组件。

3)方案三

油管头和采气树整体采用140MPa级别，压裂结束后将采气树1号主阀以上部分更换为105MPa级别组件。

4)方案四

油管头和采气树整体采用140MPa级别，压裂结束后将采气树更换为105MPa级别。

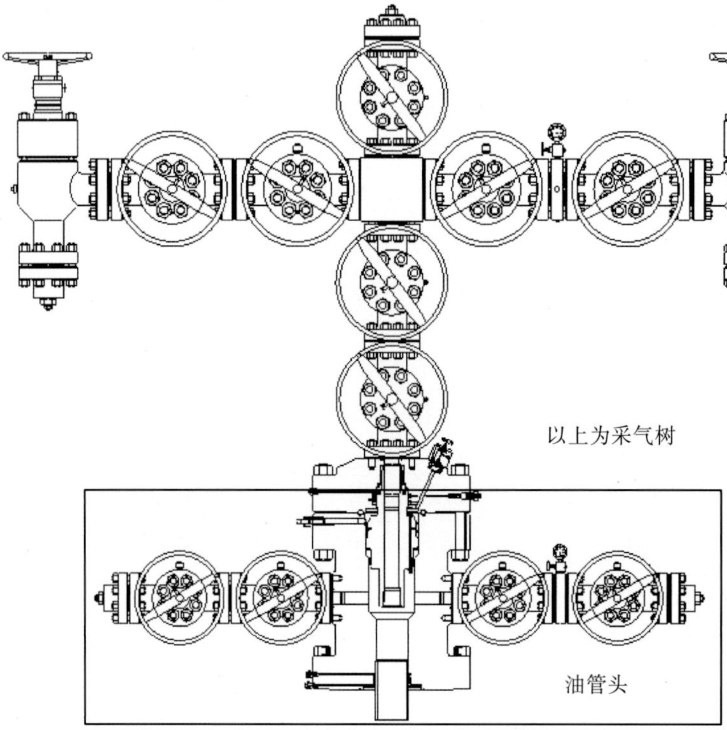

图9-10 采气井口装置示意图

2. 方案论证

1)可行性分析与安全风险评估

4种方案均具有可操作性，但是风险有所不同，具体差异参见表9-21。

表9-21 各方案实施步骤和安全风险评估

方案	方案一	方案二	方案三	方案四
方案简述	整体采用140MPa作业井口生产	采气树主通径有关组件采用140MPa，作业生产为同一套井口	测试后将1号主阀以上部分换为105MPa组件生产	测试后将采气树部分换为105MPa组件生产

续表

方案	方案一	方案二	方案三	方案四
具体实施步骤	无	无	关1号主阀，整体拆卸其以上140MPa部分采气树；整体吊装105MPa转换法兰和采气树部分	开井，尽量降低井口压力；下油管堵塞器封堵油管内通道；拆卸140MPa采气树；整体换装105MPa转换法兰和采气树
安全风险	较安全	一旦压裂过程中高压作业段（作业压力大于105MPa）出现砂堵或其他现象，需要采取措施时，采气树两翼105MPa组件就是薄弱环节	较安全	目前油管堵塞器最高作业压差为50MPa，而新场须二、须四气藏地层压力为70～85MPa。因此，作业时间越长，安全风险越大

2)经济性对比

主要采气井口装置供应商有：FMC、WOM、美国钻采(合资)、上海神开、重庆新泰、盐城信得等，通过对以上6家企业的调研和技术交流，收集和整理了各家105MPa、140MPa采气井口装置生产资质、生产和使用记录、非正式报价等有关资料，并结合具体方案作了经济性评价和对比，参见表9-22、表9-23。

表9-22　供应商简况

序号	供应商	压力级别	生产资质	非正式报价/万元	备注
1	FMC	105MPa	具备	300～330	
		140MPa	具备	450～500	
2	WOM	105MPa	具备	280～310	
		140MPa	具备	450～480	
3	美国钻采	105MPa	具备	90～120	合资企业，厂址在上海
		140MPa	具备	200～220	
4	上海神开	105MPa	具备	90～120	
		140MPa	具备	200～220	
5	重庆新泰	105MPa	具备	90～120	
		140MPa	具备	200～220	
6	盐城信得	105MPa	具备	90～120	
		140MPa	具备	200～220	

表9-23　各方案经济性对比　单位：万元

方案	方案一		方案二		方案三		方案四	
硬投入	进口	>450	进口	>400	进口	>60人民币	进口	>360
	国产	>200	国产	>170	国产	>140	国产	>140

备注：不包括更换作业费用。

由此，结合可行性分析、安全风险评估、经济性评价和实际需求，对川西深井生产与作业井口转换方案优化如下：

(1)从经济性考虑，采用全国产化井口装置；

(2)国产 FF 级 140MPa 和 105MPa 井口装置价格相差约 80 万，若压后获得高产气井，选择方案一最为安全稳妥；

(3)中低产气井，综合考虑功能性、经济性和安全性，方案三最优。

二、地面流程优化

高温高压深井测试中，井口压力都比较高，需考虑多级降压，才能安全可靠地进行节流保温，防止水合物形成堵塞。测试流程采用多级节流保温，可缩小高压区范围，使测试更安全；采用多级降压，每一级压降范围小，节流温降值小，能可靠地进行加热保温防止冰堵。考虑安全，一般不用采油树阀门操作，采用与井口采油树匹配的管汇台作为临时井口控制开关井，并承担节流降压任务。第一级选用与井口采油树同级别的管汇台，第一级以后管汇根据井口压力每级节流达临界流速要求，分别选用管汇台，直至管汇台出口压力低于分离器额定工作压力。按最高关井压力为 70MPa，管汇台出口分离器压力级别小于 10MPa，各级节流压力如表 9-37 所示。第一级选用与井口采油树同级别的 KQ－105MPa/65 管汇台，第二级管汇台选用 KQ－70MPa/65 管汇台，第三级管汇台由于安装的弹簧式安全阀额定工作压力为 32MPa，故选用 KQ－35MPa/65 管汇台。

表 9-24 多级降压节流管汇台压力级别选择及节流后压力分布

井口压力/MPa	第一级管汇台压力级别/MPa	第一级管汇台节流后最高压力/MPa	第二级管汇台压力级别/MPa	第二级管汇台节流后最高压力/MPa	第三级管汇台压力级别/MPa	第三级管汇台节流后最高压力/MPa
70	105	38	70	21	35	8

为达到安全、有效测试的目的，设计了多级节流两级保温、采输一体化的地面流程(图 9-11)。管汇台压力级别为 105MPa→70MPa→35MPa，具有以下优点：

(1)由三组管汇台组成的生产流程通道多，便于更换、维修，能适应较高压力和较大产气量下的生产控制。井口油、套管两翼均单独进入管汇台，使井口两翼可单独或同时放喷、排液、测试，能利用压裂车或泥浆泵进行正反循环和回收泥浆，便于实现合理工作制度和测试压差控制。

(2)在测试前已经在 Φ177.8mm 套管与 Φ339.7mm 套管环空间由 KQ－35MPa/65 管汇台接出两条备用放喷管线，可随时监控环空压力，若出现异常情况，可随时泄压。

(3)采用三级降压、多级加热保温工艺防止水合物形成。在第二级和第三级管汇台间设置了水套炉加热，可根据测试采输现场实际情况，串联或并联调整加热量，井口至第一级管汇台间安装化学注入泵作为加热装置不能防止冰堵时的补充，确保测试流程畅通。

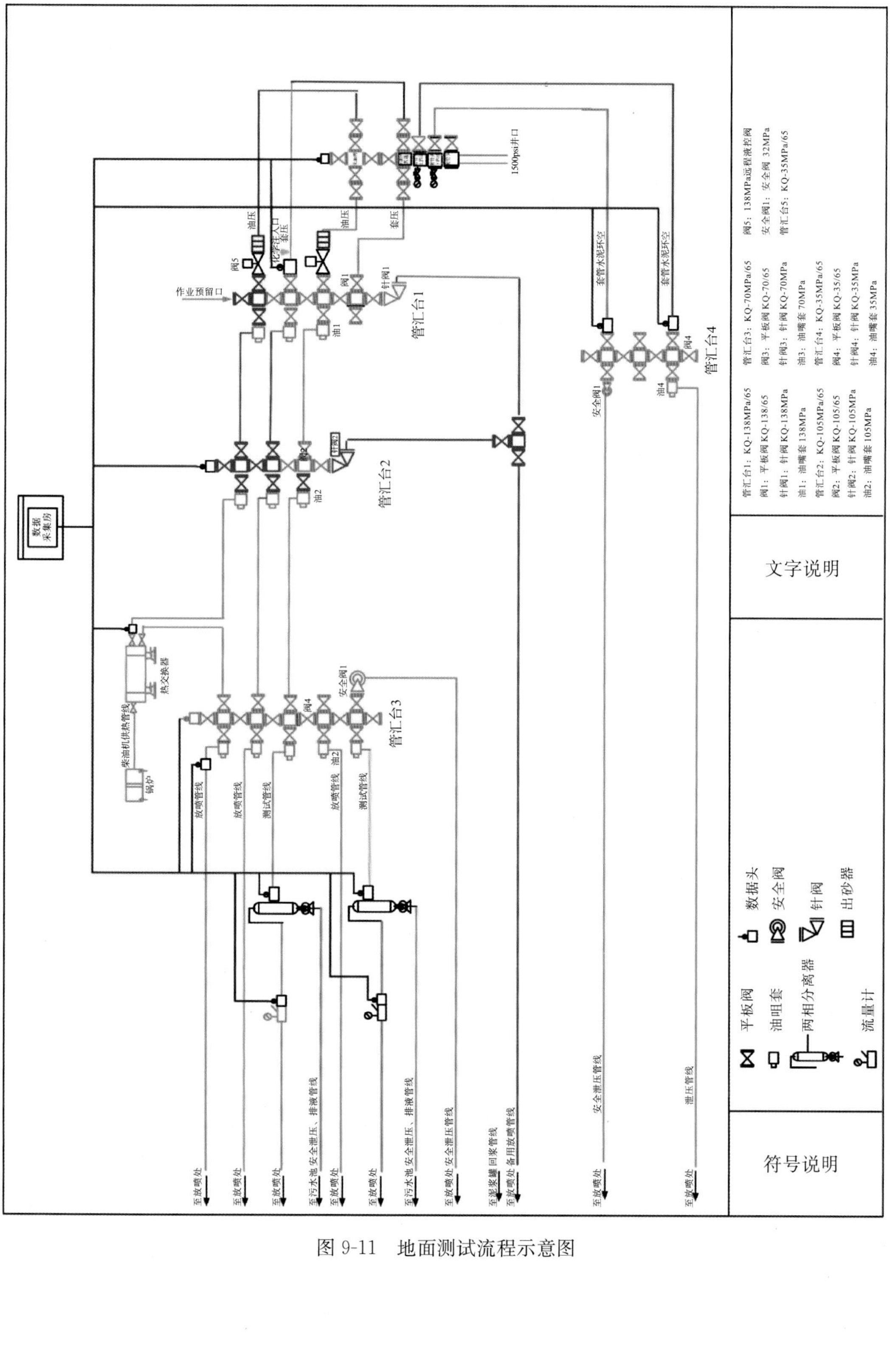

图 9-11　地面测试流程示意图

三、超高压施工质量保障控制技术

（一）混砂车控制系统优化

混砂车是压裂施工的核心设备，供液系统、液添系统以及供砂系统的运转情况都关系着加砂压裂施工的成败。供液系统、液添系统出现故障，在前置情况下，可能会有时间组织人抢修；在加砂情况下，将会直接导致施工中断。根据不同的情况，采取抢修或者停泵放喷等措施，防止砂或者冻胶在油管内部造成堵塞。供砂系统出现故障，不会引起砂堵等工程事故，有时间组织人抢修，但在抢修无效的情况下，为防止无效作业，可以提前停止施工。

1. 混砂车供液系统

混砂车供液系统的稳定是加砂压裂成功的基础，若供液压力不足或跟不上泵入排量，将出现抽空或进空气的状况，影响泵车的工作状态，使泵效大大降低。因此必须要保证液罐与混砂车之间的通道畅通，尽量减小节流。当液罐数量大于混砂车单侧上水口数量时必须采用汇通连接上水管，且上水管线数量由施工排量确定；同时，还必须保持混砂车出水管与管汇台之间连接通道的通畅，根据设计施工排量来调整混砂车出水管线的数量。

2. 混砂车液填系统

液体质量的稳定是超高压施工成败的关键，而交联系统的稳定和精确计量在其中起到了至关重要的作用。因此在施工过程中必须实时对交联质量进行监控，最直观可靠的方法是取小样，这种方法能及时发现问题并判断问题严重性，但危险性较高，取样频率不能太高，否则危险性就更大；第二种方法是观察交联泵的转速，如果转速正常可以从侧面佐证交联系统工作正常，否则应立即取小样求证；第三种方法是观察交联罐的液面，若液面停止下降，则表明交联系统已经停止运转或是运转不流畅。在现场施工中，应该将以上三种方法有机结合起来，第一种方法作为最终的确认，第二、第三种方法作为一种预判。如果小样质量差，而调整交联泵的排量未果，应立即调换备用交联泵(研制的“四泵三缸交联系统”能够实现在一次施工作业中泵注三种不同的液体添加剂)，并马上组织人员对故障泵进行检修，排出堵塞。

（二）泵车质量控制技术

压裂泵车故障对施工最明显的影响就是施工排量的下降，一台或者两台泵车出现故障，可能在一定条件下不会影响施工，但是如果两台以上泵车发生故障，则会导致施工排量达不到加砂要求。所以应根据故障泵车的数量和故障发生的阶段来确定应急措施，尽可能保证施工的顺利进行。

(1)泵车出现摇晃：当泵进空气、上水压力不足、泵体内有异物、泵内凡尔体/凡尔座损坏时泵车会摇晃。可以先试着调整档位排量，若无法解决则立即停止该台泵车，事后进行拆泵保养。

(2)泵车高压端刺漏：泵车高压端与整个高压系统通过旋塞阀连接在一起，在施工过程中，出于安全考虑不能人工关闭旋塞阀将泵车独立出来处理。当出现这种情况时必须停泵整改，最好是将井筒中的携砂液全部顶入地层后再处理，若情况严重则立即停泵。

(3)泵车低压端刺漏：泵车低压端与高压端是各自独立的系统，当低压端出现刺漏时对高压部分不会产生影响，因此，应立即停止该台泵车，并关闭其低压上水端，切断低压端上水源。

(4)泵车燃油报警：当油箱油料到达一定底线时，立即通过铺置好的输油管线向泵车补充燃油，避免对发动机造成损伤。

(三)井下异常情况处理技术

在超高压施工中可能遇到的常见井下异常有砂堵、砂埋以及油套互窜等，由于施工压力高，发生事故后控制难度加大，井下异常情况处理技术为此类情况的处理起到了重要的指导作用。

1. 砂堵、砂埋应急处理技术

砂堵、砂埋如不及时处理，可能导致施工失败、成本增加、气井报废等严重后果。在处理砂堵时，施工指挥员必须反应快速，思路清晰，同时还应考虑测试方管汇台的承压能力。处理步骤如下：发生砂堵后立即停泵，若停泵压力小于管汇台承压则立即通过放喷管线排砂，否则只能待压力下降后才能排砂；若砂顺利排出则考虑停止放喷重新顶替，将井筒中的携砂液顶入地层；若放喷不出液，立即将井口倒换为反洗井状态，将井筒中的陶粒洗出；若在限压下无法洗通，则考虑连续油管冲砂或用修井方式解除砂埋。

2. 油套互窜应急处理技术

油套互窜如不及时处理，可能导致套管变形、开裂，甚至可能导致套管永久性损伤、油气井报废。处理油套互窜的原则是，通过测试流程台迅速的进行套管泄压，根据泄压后的压力变化情况，决定是否继续施工。处理步骤如下：当施工指挥员判断油套互窜后立即通知从环空泄压，操作人员通过控制测试流程台平板阀控制泄压速度，并与施工指挥员随时保持联系，将套压控制在限压范围内；若泄压速度与套压上涨速度无法达到平衡，则应立即停泵进行顶替，并提前结束施工；若泄压速度能够使套压保持稳定，则视情况是否继续加砂。为了井下工具的安全，发生油套互窜后原则上不继续施工，这样能避免因控制不当而造成更严重的事故。

四、超高压压裂施工安全控制技术

(一)超高压安全控制系统

1. 试压系统

泵车试压的不足：泵车柱塞直径为95.25mm，柱塞冲程为203.2mm，因此泵车在运转过程中一个冲程排量达到了1.45 L，同时发动机功率高、变速箱锁定转速高，造成了试压排量大(最小为400 L/min)、起压速度快，由于试压时泵车操作主要靠操作人员及过压保护来控制，过压保护失灵时，泵车操作人员反应时间较长，极易造成过压，特别是在超高压的试压过程中，越到高点对压力的控制越要精细，否则，稍有不慎就可能超压爆管，因此泵车试压的方式存在极大的安全隐患。针对泵车试压的不足及现场作业的要求，提出了如下试压方案：先用泵车对需要试压的管汇台内部打20～30MPa的初压，然后停泵利用试压泵对地面高压管汇试压到设计规定试压值。

原有试压泵主要由电动机及三缸柱塞泵组成，无发电机及控制系统，采用人工控制，安全系数不高。结合现场试压的安全要求，有针对性地对试压泵进行了自动控制改进。在改进过程中增加了发电机，解决了试压泵现场取电难这一问题，同时增加了控制系统、数据采集系统、过压保护系统，解决了原有试压泵试压只能靠人工控制、无法形成试压报告及无过压保护等问题，使试压泵可以满足分级试压、稳压时间可设置、稳压时间后自动启动、过压保护、过压自动泄压等功能。

改进后的试压系统工作原理及优越性：该系统主要由发电机、电动机、三缸柱塞泵、控制系统4部分组成(图9-12)。发电机主要为电动机、控制系统提供电源；电动机主要为柱塞泵提供动力；柱塞泵为试压原件进行试压；控制系统对整个试压进行控制及数据采集并生成报告，可以采用手动、自动两种控制方式。由于试压泵电机转速较低、柱塞直径小，最大排量只有5.5 L/min，较泵车试压具有试压速度慢、易控制、可以自动泄压、能自动生成试压报告等优点。

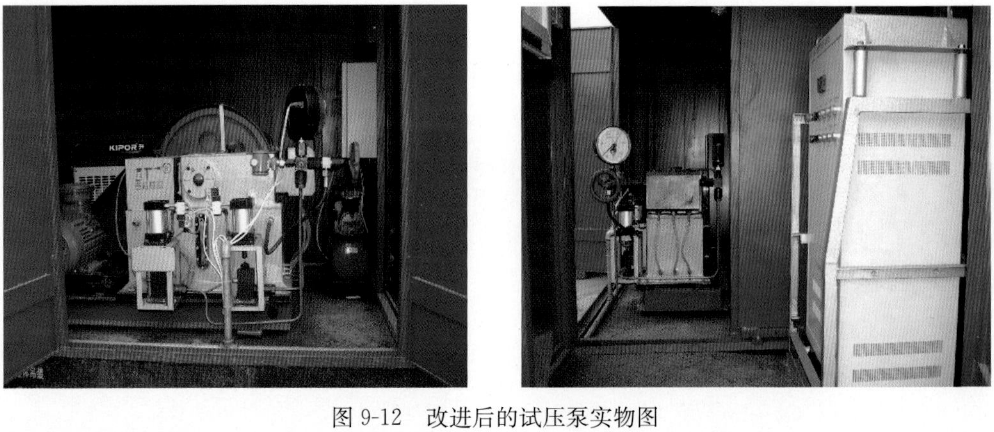

图9-12　改进后的试压泵实物图

2. 远程泄压液动控制系统

根据超高压压裂施工的风险分析，施工时人员进入的高压区域是整个施工中最大的安全风险，为解决超高压泄压时带来的安全风险，研制出了远程泄压液动控制系统，实物图见图 9-13。

图 9-13 远程泄压液动控制系统实物图

远程泄压液动控制系统原理(图 9-14)：以液压泵站为动力源，驱动泄压扳手内部活塞运动，进而将力传递给棘轮，棘轮带动泄压扳手输出端转动。在现场使用时，用专门加工的套筒把泄压扳手的输出端与旋塞阀阀杆连接起来，通过控制泄压扳手来实现对旋塞阀的精确控制。泄压扳手带有控制手柄，并可通过延长手柄连线来确保操作人员处于安全位置。

在表 9-25 中进行了远程泄液动控制泄压与人工泄压数据对比，相比人工泄压，远程泄液动控制泄压的主要优势为：

(1)安全。避免人员进入高压区泄压的风险，并避免人工泄压时，因敲击或摩擦造成火花。

(2)高效。压力级别较高时，阀体通过人工泄压的速度过慢，使用液压扳手可大大提高开关时效，可以实现紧急泄压，快速处理应急情况(砂堵、砂埋、管线爆裂等)。

(3)保护阀体。避免因人工泄压不规则冲击力造成的阀体损伤，其为液压控制，施力均衡，可精确控制阀芯开关的角度，其每动一下，阀芯旋转 24°，能有效保护阀体。

表 9-25 人工泄压与远程泄液动控制泄压数据对比表

泄压方式	泄压人数/人	泄压距离/m	泄压时间/min
人工泄压	5～8	＞30	＞10
远程泄液动控制泄压	1	近距离	≤5

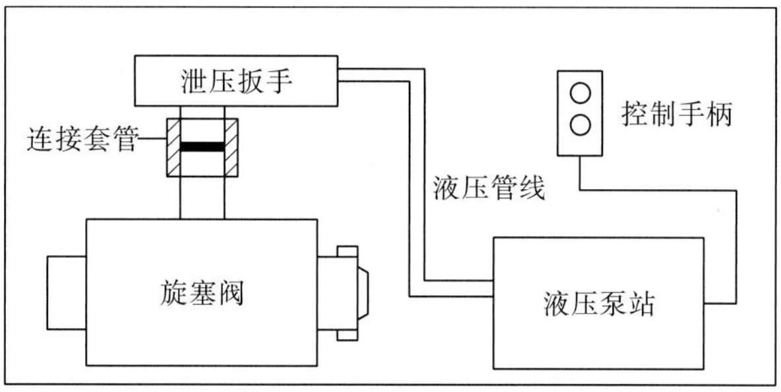

图 9-14 远程泄压液动控制系统原理图

3. 泵车的总控超压安全保护系统

2 500型压裂车的远程超压安全保护系统的不足：2 500型压裂车单车的压力传感器零位不一致，造成了单车泵头压力的显示值不一致而实际压力相差很小，所以当施工中因超压要求停泵时，显示压力值偏高的泵车会因为先达到限压而启动超压保护装置而停泵，而因为超压保护装置的延时(单车延时 1～2s)，第一个停止的泵车和最后一个停止的泵车的跳车时间将相差 5～10s(视车组车辆的多少而定)，泵车的继续工作将会使高压工作区域压力在短时间(5～10s)内超过设定限压(5～10MPa)，这种情况可以视为泵车的超压保护装置短暂失效。

2 500型压裂车的远程超压安全保护系统的安全隐患：

(1)造成工程质量事故：因自动触发停泵时间长，可能导致压力过快等情况处理不及时，造成砂堵、砂埋。

(2)造成设备损伤：因实际自动停泵压力远高于设备压力，可能导致设备(井口、高压管线等高压件)在超过额定压力冲击下的非正常损伤。

(3)造成安全事故：因实际自动停泵压力远高于设备压力，可能导致设备在超过额定压力冲击下的刺漏、爆裂，造成安全事故。

2 500型泵车的总控超压安全保护系统的引入成功地解决了2 500型压裂设备超压安全保护系统短暂失效带来的安全风险(表 9-26)。该系统仍然采用压力传感器的电流变化来控制刹车装置，车组共用一个压力传感器，克服了压力传感器零位不一致而造成个泵车压力显示值和实际值不一致的缺陷。可以通过总控停泵装置瞬间对车组实施停泵操作(车组延时间 1～2s)，充分提高了远程安全保护系统的超压保护能力。

表 9-26　2 500型泵车原超压保护系统与总控超压安全保护系统实验数据对比表

系统类型	设定压力/MPa	跳车压力/MPa	备注
原超压保护系统	30	34～36	用 40m140MPa 高压管线进行试压
	60	66～68	
	80	87～91	
总控超压安全保护系统	35	35～36	
	70	70～71	
	95	95～96	
	120	120～121	

4. 可视化远程监控系统

在压裂施工中，人员因为井口、管线等监控需要而进入高压区域，可能因为高压管线刺漏、爆裂等事故的发生，而对进入高压区域的人员造成人身伤害。

为加强现场的安全监控，在施工高压区域实现无人化管理，研发了可视化远程监控系统。该系统由摄像输入装置、网络桥接装置、终端输出装置组成。该无线视频主体系统安装在仪表车的观察室内，使仪表车内甲方能够清楚实施远程实时监控。

装置的工作原理：由摄像输入装置采集现场图像，通过网络桥接器增强信号后再发送至仪表车上的终端输出装置主机，由主机输出连续、清晰的现场监控画面，如图 9-15 所示。

通过该系统能使施工操作人员和指挥人员在安全空间对井场高压区域进行全方位监控，避免人员进入高压区的安全风险，同时通过不断改进，目前还具有防水、防干扰、传输信号快、充电及安装方便等功能。该装置目前运行状况良好，实物示意图如图 9-16 所示。

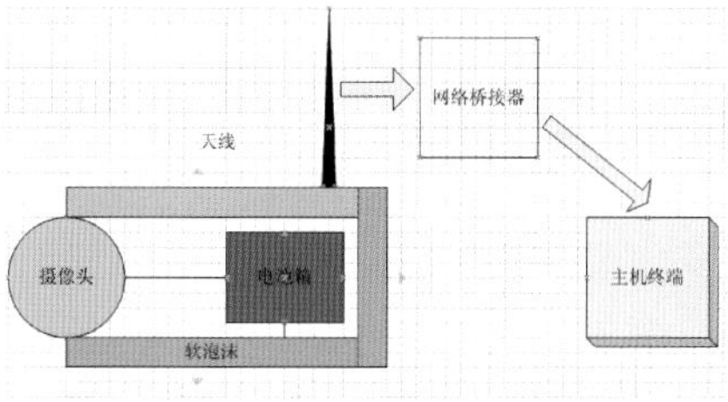

图 9-15 远程监控系统工作原理示意图

图 9-16 远程监控系统实物示意图

(二)应急控制技术研究

超高压施工可能出现井口、高压管件刺漏，以及高压管件爆裂、砂堵、砂埋、封隔器异常、设备故障异常(仪表车数据接受、显示异常)等应急情况。针对超高压施工和设备配套的特点以及可能出现的安全应急情况，将高压管件异常情况控制技术、设备故障快速处理技术、火灾应急处理技术等先进技术进行集成创新，形成了超高压施工应急控制技术。

1. 高压管件异常情况控制技术

该技术对于高压管汇台、高压管线、采油树液控阀以上，井口、采油树液控阀以下等地面高压设施发生渗漏、刺漏或爆裂等应急情况的处理起到了至关重要的作用。

1)高压设施渗漏情况处理

高压设施渗漏是指在施工中，高压管汇台、高压管线、采油树等地面高压设施发生冒、滴、漏等现象，短时间内安全风险较小，但如不及时处理，可能会导致漏点扩大，引发管线刺漏、爆裂等事故发生。因此在处理之前，应首先考虑进行顶替，然后再停泵进行整改，既可以有效防止因施工中断而造成的砂堵、砂埋、冻胶堵塞等工程事故，又可以在安全可控的范围内对设备进行检修。

2)高压设施刺漏、爆裂情况处理

高压设备刺漏、爆裂属于紧急情况，如果不立即进行处理，将会造成严重的安全事故。在井口可控的条件下，首先立即停泵，然后根据情况组织人员进行抢修或停止施工，再进行其他应急工作。在井口条件失控的条件下，以在场人员安全为重，停泵后首先通知所有人员撤离井场，然后再进行抢险和其他作业。

2. 仪表车故障处理技术

在超高压施工中可能遇到的常见井下异常有砂堵、砂埋以及油套互窜等，井下异常情况处理技术为此类情况的处理起到了重要的指导作用。

仪表车的主要作用是实时监测施工中的压力、排量等关键参数，同时还包括了通过远程控制系统控制泵车。监测系统出现故障时，可以通过备用仪表车等应急装备解决，泵车远程控制系统出现问题，可以通过本车操作的方式进行解决，如果情况紧急，可以提前停止施工。

3. 火灾应急处理技术

根据超高压施工的特点，火灾处理的原则是，先停止施工，再疏散人员，然后是组织抢险人员关闭井口防止意外情况发生，最后再组织人员按照应急情况进行火灾抢险。

（三）超高压压裂施工组织管理

1. 管理体系优化

为加强超高压施工井的管理，在重点井组织管理的基础上结合超高压施工的特点，研究形成了以“组织方案、施工设计、应急预案、压井方案、物资准备、进度安排”六大项为核心的施工组织管理体系。

(1)组织方案：建立施工组织、指挥、协调机构，明确参与施工的单位和个人的详细分工，责任落实到人，保障施工的有序、高效和顺畅进行。

(2)施工设计：根据方案设计，编写施工设计，细化施工步骤，针对技术难点和施工风险制定技术措施，可操作性强，能有效指导现场作业。

(3)应急预案：建立应急抢险组织机构，对施工风险进行分析评估，针对可能出现的各类灾害事故以及紧急情况编制应急预案，使潜在的风险得到有效控制。

(4)压井方案：建立压井抢险组织机构，制定切实有效的应急压井方案和操作步骤，有效控制可能产生的各类井喷事故。

(5)物资准备：根据方案和设计，及时做好物资准备和配套工作，尤其是要加强应急物资的储备，有效保障施工的正常、安全运行。

(6)进度安排：根据施工设计，有针对性地编制进度计划，提前做好施工准备及安排，实现生产组织的超前性、预见性、针对性。

2. 施工指挥运转程序优化

超高压施工关键控制点多，若按照常规井的施工指挥运转程序，可能会出现交叉汇报、越级汇报、多人重复汇报等问题，造成指令不畅通，或是不可靠信息扰乱施工等情况，严重的会引起指挥系统混乱，影响施工质量。因此有必要对施工指挥运转程序进行优化。

依据超高压施工的特点，将现场施工分为 9 个关键控制点，见图 9-17，每个点的负责人直接向现场施工执行指挥员汇报各自岗位情况，并只接受现场施工执行指挥员的指令，避免了指令不畅及信息混乱等问题。正常情况下，现场施工执行指挥员严格按照设计指挥各控制点进行施工，若遇到特殊情况则需逐级上报，并最终按照上一级的指令进行施工。

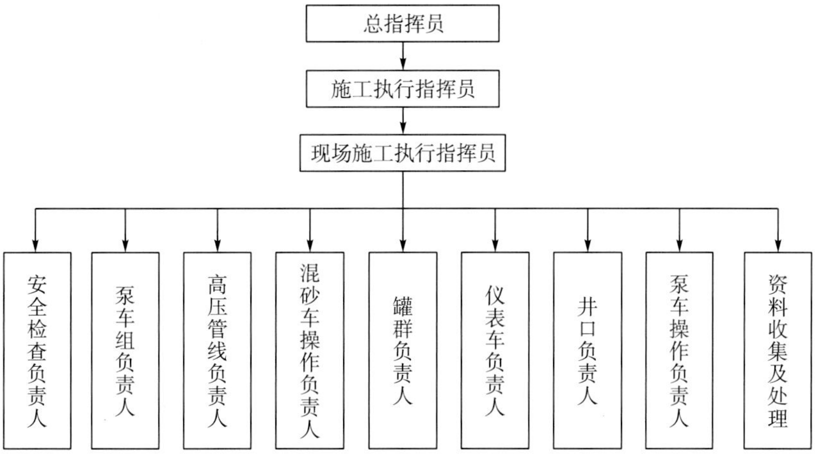

图 9-17　现场指挥人员系统

五、超高压大型压裂实例

(一)X10 井基本情况

该井措施目的层为 TX_2^2，射孔井段为4 715～4 720m，油层套管采用 Φ139.7mm 尾管回接，回接位置4 536m，油管抗内压 90.7MPa；0～4 686.43m 为 Φ193.7mm 套管，最小抗内压 87MPa。全井筒试压 55MPa，前期环空试压显示尾管悬挂处可能存在漏点。压裂目的层及上下近 150m 井段固井质量不合格。测井解释4 692.0～4 707.5m 为差气层；4 708.3～4 723.5m 也是差气层。泥质含量为 3.0%～5.0%；孔隙度为 3.2%～4.0%；含水饱和度为 28.0%～32.0%；渗透率为(0.04～0.08)$\times10^{-3}\mu m^2$。

裂缝发育情况：电成像显示裂缝不发育，发育应力释放缝，4 715.0～4 716.0m 发育一组低角度缝，该层以孔隙型储层为主。

(二)储层改造针对性措施

根据对储层类型的判别，结合储层改造方式优选原则，本层进行加砂压裂改造，设计施工中主要采用的工艺措施有：

(1)集中射孔原则。射孔井段控制在 5m，通过地应力计算及测井油气显示，优选射孔井段为4 715～4 720m。

(2)采用超高压、大管径压裂施工。采用 140MPa 井口装置和 4 1/2″+3 1/2″组合油管带封隔器作施工管柱，尽量提高施工排量，采用大排量进行注入施工。

(3)孔隙储层大规模加砂压裂工艺。大规模、大液量造长缝，以尽量沟通地层天然裂缝。

(4)低砂比造长缝压裂工艺。压裂施工采用低砂比压裂工艺造长缝技术，有效降低施工风险，沟通地层天然裂缝。

(5)目的层闭合应力在 100MPa 左右，选择 40/70 目高强度小粒径陶粒作支撑剂，满足气体导流能力要求。

(6)考虑井筒复杂情况，为减少工具在井下发生异常的风险，压裂施工时不单独进行测试压裂。前置阶段做压裂液停泵压降测试，分析地层破裂压力、延伸压力、压裂液滤失情况等参数，及时调整主压裂施工泵注程序。

(7)考虑到压裂目的层天然裂缝发育，加砂压裂设计及施工中考虑降滤措施：主要有粉陶段塞、支撑剂段塞、高前置比等。采用支撑剂段塞冲蚀裂缝通道，减少射孔孔眼摩阻和弯曲摩阻，降低滤失。

(8)根据对须二及本井储层特征和压裂施工风险的认识，形成了本井 $80m^3$ 的主压裂方案：加砂规模为 $80m^3$，注入压裂液为1 $008m^3$，施工排量为 6.0～$7.0m^3/min$，最高砂比为 32%，平均砂比 16.5%。

(三)储层改造效果分析

2010 年 1 月 8 日对 X10 井进行大型加砂压裂施工，压裂施工主要参数：施工压力为 75～88MPa，施工排量为 6.0～$7.1m^3/min$，注入压裂液1 $012.34m^3$，前置液量 $490m^3$，入地砂量 $83.2m^3$，平均砂比为 17%。前置阶段采用了 3 段支撑剂段塞，分别采用了 100 目粉陶和 40/70 目陶粒降滤和降低近井摩阻。地层破裂压力 53MPa，破裂压力梯度 0.021MPa/m。停泵压力 57MPa，停泵压力梯度 0.022MPa/m。

施工曲线见图 9-18，施工压力平稳，顺利完成了压裂设计，加砂 $80m^3$。

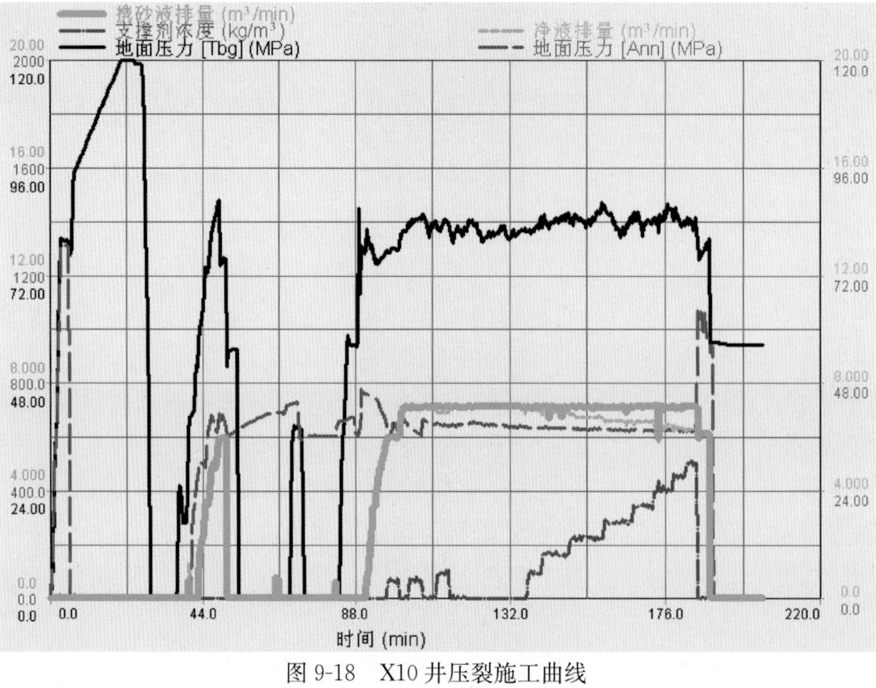

图 9-18 X10 井压裂施工曲线

采用 FRACPROPT 软件对压裂施工曲线进行净压力拟合分析，净压力拟合曲线如图 9-19和图 9-20 所示。拟合分析压裂形成一条长 278.9m、高 63.54m、宽 0.172cm，导流能力 5.811mD·m 的有效支撑裂缝，见表 9-27。

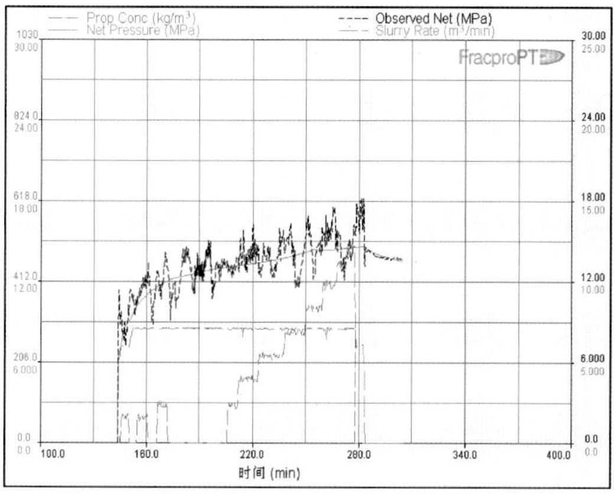

图 9-19　X10 井净压力拟合曲线图

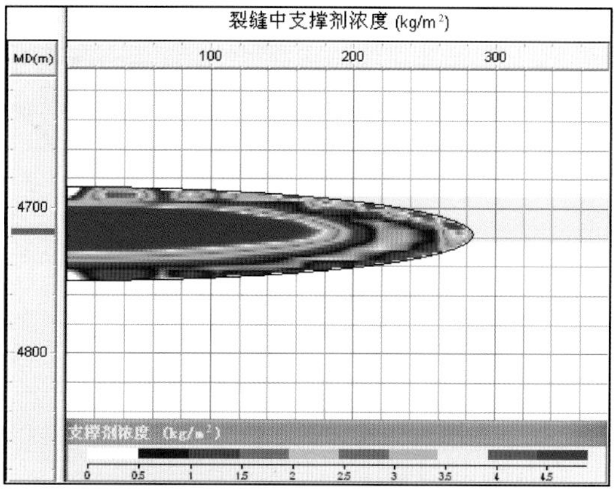

图 9-20　X10 井压裂裂缝剖面

表 9-27　X10 井净压力拟合分析参数

项目名称	数值	项目名称	数值
动态缝长/m	284.7	平均支撑缝宽/cm	0.172
支撑缝长/m	278.9	支撑剂浓度/(kg·m^{-2})	3.115
动态缝高/m	64.87	裂缝导流能力/(mD·m)	5.811
支撑缝高/m	63.54	无因次裂缝导流能力	8.344
平均缝宽/cm	1.575	压裂液效率/%	67.3

第四节　网络裂缝酸化工艺优化

一、网络裂缝酸化工艺适用性分析

储层微裂缝发育并沟通良好往往能维持油气井高效生产(米卡尔等，2002)。对于储层微裂缝发育油气井，容易产生钻井泥浆漏失，带来严重的储层伤害。对于这种井进行水力压裂改造容易在近井附近产生多缝及裂缝迂曲，造成很高的施工压力；由于水力压裂工作液为非反应性液体，不能完全解除钻井液对地层(裂缝系统和基质系统)的深度污染；同时由于压裂液高滤失，容易产生砂堵，进行高砂比和大排量的施工难度很大，导致施工风险高(Shuchart，et al.，1995)。根据目前国际上的先进经验，结合实验室的研究成果，探索出采用活性酸的网络裂缝深部酸化工艺技术，如图 9-21 所示。实践证明该技术能有效地沟通地层裂缝系统，在近井地带形成网状裂缝，从而改善地层的渗流状况，使措施井获得很好的效果。

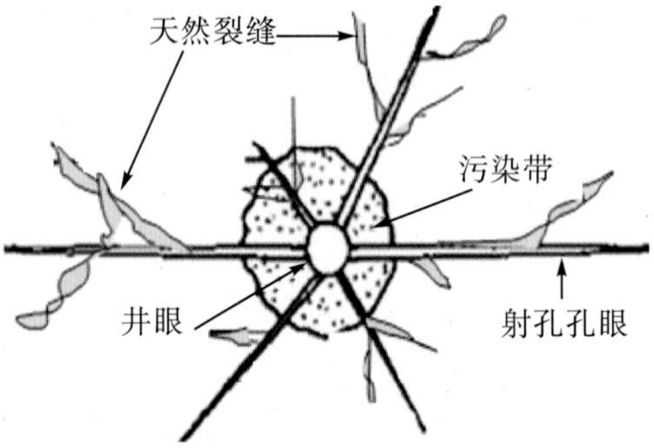

图 9-21 网络裂缝示意图

(一)工艺适用条件

1. 储层裂缝发育

储层微裂缝发育使钻井液大量漏失，储层形成“非径向”污染带，形成伤害半径大、伤害严重的井。

2. 储层进液困难

水力压裂改造施工压力高、地层进液极其困难的井，利用酸液具有反应活性的特征，降低地层吸液压力。

3. 泥浆及岩石的酸溶蚀率高

酸液体系对岩屑、泥浆溶蚀率高，能破坏污染物的屏蔽并降低岩石胶结程度，有效降了低施工压力。

4. 酸液具有“降阻、缓速”性能

能有效清洗、沟通裂缝，作用距离较长，能最大限度解除钻井液对地层的深度污染，酸蚀裂缝向纵深方向的扩展，提高了近井地带及天然裂缝的渗透率，增大泄油半径，获得高产油气。

(二)工艺技术特点

1. 酸液规模大

对于裂缝呈网络状发育的储层，一旦酸液进入地层就会迅速进入裂缝网络很快滤失，这点也可以从裂缝性储层的压裂施工中得到证明。为了保证酸液有效作用距离足够长，要大大提高用酸量，使其能到达天然裂缝远端。

2. 较大排量

裂缝网络酸化工艺推荐采用变排量施工，前置酸采用较低排量，使之充分与污染带发生反应，降低钙质含量，防止二次污染；主体酸采用较大排量，可增加酸作用距离，确保非径向注酸。

3. 多段注酸，高效沟通天然裂缝

根据岩芯、泥浆配方与酸反应的动、静态溶蚀率实验和酸流动实验结果，网络裂缝酸化采用多组分酸液体系。

4. 快速返排

为了减少残酸在地层的滞留时间，确保残酸快速返排，采用混氮、抽吸等助排措施。

二、网络裂缝酸化实验评价

（一）模拟实验装置

模拟钻井过程中泥浆在地层裂缝中的浸入深度及污染程度，评价单条裂缝渗透率的损伤情况；同时评价酸液对泥浆堵塞的解除效果，测定裂缝渗透率的恢复值；测量不同注酸工艺条件下岩芯裂缝渗透率及导流能力的变化，认识影响砂岩裂缝系统导流能力的因素。导流能力及实验装置如图 9-22 所示。

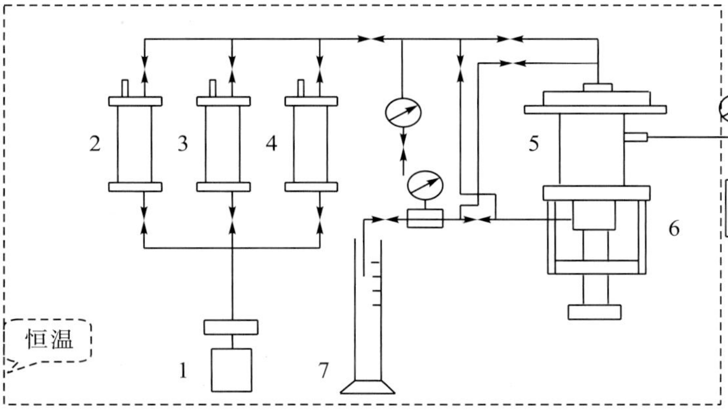

1. 双柱塞微量泵；2. 中间容器(地层水)；3. 中间容器(泥浆)；4. 中间容器(酸液)；
5. 岩芯夹持器；6. 手动泵；7. 计量泵

图 9-22　导流能力实验装置

单裂缝岩芯流动实验驱替流程如图 9-23 所示。

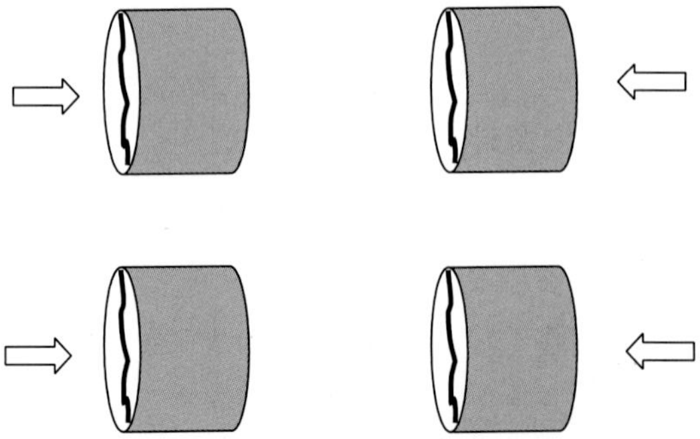

图 9-23 单裂缝岩芯流动实验驱替流程

(二)实验方案

(1)岩芯准备：将直径为 25.4mm 的岩芯切去两端打磨光滑后沿轴向剖成自然裂缝，分别测定各岩芯长度和沿裂缝方向的直径。通过在切开的两部分之间加垫厚度不同的垫片来模拟不同宽度的人工裂缝，变化酸量模拟注酸量对岩芯导流能力的影响。

(2)将设有人工裂缝的岩芯反向置入岩芯夹持器中，在实验温度和压力条件下，正向过标准盐水，测定裂缝初始渗透率。

(3)在设定驱替压力下，反向泥浆污染 4h。

(4)用标准盐水正向测定污染后裂缝渗透率。

(5)按设计工艺和程序反向过酸，记录酸液总量、流压、过酸时间、围压、温度。

(6)用标准盐水正向测定过酸后的裂缝渗透率。

(三)裂缝系统泥浆伤害模拟与解堵实验

单裂缝岩芯流动实验条件如表 9-28 所示。

表 9-28 单裂缝岩芯流动实验条件

岩芯编号	深度/m	长度/cm	高度/cm	宽度/μm	裂缝视体积/cm^3	缝口截面积/cm^2
698	5 177.22	3.038	2.540	20	0.031	0.004 1
699	5 177.29	3.021	2.532	20	0.029	0.004 0

1. 岩芯裂缝初始渗透率(表 9-29)

表 9-29 岩芯初始裂缝渗透率

岩芯编号	深度/m	驱替压力/MPa	流量/($mL \cdot s^{-1}$)	初始渗透率/mD
698	5 177.22	0.12	4.64	42.38
699	5 177.29	0.09	5.24	63.62

2. 岩芯污染后裂缝渗透率(表 9-30)

表 9-30　岩芯泥浆污染后裂缝渗透率

岩芯编号	深度/m	驱替压力/MPa	流量/(mL·s^{-1})	污染后渗透率/mD
698	5 177.22	3.0	0.54	0.19
699	5 177.29	2.8	1.39	0.32

3. 酸液解堵实验

考察用酸量对裂缝渗透率恢复值的影响，评价酸液对裂缝渗透率的恢复能力。698号和 699 号岩芯注入液体为前置酸和土酸的组合，其中前置酸与土酸的体积比为 2∶3，注入总体积为 100 倍裂缝体积和 200 倍裂缝体积。具体用酸量对裂缝渗透率回复率的影响见表 9-31。实物图如图 9-24～图 9-27 所示。

表 9-31　用酸量对裂缝渗透率恢复率的影响

岩芯编号	深度/m	用酸量	初始渗透率/mD	恢复渗透率/mD	恢复率/%
698	5 177.22	100	42.38	23.46	55.3
699	5 177.29	200	63.62	47.58	74.7

裂缝被泥浆污染完全的情况下，经过 100～200 倍裂缝体积的酸解堵后，裂缝渗透率有很大的改善，达到了解除泥浆污染的目的。

图 9-24　698 号岩芯(污染前)

图 9-25　699 号岩芯(污染前)

图 9-26 698 号岩芯(污染与解堵后)

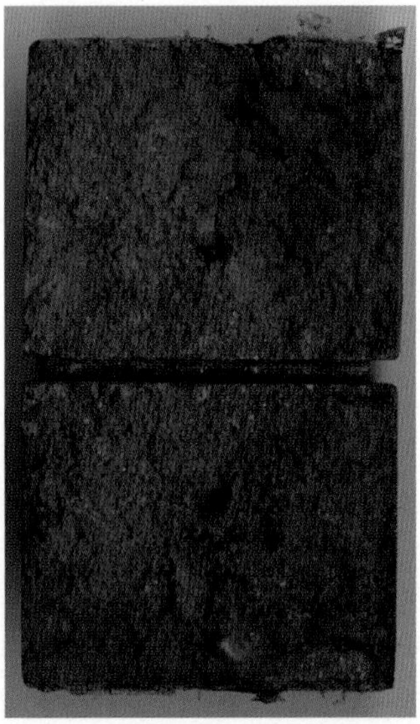

图 9-27 699 号岩芯(污染与解堵后)

三、网络裂缝酸化优化设计及效果分析

(一)DY1 井概况及改造难点分析

DY1 井是构造近轴部部署的一口深层预探井。该井的改造难点主要体现在以下几个方面。

1. 地层温度高，对工作液的性能要求高

测得4 600m(垂深4 413.21m)处温度 114.03℃，计算须二储层中部5 117m(垂深4 910m±)处温度 117.43℃，地温梯度 2.59℃/100m。如此高温地层的储层改造，对工作液的性能要求高。

2. 地压系数低，地层能量不足，工作液返排困难

本井预测须二储层地压系数为 1.15，据完钻井深5 117m(垂深4 910m)，计算地层压力为 55.34MPa。在 1.15 的地压系数条件下，储层改造工作液返排较为困难，对返排工艺有较高的要求。

3. 地层裂缝发育、污染严重，地层破裂压力高

由成像测井解释可知，地层裂缝发育，从测井曲线上可以看出，有明显的未充填张开裂缝存在(图 9-28)。DY1 井在须二储层段(5 106～5 128m)钻井使用的是不渗透钻井液，但由于暂堵剂的使用，钻井过程中对裂缝造成了严重的伤害，导致了破裂压力高。图 9-29 为该井段的试破施工曲线。

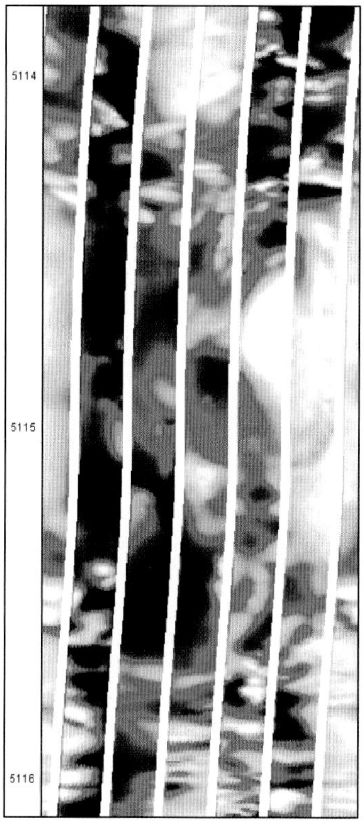

图 9-28　DY1 井须二储层成像测井曲线

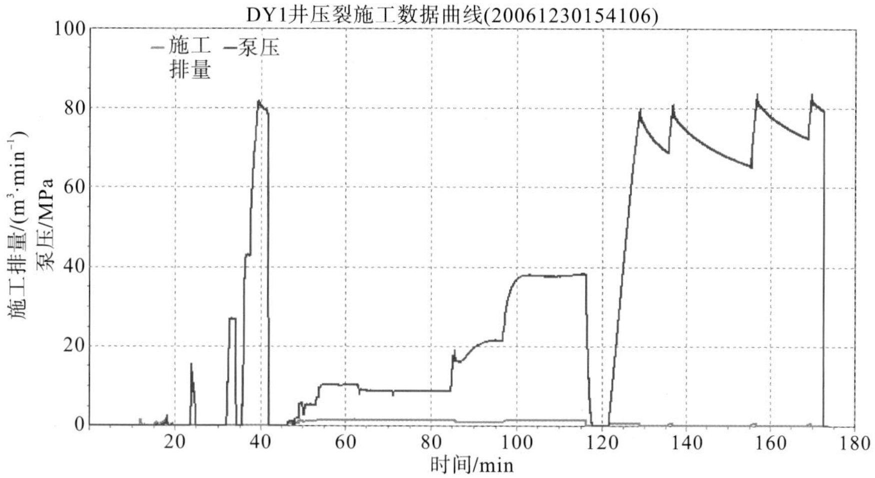

图 9-29　DY1 井(5 106～5 128m)试破施工曲线

(二)网络裂缝酸化技术策略

(1)储层裂缝发育、污染严重、破裂压力高、施工压力高，不具备加砂压裂的条件，采用酸化预处理，解除近井污染，降低了破裂压力，在一定程度上沟通天然裂缝，恢复储层的自然产能。

(2)采用封隔器保护套管，提高井口施工限压，尽可能压开地层。

(3)采用降阻酸液体系减小沿程摩阻，降低施工压力。

(4)返排措施上采用液氮气举助排工艺和反循环气举工艺排液。

(三)网络裂缝酸化技术现场实施及酸化效果评价

储层改造过程：第一次清水压裂→降低破裂压力的酸化预处理→第二次清水压裂→井筒解堵酸化→网络裂缝酸化。

DY1 井网络裂缝酸化施工设计参数见表 9-32，施工曲线见图 9-30。从施工曲线图中可以看出前置酸进入地层后排量不变，泵压上升，储层吸酸阻力较大；泵注主体酸阶段，排量基本稳定在 3.5～3.8m^3/min，经过一个压力降落后泵压稳定在 65～70MPa，显示出主体酸对地层起到了较好的溶蚀作用，有效地解除了裂缝系统的污染。

表 9-32　DY1 井网络裂缝酸化施工设计参数

作业井口	78/65－105 型采气树
酸化管柱	$3^1/2$" P110 外加厚油管＋$2^7/8$" P110 油管(至上而下)
KCL 溶液/m^3	40
洗井清水/m^3	120
前置酸/m^3	46
主体酸/m^3	84
施工排量/$m^3 \cdot min^{-1}$	1～3.5
助排措施	液氮拌注
液氮准备/m^3	15
施工限压/MPa	油压95，套压 77

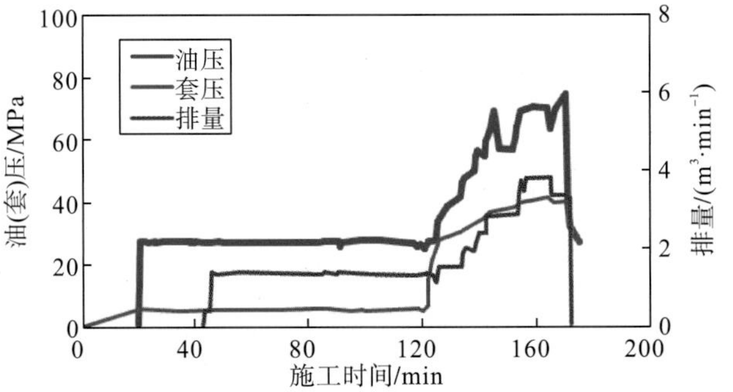

图 9-30　DY1 井网络裂缝酸化施工曲线

DY1 井射孔后测试无阻流量为9.792 1×10^4 m^3/d。通过小型酸化解除钻井和完井造成的近井污染后测试无阻流量为20.241 6×10^4 m^3/d。采用降阻土酸对储层裂缝进行深部网络裂缝酸化，网络裂缝酸化后在稳定油压 29.6MPa，套压 30.8MPa 下测试产气量为 25.98×10^4 m^3/d，无阻流量为 47.336×10^4 m^3/d，显示了网络裂缝酸化工艺在微裂缝发育，异常高应力储层改造中具有较好的适应性，增产效果显著。

参考文献

丁鹏，等. 2006. 压裂酸化管柱载荷分析与优化设计软件. 钻采工艺，29(4)：83－85.

杜现飞，等. 2008. 深井压裂井下管柱力学分析及其应用 [J]. 石油矿场机械，08：28－33.

郭建华，佘朝毅，唐庚，等. 2011. 高温高压高酸性气井完井管柱优化设计 [J]. 天然气工业，31(5)：70－72.

李子丰，蒋恕，阳鑫军. 2002. 油气井杆管柱力学研究现状和发展方向. 石油机械，12：30－33.

尚长健. 2013. 川西坳陷中段须家河组储层流体特征与天然气成藏. 杭州：浙江大学.

生丽敏，易龙. 2005. 力学分析在压裂酸化管柱优化设计中的应用. 钻采工艺，28(2)：68－70.

生丽敏. 2005. 井下管柱力学分析及优化设计. 成都：西南石油大学.

肖晖，郭建春，何春明. 2013. 加重压裂液的研究与应用. 石油与天然气化工，42(2)：168－172.

曾永寿. 1996. 力学基础的系统研究. 广西社会科学，04：33－42.

张熙. 2011. 川西地区新场构造岩石物理特征及应用研究. 成都：成都理工大学.

赵金洲，张桂林. 2005. 钻井工程技术手册. 北京：中国石化出版社.

(美)米卡尔 J. 埃克诺米德斯(MichaelJ. Economides)，(美)肯尼斯 G. 诺尔特(KennethG. Nolte)著，张保平等译. 2002. 油藏增产措施. 北京：石油工业出版社.

Craig D P，Eberhard M J，Odegard C E. Permeability，Pore Pressure，and Leakoff－Type Distributions in Rocky Mountain Basins. SPE 75717.

Cunha J C S. 1995. Buckling behavior of tubulars in oil and gas wells：a theoretical and experimental study with emphasis on the torque effect. PhDdissertation，University of Tulsa，Tulsa，Oklahoma.

Landau L D，Lifshits E M. 1994. Mechanics.

Qiu X，Martch W E，Morgenthaler L N，et al. 2009. Design Criteria and Application of High－Density Brine－Based Fracturing Fluid for Deepwater Frac Packs. SPE Annual Technical Conference and Exhibition. Society of Petroleum Engineers.

Rick Stanley. 2003. Fracturing for Water Control Utilizing Relative Perm Modifiers in Frac Fluids to Delay or Reduce Future Water Production Issues. SPE ATW" Advancing the Application of the Hydraulic Fracturing".

Shuchart C E，Buster D C. 1995. Determination of the chemistry of HF acidizing with the use of 19 FNMR spectroscopy. SPE 28975.

索　引